工業有機化学
原料多様化とプロセス・プロダクトの革新
— 下 —

H.A.Wittcoff・B.G.Reuben・J.S.Plotkin 著
田島慶三・府川伊三郎 訳

（原著第３版）

東京化学同人

Industrial Organic Chemicals
Third Edition

Harold A. Wittcoff
Scientific Adviser, Nexant ChemSystems Inc.(retired)
Vice President of Corporate Research, General Mills, Inc.(retired)

Bryan G. Reuben
Professor Emeritus of Chemical Technology
London South Bank University

Jeffrey S. Plotkin
Director, Process Evaluation and Research Planning Program
Nexant ChemSystems Inc.

Copyright ©2013 by John Wiley & Sons, Inc. All rights reserved. This translation published under license. Japanese translation edition ©2016 by Tokyo Kagaku Dozin Co., Ltd.

著者について

Harold A. Wittcoff(1918〜2013)　Minnesota 大学で工業有機化学を教えるかたわら，General Mills 社の研究開発担当役員を務めた．Nexant ChemSystems 社の科学技術顧問として，28 カ国で 300 コースもの工業化学の講義をした．60 件以上の論文，8 冊の著書（共著を含む）があり，130 件の特許を取得した．

Bryan G. Reuben(1934〜2012)　London South Bank 大学化学工学部名誉教授．140 件以上の論文および 13 冊の著書（共著を含む）があり，1 件の特許を取得した．

Jeffrey S. Plotkin　Nexant ChemSystems 社の化学製品・技術担当役員．25 件の論文（共著を含む）を発表し，30 件の特許を取得している．

おもな著書

1. *The Phosphatides*, by Harold A. Wittcoff, Reinhold, New York, 1950.
2. *The Chemical Economy*, by Bryan G. Reuben and Michael L. Burstall, Longman, London, 1973.
3. *Industrial Organic Chemicals in Perspective; Part 1: Raw Materials and Manufacture, Part 2: Technology, Formulation, and Use*, by Bryan G. Reuben and Harold A. Wittcoff, Wiley, New York, 1980.
4. *Industrial Organic Chemistry*, an ACS tape course, by Harold A. Wittcoff, ACS, Washington DC, 1984.
5. *The Pharmaceutical Industry – Chemistry and Concepts*, an ACS tape course, by Harold A. Wittcoff and Bryan G. Reuben, ACS, Washington DC, 1987.
6. *The Cost of "Non-Europe" in the Pharmaceutical Industry, Research in the Cost of "Non-Europe," Basic Findings*, Volume 15, by Michael L. Burstall and Bryan G. Reuben, Commission of European Communities, Luxembourg, 1988.
7. *Pharmaceutical Chemicals in Perspective*, by Harold A. Wittcoff and Bryan G. Reuben, Wiley, New York, 1990.
8. *Cost Containment in the European Pharmaceutical Market*, by Michael L. Burstall and Bryan G. Reuben, Marketletter, London, 1992.
9. *Implications of the European Community's Proposed Policy for Self-Sufficiency in Plasma and Plasma Products*, by Bryan G. Reuben and Ian Senior, Marketletter, London, 1993.
10. *Outlook for the World Pharmaceutical Industry to 2010*, by Michael L. Burstall and Bryan G. Reuben, Decision Resources, Waltham, MA, 1999.
11. *Organic Chemical Principles and Industrial Practice*, by M.M. Green and Harold A. Wittcoff, VCH Wiley, Weinheim, Germany, 2003.
12. *Pharmaceutical R&D Productivity: The Path to Innovation*, by Bryan G. Reuben and Michael L. Burstall, Cambridge Healthtech Advisors, Massachusetts, 2005.
13. *Bread: A Slice of History*, by John S. Marchant, Bryan G. Reuben, and Joan P. Alcock, The History Press, Stroud, Gloucestershire, 2008.

主要目次

☼ 上　巻 ☼

序　章　"本書（原著第3版）"の使い方
 1 章　天然ガスと石油からの化学製品
 2 章　エチレンからの化学品とポリマー
 3 章　プロピレンからの化学品とポリマー
 4 章　C_4 留分からの化学品とポリマー
 5 章　C_5 留分からの化学品とポリマー
 6 章　ベンゼンからの化学品とポリマー
 7 章　トルエンからの化学品とポリマー
 8 章　キシレンからの化学品とポリマー
 9 章　ポリマーの合成法

☼ 下　巻 ☼

10 章　有機化学工業の発展
11 章　化学工業のグローバル化
12 章　化学製品の輸送
13 章　メタン，アセチレン，合成ガスからの化学品
14 章　アルカンからの化学品
15 章　石炭からの化学製品
16 章　油　　脂
17 章　炭水化物：再評価進む再生可能資源
18 章　工　業　触　媒
19 章　グリーンケミストリー
20 章　持続可能性

下 巻 目 次

10 章 有機化学工業の発展 ································· 401
- 10・1 米国経済の中の化学工業 ································ 401
- 10・2 化学工業の規模 ································ 404
- 10・3 化学工業の特徴 ································ 408
  - 10・3・1 資本集約と規模の経済性 ································ 408
  - 10・3・2 化学工業の経済における重要性と幅広い影響力 ································ 409
  - 10・3・3 市場参入の自由 ································ 411
  - 10・3・4 健康・安全・環境面の強い規制 ································ 412
  - 10・3・5 大きいものの減少しつつある研究開発費 ································ 418
  - 10・3・6 断層的変化 ································ 423
- 10・4 米国のトップクラスの化学企業 ································ 425
- 10・5 トップ化学品 ································ 426
- 文献および注 ································ 429

11 章 化学工業のグローバル化 ································· 430
- 11・1 設備過剰 ································ 432
  - 11・1・1 景気循環 ································ 436
- 11・2 リストラクチャリング ································ 436
  - 11・2・1 ある英国名門化学会社消滅へのあゆみ ································ 441
  - 11・2・2 企業再生ファンド ································ 441
- 11・3 先進国の化学製品貿易状況 ································ 444
- 11・4 発展途上国との競争 ································ 447
- 11・5 主要石油化学製品の貿易 ································ 449
- 文献および注 ································ 451

12 章 化学製品の輸送 ································· 452
- 12・1 石油輸送 ································ 452
- 12・2 天然ガス輸送 ································ 455
- 12・3 化学品輸送 ································ 456
  - 12・3・1 ガス状化学品 ································ 457

viii

- 12・3・2　液状化学品 459
- 12・3・3　固形状化学品輸送 464
- 12・4　安全衛生 465
- 12・5　経済的側面 466
- 12・6　トップ輸送会社 467
- 文献および注 467

13章　メタン，アセチレン，合成ガスからの化学品　　468

- 13・1　シアン化水素 469
- 13・2　ハロゲン化メタン 472
  - 13・2・1　塩化メチル（CH_3Cl） 472
  - 13・2・2　ジクロロメタン（CH_2Cl_2） 473
  - 13・2・3　クロロホルム（$CHCl_3$） 474
  - 13・2・4　フルオロカーボン 475
  - 13・2・5　四塩化炭素（CCl_4）と二硫化炭素（CS_2） 476
  - 13・2・6　臭化メチル（CH_3Br） 477
- 13・3　アセチレン 478
  - 13・3・1　1,4-ブタンジオールと2-メチル-1,3-プロパンジオール 481
  - 13・3・2　アセチレンの少量用途 485
- 13・4　合成ガス 486
  - 13・4・1　メタンの水蒸気改質 487
  - 13・4・2　水蒸気改質の変形 489
  - 13・4・3　炭化水素の部分酸化 489
  - 13・4・4　固体原料 490
  - 13・4・5　水素 491
- 13・5　合成ガスからの化学品 491
  - 13・5・1　アンモニアと誘導体 491
    窒素枯渇の危機／アンモニアの製造／尿素樹脂とメラミン樹脂
  - 13・5・2　メタノール 497
    ホルムアルデヒド／酢　酸／無水酢酸／MTG法／MTO法／
    メタノールの少量用途や提案されている用途／C_1化学の開発
- 13・6　一酸化炭素の化学 517
  - 13・6・1　一酸化炭素を原料とする化学の提案 518
- 13・7　ガスからの液体燃料の製造（GTL） 522
  - 13・7・1　Sasol社のGTL技術 522

13・7・2　SMDS（Shell Middle Distillate Synthesis）法 ················· 523
　13・7・3　他のGTL技術 ·· 523
文献および注 ·· 524

14章　アルカンからの化学品 ··· **526**
14・1　メタンからの直接合成 ··· 527
　14・1・1　メタンからメタノール/ホルムアルデヒドの直接合成 ········· 527
　14・1・2　メタンの二量化 ·· 529
　14・1・3　メタンからの芳香族生成 ······································ 530
14・2　C_2〜C_4アルカンからの直接合成 ································ 531
　14・2・1　C_2〜C_4アルカンの酸化 ····································· 531
　14・2・2　C_2〜C_4アルカンの接触脱水素反応 ························· 533
　14・2・3　C_2〜C_4アルカンからの芳香族生成 ························· 534
14・3　カーボンブラック ··· 535
文献および注 ·· 537

15章　石炭からの化学製品 ·· **538**
15・1　コークス炉留出分からの化学品 ······································ 540
15・2　Fischer–Tropsch反応 ··· 544
15・3　石炭の水素化 ·· 547
15・4　代替天然ガス（SNG） ·· 548
15・5　SNGと合成ガス技術 ··· 549
15・6　石炭の地下ガス化 ··· 550
15・7　カルシウムカーバイド ··· 551
　15・7・1　中国の石炭化学計画 ··· 551
15・8　石炭と環境 ··· 553
文献および注 ·· 554

16章　油　　脂 ·· **555**
16・1　油脂の市場 ··· 556
16・2　油脂の精製 ··· 558
16・3　脂　肪　酸 ··· 561
　16・3・1　脂肪酸の利用 ·· 563
16・4　脂肪酸由来の脂肪窒素化合物 ·· 564
16・5　"ダイマー"酸（"二量体"酸） ······································· 567

16・6　脂肪アミノアミドと脂肪イミダゾリン……………………………569
16・7　アゼライン酸，ペラルゴン酸，ペトロセリン酸……………………569
16・8　脂肪アルコール…………………………………………………570
16・9　エポキシ化油……………………………………………………572
16・10　リシノール酸（リシノレイン酸）……………………………573
16・11　グリセリン………………………………………………………574
　　16・11・1　確立したグリセリン用途…………………………………575
16・12　油脂のアルコール分解（エステル交換）……………………576
　　16・12・1　ココアバターと母乳………………………………………576
　　16・12・2　トランス脂肪とエステル交換……………………………578
　　16・12・3　バイオディーゼル油と潤滑剤……………………………579
　　　　　●微生物藻類
16・13　アルキルポリグリコシド………………………………………582
16・14　ノンカロリーの油脂様代用品…………………………………583
文献および注…………………………………………………………………584
　　［訳者補遺］バイオディーゼル油の世界の生産量……………………585

17章　炭水化物 —— 再評価進む再生可能資源　**586**

17・1　糖類とソルビトール……………………………………………586
　　17・1・1　イソソルビド………………………………………………593
17・2　フルフラール……………………………………………………594
17・3　デンプン…………………………………………………………596
17・4　セルロース………………………………………………………599
　　17・4・1　木材からのさまざまな化学製品……………………………603
　　　　　バニリン／レブリン酸
17・5　ガ　ム……………………………………………………………606
17・6　発酵とバイオテクノロジー……………………………………608
　　17・6・1　アミノ酸……………………………………………………611
　　　　　L-グルタミン酸／L-リシン／L-アスパラギン酸／L-システイン
　　17・6・2　ポリマー類…………………………………………………614
　　17・6・3　組換えDNA技術によるタンパク質類……………………615
　　17・6・4　発酵と再生可能製品シナリオ………………………………615
　　17・6・5　バイオ燃料…………………………………………………618
　　　　　ブラジルの経験／米国のバイオエタノール／バイオマス／
　　　　　Catalytic Bioforming／バイオテクノロジー対合成ガス

文献および注⋯⋯⋯⋯⋯⋯⋯⋯⋯⋯⋯⋯⋯⋯⋯⋯⋯⋯⋯⋯⋯⋯⋯⋯⋯⋯⋯ 623
　［訳者補遺］バイオエタノールの世界の生産量とセルロース系バイオエタノール
　　　　　　　の工業化⋯⋯ 624

18 章　工業触媒⋯⋯⋯⋯⋯⋯⋯⋯⋯⋯⋯⋯⋯⋯⋯⋯⋯⋯⋯⋯⋯⋯ **626**

18・1　触媒の選択⋯⋯⋯⋯⋯⋯⋯⋯⋯⋯⋯⋯⋯⋯⋯⋯⋯⋯⋯⋯⋯⋯ 626
　18・1・1　反応速度と選択性⋯⋯⋯⋯⋯⋯⋯⋯⋯⋯⋯⋯⋯⋯⋯ 627
　18・1・2　変化していない触媒の回収⋯⋯⋯⋯⋯⋯⋯⋯⋯⋯⋯ 630
　18・1・3　触媒劣化⋯⋯⋯⋯⋯⋯⋯⋯⋯⋯⋯⋯⋯⋯⋯⋯⋯⋯⋯ 630
　18・1・4　非平衡生成物を得る方法⋯⋯⋯⋯⋯⋯⋯⋯⋯⋯⋯⋯ 631
18・2　均一系触媒と不均一系触媒⋯⋯⋯⋯⋯⋯⋯⋯⋯⋯⋯⋯⋯⋯ 632
　18・2・1　不均一系触媒用反応器⋯⋯⋯⋯⋯⋯⋯⋯⋯⋯⋯⋯⋯ 632
　18・2・2　均一系触媒の固定化⋯⋯⋯⋯⋯⋯⋯⋯⋯⋯⋯⋯⋯⋯ 635
18・3　触媒の市場⋯⋯⋯⋯⋯⋯⋯⋯⋯⋯⋯⋯⋯⋯⋯⋯⋯⋯⋯⋯⋯ 636
18・4　酸と塩基による触媒反応⋯⋯⋯⋯⋯⋯⋯⋯⋯⋯⋯⋯⋯⋯⋯ 639
18・5　二元機能触媒⋯⋯⋯⋯⋯⋯⋯⋯⋯⋯⋯⋯⋯⋯⋯⋯⋯⋯⋯⋯ 643
18・6　金属，半導体，絶縁体による触媒⋯⋯⋯⋯⋯⋯⋯⋯⋯⋯⋯ 644
　18・6・1　自動車排ガス浄化用触媒⋯⋯⋯⋯⋯⋯⋯⋯⋯⋯⋯⋯ 645
18・7　配位触媒⋯⋯⋯⋯⋯⋯⋯⋯⋯⋯⋯⋯⋯⋯⋯⋯⋯⋯⋯⋯⋯⋯ 646
　18・7・1　立体規則性化合物合成用触媒⋯⋯⋯⋯⋯⋯⋯⋯⋯⋯ 647
　18・7・2　不斉合成⋯⋯⋯⋯⋯⋯⋯⋯⋯⋯⋯⋯⋯⋯⋯⋯⋯⋯⋯ 648
18・8　酵素⋯⋯⋯⋯⋯⋯⋯⋯⋯⋯⋯⋯⋯⋯⋯⋯⋯⋯⋯⋯⋯⋯⋯⋯ 651
　18・8・1　抗体触媒⋯⋯⋯⋯⋯⋯⋯⋯⋯⋯⋯⋯⋯⋯⋯⋯⋯⋯⋯ 653
18・9　形態選択的触媒⋯⋯⋯⋯⋯⋯⋯⋯⋯⋯⋯⋯⋯⋯⋯⋯⋯⋯⋯ 654
18・10　相間移動触媒反応とフルオラス二相触媒反応⋯⋯⋯⋯⋯⋯ 659
18・11　ナノ触媒反応⋯⋯⋯⋯⋯⋯⋯⋯⋯⋯⋯⋯⋯⋯⋯⋯⋯⋯⋯⋯ 661
18・12　将来の触媒⋯⋯⋯⋯⋯⋯⋯⋯⋯⋯⋯⋯⋯⋯⋯⋯⋯⋯⋯⋯⋯ 664
　18・12・1　触媒設計⋯⋯⋯⋯⋯⋯⋯⋯⋯⋯⋯⋯⋯⋯⋯⋯⋯⋯⋯ 664
　18・12・2　高選択性⋯⋯⋯⋯⋯⋯⋯⋯⋯⋯⋯⋯⋯⋯⋯⋯⋯⋯⋯ 664
　18・12・3　高活性触媒⋯⋯⋯⋯⋯⋯⋯⋯⋯⋯⋯⋯⋯⋯⋯⋯⋯⋯ 665
　18・12・4　公害汚染問題⋯⋯⋯⋯⋯⋯⋯⋯⋯⋯⋯⋯⋯⋯⋯⋯⋯ 665
　18・12・5　新しい反応のための触媒⋯⋯⋯⋯⋯⋯⋯⋯⋯⋯⋯⋯ 666
　18・12・6　天然触媒を模倣した触媒⋯⋯⋯⋯⋯⋯⋯⋯⋯⋯⋯⋯ 666
　18・12・7　ハイスループット実験を通じた触媒探索⋯⋯⋯⋯⋯ 666
文献および注⋯⋯⋯⋯⋯⋯⋯⋯⋯⋯⋯⋯⋯⋯⋯⋯⋯⋯⋯⋯⋯⋯⋯⋯⋯ 668

19章　グリーンケミストリー　670
- 19・1　アセチレン化学の衰退　672
- 19・2　ナイロン原料　672
- 19・3　ホスゲンの代替　673
- 19・4　ジメチルカーボネートによるモノメチル化　674
- 19・5　液化二酸化炭素，超臨界二酸化炭素，超臨界水　675
- 19・6　イオン液体　676
- 19・7　光触媒　679
- 19・8　有機電解合成併産法　679
- 19・9　"グリーン"医薬品　681
  - 19・9・1　イブプロフェン　681
  - 19・9・2　セルトラリン　682
  - 19・9・3　"再生可能原料"からの医薬品　684
- 19・10　ジエタノールアミンの接触脱水素反応　686
- 19・11　遺伝子操作　687
- 19・12　生分解性包装材料　687
  - 19・12・1　ポリヒドロキシアルカン酸エステル　690
- 19・13　グリーンケミストリー大統領チャレンジプログラム　693
- 文献および注　693

20章　持続可能性　695
- 20・1　気候変動　696
- 20・2　資源枯渇　700
  - 20・2・1　食糧，水，人口　701
- 20・3　エネルギー資源　705
  - 20・3・1　風力発電　707
  - 20・3・2　波力発電　708
  - 20・3・3　太陽エネルギー　709
    集光型太陽熱発電（CSP）／太陽電池／色素増感型太陽電池（DSSC
    またはDSC）／人工光合成
  - 20・3・4　原子力エネルギー　714
  - 20・3・5　メタンハイドレート　715
  - 20・3・6　水素経済　716
  - 20・3・7　燃料電池　717

20・3・8	電気自動車	723
20・4	環境汚染	723
20・4・1	オゾン層	726
20・4・2	微量の化学物質	729

農　薬／農薬以外の親油性物質

20・4・3	大気汚染	732

二酸化硫黄と微粒子／自動車排ガス

20・4・4	排水処理	738
20・4・5	固形廃棄物	740

廃棄物の予防的削減／リサイクル／燃焼または焼却処理／衛生埋立

20・4・6	石油化学工業廃棄物	746
20・4・7	その他の環境問題	747
20・5	終わりにあたって	747
文献および注		749

付　録	A. 原価計算	753
	B. 単位と換算値	758
	C. 化学工業で使われる特殊な単位	760
	D. シェールガスとシェールオイルの重要性	762
	E. 中国の現代的石炭化学とMTO & MTPの発展［訳者補遺］	769

索　引 ……… 771

本書（原著第3版）の使い方

　この新版は，化学工業の技術と経済に精通した著者らによる一連の著作の最新版である．大変な速さで変化している化学工業に合わせて改訂した．著者らは多くの新製法と既存製法の技術改良について話し合った．化学工業の経済面でも大きな変化があった．変化は，地域という側面でも，また"グリーンケミストリー"と持続可能性という側面でも起こった．

　この序章のもともとの目的は，第一に著者らの情報源の所在を示し，第二に読者が興味をもったトピックスを自分で追跡調査する方法を示すことである．この目的は第3版においても継続されている．しかしインターネットの普及に合わせて情報収集の手法を改訂した．実際に，この本をe-ブックリーダーで読んでいる人もいるだろうし，自分のパソコンにダウンロードしている人もいるだろう．

　"著者らがどこで情報を得たのか？"という質問への答えは，"化学工業に関与してきたほぼ50年の歳月の中から掘り出してきた"というところである．著者らが以前出版した別の本は数版を重ねてきた．その一般的な参考文献には20冊の書籍が入っている．そのうち13冊は1980年以前に出版されたものである．このような参考文献は，出版から時間がたち，一般の読者には入手できない．このような状況を考慮して著者らは，"参考文献"から1990年以前のものはすべてを，2000年以前のものについては多くを削除した．古い参考文献を見たいときには，本書の旧版を参照していただきたい．本書の情報の多くは，著者らが長年にわたって化学工業とかかわった過程で得られたものであり，また最近の情報の多くは，Nexant/ChemSystems社のお蔭で入手したものである．著者の一人（HAW）は工業有機化学を28カ国（その多くは複数回にわたって）延べ1000人以上の学生に講義してきた．その講義資料からも情報やイラストを得ている．

　読者が興味をもったことを，今日，どのように追求するかという答えは，また異なる．2世代前ならば，化学工業界で働いている人は，専門誌を読んで情報をこつこつ集め，学術誌によって情報を選り分け，*Chemical Abstracts* のような情報サービスで情報を地道にチェックしていた．大型の図書館をときおり訪ねては Dewey 十進分類法による関心ある分野の開架棚を眺め，どんな新刊書があるか見ていた．ビジネス情報は，めったに見つからない砂金のようなものだった．マーケティング業務の人は，ライバル企業の従業員が常に集まるバーをぶらついては，落とされた情報の断片をつなぎ合わせて，現に何が起こっているのかをつかもうとしてきた．

　今日では，Google にキーワードを打ち込めば，控え目にみても百万の情報が得られる．情報は欠乏の時代から過剰の時代に変わった．問題は推測や間違いだらけの情報から

正しい情報を選別することである．各人の以前の検索記録を保存し，その記録リストからGoogle が関心の高いものと考える項目を勝手に並べていると，Google は批判的に報道されたことがあった．それは悪く言われているというより有難いものである．URL（インターネットアドレス，Uniform Resource Locators）を引用する欠点は，時間がたつと削除されることであり，またあるブラウザからコピーされた URL にはおおもとの一次情報源である機関のホームページを通じてしかアクセスできなくなる場合があることである．本書に引用された URL にアクセスしてエラーメッセージを受取った場合には，関係ありそうな機関のホームページにアクセスしたり，そこから他を探したりすることをお勧めする．

Wikipedia は情報の宝箱であり，科学的事項は政治的事項よりも信頼性の高いものもある．情報調査のスタート地点となり，詳細な情報を知る参考資料が得られる．さらに本書では直接の参考資料として，科学文献を減らし，URL，化学業界誌，専門誌をできるだけ使った．これらは目新しい進展を報告しており，また信頼できる文献につながる糸を提供しているからである．読者にどの程度使いやすいものになったのかについては確信がもてないけれども，少なくとも情報の探し方の変化に対応したものになったのではないかと考えている．

I・1 本書執筆のねらいと構成
I・1・1 執筆のねらい

石油化学工業は，重量ベースでみると，全有機化学製品の 90% 以上を供給している．1950，1960 年代に急速に成長した．多くの新製法と新製品が導入され，"規模の経済"* が成り立つことが証明された．化学品とポリマーの価格が大きく低下したので，昔から使われてきた伝統的材料（紙，ガラス，金属，木材）との競争にも勝つことができた．楽しい色合いのプラスチック製家庭用品も，高い機能をもつ包装容器も，硬水でも平気で使えるシャンプーも，そして洗った後もアイロンの要らない合成繊維製衣服も，もはや新技術として心躍らせるものではなくなった．これらは現代生活の中に受け入れられ，そして決まりきった一部分になってしまった．

1970 年代に石油化学工業の成長は横ばいになった．第一次，第二次石油危機によって原油価格が上昇し，石油からつくられる製品の価格も上がった．1990 年代前半にエチレン年産 100 万トンの水蒸気分解装置（スチームクラッカー）とメタノール年産 160 万トンプラントの建設が再び盛んになったために，"規模の経済" の追求によって需給ギャップに苦しむことになった．石油化学工業は成熟したのであった．石油化学技術が既知のものとなり，入手しやすいものになると，発展途上国が自国内で石油化学工業を始め，先進国と競合するようになった．こうして利益率が低下した．2000 年代前半には，中東とアジア・

＊（訳注）生産規模の増大に伴い，生産量単位当たりの設備費や労務費が減少する．

大洋州の石油化学工業は，かつてのしずく程度のものから洪水へと変わった．今日では多くの石油化学製品の生産量で，米国とヨーロッパの合計よりもアジア・大洋州の方が大きくなっている．米国とヨーロッパの石油化学工業は合理化を行った．1990年時点での化学会社世界トップ20社のうち，2008年時点でも繁栄している会社は8社にすぎない．

さらに環境問題の圧力が強くなり，地球温暖化から魚の性転換に与える影響まで，あらゆることで化学工業は非難されている．化学工業に携わる多くの人は，このような圧力は反産業主義の誇大宣伝屋によって起こされていると考えている．その一方で，環境負荷の少ない化学を志向する動きも重要になっており，広がっている．

市場に出す前に多額の費用がかかる毒性試験が必要になっていることもあるので，新製品をつくることはもはや最優先のテーマではなくなった．新たな化学製品を生みだそうという壮大な計画をつくるよりも，環境汚染を減らしたり，製法を改良したり，大きな販売利益が得られる特殊な配合の製品やニッチな[*1]製品を開発することに，化学工業は関心をもつようになった．研究開発は，製法の改善志向を強めている．汚染の少ない製法の開発を求めるとか，成熟化を打ち破って経費削減技術によって競争上の優位を得ようとするような製法である．多くの例を本書に示した．

I・1・2 本書の構成[*2]

第1章では有機化学製品が何からつくられているのか，そのなかで石油と天然ガスがいかに主要な原料となっているかを示している．石油と天然ガスから七つの基礎化学品（基本ブロック）がつくられ，そこからほとんどすべての石油化学製品が生みだされる．その基本となるブロックとは，まずオレフィンとしてエチレン，プロピレン，C_4オレフィン類（ブタジエン，イソブテン，1-ブテン，2-ブテン），つぎに芳香族としてベンゼン，トルエン，キシレン類（オルト，メタ，パラ），そして最後に1炭素のアルカンであるメタンである．第1章ではオレフィンがどのようにしてつくられるかを説明する．米国では第一に水蒸気分解，第二に接触分解である．一方，ヨーロッパではもっぱら水蒸気分解である．メタンは天然ガスの中にそのものとして存在し，豊富なシェールガスの供給によって，最近は埋蔵量が増大している．石油精製業と石油化学工業の接点の重要性については，原料のフレキシビリティー（原料価格の変動に対応して安価な原料を柔軟に選択し，切替え使用できる可能性）と収益性の関係を通じて述べる．

第2章，第3章では，エチレンとプロピレンの化学について述べる．七つの基本ブロックのなかで，最も重要なものなので，それに応じて詳しく扱っている．

第4章，第5章では，C_4とC_5オレフィン類を扱う．C_5オレフィン類とその誘導品は，量的には小さく，七つの基本ブロックに入らない．それでもイソプレンは天然ゴム類似

[*1]（訳注）　ニーズが満たされていない，隙間のような小さな市場．
[*2]（訳注）　訳書では原出版社の許可を得て，日本の実情に合うよう章構成を変更した．

の合成ゴム（§9・3・10）や熱可塑性エラストマー（§9・3・8）の重要な原料である．

第6章，第7章，第8章では，芳香族，すなわちベンゼン，トルエン，キシレン類の化学を述べる．ベンゼンは，1960年代以後はエチレンとプロピレンに主役の座を奪われている．それでも3番目に重要な基本ブロックである．

すべての有機化学品のうち，圧倒的多数がポリマー原料となっているので，**第9章**では重合法とポリマー物性を扱う．メタロセン触媒，デンドリマー，導電性ポリマーの最近の進歩も述べている．

第10章は，化学工業の特徴と米国経済のなかでの位置づけについて述べる．

第11章ではグローバル化を扱っている．化学工業は発祥の地である西ヨーロッパや米国から，アジア・大洋州や中東に広がっている．

第12章は化学製品の生産国から消費国への輸送について述べる．化学製品の生産国には，一世代前には化学工業が存在しなかったような国々も多い．輸送費はグローバル化した世界では決定的に重要な事項であり，化学製品の平均原価の約10％にもなる．

第13章ではメタンの化学を述べる．メタンはオレフィン，芳香族に比べて反応性に乏しい分子であるが，アンモニア，メタノールを生産するための合成ガス（$CO+H_2$）の原料である．"ストランデッドガス"（非経済的な遠隔地にある天然ガス）は利用が待たれるメタン源である．アセチレンはメタンからつくられる可能性があるので，この章で扱っている．アセチレンは50年前には非常に重要であったけれども，エチレン，プロピレンを出発源とする新しい化学によって地位が低下した．ところが石炭に強く依存する中国の化学工業が急発展するとともに，アセチレンも最近カムバックしてきた．

第14章では，メタン以外のアルカンを出発源とした化学工業の勃興について述べる．すぐれた触媒が開発されることによって，アルカンがオレフィンに置き換わるようになってきた．これは将来化学工業を根底から変える可能性がある．

第15章，第16章，第17章では，非石油・非天然ガス原料の化学を扱う．石炭，油脂，炭水化物である．19世紀と20世紀前半には，コールタールや石炭乾留揮発分を原料として化学製品がつくられた．今日では，そのような化学は特別な地域に限られ，石炭への主要な関心は合成ガスへの転換に絞られている．もし石油も天然ガスも枯渇したならば，合成ガスへの転換は石炭を出発源とする化学工業の第一段階になる．そしてすでに中国で石炭化学工業が復活しつつある．油脂の化学（第15章）は界面活性剤分野や多くの特殊（スペシャリティー）化学品分野で重要である．炭水化物を出発源とする化学（第17章）も，また巨大な特殊化学品分野をつくり上げている．何といっても，この二つは再生可能な資源であり，またその変換反応にはバイオテクノロジーがしばしば使われる．これらはおもに農産物なので，化学工業への利用は食糧と競合することになり，研究上の関心をよぶばかりでなく，論争もよんでいる．

第18章では触媒の重要事項を扱う．触媒がなければ，化学工業はほとんど存在しない．

第19章は"グリーンケミストリー"の勃興について述べる．1990年以来，工業化学

について出版された書籍において首位の座を占めるトピックスである．

最後に**第20章**では，肝要な持続可能性を扱う．ミクロなレベルでは大気汚染，廃棄物，太陽光発電など，グローバルなレベルでは国際競争や資源枯渇などの問題である．

第3版では，新しい製法や動向を扱うだけでなく，視野を広げて明らかに重要性が低い反応も加えた．そのような反応は収益性の高い特殊化学品を生みだすことができるので重要である．またいくつかの古い製法についても詳細に説明した．いつの日にか復活する可能性があるためだけでなく，ある製法が別の製法になぜ転換したのかを理解するうえで欠かせないからである．

本書は有機化学を学んでいる学生ばかりでなく，大学院生，企業研究者，そして化学工業で働いている，あるいは化学工業に興味をもっている経営者にも役立つことを期待している．化学工業は20世紀と21世紀に最も繁栄した工業の一つである．もっとも21世紀の10年を経験しただけであるが．

各章は独立して読むことができるように努めた．そのため，ある程度の重複が生まれることは避けがたかった．重複を減らすために，多くの参照すべき章節を示したので活用していただきたい．

I・2 北米産業分類

米国政府は，北米産業分類（NAICS）に従って，あらゆる産業分野の統計を作成している（http://www.census.gov/cgi-bin/sssd/naics/naicsrch?chart_code=31&search=2007 NAICS Search）．2002年版は2007年に改訂された．経済の主要分野が1から99（表10・1参照）の番号を付けて分類されている．製造業は31〜33番であり，化学工業は325番となっている．もっと詳しい産業分類による統計は，4桁，5桁，6桁の番号を付けて提供されている．3252は合成樹脂，合成ゴムおよび化学繊維製造業であり，325211はプラスチック製造業，325212は合成ゴム製造業，32522は化学繊維製造業である．本書はこの統計データを使っている．しかし最新の数字が得られず，2010年発行の統計には，2008年の情報が入っているだけである．2010年経済センサスのより詳しい数字は，少しずつ発表されている．他の情報源による統計には，もっと新しいものがあるものの，信頼性に劣る（§I・4・5）．

化学工業を含めて製造業の内訳を表10・2に示す．もっと詳しい情報が欲しいときにもNAICSは十分に応えてくれる．他の国にはこれに匹敵するデータベースがない．多くの国が標準産業分類をもっているものの，NAICSほど詳細なものではない．各国の分類は，それぞれ対応しておらず，政府の公式統計を使って経済分析を行おうとするときは落とし穴に注意しなければならない．

I・3 単位と命名法

メートル，キログラム，秒に基づくSI（国際単位系）が広く採用されたことによって，

化学工業では単位の使い方が改善されるどころか，混乱してしまった．トンは 3 種類が普通に使われている．ショートトン（2000 ポンド），メートルトン（ton でなく tonne と表記されることもある．1000 キログラムまたは 2204.5 ポンド），そしてロングトン（2240 ポンド）である．米国の統計では，しばしば百万ポンドが使われる．それは少なくともトンほど迷うことはないけれども，本書ではほとんどメートルトンを使うことにする[*1]．それに加えて，本書では産業界で現に使われている単位も使っている．石油はバレルを使う．それとともに，よく知られた単位による換算値も併記した．換算表は付録 B，C に示した．

同様に化学製品の名称についても，IUPAC（国際純正・応用化学連合）による体系的命名法よりも，産業界で慣用的に使われている名前を採用した[*2]．水素 2 原子が結合した分子である水素ガスは二水素ではなく，水素と書き，エテン，エチン，エタン酸ではなく，エチレン，アセチレン，酢酸を採用している．

化学工業では名前のつけ方に統一性をもたせようとはしない．エテン，プロペンは，広くエチレン，プロピレンとして知られており，IUPAC 名ではほとんど通用しない．しかし C_4 オレフィンではブチレンよりもブテンが使われることが多く，本書でもこの名称を採用している．また，化学工業でしか使わない慣用名を採用している．$C_6H_5CH(CH_3)_2$ は，売買に使われる名前であるクメンを採用し，より正式な名前であるイソプロピルベンゼン，2-フェニルプロパン，または（1-メチルエチル）ベンゼンは使っていない．エタナールという用語はエタノールと誤解されやすい．この化合物はアセトアルデヒドという名前で知られている．慣用名は非常に重要で，これを使わなければ医薬品工業は存在できない．

慣用名を使うことによって，名前に統一性がなくなることは残念である．しかし，化学工業で働く人々と交流したり，学生に化学工業に入る準備をさせたりするうえで，慣用名を使うことは最も目的にかなっていると思う．

I・4 一般的な参考文献

すでに述べたように，インターネットの普及に合わせて本書は参考文献を"一新"した．Amazon ウェブサイトを検索すれば，考えうる限りのトピックスに関する書籍リストを入手できる．本書の読者は，多くのトピックスに関して背景となる論文にアクセスする手段（ツール）をもっていると考え，旧版にあった"注と参考文献"に代わって，各章の章末で参考になる文献やウェブページを紹介した．そこでは，本文中でとりあげた情報にさらに言及し，逸話を追加していることさえある．

[*1]（訳注） 翻訳にあたってはさまざまな単位を併記すると煩雑になるので，メートルトンに換算して統一し，これをトンと表記した．
[*2]（訳注） 日本化学会の化合物命名法で"誤り"，"やめる"とされている名称や表記は翻訳にあたって修正した．

I・4・1 百科事典

- R.E.Kirk and D.F.Othmer, *Kirk-Othmer's Encyclopedia of Chemical Technology*, Vol. 1~27, 5th ed., J. I. Kroschwitz and M. Howe-Grant, editors, Hoboken NJ: Wiley-Interscience; 2004~2007：最も重要な事典である．工業化学のあらゆる面について，総合的にカバーしており，参照文献も豊富である．登録利用者（大学または他の予約購読者）には下記のアドレスにアクセスでき，このサイトは，また，すべての Wiley-Interscience 運営の学術雑誌も検索できる：www.mrw.interscience.wiley.com/uric または www.mrw.interscience.wiley.com/kirk．第 1 版から第 4 版の初めの巻は，どうしても内容が古臭くなっている．しかし他の情報源からは得られない情報を得ることができる．探している項目が，新版で扱われていないならば常に旧版も調べてみる価値がある．

- *Ullmann's Encyclopedia of Industrial Chemistry*, M.Bohnett and F.Ullmann editors, Weinheim:Wiley-VCH：*Kirk-Othmer* の唯一のライバルとなる百科事典である．1914 年に最初出版され，2003 年に 40 巻本として第 6 版が出版された．*Kirk-Othmer* より海外からの利用が多く，予約購読者はオンラインで利用できる．

- *The Encyclopedia of Polymer Science and Engineering*, 3rd ed., J.I.Kroschwitz, editor（12 volume plus supplement and an index volume）, Interscience, New York: 2003~2004：高分子化学を総合的にカバーしている百科事典．

- *The Encyclopedia of Chemical Processing and Design*, J.J.McKetta and R.G.Anthony, editors, New York: Dekker：化学工学を中心とした百科事典．2002 年までに 69 巻刊行されたが，そこで終わってしまったようである．1976 年に始まったので，どうしても全巻の統一性が保たれていない．個々の項目の記載は優れているが，項目の採用基準が不明確である．

- R.D.Ashford, *Dictionary of Industrial Chemicals*, 2nd ed., London: Wavelength;2002.

- A.Comyns, *Encyclopedic Dictionary of Named Processes in Chemical Technology*, Boca Raton, FL: CRC Press; 3rd ed., 2007：どちらも便利な参考書である．

コンサルタント会社数社が，非常に多くの工業化学製品に関する化学反応，製法，市場動向に関する豊富な最新情報を継続的な報告書として刊行している．しかし，これらは非常に高価であり，通常は化学会社の図書室でしか見ることができず，予約購読者は情報を漏らさないようにする契約をしている．その一例としては次のようなものがある．

- *Process Evaluation and Research Planning*（PERP Program） Nexant Inc./ChemSystems, 44 South Broadway, White Plains, NY 10601-4425 USA：これは多くの石油化学製品ばかりでなく，重要な特殊化学品もカバーし，化学反応，製造工程，市場データを深く分析している．

- *Chemical Economics Handbook*, Stanford Research Institute, Menlo Park. CA：年間予約購読か，個別レポートで利用できる．IHS 社（Information Handling Services）に買収された．

I・4・2 書　籍

- J.A.Kent and E.R.Riegel, *Kent and Riegel's Handbook of Industrial Chemistry and Biotechnology,* 11th ed., New York: Springer; 2007：第二次大戦後に化学工業が大発展する前には 3 冊の古典がその時代の業績の大部分をカバーしていた．この 3 冊は何度も改訂されて内容が更新されてきた．古臭くみえるけれども紹介する価値がある．そのなかで最も古くて，しかも改訂されたので最も新しい本である．最初 1928 年に *Riegel's Handbook of Industrial Chemistry* として発行され，現在では化学工業製品に関して複数の著者による概説書になっている．

- B.Selinger, *Chemistry in the Market-Place,* 5th ed., Sydney: Harcourt Brace; 1998：消費者の視点から化学製品を述べている本である．Selinger はオーストラリアの消費者運動のパイオニアであり，有害廃棄物処理委員会の委員長を務めている．多数の家庭用化学製品の配合構成を，さまざまな添加物を加える理由とその背後にある理論とともに説明している．

- P.J.Chenier, *Survey of Industrial Chemistry,* 3rd ed., New York: Kluwer Academic-Plenum; 2002：ほぼ 100 種類の工業有機化学製品といくつかの無機製品について，簡潔に記述した本である．化学工業の経済面も述べ，話を米国に絞っている．

- *Handbook of Petrochemicals Production Processes,* R.A.Meyers, editor, New York: McGraw Hill; 2005：ハンドブックとして書かれており，18 種類の石油化学製品に関する 53 種類の製法を多数の著者が百科事典風に記述している．

- S.Matar and L.F.Hatch, *Chemistry of Petrochemical Processes,* Boston: Gulf Professional Publishing, 2nd ed., 2001：石油化学を適切に説明している．社会，経済的側面に弱いが，すばらしい製造工程図がそれを補っている．残念なことに，第 2 版は第 1 版の微修正にとどまっている．

- R.A.Meyers, *Handbook of Petroleum Refining Processes,* 3rd ed., New York: McGraw Hill; 2003：こちらの方が使いやすいという人もいる．

- D.Waddington et al., *The Essential Chemical Industry,* 5th ed. 2010：the University of York（UK）Chemical Education Centre の定期編集出版物である．各章で別々の化学製品を効果的に扱っている．

- P.Spitz, *Petrochemicals: The Rise of an Industry,* New York: Wiley; 1988：歴史的側面が詳しく，石油化学工業初期の詳しい記述にひきこまれる．

- *From Classical to Modern Chemstry: The Instrumental Revolution,* P.J.T.Morris, editor, Royal Society of Chemistry, London, 2002：計装・分析機器の発展により，特に環境分析やプロセス制御において，化学者や化学技術者が何を達成し，問題に対してどのように考えたかを記述している．

- *Development of the UK Chemical Industry:A Historical Review,* CIA, London, 2000：英国化学工業協会の制作である．

- Tony Travis et al., *Determinants in the Evolution of the European Chemical Industry, 1900〜1939: New Technologies, Political Frameworks, Markets and Companies*, Heidelberg: Springer; 2010：ペーパーバック本の最新刊.

I・4・3 雑　　誌

　化学工業をめざす学生は，化学工業関係の商業誌を読むとよい．そのような雑誌は，新製品，新製法をとりあげ，また産業の構造変化や予測を考えている．景気動向ばかりでなく，企業合併・買収・分割などのできごとが書かれている.

　英語読者向けには次のような雑誌がある.
- *Chemical and Engineering News*：週刊, ACS（米国化学会）, Washington DC
- *Hydrocarbon Processing*：月刊, Gulf Publishing, Houston,TX
- *Chemistry World*：Royal Society of Chemstry（王立化学協会）, London

　European Chemical News がなくなってしまったが，その姉妹誌である *Asian Chemical News*（Reed Business Information, UK）は 1994 年に始まり発展している．IHS 社（Information Handling Services）は二つの重要な雑誌を買収した．*Chemical Week*（週刊, IHS Inc., 140 East 45th Street, 40th Floor, New York, NY 10017; 133 Houndsditch, London EC3A 7BX）と *ICIS Chemical Business*（昔の *Chemical Market Reporter*）である．後者には世界で広く売買されている化学製品ほとんどすべてについて，米国市場価格の総合的なリストが載っていた．しかし 2006 年を最後に終わってしまった.

　お金に余裕のない人には，ICIS 週刊ニュースレターを強く勧めたい．これは無料で e-メールで送付される.

I・4・4 特　　許

　特許は，発明者が発明を独占的に実施できる権利を政府が許可している制度である．米国や EU では出願から 20 年間，他の国でも同様な特許期間が設定されている．その代わりに発明者は，発明の詳細な内容を特許明細書に書いて公表しなければならない．米国の最近の制度では，医薬品特許はある条件下で 22 年間に延長され，ヨーロッパでも同様な特許期間が設定された.

　特許は先進国社会の心臓部にある．発明者の努力が報われないならば，イノベーションを起こすことは困難になる．Mark Twain は"私は特許庁のない国を知っています．そのような国は，まるでカニです．横か後ろにしか進むことができません."と言っている．それはとにかくとして，特許文献数は指数関数的に増加している．米国で特許件数が 400 万件に達するのに，ほぼ 200 年かかり，400 万番目の特許は 1976 年に発行された．それから次の 100 万件に達するにはたったの 15 年しかかからず，500 万番目の特許は 1991 年 3 月 19 日に L.O. Ingram らに発行された．その特許は最も古い合成物質であるエタ

ノールを現代のバイオテクノロジーを使ってつくるものであった．700万番目の特許は2006年に発行され，2011年5月17日までに795万件に達している．

I・4・4a 技術情報源としての意義

特許明細書は，主要な技術情報源である．科学文献よりもはるかに早い日付で情報開示されることが多く，しばしば唯一の情報源となる＊．特許では科学雑誌にないような否定的な結果もよく書かれる．うまくいかなかったことを知ることによって，科学者は多くの時間を節約できる．

学究肌の科学者は特許を避ける．序文も請求範囲も，長く，くどくどとした文章で法律用語を使って書かれているからである．図書館司書も特許を避ける．特許が個別項目ごとに発行され，収集し，製本するのが難しいからである．しかし，特許は圧倒的な便利さをもっている．項目別に分類されており，その分だけを購読することができ，しかも1件当たり3.00ドルである．

I・4・4b 特許データベースの活用方法

特許申請すると，米国特許庁が受付順に連続的に番号（米国申請連番）をつけ，特許が公認されたときには別の番号（米国特許番号）がつけられる．他の国の特許庁も同様である．

化学商業文献には，特許の簡潔な説明も入っている．*Chemical Abstracts* には数字による特許インデックスがある．特許番号に加えて，相当するケミカルアブストラクツ番号，国番号，申請連番から成っている．世界の主要な特許庁リストやその住所も掲載されている．*Chemisches Zentralblatt*（Akademie Verlag, Berlin）は同様な情報を提供するとともに，利用ガイド（*Chemisches Zentralblatt: das System*）もある．Derwent（Thomson/Derwent,14 Great Queen Street, London WC2 5DF, UK）は項目別に分類され，各国の特許分析と抄録から成り，毎月出版されている．たとえば *Organic Patents Bulletin* とか，*Pharmaceutical Patents Bulletin* である．Derwent は特許文献を大変に利用しやすくした．

Official Gazette（官報），特許コピー，クーポン券（コピー代金の便利な支払法），項目別特許リスト，外国特許のコピー，その他多くの情報は米国特許商標庁（USPTO; Washington DC 20231）で入手できる．多くの公的なまたは私的な機関が，特許文献を使おうとする学生を支援してくれるが，特許の完全な検索は National Patent Library（Washington DC）でしか行えない．

英国には *Official Gazette* に相当するものとして *Patents and Design Journal*（*PDJ*）があり，英国特許庁（Concept House, Cardiff Road, Newport, NP10 8QQ）で *PDJ* もその他の情報も入手できる．特許の完全検索は，the British Library（Patent Section）（96

＊（訳注）出願から1年6カ月後に出願特許内容が公開される公開制度を利用すると，一番早く情報を入手できる．例：日本の公開特許公報，国際出願（PTC 出願）の公開公報（例 WO 09045637 や World Patent 2009/045637）．

Euston Road, London NW 1 2DB) で行うことができる.

　項目コードやその他の特許検索に役立つ情報を知るには，*Kirk-Othmer*（§Ｉ・４・１参照）を読むとよい．*The Business of Invention*（P.Bissel and G.Barker, Wordbase, Halifax, West Yorkshire,UK）は，明瞭で信頼できるアドバイスによって高い評価を得ている．

　特許へのアクセスは，特許データベースを検索するコンピューターシステムによって大変に簡単になった．データベースとしては，Derwent, *Chemical Abstracts, Inpadoc, esp@cenet* が最も重要である．米国特許庁（www.uspto.gov），ヨーロッパ特許庁（www.european-patent-office.org/inpadoc），英国特許庁（gb.espacenet.com）はすべてオンラインでつながる．2000 年に設立された Delphion Research は知的所有権ネットワークをつくりあげた．そのネットワークは完全なプレミアメンバーシップから 1 日パス券までさまざまなレベルでの利用が可能である．米国，ヨーロッパ，日本，その他の国の知的所有権のテキスト検索を行うことができる．検索は特許番号か項目によって行う．ジュネーブに本部を置く WIPO（世界知的所有権機関）は，世界中の最先端の特許を扱う CD-ROM やオンラインの出版活動を行っている．多くの国が GATT（関税と貿易に関する一般協定）の規制に参加するようになったので，WIPO の出版活動は重要性を増してきた．

　このような特許データベースの活用には熟練した技能が必要であるが，膨大な量の情報にアクセスすることになるので，利用者は十分に報いられる．日本人は特許を読み，翻訳する技能によって，化学工業で大きな成果を収めることができたといわれている．化学工業が複雑になるほど，そのトレンドを知り，他の会社が行おうとしていることを知って，同じ行動を避けることが重要になっている．特許文献は他の情報源よりも"隣人が行おうとしていることを知る"ことに役立つ．それは，現代の技術の世界では重要な考え方であり，新たな，そして予想もしなかったような商品やサービスをつくりだすために，発明者が他人の発明を参照するフレームワークの場である*.

＊（訳注）　現在では世界の主たる特許庁から，無料で検索・印刷が可能なデータベースが公開されている．
1. 日本特許庁の特許情報プラットフォーム
   https://www.j-platpat.inpit.go.jp/web/all/top/BTmTopPage
   古い特許は検索不可（現在のところ，たとえば公開特許は平成 5 年から，公告特許は昭和 61 年から）．主たる外国特許も検索可能（遡及期間限定）．
2. United States Patent and Trade Office（USPTO）の Patent Full-Text Databases
   http://patft.uspto.gov/
   古い特許も検索可能．
3. European Patent Office（EPO）の Espacenet（Patent Search）
   http://worldwide.espacenet.com/?locale=en_EP&view=cookies
   ヨーロッパ特許（EP）はもちろん，他国の特許も検索可能で，Patent Family のデータも豊富．
4. World Intellectual Property Organization（WIPO）の PATENTSCOPE
   https://patentscope2.wipo.int/search/en/search.jsf
   日本語版もある．

I・4・5　統計とインターネット情報源

　化学工業の経済面を知るには生産や消費に関する統計をみる必要がある．本書新版では，サンプルとなる統計を示したけれども，改訂作業の大部分が 2010 年データ発表前に行われたので，あまりうまく行かなかった．2009 年は景気後退期であり，2009 年データは誤解をまねく印象を与えるものとなった．このため，新しいデータへの更新作業を行ったものの，2008 年を基準年として使った．

　米国の総合的な統計集として，以前は，米国国際貿易委員会から毎年 *Synthetic Organic Chemicals: United States Production and Sales* が刊行されていた．この出版作業は，データが他の情報源から入手可能であるという，もっともらしい理由によって 1994 年に中止になった．NPRA（全米石油精製業者協会）がこの出版作業の幾分かをひき継いでいるものの，加盟会社に役立つ石油化学製品を中心としたものに限られている．

　さまざまな出版物が毎年刊行されている．

　米国化学会（The American Chemical Society）は，ウェブサイト（www.chemistry.org）に化学工業のデータ源へのリンクをはっている．このデータは，通常，米国化学会の出版物である *Chemical & Engineering News*（略号 *CEN*）の関連記事である．主要な化学製品，それに加えて，会社，雇用その他関連トピックスに関する情報は，*CEN* の翌年の 6 月末号か 7 月初め号に速報される．2009 年データは，2010 年 7 月 5 日号に掲載された．

　Guide to the Business of Chemistry〔米国化学協議会（American Chemistry Council），1300 Wilson Blvd., Arlington, VA22209〕は重要な情報源である．販売額，販売量，環境問題，業界動向を含め，化学工業に関する一般的な情報が記載されている．

　米国統計局（The United States Bureau of the Census: www.census.gov/compendia/statab/）は NAICS325 グループとそのサブグループ（http://factfinder.census.gov/servlet/IBQTable?_bm=y&_skip=300&-ds_name=AM0831GS101&-_lang=en．§I・2 参照）の統計を発表している．

　米国統計局作成の米国統計抄録（The Statistical Abstract of the United States）は，化学製品に関しては大きく統計されたデータしか得られない．

　国際連合と英国化学工業協会（the UK Chemical Industry Association）の出版物は統計にかなり重点を置いている．それでも詳細な数字を知るには少し遅くなるものの各国政府からの情報をみる必要がある．

　ヨーロッパに関しては CEFIC（欧州化学工業連盟）とその支部である APPE（欧州石油化学生産者協会）から多くの有用なデータと分析が発表されている．CEFIC と APPE の発表は，www.cefic.org と www.petrochemistry.net で容易に入手できる．CEFIC と APPE の加入団体には，次のような化学製品の団体があり，それぞれの団体が報告書を作成している：低級オレフィン，芳香族，アセチル化合物，アクリロニトリル，アミン，エタノール，アクリル酸モノマー，可塑剤とその中間体，酸素含有燃料添加物，エチレンオ

キシドと誘導体，メタノール，フェノール，プロピレンオキシドとグリコール，有機酸化物系溶剤，炭化水素系溶剤，スチレン，コールタール系化学品．

　アカデミックなデータベースで最も重要なのは，ISI（Institute for Scientific Information）のデータベースであり，*ISI Web of Knowledge* として有名であった．現在は *Web of Science* に改称している．科学論文の引用インデックスから始まって，今では社会科学インデックス，人文科学インデックスも運用している．研究所メンバーシップをもっていることが必要である．NIST Chemistry Webbook（webbook.nist.gov/chemistry）は公開されており，4万以上の化合物の化学的，物理的特性データが提供されている．

　最後になるが，化学会社の年次報告書（アニュアルレポート）は非常に有用である．CEO（最高経営責任者）のカラー写真の中に，豊富な情報の金塊がしばしば見つかる．検索エンジンを使ってアクセスできる．

頭字語および略語一覧

ABS	acrylonitrile-butadiene-styrene	ABS 樹脂
ACC	American Chemical Council	米国化学工業協会，米国化学協議会
ACS	American Chemical Society	米国化学会
AFC	alkali fuel cell	アルカリ型燃料電池
AMOCO	昔の American Oil/Standard Oil of Indiana；現在 BP 社の傘下	
APPE	Association of Petrochemicals Producers in Europe	欧州石油化学生産者協会
ARCO	昔の Atlantic Richfield Oil Company；現在は LyondellBasell 社	
BASF	ドイツの巨大化学会社　旧名 Badische Anilin und Soda Fabrik	
BHA	butylated hydroxyanisole	ブチル化ヒドロキシアニソール（酸化防止剤）
BHT	butylated hydroxytoluene	ブチル化ヒドロキシトルエン（酸化防止剤）
BP	英国の巨大石油会社　旧名 British Petroleum	
BPA	bisphenol A	ビスフェノール A
Btu	British thermal units	英国熱量単位（付録 B を参照）
BTX	benzene-toluene-xylene	ベンゼン，トルエン，キシレンの総称
CAA	Clean Air Act	米国大気浄化法
CEFIC	Centre Européen des Fédérations de L'Industrie Chimique	欧州化学工業連盟
CFCs	水素原子をもたない chlorofluorocarbons（クロロフルオロカーボン類）	
CHP	combined heat and power	コンバインドサイクル発電（熱電供給システム，コジェネレーション）
CIA	UK Chemical industries Association	英国化学工業協会
CIS	Commonwealth of Independent States	独立国家共同体；昔のソ連
CMA	Chemical Manufacturers' Association	米国化学生産者協会；現 ACC
CMC	carboxymethylcellulose	カルボキシメチルセルロース（増粘剤，乳化剤）
CMRs	carcinogens, mutagens, and reprotoxins	発がん物質，変異原性物質，生殖毒性物質
COCs	cyclic olefin copolymers	環状オレフィン共重合体
CRG	catalytic rich gas	接触燃料ガス
CTO	coal to olefins（石炭からのオレフィン生産）	
DCC	deep catalytic cracking	深度流動接触分解
DDT	p,p'-dichlorodiphenyltrichloroethane	p,p'-ジクロロジフェニルトリクロロエタン（殺虫剤）

DEA	diethanolamine	ジエタノールアミン
DMF	N,N-dimethylformamide	N,N-ジメチルホルムアミド（極性溶剤）
DMSO	dimethyl sulfoxide	ジメチルスルホキシド（極性溶剤）
DSM		オランダの化学会社；昔のDutch State Mines
EDTA	ethylenediaminetetraacetic acid	エチレンジアミン四酢酸（キレート剤）
ENI		イタリアの石油会社；Ente Nazionale Idrocarburi（Enichem社は子会社）
EOR	enhanced oil recovery	石油増進回収
EP	ethylene-propylene	エチレン-プロピレン（ゴム）
EPA	Environmental Protection Agency	米国環境保護庁
EPDM	ethylene-propylene-diene monomer	エチレン-プロピレン-ジエンモノマー（ゴム）
EVA	ethylene-vinyl acetate	エチレン-酢酸ビニル共重合体
EVC		European Vinyls Corporation；現在はINEOS ChlorVinyls社
FCC	fluid catalytic cracking	流動接触分解
FDA	Food and Drug Administration	米国食品医薬品局
GATT	General Agreement on Trade and Tariffs	関税および貿易に関する一般協定
GLA	γ-linolenic acid	γ-リノレン酸
GMP	Good Manufacturing Practice	医薬品製造管理基準
GTL	gas to liquid	（天然ガスから製造した液体燃料）
HTE	high throughput experimentation	ハイスループット実験
HCFCs	hydrochlorofluorocarbons	水素原子をもつクロロフルオロカーボン類
HCN	hydrocyanic acid and hydrogen cyanide	シアン化水素，青酸
HDPE	high density polyethylene	高密度ポリエチレン
HIPS	high-impact polystyrene	耐衝撃性ポリスチレン
HMDA	hexamethylenediamine	ヘキサメチレンジアミン（ナイロン原料）
HMDI	hexamethylene diisocyanate	ヘキサメチレンジイソシアネート（ポリウレタン原料），HDIともいう．
HMSO	Her Majesty's Stationery Office	英国政府刊行物発行所
ICI		英国にあった化学会社；昔のImperial Chemical Industries
IFP	Institut Français du Pétrole	フランス国営石油研究所；現在はAxens社
IPDI	isophorone diisocyanate	イソホロンジイソシアネート（ポリウレタン原料）
IR	infrared	赤外

ISP	International Specialty Products；現在は Ashland 社	
IUPAC	International Union of Pure and Applied Chemistry　国際純正・応用化学連合	
KA	ketone/alcohol　ケトン/アルコール油（シクロヘキサノール/シクロヘキサンの混合油）	
LAB	linear alkylbenzene　直鎖アルキルベンゼン	
LDPE	low density polyethylene　低密度ポリエチレン	
LLDPE	linear low density polyethylene　直鎖状低密度ポリエチレン	
LPG	liquefied petroleum gas　液化石油ガス	
M/F	melamine-formaldehyde　メラミン-ホルムアルデヒド樹脂	
MBS	methyl methacrylate-butadiene-styrene　MBS 樹脂（樹脂添加剤）	
MCFC	molten carbonate fuel cell　溶融炭酸塩型燃料電池	
MDI	4,4′-diphenylmethane diisocyanate　4,4′-ジフェニルメタンジイソシアネート（ポリウレタン原料）	
MEK	methyl ethyl ketone　メチルエチルケトン；2-butanone　2-ブタノン（溶剤）	
MOI	Mobil olefin interconversion　Mobil オレフィン相互変換プロセス	
MON	motor octane number　Motor オクタン価	
MTBE	methyl t-butyl ether　メチル t-ブチルエーテル（オクタン価向上剤，米国で地下水汚染により使用中止）	
MTG	methanol to gasoline（メタノールからのガソリン生産）	
MTO	methanol to olefins（メタノールからのオレフィン生産）	
MTP	methanol to propylene（メタノールからのプロピレン生産）	
NAICS	North American Industry Classification System　北米産業分類	
NGL	natural gas liquids　天然ガス液，コンデンセート	
NPRA	National Petroleum Refiners Association　全米石油精製業者協会	
OSHA	Occupational Safety and Health Act　米国労働安全衛生法	
P/F	phenol-formaldehyde　フェノール-ホルムアルデヒド樹脂	
PAFC	phosphoric acid fuel cell　リン酸型燃料電池	
PAMAM	poly(amidoamine)　ポリ（アミドアミン）（デンドリマーの一つ）	
PAN	peroxyacetyl nitrate　硝酸ペルオキシアセチル	
PBBs	polybrominated bisphenyls　ポリ臭素化ビフェニル類	
PBDEs	polybrominated diphenyl ethers　ポリ臭素化ジフェニルエーテル類	
PBT	persistent bioaccumulative toxic　残留性生物蓄積性毒物	
PDJ	Patents and Design Journal（英国特許庁発行の特許情報誌）	

PEEK	poly(ether ether ketone)	ポリ(エーテルエーテルケトン)（エンジニアリングプラスチック）
PEMFC	polymer electrolyte-proton exchange membrane fuel cell	高分子電解型/プロトン交換膜型燃料電池（固体高分子型燃料電池）
PEN	poly(ethylene naphthalate)	ポリ(エチレンナフタレート)（ポリエステル樹脂の一つ）
PERP	process evaluation and research planning	（ChemSystems 社発行のマルチクライアントレポートの一つ）
PET	poly(ethylene terephthalate)	ポリエチレンテレフタレート（最もよく使用されているポリエステル樹脂）
PIMM	process integrated management methods	プロセス統合管理法
PMDA	pyromellitic dianhydride	ピロメリト酸二無水物
PO	propylene oxide	プロピレンオキシド
POX	noncatalytic partial oxidation	非接触部分酸化法
PTA	pure terephthalic acid	高純度テレフタル酸
PTFE	polytetrafluoroethylene	ポリテトラフルオロエチレン
PVC	poly(vinyl chloride)	ポリ塩化ビニル
REACH	Registration, authorization, and evaluation of chemicals	化学品の登録，評価，認可および制限（欧州リーチ規制）
RIM	reaction injection molding	反応射出成形
RIPP	Chinese Research Institute of Petroleum Processing	中国石油化工科学研究院
RON	Research octane number	Research オクタン価
SABIC	Saudi Arabia Basic Industries Corporation	サウジアラビア基礎産業公社
SAN	styrene-acrylonitrile	スチレン-アクリロニトリル樹脂
SAPO	silicaaluminophosphate	シリカアルミノリン酸塩型モレキュラーシーブ
SBR	styrene-butadiene rubber	スチレン-ブタジエンゴム
S-B-S	styrene-butadiene-styrene	スチレン-ブタジエン-スチレンブロック共重合体
S-E-B-S	styrene-ethylene-butene-styrene	スチレン-エチレン-ブテン-スチレンブロック共重合体
S-E-P-S	styrene-ethylene-propylene-styrene	スチレン-エチレン-プロピレン-スチレンブロック共重合体
SHOP	Shell Higher Olefins Process	（Shell 社の開発したエチレンのオリゴマー化を出発点とする統合プロセス）

SI	Système International d'Unités　国際単位系	
S-I-S	styrene–isoprene–styrene　スチレン-イソプレン-スチレンブロック共重合体	
SMDS	Shell Middle Distillate Synthesis（Shell社の開発したGTL）	
SNG	substitute natural gas　代替天然ガス	
SOFC	solid oxide fuel cell　固体酸化物型燃料電池	
SOHIO	昔のStandard Oil of Ohio；現在はBP社の一部門	
TAME	t-amyl methyl ether　t-アミルメチルエーテル（オクタン価向上剤）	
TBA	t-butylalcohol　t-ブチルアルコール	
TDI	toluene diisocyanate　トルエンジイソシアネート（ポリウレタン原料）	
THF	tetrahydrofuran　テトラヒドロフラン（溶剤，ポリエーテル原料）	
TMA	trimellitic anhydride　トリメリト酸無水物	
TNT	trinitrotoluene　トリニトロトルエン	
TPA	terephthalic acid　テレフタル酸	
U/F	urea–formaldehyde　尿素-ホルムアルデヒド樹脂，ユリア樹脂	
UOP	Universal Oil Products；現在はHoneywell Specialty Materials社の子会社	
USGC	United States Gulf Coast　米国メキシコ湾岸地方	
USGS	United States Geological Survey　米国地質調査所	
USSR	Union of Soviet Socialist Republics（Soviet Union）；昔のソ連，現在のCIS	

Industrial Organic Chemicals
Third Edition

10 有機化学工業の発展

　米国，西ヨーロッパ，そして日本は，世界史上で最も複雑な社会である．多くの人々が高度に専門化して働き，互いが必要とする商品やサービスを提供しあうレベルにまで分業が進んでいる．商品やサービスを受取る代わりに，他の人々の需要を満たすように生産物を提供している．すべての人々が精神的に兄弟であるとともに，物質的にも兄弟なのである．

　経済のさまざまな部門は，互いに複雑に関係しあっている．たとえば製造業は鉄鋼をつくるために鉄鉱石を購入することによって，鉱業に依存している．代わりに鉱業は，製造業が鉄鋼からつくった機械を購入して採掘活動に使うことによって，製造業に依存している．

10・1　米国経済の中の化学工業

　経済を特定の産業や産業グループに分類することによって，社会活動の相互依存関係を明確に観察することができるようになる．そのような分類は，1997年までは米国統計局の標準産業分類（SIC）によって行われてきた．現在では北米産業分類（NAICS）に改訂された．北米の産業大分類を表10・1に示す．NAICSでは，製造業は番号31～33に割り当てられている．製造業の内訳の各工業には3桁の番号が付けられ，化学工業は325である．さらにその内訳の中分類，小分類，細分類には，4桁，5桁，6桁の番号

表 10・1　北米の産業大分類（2007年）

NAICS分類	名　　称	NAICS分類	名　　称
11	農業，林業，漁業，狩猟業	54	専門職的，科学的，技術的サービス業
21	鉱業，採石業，石油ガス採掘業	55	企業経営業
22	公益事業	56	管理・支援，廃棄物処理，補修サービス業
23	建設業		
31～33	製造業		
42	卸売業	61	教育サービス業
44～45	小売業	62	医療・社会支援業
48～49	運輸・倉庫業	71	芸術，娯楽，保養業
51～	情報産業	72	接客，飲食サービス業
52	金融保険業	81	公務を除く他のサービス業
53	不動産業，賃貸リース業	92	公　務

出典：米国統計局，Annual Survey of Manufacturers 2010

が割り当てられている．たとえば基礎化学工業（中分類）は3251，その内訳の合成染料・顔料工業（小分類）は32513，さらにその内訳の有機合成染料・顔料工業（細分類）は325132である．大きく見て，基礎化学工業（3251）は化学品を分離したり，合成したりする産業であるのに対して，川下の化学製品製造業（3252～3259）は，基礎化学品を化学的に変化させたり，処方に従って混合したり，小分け包装したりする産業である．製造業の内訳のNAICS番号を表10・2に示す（訳注：日本では2013年10月改定の日本標準産業分類が使われる．化学工業は中分類16である．詳しくは総務省統計局ホームページを

表 10・2 製造業（NAICS31～33）の内訳（2009[†1]）

NAICS番号	名称	従業員数（千人）	出荷額（10億ドル）	付加価値額（10億ドル）
31～33	*製造業 2008*	*12,748*	*5,468.0*	*2,266.0*
31～33	製造業 2009	11,051	4,436.2	1,978.0
311	食品製造業	1,394	628.6	258.6
312	飲料・たばこ製造業	142	119.9	71.0
313	紡績業	109	26.5	11.4
314	織物・編物製造業	112	21.3	9.1
315	縫製品製造業	114	14.7	6.9
316	皮革およびその関連製品製造業	28	4.2	2.1
321	木材製品製造業	352	65.4	25.9
322	紙・パルプ製造業	364	161.8	76.5
323	印刷およびその関連製品製造業	509	83.9	50.5
324	石油・石炭製品製造業	102	497.9	78.6[†2]
325	化学工業	725	628.9	328.9[†2]
326	プラスチック・ゴム加工製品製造業	673	171.2	82.3
327	非金属鉱物製品製造業	360	90.4	48.9
331	一次金属製造業	355	168.3	48.2
332	金属加工製品製造業	1,297	281.3	146.9
333	一般機械製造業	962	287.6	133.1
334	コンピューター・エレクトロニクス製品製造業	908	328.0	193.2
335	電気機械・部品製造業	353	106.7	50.5
336	輸送機械製造業	1,240	545.0	229.6
337	家具およびその関連製品製造業	360	60.8	32.2
339	その他製造業	592	143.9	93.7

[†1] 本章執筆時には2009年統計が最新であった（米国統計局，Annual Survey of Manufacturers 2010）．しかし2009年は不況年なので2008年製造業合計も表の一番上に斜体で示す．

[†2] 石油・石炭製品製造業の付加価値額（786億ドル）と化学工業の付加価値額（3289億ドル）を比べて見よ．化学工業は売上高では石油・石炭製品製造業の1.25倍なのに，付加価値額では4.2倍にもなっている．このように大きな付加価値がつくので，石油会社は化学事業に進出しようとする．

参照).

●**付加価値額**●　出荷額の合計値は,産業の全売上高となる.付加価値額は,出荷額から原料費と用役費,外部購入サービス費を差し引いたものである(用語の説明は付録 A を参照).従業員 1 人当たり付加価値額が生産性である.用役費を構成する具体的な内容としては,水,燃料,購入電力があり,外部購入サービス費の内容としては購入サービス,請負契約作業がある.付加価値額とは,原料費,用役費,購入サービス費のようなインプット(投入)の上に,その産業で働く人々が新たに付け加えた価値のことである.経済活動全体の付加価値額が,国民総生産(GNP)であり,それは国民によって生みだされた富の合計である.米国の GNP は 2009 年に約 14.35 兆ドルであり,1 人当たりでは 46,740 ドルとなる.

●**製造業の地位**●　製造業の付加価値額は,約 2.3 兆ドルであり,GDP の約 6 分の 1 である(国内総生産 GDP = GNP − 海外からの純所得).この数字は,昔に比べて約 40% も落ちている.富をつくり出す伝統的な手段であった製造がもはや国民経済活動の主役ではなくなり,主役の座がサービスにかなり置き換わっていることを示している[1].図 10・1 に示すように,ヨーロッパでも同様な変化が起こっている.

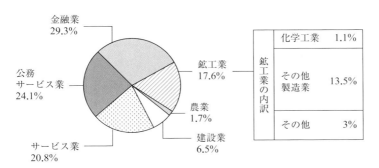

図 10・1　**EU の GDP 内訳**(2009 年)[出典:CEFIC].サービス業が EU の GDP のほぼ半分を生みだしている.製造業は 13.5%,化学工業は 1.1% である.

●**化学工業の地位**●　化学工業は,1991 年には製造業のなかで最も多くの付加価値を生みだしていた.その後,一時的にその地位を明け渡したけれども,2009 年(不況年)にはしっかりと 1 位の地位にある.付加価値額で化学工業に競合するおもな工業は,食品製造業,輸送機械製造業,石油・石炭製品製造業,コンピューター・エレクトロニクス製品製造業である.出荷額では,化学工業は,食品製造業と並んで 1 位であり,輸送機械製造業,石油・石炭製品製造業,コンピューター・エレクトロニクス製品製造業が続いている.従業員数では,化学工業は 6 位にすぎない.従業員 1 人当たり付加価値額は,生産性の尺度となっているが,化学工業は,飲料・たばこ製造業,石油・石炭製品製造業

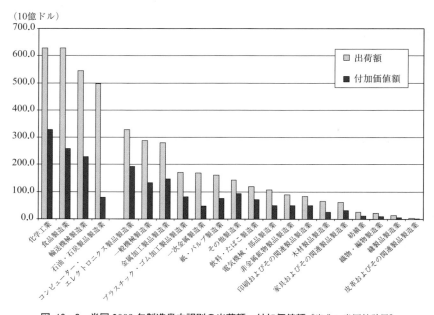

図 10・2　米国 2009 年製造業内訳別の出荷額，付加価値額　[出典：米国統計局]

に次ぐ 3 位である．これらのデータを図 10・2 に示す．

10・2　化学工業の規模

●世界の化学工業●　　世界の化学工業は，2008 年に約 3 兆ドルの売上高（1 兆 8710 億ユーロ，2009 年）であった．ユーロの対ドル為替レートは，この間に 1.2 と 1.4 の間で変動した．世界の化学工業で働く人数は，直接には 700 万人以上，間接には 2000 万人以上になる．製品部門別の市場比率を図 10・3 に，また地域別市場規模を図 10・4 に示す．米国が約 21％，EU（27 カ国）が 24％，日本が 6.4％を占め，これら先進国に対して，新規参入国であるアジア・大洋州（日本を除く）は 38％を占めている．世界のその他地域

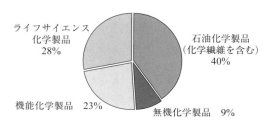

図 10・3　世界の化学製品市場（2008 年）．合計 3 兆ドル

のウェイトはずっと小さい．14年前には米国が3分の1，日本が約15％を占めていたので，現在までにアジア・大洋州に市場が大きく移ってきたことがわかる．この点については第11章で述べる．

この10年間で世界の化学製品貿易は，世界の生産量の伸びよりも1.6倍も成長し，概算で9700億ユーロ（1兆2000億ドル）になった．世界の化学製品生産高のほぼ45％が貿易取引され，世界の貿易高の35％以上が事実上化学工業内で取引されている．

EU27カ国とは，最近加入が認められた東ヨーロッパ12カ国を含めた拡大ECである．NAFTAは，北米自由貿易協定の略称で，米国，カナダ，メキシコから成る．"その他のヨーロッパ"は，スイス，ノルウェー，EUに参加していない中央ヨーロッパ，東ヨーロッパ諸国のことである．"その他"は大洋州とアフリカである．

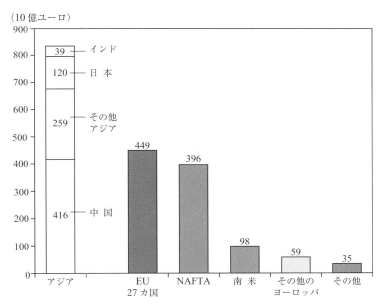

図10・4　地域別の世界の化学製品市場（2009年）．合計1兆8710億ユーロ
［出典：CEFIC Chemdata International］

●製品分野別市場●　図10・3に示すように，汎用化学品（無機化学製品と石油化学製品）が世界市場の半分を占め，残りの半分を特殊化学品（ライフサイエンス化学製品と機能化学製品）が占めている*．機能化学製品には，特殊界面活性剤，電子材料化学製

---

*（訳注）成分，処方，性能，ブランドなどにより製品差別化を行える化学製品を特殊化学品（米国ではspecialty chemical，英国ではspeciality chemical）とよぶのに対して，製品差別化が難しく，市況変動が大きくなりがちな化学製品を汎用化学品（commodity chemical）とよぶ．

品，特殊接着剤・特殊シーラント，火薬，触媒，化粧品原料，染料・顔料，香料，特殊潤滑剤，石油添加剤，塗料添加剤，写真関連化学製品，太陽光発電関連の化学製品，プラスチック添加剤，水処理用化学製品がある．ライフサイエンス化学製品には，医薬品，農業関連化学製品，化粧品・トイレタリー製品，動物用医薬品，ビタミンなどの栄養化学製品，診断用化学製品，発酵製品のような生化学製品がある．

　NAICS 分類と正確には一致しないが，図 10・3 に示す世界の製品市場別比率は，米国の市場比率とほぼ同じである．たとえば NAICS32532＋32541（医薬品と農業関連化学製品）は，27.7％であり，世界のライフサイエンス化学製品 28％ とほぼ一致する．また NAICS32512＋32518＋32531（無機化学製品）は 9.1％ であり，世界の無機化学製品 9％ とほぼ一致する．NAICS32511＋32519＋3252（石油化学製品と化学繊維）は 39％ であり，世界の 40％ とほぼ一致している．米国では高価な特殊化学品の割合が高いだろうとの予想に反するので，米国と世界の製品市場別比率が一致することは意外である．

●**米国化学工業**●　米国の化学工業の売上高は，1992 年約 3000 億ドル，2000 年 4600 億ドル，そして 2008 年 7510 億ドルであった．表 10・3 に化学工業内訳別の出荷額と付加価値額を示す．石油化学工業は，従業員 1 人当たり付加価値額が最も高い．これは巨大な，半自動化された水蒸気分解装置を運転するのに少人数の労働力で足りることを反映している．石油化学工業ほどではないけれども，巨大なアンモニアプラントを基盤とする化学肥料工業についても同じことがいえる＊．

　化学工業内における出荷額と付加価値額の割合を比較すると，医薬品，農薬，化粧品・トイレタリー製品のような"ファインケミカル製品"（精密化学品）は出荷額に比べて付加価値額で大きな割合を占めていることがわかる．このような製品は専門市場において高価格で販売される傾向があり，普通の化学製品（汎用化学品）製造会社に比べると資本集約的でなく，労働集約的である．化学工業の中での重要性は，付加価値額によって最もよく表される．たとえば医薬品工業は，出荷額では 25.9％ を占めるのに対して，付加価値額では 40.2％ を占めており，圧倒的な重要性が強く示される．

　米国の化学工業は，1991 年から 2001 年の間に年率 3.5％ で成長したものの，1999 年から 2009 年では年率 0.9％ にすぎなかった．基礎化学製品部門が 1999 年から 2009 年の間に年率 0.4％ で縮小し，また有機化学製品部門が同じ期間に年率 0.2％ で縮小した．有機化学製品部門は，1990 年代と 2000 年代前半にわたって不調であった．2001 年には生産量が急減し，その後力強く回復して 2007 年にはピークを迎えたものの，その後 2 年間はほぼ 20％ ずつ落ち込んでいる．本書執筆時には，2010 年の回復が見込まれている．ヨーロッパと日本の化学工業は，過去の急速な成長と対照的に，この 20 年間は困難な時代が続いている．

　＊（訳注）　米国ではエチレンなどのパイプライン網が発展しており，水蒸気分解だけを行う会社がパイプライン網に数社入って競争していることが多い．表 10・3 の石油化学工業（32511）は，このような業態をとらえている．水蒸気分解を行う会社が川下事業も行う日本とは異なる．

10・2 化学工業の規模

表 10・3 米国化学工業 (2008年) [出典: 米国統計局 American Factfinder]

NAICS番号	名称	従業員数 (人)	出荷額 (千ドル)	付加価値額 (千ドル)	従業員1人当たり付加価値額 (千ドル)
325	化学工業	780,127	751,029,562	355,480,721	456
3251	基礎化学工業	151,839	244,174,295	83,628,920	551
32511	石油化学工業	9,376	79,381,904	29,050,222	3098
32512	産業ガス工業	10,622	10,359,554	6,870,257	647
32513	合成染料・顔料工業	11,763	7,694,134	3,819,730	325
32518	その他の基礎無機化学工業	40,788	32,719,979	17,975,082	441
32519	その他の基礎有機化学工業	79,289	114,018,724	25,913,629	327
3252	合成樹脂, 合成ゴム, 化学繊維工業	91,176	99,325,574	26,639,741	292
32521	合成樹脂, 合成ゴム工業	76,471	92,177,651	24,055,550	315
325211	合成樹脂工業	67,410	83,802,525	21,728,853	322
325212	合成ゴム工業	9,061	8,375,126	2,326,698	257
32522	化学繊維工業	14,705	7,147,924	2,584,191	176
3253	化学肥料, その他農業化学製品製造業	27,807	38,225,928	19,650,880	707
32531	化学肥料工業	18,110	24,425,450	11,413,127	630
32532	農薬, その他農業化学製品製造業	9,698	13,800,477	8,237,753	849
3254	医薬品工業	249,121	194,478,397	142,772,617	573
325411	医薬品原薬, 生薬製造業	24,395	9,556,348	5,598,245	229
325412	医薬品製剤業	160,124	149,178,418	110,946,915	693
325413	診断薬製造業	26,973	12,701,625	8,619,950	320
325414	生化学製品(診断薬を除く)製造業	37,629	23,042,007	17,607,507	468
3255	塗料, 接着剤工業	62,630	32,829,586	15,739,772	251
32551	塗料工業	40,407	22,418,425	11,012,013	273
32552	接着剤工業	22,223	10,411,162	4,727,759	213
3256	石けん, 洗浄剤, 化粧品工業	104,436	97,431,042	46,661,275	447
32561	石けん, 洗浄剤工業	46,880	46,510,389	22,615,247	482
32562	化粧品工業	57,556	50,920,652	24,046,027	418
3259	その他の化学製品製造業	93,117	44,564,740	20,387,516	219
32591	印刷インキ工業	11,242	4,424,392	2,007,833	179
32592	火薬工業	6,042	1,934,663	977,496	162
32599	その他の化学製品製造業	75,833	38,205,685	17,402,188	229

10・3 化学工業の特徴

化学工業には，その動向と業績を決めるいくつかの明確な特徴がある．それを表10・4に示す．本章でははじめの六つについて述べ，残りは第11章で述べる．

表10・4 化学工業の特徴

1. 資本集約的で，規模の経済性が強いこと
2. 経済のなかで重要性が大きく，幅広い影響力をもつこと
3. 市場参入の自由度が高いこと
4. 健康安全面で強力な規制が行われていること
5. 研究開発費が大きいものの，減少傾向にあること
6. 断層のような環境変化が起こること
7. 成熟しており，その結果，リストラクチャリング，合併，分社化，買収が盛んに行われていること
8. 国際的な取引が多いこと
9. 発展途上国との競争があること

10・3・1 資本集約と規模の経済性

化学工業は資本集約的である．化学工業は，しばしば液状あるいはガス状の，大量の均質な材料をつくっている．それらを大規模に，最も経済的に製造し，加工し，出荷している．19世紀から第二次世界大戦まで，化学工業はそれほど資本集約的ではなかった．初期の化学工業は，汎用性の高い設備を使い，バッチプロセス（回分法）で操業していたので，設備投資はあまり必要とせず，労務費が高かった．そのような製造法の典型が，炭酸ナトリウムを製造するLeblanc法（ルブラン）であり，フェノールをつくるベンゼンスルホン酸法であった（§6・1）．

最初の大規模な連続プロセスは，石油精製であった．石油精製工業で発展した化学工学が，第二次世界大戦後に化学工業にも適用された．規模の経済性ができる限り効くように，プラント規模が追求された．代表的なエタンクラッカーの能力は，1951年の年産3.2万トンから1972年の45万トンに増大した．これが1990年代前半までは上限と考えられたが1990年代前半に68万トンプラントが建設された．そうこうするうちに2001年にはBASF/Fina社がテキサス州ポートアーサーで90万トンエチレンプラントの操業を開始し，SABIC社がサウジアラビア湾岸地域アル・ジュベールで120万トンプラントを建設した．

●規模の経済性●　最近では，汎用化学品の操業においていかなる規模でも，バッチプロセスはほとんど存在せず，規模の経済性を十分に追求することが石油化学工業の特徴となっている．規模の経済性は，技術上の改良によって起こるだけでなく，純粋に幾何学的要因によって発生する．多くの化学設備の能力（たとえば貯蔵タンクや蒸留塔）は，その容積に依存する．すなわち長さの3乗で変化する．他方，建設費は，その容積を包み込む表面積に比例し，長さの2乗で変化する．その結果，建設費は能力の3分の2乗に比例することになる．これは3分の2乗則とよばれている．すべての設備に適用できる

わけではない．熱交換器の能力は表面積に依存するので建設コストは能力の1乗に比例し，規模の経済性はない．プラント制御システムは能力には影響されないので，その建設費は能力の0乗に比例することになり，規模の経済性は無限大となる．現代の石油化学プラントは，全体の建設費が能力の0.6乗に比例するといわれている．

労務費は，石油化学プラントのキャッシュコスト（付録A参照）の中で小さな割合を占めるにすぎない．HDPEで2.5％，ベンゼンで3.5％，高純度テレフタル酸で5.7％，アクリロニトリルで7.3％である．しかし，労務費も規模の経済性を生みだす要因になっている．プラント規模が大きくなると，それに比例して労務費が増加するわけではないからである．装置が2倍になっても，労務費が2倍になるわけではない．オートメーションによって，実際には労務費はほんの10〜20％増加するにすぎない[2]．

●**資本集約の結果**● 現代の化学プラントは規模が大きく，しかも複雑なので，大きな資本投下が必要となる．資本集約的であることは，いくつかの当然の結果をもたらす．投下資本利益率は相対的に低い．大きな資本投下によって，労働力の必要性が減少するので，労働力当たりの生産性（すなわち従業員1人当たり付加価値額）は高く，製造原価に占める給与の割合は小さい（水蒸気分解工業で，2.0％のオーダーである）．たとえば労働集約的な食品製造業では労働者1人当たり付加価値額（2008年）が171,000ドルに対して給与は36,000ドルである．石油化学工業では，1人当たり付加価値額310万ドルに対して，給与は93,000ドルである．このように雇い主は給与増加に悩む必要が少なく，労使関係は異常なくらい良い．製造業全体を見渡すと，従業員1人当たり付加価値額で，化学工業（454,000ドル）は，石油・石炭製品製造業（774,000ドル），飲料・たばこ製造業（499,000ドル）に次ぐ第3位である．最も低い工業は，労働集約的な縫製業（たった61,000ドル）である．

企業の資産は，プラント，土地，その他資本財の評価額から成っている．従業員1人当たりの資産，資産当たりの売上高，従業員1人当たりの売上高のような比率は，産業が資本集約的か労働集約的かを測定する尺度となる．一般に石油精製業は，従業員1人当たり資産も，従業員1人当たり売上高も，最も高い．化学工業はそれに比べると低いけれども，製造業のなかでは高い部類に属する．食品製造業や繊維工業は，通常最も低い部類に属する．コンサルタント会社のような，資産が少なく，従業員の多いサービス産業は，従業員1人当たり資産も，従業員1人当たり売上高も低い．

特殊化学品への移行によって，化学工業全体について考える場合には，従来の認識を変えなければならなくなった．しかし本書では特殊化学品部門については述べない．

10・3・2 化学工業の経済における重要性と幅広い影響力

●**化学工業と先端的な国民経済の結びつき**● 化学工業は先進国経済のなかで重要な地位を占めている．19世紀と20世紀前半には，国の工業発展度合いは硫酸生産量で測ることができた．経済指標の祖先である．現在では，工業の洗練度合いの判断基準としてエチ

レン生産量を使うことができる．先端的な経済には，化学工業が不可欠である．また，洗練された化学工業も，先端的な経済なしには存在できず，先端的な経済によって支えられ，化学工業が必要とする教育程度の高い人材を供給してもらっている．

ところがそれにもかかわらず，さまざまな発展途上国で化学工業が始まった．それは，国外の化学プラント建設請負企業が建設する"ターンキー"プラント（素人が鍵を回せば運転できるほどに完成したプラント）を購入し，外国人労働力を雇うか，または国外で教育を受けた自国人を使うことによって行われた．実際にこれが経済発展過程の一部となっている．

●化学工業の幅広い影響力● 化学工業は"川上"に位置する産業である．石油，天然ガス，石炭，金属鉱石や非金属鉱石を購入する．米国化学工業は 2008 年に 3967 億ドルの原料を購入し，これを製品に変換して 7510 億ドル売り上げた．医薬品工業を別として，化学製品は通常最終消費者に販売されることはない．化学製品のほぼ 4 分の 1 が，化学工業内の他企業に販売され，さらに処理される．残りの 4 分の 3 は，他の産業に販売され，他産業の製品をつくったり，サービスを売ったりするのに役立っている．たとえばプラスチック包装材料のメーカーは，ポリマーに依存している．自動車メーカーは，タイヤ，ホース，安全ガラス，シートベルト，車内装飾，バンパー，フェンダー，さらにドアやサイドパネルに加え，多くの部品類に至るまで，化学工業製品を使っている．最新のデータがそろう 2007 年の化学工業製品の流れを図 10・5 に示す．

化学工業が川上産業であるといったにもかかわらず，化学工業の産出物の半分が消費者に行っていることについて説明する必要がある．消費者向けの 3 分の 2 は，医薬品であ

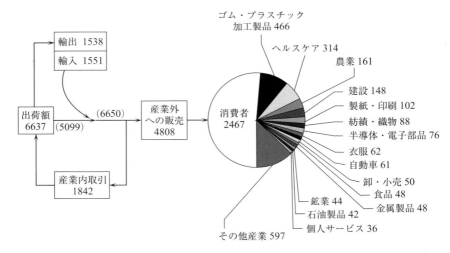

図 10・5 化学製品の販売先（米国，2007 年，単位：億ドル）［出典：米国統計局，経済分析局，労働統計局のデータに基づいた米国化学協議会（ACC）の分析］

る．残りの3分の1は，石けん・洗剤，化粧品，家庭用塗料である．医薬品を除けば，化学工業が川上に位置する性格が，より明らかとなる*．

化学工業は，自分自身が最良の顧客であると常にいわれてきた．しかし2007年の産業内取引額は1842億ドルである．これは医薬品の売上高より少し小さい程度である．医薬品工業が化学工業の一部として分類されていないとしたならば，医薬品工業が購入金額という面から化学工業の最大顧客となる．もっとも，量的な面ではそうならない．医薬品工業は，高付加価値の化学製品をごく少量購入しているにすぎない．ゴム加工製品，プラスチック加工製品メーカーは大量のポリマーを購入し，また紡績・織物工業は合成繊維を購入する．石油精製業は，化学工業に大量の原料を供給するとともに，石油精製プロセスに必要な，いくつかの化学製品を購入している．

化学工業を他の産業に置き換えることはできない．化学工業の役割を遂行できる産業は他に存在しない．化学製品は広く行きわたり，あらゆる商品やサービスに反映している．化学工業は身近にあるばかりでなく，ダイナミックで，革新的な産業である．急速に成長し，また将来にわたって世界は化学工業に依存し続けるであろう．環境汚染やエネルギーに関する多くの問題が化学的な手法によって検出され，観測されてきた．そして化学工業は，このような問題の解決に一役買っている．

10・3・3 市場参入の自由

市場参入が自由であることは，化学工業のもう一つの特徴である．バルクケミカル製品（均質な大量化学製品）の生産を行いたい者は誰でも，"ターンキー"プラントを購入して生産を行うことができる．化学プラント建設請負企業は実際にいかなるどのような一般的な化学製品の生産プロセスでも用意しており，資金を投下したいと考えている誰にでも，操業を保証したプラントを建設してくれる．この方法によって，多くの石油会社が石油化学事業に参入し，また発展途上国もこの道をたどって参入している．

その際に唯一必要なことは，多額の資金である．基礎化学製品事業に参入するには，最低限でも10億ドルは必要である．そのような巨額な所要資金を支出できるのは，政府，石油会社その他巨大企業のみに限られる．設備投資以外のために巨額の資金が必要となることもある．医薬品工業では，研究開発に巨額の資金が必要であり，2000年代前半では医薬品1品目当たりの研究開発費は5〜10億ドルとなっている．他方，洗剤工業では大量の広告宣伝のために資金が必要である．この二つの工業では，研究開発と営業活動を支えるため，巨額のキャッシュフローが重要となる．このように化学製品市場は，経済学者

＊（訳注）医薬分業が発達している米国においても，医薬品の多くは，病院・診療所・検査機関などの医療サービス産業によって使用され，あるいは医師の処方に基づいて薬局で販売されていると考えられるので，消費者が自由に選択して購入しているわけではなく，消費者向けに分類することは本来不適切である．消費者がドラッグストアで自由に選択して，直接に購入する医薬品の割合はそれほど大きくないと考えられるが，医薬品のうちこの部分だけを消費者向けにすべきである．

が使う言葉の意味において参入が自由である．

●参入障壁● 　以上の資金について述べたことは，七つの基礎化学品群（表1・1）やそこからの一次誘導品のような非常に大量生産の基礎化学製品にあてはまる．そのような製品から外れると，必要な技術がなかったり，特許保有者から技術供与の抵抗にあったりというような参入障壁にぶつかるようになる．その例としては，ブタジエンのシアノ化還元（hydrocyanation, §4・1・5）によってヘキサメチレンジアミンを製造するDuPont法がある．これは技術供与を得ることができない．他方，オランダの会社Akzo社は，DuPont社の特許の抜け穴を見つけることによって，アラミド（DuPont社のKevler）事業に参入できたと考えられる．Kevler（§8・3・4）は，重量当たりで鉄よりも強い繊維として使われ，DuPont社は利益を得ていた．しかし特許が完璧でなかったので，アラミド事業をAkzo社と分け合わなくてはならなくなった．高強度繊維の競争はDSM社のDyneema（超高分子量ポリエチレンによる強力な繊維）によっていっそう厳しくなった．

　川下事業も一緒に行うことは，参入障壁となりうる．ポリメタクリル酸メチル（PMMA）のメーカーは，伝統的にPMMAからアクリルシートまでつくって，成形加工業者に販売している．PMMA市場に新たに参入しようと考えるメーカーは，アクリルシートへの参入と営業に必要となる専門技術まで得るべきかどうかを決断しなければならない．実際に基礎化学製品メーカーがそこまで離れた事業へ参入するのは，企業文化のうえで許容されにくい．

　製品価格の低下と，その結果としての利益率の低下が，参入を思い止まらせることもある．特許が失効しかかった製品をもつ企業は，他企業の参入意欲をそぐために，しばしばこのテクニックを使う．Monsanto社は，除草剤の特許が失効になったとき，この手を使って成功した．同社は，減価償却の進んだプラントを使い，最高の技術によって安価に製造できた．他企業にとっては，競争するために新たな資金を投入するだけの価値がなかった．そして農家が安価になった除草剤をたくさん使うようになったので，Monsanto社も驚くほど市場が増大した．Union Carbide社も，同様に殺虫剤カルバリル（§13・5・2f）で，このテクニックを利用した．低価格政策によって，特許が失効した後の激烈な競争を避けることに成功した．

10・3・4　健康・安全・環境面の強い規制

　化学工業は，全産業のなかで最も強く規制を受けている産業の一つである．規制は労働者や国民の健康・安全・環境を保護し，改善することを目的としている．化学製品には有害なものや危険なものがある．急性毒性をもっていたり，火災を起こしたり，爆発したりするものがある．とらえどころなく，気づかないうちに，環境を損なうものもある．このような問題は，大きな議論を巻き起こした．長期的な悪影響は，短期的には明らかにならないし，証明もできない．一方，長期間経った後では対策をとっても遅すぎる．

　化学工業に対する規制は，いくつかの方法に細分され，さまざまな官庁によって監視さ

表 10・5 化学工業に対する米国の監視官庁と法規

環境保護庁（EPA）	
大気浄化法（CAA）	規制対象汚染物は，1995年に41，2003年には148以上になった．化学工業の対応費用は，年間250億ドルと考えられる
連邦殺虫剤・殺菌剤・殺鼠剤法（FIFRA）	
汚染防止法（PPA）	
資源保護回収法（RCRA）	危険廃棄物，非危険廃棄物処理場の浄化を定める．化学工業の費用は，1990～2000年の10年間で90～600億ドル
安全飲料水法（SDWA）	飲料水として83の化学物質の基準値を定める
水質浄化法（CWA）	高品質の水質の確保を定める
有害物質規制法（TSCA）	新規化学製品の試験とその結果を，製造開始前にEPAに届けることが必要
食品品質保護法（FQPA）	
スーパーファンド改正・再承認法（SARA）	危険物汚染箇所の浄化を定める．多くは化学工業への課金による積立金で対処
包括的環境対応補償責任法 　　（通称 スーパーファンド法，CERCLA）	
食品医薬品局（FDA）	
連邦食品・医薬品・化粧品法	食品，医薬品，化粧品の基準設定と試験結果の評価を定める
優良製造基準（GMP）	医薬品評価研究センターが基準を定める
労働省	
労働安全衛生法（OSHA）	労働災害防止のため，危険物を定め，600の危険化学品に関して許容暴露基準を設定
運輸省	
危険物質輸送法	
司法省	
化学品変換・取引法（CDTA）	不法麻薬類を製造するための化学製品の使用を防止
他の官庁	
毒物予防包装法（PPPA）	
緊急計画・地域社会の知る権利法 　州法と州規制	危険物質の製造，取扱い，貯蔵を報告させる

れている．そのいくつかを表 10・5 に示す．

　化学製品製造現場では，化学品中間体は，さらに処理，加工され，原料や最終製品が貯蔵され，排水・排ガスが環境中に放出される．化学製品の製造現場の問題は，おもに労働省のもとで労働安全衛生法により規制されている．特に医薬品工業については，食品医薬品局が優良製造基準（GMP）を設定している．GMPには特定の留意事項がある．医薬品工業における清潔，衛生，毒性物質の暴露に関する基準を設定しているばかりでなく，指定された文書記録と指定された管理体制を必要としている．たとえば製造部門の長と品質

管理部門の長は，互いに独立していなければならない．

多くの国々が参入して世界的に広がっている産業では，事故が必ず起こっている．表10・6には2000年から2010年に化学工業で起こった重大事故のリストを示す．多くの事故が起こっているが，10年間に中国を除いて2回以上重大な事故を起こした国がないことに一瞥して気づく．事故の望ましい発生レベルは，もちろんゼロであるものの，石油工業や原子力発電工業に比べて，化学工業の事故の発生レベルは非常に低い．この三つの工業は，漁業や鉱業のような事故がよくある事業に比べるとはるかに安全である．とはいっても，化学工業の経営者は，第二のボパール事故が起こらないように毎晩祈らなければならない．近年大きなプラント事故が起こっていないからといって，大事故が起こる可能性がなくなったわけではない．プラントの安全は，起こった事故から学ぶべきである．

化学製品は，安全に製造されるばかりでなく，安全に輸送されることも必要である．化

表 10・6　化学工業の大事故（2000〜2010年）

2010.10.4	Magyar Aluminum Zrt 社の赤泥貯蔵池のダムが決壊し，有毒でアルカリ性（〜 pH 13）のスラッジが数部落を飲み込んだ	死者9名 アルカリによる負傷者数百名
2005.11.13	Jilin Petrochemical（吉林石油化学）社のアニリンプラント爆発によって100トンのアニリン，ベンゼン，ニトロベンゼンが漏れて松花江やアムール川下流を1850 km汚染した	死者5名 中国北東部の水源が汚染された
2005.3.23	BP社のテキサスシティ精油所で異性化プラントの立ち上げ中に爆発	死者15名 負傷者170名以上
2005.2.25	中国東部の Jiangsu Tianyin（江蘇化学工業）社の石油化学プラントで爆発	死者5名 負傷者11名
2004.9.1	Sasol社の南アフリカセクンダ合成燃料工場でエチレン設備が爆発	死者10名
2004.5.25	ルーマニア東部ミハイレシュティで硝酸アンモニウムの運送トラックが転倒し爆発	死者16名 負傷者11名
2004.5.11	英国グラスゴーのメアリーヒル地区にある Stockline Plastic 工場で爆発	死者9名 負傷者40名以上
2004.4.23	イリノイ州中央部 Formosa Plastics（台湾プラスチック）USA社のポリ塩化ビニル工場で爆発	死者5名 負傷者5名
2004.1.19	Sonatrach社のスキークダコンビナートにあるアルジェリアエネルギー・化学グループで3基のLNG貯蔵タンクが爆発	死者30名 負傷者70名
2003.10.14	インドのナーメイド・ナガーにある Gujarat Narmada Valley Fertilizers 社のニトロホスフェート配合肥料工場で爆発	死者5名 負傷者30名
2001.9.21	フランス南西部トゥールーズにある Atofina 社 Grande Paroisse 肥料工場で，再処理のために貯蔵されていた300トンの硝酸アンモニウム粒貯蔵庫で爆発	死者30名 負傷者200名以上

出典：http://www.icis.com/Articles/2005/12/12/1003600/TIMELINE-Major-global-chemical-disasters.html.

学製品の輸送は運輸省により規制されている．他方，化学製品の化学工場外での使用に伴う問題は，おもに環境保護庁の責任下にある．問題が有毒なあるいは有害な化学物質によって起こることもあるし，化学製品の使用あるいは廃棄から起こることもある．塩素化炭化水素や生分解性でないプラスチックのような材料の問題である．

10・3・4a ヨーロッパの REACH 規制

頭文字 REACH（化学品の登録，評価，認可および制限）という欧州委員会の規制が2007年6月1日に実施された．この規制は，ヨーロッパの化学工業にも，またヨーロッパと取引しているヨーロッパ以外の国々にも大きな影響を与えている．この規制の拡大によって，米国や日本のような他の国々も同様な規制を導入することになった．実際に米国の有害物質規制法（TSCA）も日本の化学物質審査規制法も改正された．REACH の目的については，化学製品によって生じるリスクから，人々の健康と環境を守るレベルを高く確保し，代替品の試験方法の開発を促進することにあると表明されている．これによって，EU 市場での化学製品の自由な交替を速くし，競争と技術革新を促進しようとしている．REACH のねらいは，化学製品から生まれるリスクを評価・管理し，ユーザーに適切な安全情報を提供する責任を化学工業にもたせることである．米国の TSCA が新規化学品だけに適用されるのに対して REACH は EU 内に輸入されたり，EU 内で生産されたりするすべての化学品に適用される．REACH は EU 外には適用されず，また食品にも適用されない．

1トン以上の規模で輸入または生産されるとして，2008年12月の期限には143,000という信じがたい数の化学物質が，登録された．これらすべてに対して，安全性と毒性の試験を行わなければならない．欧州委員会は，3万の化学物質を再調査して登録し，そのうち年間100トン以上生産される化学物質すべてを含む5000の化学物質について，より詳細な評価（リスクと有害性の評価）を行うこととした．5000のうち，約500が発がん性，変異原性，生殖毒性があるものとして分類されると予想され，さらにその他859の化学物質も加えて"重大な注意を払うべきもの"として，使用前に認可を得なければならなくなるだろう．年産1000トン以上の化学製品の登録期限が2010年11月30日，100トン以上の製品が2013年6月1日，1トン以上の製品が2018年である．試験実施によってヨーロッパ化学工業には，今後の10年間で95億ユーロ（124億ドル）の費用と5400万匹の動物の命が必要になる．もっとも，これには6倍も誇張されているという意見もある[3),4)]．

ヨーロッパ内の生産者とヨーロッパへの製品輸出を望んでいるヨーロッパ外の生産者の間で，試験費用の責任を分かち合うべきだとの提案が行われている．塩酸の認可のためにコンソーシアムが負担する費用は，881,000ユーロ（115万ドル）となり，これを70社のメンバーで分担した．化学品一つ当たりで，たった1セットの動物試験だけが許されるだけであり，会社は共同して情報を共有することを強いられる．不幸なことに，これは

カルテルに関する欧州委員会の規制に違反するかもしれないが，事態はそのまま進んでいる．

10・3・4b 政治的要因

　化学工業は，一連の規制官庁とともに，一般大衆が化学工業活動を好意的に見てくれることを望んでいる．ところが実態は逆であり，化学工業は多くの人々から恐ろしく，また疑わしい産業と考えられている．すでに述べたように実際には化学工業は著しく安全な産業である．本当に危険な行動は，たばこを吸ったり，道路を渡ったりすることなのである．

●**化学工業が危険と受取られる理由**●　　化学工業が危険と受取られる理由には四つある．

　第一の理由は，化学工場内で行われている作業に人々が馴染みがないためである．高いビルの上で作業することによる危険は明らかであり，作業者が落下するような事故は気の毒ではあるものの避けがたいものと考えられている．第二の理由は，化学工場の事故がたまにしか起こらず，起こった場合には非常に目につくもの（表10・6）となるためである．同じことは航空機事故についてもいえ，そのために多くの人々は飛行に恐怖感をもつ．道路上で毎週死亡する人数が，週末の大惨事によって一度に起これば，自動車はおそらく禁止されるであろう．第三の理由は，化学工業が"川上"に位置する産業なので，人々が化学製品をよく知らず，どれほど化学製品に依存しているかに気づいていないためである．化学製品は至るところにあるけれども，一般大衆の目には見えていない．第四の理由は，化学工業の製品によって，何も知らされないうちに毒を盛られていると心配しているためである．注意を払うことによって，タクシーにはね飛ばされることは避けることができるけれども，検出できない化学物質を，食品や水を通じて食べたり，空気とともに呼吸したり，あるいは皮膚から吸収したりすることを人々は恐れている．多くの化学物質のライフサイクルは解明されておらず，人々がゆっくりと毒を盛られているという見方によって，化学工業に対するさまざまな攻撃的活動[5]や防衛的活動[6]が起こっている．たとえばテレビ受像機に使われている臭素化防炎剤が，マッコウクジラの脂肪から検出されるといわれているが，いかにしてそこにあるのかは解明されていない（§20・4・2b）．

●**リスクと受益との比較**●　　REACH規制にもかかわらず，"化学製品"が絶対に安全だと証明できる実用的な方法は，広汎な試験が行われても存在しない．しかし"化学製品"の全面的な禁止は論外である．化学製品は人々に利益を与えている．都会生活は，食品保存料なしでは不可能である．殺虫剤や殺鼠剤は，動物や昆虫のような人類の競合者によって作物が荒らされることを防いで，十分に人類に食糧を供給することを可能にしている．化学肥料は作物収量を増大させている．現代の医薬品は寿命を延ばしている．合成ポリマーによって，我々は祖先よりも快適に暮らすことができるようになった．リスクを完全に除去する方法はないけれども，先進国の化学工業は，製品の毒性試験を実施し，汚染源を追求し，規制の要求に沿うように汚染を防ぐことを活発に行っている．米国化学協議

会（ACC，旧米国化学生産者協会 CMA）は，汚染削減に対する化学工業の精力的対応を報告してきた．化学製品が許されるのか，それとも禁止されるのかは，リスクと受益との比較衡量によっている（あるいはよるべきである）．

いくつかの例を述べよう．四塩化炭素とクロロホルムは，もはや市場にはなくなった．しかしテトラクロロエチレン（ペルクロロエチレン）は，依然としてドライクリーニング溶剤として許されている．米国の環境保護庁とヨーロッパの官庁は，ペルクロロエチレンを除きたいと考えている．しかし適当な代替品が現れてこなかった．

テトラアルキル鉛は環境中に臭化鉛を排出することになるので，ガソリンへの添加が禁止された．代わってガソリン中の芳香族成分を増加させることによってオクタン価が維持された．その後，ベンゼンの発がん性のおそれからオクタン価向上剤としてメチル t-ブチルエーテル（MTBE）が使われるようになった．米国では地下水汚染のために，現在MTBE は広く禁止されるようになった．MTBE は，他の含酸素化合物や芳香族に代替されてきた．いずれの段階でもリスクを最小限にしようとする試みが行われた．

恐れには終わりがない．ポリ塩化ビニルのような塩素含有ポリマーは，非効率な燃焼炉で焼却するとダイオキシンを発生する．多くの溶剤の分解残留物が成層圏に移動してオゾン層を破壊する．あらゆる燃焼反応の生成物である二酸化炭素が，地球温暖化の要因と考えられている．このような問題をすべて処理するには費用がかかる．大気浄化法（CAA）の厳格な要求に対応するために年 250 億ドルの費用とともに，膨大な経済的打撃が産業に加えられた．

●**行きすぎた規制**● 規制が確かに行きすぎたと思えるような事例が発生している．1990 年から 1993 年の間に米国では国立衛生研究所（NIH）の全予算 408 億ドルに匹敵する 420 億ドルが公共の建物からアスベスト（石綿）を除去することに使われた．NIH よりもアスベスト除去に多くの金が使われたことは，ほとんど信じがたい．アスベストに学校児童が暴露される被害は，他の死亡原因に比べて小さい．学校でのアスベスト暴露による年間死亡率は，100 万人当たり年間 0.005 から 0.009 人のリスクである[7]．高校のフットボールによる死亡率は，同年間 1〜6 人であり，溺死による死亡率（5〜14 歳）は，100 万人当たり年間 27 人，自動車にひかれる死亡率（5〜14 歳）は同 32 人である．化学物質のリスク評価には，その化学物質がもつ発がん性（あるいは他の危険性）の程度を知るとともに，同じ重要性をもって，その物質に暴露される機会の程度も知らなければならない．この理由から，食品医薬品局（FDA）は短繊維アスベストとダイオキシンは，有害ではあるものの，一般の人にはほとんど危険を与えないと表明した．アスベストは職場で継続的に暴露を受ける人にのみ危険性がある．

臭化メチルも，土壌燻蒸剤としてよい代替品がないために，使用禁止の提案がすぐに実施されない一例である（§20・4・1）．

●**予防原則**● 合理的な方法で説明することが非常に難しいこととして，未知の化学物質が環境中にほとんど検出できない量で存在しているのでないかという人々がもってい

る恐怖感がある．いわゆる予防原則というものは，その恐怖感から生まれた一つの例である．ある活動が人の健康や環境に有害なおそれのあるときには，その因果関係が科学的に十分に確立されていなくても，予防的措置をとるべきであるといわれてきた．この言葉はそれほど害をなすものとは聞こえず，食品中の残留殺虫剤を監視する 1958 年 Delaney 条項を一例とするように，実際にすでに適用されている．しかし新たに生まれつつある予防原則は，もっと厳格であるべきことを明らかに意図している．"耐容一日摂取量"の概念のような受益とリスクのバランスをとる必要性が失われるだろう．まったく無害だということを証明する方法はなく，いくら注意してもしすぎることはないのだという声明とともに，"化学製品"に反対する広汎なマスコミキャンペーンによって規制が行われかねない．

予防原則は，ヨーロッパ中で広く使われ，そして遺伝子組換え製品の貿易を規制する国連生物学的安全プロトコールにも組込まれた．この原則は，米国の政策にも徐々に働き始めているようである．その多くは，予防原則がどのように解釈されるかにかかっており，化学工業と一般大衆はバランスのとれた手法に期待しなければならない．

10・3・5 大きいものの減少しつつある研究開発費

●米国化学工業での化学者就業状況●　　化学工業は，かつては研究集約産業であった．多くの大学院生を雇用し，ピーク時には米国の全科学者・技術者の 13.3% に達した．ピークから減少したものの，2008 年には米国には化学者が 84,300 人おり，その 42% が製造業で働いている（表 10・7）．化学者の 34% は化学工業で働いており，そのうち 19% が医薬品工業，15% が医薬品以外の化学工業にいる．製造業以外では，ほぼ 30% が専門的・科学的・技術的サービス業に，12.4% が連邦政府・州政府にいる．教育界にいる化学者は，化学者全体の 5% 以下である．化学者・化学技術者の約 65% が，化学工業以外の会社にいるが，化学者の貢献を必要とする会社に雇われている．Polaroid 社，3M 社，Bell Telephone 社，IBM 社などがその例である．

●米国の研究開発費●　　米国産業の研究開発費は，1970 年から 1990 年の間は名目通貨ベースで実に約 70% も増加した．化学の研究開発費は 2 倍以上伸びた．1990 年代，2000 年代になると，化学の研究開発費の伸び率は低下した．基礎化学品の研究開発費は，売上高のほぼ 3% で横ばいのままであり，2009 年の研究開発費は実質値で 1990 年よりも 6.5% も低下した．医薬品の研究開発費は，1990 年には売上高の 10.4% であったのが，2000 年には売上高の 14.5% に上昇し，2008 年には 19% になったが，2009 年不況期には 16.3% に落ち込んだ．

医薬品以外の化学工業は，はるかに研究開発指向が低い．特殊化学品の研究開発費は売上高の 4〜5%，基礎化学品と消費者化学製品は 2〜4%，化学肥料はもっと低くて 1% である．化学工業では近年過剰なほどリストラクチャリングが行われたので，研究グループの意欲は沈滞している．

2009 年の化学トップ企業の研究開発費を表 10・8 に示す．Bayer 社のような大きな医

表 10・7 米国 2008 年の化学者雇用状況

産　業†	雇用者数(千人)	産業内化学者比率（%）	化学者の産業別分布（%）
全雇用化学者	84.3	0.06	100.00
31～33　製造業	35.2	0.26	41.78
325　化学工業	29.1	3.42	34.44
3251　基礎化学工業	4.1	2.72	4.90
3252　合成樹脂，合成ゴム，化学繊維工業	1.7	1.62	2.03
3254　医薬品工業	16.4	5.65	19.41
3255　塗料，接着剤工業	2.1	3.41	2.54
3256　石けん，洗浄剤，化粧品工業	2.4	2.23	2.86
3259　その他の化学製品製造業	1.7	1.80	2.03
42　卸売業	2.4	0.04	2.83
424　非耐久消費財卸売業	1.9	0.09	2.29
4242　医薬および医療雑貨卸売業	1.0	0.48	1.19
54　専門職的，科学的，技術的サービス業	24.7	0.32	29.27
5413　建築，工業サービス業	9.4	0.65	11.13
54138　検査試験所	8.3	5.55	9.82
5417　科学研究開発サービス業	14.3	2.30	16.95
55　企業経営業	2.3	0.12	2.71
56　管理・支援，廃棄物処理，補修サービス業	2.5	0.03	2.91
61　教育サービス業	4.0	0.03	4.77
62　医療・社会支援業	0.9	0.01	1.11
931　連邦政府	6.1	0.22	7.21
932　教育・医療を除く州政府・地方政府	4.4	0.05	5.22

† 化学者の産業別分布が 1% より小さい産業は省略．
出典：ftp://ftp.bls.gov/pub/special.requests/ep/ind-occ.matrix/occ_xls/occ_19-2031.xls.

薬品子会社をもっている会社は，表 10・8 に掲げた化学会社よりも研究開発費はずっと大きい．研究開発型の医薬品専業会社は，売上高の 10～25% の研究開発費を使っている．表 10・8 はできる限り，医薬品の売上高と研究開発費を除いて編集してある．特殊化学品会社は，売上高に対する研究開発比率が医薬品会社のほぼ 3 分の 1 である．

医薬品会社の反対の極にあるのが，大手石油会社（たとえば Chevron-Phillips Chemical 社）で，汎用化学品をもっているものの，ほとんど研究開発費はない．2007 年米国の全製造業の売上高に対する研究開発費比率の平均値は 3.7% である．化学工業の平均値は 7.9% で健全に思われるかもしれないが，この数値は医薬品会社による高い研究開発費比率によって大きくゆがめられている．

さまざまな会社が研究開発費を発表せず，表 10・8 から抜け落ちている．企業再生ファンド系化学会社（§11・2・2）はほとんど研究開発費を使わないといわれており，Huntsman 社はその一例である．Ineos 社は研究開発費を発表しないものの，Jim Dawson

表 10・8 2009 年研究開発費 ［出典：*Chem., Eng., News*, 26 July 2010］

会　社	国	化学の研究開発費 （百万ドル）	売上高研究開発費比率 （％）
Bayer	ドイツ	1198[†]	6.1
Syngenta	スイス	512	6.1
DuPont	米　国	1378	5.3
DSM	オランダ	548	5.0
信越化学工業	日　本	359	3.7
BASF	ドイツ	1930	3.5
PPG Industries	米　国	403	3.5
Dow Chemical	米　国	1492	3.3
三井化学	日　本	407	3.2
Arkema	フランス	190	3.1
Evonik	ドイツ	418	3.0
Eastman Chemical	米　国	137	2.7
AkzoNobel	オランダ	471	2.4
Solvay	ベルギー	194	2.4
Clariant	スイス	138	2.3
東ソー	日　本	147	2.2
Air Liquide	フランス	304	2.0
Lanxess	ドイツ	141	2.0
Huntsman Corporation	米　国	145	1.9
Rhodia	フランス	102	1.8
Borealis	アブダビ/オーストリア	110	1.7
DIC	日　本	132	1.6
Air Products	米　国	116	1.5
Celanese	ドイツ	75	1.5
Praxair	米　国	74	0.8
Linde	ドイツ	92	0.7
LyondellBasell	オランダ	145	0.7
Chevron-Phillips Chem.	米　国	38	0.5
Braskem	ブラジル	29	0.4
Yara	ノルウェー	14	0.1

[†]（訳注）Bayer 社の研究開発費は，クロップサイエンスとマテリアルサイエンスの合計．ヘルスケアを加えた全社の研究開発費は 3827 百万ドル（8.8%）となる．

(Ineos 社の経営者) は，本書著者 Bryan Reuben のインタビューに対して，買収した企業の研究開発活動は続けていると答えた．

　医薬品以外の化学会社で，米国製造業平均よりも多くの研究開発費比率の会社は，世界にほとんど存在しない．たとえ研究開発費比率が高い会社が例外的に存在しても，工業有

10・3 化学工業の特徴

機化学の研究開発の黄金時代が終わっていることは明らかである．

●**研究開発の進め方**●　研究開発予算はどのように使われているのだろうか．研究は失敗の危険性が高く，金のかかる活動である．多くの経営者が，研究開発予算の効率を最大にする条件を見つけようと心を奪われている．特に医薬品会社ではそうである．不幸なことに，それは科学ではない．研究室の成功はしばしば偶然の僥倖による．会社は，研究者の興味から生まれる発見をあてにすべきなのか，それとも市場が望む需要を満足させることを試みるべきなのだろうか．最初の方法は"技術による押し（technology push，またはproduct outともいう）"であった．1930年以前から政府は第二次世界大戦の準備を行った．戦時中と戦後すぐには，政府の税制優遇策によって研究開発が推進された．新材料の発見に関連した多くの研究を行うことができた．こうして1930年から1965年の間は，すばらしい発見の時代となった．その例として，プラスチック，合成繊維，合成ゴム，塗料，接着剤になるポリマーがある．化学製品は多数の応用分野を発見することもできた．化学製品の応用によって，腐食防止剤，電子材料化学製品，食品酸化防止剤のようにユーザー産業の効率向上に貢献した．

しかし，1960年代半ばに研究開発の考え方が"需要による引き（demand pull，またはmarket inともいう）"に変わった．技術的な解決を必要とするどんな課題が市場にあるのか．そのような課題に応える市場調査が研究の原則となり，過去45年間，産業は"市場指向"を語ってきた．"技術による押し"の研究開発例としては，テレビジョン，レーザー，デンドリマー（§9・4・4）がある．"需要による引き"の研究開発例としては，硬水で使える洗剤，ジャンボジェット飛行機，汚染の少ない排気ガスの自動車がある．

m-キシレンの p-キシレンへの異性化反応（§1・8）は，市場指向研究の明白な一例である．この洗練された市場指向の化学については，§7・1および第8章で述べた．

"技術による押し"と"需要による引き"の両方とも，すべての大会社の研究開発計画に見られるものの，真に先例のない発見をめざす"青空研究"（ディスカバリー研究）は明らかに推奨されなくなっている．第一世代の研究は"青空研究"であった．そのような研究には経営が関与する必要性がほとんどなかった．研究者は意思疎通が困難な一群の変わった人々であると，一般には考えられた．経営の関与が必要となるのは，研究が開発とマーケティング段階に達したときだけであった．会社内で発見を行って，それを市場にもち込んだ会社の例としては，DuPont社，General Motors社，IBM社がある．第二世代の研究は，市場が何を必要としているかを見つけだすために，市場に行くことが求められるようになった．マーケティング部門が研究に強く関与することが必要になったが，まだトップ経営者の参画はほとんど必要とされなかった．

今日，第三世代の研究の管理者は，研究組織が会社組織の一部であり，会社組織から離れられないものであると考えている．研究開発に会社の目標を組込み，会社内の他の活動とまったく同じ方法で，この目標から研究の方向を決めなければならない．このようにして，研究開発は会社が目標を達成することを助けなければならない．実際に研究開発部門

は，技術を発明したり，応用したりするだけではなく，技術を管理することによって，会社が目標を設定することを助けることさえ行わなければならない．

このように研究開発部門は，どの技術を社内で開発し，どれをライセンスによって入手し，どの技術を戦略的提携によって獲得できるかを決定しなければならない．この決断は，生産面において"社内生産とするか，それとも製品購入とするか"の決断とよく似ている．多くの企業にとってアクリロニトリルの製法を自社で開発しようとするよりも，BP 社のアンモ酸化技術（§3・5）をライセンスで入手する方が明らかに良い決断である．現在ではアクリロニトリルの 90% 以上が BP 社の製法でつくられている．同様に Himont 社は高度に洗練されたポリプロピレン重合触媒を開発し，その後，三井化学と協力した．両社は触媒開発において強力な基盤をもち，協力することによって，研究を会社目標に向くようにさせることができた．

賢明な研究開発戦略によって重複を避けているけれども，それでも世界の研究所では，膨大な量の重複研究が行われている．1,4-ブタンジオール製造法では，25 の製法が特許文献として公表され，プロピレンオキシドの製法でも同様な数になっている．少なくとも 15 企業がメタノールの同族化（homologation）によって，高級アルコールをつくる研究を行ったものの，いずれの企業も工業化には至っていない．同様な例は，他にも多数存在する．

特殊ポリマーや機能性ポリマー事業でも，企業間競争で研究の重複がある．同じポリマーを販売する企業間の競争ばかりでなく，異なるポリマーが同じ応用用途で競争するというポリマー間の競争もたくさん存在する．

●基礎研究・応用研究・開発研究●　　2009 年における化学と医薬品工業の研究開発費 370 億ドルのうち，基礎研究に約 10%，応用研究に 35%，開発に 55% が使われた．基礎研究は大学の領域であると主張する学界の論議がいつも存在する．この主張はもっともであるけれども，いかなる研究にも理論は必要である．理論はその研究所が生みだすことができなくても，その研究所の問題解決には必要なのである．このような理論を追求することは，本質的には基礎研究であり，目標を達成するために理論を必要としている産業にとって適切なことである．このために，多くの産学連携が行われ，産業界から大学への委託研究が行われている．

応用研究は，市場の要求を満たすように既存製品や新製品の用途を見つけだす型の研究であると通常定義される．自重の数倍の水を吸収するポリマーに対して，使い捨てオムツの用途開発は，応用研究のよい一例である．この材料を農業のような他の分野に用途を拡大する研究も同様である．とはいうものの，新しい材料を開発しようという努力はほとんど行われていない．その理由は，産業が成熟したので，新しい材料を必要とする機会が多くないからである．また化学工業に対する多くの規制，特に有害物質規制法（TSCA，§10・3・4）と REACH 規制のために，新製品を市場で販売する前に，広汎でお金がかかる試験が必要になっているからでもある．通常，研究開発のリスクは，成功した場合に得

られる可能性のある利益よりも大きいと考えられている．主要な例外は医薬品と農薬である．新しい医薬品を開発する費用は，2000年には概算で5〜10億ドルになっている．医薬品会社は伝統的にそのような支出を進んで行ってきた．それは，年間売上高が10億ドルを超え，それに付随して利益も得られる大型医薬品（ブロックバスターとよばれる）を生みだす魅力があるからである．しかし，今日ではこのビジネスモデルさえ，疑問視されている．

研究開発費の大部分は，応用研究と開発研究に使われる．これには，新製法の開発，製法改良，既存製品の新用途開拓，現代の研究所が頼りにしている市場分析，環境問題の解決などがある．環境問題の解決には，汚染の監視と汚染の削減がある．これは過去の世代に比べて重要な研究分野になった．1990年には，新たな資本支出の5分の1が汚染の防止と制御に向けられているといわれ，大企業の研究開発予算の5分の1が環境指向の計画に使われている[8]．

特許申請数は，技術革新活動を示す確実な指標とはいえないものの，2000年から2010年の間に，中国の特許申請数が55,000から380,000になり，7倍に増加していることには重大な関心を払うべきであろう．この間に日本は425,000から345,000に減少し，米国は275,000から450,000になった[9]．

10・3・6 断層的変化

現代の化学工業を考える際に，かつてなかったような頻度で断層的変化が起こっていることは重要である．企業の経営計画立案者は，断層的変化によってシナリオが大きくゆがむことをしばしば経験する．断層的変化とは，企業にとっては制御できないけれども，明らかに事業に影響を与える事象である．計画を立てる場合に，何が断層的変化になるかは予測できない．本当に予測できるならば，それは断層的変化ではない．計画を立てるなかでは，良い方向であれ，悪い方向であれ，断層的変化があるということを予期しておかなければならない．

● **Ethyl 社を襲った断層的変化の例** ●　　いくつかの例によってポイントを示そう．無鉛ガソリンの出現によって米国ではテトラアルキル鉛は不要物となった．テトラアルキル鉛の主要生産者 Ethyl Corporation 社は9000万ドルの利益があると評価されていた．この利益は急速に低下して2000万ドルになり，輸出が行われなかったならば，もっと下がったことであろう．Ethyl Corporation 社は明らかに断層的変化の犠牲者であった．Ethyl Corporation 社は，この変化に促されて保有する技術を使ってさまざまな特殊な汎用化学品に近い事業を拡大して利益を埋め合わせることができた．こうして Ethyl Corporation 社は，汎用品的な医薬原薬（製剤前の医薬）イブプロフェンの大供給者となり，イブプロフェンを消費者向け製品にする製剤企業に販売した．

● **ARCO 社が遭遇した断層的変化の例** ●　　同じく無鉛ガソリン出現という断層的変化は，ARCO 社には棚からぼたもちであった．ARCO 社がもつプロピレンオキシドと t-ブ

チルアルコールを併産する製法（§3・8）は，大量のt-ブチルアルコールの供給源となった．この製法が工業化された当時は，t-ブチルアルコールにはほとんど用途がなかった．このためt-ブチルアルコールは出発原料のイソブテンに戻された．無鉛ガソリンのオクタン価向上剤としてt-ブチルアルコールに市場が生まれた．イソブテンへの脱水反応とメタノールとの反応によって，MTBEがつくられた（§1・15・1）．ARCO社は米国で唯一最大の供給者となった．1977年から1993年の間にMTBE生産量は，事実上のゼロから約600万トンに増加し，1990年代末には900万トンに達した．設備投資額は，控え目にみても500億ドルとみられた．そのとき，次の断層的変化が起こった．MTBEはオクタン価向上剤としてよく効くものの，水溶性である．ガソリン貯蔵タンクに漏れがあるとMTBEは地下水に拡散する．水に不溶のガソリンはこの問題を起こさない．数十万のガソリン貯蔵タンクを検査し，補修することを実際に行うことはできないと判断され，MTBEの代替物としてエタノールが提案された．エタノールは，コーンスターチの発酵によってつくられ，この生産には補助金が必要となった（§2・9）．

●**ガソリン中の芳香族含有量に関する断層的変化の例**●　第三の例もまた無鉛ガソリンに関連する．無鉛であっても，ガソリン中の芳香族含有量を増加させることによって，望ましいオクタン価に到達できることを石油会社が発表した．ところが数年後，大気浄化法（CAA）は，ガソリン中の芳香族含有量を約35％から25％に低下させなければならないと決定した．大気浄化法が第二の断層的変化となり，無鉛ガソリンを供給するという最初の断層的変化に対する企業対応を否定することになった．

●**Phillips Petroleum 社の予想と断層的変化の例**●　第四の例は，Phillips Petroleum社である．同社はプロピレンをエチレンと2-ブテンに転換するメタセシス反応（§1・14）を発見したけれども使わなかった．エチレンは当時値が高く，2-ブテンは脱水してブタジエンにすることができたはずであった．関心の高いメタセシスを実施しない選択を行った理由は，15年以内に米国の天然ガス供給が減少してナフサとガスオイルが主要なスチームクラッカー原料になり，ブタジエンが大量に国産化されるだろうと1970年代には広く信じられていたためと考えられる．天然ガスのクラッキングではブタジエン生産が不十分なため，米国は常にヨーロッパからブタジエンを輸入してきた．ところが実際には，ナフサもガスオイルも米国化学工業の主要原料にならなかった（§1・5・1）．サウジアラビアが原油随伴ガスのエタンだけをスチームクラッカー原料に使うことにし，大量のLPG（プロパンとブタン）を生産して低価格で世界に輸出したからであった．米国は，現在では，国産エタン，国産プロパンを補完して輸入LPGをスチームクラッカー原料に使用しているため，ナフサなどへの原料転換の必要性はない．こうして米国はブタジエンの輸入を続けており，これがメタセシスを実施させにくくしている．

●**技術進歩や世界的事件による断層的変化**●　断層的変化は，しばしば技術進歩によって起こる．クロロヒドリン法によるプロピレンオキシド生産者は，ARCO社がt-ブチルヒドロキシペルオキシドを経る新しいプロピレンオキシドの製法（§3・8）を発表したと

きに深刻な断層的変化に苦しんだ．1社を残してすべての生産者がプロピレンオキシド事業から撤退した．同様にメタノールと一酸化炭素から酢酸を生産するMonsanto法の出現によって，アセトアルデヒドを原料とした米国の酢酸メーカーは，すべて工場を閉鎖した．

　世界的な事件も断層的変化となる．大好況や大不況，原油・天然ガスの突然の価格変動，9.11アメリカ同時多発テロ事件やイラク戦争，アフガン戦争のような政治動乱はすべて，経済動向全般と化学工業に影響を与える．2010年米国メキシコ湾岸でのBP社原油井破裂事件，2011年3月日本の大地震，津波，福島原子力発電所の破壊事故，"アラブの春"とOsama bin Ladin（オサマ ビン ラディン）の死亡事件はすべて，それが今後どうなるかは誰にもわからないけれども，遠大な影響を及ぼすと考えられる．

●**断層的変化への対処法**●　　断層的変化に対する回答は，頑健というコンセプトの導入である．頑健な製法はさまざまな変化に適応できる．たとえば原料の供給が不安定な企業は，ガス原料でも液体燃料でも操業できるスチームクラッカーを建てる．プラント建設費は，単一原料のプラントよりも高いけれども，原料供給の断層的変化に耐える頑健さをもつ．1993年の米国石油化学業界が世界の中で比較的好業績を維持できたのは，もっぱらそのような融通性のあるクラッカーのお陰であった．当時，西ヨーロッパの52基のクラッカーのうち，たった5基だけしか原料に対する融通性をもっていなかったので，西ヨーロッパ石油化学業界は利益低下に苦しんだ．西ヨーロッパではガス原料を入手できる可能性がないために，もともと液体原料のみに依存せざるをえなかったからである．

　最後に化学工業はダイナミックであることを述べよう．新技術の創造のように，化学工業自身が行ったことによって影響を受けるばかりでなく，化学工業の外で起こったことによっても化学工業は影響を受ける．現代の化学会社の経営者は，事業に影響するかもしれない世界中のできごとにできる限り立ち遅れないようにしている．デスクトップ型コンピューター，ワールドワイドウェブ，専門的なデータベースの発達によって，企業，特許，製品，用途に関する情報に，以前には思いもよらないほどの量に対して素早くアクセスできるようになった．

10・4　米国のトップクラスの化学企業

　1970年には世界トップ50の化学企業は，米国が23社，西ヨーロッパが19社，日本が8社であった．トップ250企業をとっても，発展途上国の企業はたった7社（インド4社，メキシコ3社）しかなかった．世界人口の30%しかない国々で化学製品の90%が生産されていた．このような先進国の優越状態は現在崩れつつあり，その変化の詳細は次章で述べる．それでも米国はなお最大で，最も重要な化学製品生産国である．

　米国の化学工業は，一握りの超巨大企業に支配されている．表10・9に掲げる米国のトップ40企業の売上高合計は3145億ドルであり，このうちトップ企業のDow Chemical社がほぼ5分の1を占める．7番目の企業の売上高はDow Chemical社の5分の1に

すぎない．米国化学会社は，いくつかに区分できる．Dow Chemical 社，DuPont 社，Chevron-Phillips Chemical 社のような企業は川下製品まで生産する総合化学会社であるが，石油部門はもっていない．Praxair 社と Air Products 社は，産業ガス会社である．Mosaic 社は窒素，リン，カリ肥料部門と動物飼料部門をもつ最大の無機化学製品会社である．ExxonMobil 社と Occidental Petroleum 社は石油会社であり，化学事業にまで川下展開している．Huntsman 社は企業再生ファンド（§11・2・2）である．Dow Corning 社はケイ素化合物を生産している．

10・5 トップ化学品

表 10・10 には 2000 年と 2010 年に米国で生産された 36 種の量の大きな化学品を示す．表のトップは硫酸である．硫酸は成熟産業のため成長率が低い．硫酸には多くの用途があるが，ほぼ 45% がリン酸肥料，硫安肥料の生産に使われている．2010 年生産量トップ 10 のうち，エチレン，プロピレン，エタノールの三つだけが有機化学品である．エタノールは，2000 年時点ではごく少量生産されているにすぎなかったけれども，燃料用（MTBE に代わってガソリンへの添加用）として大量生産されるようになった．大量生産化学品のうち四つが化学肥料に関連している．硫酸，窒素ガス，アンモニア，リン酸である．酸素ガスは鉄鋼業と溶接に使われる．炭酸ナトリウム（ソーダ灰）は，ガラス工業の重要な原料である．これらの大量生産無機化学品は，有機化学品の生産にも使われるものの，主用途は他にある．塩素にはいくつもの用途があり，紙パルプ産業の漂白剤に，また消毒剤，有機化学品の成分としても使われる．最も重要な塩素系有機化学品は塩化ビニルである．二塩化エチレンはその前駆体である．しかし現在では，多くの塩素化合物が環境上望ましくないものと考えられており，同様に紙パルプの漂白や水泳用プールの消毒への塩素の使用も好ましくないと考えられるようになっている．

　有機化学品の基本ブロックのなかで，最も重要なエチレン，プロピレン，ベンゼンは，表 10・10 の 2000 年で 4 位，6 位，15 位にある．生産量トップ 36 の化学品は，いわゆる量産型化学工業の主要製品である．生産量の大きな有機化学品は，エチレン，プロピレンのような大量生産汎用化学品とよばれる．これと対照的なものが，染料，医薬品のような特殊化学品である．この 36 種の化学品には，大口用途がただ一つしかないものもある．たとえばエチルベンゼン（2000 年で 19 位）はスチレン（同 20 位）原料であり，クメン（同 24 位）はフェノール（同 26 位）にもっぱら変換される．

　生産量の大きな有機化学品の多くは，ポリマーの原料モノマーである．エチレン，プロピレン，塩化ビニル，スチレン，エチレンオキシド，フェノール，ブタジエン，アクリロニトリル，酢酸ビニルが，その例である．36 種のリストにないものでは，テレフタル酸，ホルムアルデヒド，エチレングリコール，プロピレンオキシド，アジピン酸，カプロラクタムが該当する．

　生産量の大きな化学品のリスト構成は，何年にもわたってかなり安定していると 2000

表 10・9　米国化学会社 2014 年トップ 40 社

順位	会社名	化学部門売上高 （百万ドル）	化学部門営業利益/ 化学部門売上高(%)	化学部門売上高/ 会社売上高(%)
1	Dow Chemical	58,167	10.2	100
2	ExxonMobil	38,178	14.9	9.7
3	DuPont[†1]	29,945	20.7	86.2
4	PPG industries[†1]	14,250	15.1	92.8
5	Chevron-Phillips Chemical	13,416	na[†6]	100
6	Praxair[†1]	12,273	31.8	100
7	Huntsman Corp.	11,578	6.8	100
8	Air Products[†2]	9,989	15.8	95.7
9	Eastman Chemical	9,527	13.0	100
10	Mosaic[†3]	9,056	17.1	100
11	Ecolab	7,215	na	50.5
12	Honeywell	7,099	na	17.6
13	Lubrizol	6,900	na	100
14	Celanese	6,802	11.3	100
15	Dow Corning	6,221	na	100
16	Hexion	5,137	4.7	100
17	Trinseo	5,128	1.3	100
18	Monsanto[†4]	5,115	26.3	32.3
19	Occidental Petroleum	4,817	8.7	24.9
20	CF Industries	4,743	34.3	24.9
21	Westlake Chemical	4,415	25.5	100
22	Ashland[†2]	4,080	6.4	100
23	FMC Corp.	4,038	15.5	66.7
24	Axiall	3,946	4.9	96.0
25	Cabot Corp.[†2]	3,647	9.2	86.4
26	W.R.Grace	3,243	13.8	100
27	Momentive[†1]	2,476	1.8	100
28	Albemarle	2,446	13.4	100
29	NewMarket Corp.	2,335	15.5	100
30	Chemtura	2,190	9.9	100
31	H.B.Fuller[†5]	2,105	7.1	100
32	Cytec Industries	2,008	12.4	100
33	Americas Styrenics	1,992	3.7	100
34	Stepan	1,927	4.9	100
35	Sigma-Aldrich	1,671	na	60.0
36	Kronos Worldwide	1,652	9.6	100
37	Olin	1,306	10.0	58.3
38	Kraton Polymers	1,230	8.2	100
39	Ferro Corp.[†1]	1,112	−0.2	100
40	Reichhold	1,081	na	100

訳注：原著に誤りがあったので，2014 年決算値で補った．　［出典：C&EN 11 May, 2015］
†1　化学部門売上高には，ポリマーも含む．　†2　2014 年 9 月末決算値．　†3　2013 年 5 月末決算値．
†4　2014 年 8 月末決算値．　†5　2014 年 11 月末決算値．　†6　na：数値の発表がなく不明．

表 10・10 米国で生産量トップの無機化学品，有機化学品，化学肥料

製　品	2000 年（千トン）	2010 年（千トン）
硫　酸（100%）	39,594	35,877
窒　素	28,478	na
酸　素	25,679	na
エチレン	25,113	23,961
石　灰	20,104	na
プロピレン	14,457	14,608
アンモニア（合成，無水）	14,342	11,114
塩素ガス	14,000	10,715
水酸化ナトリウム（液体）[†1]	11,523	8,245
リン酸（100% P_2O_5）	11,333	10,378
炭酸ナトリウム（ソーダ灰）	10,247	11,409
二塩化エチレン	9,911	8,820
塩化ビニル	8,596	na
過リン酸塩その他（100% P_2O_5）	8,073	6,897
ベンゼン	8,045	6,189
硝　酸（100%）	7,900	7,640
硝酸アンモニウム（原液）	7,239	7,484
尿　素（100%）	6,969	5,646
エチルベンゼン	5,967	4,286
スチレン	5,405	4,135
エタノール[†2]	5,026	29,974
塩　酸[†3]	4,717	4,135
エチレンオキシド	3,867	2,620
クメン	3,741	3,459
硫酸アンモニウム	2,548	2,740
フェノール	2,200	2,731
1,3-ブタジエン	2,009	1,445
アクリロニトリル	1,551	1,136
ケイ酸ナトリウム[†4]	1,136	1,308
硫酸アルミニウム（流通ベース）[†5]	1,076	830
塩素酸ナトリウム	940	544
アニリン	846	860
酢酸ビニル	794	1,563
水酸化カリウム液[†1]	539	481
炭酸水素ナトリウム	536	686
過酸化水素	400[†6]	425

[†1] 液体生産量には，後で固形物に蒸発させた量を含む．　[†2] 原著にないので訳者が数字を追加．
[†3] 食塩に酸を作用させて得た量を含む．　[†4] メタ・オルト・セスキケイ酸用に消費された分は除く．
[†5] 市町村で自家消費された分は除く．　[†6] 原著の数字を ACC データで修正．
出典：U.S.Census Bureau, Industrial Reports. "Inorganic Chemicals" Series MQ324A, and "Fertilizers and Related Chemicals" Series MQ325B.
訳注：2010 年データを訳者が追加した．無機化学，肥料は原著出典（掲示は 2010 年で終了），有機化学品は米国化学工業協会 ACC の "Guide to the Business of Chemistry-2011"（化学工業ガイド-2011）による．

年に筆者らは指摘した．この点は現在もあてはまるものの，MTBE がリストから落ち，代わって発酵エタノールがリストに入った．

2000 年と 2010 年を比較すると，米国の化学工業の成熟は明らかであり，実際には縮小している．プロピレン生産量に対するエチレン生産量の比率が低下していることは大きな変化である．この点は本書で後述する．

文献および注

1. http://factfinder.census.gov/servlet/SAFFEconFacts?_sse=on&_submenuId=business_1.
2. 労務費は，それが直接費かどうか，また維持補修要員，保安要員，販売要員などを含むか否かによっても変動する．著者らが調べた全部原価に対する労務費の比率の最低値は，エチレンクラッカーの 0.5% であった．BP/ICI 社の英国ティーズサイドのウィルトンにある六つのクラッカー（現在は Huntsman 社が買収）は，1970 年代半ばで 100 人以下しか雇っていなかった．この数字は *Cracker*, ICI Schools Liaison Section, Welwyn, 1980 に述べられている．エチレンよりも川下の化学工業になると，労務費比率は上昇する．
3. T. Hartung and C. Rovida, Chemical regulators have overreached. Opinion, *Nature*, vol. 460, 27 August 2009; ECHA—New study inaccurate on the number of test animals for REACH, Helsinki, 28 August 2009.
4. 米国と西ヨーロッパの化学品規制の違いについては，*Chem. Eng. News*, 11 February 2008 で議論されている．
5. たとえば C. F. Cranor, *Legally Poisoned*, Cambridge MA: Harvard University Press, 2011.
6. B. G. Reuben, *Chem. Ind*. 印刷中．
7. B.T.Mossman et al., *Science*, 19 January 1990 に基づいている；http://spiderjohnson.com/asbestos.html. も参照．
8. 化学工業の汚染軽減に関するデータは，米国化学協議会 the American Chemistry Council, Government Relations Department, Washington DC から得られる．1992 年年次報告書では化学工業からの汚染は 60% 減り，1990 年にはそのために 38 億ドルを使ったと述べている．この数字は 1975 年の 5 倍である．1990 年基準価格で 2005 年の汚染削減費用は，多くは大気浄化法（CAA）の結果として 110 億ドルになると見積もられている．1990 年代前半には，化学工業の設備投資額のほぼ 20% が汚染削減，汚染制御に向けられている．
9. *London Times*, 21 January 2011, p. 42.

11 化学工業のグローバル化

　成熟は個人ならば高く評価されるものだが，産業では恐れられている．この章では三つの先進地域（米国，西ヨーロッパ，日本）における化学工業の成熟と，その結果として起こったリストラクチャリング（事業再構築），合併，買収を扱う．国際貿易の重要性とともに，発展途上諸国との間で生じている競争についても考える．

●**先進国化学工業の推移**●　　1980年代の化学工業について書いたときは，天然ガスから得られるエタンを分解する米国，精油所から得られるナフサを分解する西ヨーロッパ，輸入ナフサを分解する日本によって，有機化学品工業は支配されていると説明した．そしてそれぞれの化学工業の高成長についても強調した．1954年から1974年の間に，米国化学工業は年率8.5～9%で成長した．1964年から1974年の間に，日本の化学工業は年率11.7%で成長し，西ヨーロッパは9.7%の成長を享受した．しかし成長は必然的に緩くならざるをえず，化学工業は結局経済全体と同じ成長率に落ち着いた．また環境汚染対策，労働者の安全確保への対応，エコロジーに関連した政府規制が利益率を引下げた．1990年代前半までには，以上のことがすべて通り過ぎていった．有機化学品工業は成熟した．設備過剰，過当競争，低価格，低利益率という言葉で示されるさまざまな成熟現象を理解しなければ，どんな企業も経営できないようになった．

　成熟は最後にはリストラクチャリングに至った．1980年から1999年の間にリストラクチャリングによって，52.5億ドルと評価される資産が巻き添えにされた．この数字はその時以来，現在ではおよそ2倍に増加した．リストラクチャリングは，数量に主要な関心がある汎用化学品ばかりでなく，特殊化学品にも起こった．

●**成熟の様相**●　　成熟は市場の飽和，技術の広範囲な拡散，参入障壁の低下のために起こった．エンジニアリング会社が熱心に，設計，資材調達，建設管理などプラント建設のすべてを行ってあげる"ターンキー"プラントの建設やそれを動かすための運転訓練を行ったため，過剰生産が促進された．成熟は発展途上国からの競争によって加速された．特に国産の石油・天然ガス資源をもって，新興産業には補助金がなければやっていけなくても，政府が工業化を進めている国の参入であった．この点は後で述べる．

　1989～2009年には，成熟は別の様相を呈した．有機化学品工業の活動を示す尺度としてエチレン生産量をとり，これを図11・1に5地域・国について対数目盛で示す．過去16年(1995～2009)にわたって，米国とヨーロッパのエチレン生産量は年率でほんの0.4%の伸びであり，日本は実質上減少である．一方，韓国は年率4.3%，中国は年率9.7%で

成長した．この結果，市場シェアも変わった．図 11・2 には 1999 年と 2009 年における各地域の化学製品売上高シェアを示す．

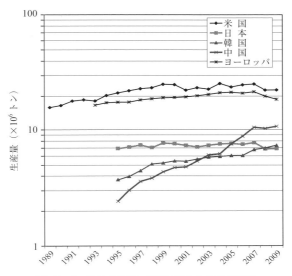

図 11・1　世界 5 地域・国のエチレン生産量推移

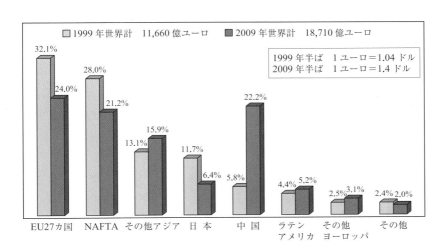

図 11・2　世界の地域別化学製品販売額割合（1999/2009）．"その他アジア"は，インド，韓国，タイ，台湾，インドネシア，マレーシア，シンガポール．"NAFTA"は，米国，カナダ，メキシコ［出典：CEFIC Chemdata International］

アジアの発展途上国は急速に化学製品の生産高を伸ばしている．先進国はいまだにかなり先行はしていても，本質的には静止状態である．発展途上国が急成長する動機は，以前は先進国に輸出していた国産資源を利用することであり，社会を近代化することである．また国内市場を充足することである．国内市場の充足という動機については，東南アジア諸国があてはまる．中東は国内市場が小さく，生産物のほとんどを輸出する．石油資源の豊富な国は，石油の川下への多様化を進めている．多くの新プラントは国営であり，しばしば補助金漬けである．利益が第一の動機では必ずしもないので，こういう国の生産によって，化学工業の慢性的な設備過剰問題が起こっている．

11・1 設備過剰

設備過剰の結果，リストラクチャリングは避けられない問題になった．エチレンはこの典型である．1970年代後半にはエチレン生産能力は需要をはるかに超えた．1986年にリストラクチャリングが始まり，真っ先に人員削減が行われた．米国化学工業は約115万人を雇用していたが，自然減，早期退職，余剰人員の整理によって，雇用者数は7〜8％削減された．次には需要に合わせるように設備能力の削減が行われた．これが最も重要なことであった．

図11・3には米国のエチレン需要と生産能力の比較を示す．1981年の能力はおよそ1800万トンであった．1986年にはほぼ1600万トンに減少した．この10％の設備能力削減と需要増加によって，1987年にはエチレンの需要と生産は調和することになった．能力削減の進行中に供給不足が表面化すると，企業は原材料を蓄える傾向がある．その際にエチレン自体はガスのため大量には蓄えられないので，エチレンの川下製品の在庫増が起こると考えられる．しかし景気が回復すると，企業は新しい利用先に投資したり，旧来の利用分野を拡大したりするようになる．これがポリエチレンの成長につながり，ひいてはエチレンの成長ももたらされる．このようにして米国化学工業は1987年，88年には史上最高の利益を得て，1987年から89年の間に出荷額は実質8.6％も伸びた．しかし，既存設備の能力増強や新規設備の建設が始まった1989年には幸福な時期が過ぎ去っていった．1991年に再びかなりの設備過剰が発生し，さらなるリストラクチャリングが必要になった．1990年代後半に再び好況になったけれども，2000年からは深い不況の谷に入り，2006年にまた好況が戻ってきた．

●西ヨーロッパの推移● 西ヨーロッパの設備能力と需要の関係も図11・3に示すように，米国と同様に1989/90年には適切であった．しかしFina社，Veba社，BP社，およびBP社がENI社，BASF社，Hüls社と共同投資したクラッカーを新設するようになると，1993/94年には大きな設備過剰が発生した．平均稼働率は約83％に低下し，これ以後は本書執筆時点まで西ヨーロッパではクラッカー新設が行われなくなった．1990年代後半にはエチレン需要が年率5％の高成長をしたのに，稼働率は92％前後に停滞していた．2007年以後の景気後退期にはクラッカーの稼働率がおおむね80％を記録した．そ

(a) エチレン設備能力と生産量

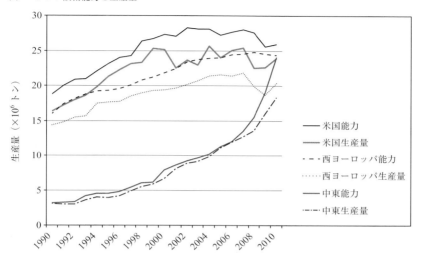

(b) クラッカー稼働率

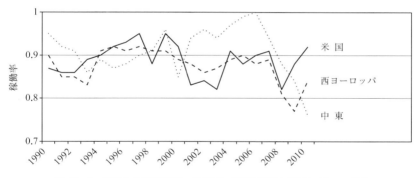

図 11・3　エチレン設備能力，生産量，稼働率推移　[出典：Nexant 社]

うこうするうちに，発展途上国で巨大な設備新設が行われた（図11・4）．新規参入6社（インドの Reliance Industries 社，イランの NPC 社，Formosa Plastics 社，Sinopec 社，Sasol 社，SABIC 社）は，2000年代初めの好況期に計画した設備の稼働を始めた．2003年，2004年には200万トン弱の能力が加わったが，その直後に逆風がきた．図11・4に毎年の能力増加を示す．

図11・5は，2007年の状況を示している．この時点で中東の既存能力は約1300万トンであったが，2010年までには倍増した．主要な生産国は，中東の設備能力の半分を占

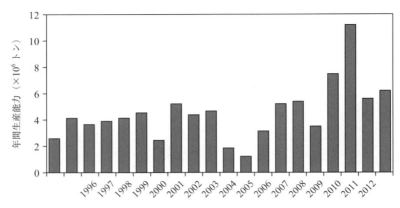

図 11・4　世界のエチレン設備能力の年増加量　[出典：Nexant 社]

めるサウジアラビアと，ほぼ 4 分の 1 を占めるイランである．そのほかにカタール，アブダビ，クウェート，オマーン，エジプトがあるが，サウジ，イランに比べて小規模である．2002～2010 年の間に国産石油資源をもたない中国もエチレン能力を 600 万トンから 1200 万トンに倍増した．

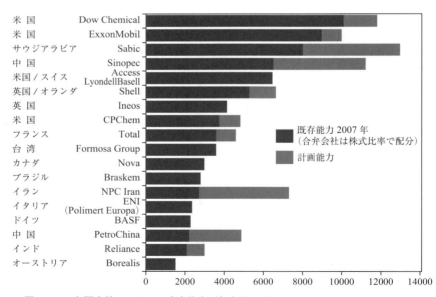

図 11・5　主要会社のエチレン生産能力（年産千トン）[出典：A. McRae, *Chem. Ind.* 29 September 2008, 16～20]

このような能力増加分がどのように吸収されていくのかを予想することは難しく，ヨーロッパの古いクラッカーが閉鎖されるといううわさもある．さらに設備過剰状態はシェールガスの開発(§1・2)によって悪化した．ガス資源の枯渇や資源価格の上昇によって，米国やヨーロッパでクラッカー建設は長らく行われなかった．ところが2011年上期には，米国の会社は，シェールガスブームに乗じてクラッカー新設を続々と計画した（付録D参照）．たとえばDow Chemical社はマーセラス，イーグルフォードシェールガス地域からのガスを原料に，2017年に米国メキシコ湾岸地域で世界最大規模のクラッカーの建設を計画している．Dow Chemical社はこれほど野心的ではないエチレンプラント計画としてルイジアナ州ハーンビルに近いセント・チャールズ（2012年末），ルイジアナ州プラークミンズ（2014年），テキサス州（2016年）ともっており[1]，これだけで30％の能力増となる．Bayer社はウェストバージニア州にある拠点でクラッカーを建設することを発表した．これもマーセラス層の上にある．Shell Chemicals社，Chevron-Phillips Chemical社，LyondellBasell社，ExxonMobil社も関心を示している．ExxonMobil社はシェールガス開発をテレビ広告している．このように近い将来世界はエチレンであふれそうである．

確かに1970年以後，化学工業は景気循環を繰返してきた．図11・6に示すように1982年，1993年，2002年を底とする景気循環が繰返された．

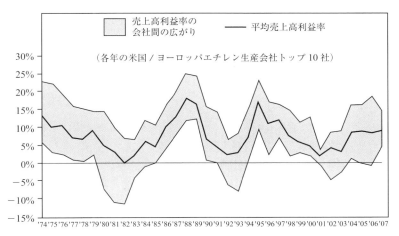

図 11・6 主要エチレン生産会社の売上高利益率推移 [出典：A. McRae, *Chem. Ind.* 29 September 2008, 16~20]

他の産業に比べて化学工業が慢性的な設備過剰にあることは，化学工業が資本集約的産業であるために固定費比率が高く，変動費比率が低いことに関係している．全部原価を回収できる損益分岐点価格と，プラントを停止した方が合理的であるキャッシュコスト（付録A参照）を下回る価格との差が非常に大きい．さらに規模の経済性が働くために，値

を下げてしまうのがわかっていてさえ，プラントを能力いっぱい走らせる方が経済的であることもある．

11・1・1　景気循環

資本主義経済の構成要素となっている景気循環（景気の山と谷）に化学工業も巻き込まれるため，設備過剰問題はさらに悪化する．消費需要が伸びると価格が上昇し，産業の利益率は向上する．需要を満たすように追加設備投資が刺激され，過剰な資金が需要をさらに押し上げる．これが景気の山である．新しいプラントができあがるには時間がかかるので，供給増加は需要増加に遅れ気味となる．このために過剰な投資が行われ，供給力の増加によって価格が低下し，利益が縮小する．投資が削減され，プラントが合理化という名目で閉鎖され，労働力が余り，需要低下が加速される．これが景気の谷である．プラント閉鎖が過剰に行われ，いったん需要以下まで景気後退が進む．景気の底から回復，山，そして後退までの景気循環の期間は一般には4～5年であるといわれている．しかしエチレンの売上高利益率をみると，この期間は9年，7年，11年である．これから次の景気の山は2017年に来ると予想できる．

1994/95年の急激な利益率上昇は，世界中でプラント事故が起こったためである．米国では三つのクラッカーが爆発した．ヨーロッパと東南アジアでも同様な事故が起こった．品不足が起こったけれども，それはほんの2～3%の不足にすぎなかったと記憶している．プラントは早期に回復し，高い利益率もすぐに過ぎ去った．2001年には景気後退が起こった．これは天然ガス価格の高騰と安値輸入品のためであった．石油と天然ガスの価格上昇があっても，設備過剰による競争のために価格転嫁はできなかった．

11・2　リストラクチャリング

過去18年にわたって世界の化学工業では，相当大規模な，劇的ともいえるほどのリストラクチャリングが起こった．事業構造の転換とともに，トップ企業も変わった．

●**世界のトップ化学企業の入れ替わり**●　表11・1には1970年，1990年，2009年における世界トップ20の化学会社を示し，表11・2には2009年の世界トップ50社を財務データとともに示している．この表では，医薬品会社・医薬品事業は除外されており，また化学事業以外の事業も行っている会社が多いので，全社に占める化学部門の割合も表11・2の最終列に示している．

化学工業は世界中に広がっているけれども，トップクラスの会社は今なお米国，西ヨーロッパ，日本に集中している．表11・2には18カ国が出てくる．オーストリア（1社），ベルギー（1），ブラジル（1），スイス（3），ドイツ（6），フランス（4），インド（1），イタリア（1），日本（10），オランダ（3），ノルウェー（1），中国（1），サウジアラビア（1），南アフリカ（1），韓国（1），台湾（1），米国（12），英国/オランダ（1）である．この本の初版のときには，中東，東南アジアからの国々が将来リストに入ってくるだろう

表 11・1 1970, 1990, 2009 年の化学売上高トップ 20 企業

1970 年		1990 年		2009 年	
DuPont	US	**BASF**	D	BASF	D
ICI	UK	Hoechst	D	Dow Chemical	US
Union Carbide	US	ICI	UK	**Sinopec**	RC
Hoechst	D	**Bayer**	D	**INEOS**	CH
BASF	D	**DuPont**	US	ExxonMobil	US
Montecatini-Edison	I	**Dow Chemical**	US	Du Pont	US
Bayer	D	Exxon	US	**Formosa**	Twn
Akzo	NL	**Shell**	NL	Shell	NL
Rhone-Poulenc	F	Rhone-Poulenc	F	**SABIC**	SA
Monsanto	US	Ciba	CH	**Total**	F
Grace W.R.	US	Eni	I	**LyondellBasell**	NL
Dow Chemical	US	Eif Aquitaine	F	Bayer	D
Shell	NL	旭化成工業	J	AkzoNobel	NL
Allied	US	**Akzo Nobel**	NL	三菱ケミカル HD	J
Cyanamid	US	Solvay	B	**Air Liquide**	F
三井東圧化学	J	Hüls	D	Evonik	D
Ugine Kuhlmann	F	三菱化成	J	住友化学	J
Esso（Exxon）	US	Union Carbide	US	三井化学	J
Celanese	US	DSM	NL	**LG Chem**	SK
Henkel	D	BP	UK	東レ	J

† 国略号は表 11・2 参照.

と述べた．そして本当にサウジアラビア，中国，韓国，台湾が加わった．新参会社は，Huntsman 社，INEOS 社，Sinopec 社，Syngenta 社（AstraZeneca 社と Novartis 社の農業化学部門を統合），そして Nova Chemicals 社である．

1990 年のトップ 20 社のうち 2009 年まで残ったのはたった 8 社であり，表 11・1 の 1990 年欄に太字で示した．新参 12 社は 2009 年欄に太字で示してある．1970 年のトップ 20 社のうち 8 社が 2009 年に残っており，1970 年欄に太字で示した．

●主要トップ企業の動向● 長い間トップ 20 社リストはかなり安定であった．世界のトップ 3 社は，第二次世界大戦前のドイツの I.G.Farbenindustrie 社の 3 部門であった．この巨大会社は第二次大戦後に BASF 社，Bayer 社，Hoechst 社に分割された．Hoechst 社は 1990 年代に量産型化学事業の不振に苦しみ，1995 年に 12 個の独立した会社に分割された．その最大の会社は医薬品事業会社であり，Hoechst 社と同様に石油化学事業を切り離した Rhone-Poulenc 社の医薬品部門と合併した．その新会社が Aventis 社であった．ICI 社は 1993 年に医薬品，農業化学事業を分離して新会社 Zeneca をつくった．その後 Zeneca 社はスカンジナビアの会社 Astra 社と合併して AstraZeneca 社となった．しかし

表 11・2　2009年の化学部門売上高トップ50企業

順位	会社名	本社所在地†	化学部門売上高(百万ドル)	化学部門の売上高利益率(%)	全売上高に対する化学部門売上高比率(%)
1	BASF	D	54,817	3.5	77.6
2	Dow Chemical	US	44,875	3.9	100
3	Sinopec	RC	31,302	6.4	15.9
4	INEOS Group	CH	28,600	na	100
5	ExxonMobil	US	26,847	8.6	8.9
6	DuPont	US	25,960	9.5	99.4
7	Formosa Plastics Group	Twn	25,437	6.5	61.9
8	Royal Dutch/Shell	NL/UK	24,586	na	8.8
9	Sabic	SA	23,096	25.6	84.0
10	Total	F	20,521	3.8	11.2
11	LyondellBasell	NL	19,993	3.1	64.9
12	Bayer	D	19,551	3.8	45.0
13	AkzoNobel	NL	19,360	5.9	100
14	三菱ケミカルHD	J	16,742	赤字	62.4
15	Air Liquide	F	15,303	na	91.7
16	Evonik	D	14,030	15.9	77
17	住友化学	J	13,121	1.8	75.8
18	三井化学	J	12,892	def	100
19	LG Chem	SK	12,625	13.9	100
20	東レ	J	12,450	2.8	85.8
21	Linde	D	12,447	26.6	79.7
22	Reliance	IND	12,240	14.6	27.9
23	PPG Industries	US	11,390	10.8	93.1
24	DSM	NL	10,962	13.7	100
25	Mosaic	US	10,298	23.7	100
26	信越化学	J	9782	12.8	100
27	Yara	Nwy	9763	12.1	100
28	旭化成	J	9452	3.5	61.8
29	Praxair	US	8956	30.8	100
30	Sasol	SAf	8954	赤字	54.6
31	Syngenta	CH	8420	22.9	76.6
32	Chevron-Phillips Chemical	US	8406	8.4	100
33	DIC	J	8090	3.7	100
34	Solvay	B	7935	5.9	67.1
35	Air Products	US	7766	15	94.1
36	Huntsman Corporation	US	7763	0.8	100
37	Braskem	Br	7633	9.2	100

(次ページへつづく)

表 11・2（つづき）

順位	会社名	本社所在地†	化学部門売上高（百万ドル）	化学部門の売上高利益率(%)	全売上高に対する化学部門売上高比率(%)
38	Lanxess	D	7047	4.6	100
39	東ソー	J	6711	2.1	100
40	Borealis	Aus	6569		100
41	Arkema	F	6193		100
42	Clariant	CH	6090	3.7	100
43	Rhodia	F	5617	5.4	100
44	ENI	I	5525	赤字	4.8
45	昭和電工	J	5489	0.4	75.8
46	Merck KGaA	D	5348	18.1	52.0
47	Dow Coming	US	5093	NA	100
48	Celanese	US	5082	9.0	100
49	Eastman Chemical	US	5047	10.2	100
50	日立化成	J	4860	8.4	100

† Aus: オーストリア, B: ベルギー, Br: ブラジル, CH: スイス, RC: 中国, D: ドイツ, F: フランス, IND: インド, I: イタリア, J: 日本, NL: オランダ, Nwy: ノルウェー, SA: サウジアラビア, SAf: 南アフリカ, SK: 韓国, Twn: 台湾, UK: 英国, US: 米国 ［出典: *Chem. Eng. News*, 3 August 2009, p.14］

　その後，農業化学事業を分割した（Novartis 社から分割した農業化学事業と一緒になって Syngenta 社に）．一般に特殊化学品会社の方が汎用化学品会社よりも高利益率であり，また米国の化学会社の方が他の国の化学会社よりも利益率が高い．

　Dow Chemical 社と DuPont 社は表 11・2 では，第 2 位と第 6 位になっている．Dow Chemical 社は 2001 年 UCC 社と合併後，DuPont 社の売上高を追い抜いた．この合併後，歴史上有名な Union Carbide 社の名前はなくなった．Dow Chemical 社は経営効率のよい会社で，生産工程が高度に統合されている．従業員 1 人当たりの化学部門売上高は年 48 万ドルである．大手化学会社のなかでこの数字を超えるのは，BP 社（50 万ドル），Lyondell 社（98 万ドル），Union Carbide 社（51 万ドル）だけである（1999 年データ）．DuPont 社は強力な技術サービス力でマーケティングを支えている会社として有名である．日本最大の化学会社である三菱ケミカルホールディングスは，表 11・2 の 14 位である．同社は 1991 年に 14 位にいた三菱化成と三菱油化が合併し，さらに 2005 年に持株会社に移行して生まれた．日本の会社は比較的小さく利益率も低い．国営企業は雇用確保のために非効率な経営を続けるので，さらに利益率が低い．その例としてはイタリアの ENI 社がある．表 11・2 の 44 位にいるが，かつて Montecatini Edison 社として知られ，その後 Montedison 社，さらに Enichem 社と変わって現在に至っている．

　石油会社で大きな化学部門をもつ会社には，Total 社，Royal Dutch/Shell 社，Exxon-

Mobil 社, Chevron-Phillips Chemical 社がある. そのなかで ExxonMobil 社は世界で 5 番目に大きな化学会社でもある. しかし同社の全売上高のなかで化学部門売上高は, たったの 8.9% にすぎない. ExxonMobil 社と Shell 社はともに石油探査, 採掘, 精製事業を主力としている. しかし長年にわたって石油化学事業を伸ばしてきた. Total 社はこの 2 社に比べると活動規模は小さい. BP 社は, ExxonMobil 社, Shell 社と同じくらい大きな化学事業をもったこともあるが, 2000 年以後化学事業の大部分を売却した.

Union Carbide 社や American Cyanamid 社のような歴史上有名な名前はトップ企業リストから消えてしまった. Union Carbide 社の社名は, カルシウムカーバイドに由来し, カルシウムカーバイドからアセチレン, さらにアセチレン系化学製品を展開した会社であった. 2001 年に Dow Chemical 社に買収された.

American Cyanamid 社の名前もカルシウムシアナミド (石灰窒素) によって窒素の固定を行う製法に由来し, それはアンモニア合成の Haber 法よりも古い製法であった. この会社は多くの事業を売却していった. 特に 1988 年に触媒事業を, 1994 年に医薬品事業を売却し, 2000 年には BASF 社に農業化学品事業を売却した. この会社は Cytec 社と名前を変えて, なお存続しているけれどもトップ 50 社には入れない.

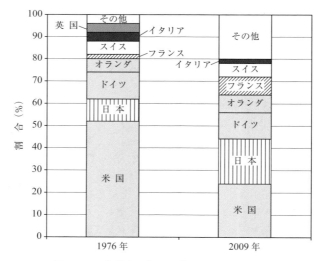

図 11・7　化学売上高トップ 50 企業の国別集計

1970 年にはトップ 20 社のうち 19 社が米国か西ヨーロッパの会社であり, 1976 年には 20 社のうち 20 社になった. 1993 年には三つの日本の会社がトップ 20 社のなかに顔を出すようになり, 2000 年には日本の会社は 4 社になった. 2009 年にはこのような"自然な秩序"がくつがえってしまった. トップ 20 社に台湾, サウジアラビア, 中国, 韓国

の会社が入った．トップ50社にはインド，南アフリカ，ブラジルの会社も入るようになった．1976年には米国の会社がトップ50社の半分以上を占めていたのに，2009年には4分の1以下に落ち込んでいる（図11・7）．

11・2・1　ある英国名門化学会社消滅へのあゆみ

1992年に大きな衝撃を与えたリストラクチャリングが起こった．DuPont社がICI社の欧州でのナイロン事業を取得し，代わりにICI社がDuPont社のメタクリル酸メチル事業を取得するとともに，両事業の評価差額を受取ったのである．ICI社はその後特殊化学品会社になることを決め，1993年には医薬品部門と農業化学部門をZeneca社として分社化した．1997年には特殊化学品会社への転進の試みとしてUnilever社から古臭い事業内容のNational Starch and Chemical社を買収し，さらに新しいCEOを採用した．

ICI社は量産型化学事業（二酸化チタンとイソシアネート）をおもにHuntsman社に売却した．また，INEOS社はICI社のクロルアルカリ事業を買収し，2001年に売上高50億ドルの会社に成長した．ICI社は塗料会社として残ることになった．しかし，Akzo-Nobel社がこの残りの事業を買収して，ICI社は2007年8月に消滅した．

ICI社は国際化した会社であり，汎用化学品からの利益を十分に享受してきた．イングランド北東部のウィルトン/ビリンガムに"理想的な工場"をもっていた．この工場は，精油所をもつうえに，スコットランドのグランジマウス，モスモラン，トランメアにつながったエチレンパイプラインももっていた．ユーザー企業にも囲まれているので，原料も製品も工場の塀越しにポンプ輸送するだけでよかった．ブリテン島は輸送費の関係で，英国国内企業にとっては今なお利益のある市場である．ICI社は，1986年には英国製造業企業のなかで売上高第5位，資本利益率21.9%であった．2000年には108位になり，資本利益率は20.1%になった．ICI社のこのような変遷は，株主価値の向上をめざしたにしても，まったく達成されず，経営判断の失敗であったかどうか問われなければならない．事情がどうあれ，ICI社の縮小・消滅とHoechst社とRhone-Poulenc社の事業分割はヨーロッパ化学工業の構造を大きく変えた．

11・2・2　企業再生ファンド

最近のリストラクチャリングは，多くの場合，企業再生ファンドによって起こされてきた．トップ20の表の中では，INEOS社とLyondellBasell社が該当する．

●**企業再生ファンドとは**●　このような会社は，年金基金や保険会社のような投資家から資金を得る．資本調達を株式市場よりも，個々の基金や裕福な個人に依存している．企業再生ファンドは，資金の一部を買収に投資し，買収金額の残りは，買収対象企業の資産を担保にして銀行から借り入れる．企業再生ファンドの長所は，時刻表が異なる経営にあるといわれている．四半期ごとの財務報告や株式市場の期待に煩わされずに，買収ファンドの経営者は長期的視野から経営戦略を進めることができる．それは3年から5年の時間軸である．こうして化学工業の景気循環の影響を受ける度合いが少なくなる．

企業再生ファンドの倫理は，企業を3年から5年で収益改善させることにある．買収企業の資本の大部分は企業再生ファンドの自己資金ではないので，買収企業の再建に成功した場合の報酬倍率は高い．企業再生ファンドへの資金応募者は，初期投資が相当な倍率になることを我慢して待っている．金利が低ければ，この手法は魅力的である．しかし景気後退期には逆もあてはまり，資金がなくなることも簡単に起こる．多くの企業再生ファンドが2008/2009年には利息の支払いが困難になった．コンサルタント会社 Ernst & Young の指摘によれば，化学業界に新規参入した多くの企業再生ファンドは，企業を売却したいときに売却することができなくなった．2010年前半の企業合併買収件数と金額は過去15年間で最低であった[2]．企業再生ファンドにとって負債が重荷になるようなときには，株式上場企業が企業再生ファンドを買収することがある．BASF社が31億ユーロで化粧品，トイレタリー製品，食品の Cognis 社を買収したのは，この例である．汎用プラスチックから特殊化学品に移行する一環として，2008年に BASF 社は Ciba Specialty Chemicals 社をも果敢に買収したが，その日は Lehman Brothers 社が破綻して2009年金融危機が始まったときであった．

● **Huntsman 社と INEOS 社** ●　Huntsman Chemicals 社と INEOS 社は多くの関心を集めた企業再生ファンドであり，このような会社の出現によってリストラクチャリングの様相は複雑になった．Huntsman Chemicals 社は，Jon M. Huntsman によって1982年に米国ソルトレークシティーで設立され，現在は息子の Peter が経営している．この一家は有名な慈善家である[3]．1997年に景気後退を活用して Texaco 社の化学事業を10.6億ドルで買収し，次いで Monsanto 社の無水マレイン酸事業と直鎖アルキルベンゼンスルホン酸事業を，また Eastman 社，Novacor 社のポリプロピレン事業を買収した．さらに ICI 社の二酸化チタン事業，イソシアネート事業を買収する一方，ポリスチレン事業を Nova 社に売却した．2002年に債務の元利支払いが苦しくなると，2005年に株式を公開した．2007年1月，企業買収ブームの頂点で Huntsman 社は SABIC 社に英国の工場を売却した．その7月にはロシアの大富豪 Leo Blavatnik からの買収申し出があったけれども拒否し，条件の良い Apollo（Hexion）社からの買収に応じた．Huntsman 社は売却を承諾したけれども，その後 Hexion 社は Huntsman 社の財務状態悪化を口実にして買収を取消した．2009年2月に Huntsman 社は再生企業ファンドとして活動する基礎となる株式価値の90％を失った．そうこうするうちに，株式価値を復元しようと Huntsman 社の繊維処理剤部門はアジアでの製造拠点の再整備の一つとして，Metrochem 社のインドのバローダの事業を買収した．

　INEOS 社は，世界化学会社ランキングの4位にいる華々しい新興企業である．1998年に起業家の Jim Ratcliffe が設立し，ベルギーのアントワープにある BP 社の石油化学事業を MBO（経営陣買収）手法で取得した．その後 BP の他の事業を買収したうえに，消滅に向かっていた ICI 社の多くの事業を取得した．ほかの会社が自社のコア事業でないと考える事業を買収し，Amoco 社，BASF 社，Dow Chemical 社，Solvay 社，UCB 社から

小さな事業を取得した．2005年にはInnovene社を90億ドルで買収することに合意した．Innovene社はBP社のオレフィンとその誘導体，石油精製事業を担う子会社で，2005年売上高は250億ドルと推定された．この買収によってINEOS社の売上高は80億ドル程度から，ざっと4倍に増加し，BP社はほとんどの化学事業から撤退することになった．INEOS社は2008年に売上高が230億ポンドになったけれども，2009年には不況のために160億ポンドに落ち込んだ．INEOS社は64億ポンド（70億ユーロ）の資金繰り問題に直面した．危機的な数カ月をなんとか乗り切り，本社を英国からスイスに移転した．これによって，2010年から2014年の間に4.5億ポンド節税したと推測されている．Royal Dutch/Shell社はオランダの会社として登録されている．こうして化学工業史上初めて，英国には世界トップ化学企業がなくなってしまった．

● **LyondellBasell Industries 社** ● リストラクチャリングのもう一つの側面は事業の再整理である．たとえばUnion Carbide社は小規模でほとんどもうからないポリエーテルポリオール事業をもっていた．Union Carbide社は1980年代初めにこの事業をARCO Chemical社に売却した．ARCO Chemical社はポリオール原料であるプロピレンオキシドの主要製造会社であったので，買収によってプロピレンオキシドの自家消費先を確保したばかりでなく，ポリエステルポリオール事業を最小最適規模以上に引き上げた．それにもかかわらずARCO Chemical社は1999年にLyondell社に売却された．両社とも石油会社であるAtlantic Richfield（略称 ARCO）社から化学事業を分社化した会社どうしである．Lyondell社は，他の石油会社と同様に石油精製からずっと川下に離れた化学製品には関心がないので，ポリエーテルポリオール事業をBayer社に売却した．

さらにもう一つのリストラクチャリングの側面は事業統合である．それは1983年にMontedison社とHercules社がポリプロピレン事業を統合してHimont社を設立したときに始まった．4年後，Montedison社はHercules社の持分を買占めた．1994年にMontedison社とShell社はポリオレフィン事業を統合してMontell社を設立し，世界最大のポリプロピレンメーカーになった．その後，Shell社はポリエチレン事業を取戻してBASF社とElenac社という合弁会社をつくった．一方，Montedison社はMontell社の株式をShell社に売却したので，Shell社はMontell社を単独で所有することとなった．

ポリプロピレンの競争力向上のために，BASF社とHoechst社はポリオレフィン事業を統合してTagor社という合弁会社を設立した．その後，Tagor社とMontell社は合併してBasell Olefins社となった．Basell社はポリプロピレンに集中しており，西ヨーロッパでは第2位のBorealis社（オーストリア）の2.4倍もあった．

一方，1997/98年に米国のMillennium Chemicals社，Occidental Chemicals社，Lyondell社の3社合弁会社としてEquistar社が設立された．同社はポリエチレンに強かったが，全面的にLyondell社の手に渡った．

Leo BlavatnikはAccess Industries社の設立者であり，また会長であった．Huntsman社買収の試みが失敗した後，2005年にBasell社を買収した．さらに2007年にはBasell

社が Lyondell 社を買収して LyondellBasell Industories (LBI) 社となった．これは幸福な終結だったのだろうか．2009 年 1 月に LBI 社の米国会社は，連邦倒産法 11 章の申請をしなければならなくなり，2010 年 4 月にようやく倒産から脱け出した．

●**企業再生ファンドの果たした役割**●　　複雑な企業大統合は，過去 20 年間に化学工業で進んできたリストラクチャリングを象徴している．悲しいことに，このような活動が株主価値を高めるか，利益率を改善することがあったとしても，ごくわずかであった．唯一可能性があることは創造性の向上であるが，財務専門家が産業上の問題を解決する解と考えた企業買収，合併，買戻しなどの活動が繰返されるなかで創造性は封じられ，研究開発者は真面目に取組めなくなった．研究開発費の対売上高比率は，17 社平均で 1993 年 5.7% から 2002 年 3.9%，2006 年推定 2.9% へと下落した．技術革新に必要な長期的視野に立った研究開発活動を行うに十分な施設をもつ企業はほとんどなくなった．しかし，この点は Dow Chemical 社，DuPont 社，BASF 社のような長期間生き抜いてきた企業にはあてはまらない．

11・3　先進国の化学製品貿易状況

　米国化学工業はいつも二つの強みをもっていたことによって，自国内ばかりでなく，国際的な競争市場においても化学製品を安く製造してきた．第一の強みは豊富な天然ガスがあることであった．天然ガスからは水蒸気分解（§1・5・1）の原料となるエタンとプロパンが得られ，それは石油（ナフサ，ガスオイル）よりも一般に安価であった．第二の強みは，米国内に十分な量のプロピレン供給があることであった．プロピレンは水蒸気分解でつくられるだけでない．石油の接触分解反応でつくられるほんの数%のプロピレンだけでも数百万トンの供給能力になる（§1・6）．米国はガソリン生産に必要な接触分解装置を大量にもち，その能力は米国だけで米国以外の世界合計以上である．

●**EU，米国の貿易収支**●　　この米国の強みにもかかわらず，EU は米国との貿易バランスにおいて数字上はるかに優位を保っている．2009 年の世界化学製品販売額は 1 兆 8710 億ユーロになるが，そのうち EU27 カ国で 24% の 4490 億ユーロを占める．1170 億ユーロが EU 外との貿易額，2220 億ドルが EU 内貿易額であり，国内販売額はほんの 1110 億ユーロにすぎない．西ヨーロッパは，ヨーロッパ内取引を輸出と計算すれば生産額の 73% を輸出していることになるし，ヨーロッパ内取引を輸出から除いても 26% を輸出していることになる．BASF 社，LyondellBasell 社，Degussa 社，AkzoNobel 社，Evonik 社はいずれも輸出志向の強い会社である．輸出が自国内取引と同じくらいの利益率であることはめったにないとしても，輸出比率を高くするには工場の操業が効率的でなければならない．

　米国は 2009 年には輸入 1554 億ドルに対して輸出は 1546 億ドルで，貿易収支はほとんど均衡していた．輸出額，輸入額とも増加しており，過去 10 年でおおむね 700 億ドルから 2 倍になった．このような貿易額の増加は世界中で起こっておりグローバル化の進

展を示している．

●**統計の注意点**● 　注意点を述べておくと，この本の中で経済統計が使われるときには少し疑いの目をもって見る必要がある．特に国際比較の場合には，誰が集計した統計なのか，年間を通じて変動する為替レートをどのように扱っているのか，統計基準がどのように異なっているのかによって，数字は変わってくる．ユーロ対ドルの為替レートは，2008年1月から2010年1月までに1.59から1.26の間で変動した．数年にわたって同じ国民を対象に集計された統計ならばある傾向を示すことができるかもしれないが，たとえばEUが創設6カ国から現在の28カ国に拡大[4]すれば，新規参加の東ヨーロッパの化学工業が小規模であっても，統計にゆがみが生まれる．米国統計年鑑から米国の数値が得られ，CEFIC統計からヨーロッパの化学工業の数値が得られる．しかし米国化学会発行のCEN誌と米国化学工業協会発行の化学工業ガイドは，互いに違う数値を掲載している．化学工業統計には，医薬品や高分子を統計の対象としているものもあるし，対象としていないものもある．上記のヨーロッパの数値には医薬品が除外されているが，高分子は入っている．基礎有機化学品はほぼ4分の1だけである．

　独裁政権がからむと，統計数値の問題ははるかにひどいことになる．ソ連の統計は経済計画が進んでいることを示すようにゆがめられていた．冷戦時代を知る人は覚えているだろう．中国の統計がどこまで信頼できるものなのかも不明確である．

●**先進国の貿易事情**● 　石油化学工業だけを考えていると，EUの化学工業は米国を犠牲にして繁栄しているのではないかと思えるが，これは誤解をまねきやすい．EUの貿易収支のうち40%を特殊化学品と消費財化学品が占め，基礎化学品はすべて集めても25%にしかならない．加えて，多くの米国の会社，特に医薬品会社が，関税障壁を逃れるためにEU内に子会社をもっている．そのような子会社が米国に輸出して米国の貿易収支を悪化させている．もっとも米国化学会社の海外投資は，海外子会社の利益から米国に相当な収入をもたらしており，またこれら子会社への技術供与からも，他の国々への技術供与と同様に相当な特許収入を生みだしている．

　ヨーロッパ化学工業は，貿易黒字が増加したけれども，2009年不況では，ほぼ20%も販売額が減ったので大打撃を受けた．ヨーロッパは液体原料に依存しており，スチームクラッカーの操業を景気変動に応じて柔軟に変動することができない．アジアの鍵を握る国々の動向も悪化要因である．アジア・大洋州は，10年前の大きな貿易赤字から今日では黒字に転じた．

　米国化学工業の貿易黒字が少額であっても，輸出産業の名を汚すものではない．米国化学工業は，2009年に機械工業に次ぐ第2位の輸出産業であった．全輸出額の10%を化学製品が占め，1546億ドルに上った．1990年代前半を通じて米国貿易収支を悪化させた要因は強すぎるドルであり，輸入品価格を安くし，輸出品価格を高くした．そして中進国との競争激化も要因に加わった．米国化学工業の世界各地との2009年輸出額，輸入額，貿易収支を図11・8に示し，ヨーロッパの同様なデータを図11・9に示す（訳注：出典の違い

から，合計値が本文の数字と異なる）．

　日本の化学工業は比較的値の高い輸入ナフサを使い，また強い円に苦しんできたので世界市場では競争できなかった．しかし1990年代半ば以後，おもに中国を中心とする経済

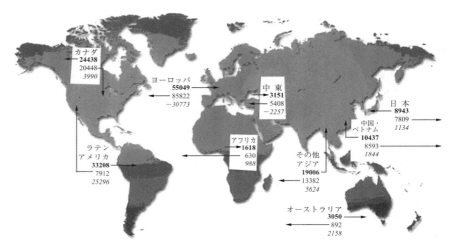

図 11・8　米国 2009 年化学製品の輸出額（太字），輸入額（細字），貿易収支（細字斜体）
（単位：百万ドル）［出典: Nexant 社］

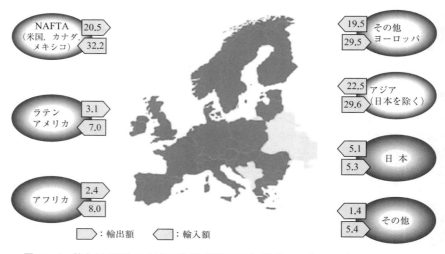

図 11・9　拡大 EU2009 年主要地域別化学製品貿易（単位: 10億ユーロ）［出典: CEFIC］

成長している近隣国への輸出を行ってきた．量産型化学品事業では貨物輸送費は大きな追加費用となるので，日本は地理的な優位によって極東アジアで競争力をもつことができた．しかし，利益にはほとんど貢献しなかった．

11・4　発展途上国との競争

将来はどうだろうか．多くの国に石油資源があり，最近は巨大な天然ガス資源が世界各地で発見されている．ロシアとカタールは現在最大の天然ガス資源国である．ほとんどの資源国とはいえないが，いくつかの資源国は化学工業を起こしたいと望んでいる．天然ガスや石油がエネルギーとして使われる場合に比べて，化学工業は多くの付加価値を約束しているからである．このため驚くほど多くの国々が化学工業を起こしたし，また起こしつつある．

米国，西ヨーロッパ，日本の化学工業は長い歴史をもってきた．サウジアラビアやその他中東湾岸諸国，カナダ，メキシコ，ベネズエラ，アルゼンチン，そしてトリニダードやチリを含めたラテンアメリカ諸国は1980年代の新規参入国であり，ソ連と東ヨーロッパ諸国，そして東南アジアの"虎"諸国はもう一時代前の参入国であった．韓国，台湾は輸入原料が必要であったけれども，タイ，インドネシア，マレーシアは国産資源をもっている．中国の石油産業は成熟し，石油産出量はピークを打った．シンガポールは原料も国内市場ももっていないけれども，経済基盤の良さと安定した政府がある．これらの国々で化学工業がいかに重要であるかは，統計が示している．全製造業に占める化学工業の割合は，米国や西ヨーロッパでは10%であるのに対して，台湾では30%になる．台湾とタイは化学工業製品の大部分を国内で消費できるので，化学製品の主要輸出国とはならない．韓国，サウジアラビア，カナダやその他多くの国々は，化学品国際貿易市場で強敵になってきた．

石油化学製品市場における西ヨーロッパ貿易への新規参入国，とりわけカナダとサウジ

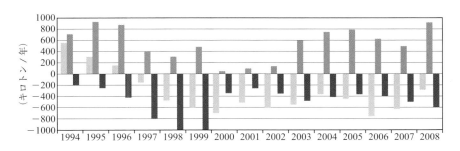

図11・10　西ヨーロッパの石油化学貿易収支推移（エチレン，ベンゼン，プロピレン換算値）
［出典：CEFIC, http://www.petrochemistry.net/10.2.html．］

アラビアの影響を図11・10に示す．西ヨーロッパは，エチレン誘導品，ベンゼン誘導品では貿易赤字が増加し，プロピレン誘導品では貿易黒字が減少中であることを示している．

この数値の重要な特徴は，エチレン誘導品の貿易収支が1999年以前から赤字，プロピレン誘導品が黒字である一方で，ベンゼン誘導品が赤字である点である．ヨーロッパでは接触改質によってナフサから十分な量のベンゼンが得られることを考えると，ベンゼン誘導品が赤字ということは驚くべきことである．

米国化学工業は今なお役割を維持しているうえに，水蒸気分解（§1・5・1）原料となるシェールガスが発表どおりに開発できるならば，いつまでもその地位を保つだろう．状況は予測不可能である．石油と天然ガスの両方とも価格が変動する．2000年代は非常に変動が激しかった．現状は石油価格が上昇し，天然ガス価格が低下傾向にある．

●**米国石油化学法エタノールの凋落**●　発展途上国の影響については，米国の石油化学法エタノール生産量の減少が良い例である．データを表11・3に示す．

表11・3　米国の石油化学法エタノールの生産量減少

	1982年	1985年	1988年	1990年	1999年	2000年	2001年	2007年
生産量(千トン)	464	260	227	95	95	82	82	56
生産量(百万ガロン)	2226	1247	1008	457	457	392	392	270

明らかにエタノールの化学原料向け需要は減りつつあり，一方補助金を与えられたトウモロコシ原料発酵法燃料用エタノールは増えつつある．それにもかかわらずサウジアラビアは安いエチレンをエタノールに変えて米国に輸出している．米国内のエタノール生産者には経済的に成り立たない価格である．輸送コストがかかるために，エタノール以外のサウジアラビアの石油化学品は米国に輸入されても経済的に引き合わない．分子内にエチレンを含む比率がエタノールは59%と高いので，エタノールはエチレンを輸送する安価な方法になっていると考えられる．2000年には米国の石油化学法エタノール生産はなくなると予想された．しかし唯一の生産者であるEquistar社は2007年までにこの分野で確実に生き残っていたが，2010年に火災を起こしてしまった．同社はLyondellBasell社の米国部門であるLyondell Chemicals社の子会社であり，やっかいな破産手続き（§11・2・2）に巻き込まれた．

MTBE（メチルt-ブチルエーテル，§4・2・1）が段階的に廃止されたので，発酵エタノールはブームになっている．本書執筆時点で米国政府はガソリン添加剤としての発酵エタノールに最高で0.119ドル/リットルの補助金を付けている．補助金の付いた発酵エタノールを化学品生産に使うことは，石油化学法エタノールを飲料用に使うことと同様に禁止されている．

●**サウジアラビア石油化学工業**●　すでに述べたように多くの国々が化学工業に参入し

ているが，最も影響力をもつのは二つの理由からサウジアラビアである．一つはサウジアラビアが世界の石油資源の 20% 以上をもっているからである．もう一つは，いわゆる石油随伴ガス（エタン，プロパン，ブタン）を豊富にもち，石油採掘とともにガスが得られるからである．サウジアラビア国内では他に使い道がないので，井戸元では随伴ガスはゼロ評価である．サウジアラビアはエタンを 0.50〜0.75 ドル/百万 Btu（英国熱量単位：1 Btu = 1.054 kJ）の費用で分離精製して石油化学原料に利用し，LPG（プロパン，ブタン）を燃料として世界市場に販売することにした．これによって非常に経済的にエチレンを生産できることとなった．イランはこれほど効率的にエタンを得ることができず，エタン生産原価は 1.25 ドル/百万 Btu である．2009 年，中東のエチレン生産量の半分はサウジアラビア，5 分の 1 はイラン，30% は他の生産国，おもにクウェートとカタールが占めた．SABIC 社だけで 2009 年に 8,052,000 トンのエチレンを生産しており，これは世界生産量の 7% になる．

サウジアラビアはエチレン誘導品を扱うだけでなく，石油化学製品市場で全製品を扱う生産国になるために，1995 年に LPG 留分とコンデンセート（天然ガス井から得られる安価な C_5 以上の留分）を分解するプラントを建設した．最新の石油化学プラントで使われるナフサ，コンデンセート，LPG には，それらの輸出価格最低値より 30% 値引きして供給することを発表した．

発展途上国は，先進国と貿易できるときにそうしない道徳上の理由はない．先進国は革新的な技術で先行しているが，技術が成熟し，特許の適用もなくなれば誰でも技術を使う権利をもつ．しかし，多くの発展途上国では安全衛生の予防策を無視して原価を引下げている．そのようなプラントを建設する会社や建設請負業者は，しばしば先進国からのものである．これらの建設会社はプラント建設によって極貧の人々に仕事を提供し，発展途上国を支援していると主張している．安全衛生の予防策を無視して本当の費用削減になっているのか，それとも先進国の会社による情けない行為に対する単なる言い訳にすぎないのかは不確かである．中東やアジアの化学工業が拡大しているので，この道徳問題は大きくなっている．しかし解はみえない．

11・5 主要石油化学製品の貿易

統計は高度に集計されすぎているので，どのような化学製品が貿易されているのか示されない．表 11・4 には，1997 年と 2009 年における 12 の主要石油化学製品について，5 地域別に世界貿易収支のデータを示す．おのおのの製品ごとに地域別に集計してもゼロにならないのは，すべての地域が計算に入っているわけでないためである．またベルギー，香港，アイルランド，シンガポールのような中継貿易国が誤差源となるためでもある．貿易収支は輸出向け実生産量を測定する良い尺度である．

表 11・4 のデータから次の点がわかる．
1．1997 年から 2009 年の間に国際貿易量は 2 倍になった．グローバル化の結果とも，

表 11・4　1997 年と 2009 年における主要石油化学製品についての世界貿易収支
（単位：千トン）

化学製品	アジア・大洋州	中 東	北 米	南 米	西ヨーロッパ
1997 年					
アクリル酸	58	0	−40	−7	80
アクリロニトリル	−618	−127	789	−44	−68
ベンゼン	−95	83	−235	254	−417
エチレン	−242	319	219	−44	−256
エチレングリコール	−2715	1255	1096	18	−242
ポリエチレン	−2054	928	2266	−1111	223
ポリプロピレン	−27	−460	335	−125	430
プロピレン	−69	164	97	121	−78
プロピレンオキシド	−164	−18	87	−17	3
p-キシレン	−95	83	351	−5	−129
スチレン	−369	215	698	−242	−233
塩化ビニル	−806	13	685	−170	−95
合　計	−7196	2455	6348	−1372	−782
2009 年					
アクリル酸	79	0	6	−44	3
アクリロニトリル	−572	−191	484	0	141
ベンゼン	956	194	−1144	125	−553
エチレン	−475	1145	88	−59	−600
エチレングリコール	−6156	5097	1615	−117	−307
ポリエチレン	−4952	5254	1171	−502	−345
ポリプロピレン	−1923	1460	817	63	540
プロピレン	−654	375	315	−97	138
プロピレンオキシド	−180	61	119	−31	5
p-キシレン	−1347	1425	223	−39	−372
スチレン	−1559	1452	795	−363	−36
塩化ビニル	−599	267	721	−327	−170
合　計	−17382	16539	5210	−1391	−1556

† 貿易赤字をマイナスで表示．出典：Nexant 社

　原因とも，現象ともいえる．
2．国内生産量の増加にもかかわらず，アジア・大洋州は依然として主要石油化学製品の巨大な純輸入国であり，2009 年の輸入量は 1997 年のほぼ 2.5 倍である．最も目立つ輸入品は，汎用プラスチックのポリエチレンとポリエステル繊維原料のエチレングリコール/p-キシレンである．

3．中東の貿易黒字は約 7 倍に急増した．中東はポリプロピレンでももはや純輸入国ではなく，大量の輸出国になっている．ポリエチレンとエチレングリコール/p-キシレンの貿易黒字は，アジア・大洋州の貿易赤字とほぼ見合っている．

4．北米は重要な輸出地域であるが，世界貿易に占める割合は減少している．アクリル酸が貿易赤字であるが，たいして重要なことではない．またベンゼンも貿易赤字である．これはベンゼン源となる分解ガソリンが得られるナフサ分解が北米では少なく，ベンゼンが常に不足しているためである．エチレングリコールとポリエチレンは主要輸出品の地位を保っているが，エチレングリコールが十分な貿易黒字の大きさを保っているのに対して，ポリエチレンの貿易黒字は半減した．

5．エチレンとプロピレンは，ガス輸送費が高価なため大規模な貿易はされていない．しかしヨーロッパは驚くほど貿易赤字が大きい．中東のエチレン貿易黒字が 1997 年から 2009 年に 4 倍になったが，プロピレンは 2 倍にすぎない．サウジアラビアがエタンを分解し，プロパン，ブタンを分解していないことを反映している．

6．南米は化学製品貿易では主役でない．貿易収支合計も他地域に比べて小さく，変化も少なく，赤字のままである．

7．西ヨーロッパは全化学製品の貿易収支では黒字であるが，主要石油化学製品 12 品目リストでは 7 品目が赤字である．1997 年より赤字品目が一つ減った．プロピレンとアクリロニトリルが赤字から黒字に転じる一方で，ポリエチレンが黒字から赤字になった．分解ガソリンをもっていることから考えると，ベンゼンと p-キシレンが赤字なのは驚きである．ポリプロピレンだけに繁栄の印がみえる．

以上述べたように石油化学製品市場は大変に複雑である．北米やヨーロッパの位置付けは全体的には今なお強いけれども，その地位は侵食されつつある．アジア・大洋州は化学製品の巨大な消費地域であるけれども，多くの化学製品は繊維製品や子供用玩具として再び輸出されている．中東や中国で新たに計画されている石油化学プラントでいかに早く垂直統合が進むかについては，北米化学工業の競争力へのシェールガスの影響があるので議論の余地がある．

文献および注

1. ICIS News, 21 April 2011, http://www.icis.com/Articles/2011/04/21/9454636/dow-chemical-to-build-new-us-cracker-for-start-up-in-2017.html.
2. http://www.altassets.com/pdfs/EYchecmicalsjune04.pdf.
3. http://www.huntsman.com/eng/Aboutus/Brief_history/History_in_the_00's/index.cfm?pageID=7431.
4. 2004 年に EU は東ヨーロッパ諸国の加盟によって 15 カ国から 25 カ国に拡大した．その後も加盟が続き，2013 年に 28 カ国になった．

12 化学製品の輸送

　一般に化学品は，原料がある地点から運び出され，別の地点で精製され，さらにいくつかの地点で川下製品がつくられる．これら川下製品，たとえばポリマーは，さらに多くの別の地点で成形加工されて，プラスチック製品，自動車タイヤ，繊維，塗料などの最終化学製品となる．化学品は多くの他の商品と同様に，一般的な輸送問題を抱えている[1]．それは時間どおりに，完全に条件を満たして配送されなければならないということである．それに加えて化学品は，しばしば非常に燃えやすかったり，有毒だったりするので，危険性という問題を抱えている．何年にもわたって小規模ではあるが，かなりの数の化学品輸送事故が起きてきた．輸送方法は，運送員にとっても，一般民衆にとっても，そして環境にとっても安全なものでなければならない．安全を確保するために，石油化学工業は売上高のほぼ10％相当の金額を輸送/物流に費やしている．石油や天然ガス輸送に関して考えなければならないことと，化学品輸送のそれとは異なるので，別々に考えることとする．

12・1　石油輸送

　石油は国際的に取引される大型商品の一つである（図 12・1）．消費地はおもに先進国の西洋地域と日本であり，生産地はおもに中東，旧ソ連，西アフリカ，南米である．中国の輸入量が急激に増加している．

　石油はおもに二つの方法で輸送される．石油タンカーと石油パイプラインである．5分の3以上が海上輸送され，パイプライン輸送は5分の2以下である．大型タンカー（300,000 DWT* 以上）の発展により，大陸間輸送が行われるようになった．タンカーは輸送費が安く効率的であり，そして大変に柔軟性に富んでいる．石油パイプラインは，海上経路に比べて，かなり短距離の場合のみ競争可能になる．タンカーを選ぶか，パイプラインにするかは，経済性や戦略的根拠に基づいて決められる．

　タンカーによる石油輸送では，トンキロ当たりの原価は輸送量によって大きく変わるものではない．距離が長くなるとトンキロ当たりの原価は少し低下するけれども，もちろん全原価は大きくなる．規模の経済性は，おもに最大輸送可能単位量によって決まる．

　＊　DWT は，デッドウェイトトン（載貨重量トン）とよばれるもので，船がどれだけの重量を積んでいるか，あるいは積むことができるかを示している．DWT は，積荷，船の燃料，淡水，バラスト水，食糧，乗客，船員の重量の合計である．

12・1 石 油 輸 送

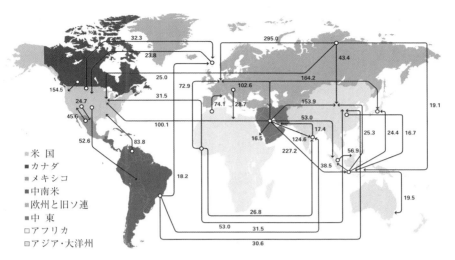

図 12・1 世界の石油輸送状況 (2013年, 単位: 百万トン) [出典: BP Statistical Review of World Energy 2014]

パイプラインはその反対の特徴をもっている. 投資費用が高く, 運転費用は相対的に低い. 大まかに評価すると, 運転費用は労務費, 維持補修費, 消費電力費から成る. 輸送費はパイプライン輸送能力が大きくなるほど急激に低下する. パイプラインの直径が2倍になると必要になるパイプ量は2倍になるだけだが, 輸送能力は4倍になるためである. またパイプライン設置費用と運転費用は, 能力によってそれほど変わらないためでもある.

専有パイプラインは始点と終点で代金を請求する必要がない点が便利である. 共有パイプライン, すなわちコンソーシアム所有では, 利用者に代金を請求する. そのような共有パイプラインとしては, Sumed (スエズ-地中海石油パイプライン) や ARG (Aethylen Rohrleitungs Gesellschaft 社) が運営するベルギーのアントワープから, ドイツのケルン, ルール工業地帯をつなぐパイプライン) がある[2]. 一方, タンカーには入港税が必要となり, トラック輸送や鉄道輸送のタンク車両では物流拠点積込費が必要となる.

パイプラインの欠点は, 一度敷設すると行先の変更ができないことである. 輸送するものが何であろうと, 投資費用を回収するに十分な長期間にわたって供給と需要の両方が維持される場合だけパイプラインを選択できる. 大陸を横断して石油を陸上輸送する場合にはパイプラインを選択でき, 鉄道, バージ (はしけ), トラック輸送よりも1桁以上の違いで安くなる. 原油の採掘源から海上輸送ターミナルや精油所のような集積地点まで運搬するのにもパイプラインは必要である. パイプラインは内陸にある原油の死命を制するものであり, また輸送上のボトルネックを緩和したり, 最短距離経路を提供したりすることによってタンカー輸送を補完することもある.

パイプラインかタンカーかの選択は，また戦略上の考慮によって影響される．パイプラインは政治的な軋轢がない場合にはよいが，政治的に不安定な地域ではテロリストの攻撃で被害を受けやすい．たとえば故オサマ・ビン・ラディンは"イスラム国家に提供されるのでない石油資源"を攻撃目標にするように配下の軍団に呼びかけた．2003年4月にイラクとの交戦が名目上終結したあとの2年間で，イラク北部を主体としておよそ200件のパイプライン攻撃が起こった．イラクの油田地帯キルクークからセイハンにあるトルコ地中海ターミナルに走るパイプラインが中心であった．ナイジェリア，メキシコ，バルチスタン（パキスタン西部のバルチスタン州，アフガニスタン南部，イラン東南部にわたる地域）でもパイプライン攻撃は起こっている．カナダのブリティッシュ・コロンビア州では，ガス会社 EnCana 社のパイプラインが2009年に6回爆破され，操業停止や新たな攻撃への対応に3カ月を要した．エジプト－イスラエルパイプラインは，"アラブの春"に続く混乱の中，2011年4月に爆破された．

　スエズ運河は，パイプラインかタンカーを選択するかの良い比較材料になる．この運河は長さ195 km，幅は60 m である．アラブ－イスラエル間の6日間戦争のため，1967年から1975年まで閉鎖された．スエズ運河を利用しないことは可能である．閉鎖期間中，300,000 DWT タンカーを使って喜望峰回りの長距離海上経路をとることを決断した石油会社もあった．スエズ運河は最大150,000 DWT タンカーが航行限界なので，300,000 DWT タンカーはもともとスエズ運河を通れない大きさである．またスエズ運河に並行して，Sumed パイプラインが敷設された．2000年代前半でこの地域の年間石油輸送量は，おおむね19,000万トンであり，そのうちパイプライン経由が12,500万トン，スエズ運河経由が6500万トンであった．喜望峰回り経路はヨーロッパへの輸送では大幅に時間がかかる．しかし米国やオーストラリアへの石油輸送では，今なお広く使われている[3]．喜望峰回りの長距離航海とスエズ運河通行料を加えた短距離航海のどちらが安いかを船主は計算しなければならない．たとえばロッテルダムからメルボルンは，喜望峰経由の方が長距離になるけれども安い．スエズ運河通行料がトン当たり120ドル程度もかかるためである．

　その一方でタンカーは海賊攻撃を受けやすい．ペルシャ湾出口のホルムズ海峡やマレー半島とインドネシア・スマトラ島との間のマラッカ海峡のような海上航路の"閉塞部"周辺は起こりやすい地点である．マラッカ海峡はインド洋と太平洋をつないでおり，石油は中東からインド洋を経由して，アジアの大消費地がある太平洋地域に輸送される．そのほかの重要な海上航路"閉塞部"は，バブ・エル・マンデブ海峡である．これはアラビア海から紅海をつないでおり，その先には紅海のスエズと地中海のポートサイドをつなぐスエズ運河がある（図12・2）．

　パイプライン攻撃が政治的であるのと反対に，無法な第3世界での海賊行為は経済的理由による．タンカーや積荷は高価であり，しかも傷つきやすい．船員数は少なく，交戦設備は貧弱である．石油会社は船と積荷を取戻すために，簡単に巨額の身代金を払う．イ

図 12・2　2009 年上半期に海賊事件があった場所　[出典：International Maritime Bureau/ London Times]

ンドネシア，マレーシア，シンガポール各国政府のパトロールが増加したのでマラッカ海峡での事件は減った[4]．しかしアフリカの角地域(ソマリア，ジブチなど)沖では漁業が衰退したので，ソマリアを拠点とした海賊が激増した[5]．乱獲によってソマリア沖の漁業資源が枯渇し，1500 人のソマリア漁民が海賊になったと考えられている．海賊攻撃は，2010 年前半 196 回に対して，2011 年前半には 266 回起こった．海賊攻撃の 60％ がソマリア人によって起こされている．2011 年 4 月までの 2 年間で 150 隻の船が乗っ取られ，500 名が人質になり，平均 150 日拘束された．身代金は年間 1 億 6 千万ドルにのぼり，世界経済への影響額は 76 億ドルと推定されている．誇張が含まれているけれども，最近の 1 隻当たりの身代金は平均 400 万ドルに上昇し[6]，900 万ドルとも記録されている．

12・2　天然ガス輸送

長年の間，天然ガスとそれに随伴して得られるガスリキッド (gas liquid) は，輸送費が高いために開発できないできた．天然ガスは原油に比べて，密度当たりの熱量がおよそ 900 分の 1 であり，パイプラインで輸送しても熱量で測定すると，原油に比べて 5 分の 1 にしかならない．採掘技術の改良，大口径パイプラインと高圧操作技術の開発によって，天然ガスを経済的に輸送できる範囲は拡大してきた．このような技術は，米国やヨーロッパでは大陸内輸送に使われている[7]．世界の天然ガスの流通を図 12・3 に示す．主要な輸入国は石油と同じである．一方，輸出国にはオーストラリア，カナダ，スカンジナビア諸国が加わる．最大の天然ガス資源国は，ロシアとカタールである．

それでも多くの天然ガス資源は市場から非経済的なほど遠くにあって，ストランデッドガス (stranded gas) とよばれている．天然ガスからの液体燃料製造 (§13・7) の可能性を別にすれば，このような天然ガスは液化して輸送することも可能である．天然ガスは実際に常圧，$-162°C$ で液化する．最初の冷凍タンカー・メタンプリンセス号は 1964 年につくられ，LNG をアルジェリアから英国に輸送した．英国ではテムズ川河口にあるグレ

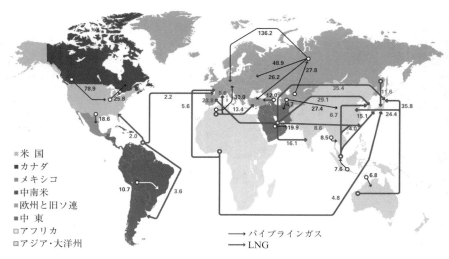

図 12・3 世界の天然ガス輸送状況（2013 年，単位：$\times 10^9$ m^3．0.9 を掛けると原油百万トン相当に変換される．［出典：BP Statistical Review of World Energy 2014］

イン島の地下タンクに貯蔵され，地下タンクの周囲に永久凍結帯をつくることによってLNG を閉じ込めた．現代の LNG ターミナルは，年間 1 千万トンの能力の地上保冷型 LNG 貯蔵タンクでつくられている．冷凍タンカーは 10 億ドルオーダーのコストがかかり，通常のタンカーに比べて建造費も運転費も 3 倍である．天然ガスの輸送料金は液体品の 2〜3 倍になる[8]．LNG の 0.1%から 0.25%が毎日蒸発していくという特徴もある．生成したガスはエンジン用に船舶燃料として使われてきた．最近のタンカーでは液化装置を備え，また従来型のスチームタービンに比べて効率的で，環境にもよい低速ディーゼルエンジンで運航している．LNG は到着地で再度ガス化しなければならない．

12・3 化学品輸送

米国では，重量にして半分以上の化学品の輸送距離は約 400 km 以下である．これは，化学肥料やかさばる無機薬品のような低付加価値のバルク商品（ばら積み輸送されるような商品）にあてはまる．それとともに，また各種ガス状商品にもあてはまり，典型的には"壁越しに"ポンプ輸送され，輸送統計に算入されないことすらある．医薬品，消費財化学製品，特殊化学品は，長距離輸送されることが多い．化学品は陸路をパイプライン，鉄道，タンク車（タンクローリー，コンテナタンク積載車など），河川バージ（はしけ）によって輸送される．輸送方法別の比率を図 12・4 では重量と金額の両方で示す．

12・3 化学品輸送

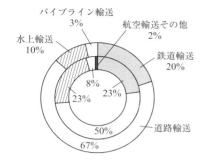

図 12・4 化学品の輸送形態（米国国内 2008年）．外円は金額ベース，内円は重量ベース．重量：76,400 万トン，金額：379 億ドル．"航空輸送その他"は航空輸送および複合輸送である．パイプライン輸送の 4 分の 3 以上は，エチレン，酸素の輸送であり，酸素は通常は短距離である．[出典：Guide to the Business of Chemistry, 2009]

12・3・1 ガス状化学品

米国にはエチレン，プロピレン，C_4 炭化水素を輸送する巨大なパイプライン網がある．図 12・5 にテキサスパイプラインシステムを示す．エチレンは 100 bar オーダーの圧力でガスとして輸送される．パイプ直径は 300 mm が代表的である．

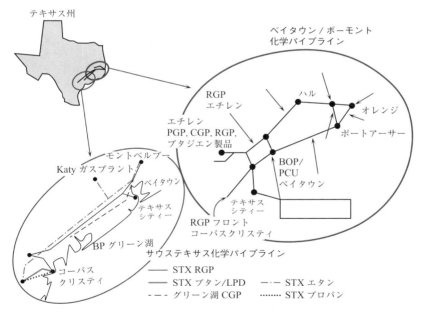

図 12・5 テキサスパイプラインシステム [出典：Nexant 社]．PGP：ポリマーグレードプロピレン，CGP：ケミカルグレードプロピレン，RGP：精油所グレードプロピレン，LPD：Light Petroleum Distillates プロパン・ブタンの混合物，BOP：Baytown olefins plant，PCU：Polymer chemical unit．

ヨーロッパにも似たような，しかし米国より規模が小さいエチレンネットワークがあり，図12・6に示す．これは主要な生産者によって共有される"共同型"ネットワークである．ARG社（§12・1）は主要な運営会社であり，ドイツ，ベルギー，オランダの石油化学工場地帯にあるエチレン生産者と消費者を495 kmのパイプラインでつないでエチレンを輸送している．直接，間接を含めるとヨーロッパのエチレン生産能力のほぼ半分がつながれ，ベルギー，ドイツ，オランダに限れば生産能力の90％になる．プロピレンをパイプ輸送する計画は棚上げになっている．

世界中のいろいろなパイプラインシステムの詳細な地図は入手できる[9]．こういう地図に描かれたパイプラインは，"スパゲッティボウル"のようには見えないけれども，ガス状の化学品の多くは"壁越しにポンプ輸送"され，生産地点のすぐ近くで使われている．ガス状製品をある程度の距離以上輸送することは非常に危険であり，また輸送費が高くなる．ガス状製品の海上輸送費は液状製品の2〜3倍になり，パイプライン輸送料金はタンカーなどによるバッチ輸送料金と競争できるようなレベルに設定されている．たとえば約200 kmになる英国イングランド北部のティーズ（ミドルズブラ）からソルトエンド（ハル）にエチレンを3000トン輸送するには，トン当たり30から40ドル程度の費用がかかる．パイプライン料金は少々安い．同量のベンゼンならば，トン当たり15から20ドルである．ヨーロッパのパイプライン網でエチレン1トンを約50 km運ぶのに30ユーロ（42ドル）かかる．高圧ボンベに詰めた圧縮ガス輸送は，パイプラインなど通常の方法に置き換えることが可能である．

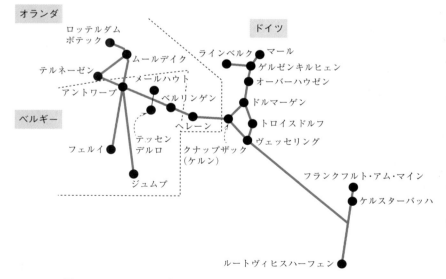

図 12・6　西ヨーロッパ共通エチレンパイプライン網　[出典：Nexant社]

12・3・2 液状化学品

　液状化学品は，パイプライン，鉄道，タンク車，河川バージにより内陸輸送されている．海上輸送はいわゆるパーセルタンカー（parcel tanker，多目的タンカー）によって行われる．タンク車は輸送上の柔軟性と配送スピードの速さから近年マーケットシェアを拡大している．さらに単価の高い化学製品の輸送にも使われている．パイプラインは隣接したプラント間の輸送にはよく使われるけれども，20 km を超える輸送にはほとんど使われない．メタノールはもっぱら海上タンカー（marine tanker）で運ばれている（図 12・7，次ページ）．それは天然ガスからメタノールへの転換が，ストランデッドガス（§12・2）を使う一つの方法となるからである．

　化学品は適当な水路があれば，河川バージで輸送される．図 12・8 の写真（p.461）はセーヌ川のコンテナバージである．西ヨーロッパではバージ輸送といえば，ロッテルダム，アントワープ，ルードヴィヒスハーフェンなどをつなぐライン川，スヘルデ川を一般にさしている．Exxon 社その他ロッテルダム/アントワープの生産者は，芳香族炭化水素をデュースブルク/ルードヴィヒスハーフェン地域のライン川沿いの消費者に送り，帰りには配送や輸出用船舶に積み替えのため，アクリル酸エステルや溶剤のような誘導品をバージに載せてくる．1000 から 3000 DWT のバージが運航している．積荷が軽すぎると水上に高く浮き上がりすぎて橋に衝突するおそれがある．積荷が重すぎると座礁する可能性がある．川の水位の高低変化によっても同じ危険が生まれる．バージは"いかだ状に組む"ことができるように標準サイズでつくられている．

　ドナウ川は，ヨーロッパのもう一つの大水路であり，交通量が多い．しかし化学製品については，東ヨーロッパ化学工業の発展を待っている状況である．運河の建設というと 18 世紀のイメージをもつ現代でも，1984 年建設のドナウ川－黒海運河と 1992 年建設のマイン運河は重要なものと考えられた．この運河によってライン川とドナウ川が初めてつながり，北海から黒海まで水路が通った．今までは主要な積荷は肥料であったけれども，今後は変わっていくと予想される．残念なことにコソボ紛争期間中，セビリアの化学工場が爆撃されてドナウ川はひどく汚染された．

　米国は水上輸送交通に使える水路をたくさんもっている．ミシシッピ川，テネシー川，オハイオ川，ミズーリ川水路システムなどがある．引き船バージが主要な交通手段であるが，沿岸船や湖上船も使われている．

　米国の水上輸送取引の詳細情報は，Waterway Council[10] で知ることができる．2006 年には 6.27 億トンの商品が内陸水路で運ばれ，そのうち 25% が原油と石油製品，8% が化学品であった．図 12・4 から推論されるように，積荷の平均価格はトン当たり 50 ドルである．水上交通は安価であり，おもに価格の安い原材料の輸送に使われる*．

＊（訳注）　Waterway Council のホームページによれば，2012 年の内陸水路輸送量は，5.65 億トンで，内陸輸送全体の約 14% を占めた．穀物，石油，石炭の輸送に占める内陸水路輸送の割合は高い．

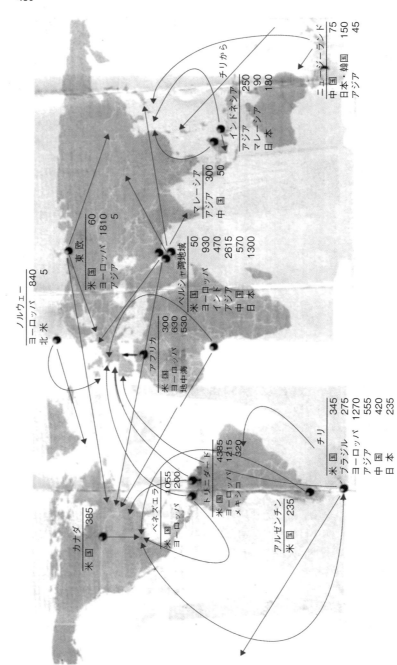

図 12・7 世界のメタノール貿易量（2006年，単位：千トン）［出典：Methanol and Derivatives Global Outlook 2000-2012, PCI Ockerbloom & Co. Inc., *Chem.Week*, 7/14 July 2008, p.46］

12・3 化学品輸送

図 12・8 セーヌ川のコンテナバージ

川や鉄道から離れた内陸では，タンク車が使われる．液状品の比重にもよるが，おもに 18 トンから 20 トンで輸送される．加熱コイルを備えたタンク車もある．たとえば無水フタル酸（融点 130.8 ℃）を液体として輸送し，ポンプで出し入れできる．可塑剤を製造する際に無水フタル酸はできる限り無色でなければならないので液状で輸送できることは重要である．無水フタル酸は融解後，固形化させると黄色に着色しやすい．数種類の液状製品を運ぶことができるように区分けされたタンク車もある．ドア・ツー・ドアで配送したり，また他の輸送形態に荷ごと積み替えられるように，タンクを積んだり下ろしたりできるものもある．

図 12・9 液状品輸送用の ISO タンク
[Suttons 社の好意による]

図 12・10 ISO タンクの鉄道車両への積み下ろし [Hoyer 社の好意による]

積載，積み下ろし設備が備わっている場合には，鉄道タンク車も便利である．鉄道タンク車のサイズは，18 から 95 m^3 までさまざまである．タンクはステンレス製，アルミニ

ウム製，軟鋼製があり，内部はゴム引き，熱硬化性樹脂コーティング，あるいは，ほうろう引きになっている．コーティングのないものもある．塩素用には破損防止型鉄道車両があり，タンクの底に孔が開くことを防ぐような防護装置を備えている．鉄道タンク車が脱線したら作動する自動ブレーキを備えた車両もある．

　液状化学品の内陸輸送においては，柔軟性と他の輸送方法との両立性が現在求められる方向にある．一つの積荷単位として積み下ろしでき，トラック，船など他の輸送形態に内容物に触れることなく移し変えることができるように，タンクが設計されている．これはドア・ツー・ドア配送にも役立つ．このようなタンクは，国際標準化機構（ISO）の取決めに従っていなければならず，ISOタンクとよばれている（図12・9，前ページ）．このタンクには，水，食料品，過酸化水素，ガス，その他危険物でも非危険物でも入れることができる．揮発性物質には特殊なライニングをした冷凍型ISOタンクもある．融解しておく必要がある化合物用に加熱型ISOタンクもある．こういうタンクも一般用と同じく長さ6.1 m（20フィート）である．鉄道車両（図12・10，前ページ）でも，トラック（図12・11）でもタンクを運ぶことができ，またコンテナ船やバージに載せることもできる．

図 12・11　トラックに積んだISOタンク［Suttons 社の好意による］

　ドラム缶や容器は少量用であり，受取者がバルク（ばら積み）の受入設備をもっていなかったり，年間消費量が500トン以下だったりする場合に適している．配送業者や化学品生産者は，1000リットルまでのドラム缶やプラスチックコンテナに化学品を注入する設備をもっている．通常のドラム缶は，高さ90 cm，直径60 cmの円筒状で容量は210リットル（55米ガロン）である．プラスチックコンテナには25リットルの便利なサイズがある．

　中規模の消費量では，コンテナに収められたドラム缶とISOタンクが競合している．Stolt Nielsen 社のウェブサイト[11]では，ISOタンクの方が経済的であることを示している．

12・3 化学品輸送

液状品の長距離海上輸送は 20,000 DWT 以上の大きなパーセルタンカーで行われる．これには 20～30 種類の化学品を積載できる．別々の銘柄の化学品を注意深く分離して扱わなければならないために，30～40 に区分されたタンクをもち，そのすべてに専用ポンプと出し入れ用パイプラインが備えられて，輸送中のロスや汚染が起こらないようにしてある．ステンレス製タンクは何でも入れられるけれども価格が高く，一方ケイ酸亜鉛でコーティングされた軟鋼製タンクは安価であるけれども用途は限られる．加熱コイルを備えて内容物を液状に保つタンク，空気や光にさらされるとピンクに変色してしまうフェノールのような場合に必要となる窒素封入設備を備えたタンクもある．ほとんどのタンクの底は，"最深部の栓"に向かって傾斜しており，タンクの壁にフィルム状についた"付着物"だけしか残らないよう，液状品の最後の1滴まで吸取ってしまう．

図 12・12 には長さ 171 m，30,000 DWT の Roland Essberger 号を示している．この船は 1971 年建造のパーセルタンカーで 20～30 種類の化学品を積載できる．内容積 2184 m³ の中央タンク九つ，内容積 1100 m³ のサイドタンク九つを備えている．加熱コイルによる加温能力は，中央タンクで 0.0109 m²/m³，サイドタンクで 0.0164 m²/m³ なので，サイドタンクの方が速やかに昇温できる．

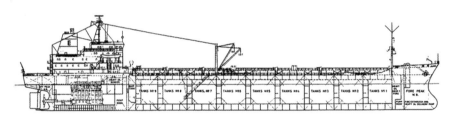

図 12・12 パーセルタンカー Roland Essberger 号 [John T. Essberger 社 (www.essberger.de) の好意による]

タンクは原則として清掃して別の製品の積載に使われる．たとえばマレーシアに化学品を輸送し，ロッテルダムへの帰りにはパームオイルを積載する．もちろん汚れに関する規制に従う．別の例では，インドに化学品を運び，帰りに別の地点，たとえば中東湾岸地域でメタノールを積んで帰ってくることもある．表 12・1 にはロッテルダム－インド間のような基本経路で運航する典型的な積荷を示す．

このほか，普通に船輸送される有機化学品には，酢酸，アクリル酸エステル，エピクロロヒドリン，エタノール，グリコール，メタノール，オレフィン，パラフィン，フェノール，スチレンモノマー，植物油がある．

2000～10,000 DWT 級の小型タンカーは短距離経路によく使われる．たとえば北海内経路，ヨーロッパ大陸とスカンジナビア半島経路，北ヨーロッパの港と地中海経路，カリブ海と米国メキシコ湾岸経路，アジアとの経路のうちカリブ海－米国メキシコ湾岸経路などである．

表 12・1 基本経路で運航する典型的な積荷（例としてロッテルダム-インド）

8000トン 二塩化エチレン（塩化ビニル樹脂生産者向け）
4000トン ベンゼン（局地的な不足分を充足）
2000トン トルエン（配送）
2000トン アセトン（溶剤の配送またはメタクリル酸メチル生産者向け）
3000トン o-キシレン（無水フタル酸生産者向け）
3000トン p-キシレン（テレフタル酸生産者向け）
1000トン メチルエチルケトン（溶剤）
1000トン イソプロピルアルコール（溶剤）
500トン×10種 他の小型の溶剤（メチルイソブチルケトン，塩素系化合物，グリコールエーテルなど）
3000トン 潤滑油の基本原料
1000トン ポリオール（ポリウレタン生産者向け）
1000トン トルエンジイソシアネート（ポリウレタン生産者向け）

† Stolt Nielsen社やOdfjell社の船隊のような35,000 DWT級の海洋タンカーに一緒に積載される．

12・3・3 固形状化学品輸送

　世界貿易のほぼ90％が海上輸送で行われ，世界中にある大型コンテナターミナル港が世界の供給網を支えている．昔は商品はばら積み品か一般積載品として船輸送され，積荷はそれぞれ別々に積載と荷下ろしが行われた．1960年代後半以後，コンテナ化で大きく変わった．典型的なコンテナは，一端に戸があり，波型の耐候性鋼板でつくられている．もともとは幅2.44 m（8フィート），高さ2.44 mで，長さは公称6.1 m（20フィート）か12.2 m（40フィート）であった．7段重ねで積み上げることができる．"ハイキューブ"とよばれる高さ2.9 m（9フィート6インチ）や3.2 m（10フィート6インチ）のコンテナも導入された．米国では長さ14.63 m（48フィート）と16.15 m（53フィート）のコンテナもよく使われる．標準化されたISO6346報告マーク（所有者コード）が各コンテナに割り当てられている．

　空のコンテナをもとの地点に送り戻すには金がかかりすぎるので，世界中で何千ものコンテナが埠頭に置き去りにされている．新しいコンテナはほぼ2500ドルするけれども，廃棄コンテナは900ドル以下で買うことができる．

　化学製品を固形状で扱うことはできるだけ避けられている．無水フタル酸は融解品として取扱えるように加温されている．カセイソーダは通常50％水溶液として流通している．固形品の取扱いには固有の問題がある．空気コンベアはそれに対する最適解である．貯蔵場所から別のコンテナへと，"電気掃除機で掃除する"ように固形品が動かされる．さまざまな形の固形品を流動化させるシステムが使われてきた．

　さらに小規模な輸送として，合成樹脂は，しばしば25 kgの紙袋ないし1トンのフレキシブルコンテナに包装され，パレットに載せて運ばれる．

12・4 安全衛生

　化学製品にはさまざまな危険性がある．たとえば腐食性，引火性，可燃性，有毒性，爆発性，放射性である．国際海事機関（IMO）は，化学製品を危険性レベルに応じて分類している．IMO1が最も危険性が高く，たとえばトルエンジイソシアネートやアクリロニトリルが該当する．IMO2は少し危険性が下がる化合物や（数年前に区分変更された[12]）植物油が該当する．IMO3は炭化水素，オキソアルコール，可塑剤のような危険性の低い化学製品が該当する．このほかにIMO0は，ワイン，フルーツジュース，鉱油，危険性のない石油であり，IMO5はガスで，プロパン-ブタン冷却剤もこれに該当する．またIMO7は極低温ガスで，LNGも該当する．

　化学製品を海上輸送するためにつくられた取決めについては，事故ができる限り起こらないようにするために定期的に監査される．その方法は，総合的船舶評価（ship vetting）とよばれている．次の3カテゴリーにより行われる．

1. ハードウェア：建造が適切な条件で行われているか．電気システム，ポンプその他重要機器が順調か．満足すべきものか．
2. 船員能力：安全な作業指針が設定されているか．安全手順を理解しているか．
3. 船会社本社の安全尊重文化があるか．

　化学製品の表示システムとその標準は，米国では労働安全衛生庁（OSHA）で定められ，ヨーロッパではEU-OSHAで決められている．危険性のあるすべての化学製品は，急性と遅発性の危険性に関して表示することをOSHAは求めている．表示内容は次のとおりである．

- 物質名
- 必要な場合に情報を入手できる責任者の氏名，住所
- 危険性に関する警戒内容

　OSHAに加えて米国規格協会（ANSI）が自主的表示標準（ANSI Z129.1-1988）を刊行し，ほとんどの化学製品生産者が従っている．次のような追加項目がある．

- 表示シグナル用語：危険，警戒，注意
- 有毒物質には有毒マーク
- 身体損傷を防ぐために有用な予防手段
- 暴露が起こった場合の指示事項
- 医師への緊急処置注意事項
- 火災や化学製品漏洩の場合の指示事項
- 化学製品の取扱いや保管に関する指示事項

　その他の要請項目は，簡単な英語を使うこと，表示色の決まりなどである．

12・5 経済的側面

輸送方法を選ぶ際には，費用，輸送頻度，必要な安全設備，特に現有の受入設備を考慮する．貨物輸送を依頼したい顧客と船長との間の折衝は，伝統的には対面で行われ，いわゆるバルチック海運取引所（Baltic Exchange）で行われてきた．現在では電子情報による取引市場になったけれども，この名前は続いている．ばら積み料金は，船主と用船者間でブローカーを通して決められ，同様に固形状商品の荷主間の輸送料金もコンテナ輸送を行う輸送業者を通して決められてきた．固形品の船賃はバルチック海運指数（Baltic Dry Index）に反映される．バルチック海運指数は，穀物，鉄鉱石，石炭のようなドライばら積み品の外航輸送価格を複合した指数であり，石油は対象外である．コンテナ料金についてはハーペックス指数（Harpex Index）が使われ，これはバルチック海運指数よりも広範囲の商品を基礎にしてつくられている．化学品輸送のスポット価格は，一般的な商品輸送とは別である．

世界の景気が後退するときには，輸送会社はどんな仕事でも取りたいので料金が下がらざるをえない．2008～2009年不況で輸送業者は大打撃を受け，輸送能力を減らした．市場は輸送業者が驚くほど2010年に回復し，しばらくは能力一杯であった．競争が激しくなると，輸送会社からのオッファー（売買契約における条件の提示）に輸送以外のサービスを加え，包装，混合などの活動によって顧客を支援し，その要求にかなうようにした[13]．輸送業者は，化学工業の多くの部門よりも景気圧力に動かされやすく，バルチック海運指数は世界貿易状況を典型的に示すものとなる．好況の頂点にあった2008年5月20日には指数は11,793に達した．同年12月5日には94％も落ち込んで663になってしまった．2000年頃は平常な水準であった．2000年代前半に大手海上輸送会社数社は，米国とヨーロッパの両方で価格カルテル事件に連座することになり，巨額の罰金と実刑が科せられた．

化学品輸送のスポット価格は，化学品を移動させなければならない地域間の事情によって変動する[1]．ロッテルダム−極東間と米国メキシコ湾岸−極東間のスポット価格はかなり安定であり，2005年11月から2010年11月の間にトン当たり70ドルから100ドルの間に止まった．蔚山（韓国）−米国メキシコ湾岸間，または蔚山−ロッテルダム間は，2006年から2008年7月の間はトン当たり70～80ドルで安定していたが，その後，118ドルに上昇し，さらにしばらく後には50ドルにまで落ち込んだ．

その他のよく使われる経路としては，米国メキシコ湾岸−サントス（ブラジル），ロッテルダム−米国メキシコ湾岸，米国メキシコ湾岸−メキシコ東岸がある．このような短距離のスポット価格は変動しやすく，2005年11月から2010年11月の間でトン当たり30ドルから60ドルであった[14]．

多くの主要な化学品生産者や商社は輸送長期契約をしている．長期契約のないときでも，需要と供給の法則に従って動くスポット輸送市場がある．

12・6 トップ輸送会社

　化学のバックグラウンドをもっている人には，トップ化学会社の名前はなじみ深い．それが輸送会社にはあてはまらないので，輸送会社を簡単に紹介する．詳細は各社のウェブサイトでみることができる．

　20,000 DWT 以上の巨大な外洋タンカーを運用する輸送会社は，大小合わせて約 10 社ある．最大の会社は，Stolt Nielsen 社（www.stoltnielsen.com，オランダ）と Odfjell 社（www.odfjell.com，ノルウェー）である．ウェブサイトには，各社の世界運航経路，輸送トン数，船隊データや船舶の詳細が掲載されている．その他の主要な外洋化学品タンカーを運用する輸送会社としては，MISC 社（マレーシア国際輸送会社），JO Tankers 社（ノルウェー），東京マリンアジア社（シンガポール）がある．2000～10,000 DWT の小型タンカーを運用する輸送会社としては，Essberger 社（www.essberger.de，ドイツ），Crystal Pool 社（www.crystal.fi，フィンランド）がある．

　鉄道輸送における最大の会社はドイツの VTG 社（www.vtg.de）である．道路輸送では Suttons 社（www.suttonsgroup.com，英国）があり，そのウェブサイトは ISO タンクの詳細を知るのに便利である．バルク化学品の保管貯蔵に関しては Vopak 社（www.vopak.com，オランダ）があり，このウェブサイトも便利である．

文献および注

1. 化学製品の輸送に関する本章の議論については Michael Derenenberg 博士に，また，輸送料金の情報に関しては，Marsoft 社の Jan Fraser-Jenkins 氏に感謝する．
2. 基本情報は，"ARG ethylene pipeline" と Google 検索することによって調べることが可能である．ARG 社は，パイプライン費に対する陸上輸送費/海上輸送費に関するデータをもっている．
3. http://www.eia.doe.gov/emeu/security/oilflow2.gif.
4. *Piracy in the Strait of Malacca*, http://en.wikipedia.org.
5. J. Bahadur, *Deadly Waters: Inside the Hidden World of Somalia's Pirates*, London: Profile, 2011.
6. F. Gibb, *London Times*, 7 April 2011.
7. British Petroleum Company, *Our Industry—Petroleum*, 5th ed., 1977 は実に古風であるが，なおかつ有用な情報が書かれている．Amazon を通じて入手可能である．
8. http://en.wikipedia.org/wiki/LNG_carrier.
9. http://www.theodora.com/pipelines/world_oil_gas_and_products_pipelines.html.
10. http://bluebox.bohmann.at/24/downloads/download 4578.pdf.
11. www.stoltnielsen.com
12. Fred Doll, *Oils and Fats International*, July 2007, 26,29,30.
13. ICIS.com 3 June 2011.
14. SSY Consultancy and Research Ltd, January 2011.

13 メタン，アセチレン，合成ガスからの化学品

　これまで，天然ガスと石油から誘導される六つの基礎化学品——エチレン，プロピレン，ブタジエンなどの C_4 留分，ベンゼン，トルエン，キシレンについて述べてきた．全体像を完成するために，メタン(そしてアセチレン，合成ガス)を加えなければならない．

●**メタンの供給**●　　メタンのおもな供給源は天然ガスと油田の随伴ガスである（§1・16）．石油精製ガスにも含まれているが，通常は燃料に使用され，化学品用に回収されることはない．1970 年代以後，世界各地で天然ガスの大発見が相次いだ（第1章）．特に，ロシア，カタール，そして，ベネズエラ，サウジアラビアでの発見である．反対に，北米の埋蔵量は 1989 年から 2009 年の間に約 3.8％減少した．米国の天然ガスの寿命（埋蔵量を年間生産量で割った値）は 1990 年代に 11.5 年から 9 年に落ちた．米国はシェールガスの貯蔵量を計算に入れると，寿命はいっぺんに大きく延びる．世界の天然ガスの寿命は安定していて，人間の一世代に相当する約 60 年であった．もし必要ならば，メタンは石油（§13・4・2）や石炭（§15・5）から合成することもできる．また，都市の固形廃棄物の嫌気性発酵（いわゆる土壌への埋立て§20・4・5d）や下水スラッジの発酵からも得られる．

●**メタンの化学的用途**●　　天然ガス埋蔵量の多くが，ガスを必要としている消費地からはるかに遠く離れている，いわゆるストランデッドガス（経済性のない遠隔地の天然ガス，§12・2）である．2000 km 以下の距離なら，圧縮ガスにしてパイプラインを使って輸送することが経済的にできる．また，ガスを液化して LNG タンカーで輸送することも可能である．液化天然ガス（LNG）の場合，消費地に着いたら再びガス化しなければならない．これ以外に，この問題を化学的に解決する方法が三つある．最初の方法は，天然ガスを合成ガスに転化し，これをさらにメタノールに転化するというものである（§13・5・2）．いずれにしても，合成ガスは天然ガスのおもな化学的用途である．メタノールは液体として輸送できるので，輸送費用が大幅に削減される（§12・2）．2番目の方法はいわゆる MTG (methanol-to-gasoline) プロセスによって，天然ガス由来のメタノールをガソリンに転化する方法である（§13・5・2d）．3番目の方法はいわゆる MTO (methanol-to-olefins) プロセスで天然ガス由来のメタノールをオレフィンに転化する方法である（§13・5・2e）．後の二つの方法はあらかじめ天然ガスを合成ガスに転化し，さらにメタノールに転化しておく必要がある．

　メタンの少量の用途としては，塩素化，アセチレンへの転化，アンモ酸化によるシアン

化水素の合成がある．世界的に約7%のメタンが化学品原料に使用されている．

●フレアースタック● 石油精製や化学プラントで発生する不要なガス（メタン，水素や他の軽質炭化水素）は，いずれもプラントのフレアースタックで燃やされる．このガスは石油精製などの副生物であり，一般に回収して販売するだけの価値はないと考えられている．フレアースタックは安全対策上，プラントの端の離れた場所に設置される．原油などの採掘の際に随伴・副生する天然ガスも利用先がない場合にはフレアースタックで燃やされている．世界銀行[1]の推定によれば，毎年1500億m^3（1.12億トン）の天然ガスがフレアースタックで燃やされるか，放出されている．この量は約306億ドルの価値があり，米国の天然ガス消費量の25%，EUの天然ガス消費量の30%にそれぞれ相当する．それはまた，約4億トン/年にものぼる二酸化炭素排出量の人工的な増加をもたらしている．

人工衛星による推定では，廃ガスのフレアースタック燃焼量は2005年にピークの1620億m^3を記録した後，2008年には1400億m^3まで減少した．この間のフレアースタック燃焼量の減少は，約6000万トンの二酸化炭素排出量の減少に対応する．フレアースタックでの多量の燃焼はかなり特定の国に集中している．ロシアとナイジェリアだけで40%になり，10カ国で75%に，20カ国で90%に達する．

13・1 シアン化水素

●シアン化水素の製造方法● シアン化水素（青酸，HCN）は，米国で2002年に年産約77万トンつくられた．低い成長率が続いている．以前はナトリウムとアンモニアと炭素（木炭）の反応によってつくられていた．プロセスの1段目で，アンモニアとナトリウムが反応してナトリウムアミド（$NaNH_2$）が生成する．これが炭素と850℃の高温で反応してシアン化ナトリウム（NaCN）を生成する．ナトリウムおよびアンモニア基準の収率はいずれも高い．硫酸で酸性にすると，シアン化水素が得られる（式13・1）．

$$2\,Na + 2\,C + 2\,NH_3 + 1.5\,O_2 \xrightarrow{-3\,H_2O} 2\,NaCN \xrightarrow{H_2SO_4} 2\,HCN + Na_2SO_4 \tag{13・1}$$

この方法は，メタン，空気，アンモニアを原料とする，より経済的なAndrussow反応（アンモ酸化反応の一つ）に取って代わられた．反応は1000℃の高温で少し加圧にし，白金の蒸発を防ぐためにロジウムを10〜20%含む白金触媒上で行う（式13・2）．

$$2\,CH_4 + 2\,NH_3 + 3\,O_2 \xrightarrow{Pt-Rh, 1000\,℃} 2\,HCN + 6\,H_2O \tag{13・2}$$

DeGussa社が採用した改良法では，空気を使わずメタンとアンモニアを1400℃で直接反応させる（式13・3）．メタンの代わりに，ナフサを含め各種炭化水素原料を使うことができる．

$$CH_4 + NH_3 \xrightarrow{Pt-Rh, 1400\,℃} HCN + 3\,H_2 \tag{13・3}$$

この反応は分子間脱水素反応の数少ない工業化例の一つであり，高温がそれを可能にしている．他の例としては，ベンゼンとアンモニアの反応（§6・3）と，二つのオレイン酸分子の縮合からいわゆるダイマー酸ができる反応（§16・5）がある．

シアン化水素は，プロピレンのアンモ酸化反応でアクリロニトリルを合成する際の副生物でもある（§3・5）．副生シアン化水素は製造原価が一番安いので，Andrussow 法より，もっと製造原価の安い DeGussa 法を開発する動機になった．副生シアン化水素の市場占有率は 2002 年で約 18% であった．

別のシアン化水素の製造経路としては，ホルムアミドの脱水がある．この反応はメタクリル酸メチルの一つの合成法（§3・7・1）の 1 工程として復活した．シアン化水素は一酸化炭素とアンモニアとの反応からもできる（式 13・4）．

$$CO + NH_3 \longrightarrow HCN + H_2O \qquad (13・4)$$

●シアン化水素の主要用途●　シアン化水素やそのナトリウム塩は工業的に重要な多くの反応に使われている．その最大の用途はヘキサメチレンジアミンの合成である（§4・1・5）．2 番目に大きい用途はメタクリル酸メチルである（§3・7・1）．またシアン化水素は，アクリル酸（§3・4）の二つの旧式プロセスとアクリロニトリル（§3・5）の一つの旧式プロセスに使われていた．

●シアン化水素の用途：ニトリロ三酢酸ナトリウム●　ニトリロ三酢酸ナトリウムは強力なキレート化剤として，三リン酸ナトリウム（トリポリリン酸ナトリウム）ビルダーを代替して洗剤に使われている．三リン酸塩は，河川や湖沼の富栄養化をひき起こすため使用が制限されている（§20・4・4）．ニトリロ三酢酸ナトリウムは，ホルムアルデヒド，シアン化水素，アンモニアからつくられる．最初に 37% のホルムアルデヒド水溶液とシアン化水素を硫酸の存在下で反応させ，グリコロニトリルをつくる．これとアンモニアを 60℃ で反応させ，トリス（シアノメチル）アミンにする．これを 140℃，3 bar の条件下，水酸化ナトリウム水溶液で pH 14 にして加水分解を行い，ニトリロ三酢酸ナトリウムをつくる．硫酸で処理するとニトリロ三酢酸が生成する（式 13・5）．

$$3\ HCHO + 3\ HCN \xrightarrow{H_2SO_4} 3\ HOCH_2CN \xrightarrow[-3\ H_2O]{NH_3} N(CH_2CN)_3 \xrightarrow[3\ NaOH]{H_2O}$$

ホルムアルデヒド　　　　　　　　　グリコロニトリル　　　　　　　トリス（シアノメチル）アミン

$$\left[N(CH_2COO)_3 \right]^{3-} 3\ Na^+ \xrightarrow{1.5\ H_2SO_4} N(CH_2COOH)_3 + 1.5\ Na_2SO_4 \qquad (13・5)$$

ニトリロ三酢酸ナトリウム　　　　　　　ニトリロ三酢酸

ビルダーとしての用途は米国では使用が停止されてきた．というのは洗濯機中で，鉄のような重金属とキレート錯体を形成し，その毒性が示唆されたからである．現在では，無毒で

13・1 シアン化水素

あると考えられていて，三リン酸塩の代替物の一つとして米国よりもヨーロッパやカナダで多く使われている．使用が許されるとする根拠の文献については論争があり，米国では禁止されるかもしれない．他のビルダーとしてはイオン交換剤として働くゼオライトやポリアクリル酸（§3・4・2）などがある（日本ではゼオライトがよく使われている）．

●**シアン化水素のその他用途**● シアン化水素の別の用途としては，金の回収に使われるシアン化ナトリウムやエチレンジアミン四酢酸（EDTA）がある．後者は，エチレンジアミン，ホルムアルデヒドとシアン化水素を一緒に縮合させる改変 Mannich（マンニッヒ）反応によって合成される．生成するニトリルを加水分解すると EDTA となる（式 13・6）．

$$NH_2CH_2CH_2NH_2 + 4\,HCHO + 4\,HCN \xrightarrow{-4\,H_2O} \begin{matrix} NCCH_2 \\ NCCH_2 \end{matrix}\!NCH_2CH_2N\!\begin{matrix} CH_2CN \\ CH_2CN \end{matrix}$$

エチレンジアミン

$$\xrightarrow[2\,H_2SO_4]{8\,H_2O} \begin{matrix} HOOCCH_2 \\ HOOCCH_2 \end{matrix}\!NCH_2CH_2N\!\begin{matrix} CH_2COOH \\ CH_2COOH \end{matrix} + 2\,(NH_4)_2SO_4 \quad (13 \cdot 6)$$

EDTA

一段プロセスも使われている．この場合，水酸化ナトリウムとシアン化水素，あるいはシアン化ナトリウムの水溶液を使う．どちらの場合も生成物はナトリウム塩となる（式 13・7）．

$$H_2NCH_2CH_2NH_2 + 4\,HCHO + 4\,NaCN + 4\,H_2O \xrightarrow{NaOH,\,80\,°C}$$

$$(NaOOCCH_2)_2NCH_2CH_2N(CH_2COONa)_2 \quad (13 \cdot 7)$$

シアン化水素は塩化シアヌルの製造にも使われる．まず塩素とシアン化水素水溶液を 40 °C で反応させてクロロシアン（シアン化塩素）を合成する．このガスを三量化して塩化シアヌルができる（式 13・8）．反応条件は気相で 300 °C 以上，触媒として活性化した木炭と金属塩が使用される．塩化シアヌルはトリアジン系除草剤や繊維用反応性染料の重要な原料である．また，特殊ポリエステルに使われるトリアリルシアヌレートの製造やある種の医薬品を合成するときに用いられる．

$$HCN + Cl_2 \longrightarrow CNCl + HCl \qquad 3\,CNCl \xrightarrow{触媒} \underset{\text{塩化シアヌル}}{\text{(triazine ring)}} \quad (13 \cdot 8)$$

クロロシアン

重要な用途として，シアン化水素（多くの場合にはシアン化ナトリウム）は Strecker（ストレッカー）反応を利用してアミノ酸合成に使われる．この反応の最も重要な応用例は，ニワトリの飼料添加剤である DL-メチオニンの合成である（§3・11・4）*．

＊（訳注） Strecker 反応はアルデヒドまたはケトンとアンモニア，シアン化水素との反応により，アミノ酸を合成する反応である．

オキサミド〔シュウ酸ジアミド($(CONH_2)_2$)〕はあまり広範には使用されていない特殊肥料であり，地中でアンモニアをゆっくり放出する．オキサミドは分解せずに419℃で溶融するが，これはポリマー以外の有機化合物中では最も融点が高いものの一つである．オキサミドはシアン〔別名 ジシアン$(CN)_2$〕の加水分解でつくられる．シアンは硝酸銅(II)触媒存在下，0～5℃でシアン化水素を二酸化窒素で酸化してつくられる（式13・9）．

$$2\ HCN\ +\ NO_2\ \xrightarrow{Cu(NO_3)_2}\ \underset{\text{シアン（ジシアン）}}{NCCN}\ +\ NO\ +\ H_2O$$

$$\xrightarrow[\text{触媒}]{2\ H_2O}\ \underset{\text{オキサミド}}{H_2N\overset{\overset{O}{\|}}{C}-\overset{\overset{O}{\|}}{C}NH_2} \tag{13・9}$$

シアンは，室温で塩酸により定量的に加水分解されオキサミドが得られる．

セライトのような珪藻土にシアン化水素を吸収させたものが，ナチスが使用したZyklon Bである．シアン化水素は25.6℃で沸騰するので，固体ペレットは多くの蒸気を出す．300万人がシアン化水素の犠牲者になった[2]．

13・2 ハロゲン化メタン

ハロゲン化メタンの市場は，オゾン層破壊の懸念から減少している（§20・4・1）．モントリオール議定書はハロゲン化メタンの多くを禁止したため，現在ではその製造の多くは歴史的興味にすぎない．しかし，すべての国がこの議定書に署名したのではないことを忘れてはならない．いくつかのハロゲン化メタンが，より害の少ない化合物をつくるための中間体としてまだ製造されている．

メタンの塩素化により，モノー，ジー，トリー，テトラクロロメタンが生成する[3]．これらの化合物は蒸留により分離され，それぞれが製造されるが，好ましい方法ではない．塩化メチル（モノクロロメタン）はメタンよりも容易に塩素化されるので，メタンが塩化メチルに18%転化されたあとはジクロロメタンの生成が顕著になる．実際，塩化メチルへの高い転化率はメタンと塩素の比が10：1より高いところでしか得られない．したがって，塩化メチルの好ましい合成法はメタノールと塩化水素の反応である（式13・10）．

$$CH_3OH\ +\ HCl\ \longrightarrow\ CH_3Cl\ +\ H_2O \tag{13・10}$$

これとは対照的に，塩化エチルはエタンの塩素化でつくることができる．塩化エチルが約75%できるまで，二塩素化反応が始まらないからである．

13・2・1 塩化メチル（CH_3Cl）

米国における2002年の塩化メチル（モノクロロメタン）の生産能力は243,000トンであった．かつて，その主要用途はジクロロメタン製造用の原料であった（§13・2・2）が，ジクロロメタンに毒性があるといわれて1990年代にその用途は急減した．

13・2 ハロゲン化メタン

●**塩化メチルの主用途：シリコーン**● 現在は，塩化メチル生産量の 80% はシリコーン樹脂（より適切にいえば，ポリシロキサン）をつくるために使用されている．ポリシロキサンはジメチルジクロロシランの加水分解から得られる．ジメチルジクロロシランは塩化メチルとケイ素との反応でつくられる．通常ケイ素は，ケイ素－銅合金の形で反応に使われる（式 13・11）．

$$CH_3Cl + \underset{\text{ケイ素－銅合金}}{Si(Cu)} \longrightarrow \underset{\text{ジメチルジクロロシラン}}{(CH_3)_2SiCl_2} + Cu \qquad (13・11)$$

合成されたシランは加水分解により，ジメチルジヒドロキシシランとなり，これが縮合してポリシロキサンを生成する（式 13・12）．トリメチルクロロシランからつくられるトリメチルヒドロキシシランは一官能で鎖停止剤として働く．

$$(CH_3)_2SiCl_2 + 2\,H_2O \longrightarrow \underset{\text{ジメチルジヒドロキシシラン}}{(CH_3)_2Si(OH)_2} + 2\,HCl$$

$$n\,(CH_3)_2Si(OH)_2 \longrightarrow \underset{\text{ポリシロキサン}}{\left(\begin{array}{c}CH_3 \quad CH_3 \\ |\quad\quad\; | \\ -Si-O-Si-O- \\ |\quad\quad\; | \\ CH_3 \quad CH_3\end{array}\right)_{\frac{n}{2}}} + n\,H_2O \qquad (13・12)$$

シロキサン骨格についている有機官能基の種類，分子量，あるいは分子鎖の架橋の程度により，ポリシロキサンはオイルになったり，ゴムになったり，樹脂になったりする．シリコーンは撥水コーティング剤，金型離型剤，滑剤に使われる．またフィラー（充填剤）などを配合して，ゴム，コーキング剤やシーリング剤（建築物において，気密性や防水性向上のために隙間を充填するための目地材），ガラスとのラミネート用の樹脂として使用される．シリコーンオイルは，洗剤の消泡剤やペニシリン製造のような好気性発酵プロセス用の消泡剤として使用される．

●**塩化メチルのその他用途**● 塩化メチルの少量の用途として，メチルセルロースの合成用原料がある（§13・4）．ガソリン添加剤のテトラメチル鉛やテトラエチル鉛の製造用途は米国では段階的に廃止された．塩化メチルは，脂肪酸からつくられる塩化ジアルキルジメチルアンモニウム（例 塩化ジステアリルジメチルアンモニウム）のような第四級アンモニウム塩（§16・4）の原料に使われる．またブチルゴム（§4・2・2）の製造用の溶媒に少量使われている．

13・2・2 ジクロロメタン（CH_2Cl_2）

ジクロロメタン（塩化メチレン）は，塩化メチルの塩素化によってつくられる（式 13・13）．塩素化メタン類の混合物をさらに塩素化すると，クロロホルムと四塩化炭素を生成する．ジクロロメタンの生産量は，2001 年に 91,000 トンと推定され，1996 年の 295,000 トンや 1984 年の 276,000 トンと比較すると減少している．

$$CH_3Cl + Cl_2 \longrightarrow CH_2Cl_2 + HCl \qquad (13\cdot13)$$
　　　　塩化メチル　　　　　　　ジクロロメタン

　ジクロロメタンは塗料剥離剤に使用されてきた．特に，ジェット機はひび割れを検査するため，定期的に塗料を剥がす必要がある．ジクロロメタンはアルカリの塗料剥離剤に比べ，アルミニウムを痛めることがないという特長をもっている．一方で，多くの塩素化炭化水素が健康に有害とされている．ジクロロメタンは発がん性が疑わしい物質（possible carcinogen/mutagen）に分類されている．ただし，水にかなり溶解することから体脂肪に蓄積することはなく，クロロホルムや四塩化炭素ほどは危険ではないと考えられる．しかしながら，ジクロロメタンの塗料剥離剤としての使用は急減した．EU（ヨーロッパ連合）は2010年に消費者向けおよび業務用の塗料剥離剤に，ジクロロメタンを使用することを禁止した．代替物はN-メチルピロリドン（§13・3・1）である．ジクロロメタンは脱脂用溶媒としても重要であったが，これも同様に禁止された．ジクロロメタン生産量の35%はクロロフルオロカーボン（CFC）合成用であったが，これは段階的に廃止されつつある．カフェイン，ココア，食料油の抽出溶媒としての用途も同様に段階的に廃止されつつある．

13・2・3　クロロホルム（CHCl$_3$）

　クロロホルム（トリクロロメタン）の生産量は1998年の23.9万トンから2002年には29.5万トンに増加した．これは，クロロフルオロカーボン（CFC）の一時的な代替品であるヒドロフルオロカーボン（HFC）の製造原料に使われるようになったからである．しかしながら，クロロホルムは肝臓を傷め，動物には発がん性がある．クロロホルムの作用効果のデータから，EPAは閾値をもつ発がん性物質（threshold carcinogen）に分類しようとしている．これにより，塩素で殺菌された水に生成する微量のクロロホルムは濃度が低いので許容されるであろう（§19・7）．クロロホルムは以前に歯磨き粉，せき止めの薬や軟膏に使用されたことがあったが，1976年以降米国では消費者製品には使用が禁止されている．英国ではクロロホルムを含有するせき止め薬を薬局やスーパーマーケットで合法的にまだ買うことができる．また，四塩化炭素（テトラクロロメタン）よりは毒性が低いと考えられており，今でもなお実験室で溶媒として使用されている．

　クロロホルムはメタンか塩化メチルの塩素化によってつくられる．メタンの塩素化は，触媒を用いずに塩素と熱反応させるか，あるいはオキシ塩素化法（§2・4）により塩化カリウム/塩化銅(II)触媒の存在下に酸素，塩化水素と反応させる．両方の反応とも大きな発熱反応である．オキシ塩素化は400〜450℃でわずかな加圧条件で行われる．塩素化反応は光か，または塩素分子を加熱して生成する塩素原子によって開始される．

　クロロホルムはかつて重要な麻酔薬であった．一時期，クロロホルム生産量の97%はCFC冷媒の製造に使用された．CFCは冷媒やエアゾールガスに使用されたが，これらの用途は段階的に廃止された（§20・4・1）．一方，クロロホルムはフッ化水素と反応して，クロロジフルオロメタンを生成し，700℃で熱分解するとテトラフルオロエチレンとヘキ

サフルオロプロピレンが生成する．前者はテフロン用のモノマーである．反応には五フッ化アンチモン触媒を使用する（式 13·14）．

$$2\,CHCl_3 + 2\,HF \xrightarrow{-2\,HCl} 2\,CHClF_2 \xrightarrow{700℃} F_2C=CF_2 + 2\,HCl$$
クロロホルム　　　　　　　　　クロロジフルオロメタン　　テトラフルオロエチレン

$$3\,CHClF_2 \xrightarrow{700℃} F_3CFC=CF_2 + 3\,HCl \quad (13·14)$$
　　　　　　　　　　　　　　ヘキサフルオロプロピレン

13·2·4　フルオロカーボン

クロロフルオロカーボン（CFC）はクロロホルムと四塩化炭素の両方を原料にフッ化水素（HF）によって塩素原子を段階的に置換することにより合成することができる．高温，高圧になればなるほど，置換が進む．四塩化炭素からは CCl_3F，CCl_2F_2，$CClF_3$ ができる．一方，クロロホルムからは $CHFCl_2$，CHF_2Cl，CHF_3 が生成する．これらの反応の触媒には，アルミニウムまたはクロムのフッ化物やオキシフルオリドが使われる．CHF_3 以外は現在禁止されている．クラスⅠのオゾン層破壊物質を表 13·1 に示す．これらは最初に段階的に廃止された．

表 13·1　クラスⅠのオゾン層破壊物質

CFC-11（CCl_3F）
　トリクロロフルオロメタン
CFC-12（CCl_2F_2）
　ジクロロジフルオロメタン
CFC-113（$C_2F_3Cl_3$）
　1,1,2-トリクロロトリフルオロエタン
CFC-114（$C_2F_4Cl_2$）
　1,2-ジクロロテトラフルオロエタン
CFC-115（C_2F_5Cl）
　クロロペンタフルオロエタン
Halon 1211（CF_2ClBr）
　ブロモクロロジフルオロメタン
Halon 1301（CF_3Br）
　ブロモトリフルオロメタン
Halon 2402（$C_2F_4Br_2$）
　1,2-ジブロモテトラフルオロエタン
CFC-13（CF_3Cl）
　クロロトリフルオロメタン
CFC-111（C_2FCl_5）
　ペンタクロロフルオロエタン
CFC-112（$C_2F_2Cl_4$）
　1,1,2,2-テトラクロロジフルオロエタン

CFC-211（C_3FCl_7）
　1,1,1,2,2,3,3-ヘプタクロロフルオロプロパン
CFC-212（$C_3F_2Cl_6$）
　1,1,1,3,3,3-ヘキサクロロジフルオロプロパン
CFC-213（$C_3F_3Cl_5$）
　1,1,1,3,3-ペンタクロロトリフルオロプロパン
CFC-214（$C_3F_4Cl_4$）
　1,2,2,3-テトラクロロテトラフルオロプロパン
CFC-215（$C_3F_5Cl_3$）
　1,2,2-トリクロロペンタフルオロプロパン
CFC-216（$C_3F_6Cl_2$）
　1,2-ジクロロヘキサフルオロプロパン
CFC-217（C_3F_7Cl）
　3-クロロヘプタフルオロプロパン
CCl_4　四塩化炭素
$C_2H_3Cl_3$　1,1,1-トリクロロエタン
CH_3Br　臭化メチル
$CHFBr_2$　ジブロモフルオロメタン
HBFC-12B1（CHF_2Br）
　ブロモジフルオロメタン
CH_2BrCl　ブロモクロロメタン

† （訳注）化合物名は構造が確定する簡略名とした．
　CFC の略号：百の位の数字は炭素数−1，十の位の数字は水素数+1，一の位の数字はフッ素の数を表す．
　Halon の略号：Halon abcd で a は炭素数，b はフッ素数，c は塩素数，d は臭素数を表す．

ヒドロフルオロカーボン（HFC）とフッ素化エーテルはCFCを代替する候補化合物である．これらの化合物は多くの場合，フッ素と水素を含み塩素や臭素は含まない．HCFCのような代替例では塩素原子を減らしさえすれば許容されると考えられているようだが，その使用は一時的な対策であり，先進国では2020年までに段階的廃止，開発途上国では2030年までに段階的廃止といずれもかなり早く廃止される予定である．表13・2に用途別の代替化合物を示す．一方で，中国やブラジルでは，オゾン層破壊物質の消費をやめるというよりも，むしろ増やしているいくつかの証拠がある[4]．それに加えて，代替物のHFCは地球温暖化につながる赤外線の吸収物質であることが明らかになった．

表 13・2 用途別のフルオロカーボンの代替物質

用 途	以前使用されていた CFC	代替物質
冷凍機とエアコンの冷媒	CFC-12（CCl_2F_2） CFC-11（CCl_3F） CFC-13（$CClF_3$） HCFC-22（$CHClF_2$） CFC-113（CCl_2FCClF_2） CFC-114（$CClF_2CClF_2$） CFC-115（CF_3CClF_2）	HFC-23（CHF_3） HFC-134a（CF_3CFH_2） HFC-507[HFC-125（CF_3CHF_2） 　と HFC-143a（CF_3CH_3）の 1:1 　共沸混合物] HFC-410[HFC-32（CF_2H_2）と 　HFC-125（CF_3CHF_2）の 1:1 　共沸混合物]
医療用エアゾールの噴射剤	CFC-114（$CClF_2CClF_2$）	HFC-134a（CF_3CFH_2） HFC-227ea（CF_3CHFCF_3）
フォーム用の発泡剤	CFC-11（CCl_3F） CFC-113（CCl_2FCClF_2） HCFC-141b（CCl_2FCH_3）	HFC-245fa（$CF_3CH_2CHF_2$） HFC-365 mfc（$CF_3CH_2CF_2CH_3$）
溶媒，グリース除去剤，洗浄剤	CFC-11（CCl_3F） CFC-113（CCl_2FCClF_2）	なし

13・2・5 四塩化炭素（CCl_4）と二硫化炭素（CS_2）

四塩化炭素（テトラクロロメタン）は，上述のようにCCl_3FとCCl_2F_2の合成原料であったが，現在は段階的に廃止された．それに代わる用途はない．20世紀には，ドライクリーニング用溶媒や冷媒，消火剤として使用されていたが，毒性があることや火事のときに分解してホスゲンを発生することから他のものに置き換わった．

四塩化炭素は，メタンや塩化メチルの徹底的な塩素化でつくりうるが，ほかに二つのより重要な製法がある．最も広く使用されているのは，プロパンとプロピレンの混合物を500℃で塩素化分解することにより，四塩化炭素とテトラクロロエチレンの両方を併産する方法である（式13・15）．

$$CH_2=CHCH_3 + 7\,Cl_2 \longrightarrow CCl_4 + Cl_2C=CCl_2 + 6\,HCl$$
　　　　プロピレン　　　　　　　　　　四塩化炭素　テトラクロロ
　　　　　　　　　　　　　　　　　　　　　　　　　エチレン

$$CH_3CH_2CH_3 + 8\,Cl_2 \longrightarrow CCl_4 + Cl_2C=CCl_2 + 8\,HCl \tag{13・15}$$

この併産法では，四塩化炭素の生産量はテトラクロロエチレンの需要に依存する．四塩化炭素がずっと幅広く使用されていた時代には，不足分は，メタンを出発原料にして，重要なメタン由来の化学品である二硫化炭素経由で合成する製法で埋め合わされていた．二硫化炭素を30℃で鉄触媒を使って塩素化すると，四塩化炭素が得られる（式13·16）．

$$CS_2 + 2\,Cl_2 \longrightarrow CCl_4 + 2\,S \qquad (13·16)$$

過剰の塩素を反応させると，二塩化二硫黄が生成する（式13·17）．二塩化二硫黄も加硫剤，硫黄含有化合物の合成など工業的にさまざまな用途に使われている．

$$CS_2 + 3\,Cl_2 \longrightarrow CCl_4 + S_2Cl_2 \qquad (13·17)$$

二硫化炭素は触媒存在下にメタンと硫黄蒸気の反応でつくられる（式13·18）．

$$CH_4 + a\,S_x \longrightarrow CS_2 + 2\,H_2S \qquad (13·18)$$

ここで $ax = 4$ であり，硫黄は S_2，S_6，S_8 の平衡混合物であるので，x は2と8の間である．

二硫化炭素の主用途は，レーヨン，セロハン，セルローススポンジなどの再生セルロース製造であるが（§17·4），いずれも成熟した製品である．

13·2·6 臭化メチル（CH_3Br）

臭化メチル（ブロモメタン）はメタノールと臭化水素からつくられる（式13·19）．または，メタノールと臭素と還元剤からつくられる．

$$CH_3OH + HBr \longrightarrow CH_3Br + H_2O \qquad (13·19)$$

世界生産量は1998年に61,436トンであった．自然界でも生成している．海洋生物が海洋で毎年100～200万トン生みだしていると推定される[5]．

臭化メチルは農業用や工業用に使われる．土壌や穀物の燻蒸薬に広く使われ，またシロアリが棲みついた個人住宅の燻蒸にも使われた．臭化メチルはオゾン層に影響を与える化合物として，遅い時期にリストアップされた．米国では2005年1月までに段階的に廃止されたが，チリでは依然として使用されている．臭化メチルは土壌殺菌剤として安全でかつ効果が相当に高く，他のほとんどのものより優れている．使用が制限されて種苗産業は被害を受け，耕作方法の変更が必要になった．そのため，土壌の水蒸気殺菌や機械的に悪い苗を間引く方法（弱い作物や苗を取除く），あるいは休耕期間を設ける方法への依存が増えている．臭化メチルは自然界で大規模に生成している物質なので，工業的合成をやめることにより生じる費用と，使用することより得られる価値のバランスについて十分考えなければならない（§20·4·1）．

13・3 アセチレン

アセチレンは化学原料として第二次世界大戦後に重要性を増し、1960年代中期にピークを迎えた。それ以降、先進国では急激に衰退した。石炭は、コークス炉留出物による芳香族化合物の供給源（第6章）であるばかりか、アセチレンの原料でもあった。そして、アセチレンは初期のプラスチックや脂肪族有機化合物の原料であった。

●アセチレンの製法●

① カルシウムカーバイド法

最も古い方法では、コークスと生石灰（酸化カルシウム）を電気炉で2000℃に加熱してカルシウムカーバイド（炭化カルシウム）をつくり、これを水で加水分解して、アセチレンを製造した（式13・20）。

$$CaO + 3C \longrightarrow CaC_2 + CO$$
$$CaC_2 + 2H_2O \longrightarrow Ca(OH)_2 + CH \equiv CH \text{（アセチレン）} \tag{13・20}$$

この方法は、19世紀工業の特徴の多くをもっている。まずバッチ反応である。固体を扱うので労働集約的である。電気炉を使用するので、エネルギー多消費型である。1トンのアセチレンをつくるのに2.8トンの水酸化カルシウムが副生するので環境的に思わしくない。通常、水酸化カルシウムはスラリー状なので10倍の水が伴う。電気炉の設備費は高く、また相当に過酷な条件で使用するので寿命は短い。

当時はエネルギーの安い時代ではあったが、これらの問題点からカーバイド法を代替する動機が生まれた。

② 石油やナフサの分解法

1960年代初期に、石油からアセチレンをつくるさまざまな試みがあった。熱力学的にアセチレンは1300℃以上で安定なC_2炭化水素であるが、他の炭化水素の熱分解はそう単純ではない。逆反応を防止するために急冷することや、コーキング（炭素析出）を防ぐために極めて短い滞留時間で反応させることは難しい。副生水素からアセチレンを分離することももう一つの問題点である。

Wulff法、Sachsse法はこれらの困難に遭遇した。この方法は理論的にはナフサか天然ガスを原料にスタートできる。主としてヨーロッパで行われたナフサ原料のプラントは連続的なトラブルに見舞われ、短期間に閉鎖してしまった。天然ガス原料の分解については④で述べる。

現在は、四つのアセチレンの製法がある。カルシウムカーバイド経路が一つであるが、米国ではこの方法でつくられたアセチレンは化学用ではなく、アーク溶接用である。カルシウムカーバイドは米国化学工業の歴史の中で輝かしい役割を演じ、その名前がUnion Carbide社の社名になった。同社がDow Chemical社に吸収されて、その名前は消えた。カーバイドの誘導品であるカルシウムシアナミド（通称、石灰窒素）は、老舗の米国化学会社のAmerican Cyanamid社の社名に使われた。同社は1994年にCytec社と

American Cyanamid 社に分離され，後者が American Home Products 社に引取られ，その名前は消えた．エネルギー消費量が大きいことから，最近まで，カーバイド法の実施は，ノルウェーのような安い水力エネルギーをもち，廃棄物の水酸化カルシウムを捨てることのできる不毛の地がある国でしか経済的に成り立たないと一般的に考えられていた．

米国における化学反応用のアセチレンの大部分は，以下に示す三つの製法から得られている．

③ エタン/プロパン水蒸気分解法

まず，一つ目は水蒸気分解の副生物である（§1・5・1）．プロパンを厳しい条件（すなわち高温）で分解すると約2%のアセチレンをつくることができる．このような条件では，エチレンが最も多く得られる．エタン/プロパンの水蒸気分解により米国のアセチレン生産量の半分がつくられている．C_2 留分を分留する前に，C_2 留分中のアセチレンがジメチルホルムアミドや N-メチルピロリドンのような極性非プロトン性溶媒により選択的に抽出される．アセチレンが必要でない場合は，選択的に水素添加してエチレンにする．多くのクラッカーはそういう運転をしている．

④ 天然ガス原料の Wulff 法

二つ目の方法は，ナフサではなく天然ガスを使った熱分解法，すなわち，②で述べた Wulff 法である．反応器は高温レンガ格子からなる炉である．ガス燃料を燃焼して，レンガを1分間で約1300℃まで加熱する．そして，次の1分間でメタンを供給して熱分解する．同じ順序の操作を，反対方向に炉を通過させて行う．4分サイクルで最後は400℃まで温度が下がる．生成物は急冷され，アセチレンとエチレンの比が1:2の混合物が得られる．

⑤ メタンの部分酸化法

三つ目の方法は酸素を必要とし，部分酸化法として知られている．いくつかの変形法があるが，Sachsse 法がそのうち最も重要である．メタンと酸素を600℃まで予熱し，特別のフレーム（炎）配置をもつバーナーの中で反応させる．温度は約1500℃まで上がる．数ミリ秒の滞留の後，反応混合物を水または急冷用オイルで40℃に急冷し，すす（煤）や水素が生成するのを防ぐ．これによりガス状生成物中のアセチレン含有量は，8〜10%となる．これは原料炭素の30%に当たる．合成ガス（§13・4）が主生成物であり，原料炭素の1.5%がすすとなる．

Wulff 法も，Sachsse 法も，上記カーバイド法ほど悪くはないが，エネルギー多消費型である．アセチレンはエチレンに比べ確実に高価になったので，アセチレン原料からつくられていた化学品はエチレンなどのオレフィンからより安価につくられるようになった．過去にアセチレンからつくられた一群の輝かしい化学品には次のようなものがある．アセチレンと塩化水素からつくられた塩化ビニル，アセチレンと酢酸からつくられた酢酸ビニル，アセチレンとシアン化水素からつくられたアクリロニトリル，アセチレンと水からつ

くられたアセトアルデヒド，アセチレン二量体（ビニルアセチレン）と塩化水素からつくられたクロロプレン（"ネオプレン"），アセチレンとアルコールと一酸化炭素からつくられたアクリル酸エステル，アセチレンから多段階の塩素化-脱塩化水素を経由してつくられたテトラクロロエチレン（§13・3・2）などである．

これらアセチレン化学は中国が復活させるまでは（下記参照），廃れていた．米国では，1967～1974年の間に25のアセチレンプラントが閉鎖され，化学用途のアセチレンの消費量は1962年の56万トンから1977年の18万トンまで減少した．2000年のアセチレンの需要は約13.6万トンと推定され，Borden社がアセチレン法の塩化ビニル（VCM）プラントを閉鎖し，ISP社が米国のアセチレン法の1,4-ブタンジオールの二つのプラント（下記，§13・3・1）を廃止したことから，2002年のアセチレンの供給は9万トン以下に減少した．

各種のアセチレン原料プロセスの衰退の状況を，図13・1に示す．

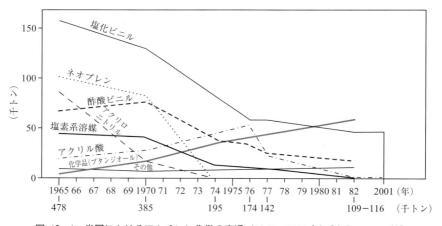

図 13・1　米国におけるアセチレン化学の衰退（1965～2001年）［出典: Nexant 社］

一方，アセチレン化学が中国で復活している．中国には豊富で利用しやすい石炭があり，原油は少ない．また安い労働力の供給が無限にあり，法規制が健康や安全にほとんど配慮されていない．一方で，原油価格は上昇している．中国は石炭技術について幅広い経験をもっており，安い原価でアセチレンから塩化ビニルをつくっている．アセチレン化学を使って，アクリロニトリルや他のバルク化学品をつくることもたぶん可能である．なお，アセチレン化学が存続できるかどうかは，技術的要因と同じくらいに政治的要因（国の政策や支援など）に依存する[6]．

先進国におけるアセチレンの重要なその他の使い方にReppe反応がある．Reppeはドイツの化学者で，第二次世界大戦中にアセチレンとアルデヒド，ケトン，アルコール，二

酸化炭素の反応について研究した．前述のアクリル酸エステル合成法（§3・4）は，下記の1,4-ブタンジオールと同様にReppe反応である．

13・3・1 1,4-ブタンジオールと2-メチル-1,3-プロパンジオール
◉ **1,4-ブタンジオールの製法** ◉
① アセチレン原料法

アセチレンはホルムアルデヒドと反応し，2-ブチン-1,4-ジオールを生成する．これを段階的に水素添加すると2-ブテン-1,4-ジオール，ついで1,4-ブタンジオールが得られる（式13・21）．

$$HC\equiv CH + 2\,HCHO \longrightarrow HOCH_2-C\equiv C-CH_2OH \xrightarrow{H_2}$$
アセチレン　　ホルム　　　　　　　2-ブチン-1,4-ジオール
　　　　　　アルデヒド

$$HOCH_2-CH=CH-CH_2OH \xrightarrow{H_2} HOCH_2CH_2CH_2CH_2OH \quad (13\cdot21)$$
　　　2-ブテン-1,4-ジオール　　　　　　　1,4-ブタンジオール

まず，アセチレンと37％のホルムアルデヒド水溶液をケイ酸マグネシウムに担持した銅(I)アセチリド触媒の存在下，100℃，5 bar で反応させる．このプロセスでは，副生物のプロパルギルアルコール（$CH\equiv CCH_2OH$）を最小に抑える．あとの水素添加反応は，より高純度の生成物を得るため2段階で行われる．第1段目はRaneyニッケル触媒を用い，50〜60℃，7〜15 bar で行われ，2-ブテン-1,4-ジオールが生成する．このジオールは殺虫剤のエンドスルファンの製造に使われたが，現在，この殺虫剤は使用禁止になった．第2段目ではシリカゲル担持のNi-Cu-Mn触媒を使って120〜140℃，150〜200 bar で水素添加を行い1,4-ブタンジオールを得る．

② ブタジエン原料法

アセチレン法以外に，数多くの合成法が開発されてきた．1979年に日本で，三菱化学がブタジエンのアセトキシ化法を工業化した．これは不成功に終わったエチレンのアセトキシ化によるエチレングリコールの製法（§2・7・2）を思い出させる．エチレンに比べ，ブタジエンは反応性の高い共役二重結合をもつためアセトキシ化が容易に進み，触媒がパラジウム-テルルだけで済む．ヨウ素を助触媒に使わなくてもよいので，腐食問題が小さい．エチレンの場合はこのヨウ素助触媒が必要であり，初期のプロセスのアキレス腱となった．アセトキシ反応で生成する1,4-ジアセトキシ-2-ブテンに水素を添加して，1,4-ジアセトキシ-2-ブタンとし，これをけん化して目的とする生成物と酢酸を得る．酢酸は再利用される（式13・22）．

式（13・22）からわかるように，この方法ではテトラヒドロフラン（THF）を主成物にするように運転することもできる．2000年にBASFはこのプロセスを韓国の新プラントに技術供与（ライセンス）した．

$$CH_2=CHCH=CH_2 \xrightarrow[-H_2O,\ O_2]{2\ CH_3COOH} CH_3COOCH_2CH=CHCH_2OOCCH_3$$
ブタジエン　　　　　　　　　　　　　　　1,4-ジアセトキシ-2-ブテン

$$\downarrow \begin{array}{l}(1)\ H_2\\(2)\ H_2O\end{array}$$

$$CH_3COOH\ +\ HOCH_2CH_2CH_2CH_2OH\ +\ \underset{THF}{\bigcirc\!\!\!\!O} \quad (13\cdot22)$$
　　　　　　　　　　　　1,4-ブタンジオール

③ プロピレンオキシド原料法

1,4-ブタンジオールの別の方法としては，プロピレンオキシドを出発原料にした方法がある．ARCO Chemical 社（現 LyondellBasell 社）が1990年に米国で工業化した．プロピレンオキシドをリン酸リチウム触媒存在下で異性化してアリルアルコールを合成する．これは旧式のグリセリン合成法の第1段階である（§3・11・2）．アリルアルコールをヒドロホルミル化してアルデヒドをつくり，これを水素添加して1,4-ブタンジオールにする（式13・23）．

$$CH_3-\underset{\underset{O}{\diagdown\ \diagup}}{CH-CH_2} \xrightarrow{Li_3PO_4} CH_2=CHCH_2OH \xrightarrow[触媒]{H_2,\ CO}$$
プロピレンオキシド　　　　　　　アリルアルコール

$$OHCCH_2CH_2CH_2OH \xrightarrow[触媒]{H_2} HOCH_2CH_2CH_2CH_2OH \quad (13\cdot23)$$
　　　　　　　　　　　　　　　　1,4-ブタンジオール

このヒドロホルミル化反応は難しく，直鎖状生成物の収率が上がらず，分岐したアルデヒドが生成する．これを水素添加すると共生成物として2-メチル-1,3-プロパンジオール $CH_3CH(CH_2OH)_2$ ができる．LyondellBasell 社はこの新しいジオールの市場開発に成功を収めた（後述）．

④ 無水マレイン酸原料法

Davy McKees 社が開発して1993年に日本で実施されたプロセスは，無水マレイン酸（§4・4・2）を出発原料とする．無水マレイン酸は2段階でマレイン酸ジエチル（またはマレイン酸ジメチル）転換される．この不飽和エステルを1段階で水素添加と水素化分解を同時に行うと目的とする生成物（1,4-ブタンジオール）とエタノールが得られる．エタノールは再利用される（式13・24）．

DuPont 法は1段で無水マレイン酸から THF をつくることができる．DuPont 法プラントが1995年にスペインで完成した．1,4-ブタンジオールの主用途は THF の製造であるから，Davy McKee 法が4段かけてつくっていたものを，DuPont 法は1段で成し遂げ

$$\underset{\text{無水マレイン酸}}{\begin{matrix}HC-C\\\|\|\\HC-C\end{matrix}\!\!\underset{O}{\overset{O}{\diagdown\!\!\diagup}}} \xrightarrow[\substack{-H_2O\\(2\,段階)}]{2\,C_2H_5OH} \underset{\text{マレイン酸ジエチル}}{\begin{matrix}HC-COC_2H_5\\\|\\HC-COC_2H_5\end{matrix}\begin{matrix}O\\\\O\end{matrix}} \xrightarrow[\text{低圧,触媒}]{H_2} \underset{\text{1,4-ブタンジオール}}{HOCH_2CH_2CH_2CH_2OH} + 2\,C_2H_5OH$$

$$\downarrow H_2O$$

$$\underset{\text{THF}}{\bigcirc\!\!\!\!\text{O}}$$

(13・24)

たことになる．DuPont 法ではマレイン酸水溶液の水素化分解を必要とする．目的の THF 以外にコハク酸，γ-ブチロラクトン，1,4-ブタンジオールなどの中間体も生成する．系中には未反応のマレイン酸が常に存在するので，1,4-ブタンジオールは酸触媒による環化脱水反応を起こし，THF が追加生成する．未反応のマレイン酸，コハク酸，γ-ブチロラクトンは水素化分解反応器に戻される．

⑤ ブタン原料法

BP 社と Lurgi 社は，共同で同様なプロセスを開発した．n-ブタンを原料に，中間体のマレイン酸は単離せず，1,4-ブタンジオールおよび/または THF を合成する．BP 社はこの技術を使ってオハイオ州ライマにプラントを建設した．

イタリアの小さなベンチャー企業である Sisas 社は，無水マレイン酸を 1 段で γ-ブチロラクトンに転換する方法を 1990 年代半ばに開発して運転を行った．γ-ブチロラクトンを原料に，市場の需要に応じて 1,4-ブタンジオール，THF，N-メチルピロリドンを製造する．その後 Sisas 社は財政的苦境に陥り，BASF 社が 2001 年に Sisas 社の資産を買収した．BASF 社は上海の Caojing（漕涇鎮）にプラントを建設し，2005 年より稼働中である．8 万トン/年の THF と 6 万トン/年の PTMG（ポリテトラメチレンエーテルグリコール）をつくる計画であった．このプラントはブタン原料で無水マレイン酸経由である．

このように BASF 社は現在，アセチレン原料（米国およびドイツ），ブタジエン原料（マレーシア），n-ブタン原料（ベルギーと上海 Caojing）の三つの合成法で，1,4-ブタンジオールや THF のプラントを稼働している．THF は製薬用の溶媒として幅広く使用されている．

⑥ 発酵法

Genomatica 社は，糖類を 1 段で 1,4-ブタンジオールに転化する微生物を遺伝子工学的につくった[7]．3000 リットルのパイロットプラントが 2010 年から運転された．同社によれば，"Bio-BDO"（発酵法 1,4-ブタンジオール）は通常の BDO よりも原価が安く，エネルギー使用量が 60% 少なく，二酸化炭素の排出も 70% 減るといわれる．Genomatica 社は，BASF 社，DuPont 社，Tate&Lyle 社，Novamont 社，M&G 社（ヨーロッパの主

要な化学会社），Waste Management 社，三菱化学と連携している．工業化は近いと予想される．

● **1,4-ブタンジオールの用途** ●　1,4-ブタンジオール生産量の約 35% はテトラヒドロフラン（THF）に転換される．THF はさらに重合してポリテトラメチレングリコール（PTMG）に転換される．これはエチレンオキシドからポリエチレンオキシドに転換さ

$$HO+CH_2CH_2CH_2CH_2O+_nH$$
PTMG（ポリテトラメチレングリコール）

れるのと類似している．PTMG はポリウレタン，スパンデックスのような弾性繊維，あるいは熱可塑性ゴムの "Hytrel"（ハイトレル，§9・3・8）の原料に使用される．1,4-ブタンジオールは，スケートのローラー用の特殊ポリウレタンの一成分に使用される．また，γ-ブチロラクトン，ピロリドン，N-ビニルピロリドンの合成に使用される．γ-ブチロラクトンは非プロトン性溶媒で，限られた最終用途しかない．γ-ブチロラクトンの大部分は，2-ピロリドンか N-メチルピロリドンに転換される[8]．これらの溶媒は，塩素系溶媒の代替物である（式 13・25）．

(13・25)

2-ピロリドンのおもな用途は，N-ビニルピロリドンへの転換である．N-ビニルピロリドンは重合してポリ（N-ビニルピロリドン）にするか，酢酸ビニルと共重合して共重合体をつくる．これらのポリマーはヘアスプレーに配合される．また丸薬製造時の賦形剤に使用されたり，ビールやワインの清澄剤に使われる．1,4-ブタンジオールの他の重要な用途は，ポリブチレンテレフタレート樹脂（§8・3・4）の原料モノマーである．

1,4-ブタンジオールの市場はほどほどの成長をしている．米国の生産量は 2002 年の 39 万トンが 2010 年には 130 万トンに増加した．

● **2-メチル-1,3-プロパンジオール〔$CH_3CH(CH_2OH)_2$〕の用途** ●　LyondellBasell 社は新しいジオールである 2-メチル-1,3-プロパンジオールの市場開発に成功を収めた．このジオールの約 25% はパーソナルケア（トイレタリー）用品のグリコール溶媒として使用され，残りは樹脂や塗料の製造に使用される．パーソナルケア製品には，中和剤，皮

膚柔軟剤, 乳化剤, 保湿剤がある. ジオールの二つの第一級ヒドロキシ基は, 酸や酸無水物と反応してポリエステルになる. また, イソフタル酸, テレフタル酸, 無水フタル酸などの芳香族カルボン酸と反応させると, 硬質の不飽和ポリエステルが得られ, ボートの船体や浴室のカウンター上部やバスタブに使用される.

13・3・2 アセチレンの少量用途

トリクロロエチレン（脱脂用）やテトラクロロエチレン（ドライクリーニング用）は, かつてはアセチレンからつくられた（式 13・26）. しかしながら, 現在では大部分のトリクロロエチレン, テトラクロロエチレンは炭化水素を原料に塩素化と熱分解を同時に行って合成するか, 二塩化エチレンのオキシ塩素化でつくられている（§2・11・7）.

$$\begin{array}{c} HC\equiv CH \\ \text{アセチレン} \\ CH_2ClCH_2Cl \\ \text{二塩化エチレン} \end{array} \xrightarrow[-HCl]{HCl} CH_2=CHCl \xrightarrow{Cl_2} CH_2Cl-CHCl_2 \xrightarrow{-HCl} CH_2=CCl_2 \xrightarrow{Cl_2}$$

$$CH_2Cl-CCl_3 \xrightarrow{-HCl} \underset{\text{トリクロロエチレン}}{CHCl=CCl_2} \xrightarrow{+Cl_2,\ -HCl} \underset{\text{テトラクロロエチレン}}{CCl_2=CCl_2} \quad (13\cdot26)$$

両方の化合物とも, 他の塩素化合物と同様に環境問題に見舞われており, その消費量は 1990 年代初期よりずっと減少している. トリクロロエチレンの脱脂剤としての需要は, 毒性の低い 1,1,1-トリクロロエタンに代替され, 1950 年代から減少し始めた. しかしながら 1,1,1-トリクロロエタンもモントリオール議定書により世界のほとんどの地域で段階的に廃止されることになり, トリクロロエチレンの脱脂用途が復活してきた. トリクロロエチレンは, 1,1,1,2-テトラフルオロエタン（HFC-134a）のようなヒドロフルオロカーボン（HFC）冷媒の合成にも使用される. 米国のフィラデルフィアはドライクリーニング用のテトラクロロエチレンと臭化プロピルを 2013 年末までに段階的に廃止しようとしている[9].

アセチレンにフッ化水素を付加すると, フッ化ビニルが得られる（§2・11・8）. これを重合させるとポリフッ化ビニルが得られる（式 13・27）. 耐候性が際立って優れた特殊ポリマーである. フッ化ビニルも, 現在では塩化ビニルを原料とする製法が主流である.

$$n\,CH\equiv CH + n\,HF \longrightarrow n\,CH_2=CHF \longrightarrow \overline{\{CH_2-CHF\}}_n \quad (13\cdot27)$$

アセチレンにホルムアルデヒドを 1 分子だけ反応させるとプロパルギルアルコールが得られる（式 13・28）. これは石油工業や冶金工業で使用されており, また殺ダニ剤, "プロパルギット"（殺虫剤）, 抗菌剤, スルファジアジン, 各種プロパルギルカーボネート防カビ剤などの製造用中間体として使用される.

$$\text{HCHO} + \text{HC}\equiv\text{CH} \xrightarrow[\text{100 ℃, 5 bar}]{\text{Cu アセチリド}} \text{HC}\equiv\text{CCH}_2\text{OH} \quad (13\cdot28)$$
プロパルギルアルコール

高級カルボニル化合物と反応させると，アセチレンアルコールが得られる．これはテルペン，ビタミンAとE，各種の香料やステロイドの合成法の一部に使用される．

他のアセチレンの少量用途には，アセチレンと酸を亜鉛または水銀塩を触媒として反応させ，ビニルエステルを合成するというものがある．すなわち，ステアリン酸，オレイン酸のような脂肪酸やネオ酸をアセチレンと反応させるとビニルエステルが得られる（式13·29）．

$$\underset{\text{ネオヘキサン酸}}{\text{H}_3\text{C}-\underset{\underset{\text{CH}_3}{|}}{\overset{\overset{\text{CH}_3}{|}}{\text{C}}}-\text{CH}_2-\text{COOH}} + \text{CH}\equiv\text{CH} \longrightarrow \underset{\text{ネオヘキサン酸ビニル}}{\text{H}_3\text{C}-\underset{\underset{\text{CH}_3}{|}}{\overset{\overset{\text{CH}_3}{|}}{\text{C}}}-\text{CH}_2-\overset{\overset{\text{O}}{\|}}{\text{C}}-\text{OCH}=\text{CH}_2} \quad (13\cdot29)$$

各種ビニルエステルは，酸と酢酸ビニルのようなビニル化合物との間の交換反応（ビニル基交換反応ともいう）でも合成できる（式13·30）．このようなビニルエステルの主用途は，塩化ビニル系や酢酸ビニル系のポリマーの内部可塑剤や内部改質剤であり，ポリマーの耐水性の向上に寄与する．

$$\text{RCOOH} + \underset{\text{酢酸ビニル}}{\text{CH}_2=\text{CHOOCCH}_3} \xrightarrow{\text{触媒}} \underset{\text{ビニルエステル}}{\text{RCOOCH}=\text{CH}_2} + \underset{\text{酢酸}}{\text{CH}_3\text{COOH}} \quad (13\cdot30)$$

アセチレンと酸からビニルエステルをつくるのと同様な反応で，アセチレンとアルコールを反応させてビニルエーテルをつくることができる（式13·31）．アルカリが触媒となる．ビニルエーテルはビニルポリマーの改質のためのコモノマーとして使用される．

$$\underset{\text{ステアリルアルコール}}{n\text{-C}_{18}\text{H}_{37}\text{OH}} + \text{CH}\equiv\text{CH} \longrightarrow \underset{\text{ビニルステアリルエーテル}}{n\text{-C}_{18}\text{H}_{37}\text{OCH}=\text{CH}_2} \quad (13\cdot31)$$

13·4 合成ガス

一酸化炭素と水素の混合物は合成ガス（synthesis gas）とよばれる．または窒素と水素から成る混合物も合成ガスとよばれる．米国や大部分のヨーロッパでは天然ガスが手に入るので，合成ガスは天然ガス中のメタンからつくられる．

天然ガスが不足している国々（たとえば，日本や最近天然ガスが発見されるまでのイスラエル）では，ナフサから合成ガスがつくられる．実際のところどんな炭化水素（たとえば石油の蒸留残渣）からも合成ガスをつくることができる．さらに，石炭，ピート，木材，バイオマス，農業廃棄物，都市の固形廃棄物などのほとんどすべての炭素質物質からつくることができる．2007年の合成ガスの原料別割合を図13·2に示す．図から開発途上国の化学工業にとって，石炭が依然として重要なことがわかる．年産2億トンの世界

のアンモニア生産能力のうち，47%がアジアであり，そのうちの58%が中国である．

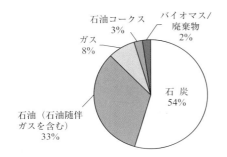

図 13・2 世界の合成ガスの原料別生産比率

1960年以前には石炭は重要な原料であった．第二次世界大戦中，ドイツでは石炭から合成ガスがつくられ，合成ガスから Fischer-Tropsch 法（§15・2）によって燃料と化学品がつくられた．現在，同じ技術が南アフリカで応用されており，同国のエネルギー需要の少なくとも半分が石炭原料となっている．中国でも石炭のガス化が行われている．

合成ガスの用途によって，必要な合成ガスの組成は異なってくる．Fischer-Tropsch 反応やメタノール合成には $CO:H_2=1:2$ が必要となる．ヒドロホルミル化反応（オキソ反応，§3・9）には $CO:H_2=1:1$ が必要となる．また Haber 法アンモニア合成には $N_2:H_2=1:3$ で一酸化炭素を含まないものが必要である．そのほかの化学反応には純粋な水素が必要である．組成はさまざまであるが，基本的な合成ガス製造方法を上手に調整することにより目的とする組成をすべてつくることができる．

13・4・1 メタンの水蒸気改質

最も広く使われている合成ガスの製法は，炭化水素の水蒸気改質である．これに加えて炭化水素の部分酸化の方法もある．石炭を原料とする合成法も重要であり，これについては§15・2で述べる．最も重要な合成法はメタンの水蒸気改質である．

水蒸気改質をする前に，原料メタンは360〜400℃で酸化亜鉛触媒上を通過させて脱硫される．水蒸気改質に使うニッケル触媒の適切な寿命を維持するために，硫黄は2 ppm以下のレベルにする必要がある．その後，メタンと水蒸気をモル比，1:2.5 から 1:3.5 の間に調節して混合し，アルミナに担持されたニッケル触媒（助触媒はアルカリ）上を通過させる．反応は約800℃，35 bar で行われる．吸熱反応であり，熱は外部から供給される．おもな反応は式(13・32)のとおりである

$$CH_4 + H_2O \longrightarrow CO + 3H_2 \qquad \Delta H_{800℃} = 227 \text{ kJ/mol} \qquad (13 \cdot 32)$$

反応の出口ガスには7%の未反応メタン，二酸化炭素，および天然ガス中に存在していた微量の窒素が含まれる．水蒸気を過剰に使うと触媒のコーキングを最小に抑えることが

できる．水蒸気：炭素の比を高くすると，生成物中の $CO_2 : CO$ の比が高くなる（式 13・33）．

$$C + H_2O \longrightarrow CO + H_2$$
$$C + 2H_2O \longrightarrow CO_2 + 2H_2 \qquad (13 \cdot 33)$$

●**アンモニア合成用の合成ガスの調製**●　合成ガスをアンモニア合成に使う場合は，窒素を添加し，かつ一酸化炭素を除去しなければならない．このために，計算量の空気を添加して，$N_2 : H_2$ 比 1:3 を実現する．添加した空気中の酸素は一酸化炭素の一部と反応して，二酸化炭素になる（式 13・34）．

$$2CO + O_2 \longrightarrow 2CO_2 \qquad (13 \cdot 34)$$

ガス混合物を 370 ℃ の第二改質ユニットを通過させる．この際に水蒸気を追加することが多い．酸化鉄触媒の存在下で，$CO-H_2O$ 転化反応（シフト反応）が起こる（式 13・35）．

$$CO + H_2O \longrightarrow CO_2 + H_2 \qquad \Delta H_{370℃} = -38 \, \text{kJ/mol} \qquad (13 \cdot 35)$$

以上，これらの反応を図 13・3 にまとめた．

石炭：
$$2C + O_2 \rightleftharpoons 2CO$$
$$C + H_2O \rightleftharpoons CO + H_2$$
$$CO + H_2O \rightleftharpoons H_2 + CO_2 \text{（シフト反応）}$$
$$C + CO_2 \rightleftharpoons 2CO \text{（Boudouard 反応）}$$
$$C + 2H_2 \rightleftharpoons CH_4$$
$$CO + 3H_2 \rightleftharpoons CH_4 + H_2O$$

メタン：
$$CH_4 + \tfrac{1}{2}O_2 \rightleftharpoons CO + 2H_2$$
$$CH_4 + H_2O \rightleftharpoons CO + 3H_2$$

ナフサ：
$$-CH_2- + \tfrac{1}{2}O_2 \rightleftharpoons CO + H_2$$
$$-CH_2- + H_2O \rightleftharpoons CO + 2H_2$$

炭素生成：
$$2CO \rightleftharpoons C + CO_2$$
$$CO + H_2 \rightleftharpoons C + H_2O$$
$$CH_4 \rightleftharpoons C + 2H_2$$

図 13・3　合成ガス生成の重要な反応

生成ガスには，水素，窒素，二酸化炭素，微量のメタン，一酸化炭素，アルゴンが含まれる．ガスは圧縮され，エタノールアミンとジエタノールアミンの水溶液で洗浄して二酸化炭素を除去する（他のいろいろの方法が使える）．二酸化炭素の一部は水に溶解し（高圧にすると溶解度は高くなる），一部はアミンと反応して不安定な塩を生成する．その後，スチームストリッピング（水蒸気蒸留）すると，その塩は分解し，エタノールアミンが回収される．さらに残った一酸化炭素をシフト反応にかければ収率が向上し，また他の方法を使って一酸化炭素を非常に低いレベルに下げることもできる．こうして調製した生成ガ

スをアンモニアプラントに送る．

13・4・2 水蒸気改質の変形

合成ガスをアンモニア合成用以外の用途に使う場合は，窒素の添加は必要でない．シフト反応により，CO/H_2 混合物中の水素の比率を上げることや純粋な水素だけにすることも可能である．反対に，一酸化炭素含有量の大きいガスが必要な場合は，シフト反応の段階に二酸化炭素を添加する．そうすると，シフト反応の平衡（図 13・3 のシフト反応）が左に進み，下記の式の反応が起こる．一酸化炭素が，水を水素に変える反応の逆反応である（式 13・36）．

$$CO_2 + H_2 \longrightarrow CO + H_2O \tag{13・36}$$

合成ガスの製法には多くの変形がある．プロパンやナフサも原料にすることが可能である．プロパンを例にとると次のような反応が起こる（式 13・37）．

$$C_3H_8 + 3H_2O \longrightarrow 3CO + 7H_2 \quad \Delta H_{800℃} = 552 \text{ kJ/mol}$$
$$C_3H_8 + 6H_2O \longrightarrow 3CO_2 + 10H_2 \quad \Delta H_{800℃} = 435 \text{ kJ/mol} \tag{13・37}$$

炭化水素の水蒸気改質では，合成ガスでなくメタンが生成する場合もある．ナフサのような，蒸発可能な炭化水素原料であればかなり容易にメタンが得られる．このプロセスは，合成ガスをつくるときよりも低い温度で運転される．代表的なノナンの例を示す（式 13・38）．

$$C_9H_{20} + 4H_2O \longrightarrow 7CH_4 + 2CO_2 \tag{13・38}$$

生成物は代替天然ガス（SNG, substituted natural gas, §15・4）とよばれる．このプロセスは，北海油田が発見される前に天然ガスが不足していた英国で使用された．重質の炭化水素原料からメタンをつくるにはいろいろなプロセスが利用できる．しかし，1980 年代初期に旧ソ連で膨大な天然ガスが発見され，その後も発見が続いたため，現在は天然ガスよりも先に石油が枯渇すると予想されている．したがって，石油から SNG をつくる必要性はなくなった．

13・4・3 炭化水素の部分酸化

合成ガスの第二の製法は，水蒸気とともに炭素質物質を部分的に酸化する方法である．原料が蒸発可能な場合は，反応をいっぺんに行うことができるが，固体の場合はガス化したのち反応を行う．

蒸発可能な炭化水素原料（例，メタン，プロパン，ナフサ）を化学量論量の約 35％ の酸素の存在下で炎の中で燃焼させる（式 13・39）．

$$CH_4 + O_2 \xrightarrow{速い} CO_2 + 2H_2 \quad \Delta H = -318 \text{ kJ/mol} \tag{13・39}$$

通常の燃焼反応も起こり，少量の水も生成する．過剰な炭化水素は次のような反応ができる（式13・40）．

$$CH_4 + \tfrac{1}{2}O_2 \xrightarrow{速い} CO + 2H_2 \quad \Delta H = -36 \text{ kJ/mol}$$

$$CH_4 + CO_2 \xrightarrow{遅い} 2CO + 2H_2 \quad \Delta H = 247 \text{ kJ/mol}$$

$$CH_4 + H_2O \xrightarrow{遅い} CO + 3H_2 \quad \Delta H = 227 \text{ kJ/mol} \quad (13\cdot 40)$$

炎の温度は1300～1400℃で，圧力は6～80 bar，滞留時間は2～5秒である．最初の速い発熱反応によって，その後の吸熱反応を起こすのに必要な熱量が与えられる．しかし，後続反応は最初の反応より遅い．また不完全燃焼により，炭化反応が伴って起こるため生成物中に微細な炭素がいつも存在するので，洗浄することによりこれを除かなければならない．

脱硫は不要である．原料中の硫黄はまず硫化水素に転化されるが，また酸化硫化炭素（COS）にもなる．窒素化合物は最終的には窒素原子やアンモニアになる．しかし，このプロセスには高純度の酸素をつくるプラントが必要となる．これは一般的には経済的欠点になるが，アンモニア製造にはわずかながら有利な点がある．酸素製造時に併産する窒素を合成ガスに加えて，アンモニア合成用の原料組成に調整することができるからである．

シフト反応や二酸化炭素除去工程の一部を省略できる場合もある．

13・4・4　固体原料

石炭の二段階部分酸化法が合成ガスをつくる合成法として幅広く使用されている．この方法は他の炭素質原料にも拡張できる．コークス床や石炭床が，空気の流れの中で1000℃になるまで燃焼され，次に空気が水蒸気に切り換えられる．二つのガス化反応が起こる（式13・41）．

$$C + H_2O \longrightarrow CO + H_2 \quad \Delta H_{1000℃} = 130 \text{ kJ/mol}$$

$$C + 2H_2O \longrightarrow CO_2 + 2H_2 \quad \Delta H_{1000℃} = 88 \text{ kJ/mol} \quad (13\cdot 41)$$

水とコークスからつくられるので，生成物は水性ガス（water gas）とよばれる．またブルーガスともよばれる．というのは，化学ルミネセンス（二酸化炭素の $^3B_2$ 帯による化学発光）により，特徴的なブルーの炎を出して燃えるからである．このガスはすでに述べた技術を使って合成ガスに転換することができる．

もし，空気と水蒸気を同時にコークスの上を通過させると，生成ガスは窒素ガスで希釈される．生成ガスは，発生炉ガス（producer gas）または低Btuガスとよばれる．発生炉ガスは米国では廃れたが，世界の一部では安いガスとしてその場で燃やして使われている．

化学品原料用の合成ガスをつくるために，石炭のガス化プロセスの開発に大変大きな努

力が費やされてきた．そのなかで最も重要なのは，Texaco ガス化装置をもとに，石炭原料による無水酢酸合成法の工業化につなげた Eastman 社の仕事である（§13・5・2c）．

13・4・5 水　素

水素は水蒸気改質と部分酸化によって製造される．また，石油精製の接触分解（§1・6）や接触改質（§1・8）の副生物としても大量に得られる．そのほか，小さな水素源にはコークス炉ガス，食塩水電解（水素は副生物．主生成物は水酸化ナトリウムと塩素），塩化水素やフッ化水素の電解（水素とともに塩素とフッ素がそれぞれ得られる）がある．

合成ガスや石油精製から得られた水素は，$-180℃$，約 20 bar の条件下，液体メタンで洗浄して窒素や一酸化炭素を除去し，ついで液体プロパンで洗浄してメタンを除去する（注：メタン液化温度は $-160℃$）．

水素生産量の約 60% がアンモニアの製造に使われる．その次に大きな用途は，石油精製における水素化処理や水素化分解（§1・11），水素化脱硫，トルエンの水素化脱アルキル（§7・1）である．これに使われる水素は，製油所内の他の工程でつくられたものである．しかし，米国の大気浄化法（Clean Air Act）により，ガソリン中の芳香族炭化水素の許容量が低くなったので，接触改質は行われることが少なくなり，水素の生産も減っている．多くの製油所は水素不足に直面し，水素をつくる目的のプラントを建設することが必要になった．製油所外で合成される化学品のなかで，水素を一番使用するのはメタノールである．それ以外では，水素添加によるベンゼンからシクロヘキサンの合成（§6・2），ニトロベンゼンからアニリンの合成（§6・3），そして不飽和油脂から飽和油脂あるいは硬化油の合成（第 16 章）に水素が使われる．

13・5 合成ガスからの化学品

合成ガス生産量の 44% は化学品の合成に使われている．残りは燃料，発電，Fischer-Tropsch 反応（合成ガソリン）の原料に使われている．合成ガスからつくられる最も重要な化学品はアンモニアである．世界の天然ガスと油田の随伴ガスの合計生産量の約 5% をアンモニアは消費している．アンモニアは有機物ではないが，有機物からつくられ，有機物をつくるために使われている．合成ガスからつくられる 2 番目に重要な化学品はメタノールである．これを原料にホルムアルデヒド，酢酸，メチル $t-$ ブチルエーテル（MTBE，§4・2・1）がつくられる．メタノールは天然ガスと随伴ガスの合計生産量の約 1% を使用している．

13・5・1　アンモニアと誘導体

食品や体内で化学的に結合している窒素は，"固定された窒素"とよばれる．固定された窒素は土壌から直接あるいは間接に得られるものであって，空気から得られるものではない．食品として吸収しても体内のタンパク質に使われなかった窒素は，老廃物として排

出され，下水処理され，最終的に海に運ばれる．したがって，土壌中の窒素含有量は減少し枯渇するので肥料が必要となる．

13・5・1a 窒素枯渇の危機

最初に利用された肥料は，南米の西海岸からとれるグアノ（鳥ふん石：化石化した鳥のふん）であった．しかし19世紀末には供給が不足した．その代替物として，南米の水の枯れた砂漠から採取されたチリ硝石が使用され，補助的にコークス炉からのアンモニア液も利用された．しかし，それらにも量的限界があった．1898年に，著名な科学者であるWilliam Crookes卿は，"固定された窒素"の大欠乏により1930年頃までに世界的な飢餓に陥ると予言した．

この惨事は幸い回避された．というのもFritz Haberが水素と空気中の窒素を反応させてアンモニアをつくる方法を発見したからである．アンモニアは硝酸ナトリウムに転化され，肥料と爆薬に使われる．アンモニア合成法は，1910年に発表され，20世紀の最も重要な化学的発見となった．現在，すべてのヒトの体内の窒素原子の半分はHaber法からつくられたものである．

Haberは反応の熱力学から，超高圧（200 bar以上）と中間的温度がアンモニア合成に適していることを察知した（式13・42）．

$$\tfrac{1}{2}N_2(g) + \tfrac{3}{2}H_2(g) \rightleftharpoons NH_3(g)$$
$$\Delta H_{298} = -46 \text{ kJ}, \quad \Delta H_{932} = -55.6 \text{ kJ}, \quad \Delta S° = 192 \text{ J/K} \qquad (13\cdot42)$$

低温では反応速度が受け入れられないほど遅くなり，高温では収率が低下する．その中間温度に妥協せざるをえなかったが，それには触媒性能も関係していた．当初のオスミウム触媒は実施不可能なほど高価であったが，のちに鉄が好適であることが見いだされた．

Haberの発見を実用化するための規模拡大は，BASF社の研究所にいたCarl Bosch（1931年のノーベル賞受賞）が行った．このような高い圧力はそれまで技術的に達成されておらず，Boschは兵器メーカーのKrupp社に依頼した．同社の鉄砲の砲身がこの条件に耐える可能性があると考えたからである．しかし，初期の圧力容器は数日で爆発してしまった．これは水素が鋼鉄中の炭素と反応することが原因であると判明した．Boschが考えた解決策は，炭素を含まない鉄で容器の内側を覆うというもであった．そして，炭素を含まない鉄だけでは圧力に耐えられないので外側を鋼鉄で覆い保護する構造にした．

1913年に最初の工場が生産を開始し，1914年に第一次世界大戦が勃発した．チリ硝石の輸入は封鎖された．Harberの発見がなければドイツは1915年に崩壊したであろう．Harberの発見は世界の農業を救ったが，一方で戦争を長引かせてしまった．発見にひき続いて，毒ガス戦争を導いたことにより彼の評判は落ちたが，偉大な発明に対して1918年にノーベル化学賞が授与された．

13・5・1b アンモニアの製造

Haber-Bosch 法には $N_2:H_2=1:3$ の組成の合成ガスが必要である.合成ガスを約 450 ℃,250 bar の条件で助触媒付きの鉄酸化物触媒の上を通す.転化率は低く,1 パス(ワン)転化率は約 10% である.したがって,未反応の合成ガスを大量に再循環する必要がある.

●アンモニア合成技術の改良● 実用化プロセスは Haber が開発したものと形式的にはまったく同じであるが,その後技術は改良されてきた.より活性の高い触媒が見つかり,必要温度を下げることができた.しかし,主要な変更点は 1960 年代に往復式圧縮機を遠心圧縮機に置き換えたことにある.往復式圧縮機は,自転車の空気入れポンプのように出たり入ったりのピストン運動で高い圧力を出すことが可能になる.初期の Haber プラントは 1000 bar の圧力で運転されていたといわれる.遠心圧縮機は,巨大な電気ファンのようなもので,回転運動だけで動く.遠心圧縮機は往復式圧縮機より安く,補修の頻度が少なく,潤滑が不要であり,潤滑油による触媒の汚染を避けることができる.廃熱や水蒸気改質工程から発生する水蒸気でタービンを回し,その力で遠心圧縮機を動かす.遠心圧縮機の唯一の欠点は,使用圧力の上限が約 250 bar と低いことである.しかし,遠心圧縮機は有利な点が非常に大きいため,比較的低圧力で運転し,転化率が低くなっても経済的には優れていた.

この新しい技術を使って,アンモニアプラントの規模拡大が可能となり,1960 年には普通 200 トン/日であったものが,2000 年代前半には 1500〜1850 トン/日の能力となった.また,3000 トン/日規模のプラントが 2009 年にサウジアラビアで最初に稼働した.エチレン製造用の水蒸気分解炉でも遠心圧縮機が使用されており,顕著な規模拡大が実現した.

その他の技術革新としては,スキン層をもつポリスルホン多孔膜がある.1980 年に Monsanto 社によって実用化された.この膜は生成物ガスのなかから未反応の水素だけを分離することができる.水素は再利用される.再利用する水素中にアルゴンのような不活性不純物が混じらず,またガス中の廃物が含まれないことが有利な点である(§6・1・2c).

鉄系触媒が大変長く使用されてきたので,それを別のものに置き換えようと考えることはほとんど異教を説くように見えた.ところがエンジニアリング会社の Kellogg, Brown & Root (KBR) 社がルテニウム触媒を提案した.そして少なくとも一つのプラントをトリニダードに建設した.この技術によって,圧力を 150-300 bar から 70-105 bar に,入口温度-出口温度を 370-510 ℃から 350-470 ℃に下げることが可能になった.廃熱は合成ガスの合成反応に利用され,また煙突から排出される煙道ガス中の窒素酸化物や二酸化炭素はともに 70〜75% 減少した.

予見できる近い将来まで Haber-Bosch 法が窒素肥料生産の大黒柱であることは間違いないであろう.一方で,依然として生物的窒素固定化への期待がある.すなわち,トウモロコシ,コムギ,オートムギのような非マメ科の植物が遺伝子工学によって開発された細

菌によって窒素固定化能をもつことへの期待である．この課題が達成されたならば，世界の人口急増で必要となる食糧増産をめざす第二次グリーン革命の基礎を提供することになろう．

●**尿　素**●　アンモニア生産量の約84%は肥料に使用されている（図13・4）．残りは化学品の原料である．土壌に窒素を加える最もよい方法は，アンモニアを直接注入する方

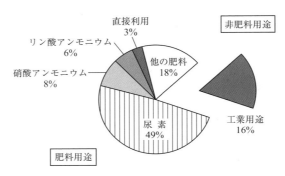

図 13・4　世界のアンモニア生産量．16,000万トン（2008年）．1) 工業用途には合成樹脂の製造（例，尿素樹脂），合成繊維（例，アクリルとナイロン），火薬（例，硝酸アンモニウム）が含まれる．2) "他の肥料"には，硫酸アンモニウム，塩化アンモニウム，窒素・リン・カリ複合肥料が含まれる．［出典: Nextant 社］

法であるが，技術的に複雑なので，アンモニア消費量の3%を占めるにすぎない．対照的に，消費量の半分は尿素である．尿素は輸送や取扱いが容易であり，窒素含有量は47%である．アンモニアは約190℃で二酸化炭素と反応して，カルバミン酸アンモニウムとなり，ついで脱水して尿素となる（式13・43）．

$$NH_3 + CO_2 \longrightarrow \underset{\text{カルバミン酸アンモニウム}}{NH_2COONH_4} \xrightarrow{-H_2O} \underset{\text{尿素}}{NH_2CONH_2} \quad (13・43)$$

最初の反応は速く，159 kJ/mol の発熱反応であり，次の反応は 29 kJ/mol の吸熱反応で反応は遅く平衡律速である．尿素プラントは常にアンモニアプラントに隣接して建設される．アンモニアプラントから原料および余剰の熱が供給される．

尿素は1828年に Wöhler により最初に合成された．彼は，シアン酸アンモニウムの水溶液を約100℃に加熱して，尿素を得た．

$$\underset{\text{シアン酸アンモニウム}}{NH_4OCN} \longrightarrow \underset{\text{尿素}}{NH_2CONH_2} \quad (13・44)$$

生命に関係あるものだけを有機化合物と定義していた当時に，無機化合物を有機化合物に転換するという発展性のあるこの反応は，有機化合物もその他の化合物と同じようなも

13・5 合成ガスからの化学品

のであることを証明した．この発見は有機化学という新たな学問分野を起こすことになった．それまでは有機化合物は生物システムからのみつくることができると考えられていた．実際，Wöhler も有機化合物は生命プロセスに関係している化合物と定義していた．現在は有機化合物の定義はずっと広くなっており，単に炭素を含むものとなっている．

　Wöhler の反応により，原料のシアン酸アンモニウムは工業的応用を見いだした．一酸化窒素，一酸化炭素，水素の3者を60℃で結合することによりシアン酸アンモニウムが合成される（式13・45）．

$$2\,NO + CO + 4\,H_2 \longrightarrow NH_4OCN + 2\,H_2O \qquad (13\cdot45)$$

この反応の最も優れている触媒は白金/ロジウムの金網である．シアン酸アンモニウムは100℃で定量的に尿素に転換される．しかし，この合成法は一酸化窒素（NO）の価格が高いため，尿素製造法としては経済的に実現性がない．尿素は自動車排ガス中のNO_x除去に使用されている（尿素からアンモニアを発生させて，NO_2をN_2に還元する）．

●**硝酸とニトロ化合物**●　　アンモニアは酸化すると硝酸になる．硝酸は，しばしば硫酸と混合して，各種ニトロ化合物とその誘導体の合成に使われる．ほとんどの爆薬はニトロ化合物である〔例，ニトロセルロース，TNT（トリニトロトルエン），テトリル（tetryl, 2,4,6-トリニトロフェニルメチルニトロアミン），ピクリン酸（トリニトロフェノール），PETN（四硝酸ペンタエリトリトール），RDX（サイクロナイト cyclonite ともいう．シクロトリメチレントリニトラミン），ニトログリセリン，硝酸アンモニウム〕．またニトロメタン，ニトロエタン，ニトロプロパン（§14・1）などのニトロ化合物は，化学中間体，溶媒に使用される．

　　　　ニトロセルロース　　　　　　　TNT　　　　　　　　　テトリル

　　　　ピクリン酸　　　　　　　RDX
　　　　　　　　　　　　　　サイクロナイト　　　　　PETN
　　　　　　　　　　　　　　　　　　　　　　　　四硝酸ペンタエリトリトール

　ニトロベンゼンはアニリンやMDI（§6・3・1）の前駆体である．ジニトロトルエンはトルエンジイソシアネート（TDI，§7・3）の前駆体である．ニトロシクロヘキサンはカプロラクタムの旧式プロセスの中間体（§6・2・2）であった．

●その他のアンモニア由来製品● カプロラクタムの最も重要な製法では，アンモニア由来のヒドロキシルアミンを使用する．アンモニアはアンモ酸化反応（§3・5）が重要であり，またヘキサメチレンジアミンの最初の合成法にも関係していた（§4・1・5）．同様に，アンモニアは脂肪酸をアミドに変換するために使用される（§16・4）．アンモニアはハロゲン化アルキル，アルコール，フェノールと反応してアミンを生成する（§6・3）．

13・5・1c 尿素樹脂とメラミン樹脂
●尿素樹脂● 尿素はホルムアルデヒドと反応して，熱硬化性の尿素−ホルムアルデヒド（U/F）樹脂を生成する．反応は複雑で，最初にメチロール尿素と N,N'-ジメチロール尿素ができる．

$$H_2NCONHCH_2OH \qquad OC(NHCH_2OH)_2$$
メチロール尿素　　　　　N,N'-ジメチロール尿素

閉環反応を含む一連の縮合反応が起こり，熱硬化性ポリマーが生成する（§9・4・1）．

U/F 樹脂の主用途は，パーティクルボードをつくるときに使用するおがくずや木片を固めるための接着剤である．また衣服の折り目が消えないようにするためや紙に湿潤強度を与えるために使われる．一時期，建物の断熱フォーム（発泡体）の形で使われたが，フォーム中の残留ホルムアルデヒドの毒性が問題となり，中止された．特につくられたばかりのフォームから微量のホルムアルデヒドが放出され，健康に有害であった．U/F 樹脂は圧縮成形され，電気部品やトイレの便座などの物品がつくられる．成形パウダーには常にフィラーが配合される．U/F 樹脂はフェノール−ホルムアルデヒド樹脂より耐熱性や耐水性は劣るが，楽しい色を付けて成形することができる．奇妙なことだが，ヨーロッパではホルムアルデヒドの 42% がアミノ樹脂（尿素やメラミンとホルムアルデヒドを反応させた樹脂）に使用されるが，米国ではその数字はわずか 24% である．

●メラミン● 尿素はメラミンの原料であり，米国では尿素からメラミンが一段法で合成される．ケイ酸アルミニウム触媒の存在下に 400°C で溶融した尿素を三量化してメラミンをつくる．同時にアンモニアと CO_2 が副生する（式 13・46）．低圧法と高圧法の両方が使われているが，低圧法ではシアン酸（HOCN）が中間体である．

$$6\,O=C\begin{matrix}NH_2\\NH_2\end{matrix} \longrightarrow \underset{\text{メラミン}}{\text{(triazine with 3 }NH_2\text{)}} + 6\,NH_3 + 3\,CO_2 \qquad (13\cdot46)$$
尿素

石炭からつくられたカルシウムカーバイドを原料にジシアンジアミドを経由してメラミンをつくる旧式の方法がある．ヨーロッパでいくつかのプラントがこの方法で稼働している．ジシアンジアミドの世界市場は 2002 年に 4 万トン/年といわれる．大きな成長はない（式 13・47）．

$$CaC_2 + N_2 \xrightarrow{CaO} \underset{\text{カルシウムシアナミド}}{CaNCN} + C$$

$$CaNCN + 2H_2O \longrightarrow Ca(OH)_2 + H_2NC\equiv N$$

$$6 H_2NC\equiv N \longrightarrow \underset{\text{ジシアンジアミド}}{3 H_2NCNHC\equiv N} \xrightarrow[\text{加熱}]{NH_3, CH_3OH} \underset{\text{メラミン}}{\text{メラミン}} \tag{13·47}$$

●メラミン樹脂● 尿素と同様に，メラミンもホルムアルデヒドと反応して複雑な熱硬化性樹脂を生成する．メラミン-ホルムアルデヒド（M/F）樹脂は高品質の高級製品で，食卓（"Formica"のようなラミネート化粧板のトップ層）や，工業用と装飾用の塗料（特に自動車用）に使用される．またウレタンフォームの燃焼遅延剤に使われる．U/F樹脂同様に，M/F樹脂も繊維や紙の処理剤，接着剤，成形用粉末に使用される．

13·5·2 メタノール

メタノールは合成ガスからつくられる（式13·48）．合成ガスは主として天然ガスからのものである[10]．

$$CO + 2H_2 \rightleftharpoons CH_3OH \tag{13·48}$$

速度論的な理由から過剰な水素が添加されるが，$CO:H_2$ の比は $1:2.02$ とわずかに多いだけである．ナフサの水蒸気改質法を使うと目的とする組成に近い合成ガスを製造できる．ただし，前述のように，この方法は米国や西ヨーロッパでは広範囲には使われなくなった．一方，メタンや天然ガスの水蒸気改質では $CO:H_2$ 比が $1:3$ に近い合成ガスとなる．この比を調節するには二つの方法がある．一つは過剰な水素の放出である．通常，放出ガスは改質器の燃料として使われる．もう一つの方法は，二酸化炭素を添加して，過剰の水素と反応させて取除く（シフト反応：式13·49）．二酸化炭素はアンモニアプラントなどの外部から入手する．ただし，上記のようにわずかに水素過剰の比率を保つ．

$$CO_2 + H_2 \longrightarrow CO + H_2O \tag{13·49}$$

二酸化炭素がシフト反応により一酸化炭素に転化され，できた一酸化炭素と水素が式13·48のように反応してメタノールを生成するという反応機構を支持する証拠がある．なお，二酸化炭素だけからメタノールをつくるというプロセスは工業化されていない[11]．

●合成ガスからのメタノール合成法● 最初にBASF社が高圧法（320～380℃で340 bar）でメタノールを製造した．触媒は $ZnO-Cr_2O_3$ で，$Zn:Cr=70:30$ のものを使用した．

次に ICI 社が 1972 年に低圧法（240～260℃，50～100 bar）を工業化した．触媒はアルミナ担体上の銅・亜鉛（Cu-Zn）触媒を使用した．エネルギー消費量は大幅に減ったが，塩素と硫黄化合物をほとんど完全になくした合成ガスを原料にする必要がある．

それ以降，数多くの中圧法（100～250 bar）が登場した．使用触媒は銅酸化物を Zn-Cr 触媒系に添加したものである．

合成ガスの純度を上げる技術ができたことから，ICI の低圧法が支配的になり世界的に最も多く使われている．触媒費用は高いけれど，反応は選択性に優れ，高いメタノール収率で高純度品が得られる．おもな副反応はメタノールからのジメチルエーテルの生成である．そのほか，アルデヒド，ケトン，エステル，高級アルコールが微量生成する．蒸留によりメタノールは精製される．

メタノール製造の新しい方法は少なくとも四つが開発中であるが，いずれも工業化されていない．第一は，均一系触媒を使い，120℃という低い温度で行うというものである．均一系触媒の典型例はルテニウムカルボニルである．低い反応温度では $CO+2H_2 \rightleftarrows CH_3OH$ の平衡反応がメタノール側に偏り，きわめて有利な条件となる．

第二は金属間化合物を触媒にしようとするものである．精力的に触媒探索がなされたが，これまでのところ工業化できるものは見つかっていない．バリウム-銅金属間化合物は 280℃，60 bar でメタノールをつくることができる．また，亜鉛を助触媒とした Raney 銅触媒は，標準的低圧プロセス（ICI 法）で使用されているアルミナ担持 Cu-Zn 触媒よりも活性が高い．

第三は，液相法でアルミナ担持 Cu-Zn 触媒を使用するプロセスである．250℃，50 bar で反応を起こすことができる．炭化水素のような不活性液体中で行う．メタノールが生成したら，蒸発させて精製する．このプロセスは，Eastman Chemical 社と Air Products 社が共同で開発したものである．両社は，石炭由来の合成ガスを出発原料とするメタノール製造実証プラントを運転している．なお，第四のメタンの直接酸化によるメタノールの合成の可能性については §14・1・1 で述べる．

●プラント設計技術の進展●　　新しいプラント設計も面白い．BP/Kvaerner 社は同軸管を基本とする改質装置（コンパクトリフォーマー法）を開発した．この方法は水蒸気改質法と部分酸化法を組合わせた複合改質法の一種で，一つの反応器でこれを行うものである*．同軸管の外管に水蒸気改質用の従来触媒を充填し，そこに天然ガスと水蒸気を通過させて反応させる（水蒸気改質反応）．外管の頂部からの流出物は，酸素含有ガスが供給されるチャンバー（小部屋）に通され（部分酸化反応），それから第二改質触媒の入った内管を通過する（水蒸気改質反応）．チャンバーでの部分酸化反応と内管中の第二の水蒸気改質反応で発生する熱は，外管における第一改質反応を進めるに必要で十分な熱を供給

＊（訳注）　部分酸化法とは，メタンの完全酸化に必要な量より少ない酸素で燃焼を行って生成した二酸化炭素と水を未反応メタンと反応させて合成ガスをつくる方法である．

する.この改質装置は従来のものよりも軽量,コンパクトで,機器製造工場で生産でき,機器製作費と現地工事費の両方を節約できる.この事例は,化学工学的改善が大型プラントの設備費を下げ,限界利益を生みだすために重要であることを例証している.

いくつかのライセンサー(技術許諾会社)が,日産3000〜5000トンオーダーの"メガメタノールプラント"を開発中である.日産5000トン以上のプラントが三つ稼働しており,それぞれ世界需要の5%にあたる.このような巨大プラントは規模拡大(スケールアップ)による費用の低減効果を最大限に発揮する.低価格のストランデッドガス(経済性のない遠隔地天然ガス)を原料にガス田近傍でメタノールを大規模に生産すると,既存市場に輸送費をかけて運搬しても安い価格で供給できる.

●メタノールの生産と用途● 図13・5はメタノールの生産能力の伸びと生産地域の移動を示す.最も大きな地域変化は,北米からアジアへの移動である.また将来は中東で

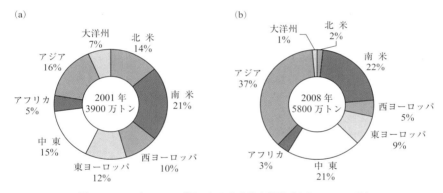

図 13・5 メタノールプラントの生産能力移動 [出典:Nexant 社]

の成長が主になると予想される.ヨーロッパや北米では,プラントの閉鎖が予想される(最近,米国ではシェールガスの発見により,メタノールプラントが復活している).2008年のメタノール生産量の83%は化学品のために使用された(図13・6).残りの17%は燃料,特にバイオディーゼル油(§16・12・3)とメチル t-ブチルエーテル(MTBE,§4・2・1)に使用された.

MTBEの使用量が急減したが,バイオディーゼル油用のメタノールが増加したことにより補われた.メタノールとトリグリセリドをエステル交換反応させ,長鎖脂肪酸メチルエステル(いわゆるバイオディーゼル油)とグリセリン(§3・11・2)が得られる.原油価格が高いため,中国ではメタノールの燃料への添加,メタノールからのジメチルエーテルの生産,あるいはメタノールからのガソリンやオレフィンの合成(§13・5・2dと§13・5・2e)などの新用途が促進されている.

メタノールの38%は,最大の用途であるホルムアルデヒドに転換される.燃料用以外

で次に大きな用途は,酢酸と無水酢酸(§13・5・2b と §13・5・2c)である.それに続いて,メタクリル酸メチル(§3・7・1),テレフタル酸ジメチル(§8・3・1),メチルアミン,溶媒と各種の少量化学品〔ジメチル硫酸,ジメチルカーボネート(§6・1・2b)〕

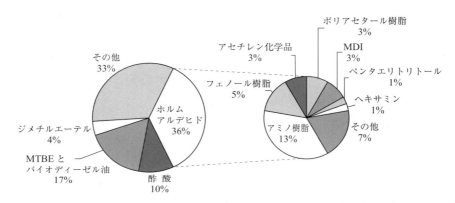

図 13・6 世界のメタノールとホルムアルデヒドの用途別消費量.メタノール消費量 4400 万トン,ホルムアルデヒド消費量 2800 万トン.ホルムアルデヒドの図中の数字(%)はメタノールの用途としての比率を示す.その比率を 2.8 倍すると,ホルムアルデヒドの用途比率(%)になる.MDI: 4,4′-ジフェニルメタンジイソシアネート

がある.これらについては図に示されていない.メタノールは単細胞タンパク質(single cell protein, §17・6)の原料としても使われる.塩素化メタン類(§13・2)は禁止され,またグリコールエーテル類(§2・11・6b や §3・8・2)の合成用途は急激に減少している.

13・5・2a ホルムアルデヒド

ホルムアルデヒドのおもな生産経路は,メタノールの脱水素/酸化法であり,単純な酸化法も一部で行われている.

低級の石油炭化水素の部分酸化によりホルムアルデヒドが少量つくられる.また,その他の提案されている方法として,一酸化炭素の水素添加,ギ酸塩の熱分解,メタンの直接酸化(§14・1・1)がある.

●**脱水素/酸化法**● メタノールの脱水素/酸化法は,ホルムアルデヒドの主要な生産方法である.銀触媒の固定床を使い,ほぼ大気圧で,700℃でメタノールと空気の混合物を反応させる.少し水を加えてメタノールの転化率を上げ,触媒の失活を防ぐ.化学量論量よりも少ない酸素を使用する.反応ガスは水に吸収させる.二つの気相反応が起こっていると考えられる.一つは脱水素であり,もう一つは酸化である(式 13・50).

$$CH_3OH \rightleftharpoons HCHO + H_2 \quad \Delta H = 84 \text{ kJ/mol}$$
$$CH_3OH + \tfrac{1}{2}O_2 \longrightarrow HCHO + H_2O \quad \Delta H = -160 \text{ kJ/mol} \quad (13\cdot50)$$

最初の反応は，すべての脱水素反応と同様に吸熱反応で，第二の反応は発熱反応である．上手に行えば，好ましい熱収支をとることができる．この第二の反応は実際には起こっておらず，発熱はメタノールが酸化されCO_2と水になる反応によるものであるといういくつかの証拠がある．反応成績として，75％という高い転化率と全体のモル収率83～92％が報告されている．副生水素と微量のホルムアルデヒドは燃料として使うことができる．

●**酸化法**● いくつかの製造メーカーは単純な酸化法を採用しており，触媒は酸化鉄(Ⅲ)-酸化モリブデンを1：4の比で使用する．反応は300～400℃で行われ，メタノールの転化率はほぼ100％で，選択率は90％以上である．上記の銀触媒法（脱水素／酸化法）と比較して，低温で腐食の問題が少なく，蒸留なしで高いホルマリン濃度の製品が得られる．欠点は大過剰の空気を使用するので，設備費用やエネルギー費用が高くなることである．その理由は，廃ガス中に微量のホルムアルデヒドが入っており，これが燃えないために特別の精製をしなければならないからである．その結果，現在のところ製造メーカーの多くは銀触媒法を好む．

●**ホルムアルデヒドの商品形態**● ガス状のホルムアルデヒドは水に溶解する．このように調製したホルムアルデヒド水溶液は1～2％のメタノールを含むが，メタノールは安定剤の働きをする．ホルムアルデヒドはいろいろな商品形態で販売されている．最高60％濃度のホルムアルデヒド水溶液が得られる（通常は37％）．高濃度では，ホルムアルデヒドは水和物か，低分子量のオキシメチレングリコール $H{-}(OCH_2)_{\overline{n}}OH$ として存在する．2番目の形態としてはトリオキサンとよばれる環状三量体があり，3番目はホルムアルデヒド水溶液から水を蒸発して得られる"パラホルムアルデヒド"である．このような重合体やオキシメチレングリコールは加熱するか，酸を加えると"ジッパーが開くように"簡単に分解してホルムアルデヒドになる．

●**生産と用途**● 2800万トンのホルムアルデヒドが2008年に世界で生産された．そのうちの13％がフェノール-ホルムアルデヒド樹脂（§6・1・1）に，34％がアミノ樹脂（§13・5・1c）に使用された．アミノ樹脂のなかの主要なものは尿素-ホルムアルデヒド樹脂で，少量のメラミン-ホルムアルデヒド樹脂が含まれる（図13・6）．

ポリアセタール樹脂（§9・2）は，ホルムアルデヒドのポリマーであり，$-OCH_2-$の繰返し単位をもつ．この樹脂は強くて剛性があり，エンジニアリングプラスチックに分類される．ホース，チューブ，コネクターに使われる真鍮(しんちゅう)のような柔らかい金属や，機械のハウジング（筐体(きょうたい)）や多くの構造部品に使用される硬い金属を代替するのに有用である．

ホルムアルデヒドの小さな用途にMDI（§6・3・1）合成用がある．また，ホルムアルデヒドはアセチレンと結合して1,4-ブチンジオールとなり，これを水素添加すると1,4-ブタンジオールが得られる．これを使って，さらに一連の関連製品が得られる（§13・3・1）．ホルムアルデヒドをアンモニアと反応させれば，ヘキサミン（ヘキサメチレンテトラミンまたは"Hexa"）が得られる．ヘキサミンは弾力高性能爆薬（RDX）の合成中

間体である．RDX は第二次世界大戦と朝鮮戦争で，TNT に代わって使用された超大型爆薬である．また，ヘキサミンは，アルカリ条件下でホルムアルデヒドを生成する便利な原料として使われている．たとえば，B ステージあるいは部分的に硬化したフェノール樹脂を最終的に硬化して合板や Formica®（デコラに類した化粧板の表面に用いられる強化樹脂）を製造するときに使用される（§9・4・1）．

ヘキサミン

ホルムアルデヒドはアセトアルデヒドと反応してペンタエリトリトールを生成する（§2・11・3）．関連するトリメチロールプロパンはホルムアルデヒドとブチルアルデヒドの縮合で得られる．同様に，ネオペンチルグリコールはホルムアルデヒドとイソブチルアルデヒドの縮合でつくられる（§3・9・1）．

ニトリロ三酢酸（§13・1）もホルムアルデヒドを必要とする．イソプレンの一つの合成方法にホルマリンとイソブテンの縮合方法がある（§5・2・3）．ホルマリンの二量化によるエチレングリコールの合成法は工業化されていない（§2・7・2）．

13・5・2b 酢　酸

酢酸は数多くの合成法でつくることができる．最も古いものはエタノールの微生物学的酸化（酢酸発酵）による酢の合成か，木材の乾留によるものである．

● **Monsanto 社のメタノールのカルボニル化法とその改良法**●　現在，最も重要な製法は，Monsanto 法（メタノールのカルボニル化法）である（式 13・51）．この方法は，過去に BP 社の所有となり，その後エチレン法酢酸エチル（§2・9）とともに INEOS 社に譲渡された．

$$CH_3OH + CO \longrightarrow CH_3COOH \quad (13\cdot51)$$
酢　酸

反応はヨウ素を助触媒とするロジウム触媒を用い，200℃，1～3 bar で行われる．メタノール基準による酢酸の選択率は 99% 以上である．この高い選択率を超えるのは，化学工業のプロセス中では，イソブチレンと水から t-ブタノールを合成する反応（§4・2・4）とイソブチレンとメタノールからメチル t-ブチルエーテル（MTBE）を生成する反応だけである（§4・2・1）．

Monsanto 法はヨウ化コバルトを触媒に使う古い BASF 法をひき継いだものであった．BASF 法は 250℃，60 bar の条件で，Monsanto 法に比べ選択率ははるかに低い．多くの副生物のために酢酸の精製は複雑であった．

Celanese 社と BP 社は Monsanto 法の技術を改良し，反応器の単位時間当たり生産量を増加させることを可能にした[12]．Celanese 社の Acid Optimization（AO）法と BP 社の

Cativa™法は反応器の能力を2倍または3倍まで増加させることにより，設備費を抑えたいという要求に応えた．Cativa™法ではロジウムの代わりに，イリジウム系触媒を使用した．Celanese社とBP社による酢酸改良法には，共通した技術的キーポイントがある．それは比較的少ない約4～5%の水を使って反応できる点である．これはMonsanto法が，ロジウム触媒を溶液中に存在させておくために，14～15%の水を必要とするのとは対照的であった．Celanese社はロジウム触媒にヨウ化リチウムを加えると，触媒が安定化することを発見した．一方BP社は水の少ない条件でもイリジウム系触媒は高い触媒性能をもつことを見いだして，Cativa™法を開発した．水の少ない条件はエネルギー消費を減らし，原料である一酸化炭素の使用原単位を減らす．さらに反応器の生産性を上げ，単位能力当たりの設備費を小さくできる．

日本の千代田化工は新しい酢酸合成法を開発し，ライセンス（技術供与）しようとしている．この方法はメタノールのカルボニル化法で，ロジウムをポリビニルピリジン樹脂で錯体化した不均一な触媒を使用している[13]．

●**酢酸の工業プロセスの概要**● 米国においては，合成酢酸の約88%はメタノールのカルボニル化法により生産されている．残りはブタンの酸化で，一部少量がポリビニルアルコールやエチレン-ビニルアルコール共重合体合成時の副生物として得られる．西ヨーロッパでは，2000年代前半に約57%がメタノールカルボニル化法でつくられ，28%がアセトアルデヒドの酸化，15%が軽質ナフサの酸化によりつくられた．しかし，現在ではメタノールカルボニル化法が主流になっている（下記参照）．

世界の酢酸の10%程度が，発酵エタノールを酢酸菌により発酵させて製造されている．深部発酵タンク法を使って，連続撹拌槽に空気を吹込んで酸素を供給し，エタノールを酸化的に発酵させて酢酸を合成する．わずか24時間で，酢酸を15%含む酢ができ上がる．多くの国の食品衛生法で食用酢は生物由来でないといけないと明記されているので，この方法は生き残っている．

1973年には主流であったエチレンからつくったアセトアルデヒドを酸化して酢酸をつくる方法は，メタノールカルボニル化法の出現により現在では実際上廃れてしまった（§2・5）．この方法は5～15%のアセトアルデヒドの酢酸溶液に，触媒のコバルトまたはマンガンの酢酸塩を溶解して，50～70℃で反応させる．

1997年に昭和電工は大分にエチレンを酸化して直接酢酸をつくるプラントを建設した（§2・5）．使用触媒はタングストケイ酸のようなヘテロポリ酸に担持されたパラジウム金属である（§2・5）．この方法は，アセトアルデヒド合成のためのWacker法に付随する厄介な化学を避けている．使用するエチレンの価格にもよるが，この方法は10万～25万トン/年規模では競争力があると考えられる．

2001年SABIC社はエタンの選択的酸化による3万トン/年の酢酸プラントの建設を発表した[14]．もし，成功すれば，アルカン活性化技術の工業化例としては第二番目になる．第一番目はブタンの酸化によるマレイン酸の合成である．

1973年に2番目に重要であった方法も廃れてしまった．この方法は炭化水素の液相酸化法である．炭化水素としては米国では粗ブタン留分，ヨーロッパ，特に英国では軽質ナフサが使われた．この方法は，大量の水を必要とし，生成物は希薄な酢酸溶液になる．この濃度では，エネルギー多消費となる．ブタンの酸化は酢酸コバルト触媒を用い，175℃，54 bar で行われる．多くの副生物が生成し，そのうちメチルエチルケトンが多い．1982年に米国の酢酸製造の31%はこの方法であった．ナフサの酸化は70～90℃，40 bar で行われる．予想されるようにブタンの場合より多くの副生物が得られる．重要な副生物としては，プロピオン酸，ギ酸，アセトンがある．コハク酸もかなりの量が生成するが，かつては市場がなく，重質留分とともに燃焼した．これら炭化水素酸化法は最も安い原料を利用するが，酢酸の分離が複雑で原価が高くなる．それでも副生物がそれ自身で価値があり，この製法の経済性に貢献した．英国のハルにある INEOS 社のプラントは2005年末まで閉鎖されなかった[15]．

●**酢酸の需要と用途**● 2008年に米国で約250万トンの酢酸が消費された．そのうちの51%以上が酢酸ビニル（§2・6）の合成に使用された．最終用途別の消費量を図13・7に示す．

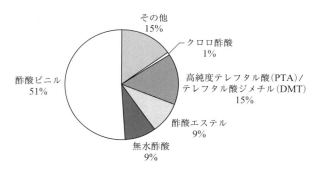

図 13・7 米国の合成酢酸の需要（2008年）．消費量は約250万トン

酢酸の9%が酢酸エステル類に使用される．工業化されている種々雑多な酢酸エステル類には，酢酸セルロース（§17・4）と酢酸ブチル，エチル，n-プロピル，イソプロピルなどがある．しかし，最も多いエステルはグリコールエーテル類の酢酸エステル（§2・11・6b）である．

酢酸の約15%は Amoco 法テレフタル酸合成プロセス（§8・3・1）の溶媒として使用される．反応で酢酸溶媒はかなりの割合で酸化されるため，連続的に置き換える必要がある．また酢酸の約9%は無水酢酸に転化される．

クロロ酢酸は，氷酢酸を赤リンの存在下で直接塩素化してつくる（式13・52）．

$$2\,CH_3COOH + Cl_2 \xrightarrow{P} 2\,CH_2ClCOOH \tag{13・52}$$

13・5 合成ガスからの化学品

クロロ酢酸生産量の3分の1はチオグリコール酸に転化される．この化合物はPVC（塩化ビニル樹脂）用のスズ系安定剤の原料である（式13・53）．

$$CH_2ClCOOH + NaSH \longrightarrow HSCH_2COOH + NaCl \qquad (13・53)$$

また，クロロ酢酸の5分の1はカルボキシメチルセルロース（§17・4）に転化される．残りの用途には，グリシンや一般的な除草剤である2,4-ジクロロフェノキシ酢酸への転化などがある[16]．

酢酸は，染色のような繊維処理や，写真用化学品，ゴム薬品，製薬，除草剤などの合成に使われる．また穀物の燻蒸剤としても使用される．

13・5・2c 無水酢酸

●製 法● 無水酢酸は三つの製法で合成される．一つ目の方法は酢酸（アセトンも使えるが経済的でない）を熱分解してケテンをつくり，ついで酢酸と反応させる．熱分解は700～800℃でリン酸トリエチルの存在下，0.2～0.5秒という短い滞留時間で行う．モル収率は85～89%である（式13・54）．

$$CH_3COOH \xrightarrow{加熱} CH_2=C=O + H_2O$$
酢 酸　　　　　　　ケテン
$$\xrightarrow{CH_3COOH} (CH_3CO)_2O \qquad (13・54)$$
無水酢酸

二つ目の方法は，アセトアルデヒドを酸化してその場で過酢酸をつくり，これと別のアセトアルデヒドを反応させて無水酢酸にするというものである．酢酸エチルを溶媒として使用し，触媒にコバルトと銅の酢酸塩混合物を使用する．無水酢酸のモル収率は約75%である．この方法はおそらく使用されていないであろう（式13・55）．

$$CH_3CHO + O_2 \longrightarrow CH_3\overset{O}{\overset{\|}{C}}OOH$$
アセトアルデヒド　　　過酢酸
$$\xrightarrow{CH_3CHO} (CH_3CO)_2O + H_2O \qquad (13・55)$$

三つ目の方法は，Eastman Chemical社とHalcon社が共同で開発した酢酸メチルのカルボニル化反応という新規な製法である．反応には触媒として塩化ロジウムとヘキサカルボニルクロム$Cr(CO)_6$を使い，酢酸溶媒中で行う．特許[17]記載の一つの反応例では，β-ピコリン（3-メチルピリジン）を触媒の修飾剤に，ヨウ化メチルを助触媒に使用している．水素/一酸化炭素の比が重要であり，水素含量が上がると対応してエチリデンジアセテートの生成量が増える．エチリデンジアセテートは酢酸ビニルの提案されている方法

（§13・5・2g）の原料になる化合物であるが，無水酢酸の選択率を上げようとするときには望ましくない．この反応は新規であり，想定される反応機構は興味深い．触媒としてロジウム系のみが提示されている．式 13・56 のように，反応の第一段階でヨウ化アセチルが生成する．ヨウ化アセチルと酢酸メチルとの反応により無水酢酸が生成する．

$$CH_3I + Rh\text{—} \longrightarrow CH_3\text{—}Rh\text{—} \xrightarrow{CO} CH_3\text{—}Rh\text{—} \longrightarrow$$

$$CH_3\overset{O}{\overset{\|}{C}}\text{—}Rh\text{—} \rightleftharpoons CH_3\overset{O}{\overset{\|}{C}}I + Rh\text{—}$$

$$CH_3\overset{O}{\overset{\|}{C}}I + CH_3COOCH_3 \longrightarrow CH_3I + (CH_3CO)_2O \quad (13\cdot56)$$
無水酢酸

この Eastman-Halcon 法は，創造的な化学を含んでいる点でも，また石炭からの合成ガス（§15・5）を利用している点からも注目される．米国テネシー州の Eastman 社プラントは石炭鉱山に近接した場所に位置しており，高い輸送費用を削減できる．Eastman 社が改良した Texaco ガス化装置は高い温度で運転され，非常にわずかなメタンしか含まない合成ガスが得られる（反応操作をする場合にメタンは望ましくない）．

一酸化炭素と水素の反応からメタノールをつくっているので，生成する無水酢酸は完全に合成ガス由来ということができる．無水酢酸はついでエステル化に使われ，酢酸が回収される（下記式参照）．回収された酢酸は再利用され，再びエステル化して酢酸メチルとし，さらに酢酸メチルをカルボニル化して無水酢酸となる．

Eastman 社は無水酢酸をセルロースのエステル化剤に使用し，酢酸セルロース（§17・4）を生産している．この段階で酢酸が 1 mol 生成するので，酢酸の補充はいらない．複雑な酢酸プラントは不要となる（式 13・57）．

$$石炭 + O_2 + H_2O \longrightarrow CO + H_2$$
$$CO + 2H_2 \longrightarrow CH_3OH$$
$$CH_3COOH + CH_3OH \longrightarrow CH_3COOCH_3 + H_2O$$
$$CH_3COOCH_3 + CO \longrightarrow (CH_3CO)_2O$$
無水酢酸
$$(CH_3CO)_2O + HO\text{—}セルロース \longrightarrow CH_3COO\text{—}セルロース + CH_3COOH$$
酢酸セルロース
$$(13\cdot57)$$

これは，石炭化学が石油化学を置き換えた唯一の現代的プロセスである．石油や天然ガ

スの供給が枯渇しても、世界の必要なすべての化学品を石炭からつくることができるという考え方を確信させるものである．Eastman 社の無水酢酸の総原価は、従来法に比べ30％安い．しかしながら、石炭原料プロセスはガス化装置が高いため、設備費が従来のケテンプロセスの概略3倍高くなる．したがって、石炭を使用することは高い設備投資と低い原料費の相反する関係になる．また、石炭原料の化学品は、石炭の高い輸送費用がかかる場合はその分高くなる．

●用　途● 　無水酢酸の主用途は、酢酸セルロース合成原料である．他の用途は小さいが、アセチルサリチル酸（アスピリン）のような各種エステルやアセトアミドの合成がある．N-アセチル-p-アミノフェノール（アセトアミノフェノンまたはパラセタモール）はアセトアミドの代表例である．

●ケテン、ジケテン● 　無水酢酸の一つの製造法の中間体であるケテンは強力な催涙ガスで、息を詰まらせるような臭いがある．常に合成時にその場で使用される．ケテンは無水酢酸製造中間体としての役割以外に、リン酸トリメチル触媒上で二量化してジケテンになる．逆反応を防止するためにアンモニアが添加される（式13・58）．

$$CH_2=C=O \rightleftharpoons \underset{\text{ジケテン}}{\begin{array}{c}CH_2=C-O\\|\quad\quad\;|\\H_2C-C=O\end{array}} \quad (13\cdot58)$$

ジケテンはメタノールやエタノールと反応し、それぞれアセト酢酸メチルとアセト酢酸エチルを与える（式13・59）．

$$\begin{array}{c}CH_2=C-O\\|\quad\quad\;|\\H_2C-C=O\end{array} + CH_3OH \longrightarrow \underset{\text{アセト酢酸メチル}}{CH_3COCH_2C\begin{array}{c}\diagup O\\\diagdown OCH_3\end{array}} \quad (13\cdot59)$$

また、芳香族アミンと反応して、アセト酢酸アリールアミドを生成する．アニリンと反応した場合は、アセト酢酸アニリドが生成する．この化合物やその同族体はアゾ染料の合成（カップリング剤）に使用される（式13・60）．

$$\underset{\text{アニリン}}{C_6H_5NH_2} + \begin{array}{c}H_2C=C-O\\|\quad\quad\;|\\H_2C-C=O\end{array} \longrightarrow \underset{\text{アセト酢酸アニリド}}{C_6H_5NHCOCH_2COCH_3} \quad (13\cdot60)$$

13・5・2d　メタノールからのガソリン（MTG法）

上述の無水酢酸用途に加えて、メタノールにはこれから述べるメタノールをガソリンやオレフィンに転化する用途や単細胞タンパク質（single cell protein）合成（§17・6）のための基質などの用途がある．

メタノールをガソリンに転換する方法は Mobil MTG (methanol-to-gasoline) 法として知られており，1985～1995 年にニュージーランドで操業された[18),19)]．単純ではあるが，設備費の高い方法である．Fischer-Tropsch 法と同じように，本方法はまず合成ガスの製造から始まる．ついで ICI 社の低圧法でメタノールが合成される（§13・5・2）．そして，メタノールを 380℃ 程度の温度で固定触媒床により反応させる．触媒は，ゼオライトの一種である酸型の ZSM-5（HZSM-5 として知られている．§18・9 参照）を使用する．反応で炭素と酸素の解離が起こり，炭素（実際は，:CH$_2$）はオリゴマー化して炭化水素を生成し，酸素は水になる．この反応は多くの酸触媒で起こるが，急速に炭素質の固体が触媒に付着し触媒活性の低下が起こってしまう．一方，ZSM-5 は幾何学的形状選択性から，炭化物の前駆体である芳香環がつながった化合物を生成しない．そのために触媒活性が維持される．

非常に大きな発熱反応の酸化生成物は水と二酸化炭素だけである．発熱を制御するために，反応は2段階で行う．最初の段階では，CuO/γ-Al$_2$O$_3$ のような脱水触媒を用いてメタノールの脱水を進めジメチルエーテルに転換する（式 13・61）．

$$2\,CH_3OH \longrightarrow CH_3OCH_3 + H_2O \qquad (13 \cdot 61)$$
ジメチルエーテル

これによってできたメタノール，水，ジメチルエーテルの平衡混合物を第二反応器に供給する．ジメチルエーテルは水を失い，水はゼオライト構造から容易に拡散して出ていき，CH$_2$ ラジカルがゼオライト中に残る．CH$_2$ ラジカルはゼオライトの空孔構造の中で重合し，空孔構造の幾何学的サイズ上限内である C$_{10}$ までの脂肪族および芳香族炭化水素が生成する．脂肪族炭化水素とメチル化された芳香族化合物の混合物は高いオクタン価をもっている．二つの異なる反応温度での生成物の代表的組成を表 13・3 に示す．このうち C$_{10}$ の主成分はデュレン（2,3,5,6-テトラメチルベンゼン）であるが，これは固体であり除去しなければならない．この MTG 法は触媒を変えてベンゼン生成比率を大幅に増

表 13・3　メタノールから合成したガソリンの組成（mol%）

	反応温度 370℃	反応温度 538℃
C$_1$～C$_4$ 脂肪族	28.84	60.50
C$_5$ 以上の脂肪族	33.83	3.50
ベンゼン	0.96	
トルエン	4.69	
キシレン	12.33	35.90
C$_9$ 芳香族	12.25	
C$_{10}$ 芳香族	7.10	
C$_{11}$ 以上の芳香族	—	0.10
（芳香族合計）	(37.33)	(36.00)

やすようにしない限り，芳香族化合物の工業的生産法としては適当ではないであろう．

2006 年に Uhde 社は中国の Shanxi Jincheng Anthracite Coal Mining 社と MTG プラントの設計，建設に関する契約を締結した．このプラントは ExxonMobil 社からライセンスを受けた固有のゼオライト触媒を基礎にしている．この MTG プラントはパイロット規模で，石炭コンビナートの一部である．コンビナートには流動床の無煙炭ガス化プラントやメタノールプラントもある．2009 年に操業を開始し，生産能力は 10 万トン/年であった．

13・5・2e メタノールからのオレフィン（MTO 法）

Mobil 社は MTG 触媒を改質すれば，メタノールから軽質オレフィンをつくることができることを見いだしていた．しかし，この触媒はガソリン製造用に設計されたものなので，オレフィン用には理想的なものではなかった．ZSM-5 は比較的大きな孔径をもっているので，エチレンやプロピレンへの選択性は比較的低い．1990 年代中頃，UOP 社と Norsk Hydro 社はもっぱら軽質オレフィン（エチレンとプロピレン）をつくるプロセスと触媒を開発した（表 13・4）．彼らの MTO (methanol-to-olefins) 法は，SAPO-34 とよばれるシリカアルミノホスフェートモレキュラーシーブ触媒を使用する[20]．触媒中の P^{5+} のいくつかを Si^{4+} と H^+ に置換した酸性触媒である．ゼオライトの一種であるチャバザイトのフレームワークをもつ三次元の 8 員環構造である．入口の孔径は直径 0.38 nm であり，これは ZSM-5 より狭く，3, 4 原子の大きさである．触媒中のケージの大きさ（内部孔径）は 0.65 nm である．

酸点の分布は ZSM-5 の場合よりよく調整されており，エチレンとプロピレンの選択率が高い．しかしながら，ZSM-5 に比べ SAPO-34 は物理的に堅牢でなく，特殊なバイン

表 13・4 水蒸気分解法と MTO 法および MTP 法による軽質オレフィンの製造比較

	水蒸気分解法	水蒸気分解法	MTO 法	MTP 法
触媒	なし	なし	SAPO-34	ゼオライト
温度 (℃)	850〜860	880〜900	350〜500	420〜490
原料	LVN	エタン	メタノール	メタノール
	物質収支：トン(生成物)/(エチレンとプロピレンの合計 1 トン)			
エチレン+プロピレン	1	1	1	1
原料	1.9	1.2	3.0	3.1
軽質生成物（メタン，エタン，プロパンなど）	0.39	0.20	0.07	0.02
C_4 以上	0.51	0	0.23	0.37
水	0	0	1.7	1.75

† MTO: methanol-to-olefins．MTP: methanol-to-propylene，LVN: 軽質直留ナフサ，SAPO: シリカアルミノホスフェート．エタン水蒸気分解を除いてすべての場合，エチレン/プロピレン比は反応温度や滞留時間によって若干変化する．

ダーで結合して，流動床の厳しい条件に耐えられるようにしなければならない．SAPO-34のエチレンとプロピレンの合計選択率は，全炭化水素基準で約78%である．反応器のシビアリティー（実際には温度）を変えることにより，市場の需要に合わせてエチレンとプロピレンの相対比を変えることはある程度可能である[21]．

377℃での選択率は，$C_2 \sim C_4$ オレフィンが96%，メタン1.4%，エタン0.3%，プロパン0.9%といわれる．反応はジメチルエーテルと CH_2 ラジカルを経由して進むが，全体の反応は下記のように書くことができる（式13・62）．

$$2\ CH_3OH \longrightarrow CH_2=CH_2 + 2\ H_2O$$
$$3\ CH_3OH \longrightarrow CH_2=CH-CH_3 + 3\ H_2O \qquad (13・62)$$

MTO技術の本質的な問題は，メタノールが CH_2 ラジカルに転換するときに副生物として水が発生することである．実際，反応器出口の生成物の56%は水であり，44%が炭化水素である．プラントは大量の水蒸気の流れに対応するに十分な大きさでなければならず，設備費が大きくなる．通常のナフサクラッキングでは全生成物の約50%がエチレンとプロピレンであるのに対して，MTOでは生成物の34%しか得られない．触媒のコーキングを防ぐためには反応は流動床にしなければならず，また触媒再生のための第二反応器を本体反応器につけなければならない．この構成は接触分解プラント（§1・6）と同じである．

MTO法の変形として，Lurgi社が開発したMTP (methanol-to-propylene) 法がある．MTP法ではプロピレン選択率を上げるために，特別に調製されたゼオライト触媒が使用される．選択率は炭素基準で，プロピレン47%，エチレンはわずか4.6%，ブテン21%，重質オレフィン15%，パラフィン8%，ナフタレン1.7%，芳香族2.8%である．

非常に安い天然ガスが確保されているときにのみMTO法は経済的に成り立つ．Total社はUOP社のMTO技術を使って，ベルギーのフェリュイにパイロットプラントを建設した．2010年7月にスタートしたが，順調に稼働しているといわれる．China Shenhua Coal to Liquids and Chemicals 社は2010年9月にLurgi技術（MTP法）を使って最初の工業プラントを稼働した．メタノールから60万トン/年のオレフィンをつくることを計画している．

● **MTOの反応機構** ● 　炭素原子が一つしかない原料（メタノール）から，エチレンやプロピレンを直接合成できたことは画期的であり，現代触媒の力を示す驚くべき例ということができる．したがって，その反応機構を議論する価値が十分にある．しかし，反応機構について論争が続いている．

非常に純粋なメタノールを使用するとこの反応は起こらず，どんな場合にも実際のところ達成できないのである．この反応には"有機反応中心"（この場合は，図13・8にあるアルキル基置換の6員環化合物）が必要であると推定されている．そして，"有機反応中心"が原料中の不純物からできるのか，触媒中にすでに入っていたことが想定される．本

反応では"有機反応中心"と触媒の活性点が一緒になって初めて反応を触媒的に進める.触媒点だけが活性点である通常の触媒とは対照的である."有機反応中心"のような大きな分子は狭い孔を通って触媒内部に入ることはできないので,たとえば微量のアセトンやエタノールからおそらく生成しているのではないかと考えられる.アセトンやエタノールは酸化されて酢酸となり,ついでイソブテンを生成する.イソブテンは大きすぎて空孔から出ることができない.イソブテンや転位した2-ブテンは,三量化してヘプタメチルシクロペンテニルまたは,ヘプタメチルベンゼニウムカチオン(**1**)を生成する(図13・8).

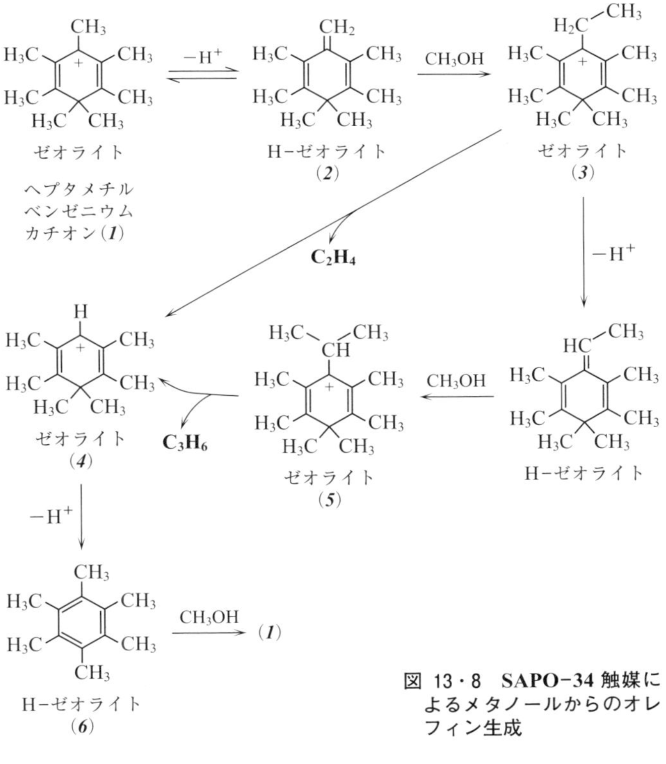

図 13・8 SAPO-34 触媒によるメタノールからのオレフィン生成

この反応には誘導期間("有機反応中心"ができるまでの時間と考えられる)があり,その後は触媒的かつ自動的に進む.たとえば,最初に微量のプロピレンができると,これらは自己結合して C_{12} の環状化合物になる.

ヘプタメチルベンゼニウムカチオン(**1**)はプロトンを失い(**2**)になる.環外二重結合はメタノールと反応して,ベンゼン環にエチル基がついた(**3**)になる.このエチル基が失われヘキサメチルベンゼニウムイオン(**4**)とエチレンになる.ここでエチレンが生

成する．別経路として，(3) がさらにプロトンを失い，別のメタノール分子と反応すると環にイソプロピル基がついた (5) になる．このイソプロピル基は分解し，(4) ができ，プロピレンが放出される．ここでプロピレンが生成する．(4) はプロトンが抜けてヘキサメチルベンゼン (6) になる．この反応サイクルの必須の中間体はベンゼン環についた gem-メチル基（同一炭素に二つのメチル基）である．ベンゼン環にメチル分岐が入れば入るほど，アルケン脱離がエネルギー的に有利になる．

反応後の触媒を分解して，空孔に入っている物質を実験室で解析したところ，ヘキサメチルベンゼンが最も多く残っていることがわかった．テトラおよびペンタメチルベンゼンもヘキサメチルナフタレンとともに生成していた．また長時間反応では，コーキングの前駆体であるポリメチルフェナントレンができていた．

典型的な反応温度（〜377℃）では，熱力学的にはプロピレン/エチレンの比は5〜10の間となると予想されたが，実験的にはその比は0.5〜1の間であった．

13・5・2f メタノールの少量用途や提案されている用途

メタノールの少量用途には，メチルアミン，グリコールエーテル（§2・11・6b），ジメチル硫酸，ジメチルカーボネート，メチル化フェノールなどがある．

●**メチルアミン類**●　　メチルアミン，ジメチルアミン，トリメチルアミンはメタノールの気相アミノ化反応により合成される．反応条件は，450℃でアルミナゲル触媒を使い気相反応で行われる．アンモニア基準の転化率はメチルアミン13.5%，ジメチルアミン7.5%，トリメチルアミン10.5%である．三つの化合物の分離は手間がかかる．トリメチルアミンはアンモニアとの共沸物として混合物から分離することができる．メチルアミンとジメチルアミンは分留で分離できる．別の分離方法としては，最も塩基性の強いジメチルアミンを塩酸塩の形で除く方法がある．また，抽出蒸留で分離することも可能である．

●**ジメチルアミン誘導品**●　　ジメチルアミンが一番多く生産され，2005年には約27万トンがつくられたが，上記のアミノ化反応での生成量は一番少ない．このため，メチルアミンとトリメチルアミンを単離せずに反応に再利用する．ジメチルアミンの最大の用途は，カルボニル化によるジメチルホルムアミド（DMF）の合成と，酢酸，無水酢酸または塩化アセチルとの反応によるジメチルアセトアミド（DMAc）の合成である（式 13・

$$\underset{H_3C}{\overset{H_3C}{>}}NH \quad \begin{array}{c} \xrightarrow{CO} \\ \\ \xrightarrow{CH_3COOH} \end{array} \quad \begin{array}{c} HCON\overset{CH_3}{\underset{CH_3}{<}} \\ \text{ジメチルホルムアミド} \\ \\ CH_3CON\overset{CH_3}{\underset{CH_3}{<}} + H_2O \\ \text{ジメチルアセトアミド} \end{array} \quad (13\cdot63)$$

63）．この二つのアミド化合物はともにアクリル繊維の紡糸溶媒であり，また合成反応や抽出蒸留に使われる非プロトン性溶媒である．

他の用途として，洗剤添加剤（訳注：両性界面活性剤）に使われるドデシルジメチルアミンオキシドがある．下記の反応式で合成される．また，ゴム薬品のチウラム系加硫促進剤や重要な除草剤である 2,4-ジクロロフェノキシ酢酸（2,4-D）のジメチルアミン塩（§2・11・6d）などの用途がある（式 13・64）．

$$C_{11}H_{23}COOCH_3 + (CH_3)_2NH \longrightarrow C_{11}H_{23}CON(CH_3)_2 + CH_3OH$$

ラウリン酸メチル　　　　　　　　　　　N,N-ジメチルラウリン酸アミド

$\downarrow$ H$_2$/触媒，$-$H$_2$O

$$C_{11}H_{23}CH_2N(CH_3)_2 \xrightarrow[-H_2O]{H_2O_2} C_{12}H_{25}N(CH_3)_2{\to}O \quad (13\cdot64)$$

ドデシルジメチルアミン　　　　　　ドデシルジメチルアミンオキシド

●メチルアミン誘導品，トリメチルアミン誘導品●　　メチルアミンとトリメチルアミンはほぼ同じ消費量で，約 2 万トン/年である．メチルアミンの主用途は，殺虫剤カルバリル（carbaryl）である．メチルアミンとホスゲンを反応させると，中間体としてメチルイソシアネートが生成する．非常に爆発性の化合物であり，インドのボパールの大惨事をひき起こした．つぎに，メチルイソシアネートを α-ナフトールと反応させるとカルバリルが生成する（式 13・65）．イスラエルの会社はメチルイソシアネートを避けて，これを使用しない代替法を使っている（§19・3）．

$$CH_3NH_2 + COCl_2 \longrightarrow CH_3NCO + 2\,HCl$$

メチルイソシアネート

$$\alpha\text{-ナフトール} + CH_3NCO \longrightarrow \text{カルバリル} \quad (13\cdot65)$$

トリメチルアミンの主用途は塩化コリンで，重要な動物用飼料添加剤である．エチレンオキシドとの反応によってつくられる（式 13・66）．

$$(CH_3)_3N + H_2C\text{—}CH_2\underset{O}{} \xrightarrow[\text{(ii) HCl}]{\text{(i) 100℃}} [(CH_3)_3NCH_2CH_2OH]^+Cl^- \quad (13\cdot66)$$

トリメチルアミン　　エチレンオキシド　　　　　　塩化コリンまたは"コリン"

●ジメチルスルホキシド●　　ジメチルスルホキシド（DMSO）は重要な非プロトン性溶媒で、ジメチルスルフィドの酸化によって製造される。ジメチルスルフィドはクラフトパルプ製造工程の副生物として得られる、またはメタノールと硫化水素との反応でメタンチオールとともに得られる。後者の反応は脱水触媒を使用して、気相300℃以上で行われる。ジメチルスルホキシドへの酸化は、二酸化窒素を用いる。それよりよい方法は二酸化窒素を少量含有する酸素で酸化する。二酸化窒素を用いる場合の反応は40～50℃で行い、生成物を蒸留して精製する（式13・67）。

$$3 CH_3OH + 2 H_2S \xrightarrow{触媒} (CH_3)_2S + CH_3SH + 3 H_2O$$
ジメチルスルフィド　　メタンチオール

$$(CH_3)_2S + NO_2 \longrightarrow (CH_3)_2SO + NO$$
DMSO

$$2 NO + O_2 \rightleftharpoons 2 NO_2 \quad (13\cdot67)$$

●ジメチルカーボネート●　　ジメチルカーボネートは一酸化炭素（CO）と酸素を使ったメタノールの酸化的カルボニル化反応によってつくられる。液相で銅系触媒を用いると三つの原料が結合して、ジメチルカーボネートとなる（式13・68）。連続反応で約25 barの加圧で行い、また純粋なCOよりも合成ガスが使用される。反応で合成ガス中のCOのみが消費される。

$$2 CH_3OH + \tfrac{1}{2} O_2 + CO \xrightarrow{触媒} \begin{matrix} CH_3O \\ CH_3O \end{matrix}\!\!>\!\!C=O + H_2O \quad (13\cdot68)$$
ジメチルカーボネート

転化率30～35％時点のジメチルカーボネートの選択率はメタノール基準で100％、CO基準で90～95％である。新しいプロセスでは、固体の銅メトキシド触媒とピリジンのような配位能のある窒素含有共触媒が使用される（§6・1・2b）。他のジメチルカーボネートの合成法については§6・1・2bに示す。

ジメチルカーボネートは現在注目されている。一つは腐食性のジメチル硫酸に代わるアルキル化剤として使用できること（§19・4）、またイソシアネートやカルバメートの合成においてホスゲンを代替することができるからである。ホスゲンに代わってジメチルカーボネートを使い、ジフェニルカーボネート経由でポリカーボネート樹脂を合成する方法がGeneral Electric社の特許に記載されている（§6・1・2b）。General Electric社はこのようなプラントを日本とスペインに建設した[*]。一方、ジメチルカーボネートはリチウムイオン二次電池の電解液としての用途が重要であり、消費量が増加している。また、ジメチルカーボネートはガソリンのオクタン価向上剤として提案されてきた[22]。

───────────

[*]（訳注）　日本のプラントは閉鎖された。

●メチル化フェノール類● メタノールはアルキル化剤である．フェノールとメタノールをアルミナ触媒上で 300 ℃，50 bar で注意深く温度を制御すると，o-クレゾールと 2,6-キシレノールが得られる．選択率は高く，微量のエーテル類やメタまたはパラのアルキル化生成物が得られるだけである．o-クレゾールと 2,6-キシレノールの比率は温度と圧力を制御することにより変えることができるが，2,4-キシレノールのような副生物が増えてしまうことがある．歴史的に最初の o-クレゾールの供給源は，石炭のタール蒸留物（15 章）であったが，十分ではなかった．2,6-キシレノールはエンジニアリングプラスチックのポリフェニレンオキシド（PPO，またはポリフェニレンエーテル PPE）のモノマーである（式 13·69）．

$$\underset{\text{フェノール}}{\text{OH}} \xrightarrow[-H_2O]{CH_3OH/触媒} \underset{o\text{-クレゾール}}{\text{OH}\ CH_3} \xrightarrow[-H_2O]{CH_3OH/触媒} \underset{2,6\text{-キシレノール}}{H_3C\ \text{OH}\ CH_3} \qquad (13·69)$$

13·5·2g C_1 化学の開発

すでに述べたように，オレフィンや芳香族化合物については優れた化学技術が構築されており，C_2 以上の有機化合物の合成や利用は容易である．これら C_2 以上の化合物と C_1 化合物との間には大きな壁があり，これを越えるべく 1970 年以来いわゆる C_1 化学（C_1 chemistry）とよばれる研究が精力的に行われた．

そして C_1 化学から，議論に値する数多くのプロセスが生みだされてきた．メタノールとホルムアルデヒドとの連鎖反応によるエチレングリコールの合成方法については §2·7·2 に述べた．メタノールのカルボニル化による酢酸の合成については §13·5·2b で，Eastman-Halcon 法によるメタノール原料からの無水酢酸の合成については §13·5·2c で述べた．メタノールの分解によるオレフィンの合成については §13·5·2e で述べた．メタノールを原料とする他の反応としては，芳香族化合物への転換，酢酸メチル経由の酢酸ビニルの合成，ホモログ化によるエタノールや高級アルコールの合成などがある．

●芳香族● メタノールをゼオライト触媒上で分解する場合，ある触媒ではオレフィンになり，他の触媒では芳香族化合物になる．後者の一例はすでに述べた MTG プロセスである（§13·5·2d）．高度にメチル化した芳香族化合物はガソリン用として有用であるが，また水素化脱アルキル化させて有機化学工業が必要とするベンゼンに転換することもできる．さらなる触媒開発が求められる．

●酢酸ビニル● 酢酸ビニル（§2·6）は，Halcon 社が開発した次の方法により酢酸メチルからつくることができる．この方法は，Eastman-Halcon 社の無水酢酸プロセス（§13·5·2c）を想起させるものである．酢酸メチルと一酸化炭素と水素を反応させるとエチリデンジアセテートが生成し，これを熱分解すると酢酸ビニルと酢酸になる（式 13·70）．

$$CH_3OH + CH_3\overset{O}{\underset{\|}{C}}-OH \longrightarrow CH_3\overset{O}{\underset{\|}{C}}-OCH_3 + H_2O$$
メタノール　　　酢　酸　　　　　　　酢酸メチル

$$2\,CH_3\overset{O}{\underset{\|}{C}}-OCH_3 + 2\,CO + H_2 \longrightarrow CH_3CH(O-\overset{O}{\underset{\|}{C}}CH_3)_2 + CH_3\overset{O}{\underset{\|}{C}}-OH$$
酢酸メチル　　　　　　　　　　　　エチリデンジアセテート　　　酢　酸

$$CH_3CH(O-\overset{O}{\underset{\|}{C}}-CH_3)_2 \longrightarrow H_2C=\overset{H}{\underset{|}{C}}-O-\overset{O}{\underset{\|}{C}}-CH_3 + CH_3\overset{O}{\underset{\|}{C}}-OH \quad (13\cdot70)$$
エチリデンジアセテート　　　　　　　酢酸ビニル　　　　　酢　酸

酢酸は再利用されるので，全体の反応は式 (13・71) のようになる．

$$2\,CH_3OH + 2\,CO + H_2 \longrightarrow H_2C=\overset{H}{\underset{|}{C}}-O-\overset{O}{\underset{\|}{C}}-CH_3 + 2\,H_2O \quad (13\cdot71)$$

水素存在下のカルボニル化反応は，β-ピコリンで修飾した塩化ロジウム触媒とヨウ化メチル助触媒を用いて行われる．無水酢酸とアセトアルデヒドが副生物として生成する．Halcon 法の設備投資は既存法に比べかなり大きいけれども，全体の経済性はまずまずである．

●エタノール，その他アルコール●　　メタノールのホモログ化（同族体化）によるエタノール合成法はこれまで工業化されていないが，2010 年にエタノールの価格がメタノールの 4 倍になったときに関心を集めた．また，同様に高級アルコールの合成も可能であり，これは無鉛ガソリンのオクタン価向上のための酸素含有添加物としておそらく有用だろう．

メタノールからエタノールへのホモログ化反応はオクタカルボニル二コバルト触媒を用いると進む（式 13・72）．

$$CH_3OH + 2\,H_2 + CO \longrightarrow CH_3CH_2OH + H_2O \quad (13\cdot72)$$

365 ℃，200 bar で反応させたときの 76% 転化率におけるエタノールへの選択率は 40% である．他の多様な触媒が試験され，そのなかにはホスフィン配位子がついたコバルト触媒が含まれる．製法の変形としては，メタノールと合成ガスを反応させてアセトアルデヒドをつくり，それから水素化してエタノールをつくるという経路もある．中間体を分離して反応を 2 段階で行うと高い選択率が得られるという特長がある．この合成法によるアルデヒドの合成にはコバルト，ニッケル，パラジウム，ルテニウムそしてタングステンを基本とする多くの触媒が提案されている．そしてほとんどの場合，配位子が必要である．

これらのプロセスの経済性は魅力的である．一方，エタノールより高級なアルコールの

メタノールのホモログ化による合成や，合成ガスからの高級アルコールの直接合成は経済性に魅力がない．しかしながら，合成ガスから特定のアルコールについては高い選択率で得ることができる．COと水素を結合させて44%の高い選択率でイソブタノールが得られることで例証された．イソブタノールは脱水するとイソブテンとなり，これはメチル t-ブチルエーテル（MTBE）に転化できるのでかつては興味をもたれた．実際には，この方法は実現しなかった．というのは，n-ブタン→イソブタン→イソブテン経路の方が経済性に優れること（§4・2・1），またMTBEはもはや必要とされないからである．

メタノール原料のエチレングリコール合成法がいくつかある．1968年までDuPont社は工業的にエチレングリコールをメタノールとホルムアルデヒドと一酸化炭素から合成していた（詳細は§2・7・2参照）．

13・6 一酸化炭素の化学

現在，工業的に製造されている C_1 化合物の多くは天然ガスからのメタン（§13・1～13・5）を原料としている．メタン以外の C_1 化合物には，メタノール，一酸化炭素，ホルムアルデヒドがある．これらの化合物を原料とする興味ある化学が存在し，またこれらの化合物は必要ならば石炭から得ることができる．

一酸化炭素は基本的な C_1 化合物である．C_1 化学の最大の用途はメタノールの合成である（§13・5・2）．C_1 化学が古典的化学を置き換えた顕著な例はMonsanto社の酢酸合成法（§13・5・2b）であり，Eastman社の無水酢酸プロセス（§13・5・2c）である．COを利用したヒドロホルミル化反応についてはプロピレンの項（§3・9）で議論した．COを使ったジメチルホルムアミドやジメチルアセトアミドの合成については§13・5・2fで述べた．

COは塩素と反応してホスゲンになる．反応は250℃で活性化した木炭上で行われる（式13・73）．

$$CO + Cl_2 \xrightarrow{触媒} \underset{\text{ホスゲン}}{COCl_2} \quad (13 \cdot 73)$$

米国ではホスゲンの約85%がジイソシアネートの合成（§6・3・1，§7・3）に使用され，残りの多くはポリカーボネートの合成（§6・1・2b）に使用される．

ギ酸は最も単純なカルボン酸である．世界生産量の約60%はメタノールのカルボニル化によりギ酸メチルをつくり，これを加水分解してギ酸とメタノールをつくる方法で製造されている．メタノールは再利用される．別の合成法としては，ギ酸メチルを加アンモニア分解して，ホルムアミドとし，これを硫酸で酸分解してギ酸と硫酸アンモニウムをつくるというものである．ギ酸はまた，ブタンまたは軽質ナフサの酸化による酢酸の製造法（§13・5・2b）の副生物としても得られる（式13・74）．

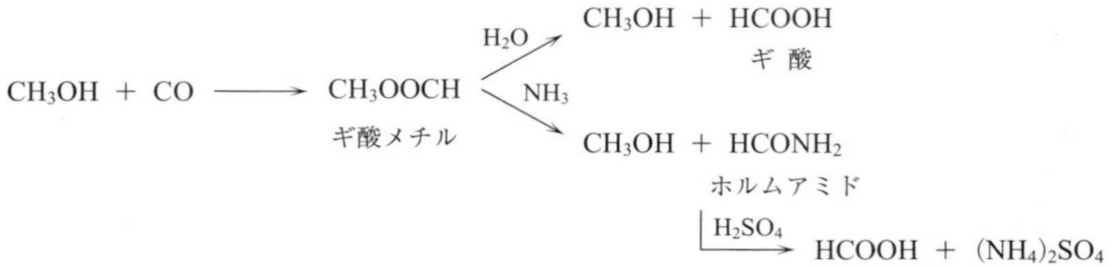

$$CH_3OH + CO \longrightarrow CH_3OOCH \begin{array}{c} \xrightarrow{H_2O} CH_3OH + HCOOH \\ \text{ギ酸} \\ \xrightarrow{NH_3} CH_3OH + HCONH_2 \\ \text{ホルムアミド} \\ \xrightarrow{H_2SO_4} HCOOH + (NH_4)_2SO_4 \end{array}$$

(13・74)

三菱ガス化学はトリメリト酸無水物（TMA）とピロメリト酸無水物（PMDA）の前駆体をつくる独自の合成法を開発している。この化学は，HF/BF_3 触媒を用いた m-キシレンと 1,2,4-トリメチルベンゼンへの CO 付加反応に基づいている．それぞれに対応するジメチルベンズアルデヒドとトリメチルベンズアルデヒドが生成する．これらを酸化するとTMAとPMDAが得られる（式13・75）．

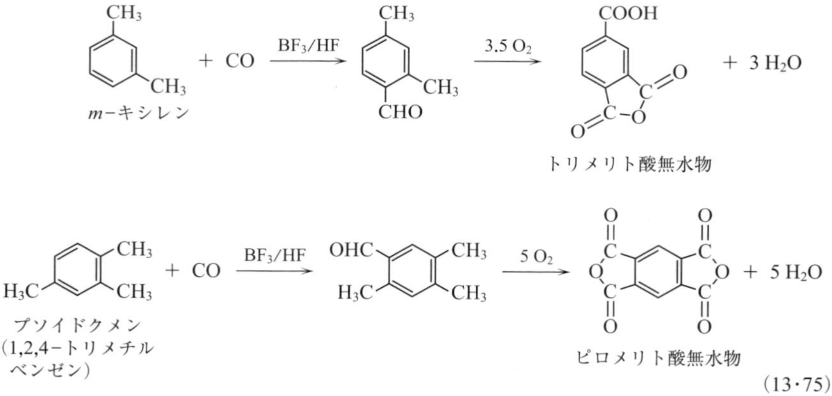

(13・75)

13・6・1 一酸化炭素を原料とする化学の提案

一酸化炭素の工業的利用法の提案については，この本のあらゆるところで述べてきた．特に，CO と H_2 から直接エチレングリコールをつくる可能性（§2・7・2）やイソシアネートの非ホスゲン合成法（§6・3・1）について述べてきた．新規な CO 化学の多くはグリコール，グリコールエーテルおよびグリコールカーボネートに関するものである．

●エチレングリコール，グリコールエーテル● Union Carbide 社は CO と H_2 からエチレングリコールを直接つくる二つの方法を開発した．研究された触媒の一つはロジウムクラスターであり，反応条件は 240 °C で 1000～3500 bar である．このような過酷な条件では選択率が低く，またこの方法はかなりの量のメタノールが生成してしまうため経済性が悪くなる．もう一つは 2 段階で行う方法であり，宇部興産と共同開発した．CO と H_2 をメタノールと縮合してシュウ酸ジメチルとして，ついで DuPont 法（§2・7・2）と

同じように水素化分解する．前者の方法は工業化されていないが，後者の方法は宇部興産の技術輸出により，中国で数プラントが稼動中である（式 13・84）．

アルコールにホルムアルデヒド，一酸化炭素水を結合させるグリコールエーテルの合成法の提案がある．ジフェニルスルフィドやジフェニルオキシドのような電子供与性配位子とオクタカルボニル二コバルトから成る均一系触媒の存在下，160℃，180 bar で反応が行われる（式 13・76）．

$$CH_3OH + HCHO + CO + 2H_2 \longrightarrow CH_3OCH_2CH_2OH + H_2O \quad (13\cdot76)$$

●カーボネート●　ジエチレングリコールビス（アリルカーボネート），別名 アリルジグリコールカーボネートは特殊なポリカーボネートである．その主要用途は金型にアリルカーボネートモノマーを入れてその場で重合してコンタクトレンズを成形するというものである．モノマーの古典的合成法ではジエチレングリコールとホスゲンを反応して，ビスクロロギ酸エステルをつくり，ついでアルコールと反応し，目的とするモノマーを得る（式 13・77）．

$$HOCH_2CH_2OCH_2CH_2OH + COCl_2 \xrightarrow{-2HCl} ClCOCH_2CH_2OCH_2CH_2OCCl$$
ジエチレングリコール

$$\xrightarrow[\text{アリルアルコール}]{CH_2=CH-CH_2OH} CH_2=CH-CH_2O-COCH_2CH_2OCH_2CH_2OC-OCH_2-CH=CH_2$$
ジエチレングリコール
ビス（アリルカーボネート）
$$(13\cdot77)$$

別の方法は日本においてパイロットプラントで行われているもので，ジエチレングリコールと塩化アリルを炭酸ナトリウムの存在下で二酸化炭素とともに反応させる．反応は 2 段階で進んでいるものと思われる（式 13・78）．

$$HOCH_2CH_2OCH_2CH_2OH + 2Na_2CO_3 + 2CO_2 \xrightarrow{-2NaHCO_3}$$

$$NaOCOCH_2CH_2OCH_2CH_2OCONa \xrightarrow[\text{塩化アリル}]{CH_2=CH-CH_2Cl}$$
ジエチレングリコール
炭酸ナトリウム

$$CH_2=CH-CH_2O-COCH_2CH_2OCH_2CH_2OC-OCH_2-CH=CH_2 \quad (13\cdot78)$$

二酸化炭素をホスゲンに代わって使用するというアイデアは，他のカーボネートポリマーの合成に拡張できると考えられる．

●**有機酸類，そのエステル**●　　一酸化炭素を使って，ペラルゴン酸，マロン酸，フェニル酢酸，フェニルピルビン酸，シュウ酸をつくる合成法が開発されているが，ほとんど工業化されていない．現在，ペラルゴン酸をつくる二つの方法が開発されている．一つは天然原料からのものであり（§16・7），もう一つは1-オクテンからのものである（§3・9・2）．また，一酸化炭素存在下で，ブタジエンを二量化する方法がある．カルボニル化反応は，パラジウム-ホスフィン錯体の存在下アルコール中で一酸化炭素を使い均一系で行われる．その後，水素添加とけん化によりペラルゴン酸が得られる．ペラルゴン酸は合成潤滑油が主用途である（式13・79）．

$$2\,CH_2{=}CH{-}CH{=}CH_2 + CO + ROH \longrightarrow CH_2{=}CHCH_2CH_2CH_2CH{=}CHCH_2COOR$$
ブタジエン

$$\xrightarrow[\text{(2) けん化}]{\text{(1) 水素化}} CH_3(CH_2)_7COOH + ROH \quad (13\cdot 79)$$
ペラルゴン酸

　上記のカルボニル化反応には，パラジウム源として酢酸パラジウムやアセト酢酸パラジウムが使われ，また溶媒にアセトニトリルが，エステル化剤にはメタノールが用いられる．ブタジエンの二量化反応（カルボニル化反応）をうまく行うには，触媒にハロゲン化合物を含まないようにしなければならない．ハロゲン化合物が存在すると，ブタジエンのカルボニル化が起こり，炭素5個の不飽和脂肪酸を生成してしまう．

　マロン酸エステル合成は，一酸化炭素，アルコール，クロロ酢酸エチルを原料として，テトラカルボニルコバルト存在下，55℃，8 bar で反応を行う（式13・80）．モル収率は94%である．この合成法はドイツと日本で使用されている．マロン酸エステルの世界の生産量は約2万トン/年である[23]．

$$ClCH_2COOC_2H_5 + CO + C_2H_5OH \longrightarrow H_2C\begin{smallmatrix}COOC_2H_5\\COOC_2H_5\end{smallmatrix} + HCl \quad (13\cdot 80)$$
クロロ酢酸エチル　　　　　　　　　　　　　　　　　マロン酸ジエチル
　　　　　　　　　　　　　　　　　　　　　　　　（マロン酸エステル）

　一酸化炭素を使用する別のマロン酸エステル合成法としては，ケテンと亜硝酸エステルとの反応がある．白金または白金塩を触媒として，115℃，常圧で反応を行うが，上記のクロロ酢酸エチル法に比べ収率は低い（式13・81）．

$$CH_2{=}C{=}O + CO + 2\,C_2H_5ONO \xrightarrow{\text{触媒}} H_2C\begin{smallmatrix}COOC_2H_5\\COOC_2H_5\end{smallmatrix} + 2\,NO \quad (13\cdot 81)$$
　　　　　　　　亜硝酸エチル　　　　　　　　マロン酸エステル

　フェニル酢酸は塩化ベンジルの相間移動法を使ったカルボニル化反応により得られる（式13・82）．

13・6 一酸化炭素の化学

$$\text{塩化ベンジル} \quad C_6H_5CH_2Cl + CO + H_2O \longrightarrow C_6H_5CH_2COOH + HCl \quad (13\cdot82)$$
フェニル酢酸

水相は 40% の水酸化ナトリウム水溶液である。有機相には第四級アンモニウム化合物とオクタカルボニル二コバルト触媒が含まれる。第四級アンモニウム塩がカルボニルコバルトイオン $[Co(CO)_4]^-$ を水相から有機相に輸送する。塩化ベンジルを連続的に供給しながら、加圧下でカルボニル化する。

二重にカルボニル化するとフェニルピルビン酸が生成する。反応は同様にオクタカルボニル二コバルトを触媒に使用し、水酸化カルシウムの存在下、85℃、60 bar で t-ブタノール-水の混合溶媒中で行われる。フェニルピルビン酸のモル収率は 90% 以上である。この化合物を酵素を使ってアミノ化すると、L-フェニルアラニンが得られる（式 13・83）。L-フェニルアラニンはカロリーゼロの甘味料であるアスパルテームの重要構成成分である。

$$C_6H_5CH_2Cl + 2\,CO + H_2O \xrightarrow[-HCl]{\text{触媒}} C_6H_5CH_2COCOOH$$
塩化ベンジル　　　　　　　　　　　　　　フェニルピルビン酸

$$\xrightarrow{\text{酵素的アミノ化}} C_6H_5CH_2CH(NH_2)COOH \quad (13\cdot83)$$
L-フェニルアラニン

日本の宇部興産が工業化した方法は一酸化炭素の酸化的カップリング反応によるシュウ酸エステルの合成である（式 13・84）。

$$2\,CO + 2\,RONO \xrightarrow{Pd} ROOCCOOR + 2\,NO$$
シュウ酸エステル

$$2\,NO + 2\,ROH + \tfrac{1}{2}O_2 \longrightarrow 2\,RONO + H_2O \quad (13\cdot84)$$

反応は均一系で 110℃、60 bar で行われる。不均一系の場合は、活性炭担持のパラジウムを使って、120℃、常圧で行われる。シュウ酸エステルは水素化分解するとエチレングリコールになる。前述のようにこの方法は Union Carbide 社と宇部興産が共同で研究したもので、合成ガスからエチレングリコールをつくる試みである（§2・7・2）。

● α-オレフィン ●　　合成ガスを、硝酸鉄のような Fischer-Tropsch 触媒を含浸したゼオライト・ZSM-5 触媒上で反応させると α-オレフィン（§2・3）が得られる。生成物の連鎖長分布は 2〜27 の範囲であり、C_2〜C_5 化合物に偏っている。注目すべきは、偶数と奇数の炭化水素が存在することである。直鎖状でないオレフィン、アルコール、アルデ

ヒド，ケトンが少量生成する（§15・2）．この方法を工業化するためには，まだまだ多くの開発を要するであろう．

南アフリカで実用化されている Fischer-Tropsch 反応でも高温反応法（鉄触媒）を使用すると α-オレフィンが生成する．実際，Sasol 社は 1-ヘキセンと 1-オクテンの主要な供給メーカーになっており，またこれらの化合物を抽出する技術を開発している．その後，この高温反応法を使って高級 α-オレフィンをつくる方法も考案された．高級 α-オレフィンは洗剤用アルコール（§2・3・4）に転化される．

13・7 ガスからの液体燃料の製造（GTL：gas-to-liquid）

§15・2 に述べるように Fischer-Tropsch 反応は合成ガスを液体燃料に転換する方法を提供する．この反応は，もともとは固体の石炭を液体燃料に転換することを目的としていた．ところが 1990 年代中頃より 2000 年代にかけて，この技術は低価格のストランデッドガス（経済性のない遠隔地天然ガス）を液体燃料に変える経済的に優れた方法としての認識が非常に高まった[24]．ストランデッドガスとは南チリのような遠隔地で発見されたガスである．パイプライン輸送が最も簡単な方法であるが，パイプラインが長くなれば価格は高くなり，実際上は経済性がなくなる．液化天然ガス（LNG：liquefied natural gas）はもう一つの代替手段であるが，この方法もまた大きな設備投資を必要とする[25]．そこで，ストランデッドガスを採取場所で一酸化炭素と水素に転換し，ついで Fischer-Tropsch 反応で輸送可能な液体燃料にする方法に関心が高まった．Sasol 社，ExxonMobil 社，Conoco 社，Shell 社のような大企業がガス・ツー・リキッド（GTL：gas-to-liquid）プロセスを開発した．Rentech 社や Syntroleum 社のような小さなベンチャー企業もニッチな技術を開発した．

13・7・1 Sasol 社の GTL 技術

Sasol 社が Fischer-Tropsch 技術の応用を手掛けたのは 1950 年代中頃に遡る．同社の最初のプラントは南アフリカのセクンダにあり，固定床反応器を採用して，石炭から日産 8000 バレルの液体燃料を合成した．1991 年には世界最大とよばれる合成燃料プラントを工業化した．このプラントは南アフリカのモッセルバイにあり，石炭でなく，天然ガスをガソリンに転換している．同社の独自の循環流動床反応器（"Synthol reactor"）が使われている．

同社の最新の合成燃料技術は新たなスラリー相反応器を採用している．その設計はシンプルになったため，機器の製作が容易であり，安価になった．反応器内は反応熱を取除き，水蒸気を発生する冷却コイルを設置した構造になっている．合成ガスを反応器の底から分配して供給し，ガスはスラリーを通って上昇する．スラリーは主としてワックス状の反応生成物からできている．鉄系触媒粒子がスラリー中に懸濁している．スラリーと気泡の相互作用から反応器内容物はよく混合され，厳密な温度制御が可能となる．Sasol 社は

二つの大きなプロジェクトに関係している．一つは Qatar で，もう一つは Nigeria である．そこではスラリー相技術がガスを液体燃料に変えるために使われるであろう．

13・7・2 SMDS 法

Shell 社の SMDS（Shell Middle Distillate Synthesis）法は GTL の一例であり，マレーシアで現地のガスを使って実用化された．この方法は随伴ガスにも使用できる．2000年代初めに Nigeria プロジェクトが進行中である．随伴ガスをフレアーで燃やすことにより生じる汚染を回避することも目的の一つになっている．

この技術は他の Fischer-Tropsch 技術と異なり，ディーゼル油（§1・1）を生産するように工夫されている．SMDS 法は中質油（沸点 180～400℃）が最大になるように設計されており，ディーゼル油とジェット燃料油の両方をつくることができる．

Shell 社は上記のようにマレーシアのビントゥルで 1993 年日産 12,000 バレルの SMDS プラントを建設した．SMDS 法では，無触媒の部分酸化（POX）法で天然ガスを合成ガスに転換する．同社はパラフィンワックスを高選択率でつくる目的で，ジルコニウムを助触媒としたコバルト系触媒を用い，管状固定床の Fischer-Tropsch 反応器を採用している．重質のパラフィンやワックスの生成を最大にするために転化率を 80％以上としている．これらのワックスはその後，水素化分解（§1・11）して，ディーゼル油を最大の収率で得る．同時にナフサと灯油・ジェット燃料油も得られる．これに加えて，溶媒留分と洗剤用原料の炭化水素が生産される．これらは脱水素してオレフィンとし，ベンゼンのアルキル化に使用される．アルキルベンゼンはスルホン化すると洗剤中間体になる（§6・4）．

13・7・3 他の GTL 技術

ExxonMobil 社はガス転化技術に関する大きな特許群をもっている．これらの研究は ExxonMobil 社の "Advanced Gas Concept 21st Century（AGC-21）" プロセスにつながった．三つのプロセスから成っており，流動床の POX（部分酸化）合成ガス反応器，スラリー相 Fischer-Tropsch 反応器および生成物の価値を上げるための水素異性化ユニットから成る．このプロセスはまだ工業化されていない．

米国オクラハマ州の Syntroleum of Tulsa 社は Syntroleum 法とよばれる GTL 燃料合成技術を開発した[26]．この技術の大きなイノベーションは合成ガスの部分酸化反応に酸素ではなく空気を使用していることである．従来の合成ガス反応器では未反応物を循環再利用することによって初めて，高いガス転化率が達成されてきた．空気を使うと，再利用経路に窒素ガスが蓄積してしまう．これを避けるために酸素が使用される．Syntroleum 法では 1 パス反応器を直列につなげているので高いガス転化率が達成される．反応ガスを再利用しないので空気中の窒素は問題にならない．窒素ガスは有効な伝熱媒体としても働いている．一般に合成燃料製造における最も設備投資がかかるものの一つは，空気から酸

素を分離する装置である．Syntroleum 法ではこのユニットを省略できるので，比較的小型の合成燃料生産に経済性があると同社は述べている．

ConocoPhillips 社も GTL プロセスを開発している．合成ガス技術は低原価でコンパクトな部分酸化法に基づいており，一方 Fischer-Tropsch 技術は独自のコバルト触媒を基本にして，重質の生成物は水素化分解され，ディーゼル油とナフサの比率が高いものが得られる．

Rentech 社は別の GTL 技術を開発した．Rentech 法はすべてのガス化技術で動くように設計されている．Fischer-Tropsch 反応器は固有の鉄系合成触媒を用いたスラリーバブル法である．

文献および注

1. The World Bank, World Bank, *GGFR Partners Unlock Value of Wasted Gas*, www.worldbank.org.
2. Victoria Cook of the Imperial War Museum, London に Zyklon B の情報がある．
3. クロロメタン類の名称は，命名法によるものと慣用名を併用した．
4. D. Reay and C. M. Hogan, *Greenhouse Gas*, eds. H. Hanson, M. L. Pidwirny, and C. J. Cleveland, *Encyclopedia of Earth*. National Council for Science and the Environment. Washington DC, 2011.
5. G. W. Gribble, The diversity of naturally occurring organobromine compounds, *Chem. Soc. Rev.*, **28**, 335〜346, 1999.
6. Nexant ChemSystems special report, *Chemicals from Acetylene. Back to the Future*? July 2007.
7. http://www.epa.gov/greenchemistry/pubs/pgcc/winners/gspa11.html.
8. Nexant ChemSystems PERP report 98/99S1, *1,4-Butanediol/THF*（August 1998）は 1,4-ブタンジオールと THF についての生産経路と経済性について記載している．
9. *Chem. Eng. News*, 29 November 2010, p. 24.
10. Nexant ChemSystems PERP report 98/99-4, Methanol（May 2000）．
11. J. Haggin, *Chem. Eng. News*, 28, March 1994, p. 29; D. Rotman, *Chem. Week*, 23 March 1994, p. 14.
12. Monsanto 社の従来法酢酸合成法と Celanese 社の acid optimization 法（AO 法）の比較が，M. Gauss et al., *Appl. Homogen. Catal. Organ. Compd.*, **1**, 104〜138, 1996 に記載されている．
13. 千代田化工の酢酸合成法は，同社の特許 U.S. Patent 5,334,755（2 August 1994）および 5,364,963（15 November 1994）に記載されている．
14. 昭和電工のエチレンの直接酸化による酢酸合成法は，K. Sano, H. Uchida, and S. Wakabayashi. *Catalysis Surveys from Asia*, **3**, 55〜60, 1999. doi:10.1023/A:1019003230537 に記載されている．SABIC 社のエタンからの直接酢酸をつくる方法については，Saudi Basic Industries 社の特許 U.S. Patent 6,087,297（11 July 2000），6,060,421（9 May 2000），6,030,920（29 February 2000），6,028,221（22 February 2000），6,013,597（11 January 2000），および 5,907,056（25 May 1999）に記載されている．
15. http://media.rice.edu/images/media/Dateline/SpecialtyChemicalsMagazine0609.pdf. Dr. Malcolm Joslin, BP, Saltend,（01482）892513 からの私信．
16. *Chem. Market Reporter*, 19 May 2003.
17. 無水酢酸製造の Eastman-Halcon 法は Halcon 社の特許 West German Patent 2610035（3 October 1976）および 2610036（23 September 1976）に記載されている．
18. http://nzic.org.nz/ChemProcesses/energy/7D.pdf.
19. http://www.exxonmobil.com/Apps/RefiningTechnologies/files/sell-sheet_09_mtg_brochure.pdf.
20. UOP 社の MTO 技術は同社の特許 U.S. Patent 5,714,662（3 February 1998），5,774,680（28 April 1998），5,817,906（6 October 1998），および 6,049,017（11 April 2000）に記載されている．メタノール分解よりプロピレンを高選択率でつくることを記載している別の方法が Mobil 社の European Patent Application 0105591（8 April 1984）に記載してある．Lurgi 社の MTP プロセスは，Metallgesellschaft AG 社の European Patent 0 882 692 A1（9 December 1998），Sud-Chemie AG 社および

Metallgesellschaft AG 社の European Patent 0 448 000 B1 (25 May 1994),Metallgesellschaft AG 社の U.S. Patent 5,981,819 (9 November 1999)に記載されている.
21. MTO 触媒の SAPO-34 の反応機構は,http://www.fhi-berlin.mpg.de/acnew/department/pages/teaching/pages/teaching_wintersemester_2007_2008/bare_mto_301107.pdf. を参照のこと.この文献から,関連文献を引くことをすすめる.
22. P. Tundo and M. Selva, The chemistry of dimethyl carbonate, *Acc. Chem. Res.*, **35** (9), 706~716, 2002.
23. http://www.inchem.org/documents/sids/sids/malonates.pdf.
24. Nexant ChemSystems' multiclient report, *Stranded Gas Utilization* (January 2001).
25. 低価格のストランデッドガス (遠隔地ガス) が C_1 化学技術に与える影響については,Nexant ChemSystems PERP report 99/00S9, *Extending the Methane Value Chain* (October 2000) に記載されている.
26. Syntroleum 社の GTL 技術は,U.S. Patent 6,172,124 (9 January 2001)に記載されている.Rentech 社の GTL 技術は,U.S. Patent 6,534,552 (18 March 2003)に記載されている.

14 アルカンからの化学品

　アルカンは天然ガスや石油として得られるので，最も安いこ化学製品原料である．水蒸気分解，接触分解（§1・5，§1・6）と接触改質（§1・8）の原料となる．メタンは水蒸気改質によって合成ガス（§13・4・1）の主要な原料となっている．メタンより分子量の大きいアルカンについても必要ならば同様に処理して合成ガスにすることができる．また水蒸気改質によってメタンにすることも可能である．炭化水素の熱分解反応によってカーボンブラックを得ることは重要な製造法であり，この章の最後に述べる．

　熱分解反応を別にして，水蒸気分解，接触分解，接触改質，水蒸気改質などは吸熱反応であり，エントロピーが増大する．すべて非選択的な反応であり，高温で起こる．

●**アルカンからの直接合成の工業化例**●　　アルカンからの直接合成，すなわちアルカンを使って直接に川下の化学製品（誘導品）をつくる例として古くから確立されたものは非常に数少ない．最も重要な例は n-ブタンの無水マレイン酸への転換（§4・4・2），n-ブタンやナフサから酢酸をつくる酸化反応（§2・5，§13・5・2b），イソブタンから t-ブチルヒドロペルオキシドをつくる酸化反応（§3・8），メタンの塩素化反応（§13・2）である．それらより小規模な工業的利用の例としては，メタンからシアン化水素をつくるアンモ酸化反応（§13・1），メタンからアセチレンへの転換反応（§13・3），プロパンのニトロ化反応がある．これらは広く研究されてきた．

　どのアルカンでもニトロ化は可能であるが，実際にはプロパンだけが原料として利用され，その生成物としてニトロメタン，ニトロエタン，1-，2-ニトロプロパンがつくられている．反応は 420℃ で行われ，生成物は蒸留によって分離される．これらの製品はレーシングカー用ガソリンの添加物，ポリシアノアクリル酸エステル用の溶剤，塩素系溶剤の安定剤として利用されている．DuPont 社はカプロラクタム合成（§6・2・2）の 1 段階として，シクロヘキサンのニトロ化によるニトロシクロヘキサン法を開発したが，現在は使われていない．

●**アルカン脱水素法**●　　1990 年代前半におもにヨーロッパでプロピレン不足が起こり，プロパンの脱水素反応（§1・12）によるプロピレン製造法の開発が加速された．n-ブタンからも脱水素反応でブタジエン（第 4 章）をつくることができるが，n-ブテン類を使う方がエネルギー効率がよい．エタンの脱水素反応によるエチレンの製造法（§14・2・2）は工業化されていない．1990 年代で重要な脱水素反応の事例は，イソブタンの脱水素反応によるイソブテンの製造である．それはメチル t-ブチルエーテル（MTBE，§4・2・

1) をつくるためであった．しかしこの方法の必要性は減ってしまった（§1・15）．

14・1 メタンからの直接合成

メタンからの直接合成という研究を目標とする理由は，石油の分解を経由する現行の化学製品合成体系に対して，経済的な優位性を求めるためだけではない．メタン資源量が石油の資源量よりも大きいためでもある．そして天然ガスや石油随伴ガスからのエタン，プロパン，n-ブタンの資源量についても，メタンほどではないものの同様のことがいえる．メタンから各種化学品をつくる現行経路は合成ガス経由（§13・4）であるが，この方法は大きな設備費が必要となり，しかも大量のエネルギーを消費する．このため目標はメタンから合成ガスを経由せずに直接に各種化学品を合成することである．

メタンのC-H結合は強く，しかも等価なので，"結合の活性化"は困難である．したがってメタンからの直接合成は，化学者にとって探しても得がたい"聖杯"である．うまく達成できれば，化学工業が石油より低価格の原料を入手できることになるのでその報酬は大きい．モレキュラーシーブの技術の開発によって，目標への前進があった．メタノール経由は明らかに遠回りの経路であるが，メタンからメタノールをつくることは容易であり，メタノールがモレキュラーシーブの空隙につかまったときには，水を失ってCH_2ラジカルの"スープ"ができ，さまざまな反応工程で再結合する可能性がある．このさまざまな反応工程については，§13・5・2dと§13・5・2eに述べた．

メタンから直接合成しようとする初期の研究では，メタンを化学工業建設のための基本ブロックにすることは到底できないと思われた．しかし，1980年代における触媒の進歩によって直接合成の研究は大変に刺激され，1990年代には加速された．ところが2000年代には，メタンからの直接合成はとらえがたい目標であり，モレキュラーシーブ技術だけが希望をもつことができる唯一の到達法であることが明らかとなった．

目標へは三つの反応経路がある．メタンからメタノールやホルムアルデヒドを得る直接酸化反応，メタンからエタン，エチレン，あるいはより高級な炭化水素をつくる二量化反応，そしてメタンからの芳香族生成反応である．

14・1・1 メタンからメタノール/ホルムアルデヒドの直接合成

メタンからメタノールやホルムアルデヒドを得る酸化反応は，ホルムアルデヒドが670℃でメタンよりも21倍も酸化されやすいことが重荷になっている．メタノールはよりいっそう酸化されやすい．多数の特許のなかで，Hüls社のものは代表的である．メタンと酸素を300〜600℃，400 barで混合する．滞留時間は10^{-3}秒が限界である．1パス転化率は3%を超えられない．短い滞留時間と低い転化率の結果として設備投資が大きくなるために，この製法は経済的でない．

●酸化二窒素法● このような欠点はさらなる研究を促す．酸化二窒素は特にメタン

に向いた酸化剤であることが明らかとなっている．二つの日本特許[1]では450〜550℃でMoO_3/SiO_2とV_2O_5のような触媒を使うことが述べられている．ホルムアルデヒドの選択率は93％であるが，転化率は0.5％にすぎない．転化率11％でメタノールとホルムアルデヒド混合物の選択率は98％に達した．後者の場合には見込みがありそうに見えるものの，実用性には疑問が残る．それは，酸化二窒素とメタンのモル比が2：1でなければならないためである．酸化二窒素は窒素と酸素から直接つくることができず，硝酸アンモニウムを経由する回り道が必要なので，昔から価格の高い酸化剤となってきた．酸素原子は次のプロセス（式14・1）がスピン禁制なので，窒素と相互作用しない．

$$N_2(^1\Sigma_g^+) + O(^3P) \longrightarrow N_2O(^1\Sigma_g^+) \quad (14\cdot1)$$

すなわち，窒素分子は孤立電子対をもたないのに対して，酸素原子は二つもっている．このため，反応生成物の電子スピンが2となり，酸化二窒素におけるようなゼロとはならない．NO分子が孤立電子対をもつので，2分子のNO分子ができる反応の方がはるかに容易に起こってしまう．

1990年代半ばに三井東圧化学（現在の三井化学）が酸素とアンモニアの触媒反応によって酸化二窒素をつくる経路[2]を開発した（式14・2）．三井東圧化学の触媒は銅-マンガン酸化物（$CuO-MnO_2$）である．

$$2\,NH_3 + 2\,O_2 \longrightarrow N_2O + 3\,H_2O \quad (14\cdot2)$$

Solutia社（現在はEastman Chemicalの子会社）は酸素の代わりに空気を使うことで，この経路の原価をさらにいっそう引下げようとした．アンモニアは窒素よりも高価ではあるが，硝酸アンモニウムに比べればはるかに安い．

●その他の研究●　　最近の代表的な業績としては，Catalytica法がある．メタンを硫酸と反応させてメチル硫酸（硫酸水素メチル）CH_3OSO_3Hをつくる（式14・3）．メチル

$$CH_4 + 2\,H_2SO_4 \xrightarrow[\text{H_2SO_4, 220 ℃}]{\text{$PtCl_2$(bpym)}} CH_3OSO_3H + 2\,H_2O + SO_2 \quad (14\cdot3)$$

硫酸は容易に加水分解でき，メタノールと硫酸を得て，硫酸は再利用できる．当初の触媒は水銀に基づくものであったが，水銀は大規模な製造法で使われる場合には環境面の心配がある．Catalytica社は水銀を白金錯体[3],[4]（図14・1）に替えることができた．180℃でメタノール選択率は86％である．Catalytica社は触媒開発に5年と1000万ドル以上を費やした．しかしこの方法は原価が高すぎ，反応速度と収率[5]で解決すべき問題を抱えている．

2008年にDow Chemical社はメタン活性化研究のために，ノースウェスタン大学と英国のカーディフ大学のチームに640万ドル以上を提供したが，ブレークスルーはいまだに報告されていない．C-H活性化は学界の大きな関心をひく話題ではあるけれども進歩

は遅い．E. Davies は研究状況を簡潔にまとめている[5]．

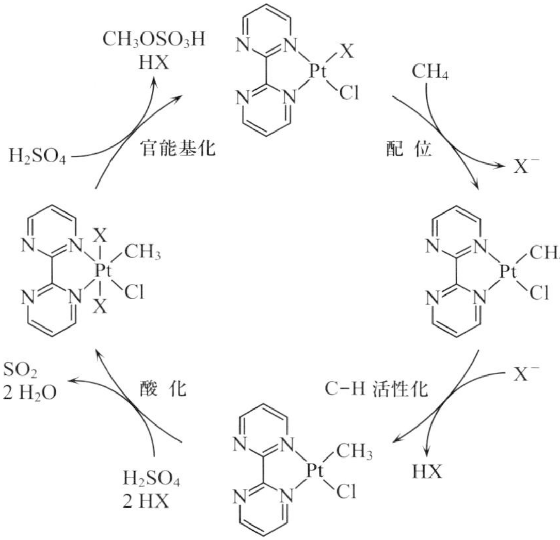

図 14・1　Catalytica 法の反応機構．濃硫酸，220℃で反応．D_2SO_4 を使うと 150℃では CH_4 の中に複数の D が存在するが，メタン酸化物の生成はみられない．したがって，メタン酸化に必要な温度より低い温度下で，可逆的にメタンの錯体触媒への配位と C-H 結合の開裂が起こっていることが示されている．

14・1・2　メタンの二量化

　メタンからエタンやエチレンをつくる二量化反応は，広範に研究されてきた．Benson 法では，メタンを塩素の中で燃やして C_2 炭化水素を生成する．高度の発熱反応により，断熱火炎温度 700～1700℃となる．予想どおり，大量の塩化水素が生成し，それは塩素に再転換したり，他の方法に使われたりするが，塩化水素の大量発生のために Benson 法の工業化は行われていない．

●**酸化的カップリング法**●　　メタンの触媒的な酸化的カップリングも研究されてきた．酸素存在下でリチウムを添加した酸化マグネシウムがメタンから水素を抜出し，メチルラジカルをつくる．それが次々に結合してエタンやエチレンを 720℃でつくることが示された．転化率 38% で選択率はおよそ 50% である．ARCO 社は，転化率を 15% までにおさえておもにエタンとエチレンであるが，C_2～C_7 の選択率を 78% にすることができた．触媒はナトリウムを助触媒とする酢酸マグネシウムである．他の研究では酸素の代わりに酸化二窒素が使われている．

　ミネソタ大学の 1993 年の研究では，酸素と酸化サマリウム Sm_2O_3 の存在下，830℃

でメタンの酸化的カップリングによってエチレンができる可能性が示された．それ以前の達成値25％に対して収率60％が発表されている．その鍵はエチレンを迅速に除去することによって平衡を移動させることにあると思われる．Amoco社（現BP社）の最近の研究では，発熱的なメタンのカップリング反応と飽和炭化水素の吸熱的な分解反応を，二重流通式反応器を使って統合することにより酸化的カップリング法を改良している．メタンのカップリング反応で発生する熱を反応チューブの壁を通じて炭化水素の分解反応ゾーンに移動させている．

Dow Chemical社，BASF社その他10社以上が，メタンの二量化をめざしているといわれている．最近では，2010年にSiluria Technology社が酸化的カップリング反応によってメタンからエチレンをつくるナノワイヤーを基盤とした触媒を報告している．この会社は，ウイルス表面に触媒結晶を成長させる課題に取組んでいる[6],[7]．ウイルスは長さ900 nm，直径9 nmである．適切な条件下でウイルスに金属や他の元素をさらすと，ウイルスがテンプレートになってウイルスと同じ大きさのナノワイヤーができる．ウイルスを遺伝子工学的に変換することによって，非常に多数のアミノ酸結合がウイルス表面に現れる．アミノ酸結合とともに結晶化する酸化マグネシウムのような金属酸化物をウイルスに結合することによって，金属が触媒に加えられる．このような構造物がスクリーニングにかけられ，酸化的カップリング反応によってメタンからエチレンをつくるような触媒が見いだされた．

また，100℃で，酸素，塩化ロジウム，水を使ってメタンから酢酸をつくる直接転換法が，ペンシルベニア大学で研究されてきた．しかし，反応速度があまりに遅い．

14・1・3 メタンからの芳香族生成

メタンの芳香族への転換反応は，BP社によって研究されてきた．酸性触媒としてガリウム添加のH型ゼオライトを使い，酸化剤として酸化二窒素の存在下で達成されている．メタンの1（ワン）パス転化率39％で芳香族選択率19％が報告された．結果は有望であるが，経済性には疑問がある．C－H結合二つ壊すごとに1 molの酸化二窒素が消費されるからである．また，望ましくない二酸化炭素の生成にも酸化剤が消費される．化学量論的に使われる酸化剤を触媒反応に転換することは，塩化ビニル製造法（§2・4）で見たように一つの解決法である．それは酸化二窒素を安価に製造する方法を開発したり，効果的で安価な触媒を探したりすることと同じである．

すでに述べたように，メタンは穏和な条件でハロゲン化できる（§13・2）．メタンをガソリンに転換する製造法が提案されている．ある条件下ではクロロメタンが脱ハロゲン化されると同時にカップリング反応を起こし$C_2 \sim C_5$オレフィンが得られる．そのような反応条件下では生成したオレフィンはさらに再結合して，ガソリン範囲のパラフィンや芳香族になる．また数種のオレフィンも生成する．この製造法では，塩化水素が発生するのでメタンのオキシ塩素化に再利用する（式14・4）．

$$\text{CH}_3\text{Cl} \longrightarrow \text{HCl} + \text{C}_2\sim\text{C}_5\text{ オレフィン} \longrightarrow \begin{cases} \text{アルカン} \\ \text{芳香族類} \\ \text{シクロアルカン} \\ \text{C}_4\text{ 以上のオレフィン} \\ \text{コークス} \end{cases} \quad (14\cdot 4)$$

塩化メチル　　　　　　　　　　　　　　　　　

　　　↑ CH$_4$ + O$_2$

　　　オキシ塩素化

14・2　C$_2$～C$_4$ アルカンからの直接合成

　工業化されたアルカンの酸化反応はこの章の冒頭に示した．この他にもいくつかの興味深い製法が文献に述べられており，パイロットプラント段階に到達したものもある．

14・2・1　C$_2$～C$_4$ アルカンの酸化

●**エタンから塩化ビニルの直接合成**●　　エタンから塩化ビニルをつくるオキシ塩素化反応は，金属状の銀/マンガン触媒を微粒子でまたはゼオライトに担持させて，400℃，大気圧下で進行させることができる．触媒にはランタン塩のような第三成分を組合わせる（式 14・5）．

$$\text{CH}_3\text{CH}_3 + \tfrac{1}{2}\text{O}_2 + \text{Cl}_2 \longrightarrow \text{CH}_2{=}\text{CHCl} + \text{H}_2\text{O} + \text{HCl} \quad (14\cdot 5)$$

　接触時間は1～2秒である．転化率100％で，塩化ビニルの最高選択率50％が得られる．ICI社によって特許化されたこの製法は見込みがあり，2005年ころまでには工業化も予想されていたが実現しなかった（§2・4）．ICI法が後で述べるEVC法とどの程度重複するものかは明らかでない．Lummus社によって開発された昔の方法では，従来型のオキシ塩素化触媒を使って，転化率28％で選択率37％の結果が得られた．Geon社とOxyChem社がこの反応に取組んだが，成果は得られなかった．

　Monsanto社はエタンから塩化ビニルをつくるオキシ塩素化反応を，温度550℃，アルミナ担体，塩化銅，リン酸カリウムから成る触媒を用いて気相流動床反応器で研究した．塩化エチルが副生物となるが，これは酸化的に脱水素して塩化ビニルに転換できる．副生物の二塩化エチレンは，従来法によって熱分解して塩化ビニルにすることが可能である．塩化水素に基づいて計算される転化率はおおむね85～90％で，エチレンに基づく選択率は87％に到達できる．

　EVC社（ICI社とEnichem社の塩化ビニル事業を分社化して設立された会社．現在のINEOS Vinyls社）はエタンから直接に塩化ビニルをつくるうえでブレークスルーを行った[8]．エタンは多段階工程を統合した接触オキシ塩素化反応により塩化ビニルになる．飽和，不飽和を含めて，かなり大量の塩素化炭化水素類が最初のオキシ塩素化段階で生成するので，原料の浪費を減らすために副生物の再活用がこの製法の経済性の決め手となる．不飽和の塩素化副生物は，別に用意された水素化工程で飽和生成物に転換され，さらに脱

塩化水素反応により塩化ビニルになる．副生物の再活用によって非常に高い総合収率が達成される．EVC 法はそれ以前のエタンのオキシ塩素化への取組みに比べて低温で操作される．塩素を含んだ高温雰囲気は非常に腐食性が高く，そのようなシステムに要請される金属加工が特殊で高価なものとなるので，低温ということは重要である．EVC 法はドイツのヴィルヘルムスハーフェンのパイロットプラントで試験されてきた．EVC 法は，塩化ビニル／ポリ塩化ビニルの生産をエチレンクラッカーから切り離すものであるが，それに加えて原料からポリ塩化ビニルまでを通じた製造原価を 20〜30％削減することも EVC 社は公表している[9]．EVC 法は前記の ICI 法と多数の共通点があるようである．Dow Chemical 社も開発しており，反応機構を解明した[10]．

●**エタンから酢酸の直接合成**●　　1980 年代半ばに Union Carbide 社はエタンの気相接触酸化反応によって酢酸をつくる Ethoxene 法（§14・2・2）を開発した．この製法の問題点は酢酸ばかりでなく，同時に大量のエチレンが生産されることにあり，開発は断念された．2000 年に SABIC 社は自社で特許権をもつ製造法によって，エタンの接触酸化に基づくパイロットプラントを建設する意向を表明した．その製法は，少量のエチレンを副生するか，またはエチレンの副生なしで，60％までの選択率で酢酸をつくるというものである[11]．SABIC 社が安価なエタンを利用できるとすれば，これは酢酸の経済的な供給源となるかもしれない．30,000 トン／年プラントが，ヤンブー（サウジアラビア）で 2005 年に稼働した．

●**プロパンからアクリロニトリルの直接合成**●　　プロパンからアクリロニトリルをつくるアンモ酸化反応は，長年 BP 社が研究し，1990 年代後半には工業化を目標としていたが，進展はなかった．おそらく BP 社が化学事業を売却したからであろう．反応はプロピレン中間体を経由して進行すると考えられている．別の開発者である Monsanto 社の昔の特許では，触媒はアンチモンと酸化ウランの混合物から成り，臭化メチルのようなハロゲン助触媒を加える[12]．アンチモンがプロピレンのアンモ酸化（§3・5）の第一世代の触媒であり，ウランが第二世代の触媒であった．反応は 500℃で起こり，転化率 85％，選択率 71％，1 パス収率 60％である．プロピレンのアンモ酸化に比べると，原料代の安さが大きな建設費でいくらか損なわれている．新しい特許では，ビスマス，バナジウム，モリブデン，クロム，亜鉛混合物から成る触媒ばかりでなく，バナジウム，アンチモン，リン，コバルト混合物から成る触媒も報告されている．これらは 1 パス収率は低いが，別の長所をもっている．BP 社に加えて日本の化学会社，旭化成と三菱化学が二つのモードで運転できるプロパンアンモ酸化法を精力的に開発してきた．一つのモードは，1 パスでのプロパン転化率が穏やかで，アクリロニトリルの高い選択率を維持するものである．このモードでは未反応プロパンの再循環利用が必要であり，この過程で空気中の窒素が蓄積するので空気の代わりに酸素を使う必要がある．もう一つのモードは，未反応プロパンの再循環がない高い 1 パス転化率での運転である．プロパン消費量が多くなるが，酸素の代わりに空気を使うことができる．結局，後者のモードを採用して，2007 年に旭化成が

工業化に成功した（§3・5 に詳細を記述）．
● プロパンからアクリル酸の直接合成 ●　　プロパンからアクリル酸をつくる接触酸化反応も開発中である[13]．有望な特許が三菱化学，東亜合成，BASF 社，Sunoco 社にある．プロパンのアクリル酸への選択的酸化に効果的な酸化物触媒 MoVTeNbO は，金属の原子比が $Mo_1V_{0.31}Te_{0.23}Nb_{0.12}$ である．別々の条件下で，プロパンの最高転化率約 50% とアクリル酸の最高収率 21% が達成された．今までのところ工業化計画は発表されていない．BASF はアクロレインとアクリル酸の合計収率が 85% となる製法の特許を取得した[14]．
● n-ブタンからの無水マレイン酸の直接合成 ●　　n-ブタンから無水マレイン酸をつくる接触酸化反応は §4・4・2 で述べた．30 年以上前に工業化されたこの製法は，いまなお唯一の遷移金属触媒によるアルカン活性化製造法であり，広く使われている．この技術の副産物は，n-ブタンの 1,4-ブタンジオールとテトラヒドロフランへの転換反応（§4・4・2）である．これらは，いずれも無水マレイン酸またはマレイン酸の水素化反応を経由して進行する．アルカン活性化の構成要素に関する限りは，無水マレイン酸技術の単純な変形にすぎない．
● エタン，プロパン，ブタンからアセトアルデヒドの直接合成 ●　　ブタンから酢酸をつくる酸化反応に類似した反応で，プロパンまたはプロパン／ブタン混合物を 450 ℃，20 bar で酸化してアセトアルデヒドと多数の他の酸化化合物をつくることができる．この反応は，液相または気相で行うことが可能であり，米国で工業的に利用されてきた．これに関連した技術開発で，ICI 社は塩化水素存在下でエタンを酸化してアセトアルデヒドをつくった．マンガン酸銀 $AgMnO_4$ 触媒が使われ 360 ℃ で行われる．転化率 14% でアセトアルデヒド選択率は 71% である．塩化メチルや塩化エチルのような塩素化副生物を反応系に再利用することで，それら副生物が追加生産されることを防ぐことができる．

14・2・2　C_2〜C_4 アルカンの接触脱水素反応

　エタン，プロパンまたはブタンから対応するオレフィンをつくる接触脱水素反応は，高温と大きな投資が必要になる水蒸気分解法の代わりとなる反応である．ポリプロピレンの世界的な需要拡大が続いているので，従来からのプロピレンの供給源では不足するのではと懸念されている．プロパン脱水素反応（§3・1）は，現在では十分に技術が開発され，プロピレンの一つの供給経路となっている．
● ブタンの脱水素 ●　　大きなエネルギーを投入しなければならないので，n-ブタンの脱水素反応はたとえあってもきわめてまれである．ブテン類からブタジエンをつくる脱水素反応は米国で工業的に行われている（第 4 章）．現在実用化されているもう一つの C_4 脱水素反応は，イソブタンからイソブテンへの転換である．イソブテンは MTBE（§4・2・1）をつくるのに必要であるが，MTBE の市場は減少している．第三級の炭素原子に結合した水素は非常に離れやすいので，多くの脱水素反応と違ってイソブタンからイソブテンへの反応は容易に起こる．また，イソブタンはプロピレンオキシド（§3・8）

の原料としても使われる．イソブタンを空気で酸化して t-ブチルヒドロペルオキシドにし，これを酸素源として，プロピレンからプロピレンオキシドをつくる接触エポキシ化反応である．t-ブチルアルコールがこの反応の副生物である．t-ブチルアルコールは脱水してイソブテンにし，酸性イオン交換樹脂上でメタノールと反応させると MTBE が得られる．t-ブチルアルコールを直接 MTBE に転換することも可能である．MTBE 需要減少という明らかな理由によってプロピレンオキシドへのこの反応経路は成長が期待されない．イソペンタンの脱水素反応は，イソプレンの製造に使われてきた．

●**高級アルカンの脱水素**● 潤滑油脱ワックス処理から得られる石油ワックス留分を脱水素して α-オレフィンをつくることができる．このα-オレフィンからは，ヒドロホルミル化反応（§3・9）によって，界面活性剤となる範囲のアルコール類が得られる．たとえば Sasol 社はイタリアのアウグスタで UOP 社の Pacol 法を使ってパラフィンを脱水素し，UOP 社の Olex 法によって原料パラフィンから製品オレフィンを分離している．酸化脱水素反応が可能ならば，高級アルカンの脱水素はおそらく改良可能だったであろうが，脱水素された製品が出発原料よりも簡単に酸化されるために発展してこなかった．

一方，イタリアでは昔，ワックスの分解が行われたが，Chevron 社はワックス分解物から n-アルカン/オレフィン（必ずしもα体ではない）混合物を得て，これを使ってベンゼンをアルキル化することにより，界面活性剤原料のアルキルベンゼン類をつくった．

●**エタンの脱水素**● エタンからエチレンをつくる接触脱水素反応は，エタンより高級な炭化水素の脱水素反応に比べて難しい．多くの会社が研究してきた．Union Carbaide 社は，すでに述べたように（§14・2・1），気相での酸化脱水素反応を研究し，エチレンと酢酸の混合物を得た．エチレンと酢酸の生産比率は，1：1 から 5：1 まで変えることができる．触媒はモリブデンとバナジウムから成り，これにニオブとアンチモンを添加する．さらにカルシウム，マグネシウム，ビスマスのいずれか一つを加える．反応は 330～435℃で行われ，転化率がおおむね 30％で選択率が 90％である．この反応は，酢酸専用プラントの投資をしないで酢酸を得る便利な経路である．

14・2・3 C_2～C_4 アルカンからの芳香族生成

芳香族生成反応はアルカンの分子量が大きくなるほど容易になるので，エタンはメタンよりも，そしてプロパン，ブタンはエタンよりも容易に芳香族を生成する．

1990 年代末には従来法と異なる芳香族化合物を製造するいくつかの方法が工業化された．LPG，軽質オレフィン，C_6 と C_7 のアルカン（軽質ナフサ）のような価値の低い原料を，触媒的に転換して芳香族化合物をつくるというものであった．その例としては，BP 社/UOP 社の Cyclar 法，Chevron 社の Aromax 法，旭化成の Alpha 法がある．

●**エタンからの芳香族生成**● エタンの芳香族生成反応は，ガリウムまたは白金を添加した ZSM-5 ゼオライト触媒で起こる．触媒の形状選択性（§7・1，トルエンの不均化）によって，シクロヘキサンとメチルシクロヘキサンが選択的に生成される．これを脱水素

するとベンゼンとトルエンが得られる．反応器入口温度はおおむね700℃である．吸熱反応なので大きな熱量を供給することが必要である．反応は2 barで行われ，1パス転化率はおおむね33%である．生成物のうち30 mol%がメタン，60 mol%がベンゼンとトルエンである．それより重い炭化水素は2%以下しか生成しない．

● **Cyclar法** ●　アルカンの環化脱水素反応は，おもにプロパンとブタン，または液化石油ガス（LPG）で行われている．BP社/UOP社のCyclar法の基礎となっており，実証実験プラントが1990年代前半に運転された．1999年にはサウジアラビアでプラントが稼働を開始した．年間130万トンのLPGを処理して35万トンのベンゼン，30万トンのp-キシレン，8万トンのo-キシレンを生産している[15]．

Cyclar法はプロパン-ブタン混合物（LPG）を原料に535℃，6 bar，接触時間14秒を維持しながら反応を進める．転化率29%で芳香族の選択率95%が得られる．サウジアラビアでは分解ガソリン（§1・5・1）が入手できず，接触改質（§1・8）もほとんど行われていないので，Cyclar法はベンゼンの良い供給源となる．原料としてプロパン，ブタンを使ったときの生成BTX比率を表14・1に示す．

表14・1　プロパン，ブタンからの芳香族生成反応による芳香族収率（%）

	プロパン	ブタン
ベンゼン（B）	32.0	27.9
トルエン（T）	41.1	42.9
キシレン（X）	18.9	21.8
C_9, C_{10}芳香族類	8.1	7.4

● **Alpha法** ●　旭化成ケミカルズが1990年代前半に開発したAlpha法は，ナフサ分解や接触分解の副生C_4，C_5オレフィンから芳香族をつくる．亜鉛を担持したMFI型（ZSM-5も含まれる）ゼオライト触媒によってオレフィンを接触環化する．

● **Aromax法** ●　Chevron社が開発したAromax法は軽質ナフサから芳香族を生産する．白金担持L型ゼオライト触媒によって，おもにベンゼン，トルエンを生成する．

14・3　カーボンブラック

多くの石油化学プロセスが炭素の析出によって重大な支障を受けている．析出した炭素は触媒を被毒し，加熱炉チューブを閉塞させる．熱力学的にはアルカンは最も安定な生成物として炭素と水素になる傾向がある．このためメタンを含めてアルカンから炭素をつくることは比較的容易である．

● **製　造　法** ●　カーボンブラックは，アモルファスなグラファイトか"すす"であり，コロイドサイズの高度に芳香族化した炭素構造物から成っている．カーボンブラックは，炭化水素を部分燃焼するか，1300〜1400℃で熱分解の加わった燃焼を行うことによってつくられる．アルカンでも，オレフィンでも，ほとんどすべての炭化水素が原料となりう

る．メタンがかつては広く使われたけれども，現在ではもはや経済的に引き合わない．ガスオイルや残渣油が芳香族類を特に多く含む原料なので現在ではよく使われている．

●**特　性**●　非常にたくさんの等級のカーボンブラックがつくられている．おもに粒子サイズ（10〜500 nm）と表面積で区分されるが，ゴム配合用には，また別の特性が重要となる．このように成熟したカーボンブラック技術にもナノ粒子が出現した際には少し混乱が起こった．ナノ粒子は 100 nm 以下の次元の粒子をさす用語として一般に使われ，伝統的なカーボンブラックはナノ粒子領域（§18・11）に重なっている．直径がほんの数 nm のような，最も小さなナノ粒子はたった数千個の原子からできている．このような粒子は量子ドットとよばれ，バルク材料とはまったく異なった特性をもつことがある．

カーボンブラックとシリカの組合わせは，カーボン単体よりもゴムの補強には効果的であり，"グリーンタイヤ"製造への道が拓かれた．シリカの表面はシラノール基で覆われているので，有機シランカップリング剤の添加によってゴムとシリカのネットワークが形成される．このネットワークがタイヤの補強力を高め，ころがり抵抗を 24% も減少させる．その一方で，ぬれた路面における制動力（ウェットグリップ性能）と摩耗（タイヤ寿命）は通常タイヤと同等である．燃費が大きく減少するとともに大気汚染も減る．

●**市　場**●　2009/2010 年の世界のカーボンブラック市場は 900 万トンであった[16]．2007 年にはカーボンブラックの 72% がタイヤ用で，ゴムに摩擦抵抗と機械強度を与えるために使われた．20% がその他ゴム製品用に，残りの 8% が印刷インキ，塗料，プラスチック用であった．米国のカーボンブラック市場は 1970 年代前半の 160 万トンから 2000 年代前半には 110 万トンに減少した．この原因の一部は自動車用タイヤが長持ちするようになったためである．しかし主要な原因は，世界の自動車工業が中国，インド，東

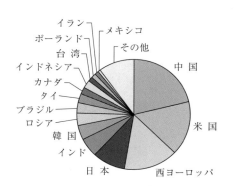

図 14・2　カーボンブラックの世界の国別消費量（2007）

欧に移るとともにタイヤ工業もそれに従って動き，カーボンブラック製造業者も移動したためである．米国の自動車輸入は増加している．このために図 14・2 に示すように，米国以外の国々がカーボンブラックの重要な消費国になっている．

文献および注

1. 岩本正和らによる特許 Japanese Patent 189,249-250 (27 November 1981) では、メタンの酸化二窒素による酸化によってメタノールとホルムアルデヒドの生成が述べられている。
2. アンモニアの接触酸化による酸化二窒素の合成については、U.S.Patent 5,849,257 (15 December 1998) に述べられている。
3. Catalytica 社の水銀に基づく触媒については U.S.Patent 5,305,855 (26 April 1994) に、白金に基づく触媒については World Patent 98/50333 (12 November 1998)。
4. M. Ahlquist, R. A. Perianab, and W. A. Goddard Ⅲ, *Chem. Commun.*, 2373~2375, 2009.
5. E. Davies, *Chemistry World*, February 2009, pp. 51~54.
6. http://www.nano.org.uk/news/938/.
7. *Chem. Week*, 5 July 2010, p.15; *Chem. Eng. News*, 17 January 2011, p. 20.
8. EVC 社のエタンから VCM 合成プロセスは、次の一連の特許に述べられている:
 EP 0 667 844B1 (4 February 1998), WO 95/07252 (16 March 1995), WO 95/07251 (16 March 1995), WO 95/07250 (16 March 1995), WO 95/07249 (16 March 1995).
9. http://www.icis.com/v2/chemicals/9076569/vinyl-chloride/process.html; ICIS Chemical Business, 17-23 January 2011.
10. E. E. Stangland, D. A. Hickman, M. E. Jones, M. M. Olken, and S. G. Podkolzin, http://www.nacatsoc.org/20nam/abstracts/O-S3-10.pdf; M. M. Olken, D. Hickman, and M. Jones, http://www.nacatsoc.org/20nam/abstracts/P-S2-01A.pdf.
11. http://www.icis.com/Articles/2000/11/14/126388/sabic-develops-new-ethane-oxidation-acetic-acid-process.html.
12. Monsanto 社の昔の特許は West German Patent 2,056,326、三菱化学のプロパンアンモ酸化の特許は U.S.Patent 5,750,760 (12 May 1998), WO98/22421 (28 May 1998)、旭化成特許は、U.S.Patent 5,780,664 (14 July 1998), U.S.Patent 5,663,113 (2 September 1997) である。
13. Wei Zheng, Zhenxing Yu, Ping Zhang, Yuhang Zhang, Hongying Fu, Xiaoli Zhang, Qiquan Sun and Xinguo Hu, *J. Natural Gas Chem.*, **17** (2), 191~194, 2008.
14. U.S.Patent 6,541,664 (1 April 2003).
15. http://www.uop.com/objects/46% 20Cyclar.pdf.
16. http://www.sriconsulting.com/CEH/Public/Reports/731.3000/.

15 石炭からの化学製品

　天然ガスや石油から誘導される化学製品を述べてきた．しかし有機化学品の5%から10%程度は他の資源から得られる．それは石炭，油脂，炭水化物である．近代化学工業が発展してきたのは，これらの資源からなので，歴史的には重要な資源である．現在でもこれら資源の応用展開は，特に特殊化学品においては重要である．さらに油脂や炭水化物は再生可能資源なので，未来への保険という政策上の意味もある．本章ではまず最初に石炭について述べ，後の章で再生可能資源を述べる．

●**石炭の埋蔵量と使用量**●　　化学製品やエネルギーの再生可能資源ではないけれども，石炭は石油に比べて莫大な量が地球上に存在する．確定埋蔵量は消費量に対して現在(2010年)で118年分あり，石油の2倍である．2000年には石炭の確定埋蔵量は210年であった．可採年数の減少は石炭使用量が増加したためである．環境を汚染し，取扱い困難と思われているけれども，石炭は世界のエネルギー消費量のなお29%を占めている．地域によって消費量が異なる．中東地域は石油が豊富なので，石炭は消費量の1.4%にすぎない．EU地域では16%，米国では24%を占めている．中国では驚くべきことに石炭がエネルギー消費量の71%も占めている．西ヨーロッパでは石炭層は狭く深い．しかし他の地域では魅力的な露天掘りで採掘されている．世界のエネルギーに対する石炭の割合は増加しており，2009年には1982年以後の最高に達した．中国は石炭輸出国から主要な石炭輸入国になり，2010年の輸入量は12,600万トンを記録した．2008年の3倍である．

　石炭が環境を汚染し，採掘に危険が伴うとしても，劣ったものではない．石炭が固体で取扱いが困難ということは，先進国では大きな障害である．熟練したエンジニアは，ガスや液体をポンプで動かす方が経済的であるとわかっている．一方，発展途上国には安い大量の労働力と採掘可能な石炭鉱床があるので，雇用とエネルギー供給の両方を得ることは低レベルの技術で達成できる魅力的な選択肢である．

●**石炭化学**●　　石炭は英国で産業革命を推進する源となった．英国では産業革命のすべてが起こった．"石炭王"は百万人に仕事を提供したが，これはおそらく英国の男子労働人口の10分の1になった．第一次世界大戦前のピーク時には英国は年間28,700万トンの石炭を産出した[1]．石炭は19世紀と20世紀前半の化学工業にとって重要であった．石炭からはカーバイドが，さらにそれからアセチレン(§15・7)がつくられ，また石炭からは合成ガス(§15・5)が，さらにそれからアンモニア，メタノール，石油状燃料が

つくられた．加えてコークス炉留出分に含まれるあらゆる芳香族化合物がつくられた．この留出分は，いまなおいくつかの化学品の供給源となっている．しかし，石油からのものと比べると量の面では非常に少ない（おおよそ 1.5%）．世界のベンゼン（§6・1）の約 5% を今でも供給し，また多環芳香族類の主要な供給源である．

石炭ガス（都市ガス），発生炉ガス，水性ガス，合成ガスという用語はしばしば混乱して使われる．説明を表 15・1 に示す．

表 15・1　石炭や石油からつくられる混合ガス

名　称	製 造 法 と 成 分
石炭ガス，都市ガス	コークス炉操業の副生物．おもに水素（50%），メタン（35%），一酸化炭素（10%）
発生炉ガス	コークスに空気や，場合によっては水蒸気も通し，不完全燃焼させてつくられる．窒素含量が高く，低熱量．現在では衰退
水性ガス	約 1000 ℃でコークスに水蒸気を通してつくられる．典型的なものは，一酸化炭素 40%，水素 50%，二酸化炭素 5%，窒素とメタン計 5% である．メタンなどのアルカンを水蒸気改質することによって，一酸化炭素に対して水素の含有比の多いガスが得られる
合成ガス	化学製品をつくるために，さまざまな一酸化炭素と水素の含有比の合成ガスが必要とされる．石炭を原料に水性ガス経由でつくるか，天然ガスや石油などの炭化水素からつくる．§13・4 を参照
オイルガス	石油留出分を加熱分解して米国でつくられたが，西ヨーロッパでは行われなかった．エチレン 20～25%，プロピレン 13～16%，炭素数がさらに多いオレフィン類と軽質パラフィン類が少量
代替天然ガス（SNG）	石炭か石油をガス化してつくられるメタン．§15・4 参照

石炭から合成ガスへの転換（§15・5）は 19 世紀に燃料源として発展した．熱量を上げるためにオイルガスと混合された．石炭からの合成ガスは，今なお化学品の基礎原料となっている．最近でも Eastman 法による無水酢酸製造（§13・5・2c）によってそのことが示された．石炭からの合成ガスは，最初に実用化された Fischer–Tropsch 反応（§15・2）の基礎原料でもある．この合成ガスは代替天然ガス SNG（§15・4，§15・5）の製造にも使うことができる．石炭の水素添加は石炭を液体燃料や化学品の原料に転換するもう一つ別の方法である．

2000 年代前半には，代替天然ガスも石炭の水素添加ももはや関心をもたれないが，Fischer–Tropsch 反応は"ストランデッドガス"（遠隔地にあるため輸送しにくい天然ガス田からのガス）を容易に輸送できる液体の形に変える手法として注目されるようになった（第 1 章，§13・7）．

第二次世界大戦後，石油化学製品の原価が低下したので，石炭を基礎原料とした化学製品への関心は下がった．石油危機のあった 1970 年代に関心が高まったけれども，1980 年代には再び石炭化学への関心は下がった．石油価格が下がり，旧ソビエト連邦，カタールなどの中東湾岸地域，インドネシアなど世界中で天然ガスが大量に発見されたからである．その後，中国で石炭化学への関心が復活した．

15・1 コークス炉留出分からの化学品

石炭を空気のない状態で約 1000 ℃ に加熱するとコークスができるとともに少量の液状とガス状の分解物ができる.この液状留出分はコールタールともよばれるが,初期の化学工業では芳香族類や他の多くの化学品の原料となった.石炭 1 トンからほぼ 37 kg のタールが得られる.タールから得られる化学品のいくつかを図 15・1 に示す.

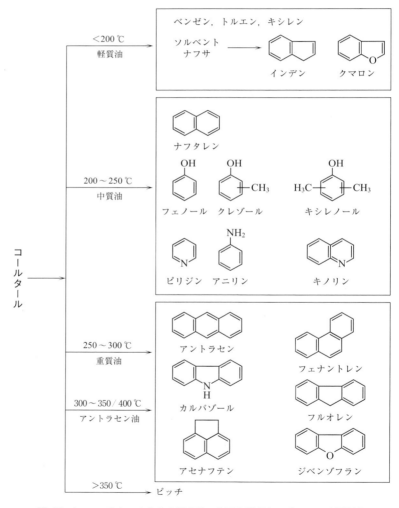

図 15・1 コールタールからの留出分: 主要な製品といくつかの少量製品

15・1 コークス炉留出分からの化学品　541

●**製鉄工業とコールタール**●　コークスはほとんど純粋な炭素で製鉄工業に使われる．製鉄工業では製造工程が効率的になってきたので，コークス必要量が少なくなってきた．それでもある量のコークスは常に必要なので，化学工業はコークス炉から発生してくる化学製品をいつも利用できる．最近の世界のコールタール生産量は 2000 万トン程度である．

コークス炉操業の典型的な製品構成は，重量比でコークス 80％，コークス炉ガス 12％，タール 3％，軽質油 1％である．軽質油には粗ベンゼン，トルエン，キシレン類のほか 200 種類以上の化学品が含まれる．米国のコールタール生産量は，ブタジエンなど中規模なトン数の化学品と同等な量である．しかし 1950 年代の 3 分の 1 以下になった．

コールタール留出分の利用できる量は，製鉄業のコークス需要量によって制限され，石油化学製品の不足を補うほどに十分に増加させることはできない．石炭化学製品の変遷については McCoy[2] が報告している．

●**コールタールの蒸留生成物**●　コールタールを蒸留すると四つの留分に分けられる．

1. 軽質油：沸点 200 ℃以下の留分．水より軽いので軽質油といわれる．コールタールから分留した後，濃硫酸と混合撹拌してオレフィン類を除去する．つづいて薄い水酸化ナトリウム水溶液で洗い，再度蒸留するとベンゼン，トルエン，キシレンと"ソルベントナフサ"が得られる．ソルベントナフサは，インデン，クマロンやその同族体 (homolog) の混合物である．コールタールやピッチを含んだ塗料の強力な溶剤であるが，このような塗料の使用量は著しく減少してきた．

　　軽質油を塩化アルミニウムのような Friedel–Crafts 触媒で処理すると熱可塑性のクマロン–インデン樹脂ができる．この樹脂は，ワニス，接着剤として使われる．

2. 中質油：沸点 200 ℃から 250〜270 ℃の留分．これから最もたくさん得られる化学品はナフタレンである．またフェノール類，クレゾール類，ピリジン類も含まれる．中質油を冷却するとナフタレンが結晶として得られ，この程度の不純物を含んだ粗ナフタレンでも無水フタル酸の製造には十分に使える（§8・1）．この粗ナフタレンは昇華法によって精製できる．昇華法は物質を固相から直接に気相にする少々珍しい精製法である．

　　ナフタレンを除去した残りの中質油を水酸化ナトリウム水溶液で抽出すると，酸性のフェノール類やクレゾール類を塩の形で水層に取ることができる．この水層を分離後，二酸化炭素を吹込むと塩類からフェノール類，クレゾール類が再生する．抽出残の油層を酸で抽出するとおもにピリジン類から成る窒素含有塩基性物質が得られる．

3. 重質油：アントラセンを別の留分として取るならば，沸点 250 ℃から 300 ℃で得られる．重質油とアントラセンを一緒に取ることも多い．重質油は木材防腐剤として使われ，一般にはクレオソート油とよばれる．留分を分離しなければアントラセン油ともいわれる．クレオソート油（重質油）は電柱や鉄道枕木の防腐用に使われる．木材に浸み込む数少ない材料である．

4. アントラセン油：沸点 250 ℃から 300/400 ℃の留分．またアントラセンだけを別留分

として取るならば350℃から400℃で得られる．アントラセン，フェナントレン，カルバゾールを含み，そのほかにも少量であるが多数の化合物を含んでいる．コールタールのほぼ1%になる．

コールタールの60%程度が残渣として残り，ピッチとよばれる．ピッチはアルミニウム工業で使われる．ピッチを加熱して重合し，溶融アルミナ／氷晶石の電気分解によってアルミニウムを製造する際の電極にする．アルミニウム1トンつくるのに炭素電極は0.45～0.6トン使われ，炭素は酸化されて二酸化炭素と一酸化炭素になる．不活性金属電極を使うよりも炭素電極を使う方が電気分解に必要な電圧が下がる．全システムが燃料電池として効率的に動いて節電になる．

コールタールのそのほかの用途には，屋根防水材や地下パイプライン用エナメル塗料がある．残渣タールは道路建設資材に使われ，またおもに防水下塗り用塗料として使われる．しばしばタールとエポキシ樹脂（§6・1・2a）の組合わせで使われる．

コークス炉留出分（コールタール，軽質油）からのベンゼンは2000年代前半のアジア・大洋州では全ベンゼン生産量の7.5%を占めた．ヨーロッパでは3～4%であったが，米国では1～2%にすぎなかった（図6・1参照）．コークス炉留出分から得られる化学品の種類と量は，石炭の種類とコークス製造法によって変わる．コークス炉留出分のなかで最も揮発性の高い留分の典型的な構成比率は，ベンゼン70%，トルエン15%，キシレン4%である．残りの成分は，脂環式炭化水素類，脂肪族炭化水素類に加えて少量のフェノール類，クレゾール類である．

●ナフタレン●　市場という面から重要なのはナフタレンである．ナフタレンは無水フタル酸の原料であり，o-キシレン（§8・1）と競合している．1960年代前半までは，コークス炉留出分がナフタレンの唯一の供給源であった．しかし現在では，重質ナフサの接触改質によってナフタレンを得ることができる．あいにくメチルナフタレンも生成する．ナフタレンだけが欲しいならば，水素化脱アルキル反応によってメチル基を除かなければならない．このことは，石油原料からつくるナフタレンにも当てはまる．水素化脱アルキル反応はトルエンからベンゼンへの転換（§7・1）にも使われている．2000年代前半の米国でのナフタレンの年間生産量はおおむね12万トンであった．石油原料からの生産はその約10%であり，残りはコークス炉留出分からのナフタレンであった．

ナフタレンを穏やかに水素化するとテトラヒドロナフタレン（テトラリン）が得られ，強く水素化するとデカヒドロナフタレン（デカリン）になる．テトラヒドロナフタレンには，いくつかの利用先がある．化学製品に石炭がたくさん使われた時代には，テトラヒドロナフタレンは石炭液化のための効果的な水素供与体だった．現在ではテトラヒドロナフタレンはα-ナフトールの原料として使われている．空気酸化によってα-テトラロンになり，これを接触脱水素反応によってα-ナフトールにする（式15・1）．α-ナフトールは重要な染料中間体であり，殺虫剤カルバリル（§13・5・2f）の出発原料でもある．

$$\text{テトラヒドロナフタレン（テトラリン）} \xrightarrow{O_2} \text{α-テトラロン} \rightleftharpoons \text{（エノール体）} \xrightarrow{-H_2/\text{触媒}} \text{α-ナフトール}$$

(15・1)

●**アントラセン，カルバゾール**● アントラセン油に含まれているアントラセンとカルバゾールは，今でもなお染料工業で有用である．アントラセンはアントラキノン染料の出発点であり，カルバゾールはチョコレートバーの包装紙に使われているバイオレット 23 の色合いを生み，さらに日光堅牢度が高いハイドロン青色染料の原料でもある．ハイドロン染料は，いくつかのブランドのブルージーンズに使われている．

第一次世界大戦前には，アントラセン油は十分に濃縮され，アントラセンが結晶化された．得られた粗製品を硝酸（現在でもなお使われている）または重クロム酸塩で酸化してアントラキノンをつくった（式 15・2）．

$$\text{アントラセン} \xrightarrow{HNO_3} \text{アントラキノン}$$

(15・2)

第一次世界大戦中，米国はアントラキノンの輸入が途絶し合成法を開発した．Friedel–Crafts 触媒の存在下でベンゼンと無水フタル酸を反応させて，o-ベンゾイル安息香酸（§6・8）をつくり，次にこれを脱水してアントラキノンを得る方法である．この製法はアントラセンをコールタールから得る経路よりも経済的な良い方法であった．しかし，懸濁結晶化技術が開発されてアントラセンとカルバゾールを大量の高沸点芳香族溶媒から連続して沈殿させるようになってからは変わった．懸濁結晶化法は，合成経路よりも費用がかからないものの，いろいろな欠点があった．望ましくない生成物が一緒に沈殿し，また芳香族有機溶媒を使うことは環境面でよくなかった．また製品単位重量当たりのエネルギー消費量も非常に大きかった．

ドイツで現在コールタールを処理している唯一の会社である Rutgers 社は，新技術によってアントラセンなどを分離する新プラントを 2003 年に稼働させた[3]．コールタール工業のような伝統的な工業では，このようなことは大事件であった．採用された方法は，300 ℃近い高温で溶融結晶化を進行させる工学上の革新的な技術であった．溶媒なしで液状原料を一連の垂直熱交換板により徐々に冷却して板表面で結晶を成長させる．残渣液（すすの多い油）が流出する．その後，熱交換板を非常にゆっくりと加熱し，結晶から不純物を"にじみ出さ"せる．熱交換板上に残った結晶を溶融すると，かなり純粋なフェナントレン–アントラセン–カルバゾール混合物が得られる．しかしこの混合物は固溶体な

ので，再結晶法による分離はできない．代わりに高温減圧蒸留によって分離するが，フェナントレンの沸点（常圧下で）はアントラセン（沸点339.9℃）と1℃以内しか違わないので分離は困難である．一方，カルバゾール（沸点354.75℃）とは多少の沸点差がある．

15・2 Fischer-Tropsch 反応

Fischer-Tropsch 反応は石炭から炭化水素を得る経路を提供する[4]．

●**反応生成物**●　合成ガス（§13・4）を常圧程度，150〜300℃で，鉄，ニッケルまたはコバルト触媒に通すと，広い分子量分布をもったアルカンとオレフィンの混合物ができる．オレフィンが最初にできる．Sasol社はこの製法の主要な操業会社であり，オレフィン（§13・6・1）を分離し，販売している．別の方法としてオレフィンをアルカンにすることもできる．石炭の代わりにナフサやメタンからつくった水素の多い合成ガス（§13・4）を使えば，アルカンが最初から生成物として得られる（式15・3）．

$$n\,CO + 2n\,H_2 \longrightarrow C_nH_{2n} + n\,H_2O$$
$$2n\,CO + n\,H_2 \longrightarrow C_nH_{2n} + n\,CO_2$$
$$n\,CO + (2n+1)H_2 \longrightarrow C_nH_{2n+2} + n\,H_2O \qquad (15\cdot3)$$

炭化水素としては直鎖状の C_5〜C_{11} が主体であり，メタン，エチレン，プロピレンも同時にできる．また，ろうそくに使われる Fischer-Tropsch ワックスという高分子量の炭化水素も得られる．さらにアルコール，酸のような酸化生成物もできる．Fischer-Tropsch 反応生成物は石油状の混合物であり，燃料としても，化学原料としても使うことができる．高分子量の炭化水素をつくる触媒としてルテニウムが提案された[5]．固定床でも，流動床でも操業されており，それぞれの生成物構成を表15・2に示す．

表 15・2　Sasol 社で得られた Fischer-Tropsch 製品

生成物	220℃の固定床（wt%）	325℃の流動床（wt%）
CH_4	2.0	10
C_2H_4	0.1	4
C_2H_6	1.8	4
C_3H_6	2.7	12
C_3H_8	1.7	2
C_4H_8	3.1	9
C_4H_{10}	1.9	2
C_5〜C_{11}（ガソリン）	18.0	40
C_{12}〜C_{18}（ディーゼル油）	14.0	7
C_{19}〜C_{23}	7.0	—
C_{24}〜C_{35}（中質ワックス）	20.0	4
C_{35} 以上（硬質ワックス）	25.0	—
水溶性非酸性物質	3.0	5
水溶性酸性物質	0.2	1

●**反応機構**● Fischer-Tropsch 反応機構は複雑であり，いまだに完全には明らかになっていない．上記に示した反応工程が基礎になっていることは広く認められている．水性ガス反応も同時に起こるが，これには鉄触媒が必要である（式 15・4）．

$$CO + H_2O \rightleftharpoons CO_2 + H_2 \tag{15・4}$$

Fischer-Tropsch 反応の平衡状態は，温度，圧力，反応物濃度によって，どちらの方向にも動くことができる．望ましくない反応は，メタンの生成，一酸化炭素の二酸化炭素と炭素への不均化反応，金属触媒の酸化である．炭素の析出によって触媒が閉塞する．水蒸気を加えると炭素の生成が抑えられ，メタン生成量が少し減る．

● **α-オレフィンの供給源** ● Fischer-Tropsch 反応では生成する炭化水素が直鎖なのでオクタン価が低く，ガソリンとして使うには異性化反応やアルキル化反応（§1・10）が必要である．その一方で，直鎖構造は，化学合成に必要となるオレフィンや芳香族を得るための水蒸気分解や接触改質には理想的である．

Fischer-Tropsch 法は，2 度の大戦間に集中的に開発され，第二次大戦中ドイツで大規模に円滑に操業された．現在，南アフリカで 3 プラントが稼働している．旧南アフリカは急進的な政策により石油ボイコットを受けたので，この製法で自己防衛した．1990 年代に南アフリカ政府が変わり，防衛の必要性はなくなったけれども，償却が進んだプラントは経済的になったので生産が続いている．Fischer-Tropsch 生成物は，鉄を主体とした触媒上で炭素鎖が成長することによってつくられ，炭素鎖の長さに制限はない．こうしてさまざまな分子量のアルカンができるけれども，その多くはガソリンには役立たない．これらの副生物は最初は燃料として使われた．現在では多くの化学品を得る"宝庫"になっている．Fischer-Tropsch "Synthol" 燃料には，エチレンから 1-デセンまで，すべての炭素数（奇数も偶数も）の α-オレフィンが含まれている．エチレンのオリゴマー化反応は，α-オレフィンをつくる通常の経路であるものの，偶数炭素数の生成物しか得られない（§2・3・2）．Fischer-Tropsch 法で最初に生産された α-オレフィンは，ペンテンからオクテンの範囲であった[6]．α-オレフィンの生成量は，炭素数が増えると一般には減少する．

1-ブテンから 1-オクテンの範囲の α-オレフィンは，直鎖状低密度ポリエチレンのコモノマーとして使われる．Sasol 社は低原価の 1-ヘキセンと 1-オクテンを入手できる強みをもち，これらの α-オレフィンの主要な供給者となってきた．1-ペンテンもコモノマーとして潜在的な可能性をもっているが，あまり利用されてこなかった．過去には生産されなかったけれども，現在では Sasol 社が唯一の供給者になっている．

Sasol 社は 1994 年に 1-ヘキセンの生産を開始し，現在，年産 25 万トンにまで拡張した．1-オクテンの生産能力は 96,000 トンである．需要に即して稼働できる Sasol 社の第 1 号 1-オクテン工業化プラントは，1998 年に南アフリカのセクンダで建設された．この技術は，酸による抽出と通常の蒸留，抽出蒸留，共沸蒸留を組合わせたもので，燃料油か

ら1-オクテンを抽出し精製する．コモノマー需要が急速に成長したので，第2号1-オクテンプラントが必要になり，2004年に建設された[7]．

合成燃料からα-オレフィンを抽出するSasol社の方法には限界があり，すべての1-ヘキセンと1-オクテンを抽出してしまうと能力拡張の余地がない．Sasol社は，§2・3・3で述べたエチレンの四量化反応のような，代わりとなる技術の開発に迫られた．Sasol社が開発している方法は，1-ヘプテンの抽出に基づいている．1-ヘプテンには売り先がないけれども，ヒドロホルミル化反応による中間体を経由して1-オクテンをつくることができる（式15・5）．Sasol社は2008年に年産10万トンのヒドロホルミル化プラントを建設した．

$$
\begin{aligned}
&CH_3CH_2CH_2CH_2CH_2CH=CH_2 + CO/H_2 \longrightarrow CH_3CH_2CH_2CH_2CH_2CH_2CH_2CHO \\
&CH_3CH_2CH_2CH_2CH_2CH_2CHO + H_2 \longrightarrow CH_3CH_2CH_2CH_2CH_2CH_2CH_2CH_2OH \\
&CH_3CH_2CH_2CH_2CH_2CH_2CH_2CH_2OH \longrightarrow CH_3CH_2CH_2CH_2CH_2CH_2CH=CH_2 + H_2O
\end{aligned}
$$
(15・5)

● **α-オレフィンの競合製法** ●　Sasol社の製法に対して，石炭原料でない二つのヘキセン，オクテンの製法が競合している．Lummus社は1-ヘキセンへのメタセシス経路を開発し，CPT（Comonomer Production Technology）と名づけた．この技術は，スチームクラッカーから得られるC_4留分を使い，エチレンオリゴマー化のような高価なポリマーグレードのエチレンを必要とする方法に取って代わった．1-ブテンの自己メタセシス反応によって3-ヘキセンをつくる．3-ヘキセンは異性化反応によって最終的には1-ヘキセンになる．理想的な反応式は式(15・6)のとおりである．

$$
\begin{aligned}
&2\ \text{1-ブテン} \rightleftarrows \text{3-ヘキセン} + H_2C=CH_2\ (\text{エチレン}) \\
&\text{3-ヘキセン} \rightleftarrows \text{2-ヘキセン} \rightleftarrows \text{1-ヘキセン}
\end{aligned}
$$
(15・6)

この方法の難しい点は，メタセシス反応と異性化反応の両方が平衡反応であるために副生物が生まれやすく，副生物を再利用する工程が広範になることである[8]．Lummus社のCPT法による1-ヘキセンの製造は，Sinopec社との合弁会社で準工業的な規模により実証実験が行われている．

もう一つの競合法はDow Chemical社の特許[9]になっている．パラジウム触媒の存在下で，メタノールとブタジエンのテロマー化反応によって1-メトキシ-2,7-オクタジエンが生成する．次にそれを水素化して1-メトキシオクタンにし，さらにこれを分解して1-オクテンとメタノールにする．メタノールは再利用する（式15・7）．

$$2\,CH_2=CH-CH=CH_2 + CH_3OH \longrightarrow CH_3O-CH_2CH=CHCH_2CH_2CH=CH_2$$
ブタジエン　　　　　　　メタノール　　　　　　　　1-メトキシ-2,7-オクタジエン

$$CH_3O-CH_2CH=CHCH_2CH_2CH=CH_2 + 2\,H_2 \longrightarrow$$
1-メトキシ-2,7-オクタジエン

$$CH_3O-CH_2CH_2CH_2CH_2CH_2CH_2CH_3$$
1-メトキシオクタン

$$CH_3O-CH_2CH_2CH_2CH_2CH_2CH_2CH_3 \longrightarrow H_2C=CH-(CH_2)_5-CH_3 + CH_3OH$$
1-メトキシオクタン　　　　　　　　　　　　1-オクテン　　　　　　　メタノール

(15・7)

　Dow Chemical 社は，ブタジエンを出発原料とする技術を使って 2007 年にスペインのタラゴーナで 1-オクテン年産 5 万トンプラントの稼働を開始した[10].

●**燃料油としての課題**●　　Fischer-Tropsch 法は石油精製と同じ製品比率で燃料製品ができるわけではない．南アフリカのガソリン需要に合わせて Fischer-Tropsch 法を運転するとディーゼル油が不足してしまう．ディーゼル油需要に合わせて Fischer-Tropsch 法の生産量を増やすとガソリンが余剰となる．1990 年代前半には余剰となったガソリンを非経済的な国際価格で輸出しなければならなかった．同様の問題がブラジルのガソホール計画を苦しめている．エタノールによってガソリンが代替され，ディーゼル油の不足が起こっている．

　見かけ上の長所にもかかわらず，石炭原料による Fischer-Tropsch 法は原価が高く，操業もあてにならないと一般には思われてきた．石炭が固体なので，反応器がかさばり，機械も複雑になって建設費が高くなる．用水・エネルギー費や維持補修費も高く，しかも石炭を苦労して地下から掘り出さなければならない．しかし，石炭やコークスでなく，ガスを出発原料にするならば（§15・6）難点は消え去る．Sasol 社は石炭とガスの両方を使っていると考えられる．

　合成ガスからガソリンを得る別の経路は，§13・5・2d で述べた Mobil 社の MTG 法である．MTG 法はモレキュラーシーブ触媒を使う．孔の大きさが十分に小さいので製品は $C_5 \sim C_{10}$ の範囲の分子量に制御される．Fischer-Tropsch 合成法で生成するような高分子量のアルカンは見られない．

　オランダのユトレヒト大学では，Fischer-Tropsch 反応の触媒活性を 50～60％改良する方法を実験してきた[5]．Co_3O_4 触媒粒子を担持する多孔質シリカの形状が制御されているために，均一に分布した同じ大きさの触媒粒子が得られる．触媒に関するその他の進展については Milmo が報告している[11]．

15・3　石炭の水素化

　石炭は実験式としておおよそ CH と表現できる．石炭を脂肪族炭化水素に転換するには，水素を追加する必要がある．Fischer-Tropsch 法では転換のための水素は究極的には

水に由来する．しかし石炭を直接に水素化することは可能である．この方法はBergius法(ベルギウス)とよばれ，第二次大戦中にドイツで操業された．石炭，亜炭またはコールタールを450℃，700 barの条件下，鉄触媒で水素化し，400万トンのガソリンが合成され，おもに航空機燃料として使われた．

よい溶媒が見つかって石炭を液相/固相混合状態で水素化できたなら，もっと穏やかな条件で石炭を水素化できたであろう．水素供与体法では，微粉砕された石炭を約200℃，65 barの条件下でテトラリンと1～2時間反応させる．テトラリンは溶媒として働くとともに，水素供与体としても働き，四つの水素を与えてナフタレンになる（式15·8）．

$$\text{テトラリン} \longrightarrow \text{ナフタレン} + 2H_2 \qquad (15·8)$$

水素は，石炭が分解して生じるラジカルと反応して，ラジカルを安定化し，さらに分解が進んでガスとなってしまうことを防いでいると推定される．またラジカルどうしが結合してコークスとなることも防いでいる．生成するナフタレンは再度水素化してテトラリンにする．同じ技術を重質原油や原油の蒸留残渣に使うことができる．1980年代後半は石油が安価だったので，この製法の工業化には逆風が吹いた．

以上に述べたように，石炭から石油状燃料を得るには三つの経路がある．Fischer-Tropsch法とMobil法（MTG法）は，Bergius法よりも魅力的である．石炭が世界的な規模で石油状燃料の原料となるかどうかは，石油不足の深刻度合い，必要となる巨大な設備資金が供給される可能性，核分裂や核融合のような他のさまざまなエネルギー源の実用可能性によって決まる．

15·4 代替天然ガス（SNG）

天然ガス田から採取されるのでなく，合成してつくられるメタンを，代替天然ガスSNGとよんでいる．"合成天然ガス"という言葉も使われるが矛盾した言い回しである．1960年代，1970年代にはメタン埋蔵量が急速に枯渇するように思われたので，長い目で見れば石炭がメタンの必然的な資源と考えられた．しかしその後，非常に大量の天然ガスが発見され，メタン合成法は広くは採用されなかった．SNGは水蒸気改質法をやや低温に変えて，石油留分を原料にしてつくることも可能である（式15·9）．

$$4\,C_nH_{2n+2} + (2n-2)H_2O \longrightarrow (3n+1)CH_4 + (n-1)CO_2 \qquad (15·9)$$

Lurgi社ノースダコタ工場では，Lurgi法によって1490トンの亜炭から450万m^3の代替天然ガスSNGがつくられている．この工場は1984年から操業している．硫黄分を含んだガスを除去する洗浄液として無水アンモニアが使われている．その結果として硫安肥料が得られる．他にも副生物があるが，そのうち二酸化炭素は地中隔離によって貯留されている．中国では石炭を原料としたプラントが二つ建設中である[12]．表15·3には，こ

表 15・3　中国での石炭化学のプラント　[出典: ICIS Chemical Business, 5 November 2010]

会社名	立地	技術†	能力 (年産千トン)	稼働開始	進捗状況	製品
China Datang Corp.	内モンゴル 多倫県	MTP	460	2010年末	建設中	PP (最終製品)
Baotou Shenhua Coal Chemicals	内モンゴル 包頭市	MTO	600	2010.8	安定稼働	PP, PE (最終製品)
Shenhua Ningxia Coal Industry	寧夏 銀川市	MTP	500	2010.10	試運転中	PP (最終製品)
Tongilao Gold Coal	内モンゴル 通遼市	CTG	150	2009年末	稼働	グリコール
Qinghua グループ	新疆 伊寧市	SNG	137.5	2011.7	建設中	SNG
Xinwen Mining	新疆 伊寧市	SNG	200	2012.7	建設中	SNG
Inner Mongolia Yitai グループ	内モンゴル オルドス市	CTL	160	2009.3	安定稼働	ディーゼル油, ナフサ, LPG

† MTP: メタノールからのプロピレン法 (§13・5・2e), MTO: メタノールからのオレフィン法 (§13・5・2e), CTG: 石炭からのグリコール法, SNG: 代替天然ガス法, CTL: 石炭からの液体燃料法

の二つとともに，その他の石炭を原料とした中国のプラントを示す（付録Eも参照）．

　CRG (Catalytic Rich Gas) 法（450℃，カリウムを助触媒としたニッケル触媒）とGRH (Gas Recycle Hydrogenation) 法（750℃，無触媒）は長年使われてきた技術である．CRGは"二段メタン化法"とよばれる製法の変法とともに，原料として軽質ナフサが必要である．一方，GRH法は重質の炭化水素を使うことができる．いずれもナフサや重質炭化水素から合成ガスをつくり，メタン化反応(methanation)によってメタンにする．

15・5　SNGと合成ガス技術

　合成ガス技術は§13・4で述べた．石炭やコークスから合成ガスをつくる転換反応は基本的には難しくない．難しい点は固体の取扱いである．移動床，流動床，噴流床など，さまざまな製法がある．主要な製法を表15・4に要約した．そのうちLurgi法，スラッギングガス化炉法，Texaco法（現GE法）についてのみ述べる．

　Lurgi法とスラッギングガス化炉法は，水蒸気と酸素がモル比2:1から6:1で石炭床に供給される．石炭は移動床の上部に補給され，灰が底から引き出されて移動床がうまくいくようにする．生成ガスには，水素，一酸化炭素，二酸化炭素と少量のメタンが含まれ，ガスとともに大量のクリンカー（溶融灰）が得られる．生成ガスは改質できる．一方，クリンカーは連続操業のプラント内では取扱いが難しい．1930年代にドイツで開発されたLurgi法では酸素に対して水蒸気の割合を大きくして反応温度を下げ，メタン含有量が高く，一酸化炭素含有量が低いガスをつくり，適当な火格子で扱うことができる微細な灰を得た．しかし過剰な水蒸気の投入により，費用が高くなり，大量の腐食性のある薄いスラリーが生じた．また能力の割にはプラントの規模が大きくなり，熱効率も悪かった．

表 15・4 石炭ガス化法

製 法	お も な 特 徴
第一世代	
Lurgi 法	加圧移動床法．粒状の非粘結炭に適する．他の製法に比べると水蒸気消費量が大きい．生成ガスにはメタン，残留水蒸気，二酸化炭素が多く，タールを含む．H_2/CO 比は 1.7 程度．
Winkler 法	常圧流動床法．反応性の高い石炭（亜炭）に適する．他の製法に比べると酸素消費量も，水蒸気消費量も適度である．生成ガスの純度も比較的高い．石炭の転化率は中程度．800～1000℃で運転．
Koppers-Totzek 法	常圧噴流床法．粉末化した石炭を使い，広範囲の石炭を扱える．他の製法に比べると酸素消費量が大きい．生成ガスにはメタン，二酸化炭素，残留水蒸気が少なく，タールを含まない．H_2/CO 比は 0.5 程度．
第二世代	
British Gas 法-Lurgi 　　スラッギングガス化 　　炉法	加圧移動床法．おもに粒状の非粘結炭に使われる．Lurgi 法に比べると水蒸気消費量が少なく，反応器容量が小さく，生成ガスの純度が高い．
高温 Winkler 法 　　（Rheinbraun 法）	加圧流動床法．反応性の高い石炭（亜炭）に適する．Winkler 法に比べてガス化速度が大きく，石炭転化率も完全に近い．
Texaco 法 　　（現 GE 法）	加圧噴流床法．石炭粉末の水スラリーを使う．亜炭には適さない．生成ガスにはメタンが少なく，タールを含まない．H_2/CO 比は 0.7 程度．
Shell 法	加圧噴流床法．原料として乾燥石炭粉末を使う．亜炭を含む広範囲の石炭を扱える．熱効率が高い．Koppers-Totzek 法に比べると生成ガスの純度が高い

　British Gas 法は，Westfield スラッギングガス化炉法ともよばれる．酸素に対する水蒸気の割合を下げて生成ガス中の一酸化炭素の含有比率を上げる．また高温に達するためにスラッグが溶融状で引き出される．

　Texaco 法（現 GE 法）は Eastman 社で採用された（§13・5・2c）．これは，Koppers-Totzek 法の改良法で噴流床法である．微粉炭と水の混合液流に酸素ガス流が加えられて 1400～1600℃の炎をつくる．生成ガスには一酸化炭素と水素が多く，メタンや凝縮するような炭化水素は少ない．高温反応なので熱効率は悪いが，移動床法に比べて生成ガスは化学原料に適している．さらに改質しなければ SNG としては使えない．

15・6　石炭の地下ガス化

　石炭の地下ガス化（UCG）は非常に古い技術であるけれども，新たな関心を呼び戻している．石炭層に注入井を掘り，酸化剤（空気，酸素または水蒸気）を圧入して石炭を燃焼させる．別に掘った産生井から生成ガスが地表へともたらされる．高圧燃焼によって 700～900℃，場合によっては 1500℃までの高温がつくられる．生成ガスには，一酸化炭素，二酸化炭素，水素，少量のメタン，硫化水素が含まれる．石炭の表面が燃えて石炭層が空洞になるので，運転者は酸化剤の投入量を制御する．

　生成ガスは，石油や天然ガスからつくられる合成ガスに比べて，水素に対する炭素の割

合が高い．生成ガスはガスタービン複合サイクル（CCGT）発電に使われる．天然ガスの代わりに UCG を使う CCGT 発電プラントは，微粉炭を使うプラントに比べて高出力であるといわれる．UCG は液体燃料の合成にも，アンモニアと肥料の製造にも使うことができる．加えて UCG は温室効果ガスの排出を大幅に減らす．固形廃棄物が少ないうえに酸性ガスは容易に除去できる．伝統的な石炭採掘に比べて，石炭の燃焼を制御することは難しいが，災害の危険ははるかに少ない．わずかな有機汚染物（ベンゼン，フェノール）が地下水に入り込む危険性はある．

UCG によって，深く埋まっている石炭層や厚みが薄い石炭層の利用も可能になる．UCG によって米国の可採石炭埋蔵量は 300％増加し，世界の埋蔵量は 6000 億トンになると考えられている．

UCG は成熟した技術であるが，現実には使われてこなかった．中国では多大な関心が再び高まっている．2009 年に Thornton New Energy 社は英国政府の初めての UCG 開発許可を得た．スコットランドのフォース湾で，深すぎて以前は採掘不可能であった石炭資源を開発する[13]．

15・7 カルシウムカーバイド

カルシウムカーバイド経由でアセチレンをつくり，それを利用することについては，§13・3 で述べた．このアセチレン製造法は，途方もなくエネルギーを使い，2001 年の米国価格ではアセチレン 1 kg をつくる電力費だけでも，エチレン 1 kg をつくる全費用よりも高くなる．24 時間安定して稼働する原子力プラントによって安い深夜電力が得られるならば，カーバイドの利用は魅力的になるかもしれない．しかしスリーマイル島事故以後，米国では一つも新しい原子力プラントがつくられていない．したがってカーバイドの利用は可能性としてはあるとしても，遠い将来の話である．

その一方で中国ではアセチレンが化学工業の重要な基礎原料になっており，多くのカーバイド工場が建設されてきた．現在の価格体系では，カーバイドは最も経済的なアセチレンを得る経路である[14]．

15・7・1 中国の石炭化学計画

中国では石油と天然ガスが不足しているので，有機化学品をつくるために，多くの合成ガス経路とアセチレンを出発原料とする経路が復活している[12]．石油と天然ガス価格の上昇によって，石炭の安さから石炭を原料とする製法の経済性が高まった．アセチレンからの塩化ビニルはすでに実用になっている．アクリロニトリル，アクリル酸，1,4-ブタンジオール/テトラヒドロフラン，クロロプレン，イソプレンの製造にはアセチレンの利用が，最も経済的で手近な可能性のあるものと考えられている．これらの製品をつくる技術は古くからあり，中国人は石炭とアセチレンを扱う経験をもっている．

表 15・3（p.549）に稼働中または建設中の，石炭を原料とするプラントを示した．表

に示す技術はすでにたくさん述べてきた．次の二つの目新しいプロジェクトは，工業化にはなお少し距離がある．石炭を原料にして合成ガスからの一段法によって，ジメチルエーテルをつくる製法は，ジメチルエーテルの設備過剰のために関心が低下した．石炭からエチレングリコールをつくる製法は，興味深く，革新的である[15]．この製法には，合成ガスに加えて酸化窒素，酸素，メタノールを使う．メタノールを気相で酸化窒素，酸素と反応させて亜硝酸メチルにする．亜硝酸メチルは合成ガスからの一酸化炭素と反応してシュウ酸ジメチルと酸化窒素になる．さらに合成ガスからの水素によって，シュウ酸ジメチルを水素化分解反応することによってエチレングリコールができる．それとともに，メタノールが再生する．こうして，メタノールと酸化窒素は触媒の役割を果たす（式15・10）．

$$2 CH_3OH + 2 NO + \tfrac{1}{2} O_2 \longrightarrow 2 CH_3ONO + H_2O$$
亜硝酸メチル

$$2 CO + 2 CH_3ONO \longrightarrow (COOCH_3)_2 + 2 NO$$
シュウ酸ジメチル

$$(COOCH_3)_2 + 4 H_2 \longrightarrow (CH_2OH)_2 + 2 CH_3OH$$

$$\text{全体}: 2 CO + 4 H_2 + \tfrac{1}{2} O_2 \longrightarrow (CH_2OH)_2 + H_2O \tag{15・10}$$
エチレングリコール

　Tongliao Gold Coal 社は2009年末に年産15万トンのエチレングリコールプラントの操業を開始した．しかし，このプラントには触媒技術上の問題があった．

　この製法は，もともと日本の宇部興産が1970年代に開発した"ナイトライト"技術であった．1980年代の石油価格長期低迷で宇部興産は工業化を断念した．しかし，その後，宇部興産は，シュウ酸ジメチルおよび炭酸ジメチルについては工業生産を開始した．2011年に宇部興産は中国企業にシュウ酸ジメチル，エチレングリコールの製法を技術供与した．2013年初頭にシュウ酸ジメチル72万トン，エチレングリコール30万トンプラントが稼動する．つづいて宇部興産は他の多くの中国企業ともライセンス契約を締結した（§13・6・1）．

　通常のエチレン原料のエチレングリコールから石炭原料のエチレングリコールへの転換を中国が実施したので，世界のエチレングリコール市場は大きく揺るがされる可能性がある．エチレングリコールはおもにポリエステル繊維の製造に使われている．2010年の世界市場は1800万トンであったが，そのうち中国は43％を消費し，生産はたったの12％にすぎなかった[16]．もし中国がエチレングリコールの輸入国から純輸出国になれば，西ヨーロッパや米国のエチレンやエチレンオキシド市場にも影響があるだろう．中国の成長による経済的な影響は，KPMG社によって分析されている[17]．

　中国以外の地域で石炭を原料とする広範な化学工業が生まれるには，石炭価格と石炭の必要量を供給できるかいう大きな障害がある．石炭を扱う設備の莫大な建設費を吸収するには，それだけ石炭が安くなければならない[18]．Bayer社が1970年代末に評価したとこ

ろ，当時の石油からつくられる有機化学品を石炭からつくるには西ヨーロッパで年間2.5億トン以上の石炭が必要であった．無煙炭，亜炭，褐炭の現在の全生産量は4億トンにすぎず，しかもそのすべてが化学品生産に適したものばかりではない．

15・8 石炭と環境

　石炭には技術上の問題だけでなく，社会的，政治的な問題もある．露天掘りは石炭採掘費用が最も安い方法であるけれども，地域を広範囲に荒廃させる．その一方で伝統的な地下採掘は危険で費用もかさむ．

　英国石炭産業は歴史的な産業であり，炭鉱夫は事故，肺病，劣悪な条件下での重労働のために早死にした．炭鉱夫の賃金は不況期に引下げられてきた．1926年のゼネストは最も有名な例である．炭鉱夫はどこでも隔離された共同体の中で生きてきた．英国炭鉱夫はこの点でも典型的である．仕事は父から息子に受継がれ，娘は炭鉱共同体内で結婚した．採鉱の機械化や安全基準の改善によって炭鉱夫の労働環境は19世紀に比べると良くなった．しかし理想からは程遠いものであった．

　第二次大戦後，石炭の需要は衰退した．石油と天然ガスが多くの利用分野で石炭に取って代わった．石炭は環境を汚染し，欧州委員会の大気規制によって硫黄分の多い英国炭は発電向けには避けられるものとなった．安価な露天掘り石炭の輸入が事態をいっそう悪化させた．英国石炭産業の崩壊によって雇用が失われ，ほんの1万人の炭鉱夫が残るだけであった．歴史的な共同体は分裂し，炭鉱地域の人口は減少した．

　炭鉱夫の苦難を前提にすると，1970年代末に起こった英国石炭産業の消滅は喜びを得る機会であるはずだった．しかし，炭鉱閉鎖への反応には相反するものがあった．他の雇用機会が提供されないので村は崩壊した．炭鉱夫は地域文化に密着し共同体内で生きてきた．そこには聖歌隊があり，メソジスト派を中心とした教会もあり，ラグビーチームも，酒場もあった．劣悪で危険な産業の終焉を喜ぶべきなのか，それとも雇用や共同体の消滅を悲しむべきだろうか．

　英国石炭産業の運命にもかかわらず，石炭採掘は多くの他の国々で続いており，そこでは石炭採掘が英国よりは行いやすいか，または地下労働に耐える以外には選択の道がほとんどない．チリでは2010年10月に地下に2カ月も閉じ込められた後，ほとんど奇跡的に33人が救出された．一方，2010年11月にはニュージランドで29人の死亡事故が起こった．どちらも鉱山共同体の結束と労働の危険性を示している．2004年以後，石炭は主要エネルギー源の中で，最も高い成長であった．中国がその要因の85%を占め，石炭は中国の主要なエネルギー源である．

　石炭は消え去らねばならないほど危険で，環境汚染につながるものなのだろうか．大気汚染という意味でも，また大気中の二酸化炭素レベルへの寄与という意味においても，石炭による汚染を減らすことはできるのだろうか．社会的なコストを引下げて石炭を採掘することは可能なのだろうか，これらの課題は未解決のままである．

文献および注

1. G. Coyle, *The Riches Beneath Our Feet: How Mining Shaped Britain*, Oxford University Press, Oxford, UK, 2010.
2. M. McCoy, *Chem. Eng. News*, 8 May 2000, pp. 22～23.
3. C. O'Driscoll, *Chem. Brit.*, April 2003, pp. 56～57.
4. J. Haggin, *Chem. Eng. News*, 23 August 1990, p. 27. M. E. Dry, *J. Chem. Technol. Biotechnol.*, **77**, 43～50, 2001 も参照.
5. Fischer–Tropsch 反応の触媒は, R. D. Srivastava, V. U. S. Rao, G. Cinquegrane, and C. J. Stiegel, *Hydrocarbon Processing*, February 1990, p. 59 で論じられている. 最近の進展については, M. Jacoby, *Chem. Week*, 27 April 2009, p. 37 を参照.
6. α-*Olefins*: *Sasol inaugurates plant, plans major expansion*, Chemical Week, 16 November 1994, p. 19.
7. *Sasol: Tipping the Scales with On-purpose 1-Octene Production Technology*, Presentation given by Sasol at The 7th World Congress of Chemical Engineering in Glasgow, July 2005; http://www.chemsystems.com/about/cs/news/items/PERP% 200506S10% 20Octene% 201.cfm).
8. 4th Asian Olefins Symposium, Phuket Thailand, 6～8 December 2004 での Lummus 社資料.
9. European Patent 0561779 B1.
10. http://www.chemsystems.com/about/cs/news/items/PERP% 200607_5_Alpha Olefins.cfm.
11. S. Milmo, *Chem. Ind.*, 9 May 2011, pp. 17～19.
12. http://www.icis.com/Articles/2010/11/08/9407568/coal-to-chemicals-gains-upper-hand.html.
13. C. Copley, Coal. In A.W. Clarke and J. A. Trinnaman (PDF). *Survey of Energy Resources* (21 ed.), World Energy Council, 2007, p. 7. *Underground Coal Gasification*, http: en.wikipedia.en も参照.
14. ChemSystems Special Report – *Chemicals from Acetylene: Back to the Future*? http://www.chemsystems.com/reports/search/docs/prospectus/MC06_Acetylene-Pros.pdf.
15. http://www.chemsystems.com/reports/search/docs/prospectus/STMC10_Coal_MEG.pdf.
16. http://chemsystems.cmail4.com/t/y/l/fjtlrd/ijyhtdhrh/i.
17. http://kpmg.com/CN/en/IssuesAndInsights/ArticlesPublications/Documents/Vision-sustainable-growth-201009-v3.pdf.
18. P. Walter, *Chem. Ind.*, 28 September 2009, pp. 16～17.

16 油　　脂

　天然のトリグリセリド，すなわちグリセリンの飽和または不飽和脂肪酸のエステルは，液体ならば油，固体ならば脂肪とよばれる[1]．油脂は動物または植物に由来している．一般的な分子式は，

$$ROCOCH_2-CH(OCOR')-CH_2OCOR''$$

である．R，R′，R″ はアルキル基またはアルケニル基（二重結合をもつ）である．通常 2 種類以上の脂肪酸から成り，そのようなトリグリセリドは"混合した"とよばれる．油脂のトリグリセリドに最も共通してみられる幾種類かの脂肪酸を表 16・1 に示す．すべて炭素数は偶数である．

　油脂は，タンパク質，炭水化物とともに三大食物である．食物は多くの文化的な慣習にかかわっている．南欧では料理に広く油が使われるのに対して，北欧では固体の脂肪が伝統的に好まれてきた．中東ではバターの市場がほとんど存在しないのに，欧州や北米ではバターは重要な食物である．そのために北方地域では，消費者に受け入れやすくするために，油を固体にする方法が探し求められてきた．

　油脂の融点はそれに含まれる脂肪酸の融点に関連している．分子量（たとえばラウリン酸，ミリスチン酸，パルミチン酸，ステアリン酸の系列），二重結合の数（たとえばステアリン酸，オレイン酸，リノール酸，リノレン酸の系列），そして二重結合のシスまたはトランスの立体配置（たとえばリノレン酸，α-エレオステアリン酸，β-エレオステアリン酸の系列）によって，脂肪酸の融点は順次変化する．また脂肪の結晶構造も関係している．油脂を固くするには，ニッケル触媒上で水素化する．部分的に水素化するとシス結合が異性化されてトランス結合になることがある．固さの程度をコントロールすることは可能であり，どんな望みの固さの脂肪でもつくることができる．

　循環器系の病気を起こす油脂の役割が，最近は主要な関心事になっている．欧州や北米の食事は油脂が多すぎるといわれる．飽和脂肪酸をもつ脂肪やトランス二重結合をもつ脂肪は，動脈硬化症のリスクを高めるとされ，二重結合を多数もった不飽和脂肪酸から成る柔らかな脂肪への切替えが勧められてきた．こうして歴史的に固い脂肪が好まれてきた傾向は逆転した．

　現在では二重結合が一つの不飽和脂肪，すなわちおもにオレイン酸から成る脂肪の価値に重きが置かれている．同様にいわゆるオメガ酸にも関心が高まっている．オメガ酸とは，ω-3 の位置，すなわち脂肪酸のメチル末端から 3 番目の結合に炭素−炭素二重結合

表 16・1 多くの油脂に共通してみられる脂肪酸

分子式	慣用名	融点 (℃)	二重結合の位置と立体化学	油脂源
$n\text{-}C_{11}H_{23}COOH$	ラウリン酸	44.2		ココナツ油, パーム核油
$n\text{-}C_{13}H_{27}COOH$	ミリスチン酸	53.9		ココナツ油, パーム核油
$n\text{-}C_{15}H_{31}COOH$	パルミチン酸	63.1		多くの植物油, 動物脂肪
$n\text{-}C_{17}H_{35}COOH$	ステアリン酸	69.6		多くの植物油, 動物脂肪
$n\text{-}C_{17}H_{33}COOH$	オレイン酸†	16.0	cis-9	多くの植物油, 動物脂肪 (オリーブ, 堅果, 豆, トール油)
$n\text{-}C_{17}H_{31}COOH$	リノール酸†	−9.5	cis-9, cis-12	トール油, 多くの植物油 (ベニバナ, ヒマワリ, 大豆)
$n\text{-}C_{17}H_{29}COOH$	α-リノレン酸†	−11.3	cis-9, cis-12, cis-15	アマニ油
$n\text{-}C_{17}H_{29}COOH$	γ-リノレン酸†		cis-6, cis-9, cis-12	マツヨイグサ油
$n\text{-}C_{17}H_{29}COOH$	α-エレオステアリン酸	48.5	cis-9, $trans$-11, $trans$-13	桐油
$n\text{-}C_{17}H_{29}COOH$	β-エレオステアリン酸	71.5	$trans$-9, $trans$-11, $trans$-13	桐油
$n\text{-}C_{17}H_{32}(OH)COOH$	リシノール酸†	5.0	cis-9	ヒマシ油
$n\text{-}C_{19}H_{29}COOH$	エイコサペンタエン酸		cis-5, cis-8, cis-11, cis-14, cis-17	魚油
$n\text{-}C_{19}H_{31}COOH$	アラキドン酸	−49.5	cis-5, cis-8, cis-11, cis-14	動物脂肪や組織
$n\text{-}C_{21}H_{41}COOH$	エルカ酸	33.5	cis-13	ナタネ油 (キャノーラ油)
$n\text{-}C_{21}H_{31}COOH$	ドコサヘキサエン酸	22.6	cis-4, cis-7, cis-10, cis-13, cis-16, cis-19	魚油

† オレイン酸: $CH_3(CH_2)_7CH=CH(CH_2)_7COOH$
　リノール酸: $CH_3(CH_2)_4CH=CHCH_2CH=CH(CH_2)_7COOH$
　リノレン酸: $CH_3CH_2CH=CHCH_2CH=CHCH_2CH=CH(CH_2)_7COOH$
　リシノール酸: $CH_3(CH_2)_4CH_2CH(OH)CH_2CH=CH(CH_2)_7COOH$

があるような脂肪酸である.

16・1 油脂の市場

2009 年の世界の油脂生産量は 1.28 億トンであった. 米国消費量はほぼ 1220 万トン (1 人当たり約 48 kg) である. この数字はプロピレンやベンゼンの生産量に匹敵する. プロピレンやベンゼンがほぼすべて化学工業内で使われるのに対して, 油脂の 88% は人間の食糧となり, 6% の低品位品が動物用飼料の原料となる. そして残りの 6%, 約 73 万ト

ンが油脂化学工業で使われた．この数字はカプロラクタムの生産量とほぼ同じであり，o-キシレンよりも少し多い．このように油脂化学品は，化学工業の七つの主要基本ブロック（第4章）の一つ（キシレン）の一成分（o-キシレン）に量の面で匹敵する．

●種類別，国別生産量●　図 16・1 に油脂の種類別世界生産量を示す．四つの油生産植物（大豆，アブラヤシ，ナタネ，ヒマワリ）は，伝統的な油脂原料に比べて過去 35 年

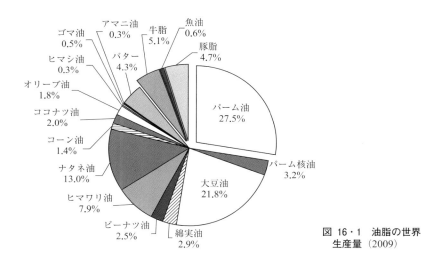

図 16・1　油脂の世界生産量（2009）

間で急速に成長した．1958 年から 1962 年にこの四つは世界の油脂生産量の 26％であったのが，2009 年には 83％になった．最も成長しているのはアブラヤシから採れるパーム油（昔からおなじみのヤシの実から採れるやし油）である．これはおもにマレーシアとインドネシアの販売政策のうまさのためである．またパーム油は 1 ヘクタール当たり収量が 4000 kg に対して，ピーナツ油で 875 kg/ha，ナタネ油で 675 kg/ha，ココナツ油で 355 kg/ha，大豆油で 350 kg/ha である．動物脂肪は，牛脂，豚脂，バターがほぼ同量ずつから成るが，相対的には小さな市場規模しかなく，植物油の 5 分の 1 以下である．動物脂肪の生産量はほぼ 40 年間にわたって停滞している．

　油の生産国は，ある程度特化している．マレーシアはおもにパーム油を生産し，世界生産量の 51％を占める．フィリピンは世界のココナツ油の 43％を占めている．ナタネ油またはキャノーラ油は，中国（27％），欧州（25％），インド（19％），カナダ（15％），その他（14％）と分かれている．ロシア（25％），欧州（20％），アルゼンチン（16％）は主要なヒマワリ油生産国であり，大豆油は米国（56％），アルゼンチン（22％）が生産している．米国，中国，CIS が綿実油市場を支配している．フィリピンはココナツ油市場を支配している．

　ナタネ油は，エルカ酸を含んでおり，最近生産が伸びている．同様にオレイン酸を

80％含むヒマワリ油も成長している．植物油源としてナタネは不飽和脂肪酸を高濃度に含むばかりでなく，他の油種作物に比べて寒冷な気候で生育できる点でも重要であり，カナダと北欧で重要な作物となっている．しかし欧州でこうなっているのは，欧州委員会が農家を支援して輸入品に代替しようという望みを反映しているにすぎない．経済的な強みはほとんどない．2003 年 2 月価格では，マレーシアで生産し，米国に輸送されたパーム油の原価は 698 ドル/トンであった．米国の大豆油原価は 489 ドル/トンであった．それに対して，欧州のナタネ油の原価は 750 ドル/トンである．

●ナタネ油●　　原種のナタネ油には 40～50％エルカ酸が含まれている．エルカ酸は二重結合が一つの C_{22} 脂肪酸である．それとともにグルコシノレート（硫黄を含む配糖体）も含んでいる．グルコシノレートは甲状腺のヨウ素吸収を妨害するので，成長を抑制する毒性物質である．動物（ラット，モルモット，アヒルの子，ハムスター）に高エルカ酸の餌を与えると心筋の脂肪濃度が高くなる．人間にも同じ作用をするという証拠はないが，食料油市場では安全な油が好まれる．カテダでエルカ酸とグルコシノレートゼロのナタネが開発され，キャノーラ油と命名された．この名前は CANada OiL に由来している．それでも高エルカ油には工業的な需要があり，高エルカ酸含有ナタネもつくられている．キャノーラ油生産ナタネと高エルカ酸含有ナタネが混合受粉することを防ぐ必要がある．ナタネ油はディーゼルエンジンの潤滑油に使われ，エルカ酸アミドはプラスチック押出成形の滑剤として使われる．

●米国油脂化学工業●　　油脂は世界中で生産されるけれども，油脂化学工業が幅広く発展しているのは米国，欧州，日本に限られる．しかし 2010 年にはサウジアラビアの SABIC 社が油脂化学工場を 2013 年に稼働させることを発表した．その工場では脂肪酸，脂肪アルコール，グリセリンがつくられる．SABIC 社はこうして化学事業を川下分野や特殊化学品分野に拡大しつつある．

　米国の油脂消費状況を表 16・2 に示す．米国で最も重要な油脂は大豆油であり，2008 年には，ほぼ 882 万トンが消費された．化学工業は脂肪酸（パルミチン酸，ステアリン酸，オレイン酸）の大部分を，低品位の植物油や動物脂肪からつくっている．表 16・2 の最右列に化学工業が使った油脂の量を示している．

16・2　油脂の精製

　非食用牛脂は表 16・2 に示すように重要な油脂である．牛脂は屠殺場廃棄物の脂肪組織から溶かして搾油される．乾式搾油法は加熱だけで脂肪を分離する．湿式搾油法は熱湯や水蒸気を使って組織から脂肪を分離し，それをすくい取るか，遠心分離によって採取する．

●植物油の搾油と精製●　　植物油は圧搾法または溶剤抽出法によって搾油される．たとえばピーナツの圧搾では，以前はオイルケーキとよばれる搾りかすに約 6％の油が残っていたけれども，現在では 3～5％程度にまで改良された．しかし溶剤抽出法の方が，かす中

表 16・2　最終用途別の油脂消費量（米国 2008 年）（単位：千トン）

	合　計	食糧向け	非食糧向け
全油脂合計	15,981	10,280	5701
ヒマシ油	53	0	53
ココナツ油	353	171	182
コーン油	804	804	na
綿実油	360	360	na
食用牛脂	341	73	267
非食用牛脂	1753	0	1753
豚脂	219	83	137
アマニ油	34	na	34
パーム油	385	385	na
パーム核油	170	170	na
ナタネ油	1246	868	378
大豆油	8822	7133	1690
トール油	746	na	746
植物油かす	31	na	31
その他の油脂	662	232	431

† na：数字未詳．数字には硬化油（植物油，動物油由来）やその他の化学処理した油脂も含まれる．その他の油脂には，コーン油，魚油，ピーナッツ油，桐油，ベニバナ油が含まれる．

の油の残量が 1% 以下なので好まれる．大豆油はすべて溶剤抽出法によって搾油される．溶剤としてはおもにヘキサンが使われる．大豆を加熱処理後，機械で圧搾しフレークにする．これをヘキサンで溶剤抽出する．ヘキサンは油から分離除去され，再使用される．

最近は食用油や嗜好品には超臨界二酸化炭素を溶剤として使うことが好まれてきた．たとえばカフェインを含まないコーヒーとか，香料工業の精油のような高価な製品には超臨界法が使われている．超臨界法は，微量のヘキサン残留を避けることができるので，食用油には魅力的な製法と考えられる．しかし食用油精製工業には，巨額な設備投資が導入の阻害要因となっている．

搾油された植物油は，一連の精製工程にかけられる．その工程は，ガム分除去，脱酸，脱色[2]，脱臭，融点による分別である．水素化は重要な化学的変性法である．

●ガム分除去工程●　ガム分除去工程では，熱湯または薄い酸で植物油を洗浄することによってリン脂質を除く．リン脂質は沈殿させてスラッジとして除き，真空乾燥する．別の方法としてアルカリ洗浄処理もある．スラッジはホスファチジン酸エステル類の四つの成分から成る．グリセリンの三つ目の炭素にリン酸がエステル化している 1,2-ジグリセリドおよびそのリン酸基にヒドロキシ基をもつ化合物（コリン，エタノールアミン，またはセリン）がエステル化したものである．構造は次ページ図のようになる．ここで R＝ステアリン酸，パルミチン酸またはオレイン酸のアルキル基またはアルケニル基，R′ が $CH_2CH_2N^+(CH_3)_3$ ならばレシチンまたはホスファチジルコリン，R′ が $CH_2CH_2NH_2$ な

らセファリンまたはホスファチジルエタノールアミン，R′が$CH_2CH(NH_2)COOH$ならばホスファチジルセリンとよばれる．

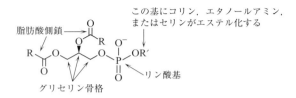

商品としてのレシチンは，ホスファチジルコリンが圧倒的に多い成分であるけれどもホスファチジルエタノールアミン，ホスファチジルセリン，さらに少量のその他成分も含む混合物である．食品用のカチオン界面活性剤や特殊化学品として使われる．たとえばチョコレートやソフトマーガリンに添加される．チョコレートの場合，レシチン添加によって"ブルーム現象"，すなわち微小な脂肪粒が表面に浮いてチョコレートを灰色がかった色合いにすることを防ぐ．ホスファチジルセリンには認知症の老人の記憶能力を高める多少の臨床効果がある．

●**脱酸工程**●　植物油には酵素による分解の結果として遊離の脂肪酸が通常含まれている．食品として使う場合には，脱酸工程でアルカリ処理により脂肪酸が除去され，脂肪酸のナトリウム塩が分離される．これはソーダ油滓（フーツ）とよばれる．ソーダ油滓は酸性にすると脂肪酸が再生する．それには少量のトコフェロールやスチグマステロールなどのステロールが含まれている．トコフェロールはビタミンEであり，またスチグマステロールはコルチゾン（副腎皮質ホルモン）に変換でき，米国では主要な原料となっている．スチグマステロールは不飽和側鎖をもった植物ステロールの一つである．その二重結合によって側鎖を開裂させ，さらに化学反応させることによってプロゲステロン（黄体ホルモン）に変換できる．プロゲステロンはさらにコルチゾンに変換される．酵素反応によって11位に酸素が挿入される点が重要なポイントである[3]．トコフェロールとステロールの主要な原料は後で述べる脱臭蒸留物である．

●**脱色，水素化，脱臭工程**●　脱色工程は吸着によって行われる．通常の脱色法である酸化反応ではない．着色物質（おもにクロロフィルやカロテノイド）をベントナイトまたはモンモリロナイト粘土に吸着する．その後，植物油を融点によって分画し，特定の融点範囲のトリグリセリドを採取するか，あるいは水素添加する．

水素化反応は，ニッケル触媒上で行われ，植物油を"硬化"させる．すなわち融点を上げるのである．マーガリンが代表的な製品である．硬化工程では二重結合の還元，シス-トランス異性化，炭素鎖上での二重結合位置の変化が起こる．問題はトランス脂肪酸の生成である．トランス脂肪酸を食べると血液中の総コレステロールとLDLコレステロールの濃度が上昇し，HDLコレステロール（善玉）の濃度が低下する．トランス脂肪酸は，またアルツハイマー病，糖尿病，肥満にもつながっている．その関係は十分に確立された

ものではない.この問題とその解決への努力については§16・12・2で述べる.

脱臭工程では,植物油に特有の強い臭いが除去される.高い真空度(0.004〜0.008 bar)と高温(240〜260 ℃)の組合わせで15〜40分かかる.減圧水蒸気蒸留の一種であり,不快な揮発物が除去される一方で,トリグリセリドは損傷されない.脱臭蒸留物には,臭気の本体とともに少量の価値ある製品が二つ含まれている.一つはトコフェロール類の混合物であり,ビタミンEの前駆体として天然ビタミンEの原料になる.もう一つはスチグマステロールとシトステロールから成るステロール混合物である.

16・3 脂 肪 酸

天然油脂の加水分解による脂肪酸生産量は,2007年には世界で400万トン[4]であった.全油脂量のほぼ3%が加水分解処理されたことになる.最終製品としてセッケンが欲しいときには,油脂はアルカリ処理によって,グリセリンとセッケン,すなわち脂肪酸ナトリウム塩にけん化される(図16・2).

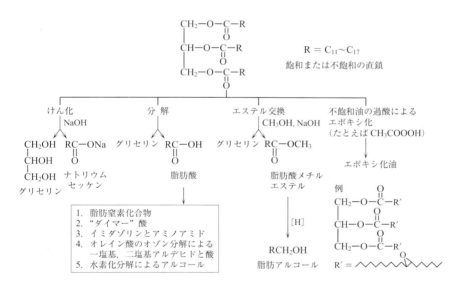

図 16・2 油脂の化学反応

●**脂肪酸の製法**● 遊離の脂肪酸を得るために米国と欧州では"分解"(splitting)が広く行われている.分解は無触媒による高温高圧の連続反応である.小型の工場では,酸化亜鉛のような酸化物触媒の存在下でオートクレーブによる連続分解が行われている.ごく小さな工場では,いわゆるTwitchell触媒を使った回分処理(バッチ処理)が行われている.Twitchell触媒は,硫酸とスルホン酸の組合わせである.

不飽和脂肪酸から飽和脂肪酸を分離する必要がある場合には，手間のかかる結晶化によって達成される．親水化処理 (hydrophilization) は，もっぱら牛脂からの脂肪酸に対して行われ，多少非効率ではあるものの簡単な脂肪酸分離法である．結晶化した脂肪酸混合物を親水化剤を含んだ水溶液によってスラリーにする．高融点のステアリン酸結晶が選択的に親水化され，親水剤の効果的な溶解作用によってステアリン酸が水層に移行する．遠心分離によってオレイン酸と水層を分離する．つぎに水層を加熱してステアリン酸を溶融すると，ステアリン酸が水と分離し，簡単にステアリン酸を得ることができる．

酵素による脂肪の加水分解は広範に研究されてきた．しかし実用化できる製法は発明されていない．満足できる反応速度が得られないからである．化学工業で使われる植物油からの脂肪酸のもう一つの原料は，ソーダ油滓（フーツ）である（§16・2）．

●**脂肪酸と原料油脂**● ラウリン酸，ミリスチン酸のような比較的分子量の小さい脂肪酸は，ココナツ油やパーム核油が原料である．パルミチン酸，ステアリン酸は多くの油脂に見いだされるが，牛脂がとりわけ重要な原料である．オレイン酸は獣脂の成分であるとともに，オリーブ油のような多くの植物油の主成分でもある．オレイン酸のオゾン分解でアゼライン酸とペラルゴン酸（§16・7）が得られる．ヒドロキシ基をもった 12-ヒドロキシオレイン酸（リシノール酸）は，ヒマシ油にみられる珍しい脂肪酸である．エルカ酸（§16・1）はナタネ油にみられる．

●**トール油**● リノール酸は多くの植物にみられるが，とりわけアマニ油とベニバナ油に多い．それにもかかわらず，リノール酸は，もっぱらトール油から採取されている．トール油は第二次世界大戦後，重要になった．トール油はロジン（松脂）と脂肪酸の混合物である．油はトリグリセリドと定義されることから，トール油というよび名は誤りである．トール油は南洋松からパルプを生産する際の副生物である．南洋松をクラフト法によってパルプにするときに，水酸化ナトリウムを使って，目的とするセルロース繊維と，除去したいリグニン（OH 基や OCH_3 基を含むフェニルプロパンモノマーから成るポリマー），ロジン，脂肪酸その他の木材成分である黒液とに分ける．脂肪酸はおもにオレイン酸とリノール酸であり，いやな臭いのする黒液中にナトリウム塩として含まれている．黒液に酸を加えるとロジンと脂肪酸が生成する．これを蒸留で分離するとトール油が得られる．

ロジンは酸がほぼ 90％，中性物質が 10％ の複雑な混合物である．酸は部分的に水素化されたフェナントレンに関連した化合物である．ロジン酸のうち，アビエチン酸の異性体

| アビエチン酸 | ピマル酸 |

がピマル酸を含めて 90％，ジヒドロアビエチン酸，デヒドロアビエチン酸が残りの 10％ を占める．ジヒドロ体，デヒドロ体は，アビエチン酸の二重結合の一つまたは二つが還元

されている．

ロジンはバイオリンの弓に塗って使われることで有名である．しかしはるかに大量にペイントやワニスの生産に使われている．ロジンのナトリウム塩は，製紙工業のサイズ剤（印刷特性向上のため紙の表面に塗布するのり剤）として重要であり，これが主用途である．

●**特殊な脂肪酸**● 炭素数18以上の脂肪酸は魚油にみられ，最近関心が高まっている．アラキドン酸，すなわち5,8,11,14-イコサテトラエン酸（エイコサテトラエン酸）は，プロスタグランジンの前駆体であることが見いだされた．プロスタグランジンは，多くの生理学的作用（血管拡張作用，血小板凝集作用，炎症痛覚作用その他）をもった重要な化学物質群で，身体の中ではごく微量で作用する．アラキドン酸は，身体の中で反応してプロスタグランジン，ロイコトリエン（炎症作用），トロンボキサン（止血促進作用），プロスタサイクリン（抗血栓作用）を生成する．アラキドン酸は，身体の中で合成できず，食事から摂取しなければならないので必須物質である．

マツヨイグサ油は，重要なC_{18}脂肪酸であるγ-リノレン酸に富むと宣伝されている．γ-リノレン酸は，トール油から得られるα-リノレン酸の異性体である．マツヨイグサの種子は熟すと落ちるが，熟すには長期間が必要である．その結果，商業的な収穫としては，ほぼ5%回収できるにすぎない．このためマツヨイグサ油が高価になることは避けがたい．幸運にも有効成分は，藻菌類（Phycomycetes）を使い，発酵法によって生産できる．たとえばケカビ属（*Mucor*）の菌種は大型発酵槽（約220 m^3）によってグルコース含有の培養液で生育でき，γ-リノレン酸を7%含有した油を菌糸から採取できる．*Phycomyces blakesleeanus*は，もう一つの有用種であり，その油には大量のβ-カロテンが含まれている．

ロシア，日本，中国では，偶数と奇数の炭素数をもった石油化学由来の脂肪酸が石油ワックスの酸化反応によって生産されている．

16・3・1 脂肪酸の利用

●**セッケン**● 脂肪酸の多くはセッケンの生産に使われる．家庭用セッケンは油脂の加水分解によって得られる脂肪酸混合物のナトリウム塩である．実際に油脂（トリグリセリド）を水酸化ナトリウムで処理すると脂肪酸ナトリウム塩（セッケン）とグリセリンが得られる．この反応をけん化とよんでいる．家庭用セッケンの主要成分は，ステアリン酸ナトリウムとパルミチン酸ナトリウムである．

●**金属セッケン**● 脂肪酸のカルシウム塩，マグネシウム塩，リチウム塩などは金属セッケンとよばれる．金属セッケンは，ゴムやポリマーの成形加工における滑剤として使われる．また，ポリ塩化ビニルの安定剤としても使われている．この場合は，鉛，バリウム，カルシウム，ストロンチウム，亜鉛などのラウリン酸塩かステアリン酸塩である．コバルト，鉛，マンガン，カルシウム，ジルコニウムの金属塩を不飽和油に加えると不飽和油の酸化が促進されるので，油性ペイント（ボイル油）のいわゆる乾燥剤となる．リチウ

ム塩は潤滑油を濃厚にしてグリースにする．

●ろうそく●　セッケンと塩酸を反応させると食塩とステアリンとよばれる脂肪酸混合物が得られることは，1823年にChevreulが発見した．Chevreulは100歳以上生きたことで有名になった．19世紀にパラフィンワックスが出現するまで，ステアリンは家庭用ろうそくの主要材料として使われた．昔から使われてきた牛脂と違って，ステアリンは燃焼時に強い催涙物質であるアクロレインを生成しなかった．ステアリンは今でもろうそくの製造においてワックスと混合され，ワックスの溶融性状の改善に使われている．パラフィンろうそくが世界市場を支配しているが，デンマークやスウェーデンのような漁業によって，安価なステアリンが豊富に得られる国々では，今なおステアリンはろうそくの主成分である．ろうそく市場は，どん底を通り越して，再び成長しつつある．先進国ではファッションとしてろうそくが使われるが，それ以上に大量に発展途上国で使われるようになった．電力供給がしばしば中断されるが，発展途上国の住民は，もはや暗闇のなかで座っていることに甘んじていないからである．

　パラフィンワックスは，石油の重質留分が原料である．セレシン（地蝋から精製したワックス）や石油重質留分から得られる微結晶ワックスが，米国ではろうそくに使われる（§1・4）．パラフィンワックスは分岐鎖パラフィンであり，第三級炭素原子の酸化を防ぐように酸化防止剤を混ぜなければならない．Fischer-Tropschワックスは南アフリカでつくられ（§15・2），またShell社のSMDS法（§13・7・2）でもワックスはつくられる．このワックスのおかげでSMDS法は経済性をもつことができていると考えられる．高分子量のワックスは，世界中でファッショナブルな長くて細いろうそくをつくるのに使われる．一方，パラフィンワックスに相当する留分は家庭用ろうそくの大市場で使われている．

●その他の利用法●　遊離の脂肪酸は自動車用潤滑油の成分となる．脂肪酸のショ糖誘導品エステルは，普通の油脂に比べて生分解性がよく，また毒性がない長所をもつので，特に潤滑剤や食品調製剤（§17・1）に使われる．

　脂肪酸の微生物による変換反応によって，モノ，ジ，トリヒドロキシ誘導体をつくることができ，それらは抗菌剤，医薬品，工業薬品としての特性をもつといわれている．しかし利用については，なお探索段階にある．

16・4　脂肪酸由来の脂肪窒素化合物

　脂肪酸は多くの脂肪窒素化合物に変換できる．そのなかで第四級アミンを含む脂肪アミンはとりわけ重要である．そのいくつかを図16・3に示す．脂肪アミンは界面活性剤として工業上多彩に利用されている．2000年代前半の脂肪アミンの世界市場はほぼ60万トンであり，そのうち米国が3分の1を消費している．

●脂肪窒素化合物の製法●　脂肪窒素化合物は，炭素数7～17のアルキル基をもつ脂肪酸からスタートする．普通は飽和脂肪酸が使われるけれども，オレイン酸やエルカ酸も

16・4 脂肪酸由来の脂肪窒素化合物

使われる．脂肪酸とアンモニアを反応させて，アンモニウム塩やアミドを経て，脱水反応により脂肪ニトリルに変換する．この反応は，ヘキサメチレンジアミンの古典的な合成法として早期に発見された（§4・1・5）．アンモニウム塩やアミドは普通は必要ないので単

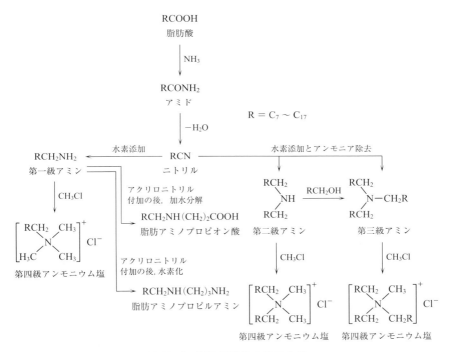

図 16・3 脂肪窒素化合物の化学

離されず，連続的にニトリルまで反応を進める．しかしアミドは商品としてプラスチック押出成形で口金にプラスチックが付着しないようにする分離剤，滑剤として使われることもある．

つぎにニトリルを還元して第一級，第二級，第三級アミンをつくる．第一級アミンをつくるには，アンモニアを共存させて第二級アミンの生成を抑制する必要がある．反対に第二級アミンが欲しいときには，生成物から連続的にアンモニアを除かなければならない．第三級アミンもアンモニアを除去しながらニトリルの水素化でつくることができる．しかし第三級アミンをつくるには，第二級アミンとアルコールの反応の方がうまくいく．第一級，第二級，第三級アミンは，塩化メチルや硫酸メチルで第四級化できる．

●**第四級アンモニウム塩の用途**● 塩化ジステアリルジメチルアンモニウムの最も重要な用途は，家庭での洗濯に使われる繊維柔軟剤である．これは，すすぎの最後に加えなけ

ればならない．そうでないとアニオン洗剤との接触によって沈殿物を生じてしまう．この第四級塩は現在なお広く使われているが，環境上の問題点もあると考えられている．この代替品は，ある種のエトキシレート類（§2・7）であり，それは非イオン界面活性剤なので，洗剤の一部としてあらかじめ入れておくことができる．

塩化ジステアリルジメチルアンモニウムとその関連第四級塩は，粘土であるベントナイトと反応させると，ベントナイトを有機溶媒中に分散するように変性する．この変性ベントナイトは鉱油に分散されて高性能グリースの基礎原料となる．また油性ペイントに使うと，チキソトロピー性能（かき混ぜると粘性が低下して液状になって塗りやすく，静置すると粘性が増すのでタレが少ない性能）を付与できる．

第四級長鎖アルキルアンモニウム化合物の利用として相間移動触媒（§18・10）がある．これに関連した利用法として鉱石からウランを採取する際に使われる液体イオン交換法がある．ウラン鉱石を硫酸に溶解すると錯体アニオン$[UO_2(SO_4)_2]^{2-}$が生成する．炭素数 8～10 の脂肪基をもった第三級アミンを式 16・1 に示すように硫酸と反応させて硫酸塩にする．この塩は有機溶媒に可溶なので灯油に溶かしておく．これをウラン錯体アニオンを含んだ水溶液と混合し，激しく撹拌する．第三級アミン塩の硫酸イオンとウラン錯体アニオンの間でイオン交換反応が起こり，ウラン錯体アニオンが有機溶媒に移動する一方，硫酸イオンは水相に移る（式 16・2）．こうして水相では 1% 以下の濃度であったウランが有機相に濃縮されるだけでなく，多くの不純物からも分離される．つぎに有機相をアルカリ水で処理すると，ウランはアミンが外れて有機相から除かれ（式 16・3）水相に移るので，水相から回収されて"イエローケーキ"になる．第三級アミンは循環使用される．

1. 硫酸塩の生成

$$2\,R_3N_{kerosene} + H_2SO_{4\,aqueous} \rightleftharpoons [(R_3NH)_2{}^+SO_4{}^{2-}]_{kerosene} \qquad (16\cdot1)$$

2. 液体イオン交換

$$[(R_3NH)_2{}^+SO_4{}^{2-}]_{kerosene} + [UO_2(SO_4)_2]^{2-}{}_{aqueous} \rightleftharpoons$$
$$[(R_3NH)_2{}^+[UO_2(SO_4)_2]^{2-}]_{kerosene} + [SO_4{}^{2-}]_{aqueous} \qquad (16\cdot2)$$

3. ウラン錯体イオンからアミンの取外し

$$[(R_3NH)_2{}^+[UO_2(SO_4)_2]^{2-}]_{kerosene} + 2\,Na_2CO_3 \rightleftharpoons$$
$$2\,R_3N_{kerosene} + [UO_2(SO_4)_2]^{2-}{}_{aqueous} + 2\,Na^+ + H_2O + CO_2 \qquad (16\cdot3)$$

●その他の脂肪窒素化合物の用途● 図 16・3 には第一級アミンの別の反応経路も示してある．第一級アミンをアクリロニトリルと反応させて脂肪アミノプロピオニトリルをつくる．このニトリルは還元して脂肪アミノプロピルアミンにすることができる．またニトリルを加水分解して脂肪アミノプロピオン酸にすることもできる．どちらも異なった界

面活性能をもつので特殊な用途に活用される．たとえば脂肪アミノプロピルアミンは腐食防止剤，脂肪アミノプロピオン酸は両性界面活性剤に使われる．

　今まで述べたような簡単な反応に加えて，脂肪酸は化学上の興味をひく複雑な反応も行う．しかし，そのような反応生成物は石油や天然ガス誘導体に比べると量的な面では小さな商品である．ただし，その多くは石油化学原料からは得られないものである．その一例として"ダイマー"酸がある．

16・5　"ダイマー"酸（"二量体"酸）

●二量化反応●　　リノール酸の二量化反応を図 16・4(a) に示す．天然のリノール酸は，9,12 位（表 16・1）に二重結合をもっている．しかし加熱すると異性化して，より安定な共役型の 10,12 位または 9,11 位構造になる．図 16・4(a) では 9,11 位構造を示してある．このジエンは，もとの 9,12 位構造や共役異性体との間で Diels–Alder 反応を起こす．図では 9,12 位構造との反応によって典型的な Diels–Alder 付加物を生成する場合を示してある．この付加物は側鎖をもつシクロヘキセンで，そのうちの二つの側鎖にはカルボキシ基がある．

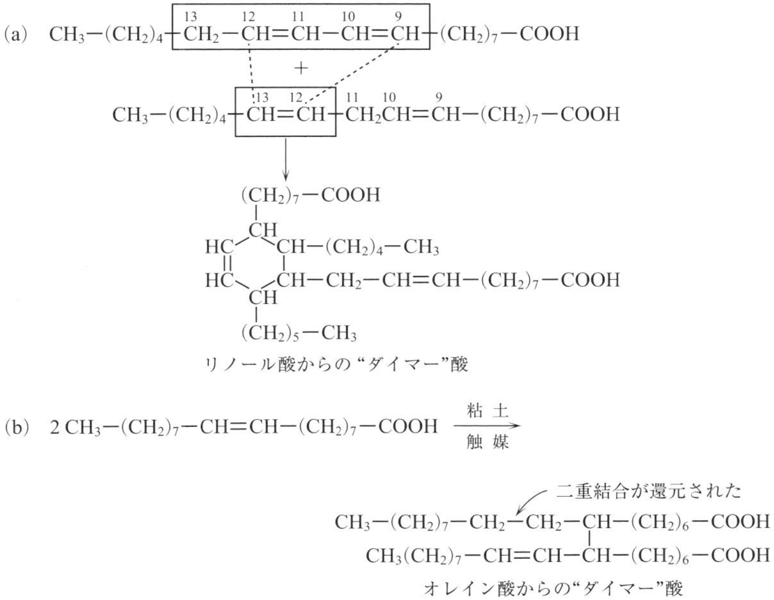

(a) $CH_3-(CH_2)_4-\boxed{\underset{13}{CH_2}-\underset{12}{CH}=\underset{11}{CH}-\underset{10}{CH}}-\underset{9}{CH}-(CH_2)_7-COOH$
　　　　　　　　　　　　　　　　＋
$CH_3-(CH_2)_4-\boxed{\underset{13}{CH}=\underset{12}{CH}}-\underset{11}{CH_2}\underset{10}{CH}=\underset{9}{CH}-(CH_2)_7-COOH$

↓

シクロヘキセン環構造："ダイマー"酸（側鎖：$(CH_2)_7-COOH$，$(CH_2)_4-CH_3$，$CH_2-CH=CH-(CH_2)_7-COOH$，$(CH_2)_5-CH_3$）

リノール酸からの"ダイマー"酸

(b) $2\,CH_3-(CH_2)_7-CH=CH-(CH_2)_7-COOH \xrightarrow[\text{触媒}]{\text{粘土}}$

　　　　　　　　　　　　　　　　　　　　　　二重結合が還元された
$CH_3-(CH_2)_7-CH_2-CH_2-CH-(CH_2)_6-COOH$
$CH_3(CH_2)_7-CH=CH-\underset{|}{CH}-(CH_2)_6-COOH$

オレイン酸からの"ダイマー"酸

結合は多くの位置で起こる可能性があり，図に示すように一つの二重結合が還元される

図 16・4　"ダイマー"酸

共役型が2通りあり，一方9,12位，10,12位，9,11位のいずれかの二重結合が反応する．さらに付加は頭-頭（head-to-head）と頭-尾（head-to-tail）の2通りの方向で起こりうる．図では頭-頭付加を示してある．以上を考慮すると，全部で24種（2×6×2）の生成物が生成しうる．さらに複雑なのは，二重結合にシスとトランスがありえることである．多くの天然の二重結合はリノール酸も含めてシスである．しかし反応温度によってトランス結合も生成する．しかしシスかトランスかによって，反応速度は大きく異なる．

●オレイン酸からの"ダイマー"酸● リノール酸は，オレイン酸に比べて入手しにくく，値段も高い．安価なオレイン酸を二量化する方法を見いだすことが望ましい．しかしオレイン酸には二重結合が一つしかないのでDiels–Alder反応は起こらない．ところが天然の酸性粘土触媒，たとえば柱状粘土（pillared clay）として知られているモンモリロナイトの上でオレイン酸は二量化する．そのような粘土は金属イオンのようなイオンによって分離した層状構造をしており，イオンが"柱"として機能している．大きな有機分子は層の間の空間で反応を起こすことができる．オレイン酸は図16・4(b)に示すように二量化する．このような反応は分子間脱水素反応としては比較的珍しい例である．この反応が進むためには，生成した水素が直ちに反応しなければならず，この場合には水素は二重結合の還元に使われる．他の反応例としてはベンゼン/アンモニア（§6・3），メタン/アンモニア（§13・1）がある．

オレイン酸からの生成物は"ダイマー"酸として知られ，多くの異なった化学構造がある．いずれも炭素数36でカルボキシル基を二つもっている．2009年のダイマー酸需要量は，米国ではほぼ5.5万トンであった．このような二塩基酸は特異な接着性能や塗装性能をもった特殊ポリアミドオリゴマー（"Versamids"）の生産に使われる．たとえばダイマー酸は，エチレンジアミンとの反応によりアルコール可溶なオリゴマーを生成する．このオリゴマーはポリエチレンに接着するので，ポリエチレンフィルム用印刷インキのビヒクル（展色剤）として有用である．アルコール可溶性も必要な特性で，芳香族炭化水素のような強力な溶剤では，天然ゴム製のフレキソ印刷ロールを溶かしてしまうので使えない．

ダイマー酸がジエチレントリアミン，トリエチレンテトラミンまたは高分子量のポリアルキレンアミン類と反応すると，アミノ基を含んだポリアミドオリゴマーができる．このようなオリゴマーは，接着剤や金属耐食塗装用のエポキシ樹脂をつくるための硬化剤として重要である．アミノ基含有エポキシ樹脂は，空気に触れた鉄の表層に必ず生成している金属酸化物（たとえば酸化第二鉄）表面と化学的に反応することによって，防食性能を発揮する．この化学反応は塩の形成であり，酸性の水和したアミノ基と塩基性の水和した金属酸化物の間で起こっている．

ダイマー酸の興味深い特別な用途が生まれた．スイスの湖では，モーターボートから排出される石油エンジンオイル汚染を防止するために，2サイクル船外エンジンの潤滑油としてダイマー酸エステル，たとえばダイマー酸のジ(2-エチルヘキシル)エステルが代わりに使われるようになった．

16・6 脂肪アミノアミドと脂肪イミダゾリン

量としては少ないけれども，脂肪酸の利用としてアミノアミドとイミダゾリンへの変換
（　　鉱剤）や腐食防止剤のような用途については§16・4に述べた脂
　　　　いる．脂肪酸はジエチレントリアミンのようなポリアミンと反応
　　脂肪アミノアミドができる．さらに水分子がとれると脂肪イミダ
　　6・4）．脂肪イミダゾリンは，すでに§16・4で述べた脂肪窒素化
　　　　っている．

$$(CH_2)_2NH(CH_2)_2NH_2 \xrightarrow{-H_2O}$$
　　　レントリアミン

$$(CH_2)_2NH(CH_2)_2NH_2 \xrightarrow{-H_2O} H_2NCH_2CH_2-N\underset{H_2C-CH_2}{\overset{R}{\diagup\diagdown}} \quad (16・4)$$
　肪アミノアミド　　　　　　　　　　　　　　　　　　脂肪イミダゾリン

　　　ルで第四級化すると，脂肪アミノアミドも脂肪イミダゾリンも
　　　ミンと同様に繊維柔軟剤になる．主要な用途は腐食防止剤であ
　　　使われる．またアスファルト乳化剤や分離防止剤として使われる．
　　液状アスファルトの微粒と水を十分に乳化して道路床にアスファ
　　　．アスファルト分離防止剤は，アスファルトを砂利石に付きやす
　　　やすくする．特に道路がぬれている場合に有用である．分離防止
　　石（通常はシリカ）表面に吸着することによって機能する．吸着
　　　の水分が置き換えられるとともに，分離防止剤の脂肪族の尾が石
　　スファルトに溶媒和する．こうして脂肪アミノアミドと脂肪イミ
　　　と砂利石の結合を強くする．

ペラルゴン酸，ペトロセリン酸

　　よってつくられるオゾンで処理すると二重結合位置で開裂する．
　　，反応系内で酸にまで酸化される（式16・5）．

$$\text{　　COOH} \xrightarrow{O_3} CH_3(CH_2)_7CHO + OHC(CH_2)_7COOH$$
　　　　　　　　　　　　　　ペラルゴンアルデヒド

$$ \downarrow O_2 \qquad\qquad \downarrow O_2$$

$$ CH_3(CH_2)_7COOH \qquad HOOC(CH_2)_7COOH$$
　　　　　　　　　ペラルゴン酸　　　　　　　アゼライン酸

$$(16・5)$$

　　Celanese社によって，ペラルゴン酸の石油化学原料からの製造法が開発され，石油化

学品が天然物製品市場を侵食した．Celanese 法では，1-オクテンを直鎖状にヒドロホルミル化し，生成するアルデヒドを酸化してペラルゴン酸にする（§3・9・2）．

アゼライン酸とペラルゴン酸は，特殊ポリマーの原料となり，合成潤滑剤用ポリエステルともなる．代表的な第一世代の自動車用合成潤滑剤は，アゼライン酸のジイソデシルまたはジトリデシルエステルであり，ごく低温で有用であった．合成潤滑剤として，ペラルゴン酸のペンタエリトリトールエステル（§2・11・3）も開発された．しかし現在最も重要な潤滑剤原料は1-デセンの三量体（§2・10）である．実際にはアゼライン酸系の二つのエステルと1-デセン三量体を混合して自動車用潤滑剤に使っている．石油系潤滑剤に比べて天然物系潤滑剤は，潤滑性能に優れ，エンジン保護性能が高く，ガソリン消費量も少なくなるといわれている．また容易にリサイクルできる．石油系炭化水素へのブレンドは原価低減にはなるが，一方ではリサイクルが難しくなる．

炭素数が奇数の脂肪酸は，天然品でも化学工業による生産品でも珍しい．アゼライン酸とペラルゴン酸は，最も入手しやすい奇数脂肪酸である．奇数脂肪酸は偶数脂肪酸に比べて界面活性性能が優れている．

石油化学製品と競争できる天然物製品を開発しようとする努力によって，セリ科 Umbelliferae（コリアンダー，パクチー）の種子油からの製品が発明された．この種子にはペトロセリン酸が多量に含まれている．ペトロセリン酸はオレイン酸の異性体であり，cis-6 の二重結合をもつ．オゾン分解によってラウリン酸とアジピン酸ができる（式16・6）．どちらも，アゼライン酸やペラルゴン酸よりも大きな市場をもっている．アジピン酸は石油化学原料（§4・1・6d）から容易に入手でき，またラウリン酸もココナツ油（§16・3）から入手できる．

$$CH_3(CH_2)_{10}CH=CH(CH_2)_4COOH \xrightarrow[(2)O_2]{(1)O_3} CH_3(CH_2)_{10}COOH + HOOC(CH_2)_4COOH$$
ペトロセリン酸　　　　　　　　　　　　　ラウリン酸　　　　　アジピン酸

(16・6)

16・8　脂肪アルコール

●油脂の加水分解●　　油脂は脂肪酸とグリセリンに容易に分解できる（§16・3）．同様に水素化分解によって脂肪アルコールとグリセリンにすることもできる．脂肪酸基の鎖長は混合しているので，脂肪アルコール混合物が生成する．もともと水素化分解は金属ナトリウムとエタノールによる Bouveault-Blanc（ブーボーブラン）反応によって始められた．現在では水素と亜クロム酸銅（$CuO \cdot CuCr_2O_4$）触媒を使い，高圧で行われている．両者で生成物が異なる．現在の高圧水素化法では生成する脂肪アルコールのすべての二重結合が水素化されるのに対して，Bouveault-Blanc 法では二重結合が元のまま残っている．しかしある特許の亜クロム酸銅触媒は二重結合を保存するといわれている．

油脂の直接水素化分解は長らく研究されてきた．しかし工業的には成功していない．提案されている触媒は固形状の亜クロム酸銅であり，180～250℃，最高 280 bar で反応が

行われる.

●**脂肪酸エステルの水素化分解**●　実際の方法としては, 油脂中の脂肪酸は, メタノールによるアルコール分解によって脂肪酸メチルエステルに容易に変換されるので, これを水素化分解する. 植物油を原料とした多くの脂肪アルコールが, この方法でつくられている.

　水素化分解によってエステルを脂肪アルコールにすることは比較的容易である. 一方, 脂肪酸の還元によって脂肪アルコールをつくることは難しい. それを進める方法として脂肪アルコールによってスラリー状にした亜クロム酸銅触媒を脂肪酸に加える方法がある. 水素化分解触媒が, またエステル化触媒としても働いて, 少量のアルコールが脂肪酸をエステル化する. 生成したエステルが水素化分解 (図 16・5) して脂肪アルコールとなり, それがさらに脂肪酸をエステル化して水素化分解をひき起こす. 原料は脂肪酸であるが, 水素化反応系の中でエステルがつくられる. この方法は高分子量のエステルなので, メチルエステルに比べて反応は遅い. しかしそれでも工業的には有用である.

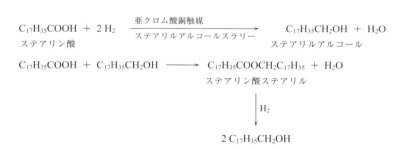

ステアリルアルコールが少量のステアリン酸をエステル化し, その生成物であるステアリン酸ステアリルが水素化分解してステアリルアルコールができる. これがさらに脂肪酸をエステル化して反応が繰返される

図 16・5　脂肪酸の水素化分解

　脂肪酸の水素化分解は, 250〜300 ℃, 200〜300 bar で行われる. 比較的低分子量のエステルを 5〜25 bar のようなかなり穏和な条件で水素化分解させる触媒が最近発表された (§2・7・2). このような改良触媒は, 従来より穏和な条件で脂肪酸エステルの水素化分解を進めるのに有用ではないかと考えられる.

●**石油化学法との競合**●　α-オレフィン類と同様に, 脂肪アルコールもトリアルキルアルミニウム (§2・3・2) を使うか, または Shell 社の SHOP 法 (§2・3・4) によってエチレンのオリゴマー化でつくることができる. 石油化学製品が, ここにもまた, 伝統的な製造法に衝撃を与えている. しかし植物油を原料とした製法は, ドイツでは Henkel 社により, 米国では Proctor & Gamble 社によって採用されており, 少なくとも植物油価格が低いときには競争力をもっている. 米国では両方の製法によって 2000 年代前半には年

間45万トンの脂肪アルコールがつくられた．世界全体の需要量はほぼ75万トンである．

●**脂肪アルコールとアルキルベンゼン**●　合成洗剤技術において直鎖第一級アルコールは特別な地位を占めている．このアルコール誘導品が洗剤として優れた特性をもつためばかりでなく，ベンゼン環をもつ化合物に比べて生分解が速いためでもある．さらにベンゼン環をもつ洗剤は分解しても最終的には魚に有毒なフェノールを生成する．

直鎖アルキルベンゼンスルホン酸塩の生産をめぐっては，激しい論議が行われてきた．しかし，結局のところ世界で最も広く使われている界面活性剤のままである．Proctor & Gamble 社は，直鎖アルキルベンゼンスルホン酸塩は好気的条件下で完全に生分解され，また嫌気的条件下でも同様であるが，生分解を起こすには最初に酸素が必要であると述べている[5]．

16・9　エポキシ化油

不飽和油脂は二重結合をエポキシ基に置換してエポキシ化できる．これには過酸がよく使われる（式16・7）．

$$RCOOOH + \underset{\diagup C=C \diagdown}{} \longrightarrow \underset{\diagup C-C \diagdown}{O} + RCOOH \qquad (16\cdot 7)$$

エポキシ化油はポリ塩化ビニル（PVC）に添加される．その際に金属セッケンも一緒に添加され，光や熱による PVC の品質低下を防止する．エポキシ化油は，遊離した塩素ラジカルを吸取することによって PVC を安定化させている．遊離した塩素ラジカルが存在すると，ラジカル連鎖反応によって PVC 鎖がつぎつぎに切断されていく．エポキシ化大豆油の構造を次に示す．

エポキシ化大豆油は，また二次可塑剤でもある．すなわち，PVC を単独で可塑化する一次可塑剤の可塑化能力を高める．オレイン酸ブチル，オレイン酸ヘキシルのような脂肪酸エステルのエポキシ化物やトール油エステルのエポキシ化物は，PVC の一次可塑剤（§8・1・1）となる．米国では大豆油が大規模に生産されているので，エポキシ化大豆油は広く使われている．2001年には米国でエポキシ化大豆油が7〜8万トン生産され，可塑剤生産量の7.5％を占めた．一方，西ヨーロッパでは，普通，エポキシ化油は安定剤として使われるだけなので，消費量は米国よりずっと少ない．

エポキシ化油の目覚しい利用分野は，広口瓶に食品を保存する際の金属製蓋についているPVCガスケットである．エポキシ化油は，ガスケットの気密性を保つことによって食品の汚染を防ぐとともに，殺菌消毒中にPVCが品質低下することを防いでいる．食品にはガスケットから可塑剤や安定剤が明らかに移染するが，移染物の濃度と危険性については現在調査中である．

Cargill社は最近一連の"グリーン"ポリオール類を開発した．不飽和植物油をエポキシ化し，続いて穏和な温度と常圧で，エポキシ基を加水分解してポリオールを得る（式16・8）．

$$\begin{array}{c} \text{CH} \\ | \\ \text{O} \\ | \\ \text{CH} \end{array} \xrightarrow{H_2O} \begin{array}{c} \text{CH--OH} \\ | \\ \text{CH--OH} \end{array} \tag{16・8}$$

"グリーン"ポリオール類はポリウレタンに使用され，ウレタンフォームなどになる．技術的に大変にチャレンジングである．

16・10 リシノール酸（リシノレイン酸）

OH基をもったリシノール酸はヒマシ油のトリグリセリド中にだけ見いだされる．米国では毎年5万トン以上のヒマシ油が消費され，その最大の利用先はペイントとワニスである．リシノール酸を脱水するとリノール酸の異性体となる．これは黄変防止塗料に使われる．ヒマシ油自身も，また脱水することが可能で有用な乾性油となる．またヒマシ油を硫酸エステル化すると，ロート油（トルコ赤油）という染色の際に使われる均染剤となる（式16・9）．ヒマシ油はポリウレタン製造の際にポリオール（油1分子当たりOH基を三つもつ）としても使われる．

$$\underset{\substack{|\\ \text{OH}}}{\text{CH}_3(\text{CH}_2)_5\text{CHCH}_2\text{CH}=\text{CH}(\text{CH}_2)_7\text{C}} \overset{\overset{O}{\|}}{\underset{G}{O}} \xrightarrow{H_2SO_4} \underset{\substack{|\\ \text{OSO}_3\text{H}}}{\text{CH}_3(\text{CH}_2)_5\text{CHCH}_2\text{CH}=\text{CH}(\text{CH}_2)_7\text{C}} \overset{\overset{O}{\|}}{\underset{G}{O}}$$

G = グリセリン骨格　　　　　　　　　　　ロート油
$$\tag{16・9}$$

● 開裂生成物 ●　275℃で濃厚な水酸化ナトリウム水溶液で処理すると，リシノール酸は開裂し，2-オクタノールとセバシン酸ナトリウムが生成する（式16・10）．

$$\text{CH}_3(\text{CH}_2)_5\text{CHOHCH}_2\text{CH}=\text{CH}(\text{CH}_2)_7\text{COOH} \xrightarrow{\text{NaOH}}$$
リシノール酸

$$\text{CH}_3(\text{CH}_2)_5\text{CHOHCH}_3 + \text{NaOOC}(\text{CH}_2)_8\text{COONa} \tag{16・10}$$
　　　2-オクタノール　　　　セバシン酸ナトリウム

2-オクタノールは，シリコーン油が出現する以前は重要な発泡抑制剤であった．セバシン酸はヘキサメチレンジアミンと縮合重合して特殊ポリアミドであるナイロン610と

なる.セバシン酸のジオクチルエステルは,PVCの優れた可塑剤であるが,性能に比べて価格が高すぎる.原料成分のセバシン酸がヒマシ油由来であることから,ナイロン610は"グリーン"ポリマーとよばれている.もちろん生分解性ではない.同様のことがナイロン11についてもいわれているが,次に述べる.

今まではヒマシ油だけがセバシン酸の唯一の原料であった.しかし2 molのアジピン酸を二酸化炭素2分子を脱離しながら電解二量化する製法が日本で開発された.

●塩の乾留生成物● リシノール酸のナトリウム塩やカルシウム塩を500℃で乾留すると,11位と12位の炭素結合が切れて,n-ヘプタアルデヒドとウンデシレン酸ができる(図16・6).ヘプタアルデヒドは還元してn-ヘプタノールにすることができる.このアルコールは可塑剤用に使われる.ウンデシレン酸を過酸化物の存在下,臭化水素と反応させると"逆Markovnikov"付加が起こる.臭素をアンモニアで置換するとω-アミノウンデカン酸が得られる.これがこの反応の目的物であり,重合してナイロン11ができる.ナイロン11は非常に特殊な配合の際に使われ,大量生産品にはならない.ウンデシレン酸の亜鉛塩は水虫用の殺菌剤として有効である.

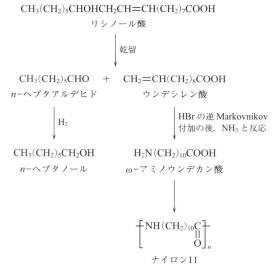

図 16・6 ヒマシ油からナイロン11の生成

16・11 グリセリン

油脂からのグリセリン製造法については,すでに述べた(§16・3).またプロピレンから塩化アリルを経る製法(§3・11・2)についても述べた.グリセリンの主要な用途は,化粧品,トイレタリー製品,食品,飲料であり,保湿,潤滑性,柔軟性を付与する.タバ

コの保湿剤にも，セロハンの可塑剤にもなる．2000 年から 2004 年に米国では年平均 35 万トンのグリセリンが生産された．2010 年には米国，欧州合わせて 95 万トンになった．EU 指令 2003/30/EC（バイオ燃料指令）が施行され，2010 年までにすべての EU 加盟国が石油燃料の 5.75％をバイオ燃料に置き換える必要があるので，グリセリン生産量は増加している．2020 年には生産量は需要量の 6 倍になると予想されている．

　グリセリンは，バイオディーゼル油製造（§16・12・3）の副生物なので，2008 年ですでに劇的なほどに生産過剰になっている．米国では 2008 年に 350 万トンが焼却されたといわれる．グリセリンの合成設備は余剰となり，高純度のグリセリン製造工場だけが唯一操業しているにすぎない．グリセリンの利用についてさまざまな選択肢が研究されている．グリセリンをメタノールに変換する製造法が特許となっている．メタノールは安価であるが，グリセリンを焼却するよりは経済的にましである[6]．グリセリンを 100 ℃，20 bar の水素存在下で貴金属担持触媒に通す．炭素－炭素結合が切れ，炭素－酸素結合が残ることによって，メタンや二酸化炭素の生成を避けている（式 16・11）．

$$CH_2OH-CHOH-CH_2OH + 2H_2 \longrightarrow 3CH_3OH \qquad (16・11)$$

　一方，METabolic EXplorer 社がバイオテクノロジーを使って 1,3-プロパンジオールを生産する年産 5 万トンプラントの建設計画を発表し，Glycos Biotechnologies 社はイソプレン，エタノール，アセトンを年産 2〜3 万トン生産する計画を発表した[7]．両方の計画ともマレーシアで行われることになっている．マレーシアではパーム油からバイオディーゼル油が生産され，グリセリンが発生している．

16・11・1　確立したグリセリン用途

　ダイナマイトはグリセリン三硝酸エステル（ニトログリセリン）を木材パルプに浸み込ませたものである．ニトログリセリンは狭心症のための冠状血管拡張剤としても使われる．舌下錠か皮膚吸収型貼付剤にして用いられる．薬として少なくとも 1 世紀は使われてきたけれども，血液中の酸化窒素経路を通じての作用機構は，ごく最近解明されたにすぎない．グリセリンはアルキド樹脂（§8・1・2）原料やポリウレタン（§6・3・1）合成用のポリエーテルとして，エチレングリコール，ペンタエリトリトール，ソルビトールのようなポリオールと競合している．

　グリセリンの化学工業上の最も重要な用途は，アルキド樹脂であり，次が不飽和ポリエステル樹脂である．アルキド樹脂はグリセリン，ペンタエリトリトールと無水フタル酸，脂肪酸の縮合重合物である．アルキド樹脂は油性ペイントの主要ビヒクルである．しかし無溶剤塗装への流れが強まっているために油性ペイントの使用量は減少している．グリセリンをプロピレンオキシドと反応させると，ポリエーテルが得られる（式 16・12）．これはイソシアネートと反応させてポリウレタンをつくるのに使われる．この用途にはグリセリンよりも，トリメチロールプロパンが通常好まれる．

$$\begin{array}{c}CH_2OH\\|\\CHOH\\|\\CH_2OH\end{array} + (x+y+z)CH_3CH\overset{O}{-\!\!\!-\!\!\!-}CH_2 \longrightarrow \begin{array}{c}CH_3\\|\\CH_2O(CH_2CHO)_xH\\|\\CH_3\\|\\CHO(CH_2CHO)_yH\\|\\CH_3\\|\\CH_2O(CH_2CHO)_zH\end{array} \quad (16\cdot12)$$

グリセリン　　　プロピレンオキシド　　　　　プロポキシル化されたグリセリン

　グリセリンのモノエステル，たとえばオレイン酸とのモノエステルやステアリン酸とのモノエステルは，非イオン界面活性剤として食品工業で使われている．トリアセチン（グリセリン三酢酸エステル）は，水虫用の殺菌剤，香料類の定着剤，タバコフィルター用酢酸セルロースの可塑剤として使われる．

16・12　油脂のアルコール分解（エステル交換）

　エステル交換反応またはアルコール分解反応は，油脂工業の最も重要な反応の一つである．バイオディーゼル油は最近急成長している．食品乳化剤となるモノまたはジグリセリドも，この方法で生産される．たとえば Eastman 社で行われている．ナトリウムメトキシドのような触媒存在下でトリグリセリドとグリセリンやペンタエリトリトールのようなポリオールとを加熱すると，部分エステル化物の混合物が得られる．部分エステル化物は二塩基酸と反応できる．また油変性アルキド樹脂[8]の前駆体になる（§8・1・2）．部分エステル化物をトルエンジイソシアネート（TDI）と反応させると，油変性ウレタンが得られる．

16・12・1　ココアバターと母乳

　トリグリセリドのエステル交換の重要な利用法として，合成ココアバター，乳幼児用調製乳，トランス脂肪酸のないトリグリセリドの生産がある．一般に動物由来のトリグリセリド（脂肪）は，室温で固体であるのに対して，魚油，植物油のトリグリセリドは液体である．ココアバターは，唯一の固体植物性グリセリドである．カカオの実を採取し，豆の周りのパルプが乾くように発酵させてから，カカオ豆を取出し，圧搾してココアバターを得る．

16・12・1a　ココアバター

　北欧人は最もチョコレートを食べる．2005年の1人当たりの年間消費量としては，アイルランドで11.2 kg，スイス10.7 kg，英国9.8 kg，ドイツ8.3 kgである．南欧は気候が暑くてチョコレートが融けるために少ししか食べず，イタリア2.5 kg，スペイン1.7 kgである．米国はその中間で5.4 kgである．チョコレートは，ココア固形分にココアバター，砂糖などを混ぜてつくる．

●ココアバターの成分構成●　　ココアバターは，パルミチン酸，オレイン酸，ステアリ

ン酸の混合したエステルから成るトリグリセリドである．アルキル残基をP，Q，Sと表すとココアバターの主要なトリグリセリドは，下記の（**1**），（**2**），（**3**）である．

P：パルミチン酸残基
Q：オレイン酸残基
S：ステアリン酸残基

カカオ豆中には，正確な比率でココア固形分とココアバターが存在しているわけではない．このためすべてのココア固形分をチョコレートにできるほど十分なココアバターはない．ある程度の量のココア固形分は飲料原料として販売できるが，それでも余剰が出る．

●**ココアバター代用品**● ココアバター代用品の使用は各国とも厳しく規制されている．EUを含めたいくつかの国ではチョコレートの安定性を高めるために5%の少量添加は許されている．この中にはSQS（ステアリン酸-オレイン酸-ステアリン酸）に富む代用油脂を添加することによって，ココアバターの天然SQS残基配列の量を増やすことも含まれる．このような製品でも，なおチョコレート製品標準（Chocolate Standard of Identity）を満足している．

とにかくチョコレートはココア成分を35%含まなければならない．それ以下ならばココア風味（cocoa fantasy）とよばれる．低品位のチョコレートをつくるには，ココアバターに代わる脂肪が加えられ，"チョコレートの香りでコーティングしたもの"とよぶことができる．

このようにチョコレート工業の重要課題は，効果的なココアバター代用品を見いだして余分のココア固形分から価値を引出すことである．それはいくつか開発されてきた．

1級製品はCBE（ココアバター拡張品）とよばれ，ココアバターと同様のトリグリセリド構成をもって満足に機能するものである．PQS，PQP，SQSが主要なトリグリセリドで，PSQ，SSQ，PPQは少量含まれるけれども，短鎖脂肪酸は含まない．2級製品はCBS（ココアバター代用品）とよばれ，ココアバターとはトリグリセリド構成が異なるけれども，融け方がココアバターと同様のものである．パーム油（**3**）がよく使われる．パーム核油やココナツ油も同様に使われるが，ラウリン酸（ドデカン酸）を50%以上含むトリグリセリド，おもにラウリン酸トリグリセリドが主体である．

CBSには二つの限界がある．ココアバターのもつ揮発性の香り成分が欠けていることと，正確に融け方，固まり方が同じになることが，なかなかないことである．ココアバターは，ある範囲の温度以上では融け，口内温度より少し下の温度で完全に液体になる．したがって高品質のチョコレートは，"口に入れたとたんに，さっと融ける"ことになる．

●**カカオ豆の生産事情**● ココアバター代用品の潜在市場は巨大である．カカオ豆の世

界生産量は年間ほぼ350万トンであり、そのほぼ半分（2009年は43％）が昔からコートジボワールで生産されてきた。この形がコートジボワールの政治危機のために最近乱れてきた。選挙で敗れたにもかかわらず、国の首長の地位から降りることを拒否しているためである。チョコレートの供給が減り、価格が上昇した。残りのカカオ豆の大部分はガーナが供給しており、西アフリカで世界の80％を占めている。カカオ豆に適する気候条件の範囲は非常に狭く、地球温暖化の結果として暗い予想がされ、カカオ豆の増産は不可能である。

●パーム油からのココアバター製造法●　世界のココアバター生産量は150万トンである。これに対して、大豆油がほぼ1600万トン、バターが600万トンである。ココアバターは高価である。一方、化学構造が類似しているパーム油は安く、容易に入手可能である。パーム油をココアバターに変換するには、基本的にはパーム油中のパルミチン酸残基のいくつかをステアリン酸残基に置換する必要がある。Unilever社は1970年代に製造法を開発した。パーム油とステアリン酸の混合物を、ケイソウ土に固定化した1,3-特異性リパーゼ（Mucor miehei）で処理する。溶媒としては、水で飽和したn-ヘキサンを使う。ヘキサンに溶解する程度の少量の水なので、感知できるほど全面的な加水分解は起こらない。代わって加水分解と再エステル化の反応が313℃、数時間で起こる[9),10)]。

この製法は酵素法に置き換わり、のちにはトランス脂肪酸を含まない脂肪の生産に使われた。もともと乳幼児用調製乳のために発明されたものである。Unilever社は、特殊工業油脂事業を数年前にIOI Loders社に売却し、ココアバター拡張品は、同様の製法でつくられる乳幼児用調製乳とともにIOI Loders社が販売している[11)]。

16・12・1b　母乳

昔から乳幼児用調製乳に使われてきた植物油は、典型的には2位（グリセリン骨格の中央位）に飽和脂肪酸が20％以下しか含まれていない。パルミチン酸が最も豊富に含まれ、脂肪酸総量の20〜25％になる。しかしパルミチン酸はおもに1位と3位（グリセリン骨格の端の位置）にある。それに対して、母乳は中央位にパルミチン酸が異常に高い割合（ほぼ60〜70％）で付いている。1位、3位にはオレイン酸とリノール酸が付いている。このほんの小さな違いによって、乳幼児が栄養物を消化、吸収、代謝する能力に大きな影響がある。特に1,3位のパルミチン酸残基（植物油が該当）は、カルシウム塩として排出され、乳幼児から両方の栄養分を奪うとともに、大便を硬くする。これらの残基を再配列する酵素法が開発され、パルミチン酸残基のほぼ55％が2位にあるBetapol™という製品がつくられている[12)]。

16・12・2　トランス脂肪とエステル交換

油を水素化したときに生成するトランス脂肪の危険性は16章初めに述べた。心臓病の危険性については長らく確立されてきた飽和脂肪よりも、いまやトランス脂肪が上位に置

かれている．Unilever 社は，液状植物油をエステル化した油を十分に水素化してトランス脂肪を含まない固形脂肪を1994年からつくってきた．しかし，それはあまり洗練された方法ではなかった．

　トランス基のない脂肪をつくる先例のない方法が，Archer Daniels Midland（ADM）社で開発された．その方法はエステル交換に基づいている．最初に大量の植物油を完全に水素化し，すべての側鎖を飽和させておく．つぎに ADM 社が開発した固定化酵素（Novozyme, LipoZim®）の存在下で，完全に水素化した油脂と，それより多量の植物油をエステル交換する．生成する油は水素化反応を受けていないので，トランス結合が含まれない．水素化する油脂とエステル交換する油脂の選択によって望みの固さの脂肪が得られる．さらに完全水素化する植物油を選んでステアリン酸残基だけにすると，真に健康な脂肪をつくることができる．ステアリン酸残基が，血液中のコレステロールにほとんど影響しないことは，一般に認められている．

　2002年に ADM 社のエステル交換法は，年産6800トンで工業化され，2005年まで生産された．しかし残念なことにエステル交換法脂肪は，トランス脂肪と同じく心循環系に悪いという評価が2007年に起こった．その原因はわかっていない．それは，たった一つの限られた研究[13]に基づいていた．研究に使った脂肪が全脂肪酸構成において異なり，エステル交換脂肪は，未処理のパーム油のオレイン酸グリセリドに比べて飽和脂肪酸が30％多く，モノ不飽和脂肪酸が57％少なかった．脂肪の代謝研究は進展している[14]．そのうちトランス脂肪酸を含まないと表示されたすべての脂肪製品がエステル交換脂肪になるかもしれない．

16・12・3　バイオディーゼル油と潤滑剤

　生分解性，環境汚染，非再生可能資源の枯渇への関心が高まったことによって，油脂を原料とした燃料と潤滑油の開発が進展してきた[15]．こうして1990年代前半に"バイオディーゼル油"が現れた（p.585 の訳者補遺も参照されたい）．

●バイオディーゼル油の成分と製法●　　バイオディーゼル油は，動植物油脂のメチルエステルから成り，添加剤が加えられている．油脂はパーム油，ナタネ油，ヒマワリ油，牛脂などである．添加剤は，石油原料のディーゼル油に使われる添加剤と同じものである．動植物油脂のメチルエステルは，略称 FAME（fatty acid methyl ester）とよばれる．エチル，プロピルあるいはもっと分子量の大きいアルコールを使ったエステルも使うことが原理的には可能である．しかし，それらは揮発性に乏しく，高価である．

　バイオディーゼル油の原料としては，パーム油が最も普通に使われている．エタノールに溶解した水酸化ナトリウムの存在下でメタノールとパーム油を回分処理（バッチ処理）で反応させる．植物油に存在する遊離の脂肪酸を中和するよりも少し過剰のアルカリを加える．原料中の水分は注意深く除去しておく．水分があると，けん化反応が起こり，セッケンができてしまう．温度はほぼ70℃で，反応時間は1時間から8時間とさまざまであ

る．副生物のグリセリンは濃厚な下層になるので分離する．過剰なメタノールはフラッシュ蒸発か蒸留によって除去する（式16·13）．

$$\text{トリグリセリド} + 3[H_3C-OH] \underset{}{\overset{\text{触媒}}{\rightleftharpoons}} \text{グリセリン} + \text{メチルエステル}$$

R_1, R_2, R_3: アルキル基

(16·13)

その他の製造法としては，超臨界メタノールを使って高温で行う方法がある．その場合は触媒が不要である．また，マイクロ波を使う方法や超音波を使う方法もある．リパーゼを触媒とする方法では，リパーゼがメタノールで被毒するので酢酸メチルが原料として使われる．

食品調理業から排出される廃植物油（WVO）も原料として使われる．汚れ，焦げた食品，その他の油でないものは沪過して除かねばならない．水が含まれていると，けん化反応でセッケンができてしまうので，水も除去しなければならない．

●バイオディーゼル油の特徴● バイオディーゼル油は脂肪酸メチルエステルから成るので，石油原料のディーゼル油と異なって硫黄を含まない．燃焼時には煙も，残留炭化水素も，二酸化炭素も少ないといわれている．しかし，燃焼により高温で生成する窒素酸化物の排出量は減らない．

ディーゼル油はバイオディーゼル油含有量を表示する．バイオディーゼル油を20％含むディーゼル油の表示はB20である．純粋なバイオディーゼル油はB100である．B20はディーゼルエンジンでそのまま使うことができる．しかしB100を使うにはエンジンの多少の調整が必要となる．

●バイオディーゼル油の問題点● クリーンな燃料であることからバイオディーゼル油への関心が高まってきた．魅力的ではあるけれども，二つの問題点がある．一つは副生物グリセリンの処理である．もう一つは供給力である．世界の油脂生産量は，2009年で12,800万トンであり，そのうち88％が人間の食糧として使われた．一方，米国だけでも2006年に16.7万kLのガソリン相当のディーゼル油が使われた．これは概算で13,300万トンになる．しかしバイオディーゼル油は，その0.58％とごく小さな割合にすぎない．

別な見方をすると世界のパーム油生産量は，1995年の30万トンから2009年には4100万トンに急増した．EUのバイオ燃料指令（2003），再生可能エネルギー指令（2009）の達成に向けて，欧州各国はバイオ燃料政策を進めている．たとえば英国は再生可能輸送燃料導入義務制度を実施し，2010年に販売されるすべての燃料油の3.25％が植物由来であることが必要となり，2020年にはこれが13％になる．EU指令の目標に合致

しなければならない地域は，スペイン，フランス，英国諸島，ドイツを合わせた広さにほぼ相当する[16]．バイオ燃料は，化石燃料に比べて二酸化炭素排出量を35%減少させると欧州委員会は主張している．しかし，この数字はバイオ燃料の原料油がすでに資源化がされていることを前提にしており，森や草地をプランテーションに転換する際に放出される二酸化炭素を無視している[17]．これを考慮に入れた計算では，二酸化炭素排出量は31%増加する[18]．熱帯雨林が燃やされたときに放出される二酸化炭素を吸収するには，840年必要である．インドネシアは，パーム油産業の拡大によって米国，中国に次ぐ世界3位の二酸化炭素排出国になった．熱帯雨林の破壊によってオランウータンはスマトラ島で絶滅の危機に瀕している．欧州の納税者が，バイオ燃料への補助金を惜しみなく与えることによって，このようなことのすべてが行われている．

したがって油脂の生産量を増大させ，ニッチ市場を超えてディーゼル油代替市場に入ることには疑問が多い．しかしエコロジー感覚が高まっている地域では，ダイマー酸エステル（§16・5）を2サイクルエンジンの燃料油として使ってきた．1990年代前半に導入された際には，単にダイマー酸エステルを原料とした2サイクルエンジン油であった．芝刈機や船外エンジンのモーターボートのエンジン用燃料として，普通のスモッグを排出するモーターオイルとガソリンの混合油に代わるものに使用された．モーターオイルとガソリンの混合油の問題点はバンコクで十分に示されており，そこでは2サイクルエンジンと小型タクシーが深刻なスモッグ公害を起こしていた．この代替は，油脂原料による燃料のニッチ市場の一例である．油脂原料による燃料は，ポリブテン類（§4・2・3）とガソリンの混合油やプロパンとブタンの混合物（LPG，表1・3）と競合している．バンコクではLPGを配送するインフラが発展したために，現在ではLPGが実際には使われている．

●**潤滑油への利用**● バイオ油の潜在的に重要な利用法は，生分解性油脂材料の潤滑油への使用である．油脂材料の潤滑力は十分に確立しており，われわれの祖先は紀元前1400年に古代戦車の可動部に牛脂を使った．潤滑特性をもったエステルは第二次世界大戦以来知られており，現在では自動車用合成潤滑剤にはアゼライン酸（§16・7）のジ（2-エチルヘキシル）エステルのような二塩基酸エステルとペンタエリトリトールテトラエステル（§2・11・3）が使われている．このような化合物は，脂肪酸誘導体によって，いっそう生分解的となり，自動車用ばかりでなく，金属加工用，タービン油，作動液，機能性流体としての一般的な利用が提案されている．

16・12・3a 微生物藻類

藻類は効率よく生産でき，70%以上も油を含む細胞もある．農地と競合するわけでなく，熱帯雨林の破壊を必要とするわけでもない．その油はトリグリセリドであり，パーム油のような油と同量のエネルギーを含んでいる．ディーゼル油として使うことができる．藻類は池や川で生育する．実際に栄養分を川に放出した結果として富栄養化により死の水路になるなど，過去には問題が起こった．藻類は油資源として評価されてきたけれども，

成功例は限られてきた．水路で藻類を生育すること，すなわち光合成法は，非常に高価な製品をつくることになる．

　光合成は2段階から成ることが明らかとなっている．第一段階は光によって二酸化炭素から細胞内で糖類がつくられる．第二段階は，糖類が油脂に変換される．第一段階が非常に非効率なのである．二酸化炭素の固定において，藻類が濃厚な池はサトウキビに比べてはるかに非効率である．多くの光が熱として消散し，水面下の藻類に到達する光はほとんどない．第二段階は迅速である．

　米国のSolazyme社は藻類の従属栄養発酵法を開発した[19]．暗闇の中でサトウキビやセルロース質バイオマスのような炭水化物を藻類に与えると，藻類はずっと速く成長し，各細胞が高濃度の油をつくるので，単位容量当たりでずっと多くのバイオマス収量が得られる．この藻類発酵による油は，光合成よりもずっと安価である．Solazyme社は2010年に米国海軍に評価用として200 kL以上の油を提供した．

　Solazyme社は，遺伝子工学によって藻類の代謝経路を変更させて商業的な油生産に適するようにしたと述べている．燃料としてはディーゼル油よりも，硫黄含有量も，リン含有量も低い高純度な製品になる．

16・13 アルキルポリグリコシド

　1990年代前半にHenkel社とAir Liquide社の両社で工業化された洗剤用非イオン界面活性剤は，アルキルポリグリコシドとよばれている．アセタール結合をもった脂肪酸誘導体としては，初めての重要な製品である．それは，グルコースの単糖や二糖のアセタール混合物である．グルコースは，炭素数10から14の脂肪アルコールと反応してアセタールまたはグリコシドを生成する．その構造式は次のとおりであり，$n = 9 \sim 13$ である．

<chemical structure: HOCH$_2$, HO, HO, OH, O(CH$_2$)$_n$CH$_3$>

　グリコシドという用語には，グルコース以外の糖類も含まれる．製法としては2段階法が好まれている．第一段階では糖類が弱酸の存在下で，n-ブタノールと反応してアセタールをつくる．第二段階ではこの中間体アセタールが$C_{10} \sim C_{14}$脂肪アルコール混合物と反応してグリコシド界面活性剤を生成する．遊離したn-ブタノールは再使用される．

　この製品は生分解性であり，糖部分がトウモロコシデンプンに，脂肪アルコール部分がココナツ油やパーム核油に由来するので，"グリーン"であるといわれる．クリーニング店用，台所用洗剤ばかりでなく，シャンプーや化粧品のような特殊品用途も市場開拓中である．

　アルキルポリグリコシドは，糖エステルと関連がある．糖エステルは，$C_{12} \sim C_{18}$脂肪酸によるショ糖の部分エステルであり，迅速な生分解性をもった非イオン界面活性剤とし

て日本で長年人気のある製品である．1995 年に Proctor & Gamble 社は，強力な洗浄力を必要とする洗剤分野で一部のアルキルベンゼン硫酸塩を，糖を原料とした界面活性剤に代替すると発表した．

16・14 ノンカロリーの油脂様代用品

　油脂化学は成熟しているようにみえるけれども，心臓病，肥満，脂肪過剰摂取問題が増大したため油脂化学は進展をしている．体重超過と考えている人たち向けに，油脂のように機能するけれども栄養にならない食品市場が大きく存在している．Proctor & Gamble 社は，"Olestra" というショ糖(スクロース)を完全に脂肪酸でエステル化した製品を開発した．口に入れた感じも，味も，調理機能も，トリグリセリド(油脂)と同じであるという．この製品は，セッケン水に溶解したショ糖と脂肪酸メチルエステル(FAME)の間でエステル交換反応によってつくられる．いくつかの油脂のエステルが有用なことが明らかであるけれども，特許では不飽和度が高いベニバナ油の有用性が強調されている．安価な飽和ステアリン酸が実際には使われているとの報告もある．代表的な化学構造を図 16・7 に示す．エステル化されていないヒドロキシ基が一つ残っており，それが機能サイトとなる．

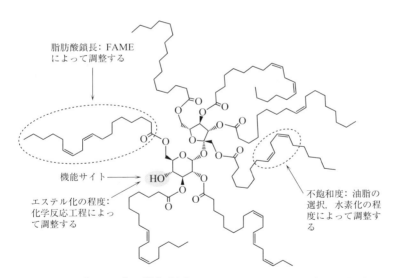

図 16・7　"Olestra" の構造　[出典：Proctor & Gamble, acs.confex.com/acs/green09/recordingredirect.cgi/id/537.]

　脂肪酸メチルエステルをつくる際の副生物はグリセリンである．この製品が成功したことによって，グリセリンの世界的な生産過剰の 50% が生みだされた．しかし問題は起こっていない．Olestra は最初ポテトチップスの生産に使われた．Olestra は油溶性ビタミ

ンを減らしてしまうことがわかり，食事で油溶性ビタミンを補充しなければならない．潤滑性能の良さと消化器系で消化されないことから，一部の消費者は便失禁を起こした．しかし消費者の反発は弱く，Proctor & Gamble 社は食品利用製品の販売を続けている．Olestra はいまでもなお低カロリーのポテトチップスに使われている．

ハッピーエンドの場合もある．ショ糖エステルに別の利用法があることがわかり，Sefose® の名前で工業用潤滑剤やペイント添加剤として使われた[20]．Sefose はアルキド樹脂（§8・1・2）と相乗的に働くように設計されている．最初は溶剤の一部として働き，次には側鎖の二重結合がアルキドの二重結合と架橋して最終的には塗膜の一部となる．Sefose は揮発性がなく，他の溶剤使用量を減らすことができる．また毒性がなく，十分に生分解性があるので，確かに"グリーン"である．市場への浸透が続いている段階であるが，巨大な市場がある．2006 年には米国の塗料市場で 120 万トンの溶剤が使われ，そのうち 45%が炭化水素であった．芳香族（たとえばキシレン，トルエン）と脂肪族（たとえばヘキサン，デカン）炭化水素である．

文献および注

1. 技術的な背景については，古典として *Bailey's Industrial Oil and Fat Products*, 6th ed. F. Shahidi, ed. Wiley, Hoboken, NJ, 2005 を参照．
2. H. B. Patterson, *Bleaching and Purifying Fats and Oils*, American Oil Chemists' Society, Chicago, IL, 1993.
3. B. G. Reuben and H. A. Wittcoff, *Pharmaceutical Chemicals in Perspective*, Wiley, Hoboken, NJ, 1989, p. 325.
4. A. S. Carlsson, http://www.cyberlipid.org/fa/acid0001.htm.
5. http://www.scienceinthebox.com/en_UK/glossary/linalkysulp_en.html.
6. *Chemistry World*, December 2008, p. 24.
7. http://www.icis.com/blogs/green-chemicals/2010/11/glycerine-based-chems-investme.html.
8. H. A. Wittcoff and B. G. Reuben, *Industrial Organic Chemicals in Perspective*, Vol. 2, Wiley, Hoboken, NJ, pp. 153〜159.
9. S. T. Becket, *The Science of Chocolate*, RSC, Cambridge; 2008.
10. Marie Zarevúcka and Zdeněk Wimmer, *Int. J. Mol. Sci.*, **9**, 2447〜2473, 2008.
11. §16・12・1 の多くの話題に関しては，Unilever Foods 社の Leendert Wesdorp 氏に感謝する．
12. http://www.harnisch.com/well/files/pdf/209/infant_nutrition.pdf.
13. K. Sundram, T. Karupaiah, and H. Hayes, Stearic acid-rich interesterified fat and trans-rich fat raise the LDL/HDL ratio and plasma glucose relative to palm olein in humans, *Nutrition & Metabolism*, **4**, 3, 15 January 2007.
14. S. E. E. Berry, G. J. Miller, and T. A. B Sanders, The solid fat content of stearic acid-rich fats determines their postprandial effects, *Am. J. Clin. Nutr.*, **85**, 1486〜1494, 2007. http://www.ajcn.org/cgi/reprint/85/6/1486.pdf
15. Plant oils as feedstock alternatives to petroleum – A short survey of potential oil crop platforms, *Biochimie*, **91**(6), 665〜670, 2009. Epub 2009 April 16.
16. *London Times*, 1 March 2010, p. 3.
17. *London Sunday Times*, 11 April 2010, p. 9.
18. E. Johnson and R. Heinen, *Chem. Ind.*, 23 April 2007, pp. 22〜23.
19. H. Dillon, *Chem. Ind.*, 11 October 2010, pp. 19〜20.
20. http://acs.confex.com/recording/acs/green09/pdf/free/4db77adf5df9fff0d3caf5cafe28f496/session5771_1.pdf.

［訳者補遺］バイオディーゼル油の世界の生産量［ARC リポート（2016.1）: www.asahi-kasei.co.jp/arc/service/pdf/998.pdf より引用］

　バイオディーゼル油の世界の生産量は，下図に示すように 2003 年の 3.4 万バレル/日（200 万 kL/年）から 2011 年には 42.5 万バレル/日（2470 万 kL/年）へと約 12 倍増加した．2011 年の地域別生産量をみると，ヨーロッパの比率が 43％と一番高い．ヨーロッパはディーゼル車が主流になっているため，バイオディーゼル油の増産に力を入れている．米国の比率は 17％と少ない．

　2012 年の世界生産量は 43.1 万バレル/日で，その内訳はヨーロッパ 17.1 万バレル/日，アジア・オセアニア 8.5 バレル/日，米国 6.4 万バレル/日，ブラジル 4.7 万バレル/日，その他 6.4 万バレル/日である*．

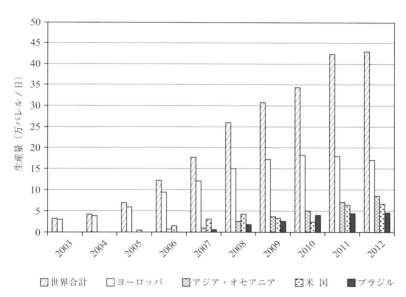

図　バイオディーゼル油の世界，国・地域別生産量推移［米国 EIA 資料を基に作成］

　EU は輸送部門の再生可能エネルギー比率を 2020 年までに 10％にすることを目標にしており，現時点の再生可能エネルギー比率は 5％である．食料由来のバイオ燃料には批判が多いことから，2014 年に EU は食料由来の再生可能エネルギー比率を上限 7％にすることに合意した．

＊　2012 年のバイオエタノールの生産量は 147 万バレル/日でバイオディーゼル油の約 3 倍である（p.625）．

17 炭水化物
—— 再評価進む再生可能資源

　化学原料となる炭水化物資源は，四つの主要グループに分類される．糖類，デンプン，セルロース，そしていわゆるガム類である．そのほかにもさまざまな資源がある．たとえばペントサン（ペントース系多糖類）は農産廃棄物にみられ，これからフルフラールがつくられる．これらの炭水化物資源のすべてが化学製品の原料になる．炭水化物の処理には，おもに発酵法が使われるので，発酵法もこの章で扱う．それとともに，石油化学資源の枯渇可能性と，必要性が高まっている再生可能資源の実現可能性についても，この章で扱う．

17・1　糖類とソルビトール

　化学者は，ペントースとヘキソースを構成単位とする多くの単糖類，二糖類，三糖類をまとめて糖とよぶ．しかし，一般の人にとって糖とはショ糖（スクロース，砂糖）のことである．ショ糖は主要な食物である．先進国では1人当たり年間平均でほぼ40 kg消費している．これは体重のほぼ3分の2に相当する．ショ糖は一般大衆に大量に販売されているもののなかでは，最も純粋な有機物結晶であり，無水物基準で純度99.96%に達する．

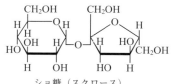

ショ糖（スクロース）

●**ショ糖の採取**●　　ショ糖はイネ科に属するサトウキビから採取されるか，根菜類であるサトウダイコン（ビート）から採取される．サトウキビを細かく切り，圧搾して絞り液を採る．その際には水や薄い絞り液を併用することも多い．搾りかす（バガス）はかなり純粋なセルロースである．バガスはかつては粗糖工場で自家消費するエネルギーを生みだす燃料とされ，あるいは紙・板紙の原料にされた．現在では発電用燃料にも使われ，技術改良によって，その電力はブラジル国内電力網に供給されるようになった．51%の固形分から成るバガス1トンは，原油1バレルに相当する．

　サトウキビの絞り液は，異物を除去後，水分85%程度から40%にまで三重効用缶や四重効用缶で濃縮される．多重効用缶は熱を再利用することによって，エネルギーを有効利

用する．減圧蒸発によって絞り液を過飽和にし，そこで種になる結晶を加えるとショ糖結晶が沈殿する．ショ糖結晶を除いた液が糖蜜である．これは家畜の餌やクエン酸発酵，ラム酒生産，その他の発酵原料として使われる．ビートからのショ糖の採取も化学的には同じであるが，ショ糖を取出す実際の工程は，以上述べたものに比べるとはるかに複雑である．

●ショ糖の生産と消費● 　世界のショ糖の生産と消費の状況を図17・1に示す．西ヨーロッパ，インド，ブラジルが最大の生産国であり，消費国でもある．西ヨーロッパはビートを原料とし，インドとブラジルはサトウキビを原料としている．ブラジル，インド，オーストラリア，タイが主要な輸出国であり，ロシア，西ヨーロッパ，中国，インドネシア，米国が主要な輸入国である．キューバはかつては主要な生産国であったが，反米政治と指令経済の問題によって没落した．

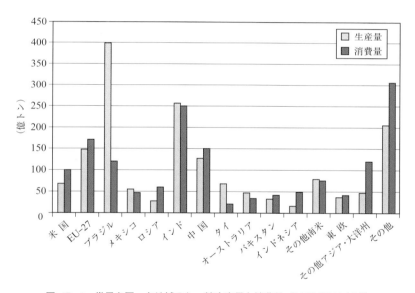

図 17・1　世界各国・各地域のショ糖生産量と消費量（2009/2010年度）

肥満とショ糖の多量摂取は糖尿病をひき起こし，米国人の11％がこの病気に苦しんでいる．中国人1人当たりのショ糖消費量は，2001年以降48％も増加し，米国人の消費量のたった29％にすぎないのに，糖尿病は中国人の10％にまで急上昇し，9240万人という信じがたい数になっている．中国は2013年にフルクトース高含量コーンシロップの生産を倍増して世界最大の生産国になる計画である．しかし糖尿病問題は，いっそう悪化すると予想される[1]．

ショ糖には化学的な利用先がほんの少ししかない．ショ糖の八酢酸エステルはエタノー

ルの変性剤として使われている．またショ糖の酢酸エステル，イソ酪酸エステル，八安息香酸エステルは可塑剤として使われる．ショ糖の一または二脂肪酸エステルは界面活性剤となり，ショ糖のポリエーテルポリオールはポリウレタンに，脂肪酸エステルはアルキド樹脂や低脂肪ポテトチップス（§16・14）に使われている．

●デキストラン●　　細菌 *Leuconostoc mesenteroides* と *Lactobacteriacae dextranicum* は，ショ糖をデキストランにする．デキストランはおもに α-D(1 → 6) で結合した D-グルコース骨格から成る多糖類である．デキストランは体液がひどく失われる火傷のような症状のときに輸血用の血漿増量剤として使われる．この用途では冷凍血漿やアルブミンのような"天然"材料，変性ゼラチン，ヒドロキシエチルデンプンと競合する．昔は"天然"材料が入手できる場合には好んで使われた．しかし感染血液への懸念によってデキストランの評価は上がってきた．

●グルコースとフルクトース●　　D-グルコース（ブドウ糖）はデキストロース（右旋性グルコースの短縮形）ともよばれ，コーンスターチを原料にして大規模に生産されている．コーンスターチを酸と酵素グルコアミラーゼの混合触媒を使って加水分解すると，高栄養価であるけれどもショ糖ほど甘味のないシロップになる．この方法で得られる甘味料は，ショ糖より安価である．

D-フルクトース（果糖）は D-グルコースの異性体である．D-グルコースより甘味が強いので，甘味を減らさずにカロリーを制限する食事用に使われる．D-フルクトースは，デンプンに三つの酵素を作用させてつくられる．製造の第一段階では固定化アミラーゼによってデンプンを低分子量のオリゴマーにする．第二段階では固定化アミノグルコシダーゼによってオリゴマーをグルコースにする．そして第三段階でイソメラーゼによってグルコースをフルクトースに変える．イソメラーゼは水に不溶の担体に吸着させるか，イソメラーゼをつくり出す単細胞微生物体内に固定化して使われる．固定化酵素技術の進歩によって実用化された（式 17・1）．

デンプン　→　グルコース

ピラノース形フルクトース　⇌　フラノース形フルクトース　　　　(17・1)

● **HFCS**（フルクトース高含有コーンシロップ）●　D-フルクトース結晶はデキストロースよりも吸湿性が高いために特殊な包装が必要になる．このためD-フルクトースはシロップ（HFCS）の形でソフトドリンク，菓子，食料品に使われる．

トウモロコシ原料の甘味料は，米国の甘味料市場のほぼ4割を占める[2]．HFCSの生産は1967年に始まり，図17・2に示すように2003年には精製糖（ショ糖）の消費量に並んだ．

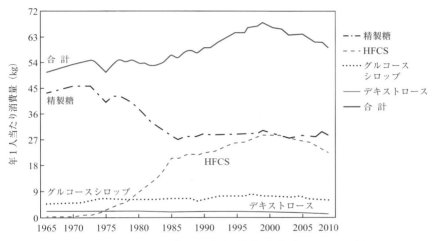

図 17・2　米国のさまざまな甘味料の消費量推移（1965～2009年）
[出典：USDA ERS Sugar and Sweeteners Yearbook Tables]

これには，政府によるショ糖の国内生産割当，米国のトウモロコシ生産への補助金，外国産ショ糖への輸入関税が関係している．このような政策すべてにより，世界のどこよりも米国のショ糖価格が高くなり，多くの甘味料のなかでHFCSのコスト競争力が最も強くなった．米国人は平均して2008年にHFCSを23.9 kg消費するのに対して，ショ糖を29.5 kg消費した．HFCSに対して根拠は薄いけれども不健康であるとか，ショ糖の方がおいしいという反発が起こった．また肥満の原因になるという宣伝もあった．2010年に米国トウモロコシ精製業協会（Corn Refiners Association）はHFCSという名前に代わって"コーンシュガー"という名前の使用許可を申請した．そうこうするうちにHFCSの消費量は減少し始めた．

西ヨーロッパではショ糖農家の圧力によってEU内でHFCSの生産割当が行われてきた．2005年の割当量は30.3万トンであり，EU全体の甘味料消費量約1700万トンに比べて非常に少量である．

● **乳糖と乳酸** ●　図17・2には，ハチミツと乳糖（ラクトース）が示されていない．ハチミツはほんの少量売られているにすぎない．乳糖は牛乳の中にほぼ5%（w/v）含ま

れ,廃脱脂乳から抽出される.乳糖は食品酸味料,チーズの生産,印刷や染色,皮革の生産に使われる.乳漿,乳糖,ショ糖,グルコースを *Bacillus acid lacti* や *Lactobacilli* で発酵すると乳酸が得られる(式 17·2).

$$\text{ラクトース} \longrightarrow \text{乳酸} \tag{17·2}$$

乳酸は生分解性プラスチック(§19·12)であるポリ乳酸のモノマーとなる.

●グルコース誘導体● 図 17·3 に示すように,グルコースは酸化するとグルコン酸になり,また還元するとソルビトールになる.また,α-メチルグルコシドに変換できる.

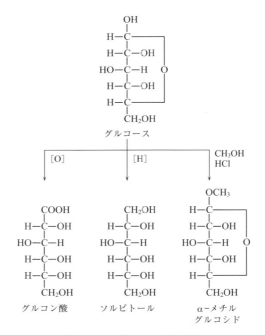

図 17·3 グルコースの反応

グルコン酸は食品添加物に使われ,α-メチルグルコシドはアルキド樹脂に使われる.グルコースと脂肪酸アルコールから成る界面活性剤については§16·13 で述べた.

ソルビトールは図 17·4 に示すようにビタミン C(アスコルビン酸)の古典的な製法

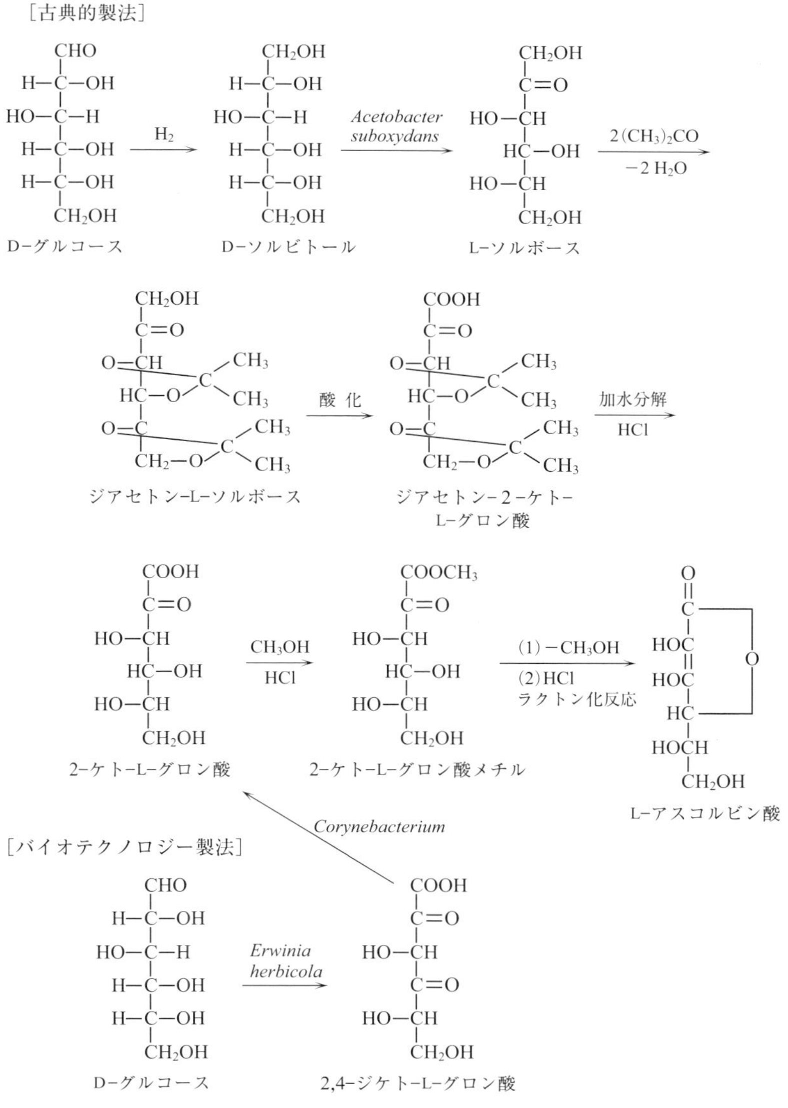

17・1 糖類とソルビトール

[古典的製法]

D-グルコース →(H₂) D-ソルビトール →(Acetobacter suboxydans) L-ソルボース →(2(CH₃)₂CO, −2 H₂O)

ジアセトン-L-ソルボース →(酸化) ジアセトン-2-ケト-L-グロン酸 →(加水分解 HCl)

2-ケト-L-グロン酸 →(CH₃OH, HCl) 2-ケト-L-グロン酸メチル →((1) −CH₃OH, (2) HCl ラクトン化反応) L-アスコルビン酸

[バイオテクノロジー製法]

D-グルコース →(Erwinia herbicola) 2,4-ジケト-L-グロン酸 →(Corynebacterium) 2-ケト-L-グロン酸

図 17・4 ビタミン C（アスコルビン酸）の合成

の出発物質である．難しい工程は第二段階である．D-ソルビトールから L-ソルボースへの転換は，有機化学では大変に難しい課題である．この反応は化学者の合成技法をバイオテクノロジーで補完する初期の例となった．細菌 *Acetobacter suboxydans* を使うと，ソ

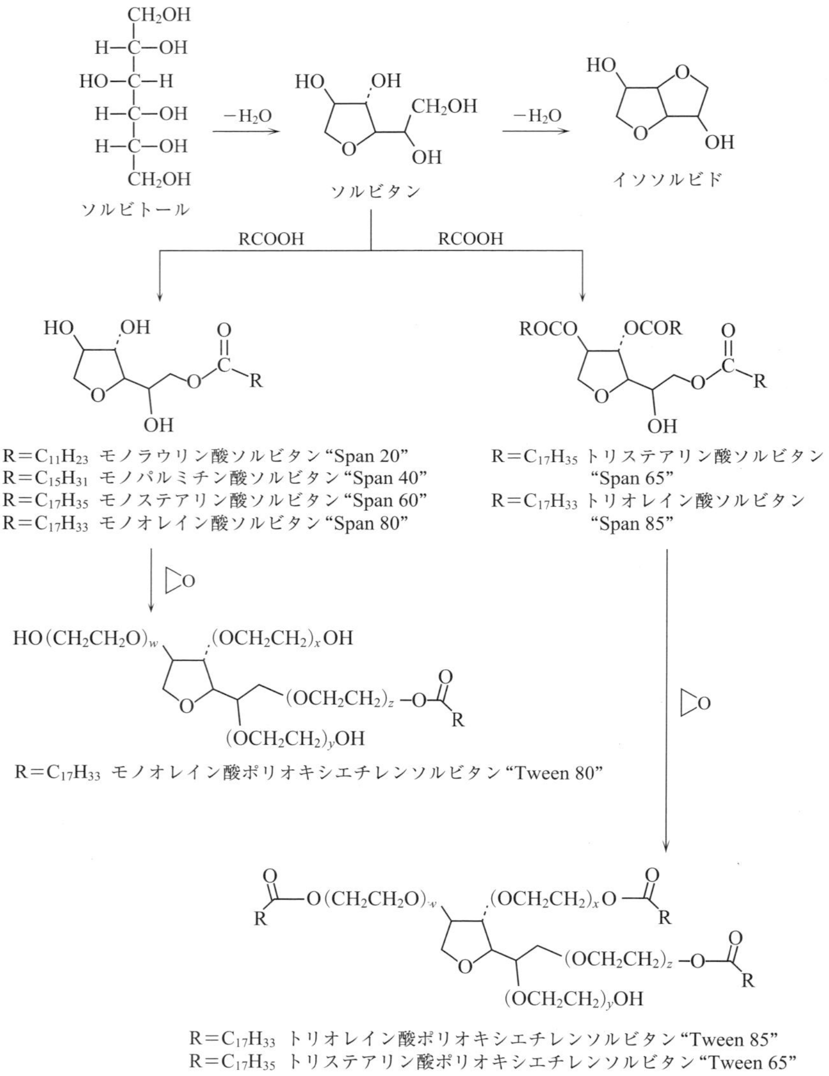

592   17. 炭水化物

ソルビトール → ソルビタン → イソソルビド

R＝$C_{11}H_{23}$ モノラウリン酸ソルビタン "Span 20"
R＝$C_{15}H_{31}$ モノパルミチン酸ソルビタン "Span 40"
R＝$C_{17}H_{35}$ モノステアリン酸ソルビタン "Span 60"
R＝$C_{17}H_{33}$ モノオレイン酸ソルビタン "Span 80"

R＝$C_{17}H_{35}$ トリステアリン酸ソルビタン "Span 65"
R＝$C_{17}H_{33}$ トリオレイン酸ソルビタン "Span 85"

R＝$C_{17}H_{33}$ モノオレイン酸ポリオキシエチレンソルビタン "Tween 80"

R＝$C_{17}H_{33}$ トリオレイン酸ポリオキシエチレンソルビタン "Tween 85"
R＝$C_{17}H_{35}$ トリステアリン酸ポリオキシエチレンソルビタン "Tween 65"

Tween 80, 85, 65 は $w+x+y+z = 20$

〔訳注: $w+x+y+z = 20$ は, 20 mol のエチレンオキシドを反応したグレードである. w, x, y に比べて, z は小さいと考えられるが, エステル交換反応の可能性があるので $z = 0$ とは限らない〕

図 17・5 ソルビタンエステルとエトキシ誘導体

ルビトールの C2 位のヒドロキシ基を選択的に酸化し,ビタミン C 合成の後の工程を実行できるようにする.

アスコルビン酸のバイオテクノロジーによる製法が 1988 年に Genencor International 社と Eastman Chemical 社によって発表された.その製法は,グルコースを図 17・4 に示す 2-ケト-L-グロン酸に 2 段階で変換する.古典的合成法では 5 段階必要だった.第一段階では *Erwinia herbicola* のような微生物がグルコースを 2,4-ジケト-L-グロン酸にする.第二段階では *Corynebacterium* によって,ジケト化合物が 2-ケト-L-グロン酸になる.

●ソルビトールの利用● ソルビトールは,また一群の界面活性剤ソルビタンエステルとエポキシ化ソルビタンエステル(図 17・5)の原料となる.このような界面活性剤は,ほぼ 40 年前に市販されるようになった.ソルビトールはステアリン酸,パルミチン酸,ラウリン酸,オレイン酸と反応して脱水とエステル化が同時に起こり,一置換または三置換のソルビタンエステルになる.エステル混合物が得られ,ソルビトールのヒドロキシ基は多かれ少なかれランダムにエステル化される.ソルビトールはさらにもう 1 分子の水を失ってイソソルビド(図 17・5 右上)になる.イソソルビドは反応混合物中にあって,これもエステル化される.ソルビタンエステル類は,しばしば水に不溶となるが,油の可溶化剤として使われる.また人体への使用が承認されており,飲料,化粧品,医薬品,食品の乳化剤として使われている.最も広く知られた商品名は "Span" である.エステル基の変化に応じて一連の化合物群が得られる[3].

ソルビタンエステルをエチレンオキシドで処理するとエトキシ化/エステル交換反応が起こり,もともとソルビタンに存在していた四つのヒドロキシ基がすべてエトキシ化され,一つから三つの脂肪酸基は末端のヒドロキシ基をエステル化する位置に移動する.再度述べることになるが,脂肪酸の位置はランダムであり,図に示した位置は例示にすぎない.エトキシ化誘導体は水に溶け,ポリソルベートまたは商品名 "Tween" で知られる.これは工業用乳化剤,帯電防止剤,繊維潤滑剤,可溶化剤として使われる.たとえば Tween 60 はモノステアリン酸ポリオキシエチレンソルビタンであり,合成ホイップクリームの安定剤として使われる.ステアリン酸エステルは,オレイン酸エステルよりも臭いが少ない.

ソルビトールは,またノンカロリー甘味料の希釈剤として使われる.たとえばアスパルテームと混合し粉状にすることによって,消費者は朝食のシリアルに,スプーン 1 杯の甘味料をとって振り掛けることができるようになる.もし純粋なアスパルテームだけなら,ほんの少量を量りとらねばならないところである.

17・1・1 イソソルビド

すでに述べたように,ソルビトールから 2 mol の水を除くとイソソルビドになる.これは二つのヒドロキシ基をもつ二つの環から成る化合物である.イソソルビドの硝酸モノ

エステルと硝酸ジエステルは，心臓病，特に狭心症の処置に有用であることが昔から見つかっていた．またグリコール化合物として，不飽和ポリエステル樹脂（§8・1・3）にも使われてきた．イソソルビドの長鎖エステルは，可塑剤（§8・1・1）としても有用である．ビスエポキシプロピルエステルをビスフェノールＡ（BPA）の代わりにエポキシ樹脂（§6・1・2a）に使うことが最近関心をよんでいる．BPA は毒性（§6・1・2d）をもつのではと考えられるようになった．イソソルビドのビスエポキシ化合物は，ビスフェノールＡに代わって，エポキシ樹脂に，また，おもちゃや哺乳瓶に使われるポリカーボネート[*]をつくることができる．当然のことながら，この代替が是認される前には，BPAの危険性とイソソルビド化合物の効果が検証されなければならない．

17・2 フルフラール

カラスムギの殻，トウモロコシの穂軸，サトウキビの茎，木材，その他多くの農産廃棄物には，アラビノースのようなペントースポリマー（ペントサン）が含まれており，塩酸や硫酸による脱水反応でフルフラールができる．フルフラールは石油精製において選択性のある抽出溶剤として使われる．またブタジエンの抽出蒸留でも使われ，C_4 オレフィン類とブタジエンを分離するのに使われてきた（第4章）．フェノールと反応して，フェノール-フルフラール樹脂となる．この樹脂は，研削砥石やブレーキライニングの含浸剤として使われる．

●フルフラール誘導体● フルフラールの還元によって，フルフリルアルコールとテトラヒドロフルフリルアルコールが生成する．テトラヒドロフルフリルアルコールを 270 ℃でアルミナ触媒に通すことによって脱水と環の拡大が起こり，2,3-ジヒドロピランが生成する（式 17・3）．フルフラールの米国での最大用途は，フルフリルアルコールへの変換である．フルフリルアルコールは，酸触媒による縮合重合によって樹脂となる．この樹脂は鋳造用砂型のバインダーとして使われる．

$$\text{フルフラール} \xrightarrow{[H]} \text{フルフリルアルコール} + \text{テトラヒドロフルフリルアルコール}$$

$$\xrightarrow[250℃]{Al_2O_3} \text{2,3-ジヒドロピラン} \quad (17\cdot3)$$

フルフラールを触媒によって脱カルボニル化するか，または酸化した後に脱炭酸反応を起こさせると，フランができる（式 17・4）．

---

[*]（訳注）三菱化学は，イソソルビドが主原料のバイオポリカーボネート樹脂 "DURABIO[®]" を発売した．

17・2 フルラール

$$\text{フルフラール} \xrightarrow{[O]} \text{フラン-2-カルボン酸} \xrightarrow{-CO_2} \text{フラン} \quad (17 \cdot 4)$$

フルフラールを亜鉛-クロム-モリブデン触媒で脱カルボニル化し，さらに水素化するとテトラヒドロフランが生成する．テトラヒドロフランは，1,4-ブタンジオールの脱水反応（§13・3・1）によって，または無水マレイン酸やマレイン酸エステルの水素化と水素化分解反応によってもつくられる．1,4-ブタンジオールやマレイン酸類の方がはるかに大きな原料源なので，フルフラールからの経路は，テトラヒドロフランの米国での生産の10%に満たない．

エチレンオキシドやプロピレンオキシドのように，テトラヒドロフランはオリゴマー化によって末端にヒドロキシ基をもったポリエーテルをつくることができる．このポリマーは，ポリテトラメチレングリコールとよばれ，弾性繊維スパンデックス（§9・3・8）の構成成分となる．

$$n \text{(テトラヒドロフラン)} \xrightarrow{\text{触媒}/H_2O} HO(C_4H_8O)_nH \quad (17 \cdot 5)$$
ポリテトラメチレングリコール

米国には2001年まで唯一のフルフラールの大生産会社 Penn Specialties 社があった．1トンのフルフラールをつくるには，約6トンのトウモロコシの穂軸やその他の農産廃棄物が必要である．その収集の労働コストが高かったために Penn 社は破産してしまった．

●**ペントサンの誘導体**● フルフラールに関連した別の話としては，チューインガム，キャンディ，スイートシリアルの成分となるキシリトール（糖アルコールの一種）がある．キシリトールは虫歯の予防のため使われる．フルフラールと同様にキシリトールもペントサンから得られる．カシのような堅木やトウモロコシから得たキシロースペントサン

$$(C_5H_8O_4)_n \xrightarrow[n\,H_2O]{H_2SO_4} n\, HOCH_2(CHOH)_3CHO$$

ペントサン　　　　　　　　ペントース

ペントースから H_2SO_4 でフルフラール，[H] でキシリトール

キシリトール:
$$\begin{array}{c} CH_2OH \\ H-C-OH \\ HO-C-H \\ H-C-OH \\ CH_2OH \end{array}$$

$(17 \cdot 6)$

を水素添加してアルデヒド基を第一級アルコール基に変換するとキシリトールになる．世界最大の生産会社はオランダの Danisco 社（§17・6・5c，2011年に DuPont 社が買収）であり，その他中国に数社ある．

3分子の2-メチルフランをヒドロキシアルキル化/アルキル化反応とヒドロキシ脱酸素反応によって高品質のディーゼル油に変換できることが，実験室規模で示された[4].

$$\text{ペンタサン} \longrightarrow \text{2-メチルフラン} \xrightarrow{H_2} \text{6-ブチルウンデカン} \quad (17 \cdot 7)$$

ヒドロキシアルキル化/アルキル化段階は，さまざまなアルデヒド類で行うことができ，とりわけヘキソースの脱水反応で得られる 5-ヒドロキシメチルフルフラールや，5-メチルフルフラールが使える．もしスケールアップできるならば，ディーゼル油へのこの経路の利点は，食品となりうる油でなく農産廃棄物を使う点にある（§17・6・5d 参照）．オランダの会社 Avantium 社は，セルロースから5-エトキシメチルフルフラールをつくる経路を工業化している．このフルフラールはディーゼル油原料になる可能性を秘めている[5].

5-エトキシメチルフルフラール

17・3 デンプン

デンプンは植物界における最も重要な化学製品の一つであり，実際にすべての植物組織にみられ，とりわけ種子（たとえばコムギ，コメ）や塊茎（たとえばジャガイモ）に見いだされる．工業的なデンプン生産は米国では，おもにトウモロコシを原料とし，少量は小麦を原料としている．ヨーロッパではジャガイモが重要な原料である[6].

デンプンはトウモロコシのたくさんの利用先の一つにすぎない．トウモロコシは第一に食料として使われる．トウモロコシのタンパク質はコーングルテンとして知られており，さまざまな食品製造中に得られる．コーン油は，最も重要な調理油の一つである．

一方，デンプン（コーンスターチ）は，それ自体で図 17・6 に示すような製品体系をもっている．米国ではデンプンのほぼ半分が塩酸で加水分解されてグルコースになるか，または部分加水分解されてスターチ-グルコースシロップになる．スターチ-グルコースシロップは，そのままで販売されるか，フルクトースに異性化される（§17・2）．ソルビトール，ソルビトール誘導体，ビタミンCへの変換はすでに述べた．デンプンからつくられるグルコースは，発酵工程を経て乳酸（そこからポリ乳酸§19・12）や 1,3-プロパンジオール（§2・11・6f）になる．1,3-プロパンジオールは，ポリトリメチレンテレフタレートの構成成分である．

デンプンは，化学的には α-D-グルコピラノシドの別種の二つのポリマーから成っている．直鎖状ポリマーであるアミロースは，数百のグルコース単位が α-D-(1→4) グリコ

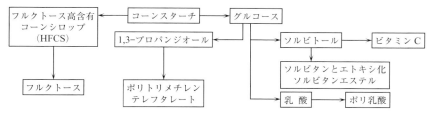

図 17・6 コーンスターチからの製品体系

シド結合（図 17・7a）でつながった構造である．分岐鎖状ポリマーであるアミロペクチン（図 17・7b）は，はるかに分子量が大きく，1万から10万のグルコース単位から成っている．分岐点間のセグメントはアミロースと同じ結合方式で25程度のグルコース単位から成っている．一方，分岐点は，α-D-(1→6)結合によってつながっている．多くの穀類デンプンは約75％のアミロペクチンと25％のアミロースからできている．

アミロースは直鎖なので，分子どうしが分子鎖全体にわたって水素結合を形成して相互作用できる．この作用は強く，アミロースは水にほとんど分散できない．一方，アミロペクチンは分岐鎖をもつために相互作用が不可能であり，容易に水に分散する．

アミロース/アミロペクチン混合物であるデンプンを水に分散し放置すると，"皮膜"（沈殿物）を形成するゲルとなる．皮膜は水素結合の結果である．ワキシーコーンスターチのようないわゆる糊状デンプン（ワキシースターチ）は，遺伝子操作によってつくられ，アミロペクチン含有量が非常に高く，常に"皮膜"をつくらないゲルとなる．

●デンプンの化学修飾● アミロースをリン酸エステルのような誘導体にすると皮膜をつくらなくなる．塩化ホスホリル（俗称 オキシ塩化リン）またはシクロ三リン酸ナトリウム（俗称 三メタリン酸ナトリウム）がリン酸化剤となる（式 17・8）．アミロースポリ

$$\boxed{\text{デンプン}}-\text{OH} + \underset{\substack{\text{シクロ三リン酸ナトリウム}}}{\overset{\displaystyle O^-Na^+}{\underset{\displaystyle Na^+O^-}{O=P\underset{O}{\overset{O}{\diagup}}\underset{\displaystyle O^-Na^+}{P=O}}}} \xrightarrow{\text{NaCO}_3} \underset{\text{デンプンリン酸エステル二ナトリウム}}{\boxed{\text{デンプン}}-O-\overset{\displaystyle O}{\underset{\displaystyle O^-Na^+}{\overset{\|}{P}}}-O^-Na^+}$$

$$\longrightarrow \underset{\substack{\text{デンプンリン酸ジエステル一ナトリウム}\\(\text{リン酸架橋デンプン})}}{\boxed{\text{デンプン}}-O-\overset{\displaystyle O}{\underset{\displaystyle O^-Na^+}{\overset{\|}{P}}}-O-\boxed{\text{デンプン}}} \quad (17\cdot8)$$

マー分子当たりほんの少量のリン酸基でポリマーどうしの水素結合形成を阻止できる．そのためリン酸化デンプンは，食品工業では濃厚剤（増粘剤）として，また安定した高粘

(a)

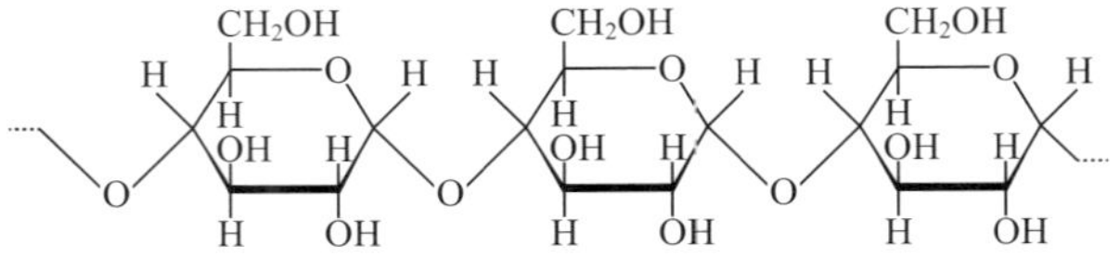

アミロース分子の構造，α-D-(1→4)グリコシド結合の部分

(b)

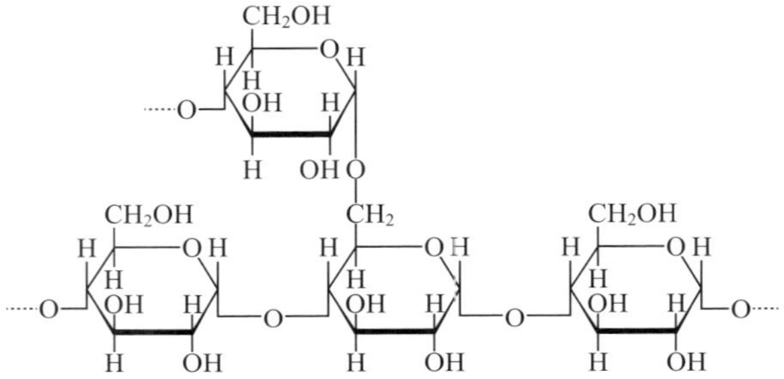

アミロペクチン分子の構造，分岐と1→6結合の部分

(c)

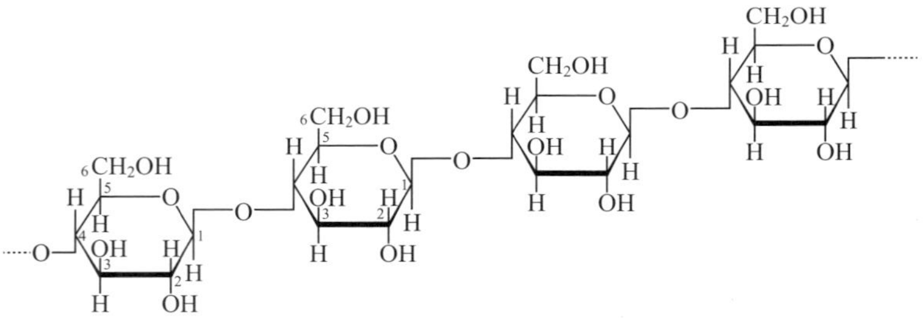

セルロース分子の構造，β-D-(1→4)グリコシド結合の部分

(d)

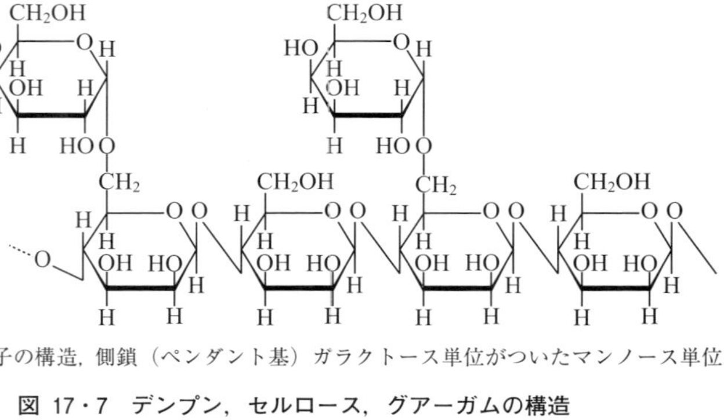

グアーガム分子の構造，側鎖（ペンダント基）ガラクトース単位がついたマンノース単位の鎖

図 17・7 デンプン，セルロース，グアーガムの構造

度のデンプン糊が必要となるその他の用途に広く使われている．

その他いくつかのデンプン架橋剤が FDA（米国食品医薬品局）によって承認されている．最も広く使われているのはエピクロロヒドリンと酢酸，二塩基または三塩基カルボン酸が混合した直鎖状無水物である．

デンプンは接着剤として，また繊維工業や製紙業においてサイズ剤（糊剤）として使われる．サイジングは紙を構成する繊維の表面特性を変える技法である．たとえば多くの紙は，接着剤（たとえばデンプン）と顔料〔たとえばクレイ（粘土）〕の水分散液が塗られて，表面平滑性が改善され，インクの裏抜けが制御され，見た目が改良されている．接着剤としては，デキストリン化あるいは分子量を低下させたデンプンが使われている．

アセチル化デンプンはデンプンと無水酢酸からつくられ，アセチル化の程度は置換度（DS）で測られる．この数値はグルコース単位当たりエステル化されたヒドロキシ基の数のことである．したがって全置換の場合には DS3 となる．アセチル化デンプンは食品工業，製紙業，繊維工業で使われている．

デンプンにエチレンオキシドを作用させてつくるヒドロキシエチル化デンプンは，紙のコーティングやサイジングに使われる．デンプンよりはるかに簡単に水に分散し，透明度の高い分散液となるためである．また，デンプンは塩化ジメチルアミノエチルのようなカチオン剤と反応して，"カチオン化デンプン"になる．これは紙力増強剤として使われる．硫酸セリウムを触媒として，アクリロニトリルをデンプンポリマー上で重合させ，グラフトポリマーをつくることができる．このポリマーは，ニトリル基が部分的に加水分解され，大量の水を吸収できる（§3・4・2）．

その他にも多くの化学修飾されたデンプンがあり，食品工業で特殊な用途に使われている．しかしそれは本書の範囲を超える．

17・4 セルロース

セルロースは植物細胞壁の主成分である．草，樹木，天然繊維にみられ，リグニン，ヘミセルロース，ペクチン，脂肪酸，ロジンのような他の成分と結合していることが多い．セルロースは，すべての植物体のほぼ30%を占めている．$(C_6H_{10}O_5)_n$ の分子式で表される．

●セルロースの分子構造● セルロースはグルコース残基を主体とした直鎖状ポリマーであり，β-グリコシド結合（図 17・7c）でつながった無水グルコピラノースの形になっている．α-グリコシド結合のアミロースに比べて，β結合によってセルロース分子ははるかに硬い．セルロースはデンプンよりも加水分解も難しい．人間はセルロースを消化できない．したがってセルロースの用途の一つがダイエット食品であり，かさばって満腹感を与えるけれどもカロリーはない．セルロースを消化できれば，人類は巨大な栄養資源を活用できたであろう．その一方でセルロースがα結合であったならば硬くなく，木材のような構造材の特性も，繊維のような強度ももたなかったであろう．ウシやその他の反芻

動物は，セルロースを加水分解する酵素をもった微生物群による消化系をもっており，草などを食物として利用することができる．とはいうものの，この反応プロセスは遅く，通常，ウシは消化にほとんどの時間を費す．

●セルロースの用途● セルロースは，木材から得られ，またコットンリンター[*]からは高純度品を得ることができる．生産されるセルロースの多くは，製紙業で使われる．また化学的な用途もある．セルロース誘導体（図 17・8）には，メチルセルロース，ヒドロキシエチルセルロース，カルボキシメチルセルロース（CMC）ナトリウムのように水溶性のものと，セルロースエステルやエチルセルロースのように水に不溶のものがある．

(a) 水溶性誘導体 　　　　　　　　　　　　　(b) 水に不溶な誘導体

CELL $-$O$-$CH$_3$　　　CELL $-$O$-$C$_2$H$_4$OH　　　　CELL $-$O$-$COCH$_3$
メチルセルロース　　　ヒドロキシエチルセルロース　　　　酢酸セルロース

　　　　　CELL $-$O$-$CH$_2-$COONa　　　　CELL $-$O$-$NO$_2$
　　　　　カルボキシメチルセルロースナトリウム　　　硝酸セルロース

　　　　　　　　　　　　　　　　　　　　　　　　　CELL $-$O$-$C$_2$H$_5$
　　　　　　　　　　　　　　　　　　　　　　　　　エチルセルロース

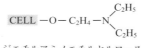

ジエチルアミノエチルセルロース　　　　　　　　CELL $-$O$-$COC$_2$H$_5$
　　　　　　　　　　　　　　　　　　　　　　　プロピオン酸セルロース

図 17・8　セルロース誘導体（CELL -OH：セルロース）

メチルセルロース，CMC，ヒドロキシエチルセルロースはいずれも増粘剤であり，保護コロイドになる．たとえば水性ラテックスペイントに使われ，適度な流動性と粘度を与えるとともに，ラテックスエマルションと顔料の分散を安定化させる．保護コロイドは，耐水洗性，刷毛塗り特性，流動性，色合いに影響を与える．このような特性はアイスクリームのような食品においても，またインキや接着剤においても有用である．

メチルセルロースは良好なフィルムをつくるので，紙のコーティング基材となる．ヒドロキシエチルセルロースは接着剤となり，また織物のバインダーにも使われる．CMC の最大の用途は洗剤の再汚染防止剤である．CMC がないと汚れが洗濯物に再付着する．CMC は保護コロイドを形成し，汚れを分散状態に保つ．CMC は繊維のサイジング，紙のコーティング，食品の増粘にも使われる．また石油掘削の際の水泥に使われ，掘り出された泥，岩石細粒を地表に運び出すことを助ける．ジエチルアミノエチルセルロースはカチオン材料として綿製品の仕上げ剤に使われている．

CMC は，粉状セルロースを水酸化ナトリウム水溶液で処理し，次にクロロ酢酸を反応させてつくられる（式 17・9）．少量の食塩が含まれるので食品材料に使う場合には，必要

---

[*]（訳注）　ワタの種子から綿花を取った際に種子上に残る短い繊維．レーヨンの原料によく使われる．

に応じて洗浄し食塩を除去する．最も汎用の銘柄は，置換度（グルコース単位当たり置換ヒドロキシ基の数）0.7 である．

$$\boxed{\text{CELL}}-\text{OH} + \text{NaOH} \longrightarrow \boxed{\text{CELL}}-\text{ONa}$$
セルロース

$$\boxed{\text{CELL}}-\text{ONa} + \text{ClCH}_2\text{COONa} \longrightarrow \boxed{\text{CELL}}-\text{OCH}_2\text{COONa} \quad (17\cdot9)$$
クロロ酢酸ナトリウム　　カルボキシメチルセルロースナトリウム

●**酢酸セルロース**●　三酢酸セルロース（トリアセテート）は"ケミカルコットン"に無水酢酸と氷酢酸の同量混合物を反応させてつくられる．"ケミカルコットン"とはコットンリンターを精製して得られたセルロースである．トリアセテートは，グルコース単位の三つのヒドロキシ基すべてがアセチル化されている（式17・10）．

$$\text{セルロース} + 3n \text{ (無水酢酸)} \xrightarrow{\text{H}_2\text{SO}_4} \text{トリアセテート}$$

(17・10)

酢酸セルロース（アセテート）は，トリアセテートを水，少量の酢酸，硫酸で部分加水分解してつくられる．適当な段階で大過剰の水を加えると，加水分解が停止し，アセテート（グルコース単位当たりアセチル基が平均して二つ）がフレークとして沈殿する．アセテートもトリアセテートも，プラスチック素材となり，また紡糸して繊維にし，織物に使われる．トリアセテートはアセテートに比べて加工が難しいけれども，ヒートセット性があるので，ウォッシュアンドウェア衣料になる．しかし現在ではアセテートの最大の用途は，タバコフィルターである．また，トリアセテートフィルムは，長らく写真フィルム基材として使われてきたが，最近は液晶ディスプレイの偏光フィルム用保護フィルムとして注目されている．プロピオン酸セルロース，酢酸-プロピオン酸セルロース，酢酸-酪酸セルロースは，プラスチック素材として，またフィルムやラッカーとしても使われる．エチルセルロースは，塗料やプラスチック素材として有用である．

●**硝酸セルロース**●　硝酸セルロースはニトロセルロースともよばれる．昔からの火薬（綿火薬）であるとともに，プラスチック（セルロイド），木材用と金属用の塗料（ラッカー）でもあった．自動車アッセンブリーラインで最初に使われた塗料だった．ニトロセルロースラッカーは乾燥が速く，自動車の半自動生産が可能になった．またニトロセルロースはプラスチック成形加工やフィルムに，また繊維コーティングに使われた．ニトロセルロース引きの布は，航空機の初期の時代に飛行機の翼に広く使われた．家具用ラッ

カーの基材用途は，現在ではメラミン樹脂塗料にほとんど置き換わった．これらのニトロセルロースは，セルロースの硝化によってつくられ，グルコース単位当たり二つのニトロ基が導入された．

●レーヨン● 化学的な変換に加えて，セルロースは物理的に変えられて，あるいは"再生"されて使われる．二つの再生方法が行われ，いずれも木材パルプから得た高純度のセルロースを出発物質としている．その製品はビスコースレーヨンとキュプラレーヨンとよばれる．ビスコースレーヨンは，1905年にCourtaulds社によって工業化された．セルロースを濃厚な水酸化ナトリウム水溶液によって"熟成"し，次に二硫化炭素と反応させてキサントゲン酸塩にする（式 17・11）．

$$\text{CELL}-\text{OH} \xrightarrow{\text{NaOH}} \text{CELL}-\text{ONa} \xrightarrow{\text{CS}_2} \text{CELL}-\text{O}-\underset{\underset{\text{S}}{\|}}{\text{C}}-\text{SNa} \quad (17 \cdot 11)$$

セルロース　　　　　　　　　　　　　　　　　セルロースキサントゲン酸ナトリウム

こうしてグルコース単位当たり 0.5〜0.6 のキサントゲン酸基を導入する．キサントゲン酸塩は水溶性であり，その水溶液は"ビスコース"とよばれている．ビスコースを紡糸口金から酸性凝固浴に押し出してセルロースを繊維状に再生する．紡糸口金は多数の微細な孔の開いた金属板である．繊維は洗浄され，延伸によって分子方向がそろえられる．キサントゲン酸基導入によりセルロースは可溶化するけれども，容易にセルロースとして再生できる．再生過程で水素結合が新たに形成され強度が高まる．キサントゲン酸セルロースが関係する全工程で二硫化炭素が発生するので，再利用する．しかし，二硫化炭素をすべて回収することは困難であり，公害問題が発生する．このため二硫化炭素法に代わる経済的な代替法が長年にわたって探索されてきた．そのなかですばらしい試みがLyocell法である．セルロースは N-メチルモルホリン N-オキシドに溶解する．レーヨンのようにセルロース誘導体に変換されるわけではない．

N-メチルモルホリン N-オキシド

溶液が紡糸口金から水浴に押し出され，紡糸されてテンセル（Tencel）とよばれる繊維になる．テンセルは1991年に市場に登場した．Courtaulds社は，この開発と特許取得に多大な資金を費やしたけれども，大きな成功は得られなかった．Courtaulds社は資金困難に陥りAkzo社に買収された．テンセルはドイツでLenzing社によって生産されており，同社はエコロジカルな利点を強調している．イオン液体（§19・6）が将来次の製法を生みだすかもしれない．

高価な銅アンモニア法レーヨンは，コットンリンターや木材パルプをアンモニア性水酸化銅溶液に溶解することによってつくられる．溶液はビスコースと同様に酸性浴に紡糸口

金から押し出される．銅アンモニア法レーヨンは，化学的にはビスコースレーヨンと似ている．しかし，ごく薄地の布に使われる上等な糸となる．

より穏和な処理によるパルプ製造から高分子量のセルロースを得ることができ，これを原料としてポリノジックレーヨンとよばれる分子鎖が長く，上等で湿潤強度の高い製品が得られる．

●セロハンその他のセルロース用途● セロハンフィルムもビスコース溶液からつくられるが，糸状でなく，シート状に再生される．セロハンフィルムは透湿性が高く，包装材料としてこの欠点を改良した防湿セロハンもある．しかし現在では，この用途にはポリ塩化ビニリデンが広く使われている．ポリエチレン，Saran^{TM}（ポリ塩化ビニリデン），延伸ポリプロピレンのようなプラスチックフィルムの出現にもかかわらず，花やキャンディ箱の包装のような装飾性の高い用途に，セロハンフィルムは今なお主要なフィルムとして使われている．

セルローススポンジもキサントゲン酸塩からつくられる．キサントゲン酸塩とさまざまな大きさの硫酸ナトリウム結晶を混合して型に入れ，ブロック状につくる．キサントゲン酸塩が分解してセルロースが再生され，硫酸ナトリウム結晶が水で洗い流されるとスポンジの孔になる．操業上は硫酸ナトリウムの回収が重要なポイントになる．

セルロースの強度と水素結合をつくる能力が，紙や不織布の形成において重要である．製紙工程では非常に微細に細分された微粒子状になるまでセルロースは"叩解"され，"パルプ化"される．グラシン紙は，微細にしたセルロース微粒子からつくられるので半透明になる．それほど微細でない微粒子からは不透明な紙ができる．紙の湿潤強度，乾燥強度，かさ密度，耐水性，耐油性，ガス透過性は，パルプに化学薬品を加えることにより，あるいは紙にコーティングすることによって調整できる．尿素-ホルムアルデヒド樹脂，メラミン-ホルムアルデヒド樹脂は湿潤強度を高める．デンプンやロジンセッケンは，紙のサイズ剤として広く使われている．

不織布は，フィブリルとよばれる非常に微細な状態にまでレーヨンを切り刻み，紙と類似の工程（アクリル酸エステルのような結合剤の助けも含め）でシート状にすることによってつくられる．

17・4・1 木材からのさまざまな化学製品

木材は乾留によって化学的に有用な物質に昔から変換されてきた．乾留は，木材を100℃以上に加熱して水分を追い出し，空気を絶ってさらに270℃以上に加熱する．主製品は木炭であり，製鉄に使われた．1トンの堅木から約270 kgの木炭が得られる．木酢液とよばれる液状製品には，約50 kgの酢酸，16 kgのメタノール，8 kgのアセトン，それに加えて190 kgの水溶性タールと50 kgの不溶性タールが含まれている．驚くべきことに第一次世界大戦前には，木材からの産出物の1％に満たない量が，アセトン（§3・7）の重要な供給源となっていた．また，木材からの産出物は，メタノールの唯一の工業的な

供給源でもあった[7]．マツの乾留からテレビン油がつくられた．

木材は，セルロース，ヘミセルロース，リグニンがおおまかにいって 2:1:1 の構成から成っている．クラフトパルプ法では，木材チップを水酸化ナトリウム，硫化ナトリウムとともに 130〜180 ℃で数時間処理して，ほとんど純粋なセルロースを取出す．この過程で，ほとんどのリグニンとヘミセルロースが分解されて，水溶性分解物に変換される．副生物は硫化水素，メタンチオール，ジメチルスルフィド，テレビン油，そしてトール油（§16・3）である．一方，機械パルプ法ではリグニンが残り，低品質のセルロースが得られる．

セルロースは今まで述べたように製紙業で使われ，また化学製品に変換することもできる．また以下に述べるように加水分解してグルコースとし，さらにそこから発酵エタノールにすることもできる．ジメチルスルフィドを酸化すると非プロトン性溶剤であるジメチルスルホキシドができる．ヘミセルロースにはほとんど用途がなく，動物の餌に加えられる．ヘミセルロースはさまざまな糖鎖から成る多糖類であり，最も多く含まれる糖はキシロースである[8]．

リグニンはフェニルプロパンポリマーから成る無定形の架橋三次元ポリマーである．クラフトパルプ製造過程でアルカリによって加水分解される．バニリン（後述）とともに生成する三つの主要分解物を図 17・9 に示す．

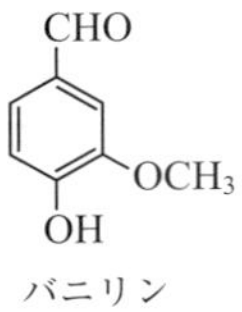

バニリン

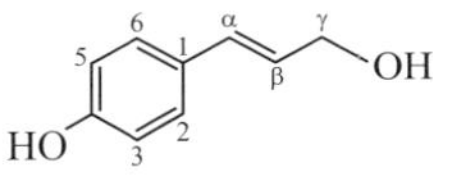

p-クマリルアルコール
（*p*-ヒドロキシケイ皮アルコール）

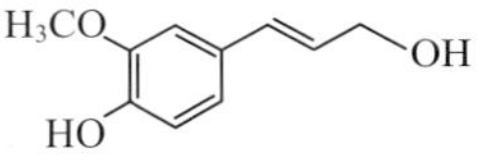

コニフェリルアルコール

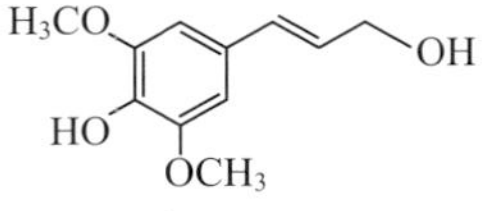

シナピルアルコール

図 17・9 バニリンと三つの普通にみられるモノリグノール類

図 17・10 には，リグニンの構造と米国エネルギー省が報告したリグニンから得られる可能性があると考えられるいくつかの製品を示す．この報告書には文字どおり数百もの可能性が示されているけれども，そのいずれも現時点ではほとんど工業化されていない．工業化の鍵となる課題は，固体のハンドリング，原料と製品の分留法，そして市場需要とマッチしない副生物の生成である．リグニンを原料にして得られる製品のなかから話を二つに絞る．一つは現在生産されている製品であり，もう一つは価値があるかもしれない化学構造の代表例である．

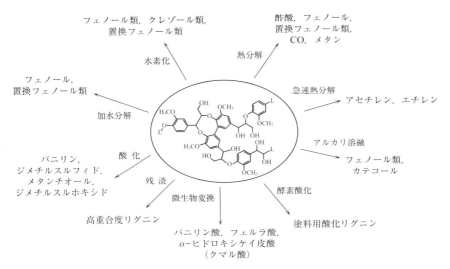

図 17・10　リグニンからの化学製品［出典：J.E.Holladay, J.F.White, J.J.Bozell, and D.Johnson, "Top value-added chemicals from biomass", 米国エネルギー省；http://www1.eere.energy.gov/biomass/pdfs/pnnl-16983.pdf.］

17・4・1a　バニリン

　天然バニリンは *Vanilla planifola* の種子さやから得られる．この植物はメキシコ原産であるが，現在では熱帯地域で広く栽培され，マダガスカルが最大の生産国である．1年間でたった1800トン得られるにすぎない．需要はおおよそ12,000トンもある．クラフト法のパルプ生産においてパルプを得た後のリグニン廃棄物からある量のバニリンが得られる．この理由により，ここでバニリンを述べている．しかし，最近はバニリンの大半が，グアイアコール（グアヤコール）とグリオキシル酸からの合成によってつくられている．グアイアコールは，グアヤウッド（ユソウボク）油から分離するか，またはリグニンの酸化によって得ることができるが，硫酸カリウムと硫酸ジメチルによるカテコールのメチル化（式17・12）の方が好まれている[9]．

(17・12)

　Rhodia 社はフェルラ酸から微生物を使ってバニリンを生産している．この製法は原価

が高い．しかし Rhodia 社は"天然"製品として高価格で，このバニリンを販売している[10]．

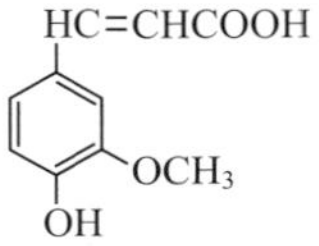

フェルラ酸

17・4・1b　レブリン酸

レブリン酸は農産廃棄物から酸と熱分解処理によってつくられる．五つの炭素から成る．レブリン酸が生成する反応経路は明らかでないけれども，炭水化物がグルコースとフルクトースを経て，さらにヒドロキシメチルフルフラールを経由することは明らかであり，それからレブリン酸に変換される（式 17・13）．

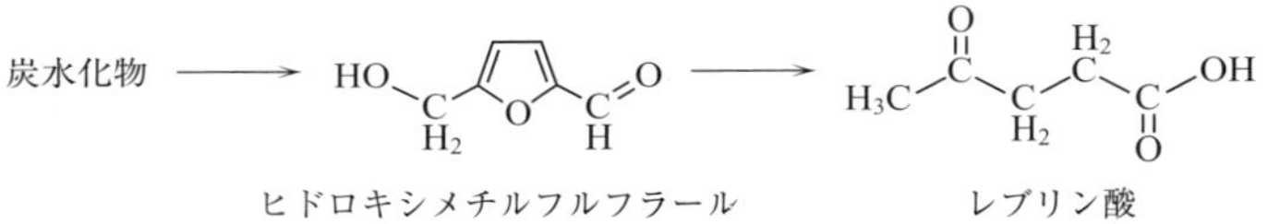

炭水化物　⟶　ヒドロキシメチルフルフラール　⟶　レブリン酸　　　(17・13)

レブリン酸は米国エネルギー省が選んだ炭水化物由来の基本ブロックの一つである（§17・6・4）．工業技術庁はレブリン酸を年間 9 万〜18 万トン使うことによって，2020 年には年間 75.6 兆 Btu のエネルギーが節減され，年間 2620 万トンの廃棄物が減り，毎年 35 億ドルの費用削減になると発表している．レブリン酸はアクリル酸，コハク酸，ピロリドン類，ジフェノール酸に変換できる．ジフェノール酸は，ポリカーボネート（§6・1・2b）の原料である BPA の代替品となる可能性がある．さらに大きな利用分野は，レブリン酸とジオールの反応によるレブリンアセタールの生成である（式 17・14）[11]．ミネソタの会社 Segetis 社は，最近年間 100 トンのパイロットプラントを稼働させた．塩化ビニル樹脂の可塑剤であるフタル酸の代替を狙っている．

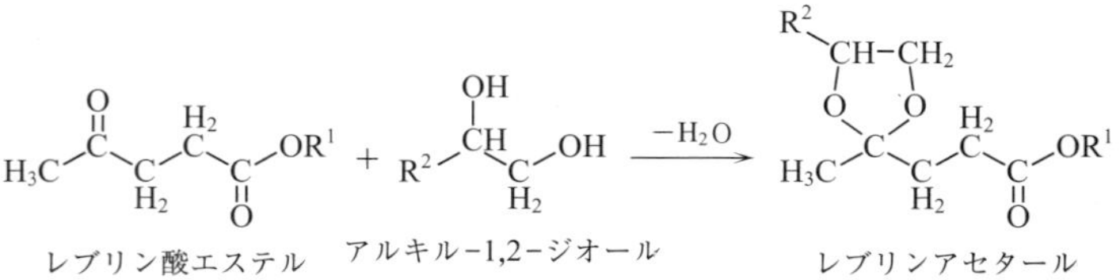

レブリン酸エステル ＋ アルキル-1,2-ジオール　$\xrightarrow{-H_2O}$　レブリンアセタール　　　(17・14)

17・5　ガ　ム

デンプンやセルロースと同様にガムは炭水化物のポリマーである．違いはポリマー構成単位がグルコース以外の糖であり，化学配置と構成単位の結合方式も異なっている．

　ガムの分子量は通常 20 万から 30 万である．すなわちほぼ 1500 単位から成っている．グアー（図 17・7d）は代表的なガムである．マンノース単位が 1,4-グリコシド結合でつ

ながった分子鎖から成り，一つおきのマンノース単位に側鎖（ペンダント）としてガラクトース単位がついている．

主要なガムとその採取源を表17・1に示す．おのおののガムは，互いに他とは少し異なる特性をもっている．工業的に重要な違いの多くは，ガムを水に分散したときのレオロジー特性にある．セルロースとまったく同様にガムは化学的に修飾でき，最も重要な誘導体は，カルボキシメチルガム，ヒドロキシプロピルガム，ジメチルアミノエチルガムである．

表 17・1 天然ガム

採取源	ガムの例
種 子	グアーガム，ハリエンジュマメガム
海藻エキス	アルギン酸塩，カラギーナン，寒天
樹木分泌物	アラビアガム，カラヤガム，トラガカントガム
柑橘類	ペクチン
動物皮膚，骨	ゼラチン
発 酵	キサンタンガム

● **グアーガム** ●　ガムの用途は広い．グアーガムが最も重要で代表的なガムである．デンプンよりも数倍も強い増粘作用をもち，デンプンとともに使われる．グアーガム誘導体は鉱山粘土を沈殿させる凝集剤として，また硝酸アンモニウムスラリー爆薬の分散剤として使われる．スラリー爆薬はダイナマイトやニトログリセリンより，はるかに安価であるばかりでなく，爆発させる空所の形状に合わせられるので，より効果的な爆薬となる．

カルボキシメチルグアーガムは，捺染用ガムペーストとして有用なアニオン材料である．布に模様を描く顔料のバインダーとなる．これとは対照的にジエチルアミノエチルガムはカチオンであり，製紙業で使われる．このガムは非常に微細なセルロース微粒子の上に吸着し，効果的な歩留（ぶどまり）向上剤となる．微粒子が紙に保持されることを助けることによって，紙の収率を向上させる．また抄紙機から排出される微粒子を減らすことにより水質汚染を減少させる．グアー自身も紙力強度を高めている．それはセルロース繊維への水素結合のためとともに，繊維がランダムな配置をするよりも，直線的な配置をするように助けるためである．

● **キサンタンガム** ●　キサンタンガムは，動物や植物から得られるのでなく，細菌 *Xanthamonus campestris* によって炭水化物を発酵させて得られる珍しいガムである．このガムは複雑なグルコースポリマーであり，水溶液は異常に安定である．広範囲な温度，塩濃度，pH で粘度が変わらない．そこで金属洗浄剤として使われる酸性溶液ばかりでなく，強アルカリを基材としたオーブン洗浄剤の増粘剤としても使われる．別の使い方として，低カロリーなサラダドレッシングの成分となる．最大の用途は，塩水が含まれる石油掘削用泥水の成分である．大きな可能性を秘めた用途としていわゆる石油増進回収法

(EOR) がある．EOR では，水を粘調にして，他の方法では採取できない原油を濃密な原油含有層から"押し出す"ことに使われる．グアーのような他のガムと違って，キサンタンガムは表面に粘着しない．もし粘着するなら，岩石表面にフィルムとして堆積し，水の粘度を上げる力を失ってしまう．

17・6 発酵とバイオテクノロジー

適切な栄養を与えられると，酵母，カビ，菌類，藻類，そして重要な構成物質を産生する *Actinomycetes* を含む細菌は繁殖し倍増する．それとともにこれら生物の代謝によるさまざまな廃棄物が蓄積する．微生物は自分自身の廃棄物には，ごく低濃度しか耐えることができない．それにもかかわらず，ある種の環境下では，このような廃棄物が細胞内あるいは細胞外に存在し，高濃度に利用できるようになる．このような製造法が微生物変換法とか発酵法とよばれている．これは微生物によってつくられたさまざまな酵素が栄養分や反応基質に触媒作用を及ぼした結果として起こっている．発酵は純粋な酵素やミトコンドリアのような酵素を含んだ細胞破片でも起こすことができる．

●**発酵によるタンパク質の生産**●　反応基質は必ずしも常にではないが，多くの場合，炭水化物である．過去には単細胞タンパク質（SCP）の生産のためにガスオイルやその他の石油系炭化水素を使うことに関心が高かった．その研究の多くは石油が豊富にあると思われた時代に行われ，窒素源としてアンモニアを使った．硫黄，リン，窒素の無機物を含む水溶性栄養塩溶液の存在下では，多様な *Pseudomonas* が増殖して培養菌群をつくる．その培養菌群の乾燥細胞には 81% もタンパク質が含まれている．単細胞タンパク質に不足していると評価されるさまざまな必須アミノ酸が補われ，動物の餌として使われた．ICI 社は，年産 6 万トンのメタノール原料による SCP 工場を建設し，1979 年に操業を開始した．石油価格上昇が一つの原因となって，この工場は経済的に成り立たないことが明らかとなった．

この工場は 1985 年に Marlow Foods 社に売却された．この会社は ICI 社と Rank-Hovis-McDougall 社の合弁会社であり，キノコの一種であるマイコプロテインの生産に使われた．マイコプロテインは加工処理されて肉の繊維組織をもつタンパク質性の食物となった．この製品は "Quorn^{TM}" とよばれ，特にベジタリアン向けに販売されている．ICI 社の分割によって，この事業は 2005 年に Premier Foods 社に移り，2010 年 10 月には別の食品会社による買収の申し出を受けたといわれている．Phillips Petroleum 社と Petrofina 社の合弁会社も食品向けに特殊タンパク質を生産した．しかし，この会社は 1990 年代後半に Monsanto 社に売却された．

米国では安価な大豆タンパク質が入手可能であり，他のタンパク質源を開発する動機はほとんどない．大豆生産は，またブラジルに拡大中であり，近い将来，西半球では植物タンパク質の供給は十分にあると考えられる．その一方で，世界にはタンパク質不足の国々がたくさんあり，発酵タンパク質はその助けとなりうる．ロシアには工場があると考えら

れる．

●**発酵法の化学工業での利用**● 化学工業では，化学的製法が経済的でない場合のみ発酵法が使われている．量的に最大の応用分野は汚水処理である．汚水中の不快なアミンや硫黄化合物が酸化されて，硝酸塩と硫酸塩になる．その他の汚濁成分は嫌気的消化によってメタンになるか，または好気的に酸化される．汚水処理に次ぐ量の大きな応用分野は，アルコール飲料の生産である．度数の低いアルコール製品（ビールやワイン）として消費されるか，蒸留によって濃縮されたアルコール製品（ウィスキー，ブランデー，ジン，ウォッカ）として消費される．

　発酵反応は，通常選択的であり，穏和な条件下で起こる．必要ならば発電所，精油所，工場の"廃熱"をエネルギー源として使うことも容易である．その一方で，栄養分はしばしば高価なものとなる．反応が遅く，製品濃度も低いので巨大なタンク容量が必要になる．製品が沈殿する場合（たとえばSCP）以外は，製品分離工程が長くて大変であり，多額の費用が必要となる．好気性発酵では，必要とする反応箇所に大量の酸素を送るには，高度な工学知識が必要になる．一般的な考えとは逆に，発酵法は環境にやさしいものではない．通常，発酵法はBOD（生化学的酸素要求量）の高い大量の廃水と菌体をつくり出す．これらは排水路に放出する前に処理しなければならない．

●**抗生物質の生産**● それにもかかわらず，発酵法が唯一適切である化学製品が存在する．その例として抗生物質がある．ペニシリン，セファロスポリン，マクロライド，テトラサイクリンなどの抗生物質は，定義によって発酵法によってつくられたものとなっている．しかし発酵段階を経ないでつくられる医薬品用抗生物質も少し存在する．ペニシリンは *Penicillium chrysogenum* によって，トウモロコシ浸出液基質（安価な形のショ糖）を発酵してつくられる．アモキシシリンのような半合成ペニシリンの生産では，第一段階でつくられたペニシリンが固定化アミダーゼによって切断されて6-アミノペニシリン酸になる．ペニシリンは実験室で化学的に合成されてきた．しかしその方法は，バイオテクノロジー経路に比べて絶望的なほど経済性がなかった．

(17・15)

●**クエン酸発酵**● 乳酸（§17・1，§19・12）とクエン酸は発酵法でつくられる．クエン酸の構造は，化学合成でつくるには経済的に困難である．糖蜜やデンプンに *Asper-*

gillus niger を増殖させてクエン酸はつくられる．

発酵液から酸を分離する独特の方法がある．発酵液を有機溶媒に溶かしたトリオクチルアミン-ラウリン酸"カップル"とともによく振って混合する．クエン酸が，酸-塩基カップルのラウリン酸と置き換わって，不純物を水相に残したままで有機相に移動する．相分離をした後，有機相を熱水とともによく振る．相転移のエントロピーによって，高温では進行が逆になり，クエン酸が水相に戻り，簡単に抽出される．

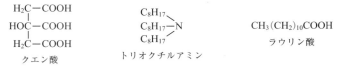

●**コハク酸発酵**● グルコースの発酵でコハク酸をつくる新プラントがヨーロッパで計画されている．このプラントは二酸化炭素を多量に消費する．一つは INEOS 社が英国ハルにつくる計画であり，もう一つは DSM 社と Roquette 社の合弁会社がオランダにつくる予定である[12]．米国では BioAmber 社（ミネアポリス，ミネソタ州）と Myriant 社（クインシー，マサチューセッツ州）が同じようなプラントを 2012 年に運転の計画である[*,13]．

コハク酸の市場は 25,000～30,000 トン/年である．N-メチルピロリドン，2-ピロリジノン，コハク酸塩，γ-ブチロラクトンをつくるために使用されている．1,4-ブタンジオール，無水マレイン酸，THF をつくるためにも使用されると思われるが，他の製法の方が魅力的である．米国のブタン酸化プラントは操業を継続しており，発酵法の生産が開始されるまでは続くであろう．

●**バイオ法 1,3-プロパンジオール**● 遺伝子組換え微生物を使い，トウモロコシ由来のグルコースを発酵させて DuPont 社が 1,3-プロパンジオールを生産[14]していることは大変に興味深い．このジオールは Sorona® という商標の新しいポリエステルであるポリトリメチレンテレフタレートの原料である．このポリマーの 37%（w/w）は再生可能資源から成っており，織物，アパレル，包装に使われる．最初の利用分野はカーペットであり，新しい製法によって 2009 年には大量生産が可能になった．エネルギー消費が少なく，炭酸ガス排出量を減らして，高価な製品が得られている．

研究開発企業であるフランスの METabolic EXplorer 社は，大量生産型化学製品向けの"細胞工場"を開発しようとして French Roquette Frères 社と共同で炭水化物原料から 1,3-プロパンジオール，1,2-プロパンジオール，n-ブタノール，L-メチオニン，グリコール酸を生産している[15]．

＊（訳注）工業化は DSM 社/Roquette 社合弁の Reverdia 社がイタリアで 2012 年に 1 万トンプラントを，Myriant 社が米国で 1 万トンプラントを 2013 年にスタートした．BASF 社/Purac 社合弁の Succinity 社がスペインで 1 万トンプラントを 2014 年に，BioAmber 社/三井物産合弁の BioAmber Sarnia 社がカナダで 3 万トンプラントを 2015 年にスタートした．

●**発酵ブタノール**● Weizmann法は桿状菌 *Clostridium acetobutylicum* を使い，トウモロコシからアセトン，*n*-ブタノールを生産する発酵法である．この製法は，第一次世界大戦中は重要であった．英国は無煙火薬コルダイトのゼラチン化のためにアセトンが絶対に必要だった．この発酵法の収率は，アセトンが8％，ブタノールが16％にすぎなかった．しかし英国は必死だった．Weizmann の発見は，軍事的そして科学的意味合いだけでなく，政治的な意味合いももった[16]．しかし，この製法はのちに石油化学法によって代替された．

ところが発酵ブタノールは，エタノールよりも潜在的には良い燃料となる可能性がある．ガソリン1L当たりの走行距離で考えると，エタノールはガソリンの70％であるのに対して，ブタノールは88％である．ブタノールは地下水汚染の可能性も低く，パイプライン腐食も少ない．英国ハルにある BP 社/ABF Foods 社は収率向上を試み，4億ドルの発酵エタノール工場の隣に発酵ブタノールのパイロットプラントを計画している．2010年に稼働を開始した．DuPont 社，British Sugar 社その他さまざまな会社が同様な方向に動いている．

GEVO 社（コロラド州エンジェルウッド）は，遺伝子組換え微生物を使ってセルロースバイオマスからつくった糖類を原料にイソブチルアルコール（2-メチル-1-プロパノール）をつくっている．イソブチルアルコールは脱水してイソブテンになり，さらにそれを二量化するとガソリンになる．Weizmann 法の *Clostridium acetobutylicum* より良い成績であると GEVO 社は発表している[5]．発酵エタノール/発酵ブタノール工場をすでに稼働している英国の BP 社と提携しているようである．

これに加えて，ウィスキー蒸留から出る二つの主要廃棄物にブタノールがたくさん含まれていることは，スコッチウィスキー醸造業者たちには十分に知られてきた．その廃棄物とは，ポットエールとよばれる液状物と醸造に使われた穀物発酵後の殻の残滓である．ブタノールが抽出され，バイオ燃料として使われている．再生可能な"グリーンケミストリー"に貢献していることをウィスキーの飲んべえは，今や自覚できるであろう．

●**その他の発酵法化学製品**● その他の注目すべき発酵法には，マツヨイグサ油（§16・3）の生産，アクリロニトリルの加水分解によるアクリルアミドの生産（§3・11・3）における固定化細胞の利用，ビタミンC（アスコルビン酸）（§17・1）の生産，コルチゾン合成におけるプロゲステロンの11位のヒドロキシ化反応[17]，合成ココアバター（§16・12・1）の生産がある．

グルコースからヒドロキノンの生産ルートが報告されたが，いまだ工業化はされていないようである[18]．

17・6・1 アミノ酸

発酵によるL-アミノ酸合成の多くは日本で開拓されてきた．発酵によるすべての必須アミノ酸の生産が，現在可能となっている．需要が少ないので，その多くはいまだに化学

法でつくられ，DL-ラセミ化合物から光学分割されている．発酵によるアミノ酸生産で最も重要なものはL-グルタミン酸，L-リシン，L-アルギニン，L-アスパラギン酸である．

17・6・1a　L-グルタミン酸

L-グルタミン酸はグルコースまたは糖蜜その他砂糖精製廃棄物に含まれるショ糖を発酵してつくられている．細菌は *Micrococcus glutamicus* であり，窒素分はアンモニアの形で供給される．グルタミン酸一ナトリウムはパック入りスープのような調理済み食品の食味向上剤として使われる．効能をもっているのはL体だけである．グルタミン酸一ナトリウムは，世界中の東南アジア料理店，中華料理店でも広く使われている．過剰な摂取はKwok病（中華料理店症候群）をひき起こすといわれたが，確認されていない．

$$^-OOCCH_2CH_2CH(NH_3^+)COO^-Na^+$$

グルタミン酸一ナトリウム

17・6・1b　L-リシン

リシン生産はもともとDuPont社によって工業化された．DuPont社は伝統的な化学合成法を採用し，D,L異性体を古典的な光学分割法によって分離した．またGeneral Mills Chemicals社は血粉（屠殺した家畜の血液を加熱凝固させ，乾燥粉末化したもの）からリシンを分離した．L体が得られ，手間のかかる光学分割工程が不要であった．このような製法は発酵法に置き換えられた．発酵法では *Corynebacterium glutamicum* を使い，酢酸アンモニウムまたは炭水化物/アンモニアを基質としている．その後，東レは塩化ニトロシル化学を基礎とした新経路を開発した．カプロラクタム（§6・2・2）合成の副生物であるクロロシクロヘキサンを原料とする（式17・16）．

$$\text{クロロシクロヘキサン} \xrightarrow{-HCl} \text{シクロヘキセン} \xrightarrow{NOCl} \text{α-クロロニトロソシクロヘキサン} \xrightarrow[(2) HCl]{(1) NH_3} \xrightarrow{H_2SO_4}$$

$$\text{DL-α-アミノカプロラクタム} \xrightarrow[\text{ヒドロラーゼ}]{\text{固定化 L-アミノラクタム}} H_2N(CH_2)_4CH(NH_2)COOH + \text{D-α-アミノカプロラクタム}$$

L-リシン

固定化ラセマーゼ

(17・16)

L-ヒドロラーゼによりL-α-アミノカプロラクタムだけが攻撃されて，L-リシンだけが生成する．D-α-アミノカプロラクタムは2番目の固定化酵素によりラセミ化されて

DL-混合物になり，再利用される．

17・6・1c L-アスパラギン酸

L-アスパラギン酸は食品工業と医薬品工業で幅広く使われる．ノンカロリー甘味料 Aspartame® (アスパルテーム) の出発物質なので生産量が増加した．

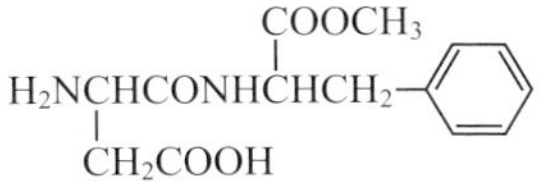

$$H_2NCHCONHCHCH_2-C_6H_5$$
$$| \qquad\qquad\qquad |$$
$$CH_2COOH \qquad COOCH_3$$

アスパルテーム

酵素アスパルターゼがフマル酸の二重結合へのアンモニア付加を促進し，L体のアスパラギン酸を生成する．

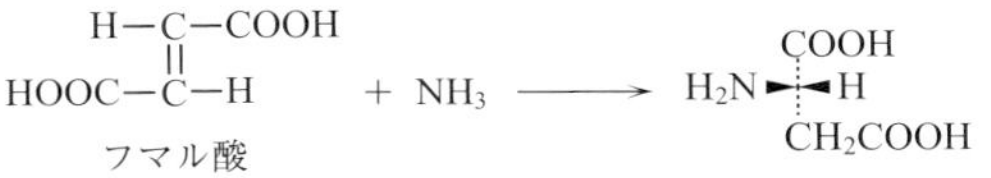

$$\begin{array}{c} H-C-COOH \\ \parallel \\ HOOC-C-H \end{array} + NH_3 \longrightarrow \begin{array}{c} COOH \\ H_2N-H \\ CH_2COOH \end{array} \qquad (17\cdot17)$$

フマル酸   L-アスパラギン酸

高活性のアスパルターゼをもつ大腸菌の微生物群がグルタルアルデヒドとヘキサメチレンジアミンで架橋されたκ-カラギーナンに固定化され，38℃で反応操作が進められる．κ-カラギーナンは紅藻から取出された多糖類を硫酸処理したゲル形成混合物である．

17・6・1d L-システイン

L-システインは，食品の食味向上剤として使われ，また ADD 法（活性化パン生地形成法）[19] において臭化カリウム，アスコルビン酸とともに使われる．ADD 法はいわゆる時間いらずでパン生地をつくる方法であり，伝統的なパン生産工程で必要となる長い発酵時間を減少させる．L-システインは，初めに還元剤として作用し，グルテンのジスルフィド結合を切断し，また再結合することを助けて容易にパン生地が膨らむようにする．臭素塩は，国際がん研究機関（IARC）によって発がん物質 2B に格付けされ，英国，ヨーロッパ大陸，その他数カ国で禁止されているけれども，米国では今なお許可されている[20]．この理由は，パンを焼く温度で臭素塩が分解するからである．最近 FDA は小麦粉への臭化カリウムの添加を，重量で小麦粉 100 当たり臭化カリウム 0.0075（75 ppm）を超えないという条件で許可した[21]．

異様なことに髪の毛や羽毛にみられる α-ケラチンから，または DL-システインのラセミ分割法によって，2001 年まで L-システインを生産していた．ラセミ分割法は，DL体合成に 3 段階の工程（Bucherer-Bergs 反応）を必要とし，クロロアセトアルデヒド，硫化水素，シアン化水素のような危険な薬品を使うものであった．その後，日本の食品会社味の素が合成経路（図 17・11）を工業化した．その方法は，アクリル酸メチルから始まり，それを塩素化して α-クロロアクリル酸メチルにする．次にチオ尿素と反応させると

アミノチアゾールカルボン酸（ATC）のラセミ体となる．遺伝子改変した酵素をもつ微生物を使い，一段階反応によってATCをL-システインに変換する．ATCラセマーゼによってATCのD体，L体は平衡状態にあるので，結果的にはすべてのATCラセミ体がL-システインに変換される．*Pseudomonas thiazolinophilum* の三つの酵素がバイオ転換反応の各段階に関与している[22]．

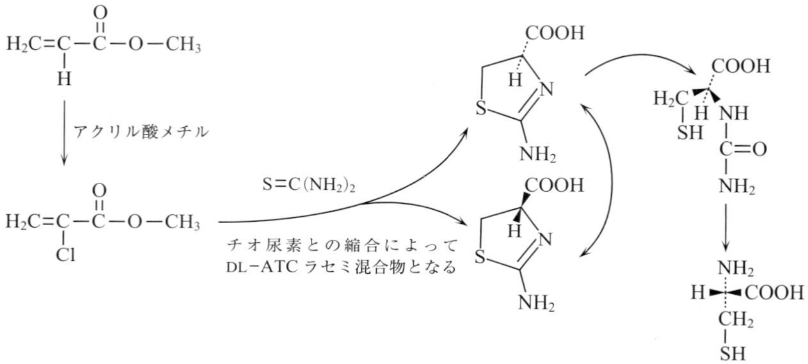

図 17・11 味の素 L-システイン合成法

17・6・2 ポリマー類

ナイロン66塩の発酵法による合成経路は§6・2・1で述べた．分子量が100万を超えるキサンタンガム（§17・5）の生産は，発酵法によるポリマー生産の一例である．しかしこの製品は，プラスチックに適した物性をもっていない．

ICI社はγ-ヒドロキシ酪酸とγ-ヒドロキシ吉草酸による生分解性ポリエステルコポリマーの合成経路を開発した．このコポリマー事業は，のちにMonsanto社に，さらにMetabolix社（米国）に売却された．このコポリマーについては，§19・12・1でさらに述べる．ICI社はポリ(*p*-フェニレン)の発酵法経路も開発した．このポリマーは，優れた耐熱性と加水分解安定性をもっている．しかし溶剤がなくて非常に扱いにくく，高温高圧下でのみ成形できる．ICI社はベンゼンをベンゼン-*cis*-グリコールに変換する*Pseudomonas putida*の一族を見いだした．無酸素下でベンゼンとエタノールを供給したときに，この変換が起こる．ベンゼン-*cis*-グリコールを酢酸でエステル化するとジエステルとなる．これはラジカルを発生する開始剤によって重合する．中間体ポリマーは芳香族ではない．中間体ポリマーは溶剤に溶解するので，繊維やフィルムにすることができる．加熱によって溶剤を蒸発させ，重合を完了させると，そのままでポリ(*p*-フェニレン)になる．酢酸が再生するので再利用する（式17・18）．この巧妙な製造法は工業化されていない．

$$\underset{}{\bigcirc} \xrightarrow[\text{P. putida}]{O_2,\ C_2H_5OH} \underset{\text{ベンゼン-cis-グリコール}}{\overset{OH}{\underset{OH}{\bigcirc}}} \xrightarrow{2\ CH_3COOH} \overset{OCOCH_3}{\underset{OCOCH_3}{\bigcirc}} + 2\ H_2O$$

$$\left(\overset{OCOCH_3}{\underset{OCOCH_3}{\bigcirc}}\right)_n \xrightarrow[\text{重合開始剤}]{\text{過酸化物}} \left(\overset{CH_3COO}{\underset{}{\bigcirc}}\overset{OCOCH_3}{\underset{}{}}\right)_n \xrightarrow{\text{加熱}} \underset{\text{ポリ}(p-\text{フェニレン})}{\left(\bigcirc\right)_n} + 2n\ CH_3COOH$$

(17・18)

17・6・3 組換えDNA技術によるタンパク質類

過去20年以上にわたるバイオテクノロジー革命によって、ほとんどいかなるタンパク質でも組換えDNA技術により生産可能となった。単細胞タンパク質(SCP)の大規模生産についてはp.608ですでに述べた。タンパク質をつくるための遺伝子を単細胞微生物の遺伝子につなぎ合わせる技術は注目に値する。インスリン、インターフェロン、血友病患者のためのある種の血液凝固因子、ヒト成長ホルモン、ウシ成長ホルモン、ある種のワクチンがすでに市場に出ている。この発展に触れないで発酵に関する節を終えることはほとんど不可能である。

しかし、大量生産型化学製品への適用可能性はあまりない。市場に出ている遺伝子組換えタンパク質で最大の量の製品はインスリンであり、2009年でグラム当たり約60ドルで販売されている。年間生産量はトンよりもキログラムで測られている。この組換えDNA技術を大量生産タンパク質に応用することは、多くの新たな問題を生みだす。その一方で、遺伝子改変生物は、ポリヒドロキシアルカン酸エステル(§19・12)やイソブチルアルコール(p.611)のような、タンパク質以外の化学製品をつくるためにすでに使われている。

17・6・4 発酵と再生可能製品シナリオ

化石燃料でない資源から化学製品を生産する経路の研究には、たくさんの動機がある。政治的不安定性、環境汚染と資源枯渇への関心、地球温暖化問題への憂慮である。これらの問題により、化学製品の生産は、再生可能資源を使ったカーボンニュートラル(carbon-neutral)な方法[*]で行われることが望ましいと考えられている。そのような再生可能資源がバイオマスである。毎年概算で1800億トンのバイオマスが生みだされ、そのうち75%が炭水化物である。それには木材ばかりでなく、ソルガム(コウリャン)、コムギ、ジャガイモ、バガス(サトウキビの搾りかす)、トウモロコシ穂軸、農産廃棄物、スイッチグラスがある。スイッチグラスは肥料がいらないといわれている。これらの炭水化

---

[*](訳注) 大気中の二酸化炭素を光合成などで固定化した材料を使用後に焼却処分するように、その製品の生産から廃棄までの全ライフサイクルを考えた際に地球規模で二酸化炭素の増減に影響を与えない方法。

物のうち，人類に利用されているのは，たった4%だけであり，残りは腐って土壌に戻され再生される．これらのすべてが合成ガスに転換可能であり，最近は多くのものがそのように利用されている．

●**炭水化物由来の基本ブロック**● 2004年に米国エネルギー省が炭水化物に由来する12個の基本ブロックとなる化学製品を発表した．これは，いわゆるバイオリファイナリーの基盤となるものである．バイオリファイナリーは，炭水化物を原料とした，石油リファイナリー（精油所）に相当するものである．この12個の基本ブロックを表17・2に

表 17・2 米国エネルギー省提案の炭水化物由来トップ12基本ブロック

① コハク酸，フマル酸，リンゴ酸	⑦ グルタミン酸
② ソルビトール	⑧ グルカル酸（糖酸）
③ グリセリン	⑨ アスパラギン酸
④ 3-ヒドロキシブチロラクトン	⑩ 3-ヒドロキシプロピオン酸
⑤ レブリン酸	⑪ 2,5-フランジカルボン酸
⑥ イタコン酸	⑫ キシリトール/アラビトール（アラビニトール）

示す．一般に現時点では，これらの物質は，ほんの少量しかつくられていない．しかし将来の可能性を秘めている．そのうちのいくつかについては，既存の工業化学製品とともにすでに述べた．

●**発酵法による基礎製品**● しかし発酵について考えていくと，もし石油や天然ガスが枯渇したら，化学工業が生き残れるのかという問題にたどりつく．技術面だけなら，その答は明るい．二つの世界大戦間に発酵は有機化学製品の主要な経路となり，エタノール，n-ブタノール，アセトンが化学工業原料として供給された．生産コストは高く，生産量は小さかった．今日では多くの反応経路が生まれ，それによって現代の有機化学品類，ポリマー類の多くが同じ原料から60～80年前よりはるかに効率的につくられるようになっている．エタノールは脱水してエチレンにすることができる．実際に2010年にはBraskem社は世界最初の大規模な発酵エタノールからのポリエチレン工場の操業を開始した．ブラジルのリオグランデ・ド・スルにあるTriunfo石油化学コンビナートには，年産20万トン工場がある．環境にやさしい製品のために，顧客は66%も高い価格を喜んで支払ってくれている[23]．エチレンを二量化して2-ブテンにし，エチレンと2-ブテンからメタセシス反応（§1・14・1）によって2 molのプロピレンを生産し，プロピレン系製品を展開することも可能である．

これがすべてではない．グルコースは別々の微生物発酵によって3-ヒドロキシプロピオン酸にもなるし，乳酸にもなる．3-ヒドロキシプロピオン酸は脱水すると簡単にアクリル酸となる．アクリル酸は塗料や高吸水性ポリマー（§3・4・2）の原料である．乳酸は生分解性ポリマー（§19・12）であるポリ乳酸の原料である．また，乳酸は洗剤工業で価値があり，良好なスケール除去剤，セッケンかす除去剤，そして承認済みの殺菌剤となる．

このように化学工業の基礎となるC_2，C_3，C_4オレフィン類とその他さまざまな有用な

原料化学品を発酵経由でつくることができる．しかし，一般に経済的なコストではない．実際に，エタノールが真に再生可能エネルギー資源なのかという問題が存在する．これについては，§17・6・5bで述べる．

●バイオガス●　メタンは一般に，下水汚泥や有機廃棄物を嫌気性発酵することによってつくられる．汚泥の約75%の熱量価値が回収できる．魅力的な数値であり，たくさんの排水処理プラントが実際に外部電力源と独立している．インドや中国では，バイオマス発酵法が大変に発展しており，農村地域では集めたバイオマス廃棄物から発酵法によって暖房用，調理用ガスが生みだされている．いわゆるバイオガスは，このような地域の生活改善に多大な貢献をしている．

●炭水化物から生産できる化学製品●　糖類や炭水化物を基盤とした燃料以外の利用も研究されており，そのいくつかはすでに本章で述べたトピックスについて多くの報告がある．たとえば米国エネルギー省報告，米国エネルギー省リグニン報告，BREWプロジェクト報告，そしてFROPTOPプログラム[24]である．

これらの報告書には，さまざまな他の報告やプロジェクトへの参照が示されている．これらには，糖類や炭水化物，そしてその他の再生可能資源から広範な化学製品への経路が示されている．図17・12にその例を示す．

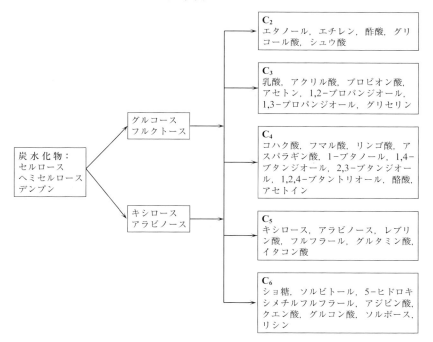

図17・12　炭水化物から生産できる化学製品

しかし，これらの報告書にはもっと大きな，そして複雑な図が示してあり，本書の図よりももっと壁地図として好都合なものとなる．図17・10には木材製品のなかで最も扱いにくいと一般には見なされているリグニンから考えうる化学製品を示した．しかし問題はある．示されている経路は，長く，大きな費用がかかるようである．それに加えて分離工程にも課題がある．

要するに，抗生物質やL-アミノ酸の生産，ビタミンCやコルチゾンの合成工程のように化学者が行えないことを達成するには，発酵法は価値がある．発酵法はメタン経由でエネルギーを供給できる．そして発酵法は，聖書時代やギリシャ・ローマ時代すなわち古典古代以来，パンやアルコール飲料の基礎となってきた．発酵法はあるコストでエタノールを提供できる．そしてエタノールは化学工業の王座にいるエチレンに，脱水反応によって転換できる．再生可能原材料は，土地と肥料で食料と競合するが，再度述べると特殊な場合にのみ価値があるということである．どんなに多くのエネルギー，食料あるいはエチレンが発酵法によって，また再生可能資源からつくられるかは，経済性に左右される．いくつかの例外を除けば，経済性は石油化学製品に有利になる傾向がある．化石燃料埋蔵量が現状レベルと仮定し，例外的事例を認め，燃料利用を考慮すると，次世代に状況が大きく変わることはありそうもない．

17・6・5 バイオ燃料

石油供給の長期的な枯渇というおそれと二酸化炭素排出量の削減という期待によって，作物から再生可能燃料をつくる可能性が盛んに議論されてきた．

化石燃料は何百万年以上にわたって固定された炭素に由来している．オイル"ピーク"はまだ到来していないけれども，まもなく来ると考えられている．石油はコンパクトな液体原料であり，輸送も容易で，発生エネルギー量も大きい．大気中の二酸化炭素濃度を上昇させるという意味でも，また二酸化硫黄と窒素酸化物をつくるということからも，大気汚染の元である．天然ガスの方が汚染の程度は小さく，石炭は石油よりも汚染の程度が高い．天然ガスも石炭も発生エネルギー量が大きい．

バイオ燃料は，現時点，すなわち1年から10年間において植物が生育したことによって固定された炭素を含んでいる．植物には草も，樹木も，藻類も含まれる．固定された炭素は，ほぼ刈り取った年に環境に戻される．短期的な意味での二酸化炭素の増加はある．しかし別の面でバイオ燃料は他の燃料に比べると汚染が少ない．バイオ燃料の欠点は，広大な土地の利用が必要となることである．食料生産と競合する．また発生エネルギーが小さいことも欠点である．原料が固体であるために，かさばり，輸送が難しいので，収穫した場所の近くで，速やかに液体にする必要がある．

バイオ燃料工業は，政府の命令と短期的な促進要因によって成長してきた．米国にはエネルギー・自立安全保障法（EISA）と再生可能燃料基準（RFS）がある．英国には再生可能輸送燃料導入義務制度（RTFO）がある．これによって，すべての燃料の3.25％は植

物由来であることが必要になり、この比率は毎年増加して2020年には13%に達することになる。2010年指令では違反にはリットル当たり13ペンスの罰金が科された。

輸送用液体燃料は最も象徴的な存在である。以下ではバイオエタノールを検討する。§16・12・3ではバイオディーゼル油について述べた。本章末の訳者補遺も参照されたい。

17・6・5a ブラジルの経験

エタノールはバイオ燃料で先導的役割を果たしている。ブラジルでは完全にエタノールだけで走行する自動車が設計された。ブラジルのバイオエタノール計画は技術的には成功したけれども、1980年代後半の石油価格の低下という局面では経済性が低かった。1989年に大統領に選出されたCollorは、アルコール計画を終了させるキャンペーンを行った。市場の反応もCollorを支持した。サトウキビの国際価格が上昇し、アルコール蒸留業者の多くが、サトウキビの絞り液をアルコールよりも、ショ糖をつくることに転換することを選んだ。それを実行することによって、アルコール燃料不足が生みだされ、ブラジルはアルコールを輸入することになった。石油を主体とした燃料では動かない100万台の車にアルコール燃料を供給するためであった。

イラクのクウェート侵攻によって、Collorのキャンペーンとショ糖生産は突然逆戻りすることになった。原油価格が上昇し、ブラジルのアルコール燃料計画の経済性が復活したからである。この方向は現在も続いている。今日ブラジルではガソホールが広く使われている。エタノールだけで走行する自動車は、フレキシブル燃料自動車に置き替わってきた。フレキシブル燃料車は、政府指令の25%エタノール混合のガソリン燃料で走行する。ブラジルのエタノール生産量は、1975年に3.2億リットルであった。1986年には120億リットルに増加している。2009年には249億リットル（196億トン）に上昇し、世界の燃料用エタノールの37.7%を占めた。すべてサトウキビからつくられている。サトウキビは、米国のトウモロコシより炭水化物含有量が高く、年2回収穫でき、単位面積当たり高収量である。この点においてブラジルは強みをもっている。サトウキビは成長が速く、約8%という高効率で太陽エネルギーを利用する。

17・6・5b 米国のバイオエタノールは再生可能エネルギー資源なのか？

ガソリンに添加する含酸素化合物としてメチル t-ブチルエーテル（MTBE）が禁止された（§4・2・1）ので、米国ではエタノールが使われている。ブラジルのようなエタノール全面使用の可能性もあったけれども、コーンスターチからの発酵アルコールがとりあえず短期的にはMTBEの代替品と考えられた。コーンアルコールは、ブラジルのサトウキビアルコールに比べて経済性が格段に劣り、現在では巨額の補助金を必要としている。加えてエタノールはMTBEよりオクタン価がはるかに低く、ガソリンの揮発性が高くなる。ガソリンに比べて同容量当たりのエネルギーが著しく低い。生産者が使う以上のエネルギーの供給にコーンアルコールが貢献しているのかどうかについては、以前から関心がも

たれている．

　トウモロコシは農地を疲弊させ，カリウム，窒素，リンを枯渇させる．発酵のようなバッチ法は，連続法に比べてエネルギー効率が低く，エタノール1kg当たり約6kgという廃液とバイオマスの処分問題を抱えている．このように，補助金付きのエタノールを含酸素化合物（石油添加剤）として使うことも，また純燃料として使うことも疑わしい．さらにいえば，もし世界の農家によって栽培されているすべてのトウモロコシ，コムギ，その他穀類作物をエタノールに転換しても，現在の世界の原油生産量に相当するエネルギーのたった6〜7%にしかならない．

　しかし基本的な問題は，エタノールが現実に再生可能エネルギー資源なのかどうかということである．エタノールが燃焼されたときに発生するエネルギーよりも多くの再生不可能な化石燃料エネルギーを，エタノールの生産に使っているのではないだろうか．生産工程は農家がトウモロコシを育てることから始まる．農家は農業化学品（殺虫剤，除草剤など）とガソリン駆動のトラクターを使う．トウモロコシを刈取り，湿式製粉とよばれる複雑な工程を経てデンプンを取出す．次にバッチ発酵にかけ，最初に糖類（ショ糖，グルコース，フルクトース）に変換し，次にエタノール希薄水溶液をつくる．エタノールはこれから蒸留される．一見してわかる欠点は，グルコース単位当たり6炭素のうち二つが二酸化炭素として即座に失われることである〔式17・19；訳注：チマーゼは単一の酵素ではなく，アルコール発酵を行う酵素の混合物の旧称〕．

$$C_{12}H_{22}O_{11} + H_2O \xrightarrow{\text{インベルターゼ}} 2\,C_6H_{12}O_6$$

$$C_6H_{12}O_6 \xrightarrow{\text{チマーゼ}} 2\,C_2H_5OH + 2\,CO_2 \qquad (17 \cdot 19)$$

　発酵液の直接蒸留では，4.4%の水を含んだ共沸エタノールが得られる．燃料とするには水が多すぎる．その一方で，農家は農家規模で，効率的に発酵を進めようとも，ベンゼンを使って共沸蒸留をしようともしない．代わりにArcher-Daniels-Midlands（ADM）社のような会社がトウモロコシを買い集め，デンプンを取出すなどの作業を行って，補助金の80%を手に入れている．トウモロコシの輸送と複雑な蒸留はエネルギーを多量に使う．エタノール1トンつくるのに必要な化石燃料エネルギーは，エタノールに含まれるエネルギーよりも約72%も多いとD.Pimentelは算出した[25]．米国アルゴンヌ国立研究所のMichael Wangは，農作業の改良が行われるならばエタノールの消費よりも生産のためのエネルギー増量分は35%になると，2005年に発表した[26]．Shapouriは，エタノールは製造するのに必要なエネルギーより24%多くのエネルギーを生みだして貢献しているとの主張を続けている[27]．2004年のコンソーシアムでは，この数字が67%にまで上昇した．これに関連したパラメーターとしてEROEI（energy returned on energy invested）がある．投下エネルギーに対する回収エネルギーの比率である．研究者たちの意見の一致点としては，コーンアルコールはEROEIが1.3に上昇してきたように思われる．それに対

してサトウキビアルコールはEROEIが8と記録されている．

　この意見の一致でさえも，Timothy SearchingerとJoseph Fargioneは土地利用の改変が考慮されていないと異論を唱えている．作物と土壌中には空気中に比べて炭素が約3倍ある．熱帯雨林が切り開かれてサトウキビが植えられ，またプレーリーが開拓されてトウモロコシが植えられ，泥炭地が排水されてパームヤシ（アブラヤシ）が植えられるというように土壌が撹乱されるとそれまであった植物と土壌から空気中に炭素が放出される[28),29)]．米国農務省によれば，2008年に2.8万km^2の保護林がトウモロコシ畑に転換された．この転換による炭素の放出量を取戻すには約90年間を要するとFargioneは述べている．

　明らかに論争者のそれぞれが別々の仮定をおいており，ここでそれを評価することは本意でない．しかしながら，高価なコーンアルコールがガソリン用に使われるならば，政府の補助金漬けになることは疑いない．燃料への含酸素化合物混合指令が続くならば，政府は補助金漬け製品を指令し続けることになる．これはまったく無意味である．

17・6・5c　原料としてのバイオマス

　上記の論争は解決の道がないように思われる．政策は科学的考慮よりも政治的考慮に左右されているようである．そうこうするうちに，さまざまなブレークスルーによって論争点が明確になってきた．その第一は，原料としてのバイオマスの利用である．バイオマスは，年間$5〜10×10^{15}$Btu（約5000〜10,000テラジュールまたは12.5億〜25億トン原油相当量）の燃料と化学製品を2020年に供給できると評価されている．このバイオマスには林業廃棄物，トウモロコシ穂軸，カラスムギのさや，その他さまざまな植物を含んでいる．この数字は米国の現在のエネルギー消費量の5.7〜11.4％になり，最も楽観的な評価では25％になる．伝統的な酵素がセルロース，リグニンなどを合理的な速度で構成糖類に分解できないことが問題である．もっと良い酵素の開発が研究の鍵となる[30)]．世界最大の工業的酵素の生産会社であるNovozymes社は，農産廃棄物をグルコースに変換する酵素混合物を開発したと発表している．現在，コムギバイオエタノールを生産しているバイオ燃料会社のPoet社は，2010年にセルロースをグルコースに変換する設備の稼働を開始し，2012年にはセルロース由来バイオエタノールをつくることを期待すると発表している[31)]．バイオ材料会社Danisco社を買収後，DuPont社は2014年に稼働する年間9500万リットルの設備権利を取得したことを発表した[32)]．ヨーロッパのDSM社，BASF社を含む20社以上がセルロース燃料工場を建設する意向を発表した[33)]．その他の原料としては，都市固形廃棄物[34)]，木材[7)]が考えられ，またリグニンを抽出するのにイオン液体を使う[35)]新技術も考えられている．

17・6・5d　Catalytic Bioforming

　Catalytic Bioforming®とよばれる複雑な製法をVirent Energy Systems社とShell社が

開発中である．2010年3月には年産38,000リットルのパイロットプラントが稼働開始した[36]．

どんな種類のセルロースバイオマスも，最初にセルロース/ヘミセルロースとリグニンに分けられ，リグニンは通常工場の動力用燃料にする．セルロース/ヘミセルロースは，酸（酵素でも可能）によって加水分解され，水溶性の C_5 と C_6 糖類の混合物になる．製品の需要バランスに応じて，糖類は水素化によって多価アルコールにするか，水素化分解によってグリセリン，プロピレングリコール，エチレングリコールのような短鎖脂肪族化合物に変換する．

つぎに，この反応生成物の流れは，先例のない APR（水相改質）工程に入る．特許となっている不均一系触媒（活性炭に担持した白金－レニウム）を使い，187～302℃，1～90 bar の条件下で水と反応させると，二酸化炭素，アルコール，ケトン，アルデヒド，そして少量のアルカン，有機酸，フラン，それに水素が生成する．水素は水素化処理工程で再利用される．反応生成物を 375℃ に加熱し，連続して二つの酸触媒，タングステン酸ジルコニアとゼオライト ZSM-5 を通過させると，高収率でガソリン留分の炭化水素が得られる．製品は自然に水相と分離でき，蒸留は不要である．

もしジェット燃料油の炭化水素が必要ならば，アルコール，ケトン，アルデヒドを多機能塩基性触媒上で縮合して β-ヒドロキシラクトン，β-ヒドロキシアルデヒドの生成を促進すると，それに続く水素化と縮合工程によって，より長鎖のアルカンが生成する．

これはすばらしい業績である．エネルギー消費量は小さく，バイオガソリンはエタノールより高いエネルギーをもっている．原油価格が 60 ドル/バレル以上ならば，バイオガソリンはガソリンと競合できると 2008 年に発表された．欠点は，固形原料を収集し，処理するという避けがたい課題と，化学量論的に生成する二酸化炭素の排出問題が存在することである．工程がどうであれ，これらの問題を回避する道はない．

17・6・5e　バイオテクノロジー対合成ガス

上記バイオマス原料のなかで最も均質のものでさえ，前処理には大きな費用がかかる．そして酵素の費用も最近ではエタノールトン当たり 150 ドル程度である．バイオマス法をかろうじて経済的にするためには，酵素費用を 33 ドルにする必要がある．遺伝子工学によって，もっと良いセルラーゼやヘミセルラーゼをつくる可能性が生まれ，そしてリグニン変性による前処理の必要性を減らす可能性も生まれた．植物の多糖類含有量やバイオマス総量を増加させる方法が探索されるとともに，蒸留しないでエタノールを分離する方法も研究されている．たとえばエタノールを通過させるけれども，水は通さない膜が十分なスピードの透過性をもつならば向流システムで使うことができるようになる．バッチ法発酵よりも連続法発酵の方が経済的であり，この点に関する業績も多い．生産方法によって，セルロースを原料とするエタノールの EROEI は 2 から 32 のいずれかになりうる．

バイオテクノロジーの課題は，酵素反応が遅いことと大量の排水が生じることである．

セルロースバイオマスからのバイオ燃料生産は，乱暴な話であるが，バイオテクノロジーを捨てて，セルロースバイオマスを燃焼して合成ガスにし，それからメタノール，さらにガソリンに転換する（§13・5・2，§13・5・2d）ことによって安価に達成できるのではないかという考え方も存在する．

文献および注

1. *London Times*, 21 June 2011, p. 32.
2. ショ糖の統計は *Sugar: World Markets and Trade*, US Dept. of Agriculture, Foreign Agricultural Service, Circular Series FS-2-02, Washington DC.
3. Span と Tween 製造の詳細については，最近まで BP Chemicals 社にいた Les Chislett のおかげである．
4. A. Corma, O. de la Torre, M. Renz, and N. Villandier, *Angew. Chem. Int. Ed.*, **50**, 2375; 2011; *Chem. Ind.*, 9 May 2011, p. 30.
5. S. K. Ritter, Carbohydrate to hydrocarbon, *Chem. Eng. News*, 17 November 2008.
6. デンプンに関する古典は，*Starch: Chemistry and Technology*, eds. J. N. BeMiller and R. L. Whistler, Academic, London, 2009.
7. S. Aldridge, *Chem. Ind.*, 26 July 2010, pp. 25〜27.
8. B. C. Saha, Hemicellulose bioconversion, *J. Ind. Microbiol. Biotechnol.*, **30**, 279〜291, 2003.
9. *Ullmann's Encyclopedia of Industrial Chemistry*, 6th ed., editors, M. Bohnett and F. Ullmann, Wiley-VCH, Weinheim, 2003.
10. *Riegel's Handbook of Industrial Chemistry*, ed. J. A. Kent, Kluwer/Plenum, New York, 2003.
11. S. Desai, *Chem. Ind.*, 25 January 2010.
12. *Chem. & Eng. News*, 22 December 2009.
13. *Chem. Week*, 17/24 January 2011, p.11.
14. 1,3-プロパンジオールのバイオ法による合成は，U.S.Patent 6013494（2000），6428767（2002），6136576（2000），6468773（2002），および U.S.Patent Applications 20020177197A1（2002），20030040091A1（2003）を含む多数の特許に述べられている．
15. *Chem. Ind.*, 27 August 2007, p. 25.
16. R. Bud, *The Uses of Life: A History of Biotechnology*, Cambridge University Press, Cambridge, UK, 1993. Weizmann はシオニストで，後にイスラエルの初代大統領になった．J. Reinharz and Chaim Weizmann, *The Making of a Statesman*, Oxford University Press, Oxford, UK, 1993. R. Van Noorden, *Chemistry World*, January 2008, p. 21 も参照.
17. B. G. Reuben and H. A. Wittcoff, *Pharmaceutical Chemicals in Perspective*, Wiley, Hoboken, NJ, 1989, p. 329.
18. *Chem. Eng. News*, 14 December 1992.
19. J. S. Marchant, B. G. Reuben, and J. P. Alcock, *Bread: A Slice of History*, History Press, Stroud, Gloucestershire, 2008. B. G. Reuben, and T. M. Coultate, *Chemistry World*, Food Special edition, 18-21 October 2009. これら文献の化学的記述は，本書より詳しい．
20. http://foodrecalls.blogspot.com/2009/04/fda-should-ban-bromated-flour.html.
21. http://www.cfsan.fda.gov/~lrd/FCF136.html.
22. T. Shiba, K. Takeda, M. Yajima, and M. Tadano, Genes from *Pseudomonas* sp. strain BS involved in the conversion of L-2-amino-Δ^2-thiazolin-4-carbonic acid to L-cysteine, *Appl. Environ. Microbiol.*, May 2002, pp. 2179〜2187.
23. http://www.icis.com/Articles/2010/11/01/9405154/brazilian-ethanol-producers-see-sweet-times-on-sustained.html.
24. http://www.chemistryinnovation.co.uk/roadmap/sustainable/files/dox/Technology%20Review%20Renewables.pdf; http://www.slideshare.net/guest5dedf5/biomass-program-overview; *Top Value Added Chemicals From Biomass Volume I: Results of Screening for Potential Candidates*, Sugars and Synthesis Gas, National Renewable Energy Laboratory（NREL）（2004）76 pages; http://www.chem.

uu.nl/brew/BREW_Final_Report_September_2006.pdf (474ページにわたる充実した包括的な内容).
25. D. Pimentel and T. W. Patzek, Ethanol production using corn, switchgrass, and wood; biodiesel production using soybean and sunflower, *Natural Resources Res.*, **14**(1), March **2005**.
26. M. Wang, *Agriculture Online*, 28 March 2005.
27. H. Shapouri et al., U.S. Department of Agriculture, Economic Research Service, Office of Energy. Agricultural Economic Report No. 721.
28. http://minnesota.publicradio.org/display/web/2008/02/07/biofuels-cost/.
29. Timothy Searchinger, *Science*, **326**, 23 October 2009, doi: 10,1126/Science. 1178797, Elisabeth Rosenthal により *New York Times* 紙上で論評され, 2008年に Bush 大統領への公開書簡によって支持された.
30. M. B. Sticklen, Plant genetic engineering for biofuel production: towards affordable cellulosic ethanol, *Nature Rev. Genetics*, **9**(6), 433〜443, 2008; *ibid*. **11**(4), 308, 2010; S. M. Hick, C. Griebel, and D. T. Restrepo, Mechanocatalysis for biomass-derived chemicals and fuels, *Green Chemistry*, **12**(3), 468〜474, 2010; D. Harris and S. DeBolt, Synthesis, regulation and utilization of lignocellulosic biomass, *Plant Biotechnol. J.*, **8**(3), 244〜262, 1010.
31. この話題を取上げない雑誌はほとんどないくらいである. 一例として, 次のものを参照されたい. C. O'Driscoll, *Chem. Ind.*, 22 June 2009, pp. 22〜25 and http://green.autoblog.com/2010/04/12/ethanol-company-poet-says-cellulosic-biofuel-coming-in-2012/.
32. *ICIS Chem. Business*, 7〜20 March 2011, p. 29.
33. *Chem. Week*, 7〜14 February 2011, p. 20.
34. E. Davies, *Chemistry World*, April 2009, pp. 40〜43.
35. A. Turley, *Chem. Ind.*, 8 June 2009, p. 7.
36. P. G. Blommel と R. D. Cartright は, この製法を 2008年に説明しており, Virent 社のウェブサイト http://www.virent.com から見ることができる.

[訳者補遺] バイオエタノールの世界の生産量と
セルロース系バイオエタノールの工業化

[ARCリポート (2016.1): www.asahi-kasei.co.jp/arc/service/pdf/998.pdf より引用]

米国はトウモロコシを原料にして, すでにガソリンの10%に近い容量のバイオエタノールを生産している. 米国の2012年のバイオエタノール生産量は90.9万バレル/日 (約4150万トン/年) であり, これを脱水素すると仮定すると, 約2500万トンのエチレンができる. これは2012年の米国のエチレン生産量2670万トンに匹敵するものである. バイオエタノールは, 環境問題から使用が禁止された MTBE (メチル *t*-ブチルエーテル) の代替物でありガソリンブレンド用以外 (例, 化学用途) の使用は禁止されている.

米国と同様に, ブラジルではサトウキビ由来のバイオエタノールがガソリンにブレンドして使用されている.

バイオエタノールの生産量推移を次ページ図に示す. 2003年頃より急激に増加している. バイオエタノールは2003年の46.5万バレル/日 (2700万kL/年) から2011年には149.3万バレル/日 (8660万kL/年) と8年間で約3.2倍に増加した. 2012年の生産量は147.0万バレル/日 (8530万kL/年) で, 地域別内訳をみると, 米国が90.9万バレル/日

(62%)でブラジルが39.2万バレル(27%)である．両国で世界の生産量の89%を占めている．

米国は2007年に定めた再生可能燃料基準（RFS）に基づきほぼ計画どおりにトウモロコシ原料のバイオエタノールの生産を拡大してきた．ただし，食料を原料とするバイオエタノールの生産については根強い批判があり，米国政府は非食料のセルロース原料のバイオエタノールの開発に力を入れているが，工業技術の確立が難しく生産量はRFS計画の0.6%にもならない．

最近になって，ようやく本格的な工業化が行われた．セルロースを糖化した後発酵してエタノールをつくる方法で，イタリアのBeta Renewables社が世界で初めて2013年に工業化に成功した．同様な方法で，米国ではPoet-DSM社が2014年9月に，Abengoa Bioenergy社が2014年10月に，DuPont社が2015年10月に相次いでプラントを稼働した．

一方，Ineos Bio社（米国）が2013年に工業化した方法は，いったんバイオマスを熱分解して合成ガス（一酸化炭素と水素の混合ガス）をつくり，これを発酵してエタノールをつくるというものである．

日本のバイオエタノール導入目標量は2012年が21万kL，2017年が50万kLとなっているが，米国の2012年の90.9万バレル/日（5200万kL）に比べると1%程度できわめて少ない．日本では，バイオエタノールをETBE（エチルt-ブチルエーテル）に化学変換して使用している．ETBEはバイオエタノールよりも腐食性が少ないためである．

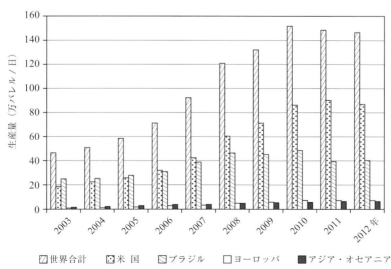

図　バイオエタノールの世界，国・地域別生産量推移［出典：米国EIA資料を基に作成］

18　工　業　触　媒

　今までの章で述べてきた多くの化学品は，第二次世界大戦前にすでに生産されていた．それは，発酵法によるか，または石炭を原料としたバッチプロセス（回分法）を使った"伝統的"な有機化学手法によって生産された．これらの製法は，石油と天然ガスからつくられた安価なオレフィン系基礎原料が現れると，"加熱チューブ"による工業有機化学反応に切替えられた．すなわち年産数百万トンもの製品を生産する連続プロセスへの転換であった．現代の有機化学反応の基礎には，しばしば"適切な"触媒が存在するが，触媒の正確な性質は企業秘密として厳重に隠されている．

　触媒理論が生まれて間もない頃であった 1966 年には，工業プロセスの 70% が触媒反応であると考えられた．それが今日では 90% に到達したといわれており，他の資料では現代の大規模な化学プロセスの 80% が固体触媒による不均一系反応であると述べられている[1]．20 世紀末には 3 兆ドル以上の製品，サービスの生産に触媒反応が使われたといわれる．技術ライセンスからの年間の特許権使用料は 35 億ドル以上であり，触媒の世界市場は 85 億ドルに達する．米国 GDP（国内総生産）の約 30% が触媒反応の助けを得て生まれている．そこで本章では触媒の概念がいかに変わってきたかということと，最新の動向の 2 点に力点を置いて触媒技術の簡単な総説を行う．触媒反応の学術的な面や工業利用面に関しては多くの優れた本があるので，それと競争するつもりはなく，本章のトピックスの選定は著者の個人的な選択による[2]．

　本章では，最初に触媒選択の問題を扱い，次に触媒を使用する際の化学工学上の問題を述べる．そして第三に触媒市場の状況を説明した後に，産業で使われているさまざまなタイプの触媒について議論する．

　表 18・1 に触媒反応の概要を示す．

18・1　触媒の選択

　原料と違って工業触媒の選択要因は，その価格ではない．触媒を再使用できる場合には，価格は重要ではない．現代の工業触媒の第一の特徴は高選択性である．すなわち，目的の方向に反応を進める度合いが高いことである．第二の特徴は，普通には起こらない"非平衡"な製品を生産する反応経路を触媒が実現することである．第三の特徴は，触媒の普通の役割である反応速度の加速である．第四の特徴は，触媒を再使用するための回収

表 18・1 触媒反応の概要

分類	反応の種類	触媒の例
遷移金属	水素化 脱水素 水素化分解 (酸化)	Fe, Ni, Pd, Pt, Ag
半導体と遷移金属酸化物	酸化 脱水素 脱硫（水素化）	NiO, ZnO, MnO$_2$, Cr$_2$O$_3$ Bi$_2$O$_3$/MoO$_3$, WS$_2$, SnO$_2$ Fe$_2$O$_3$
酸化物絶縁体 （典型金属酸化物）	脱水 (水和)	Al$_2$O$_3$, SiO$_2$, MgO
酸, 酸性複合酸化物	重合 異性化 分解 アルキル化（加水分解） エステル化	H$_3$PO$_4$, H$_2$SO$_4$, HF, BF$_3$, SiO$_2$/Al$_2$O$_3$, ゼオライト V$_2$O$_5$/Al$_2$O$_3$
塩基	重合 (エステル化)	Na/NH$_3$
遷移金属錯体	ヒドロホルミル化 重合 酸化 メタセシス	Co$_2$(CO)$_8$ TiCl$_4$/Al(C$_2$H$_5$)$_3$ CuCl$_2$/PtCl$_2$ WO$_3$, WCl$_6$
二元機能触媒	異性化と水素化/脱水素	SiO$_2$/Al$_2$O$_3$ 担持 Pt
酵素	多彩	アミラーゼ, ウレアーゼ, プロテイナーゼ
非混合反応物間の反応	第四級アンモニウム塩	

問題である．触媒の選定においては，均一系反応と不均一系反応の問題も存在している．このような点を以下順次述べる．

18・1・1 反応速度と選択性

最近，Wijngaarden ら[2] は，触媒を"反応に関与するが，最終的には反応によって変化せず，少量で反応を加速するもの"と定義した．この定義は，触媒の話のほんの一部分にすぎない．触媒の効果は非常に大きく，量的な違いが質的な違いをもたらす．白金は水素と酸素の結合を触媒する．触媒がないと反応混合物は数百年も反応が起こらないでそのままでいる．そのままで進行しない反応を白金がひき起こしたことは明らかである．同様なことは多くの工業触媒にあてはまる．銀は酸素とエチレンからエチレンオキシドへの反応の触媒となる．しかし，銀が存在しなければ，エチレンオキシドへの反応収率はゼロである．

●選択率● 選択率は重要である．触媒なしでは測定できる速さで反応が起こらない物質が，別の触媒，別の温度，圧力下で反応してまったく別の製品になることがある．エタノールを銅の上に通す際の条件によって，アセトアルデヒドをつくったり，酢酸を生成させたりすることができる（式 18・1a）．エタノールをアルミナの上に通すと，エチレン

やジエチルエーテルが生成する（式 18・1b）．

$$C_2H_5OH \xrightarrow{Cu} CH_3CHO + H_2$$

$$2\,C_2H_5OH \xrightarrow{Cu} CH_3COOC_2H_5 + 2\,H_2 \qquad (18\cdot1a)$$

$$C_2H_5OH \xrightarrow{Al_2O_3} CH_2{=}CH_2 + H_2O$$

$$2\,C_2H_5OH \xrightarrow{Al_2O_3} C_2H_5OC_2H_5 + H_2O \qquad (18\cdot1b)$$

このように触媒は，他に存在する熱的な反応経路や触媒反応経路と並んで別の反応経路を進めることがしばしばある．有用な触媒は，目的とする反応を圧倒的に有利にひき起こす．触媒の選択性を向上させることは，開発に携わる化学者の重要な仕事である．高選択性によって収率向上という経済上の利点が得られるだけでなく，副生物を販売しなければならない問題や廃棄物問題を減らすことにもつながる．

●**触媒と活性化エネルギー**●　　触媒なしで反応が起こるよりも，触媒によって穏和な条件下，測定可能な速度で反応を起こすことが可能となることは，しばしばある．触媒が別の平衡状態や別の主製品を生みだすこともある．エチレンオキシドの生産（§2・7）では，触媒がなければ 275 ℃で反応が起こらない．反応が起こる温度まで上げると，二酸化炭素と水だけが生成する．銀触媒が存在すると，十分に低い温度を保ったままで完全燃焼反応よりも速い反応速度でエチレンオキシドの生成を進めることができる．このことは，エチレンオキシドの連続的な酸化反応の進行が遅いので，エチレンオキシドを分離するのに十分な時間的余裕があることを意味する．

図 18・1 では，このことを半定量的に表している．エチレンと酸素は，図に示すようにポテンシャルエネルギー井戸の中に存在する．エチレンオキシド，アセトアルデヒド，過酢酸，二酸化炭素/水も，図に示すように別々のポテンシャルエネルギー井戸の中に，それぞれ存在している．極大点は，起こる可能性をもっている触媒反応，無触媒反応のそれぞれの活性化エネルギーである．

触媒がないと，エチレンと酸素は，燃焼して直接二酸化炭素と水になる．しかし銀触媒が存在すると，最初の活性化エネルギー障壁が低下し，エチレンオキシドの極小点に到達することが可能になる．パラジウム触媒の存在下では，別のポテンシャルエネルギー面を通ることが可能となって，アセトアルデヒドと過酢酸の極小点に到達することが可能となる．

エチレンオキシド生産プロセスの工業開発は，この点に注力した．銀触媒は約 15% の銀を含み，発熱反応によって過度に温度が上昇しないよう，熱吸収材として働く担体上に，銀が精密に分離された層状につくられている．さらに反応抑制剤として，数 ppm の二塩化エチレンをしばしば反応系に添加する．反応抑制剤は，"逆触媒"である．二塩化エチレンは，エチレンと塩素に分解する．塩素が銀表面に吸着し，酸素の化学吸着に影響を与えることにより，燃焼反応を抑制する．

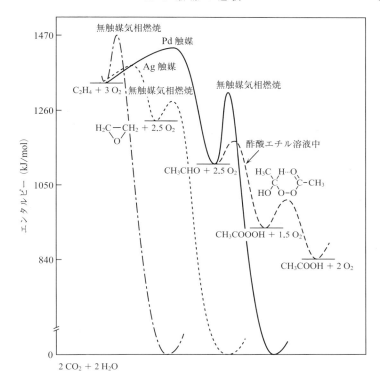

図 18・1 エチレン-酸素系のポテンシャルエネルギー図（$2CO_2 + 2H_2O$ のエンタルピーをゼロとしている）．数値は G. J. Minkoff and C. F. H. Tipper, *Chemistry of Combustion Reactions*, Butterworth, London, 1962; C. Bamford and C. F. H. Tipper, *Comprehensive Chemical Kinetics*, Vol. 5, Elsevier, Amsterdam, 1972; and K. Weissermel and H. J. Arpe, *Industrial Organic Chemistry*, Verlag Chemie, Weinheim, 1978 からの標準熱力学的データを活性化エネルギーとともに引用している．このうち最後の文献では，過酢酸→酢酸の反応は，過酢酸とアセトアルデヒドから生成する α-ヒドロキシエチルペルアセテート遷移状態を経由して進むと述べている．過酢酸と遷移状態のエンタルピーは，S. W. Benson, *Thermochemical Kinetics*, 2nd ed., Wiley, Hoboken, NJ, 1976 にある手法によって推計した．

別の報告では，触媒キログラム（酸化銀として計算）当たり $3.5×10^{-4}$ から $3×10^{-3}$ 当量のカリウム，ルビジウム，またはセシウムイオンの助触媒を添加すると選択率が向上した．この効果は特異的であり，ナトリウムやリチウムは何の効果もなく，また上記範囲以上に有効な助触媒を添加しても選択率向上はみられない．

●**補償効果**● 図 18・1 では，触媒の効果は反応活性化エンタルピー（エネルギー）を常に低下させることにある．

反応速度定数 k が Arrhenius 式 $Ae^{-E/RT}$ で表されるならば，E が常に減少し，A はまっ

たく変化しないことを意味する．ここで，A は前指数因子（頻度因子），E は活性化エンタルピー（エネルギー），R は気体定数，T は絶対温度である．事実，多くの教科書には，触媒は常にそのように働くものだと書いてある．

　実際には E ばかりでなく A も変化することにより，触媒は活性化自由エネルギーを低下させるように働いている．いくつかの例では，触媒が E を上昇させるが，なお触媒として働くほど大きく A も上昇させる．同じ反応で別々の触媒を使うと，E に対する $\log A$ のグラフが直線になることもしばしば起こる．この現象は補償効果とよばれ，A が 10^{14} 倍まで変化することが報告されている[3]．

18・1・2　変化していない触媒の回収

　触媒の価格が問題にならないケースは，触媒が安いか，または例外的なほどに活性が高いか，あるいは高収率で触媒回収が可能かのいずれかに違いない．多くの触媒，特に均一系反応では反応終了時点で変化しないままに触媒を回収することは不可能である．

　硫酸触媒を使ってエタノールと酢酸のエステル化反応を進めると，反応生成物としてエチル硫酸 $C_2H_5OSO_3H$ のような物質ができる．硫酸は，またエステル化反応の副生水によって溶媒和される．この希釈反応は大きな発熱反応である．触媒が反応の全過程で変わるので，平衡状態も，自由エネルギー変化も変動し，順反応速度，逆反応速度の比例的な増加もできなくなる．反応終了時には，硫酸は最初の形ではなくなる．反応生成物から硫酸を回収するには，化学エネルギーを使い，水和や硫酸エステル生成の逆反応をひき起こすような追加工程が必要となる．実際には，硫酸は非常に安価である．環境規制が厳しく監視されていない頃は，エステル化触媒としての使用後は，硫酸は近所の川におそらく廃棄されていた．

　高活性触媒の例として，ポリプロピレン用第五世代 Ziegler-Natta 触媒（§3・2・1）がある．この触媒は，たった 1 kg で 70,000 kg のポリプロピレンをつくる．この触媒は高価であるものの，活性が非常に高いので，製品単位当たりの触媒必要量はごく少量であり，触媒を回収する価値がない．メタロセン触媒は，さらに活性が高い．

　白金族（白金，パラジウム，ロジウム）を含む高価格の触媒が，自動車排ガス浄化用触媒として使われている．これら金属は触媒原価のほぼ 75% を占める．2010 年，米国での白金族の消費量は，ほぼ 276 トンだった[4],[5]．貴金属の代表的な価格（大きく変動するが）を 40 ドル/g とすると，2010 年消費金額は約 89 億ドルになり，触媒回収と再利用は価値がある．2010 年には，白金の 24%，パラジウムの 21%，ロジウムの 27% が回収され，再利用された．

18・1・3　触媒劣化

　原理的に単純な沪過だけで反応系から除去できる不均一系触媒に比べて，均一系触媒は明らかに回収が難しい．しかし，不均一系触媒は"回収"することでなく，"変化しない"

18・1 触媒の選択　　　631

ことに難しさがある．不均一系触媒の劣化には三つの経路がある．シンタリング（sintering），被毒（poisoning），ファウリング（fouling）である．シンタリングは，触媒表面や触媒構造が変化し，元に戻れないことをいう．被毒は，触媒活性点に化学吸着が起こることをいい，回復可能の場合が多い．ファウリングは，触媒活性点が物理的に閉塞されることをいい，通常は回復可能である．

　劣化は化学反応の結果として起こる．実際には，すべての固体触媒は，一定期間ごとに再生のために反応器から取出さなければならない．一定期間とは，数カ月から1年とさまざまである．炭化水素留分の接触分解によってガソリンをつくる（§1・6）場合には，触媒を連続的に再生するために第二反応器がプラントに組込まれる．この製法は，この手法によって実行可能となっている．DuPont社の無水マレイン酸のための移動床プロセス（§4・4・2）も同様である．

　CRG（Catalytic Rich Gas）プロセスによる代替天然ガス（SNG）の生産（§15・4）では，触媒は大表面積のγ-アルミナ担持のニッケルで，カリウムを助触媒としている．アルミナは立方最密充填構造である．触媒として使うのでない場合には，γ-アルミナは1100℃まで安定である．しかしプラントで触媒として使われる場合には，400℃の低温でアルミナは不可逆的な相変化を起こし，六方最密充填構造のα-アルミナまたはコランダムになる．γ-アルミナの細孔構造が壊れ，コランダムが生成することによって，ニッケル微結晶の凝集が起こり，金属表面積が著しく小さくなる．このため触媒活性は劇的に低下する．触媒を元の状態では回収できないので，触媒寿命はアルミナとニッケルのシンタリングの進行速度に支配されることになる．

　最後の例としては，高温での炭化水素の気相コーキングがある．コーキングは表面，特に金属粒子表面によって触媒される．ニッケルは特に活性が高い．電子顕微鏡写真によれば，炭素がらせん状繊維として沈積し，表面から成長して金属微結晶まで覆い，さらにコーキングが促進される．このため触媒表面をエッチングすることが，この触媒反応には必須である．今までに述べた例と同じく，触媒が反応終了時に"変わらない"で回収されるという教科書の要求は厳密には合わない．

18・1・4　非平衡生成物を得る方法

　熱力学者は化学反応における平衡の重要性を力説する．しかし炭化水素が反応して平衡に達するならば，生成物は炭素と水素のはずである．さらに十分な酸素が加えられれば，平衡生成物は二酸化炭素と水のはずである．有用な化学反応の多くは，十分に平衡にまで到達しているわけではない．§18・1・1で述べたエチレンオキシドの場合のように，自由エネルギー面上のある局所的な極小点で反応が止まっている．選択的触媒は，反応系をこのような局所的な極小点に向ける．

　触媒は化学反応の平衡位置に影響するものではないといわれるけれども，いくつかの方法でそれを行うことができる．§18・1・2で述べたエステル化反応では，硫酸添加量に

応じて反応に伴う全自由エネルギーが変化する結果,平衡はエステル生成側に押される.

触媒が平衡位置に影響するような触媒反応系の最近の例として,トルエンの不均化反応(§7・1)がある.ゼオライト触媒によってp-キシレンが熱力学上の収率よりはるかに大きな収率で生成する.生産目的の異性体であるp-キシレンは,それ以外の異性体よりも,はるかに速く触媒活性点から拡散して出ていくことができる.p-キシレンが除去されるので,新たな平衡状態が継続的につくられる.このことは§18・9で詳しく述べる.

18・2 均一系触媒と不均一系触媒

触媒が単一の相内で働くか,それとも相境界で働くかによって,均一系触媒,不均一系触媒とよばれる.この区別は,理論上はほとんど重要でないように思われる.硫酸のような均一系触媒は,シリカ-アルミナのような不均一系酸触媒と同じように働く.Friedel-Crafts反応の例では,触媒が均一か不均一かは決まっていない.工業化された製法には,どちらの触媒の形態でも操業できる場合がある.とはいうものの,工業上の評価からすると,大規模に工業化された製法の80%は不均一系触媒を採用している.

均一系触媒は反応系に簡単に加えることができる.しかし生成物から触媒を除去することは困難である.均一系触媒は通常液体で使用されるが,反応物には気体や固体として加えられるものもある.均一系気相触媒反応は,ほんの少数しかない.その一例は,一酸化窒素触媒による二酸化硫黄の空気酸化による三酸化硫黄の生成である.昔の鉛室法による硫酸製造である.もう一つの例としては,リン酸ジエチル触媒により,約700℃で酢酸を分解してケテンを得る反応がある(§13・5・2c)[6].

必ずしもすべてではないが,多くの均一系触媒では,反応速度は加えた触媒量に比例して増加する.触媒効果が飽和する場合もある.少数の例では反応速度式が触媒量の一次以上となる.均一系触媒は容易に再現可能であり,選択率も高い.この理由により,学術研究では均一系触媒が好まれ,多くの反応機構の考察対象となった.

不均一系触媒では,触媒の本体(mass)部分は表面ほど重要でない.固体触媒の調製と前処理はほとんど芸術といってよく,触媒活性はそれまでの処理履歴に依存している.触媒はミクロな多孔によって大きな表面積を得ている.グラム当たり1000 m^2の表面積は珍しいことではない.触媒表面への反応物の拡散と表面からの生成物の拡散は,触媒粒子内への,あるいは粒子内から外への熱移動とともに重要な問題である.その一方で,不均一系触媒は回収が容易という大きな長所をもっている.不均一系触媒は固定床または流動床として連続プロセスに使われる.熱力学的な束縛によって高温が必要となり,溶解という手段が不可能な反応系でも,不均一系触媒を使うことができる.このために不均一系触媒は工業上広く使われている.

18・2・1 不均一系触媒用反応器

反応器のデザインは,化学工学の教科書やプラント契約書の中で詳細に扱われており,

18・2 均一系触媒と不均一系触媒

反応の数とほとんど同じくらい多くのデザインが存在する．バッチ反応器，連続撹拌槽反応器（CSTR），プラグフロー反応器を説明する．バッチ反応器とCSTRは，入口，出口，撹拌機を備えたジャケット付きの反応槽から成る．

●**バッチ反応器**● バッチ反応器に反応混合物と触媒を入れる．運転者が望む終点近くまで反応を進めることができる．次に生成物，未反応出発原料，触媒を分離する．もっともすでに述べたように，これは難しい．バッチ反応器は，医薬品の生産に特に適している．医薬品生産では最終製品の中のいかなる成分の起源もトレースできることが重要だからである．

●**連続撹拌槽反応器（CSTR）**● CSTRでは，反応混合物が連続的に投入されるとともに，連続的に抜き出される（図18・2a）．生成物ラインの成分構成は，反応器の中身本体の成分構成と同じである．CSTRは液-液反応に向いている．反応物と均一系触媒の混合は，ほとんど問題にならずに行われる．重合反応では，反応混合物の粘度が高くなると混合が難しくなるが，一般には撹拌は十分に行われる．

●**プラグフロー反応器**● CSTRで液相の反応混合物中に不均一系触媒を撹拌混合することは可能である．しかし，固体触媒上で起こる気相反応には，通常はプラグフロー反応器が使われる．この反応器では，反応器のどの部分においても一定の滞留時間で反応物が管内を通過することが望ましい．一定の滞留時間ということは，反応器壁に接触する反応物が静止状態なので，もちろん達成しがたい．しかし目標である．プラグフロー反応器は，固定床と流動床に分けられる．

1）固定床プラグフロー反応器 固定床では，触媒は直径約1cmのペレットの形に押し固められる．ペレットは単一の反応筒に詰められ，反応物が筒の中を通過する．このような反応器は，断熱反応器（図18・2b）とよばれる．この反応器の欠点は，ペレットおよび筒内の熱移動が少なく，温度変化によって反応に影響が出ることである．さらに固められたペレット内への反応物の拡散とペレット外への生成物の拡散が難しいという問題もある．この反応器は，信頼性が高く，安価で単純である．ガスの流れが変動する場合や触媒が"くっつき"やすかったり，かたまりがちの場合には，この反応器が適する．しかし，この反応器は，あまり発熱でも，吸熱でもない，熱的にほぼ中立な反応にしか使うことができない．

冷却付き管型反応器（図18・2c）によって，このような問題は抑えられるが，完全に解決されるわけではない．触媒ペレットが何本かの細長い管に詰められ，その管がさや（shell）に入れられ，さやの中を加熱または冷却媒体が循環する．断熱固定床反応器と比べて，触媒の再生が必要なときに細管を取出したり，また入れたりすることが難しい．熱移動と拡散の問題は減少するものの，なお残っている．細管の直径が3cmでも，一定の温度を保つことはなお困難である．触媒ペレットの中央部の活性な部分が他の部分より高温になる．熱ショックによりペレットが砕け，ダストが生成して細管をふさぐことさえありえる．吸熱反応の場合には，局所的な冷却が起こり，反応が停止する可能性もある．

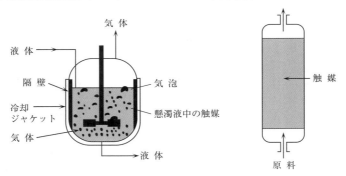

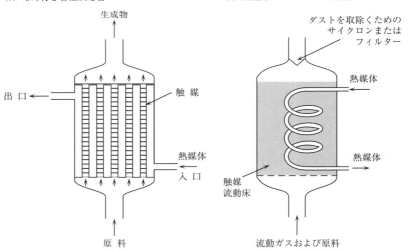

図 18・2　触 媒 用 反 応 器

2) 流動床プラグフロー反応器　流動床（図18・2d）は，砂粒のような微粒子状の触媒を使う．微粒子は，反応物または不活性流動ガスによる高速気流中に分散する．気流が正確に維持されるならば，流動床は均一流体のような挙動を示す．流動床を再生用反応器に引き出すこともある（§1・6）．流動床中のコイルによって熱を加えることも，取除くことも可能である．温度が定常状態になるのは速い．拡散問題は，触媒粒子が小さいので大幅に減少する．流動床反応器の欠点は，気流変動に弱いことである．流動床は，摩損，チャネリング，スラッギングによって運転が妨げられることもある．摩損は，触媒粒

子が流動床内で互いに摩擦することにより,擦り減ることである.微細ダストを流動床から連続的に取出し,出口のサイクロンによって除去しなければならない.チャネリングは,ガスが流動床内の,特に壁付近で流路を見いだして,触媒との十分な接触を行うことなく通過していくことである.スラッギングも似たような現象であるが,触媒粒子が大きな塊状に集まって流動しなくなることである.

流動床反応器は,他の反応器に比べて先端的な技術であり,触媒の性質と反応条件が許すときにはいつでも使われる.特に大量の発熱反応や吸熱反応のような,正確な温度制御が重要になるときに,流動床反応器は高い評価を得ている.流動床触媒によるUnipolポリエチレン生産プロセス(§2・1・3)は,大量の発熱反応であるアクリロニトリルの生産と並んで,代表的な流動床反応器を採用する例である.

18・2・2 均一系触媒の固定化

反応混合物から不均一系触媒を分離することは容易なので,均一系触媒を不均一系触媒に転換する必要性がときどき生まれる.昔の例としては,プロトン触媒によるエチレンの水和反応(§2・9)がある.この反応は,元は55〜80℃,10〜35 barでエチレンを硫酸に通し,続いて生成したエチル硫酸 $C_2H_5SO_3H$ を加水分解して硫酸を再生する方法により行われた.のちに開発された製法では,セライトに吸着したリン酸触媒上にエチレンを通す.セライトは,担体として使われる多孔性のケイソウ土である.リン酸はプロトン化剤としての能力が低いので,硫酸に比べて厳しい条件,300℃,70 barが必要となる.しかし,リン酸はセライトの孔の内部に物理的に吸着しており,孔の空間はエチレンが入ってくるのに,なお十分な大きさをもっている.

さらに複雑な触媒を固体表面に固定化した例として,いわゆるWilkinson錯体(§18・7・2)のポリスチレン担体への固定化がある.ポリスチレンをあらかじめジフェニルホスフィン基をもったポリマーに転換(機能化)する.これを $[PS]-P(C_6H_5)_2$ と表現する.次にこのポリマーをWilkinson錯体クロロトリス(トリフェニルホスフィン)ロジウムと反応させる(式18・2).

$$[PS]-P(C_6H_5)_2 + RhCl[P(C_6H_5)_3]_3 \longrightarrow$$
$$[PS]-P(C_6H_5)_2RhCl[P(C_6H_5)_3]_2 + P(C_6H_5)_3 \quad (18・2)$$

固定化した錯体は,反応が遅くなるものの,オレフィンを水素化するWilkinson錯体の能力を保持している.

固定化触媒のもう一つの例として,酢酸を生産する千代田化工のAcetica法がある.この製法では,ロジウムを主体としたメタノールのカルボニル化触媒が,ポリビニルピリジン樹脂に固定化されている.この固定化によって,触媒回収が著しく簡単になる.

固定化担体は,有機ポリマーだけではない.無機材料も有用である.シリカはその例であり,触媒がシリカ表面のヒドロキシ基と結合する.

一般に人工の触媒を固定化すると触媒活性がなくなるので，固定化の成功例はほんの少ししかない．他方，酵素のような高活性"天然"触媒と細菌のような完全に生きている細胞は，触媒活性を大きく失うことなく固体材料に付けることができる．これは便利な不均一系触媒として使われる．固定化酵素と固定化手法については，§18・8でさらに述べる．

18・3 触媒の市場

2002年の米国の触媒市場は約102億ドルで，世界市場約250億ドルのほぼ40%を占めた．世界の触媒の取引市場（すなわち触媒を生産するが，その企業内で自家消費する量を除く）は約100億ドルであり，石油精製，石油化学，重合，公害対策（おもに自動車排ガス）の四つにほぼ均等に分けられる[7]．そのほかに，ファインケミカル製品や中間体が少量存在する．これを図18・3に示す．

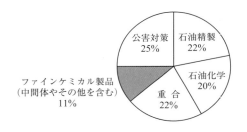

図 18・3 2002年世界の触媒取引市場（合計102億ドル）

次のデータは，さまざまな資料からの断片的な情報である．2007年に触媒の取引市場は122億ドル，約530万トンに増加し，2012年には163億ドルに達すると予測される．北米が34%，アジア・大洋州が29%，西ヨーロッパが23%，その他地域が14%を占めた[8]．2007年に自動車排ガス浄化用触媒は約70億ドル，石油化学用触媒は約31億ドルであった．2010年に公害対策用全市場（取引市場より大きい）は123億ドル，エネルギー産業用触媒は40億ドル，全化学製品（ファインケミカル製品を含む）用触媒市場は120億ドルに達した．

さらに述べると，1990年代前半，米国の化学品（無機化学品を含む）の年間生産量概算3億トンのうち，ほぼ60%が触媒を使ってつくられた．このため平均して触媒1kgから約1500kgの化学品がつくられたことになる（多少古い年の触媒量を使って計算しているが）．§3・2・1のポリプロピレンの例では，触媒1kgから70,000kgの製品を生産している．オレフィン重合としては代表的な数値であるが，触媒全体からみると例外的に大きい．触媒は高価であり，まさに特殊化学品といえる．平均生産原価は，キログラム当たり2〜3ドルである．販売金額数字が同じときでさえ，重量では大きな差が隠されていることもある．平均して石油精製用触媒は安価であり，化学品用触媒に比べて重量当たりではほぼ半額である．

●**石油精製用触媒**● 2008年には世界で約40億トンの原油が化学反応によって，石

油製品に転換された．その三つの主要な反応は，水素化脱硫，水素化処理（§1・11），流動接触分解である．

これら三つの主要な反応は原油から20億トンの運輸用燃料油と7億トンの石油化学製品を生みだし，世界中で第1位，第2位の重要な反応となっている[9]．BASF社によれば，2008年の石油精製用触媒は，不均一系触媒全市場141億ドルのうち39億ドルを占めた．これは，排ガス浄化用触媒62億ドル，化学品用触媒41億ドルに次ぐものである．

石油精製用触媒のなかで，アルキル化反応に使われる安価な酸触媒が重量では90％を占めるが，金額では約32％にすぎない．新型の固体酸触媒は，価格がもう少し高く，接触分解用高活性ゼオライトと同じくらいである．他の石油精製用触媒（水素化分解，改質，異性化）は，重要度が低くなる．しかし，水素化処理触媒は米国の低硫黄燃料規制の実施によって，2005/2006年に需要が喚起され，現在では重要なものとなった．

●**重合用触媒**●　　図18・4に2002年の重合用触媒の世界市場を示す．2010年には，中東アフリカ，アジア・大洋州でポリマー生産能力が増加するので，触媒市場も拡大す

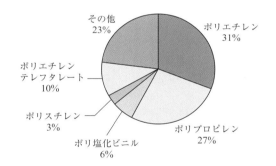

図18・4　2002年世界の重合用触媒市場（合計2050万ドル）

る．重合用触媒には，あいにく定義上の問題がある．重合を促進する物質は，金属錯体，金属酸化物，アニオン触媒，カチオン触媒のような本当の意味での触媒と，最終的にポリマー内に末端基として入り込む重合開始剤に大別される．重合用触媒として今まで述べた数値は，ラジカル開始剤が含まれるために過大になっている．最も高価な重合用触媒はメタロセン触媒であるが，広く使われるようになるにつれて価格が低下しつつある．ポリプロピレン用，ポリエチレン用のZiegler触媒とポリウレタン用のトリエチレンジアミン（DABCO，ジアザビシクロオクタン）も，また高価である．

●**化学品用触媒**●　　化学品用触媒の主要なグループは，一般的な有機化学品の合成用である．エステル化，加水分解，アルキル化（クメンとエチルベンゼンが圧倒的に大きい），ハロゲン化などさまざまな反応の触媒から成っている．

酸化触媒は特殊な分野である．酸化触媒市場の金額の約半分は，エチレンオキシドの生産に使われる銀触媒である．重量ではエチレンのオキシ塩素化（§2・4）用の比較的安価な触媒がほぼ3分の1を占めるものの，金額ではたった5％程度にすぎない．もう一つの

高価な酸化触媒は，臭素を助触媒とした酢酸中のマンガン，コバルト塩である．トルイル酸の酸化によりテレフタル酸（§8・3・1）をつくるのに使われる．この反応には活性炭担持パラジウムも使われ，副生物の 4-カルボキシベンズアルデヒドを還元して p-トルイル酸にする反応（§8・3・1）の触媒となる．この反応は触媒費が高い．酢酸は部分的にしか回収して再利用できないので，酢酸の分解による追加費がさらに加わる．

　化学品用触媒の最後に述べる分野は，アンモニア用の鉄を主体とした触媒と，合成ガスからのメタノール用のクロムを主体とした触媒である．触媒価格は比較的安いが，アンモニア用だけでも化学品用触媒全体の約 5 分の 1 を占める．

　上述した p-トルイル酸触媒を別にして，主要な水素化/脱水素触媒には次のようなものがある．

　　・マーガリンとその関連製品用 Raney ニッケル
　　・ベンゼンの水素化によるシクロヘキサン用の酸化リチウムに担持した
　　　ニッケルあるいは使用頻度は少ないがパラジウムまたは白金
　　・メタノールの脱水素または酸化脱水素によるホルムアルデヒド用銀金網
　　・オキソ法用コバルトまたはロジウム触媒

主要な脱水素法としては，エチルベンゼンからスチレンへの転化反応がある．

　ファインケミカル製品とその中間体分野には，医薬品，農薬，香料工業で使われる触媒がある．つくられる製品の数から単純に数えるならば，この分野は細かく分けられる．工業的に使われる触媒というより，大学の研究室レベルでの触媒が多い．

●**自動車排ガス浄化用触媒**●　　自動車排ガス浄化用触媒は，白金族を主体としており，白金，パラジウム，ロジウム，ルテニウム，イリジウムが使われる．この触媒は，化学品用触媒に比べてほぼ 1 桁高価になるが，重量はそれ相応に少なくなる．2010 年に米国で触媒用に使われた白金族金属の消費量は 325 トンであった．これは 1998 年の 243 トンより増加した．白金需要全体の 40% が自動車触媒用で，宝飾用は約 30% にすぎない．これに対して，1998 年には自動車触媒用が 33%，宝飾用が 45% であった．化学品用はほんの 5.6%，石油精製用は 2.9% にすぎなかった．需要のほぼ 4 分の 1 が再利用材料で賄われている．需要は変動が大きく，過去 10 年以上の数値を図 18・5 に示す．白金族の統計がトロイオンスで示されることに留意する必要がある（付録 B 参照）．1000 トロイオンスが 31.3 kg である．自動車販売額は，白金族市場に特に大きな影響を与える[10),11)]．

　このように自動車用触媒市場は白金族金属によって支配されているが，石油精製用，化学品用触媒市場は簡単な酸性触媒や金属酸化物触媒によって量的に支配されている．それでもこの分野には，比較的新しいハイテクノロジーの触媒領域が存在し，高価格な触媒となっている．このような触媒は，"ノウハウ" と合わせて販売され，たゆみなく改良されている．その例としては，ゼオライト，エチレンオキシド用触媒，Ziegler 触媒がある．

　公害対策は先進国での触媒成長分野と考えられ，一方，石油精製用触媒市場は停滞している．図 18・3 では公害対策用触媒が世界市場の 25% であるが，厳しい環境規制が行わ

れている米国の数字では30%になる．発展途上国の触媒の成長分野としては，合成ガスからの化学品，石油精製，重合向けが期待されている[12]．

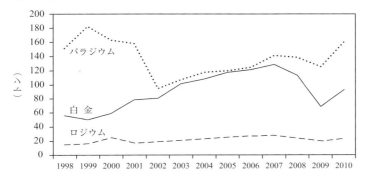

(a) 自動車用触媒

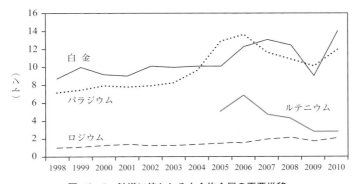

(b) 化学工業用触媒

図 18・5 触媒に使われる白金族金属の需要推移

18・4 酸と塩基による触媒反応

●**酸触媒反応**● 酸触媒は化学工業，石油精製業で最も広く使われている．アルキル化反応（§1・10）は安価な酸触媒によって行われる．昔は硫酸を使ったが，現代の多くの精油所ではフッ化水素を使っている．代表的な酸触媒反応の機構は，触媒が反応物にプロトンを提供し，イオンをつくる．以下に示すブテンによるイソブタンのアルキル化のような場合には，カルボカチオンが生まれる（式18・3）．

$$(CH_3)_2C=CH_2 + HF \longrightarrow (CH_3)_2\overset{+}{C}-CH_3 + F^-$$

$$(CH_3)_2\overset{+}{C}-CH_3 + (CH_3)_2CHCH_3 \longrightarrow (CH_3)_3C-CH_2-CH(CH_3)_2 + H^+ \quad (18 \cdot 3)$$

硫酸触媒は，エステル化反応の触媒としてもよく使われ，上記と同様の反応機構で進む（式 18・4）．

$$R-\underset{\text{反応物の酸}}{\overset{O}{\underset{\|}{C}}-OH} + H_3O^+ \xrightarrow{\text{速い}} R-\underset{OH}{\overset{OH}{\underset{|}{C^+}}} + H_2O$$

$$R-\underset{\underset{\text{アルコール}}{OH}}{\overset{OH}{\underset{|}{C^+}}} + R'OH \xrightarrow{\text{遅い}} R-\underset{OH}{\overset{OH}{\underset{|}{C}}}-\overset{H}{\underset{R'}{\overset{|}{O^+}}} \rightleftharpoons R-\underset{+OH_2}{\overset{OH}{\underset{|}{C}}}-OR' \xrightarrow{\text{遅い}}$$

$$R-\underset{+}{\overset{OH}{\underset{|}{C}}}-OR' + H_2O \xrightleftharpoons{\text{速い}} H_3O^+ + R-\underset{\text{エステル}}{\overset{O}{\underset{\|}{C}}}-OR' \quad (18\cdot4)$$

ブレンステッド酸，ルイス酸は，ともにプロトンを提供し触媒として働く．$HCl/AlCl_3$ は次の反応機構でベンゼンとプロピレンの Friedel–Crafts 反応の触媒となる（式 18・5）．この反応機構は同位体標識によって確かめられた．

$$AlCl_3 + HCl \rightleftharpoons H^+[AlCl_4]^-$$

$$CH_3CH=CH_2 + H^+ \rightleftharpoons CH_3\overset{+}{C}H-CH_3$$

$$\underset{}{\bigcirc} + CH_3\overset{+}{C}H-CH_3 \longrightarrow \underset{}{\bigcirc}\underset{CH_3}{\overset{CH_3}{\underset{|}{CH}}} + H^+ \quad (18\cdot5)$$

接触分解（§1・6）は，アルキル化とよく似ており，酸触媒反応のもう一つの例である．固体表面が酸性を与える点が異なり，この固体表面が別の反応種から電子対を受取りやすい（ルイス酸），またはプロトンを提供しやすい（ブレンステッド酸）ことによって触媒として働く．接触分解の初期の触媒はシリカーアルミナであり，1930 年代に E.J. Houdry（フードリー）によって開発された．現代の触媒はゼオライト構造の希土類型であり，ガス状の $C_3\sim C_4$ が生成する反応を強く抑制している．

ゼオライトはアルミノケイ酸塩であり，形態選択触媒反応の基礎となっている（§18・9）．ゼオライトの構造は，ケイ素の四配位によってつくられ，各ケイ素原子は正四面体的に配列した酸素原子と結合している．そのような構造において，三価のアルミニウムがケイ素に置換すると，結晶格子に空白の正四面体が残る．そこは電子対を容易に受け入れ，オクテット原子価が完成する．このような化学種はルイス酸として機能できる．代わりに水と相互作用すると，プロトンを提供できるブレンステッド酸点となる（式 18・6）．

$$-\underset{|}{\overset{|}{Si}}-O-\underset{|}{\overset{|}{Al}}- + H_2O \longrightarrow -\underset{|}{\overset{|}{Si}}-O-\underset{|}{\overset{\overset{H^+OH^-}{\downarrow}}{Al}}- \quad (18\cdot6)$$

18・4 酸と塩基による触媒反応

そのような酸点の上での大きなアルカンの分解による小さなアルカンの生成を図 18・6 に示す.

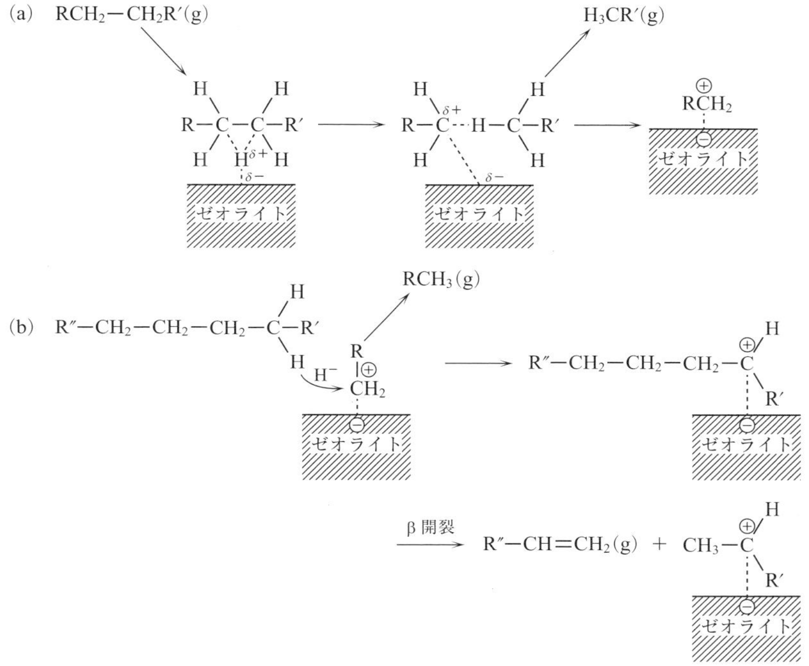

図 18・6 (a) 大きなアルカン ($R-CH_2-CH_2-R'$) の分解を経由する化学吸着したカルボカチオンができるプロトン移行経路. (b) 気相のアルカン ($R''-CH_2-CH_2-CH_2-CH_2-R'$) からのヒドリド移動を経由するカルボカチオンの置換経路. β 開裂により気相にアルケン ($R''-CH=CH_2$) が離れていくことを示す. A. Corma, J. Planelles, J. Sáuchez-Marin, and F. Tomás *J. Catal.* **93**, 30 (1985) に示されたスキームによる. [出典: *Catalysis at Surfaces*, I. M. Campbell, Chapman and Hall, 1988]

ベンゼンとエチレンからのエチルベンゼン生成, ベンゼンとプロピレンからのクメン生成というゼオライト触媒によるアルキル化反応は, 化学工業において固体触媒に移行していく傾向を示す明確な例である. さらなる例としては, 直鎖アルキルベンゼン (LAB) を生産する UOP 社の Detal 法がある. この製法では, モノオレフィンが, α-オレフィンでも, 内部に二重結合があるオレフィンでもよいが, フッ化シリカ-アルミナと考えられる固体酸触媒上でベンゼンと反応する.

アセトンと 2 当量のフェノールの反応によるビスフェノール A の生産は, 歴史的には HCl のような鉱酸を使って行われてきた. 現代のプラントでは, 陽イオン交換樹脂から

成る固体酸触媒に切替わった.このようなプラントでは,固体酸触媒の使用によってプラント配置が簡単になり,有毒な液体酸触媒を取扱ったり,廃棄したりする必要がなくなった.

接触分解用触媒は,石油精製分野では最も売上高の大きな市場となっている.石油製品のバランスや製品仕様の変化に適合するように,触媒を調整しなければならない.昔はガソリンのほんの少数の製品仕様に適合すればよかった.現在では厳密な構成成分基準に適合しなければならない.昔は接触分解によってガソリン基材の30~35%がつくられた.現在ではガソリン以外の用途の原料源にもなっており,オクタン価向上用の含酸素化合物やアルキレートガソリンを生産するためにC_4, C_5オレフィンの収量が増えるとともに,化学工業向けにはプロピレンも提供している.

●塩基触媒● 塩基触媒反応は,酸触媒反応に比べるとまれである.一段架橋によるフェノール樹脂(§9・4・1)やイソシアネート中間体の合成がその例である.エポキシドの開環には塩基触媒がよく使われる.その一例として,エチレンオキシドとアクリル酸の反応によるアクリル酸ヒドロキシルエチルの生産がある.この化合物は焼付けエナメル用三官能基モノマーとして使われる.触媒は第三級アミンか,第四級アンモニウム塩である(式18・7).

$$CH_2=CHCOOH + H_2C-CH_2 \longrightarrow CH_2=CHCOOCH_2CH_2OH \quad (18\cdot7)$$
アクリル酸　　　　　　　O　　　　　　　　　　　アクリル酸ヒドロキシエチル

●触媒を変えることによる生成物の変化● 触媒が酸か塩基かによって反応生成物を変えることができる.Fridel-Crafts(酸)触媒の存在下でプロピレンによりトルエンをアルキル化すると,芳香環のアルキル化反応が起こり,o-およびp-イソプロピルトルエンが生成する(式18・8a).しかしカリウム触媒を使うと,トルエンのメチル基のアル

(18・8)

キル化が促進されてイソブチルベンゼンが生成する（式 18・8b）．イソブチルベンゼンは，非ステロイド性抗炎症薬イブプロフェン生産の中間体である（§19・9・1）．

同様にメタノールと一酸化炭素は，酸触媒存在下では酢酸を生成し，塩基触媒存在下ではギ酸メチルを生成する（式 18・9）．

$$CH_3OH + CO \begin{array}{c} \xrightarrow{酸} CH_3COOH \\ \xrightarrow{塩基} CH_3-O-\overset{\overset{O}{\|}}{C}-H \end{array} \quad (18 \cdot 9)$$

18・5 二元機能触媒

●**接触改質用触媒**●　接触改質（§1・8）は，二つの触媒混合物で，おのおのが別々に働く二元機能触媒によって行われる．改質触媒は，酸性の異性化触媒（SiO_2/Al_2O_3）と水素化/脱水素触媒（Pt）の混合物を主体としている．現代の改質触媒は，アルミナに担持した白金-レニウム合金に，十分に硫黄を添加して金属表面を部分的に被毒させてある．レニウムと硫黄の共同作用によってコーキングを抑制する．イスラエルからの報告[13]によれば，銀原子から成る多孔質マトリックス内に溶解したロジウム触媒を使って実験が行われている．

接触改質の代表的原料は，シクロヘキサンとメチルシクロペンタンである．脱水素化触媒によってシクロヘキサンはシクロヘキセンに，さらにベンゼンに転換され，酸性触媒によってメチルシクロペンタンがシクロヘキサンに転換される．二元機能触媒だけしか，メチルシクロペンタンをベンゼンに転換できない．この転換には 2 種類の触媒活性点が必要であり，活性点間をオレフィン状の中間体が移動する．二つの触媒を混合し，連続した状態にしても，多くの場合には同様な効果は得られない．$A \rightleftharpoons B \longrightarrow C$ のような反応で，最初の平衡が左に傾く場合，単元機能触媒を二つ並べても，最初の触媒部分で十分なBが生成されないので反応は起こらない．しかし二元機能触媒では，少量のBが生成すると，すぐに除かれる．したがってより多くのAがBに変化し，Cを生成する反応が達成される．別々の触媒活性点の距離が二元機能触媒の効果を決定する．

●**その他の二元機能触媒の例**●　二元機能触媒の最近の例として，エチレンから直接にポリエチレンコポリマーを生産するプロセスがある．この触媒は，トリス(ペンタフルオロフェニル)ホウ素を主体としたニッケル-ボラン付加物と，ボランの官能基を含むように改変されたポリエチレン用の有機チタン工業触媒から成る．前者によりエチレンが二量化して 1-ブテンを生成し，後者によりエチレンと 1-ブテンが共重合する．コポリマーの分岐度は，ニッケルとチタンの比率による．このプロセスの長所は，高価な 1-ヘキセンのような α-オレフィン成分を追加投入することなく直鎖状低密度ポリエチレン（§2・1・4）をつくる点にある．欠点は複雑なことである．おそらくこの理由のために，いまだに工業化されていない（式 18・10）．

$$\text{(化学構造式)} \quad (18 \cdot 10)$$

18・6 金属,半導体,絶縁体による触媒

不均一系触媒の多くは金属と金属酸化物である.金属酸化物は p 型,n 型半導体と絶縁体に分類される.エチレンオキシド用の銀,水素化/脱水素用と水素化分解用の貴金属を除けば,純金属が工業プロセスに用いられることはまれである.

金属と金属酸化物の表面には反応物が吸着できる.物理吸着は弱く ($\Delta H \approx -40$ kJ/mol),触媒作用には結びつかない.他方,化学吸着(解離吸着)は強く ($\Delta H \approx -400$ kJ/mol),吸着物が解離し,触媒表面と化学結合を形成する.

たとえば Haber 法では,反応物は鉄に吸着するとともに解離する.水素は液体空気温度でも自由に解離するが,窒素は約 450 ℃ までは解離しないので,これが反応の律速段階となる.いったん窒素分子が解離すれば(触媒を Cat で表し,吸着原子を Cat≡N と書く),窒素原子は容易に隣接する水素原子と反応できて,Cat=NH,Cat−NH$_2$,そして最後には Cat⋯NH$_3$ が生成し,そこから NH$_3$ が簡単に脱着する.

表 18・2 にさまざまな表面への窒素の吸着熱を示す.ガラスとアルミニウムには物理吸着しか起こらず,これら材料はアンモニア用触媒にはならない.鉄,タングステン,タ

表 18・2 さまざまな表面への窒素の吸着熱

表　面	ΔH (kJ/mol)
ガラス	~ -7
アルミニウム	~ -42
鉄	~ -293
タングステン	~ -397
タンタル	~ -585

ンタルはすべて解離吸着を起こす.しかし鉄の吸着熱が最小で,したがって生成物が最も容易に脱着するので,触媒として好ましい.

化学吸着による触媒理論は,金属による触媒反応を合理的に説明できる."純"金属酸

化物と非量論的な金属酸化物の作用様式は複雑であり，固体量子論を不均一系触媒に適用するまで説明できなかった．現在では，結晶場理論と分子軌道法配位子場理論が共同して金属酸化物半導体の触媒効果に対する十分な理論的支柱となっている．

触媒活性をもつ金属の大部分は，遷移金属系列に属する．したがって触媒活性は，触媒表面でのd軌道の集合に相当するdバンドの状態に関係する．半導体の結晶表面には，電子の供給と，電子が入ることができる"空孔"の供給があると考えられる．これらは，吸着分子に電子を供給したり，電子を抜き出したりする．こうして半導体表面は自由原子価をもって反応に参加し，不均一系触媒の反応系への付加がラジカルの付加のように進む．一般に酸化反応は余剰"空孔"をもつp型半導体が触媒となり，これに対して水素化反応は余剰電子をもつn型半導体によってひき起こされる．このことは電子を失う反応としての酸化，電子を得る反応としての還元の定義にも合う．絶縁体は脱水反応に効果をもつ．

別の見方をすると，触媒が吸着分子の反結合軌道に電子を供給するか，または結合軌道から電子を抜き出すことによって，化学結合を弱めていると考えることができる．

半導体による不均一系触媒理論は複雑であり，今なお発展途上である．半導体デバイスが現代のエレクトロニクス製品に使われているように，不均一系触媒の機構に対する基礎知識によって，効率的で選択性に優れた機能をもつ触媒をいつの日か自由に設計してつくることができるようになるだろう．それはまた，触媒構造の改変や原料へまたは断続的に触媒へ解毒剤を加えることによって，触媒の被毒問題を極小化できるようになるかもしれない．

18・6・1 自動車排ガス浄化用触媒

図18・5 (p.639) に明らかなように，貴金属触媒の最大の応用分野は，自動車排ガス浄化である．無鉛ガソリンで走る内燃機関からの排ガスには，窒素，水，酸素，二酸化炭素が含まれ，これらはすべて無害である（ただし，二酸化炭素による温室効果の可能性はある）．排ガスには，また未燃焼の炭化水素と分解した炭化水素，一酸化炭素，NOとNO_2の窒素酸化物（両者合わせてNO_x，通称 ノックス）が含まれており，これらが主要な汚染物である．

触媒コンバーターによって炭化水素と一酸化炭素は酸化しなければならず，一方NO_xは窒素に還元しなければならない．未燃焼炭化水素は，エンジン起動時に最も多く含まれるので反応を低温度で行わなければならないが，600～700℃でも触媒は働かなければならない．接触時間は100から400ミリ秒の間であり，効率的な触媒反応が絶対に必要である．ガスと触媒を十分に接触させるために，触媒を狭い通路をもった一体的な担体に担持する．

触媒に対する要求が非常に厳しいので，卑金属では不十分であり，アルミナに担持した貴金属を使わなければならない．重要なことは，2段階の転換反応が不可欠と考えられる

ことである.最初にエンジンが燃料過剰で走るので酸素不足の雰囲気でNO_xの還元は容易に進む.次に空気が排ガスに加えられ,酸素が豊富にある雰囲気で炭化水素と一酸化炭素が酸化される.白金触媒へのロジウム添加によって空気添加が不必要になった.市場条件が許すなら白金の代わりにパラジウムを使うことも可能であるし,その逆も同様である(図18・5).典型的には白金,パラジウム,ロジウムから成るいわゆる三元触媒が,現在,自動車に使用されている.エンジンが化学量論的な空燃比14.6:1で運転するように制御されるならば,三元触媒により酸化反応も還元反応も同時に進行する.触媒へのセリウムの添加は,また良好な結果をもたらす.

ディーゼルエンジンは,適切に管理されているならば,燃料経済性においても,二酸化炭素排出においてもガソリンエンジンよりも効率的である.一方,ディーゼルエンジンの排ガス触媒は白金に限られる.ディーゼルエンジンの主要な問題点は,すす粒子の排出であり,これを焼却するために触媒は排気フィルターの近くで通常使われる.

18・7 配位触媒

配位触媒には,配位子がついた遷移金属またはその化合物が使われる.§18・6で述べたように遷移金属は触媒として長い間使われてきた.遷移金属のd軌道が有機分子を活性化できるので,遷移金属がなければ起こらない反応を起こす.さらに配位子の追加によって配位子領域内に高度に組織化された環境がつくられる.そのような環境により,純粋な光学異性体やシス/トランス体の合成のような立体制御反応が起こる.

配位触媒は,第二次世界大戦後,多くの劇的な合成化学の進展をもたらした.その最初の工業化例がオキソ反応(§3・9)である.コバルト触媒の存在下,150℃,200barでα-オレフィンをCOとH_2で処理すると炭素原子が一つ増加した直鎖と分岐鎖のアルデヒド類が生成する.その反応機構は,炭化水素に可溶な中間体ジコバルトオクタカルボニル$Co_2(CO)_8$を経由して進行する.

一酸化炭素の挿入や一酸化炭素へのアルキル移動は,有機金属化学では広く起こる(§13・5・2b).単純なケースでは,第二級の有機金属中間体が最も安定なため,普通は目的としない分岐鎖製品が多くなってしまう.嵩高い配位子がついたトリフェニルホスフィンロジウムヒドロカルボニルを使うと,穏和な条件で直鎖状製品を優先的に得ることができる.

メタノールのカルボニル化による酢酸生成反応(§13・5・2b)と同様に,Wacker法(§2・5)は配位錯体を経由して進行する.メタノールのカルボニル化は,ヨウ化メチル中間体とロジウム/ヨウ素/一酸化炭素の錯体ができると考えられている(式18・11).同様の中間体が無水酢酸を生産するHalcon/Eastman法(§13・5・2c)にも存在すると考えられる.

ブタジエンとシアン化水素からアジポニトリルをつくるDuPont法(§4・1・5)は,

逆 Markovnikov 付加を起こす配位子がついた配位触媒を使っている.

$$\text{(18·11)}$$

配位触媒反応は，通常は溶液中で均一反応として行われるが，ときには別の選択肢もある．たとえばオレフィンメタセシス（§1·14）では WO_3 は不均一系触媒として働くが，一方エタノール中の WO_3 と $C_2H_5AlCl_2$ は溶液内で働く．同様に酢酸ビニルをつくる Wacker プロセス（§2·6）では，反応機構は均一液相反応として起こるが，反応系の腐食性があまりに激しいので，最終的に採用された工業プロセスは，不均一系触媒による気相反応であった．

18·7·1 立体規則性化合物合成用触媒

配位触媒によって立体規則性生成物や位置選択性生成物を得ることができる．一例として Ziegler-Natta 触媒による立体規則性ポリマーの生成がある（§2·1·1）．

もう一つの例として，エチレン-プロピレン-ジエンモノマーから成るエラストマー（§2·2·5）に使われる $trans$-1,4-ヘキサジエンの合成がある．$trans$-1,4-ヘキサジエンは，1963 年に DuPont 社がエチレンとブタジエンから生産し，ロジウム触媒によって初めてつくられた化学製品という栄誉を得ている．米国での生産量は，年産約 1 万トンである．

この触媒は，塩化ロジウムのエタノール性塩酸希薄水溶液であり，$RhCl_3(H_2O)_n$ となっている．ロジウム化合物は，還元されてロジウム(I)錯体となり，ロジウム(III)ヒドリドと平衡状態になる．この触媒混合液にエチレンとブタジエンを通すと，ブタジエンがロジウム錯体と反応してロジウムクロチル錯体となり，これが次にエチレンと結合して $trans$-1,4-ヘキサジエンを生成する（式18·12）．

$$CH_2=CH_2 + CH_2=CH-CH=CH_2 \longrightarrow CH_2=CH-CH_2\underset{H}{\overset{H}{\underset{|}{C}}}=\underset{CH_3}{\overset{|}{C}} \quad (18·12)$$

ニッケル，コバルト，鉄塩を主体とした Ziegler 触媒も，この反応をひき起こす．コバルト，鉄が，シス異性体を生成するのに対して，ニッケルは工業上重要なトランス異性体を生成する．ブタジエン-ニッケル-エチレン錯体は，おおむね次ページに示す構造をし

ており，二つの炭化水素が二重結合によってニッケルに配位結合している．

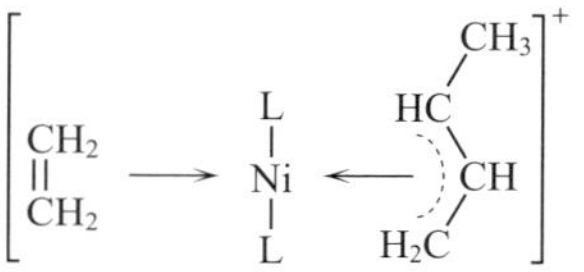

$$\begin{bmatrix} CH_2 \\ \| \\ CH_2 \end{bmatrix} \longrightarrow \underset{L}{\overset{L}{Ni}} \longleftarrow \begin{matrix} CH_3 \\ HC \\ CH \\ H_2C \end{matrix} \Bigg]^+$$

ブタジエン-ニッケル-
エチレン錯体の構造

三つ目の例は，図 18・7 に示す酢酸 β-ホルミルクロチル (*1*) の合成である．これはビタミン A 合成[14]の重要な中間体である．その前駆体は，1,4-ジアセトキシ-2-ブテン (*2*) である．この前駆体は，アセチレンとホルムアルデヒドからブチンジオール (*3*)，ブテンジオール (*4*) を経て，シス-トランス混合物としてつくられた．新しい製法では，ブタジエン (*5*) と酢酸 (*6*) からつくられる．この新しい製法では，1,2-ジアセトキシ-3-ブテンも生成する（§13・3・1）．

前駆体(*2*)から酢酸 β-ホルミルクロチル(*1*)への反応経路は二つ開発された．BASF 法では，シス-トランス異性体混合物 (*2*) を，酸素，塩素を通しながら塩化白金(Ⅳ) とともに加熱する．最も低沸点の異性体 (*7*) が高収率で留出するので，これをロジウム触媒でヒドロホルミル化する．通常，このような反応では，配位子を加えて直鎖アルデヒド (*9*) をつくるが，この場合には配位子を加えないでおく．生成物 (*8*) と (*9*) の混合物の中で目的の分岐鎖アルデヒド (*8*) が主体に得られる．また，コバルトと異なって，ロジウムは直鎖アルデヒドの生成に必要な二重結合の移動を促進しない．分岐鎖アルデヒド (*9*) を酢酸中において酢酸ナトリウムで処理すると選択的にアセチル基を除去できて目的の酢酸 β-ホルミルクロチル (*1*) が得られる．

直鎖アルデヒド(*9*)は反応しないので分離し，還元，さらに加水分解を行うと，1,2,5-ペンタントリオールとなる．これは合成潤滑油を製造するための中間体として使われる．

もう一つの Roche 法ではロジウムを別の方法で使う．この製法も，1,4-ジアセトキシ-2-ブテン (*2*) 異性体混合物から始まる．これをヒドロホルミル化するが，普通の RhH(CO)[P(C_6H_5)$_3$]$_3$ 触媒をあらかじめ水素化ホウ素ナトリウムで処理しておく．(*2*) の二重結合が内部にあるので，生成するアルデヒドは分岐したものとなり，(*10*) の構造となる．これを p-トルエンスルホン酸と加熱すると選択的に酢酸が除去されて (*11*) が生成する．(*11*) を活性炭に担持したパラジウム触媒により，二重結合を異性化すると酢酸 β-ホルミルクロチル (*1*) が得られる．

立体規則性ポリマーの最近の合成例はメタロセンであり，§9・3・12 で述べた．

18・7・2 不斉合成

光学異性体の合成は，医薬品工業やファインケミカル工業ではますます重要になっている．1992 年 5 月，米国食品医薬品局（FDA）は"新薬をラセミ体とエナンチオマーの両方で評価するように企業に強く勧告"した．1985 年に販売された医薬品の 7% が単一異

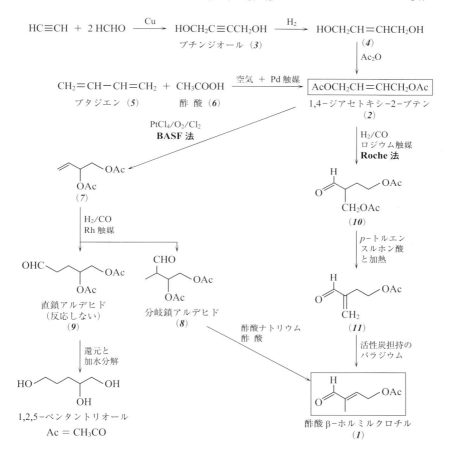

図 18・7　酢酸 β-ホルミルクロチルの合成

性体であったが，2000 年にはこれが 35% になった．最近の本では光学異性体医薬品は，トップブランド医薬品 200 種の 68%，トップジェネリック医薬品 200 種の 62.5% を占めている[15]．不斉合成は，大量生産型の有機化学品工業では重要性が低く，今後も同様であろう．

●**不斉水素化**●　　Monsanto 社によるレボドーパ (L-DOPA；3,4-ジヒドロキシ-L-フェニルアラニン，パーキンソン病治療薬) の不斉合成[16] は，工業化学上ばかりでなく，広く有機化学上において画期的な業績であった．この合成の重要な反応段階は，オレフィン (*12*) から立体特異的にジヒドロキシフェニルアラニン (*13*) 光学異性体を生成する水素化反応である (式 18・13)．

$$\underset{(12)}{\underset{\text{CH}_3\text{COO}}{\text{CH}_3\text{COO}}\overset{\text{OCH}_3}{\underset{}{}}\text{–C}\overset{\text{H}}{=}\text{C}\overset{\text{COOH}}{\underset{\text{NHCOCH}_3}{}}} \xrightarrow{\text{H}_2} \underset{(13)}{\underset{\text{CH}_3\text{COO}}{\underset{\text{OCH}_3}{}}\text{–C}\overset{\text{H}}{\underset{\text{H}}{\text{–}}}\text{C}\overset{\text{COOH}}{\underset{\text{NHCOCH}_3}{}}} \quad (18\cdot13)$$

この水素化反応は,キレートとなるジホスフィン配位子 DIPAMP(**14**)をもつ水溶性ロジウム触媒の存在下で行われた.

DIPAMP
(**14**)

この配位子は非対称性をもち,ロジウム原子の周りに非対称性の環境をつくり,C=C結合の背面で立体選択的な水素化をひき起こす.

初期の不斉合成反応の多くは水素化反応であった.別の立体特異的な触媒は別の水素化反応に有用であることがわかった.Wilkinson 触媒 $RhCl[P(C_6H_5)_3]_3$ は立体障害のないC=C 二重結合を選択し反応物の異性化をほとんど起こさない.$[Ir(cod)(PCy_3)py]^+$ 触媒は立体障害の大きな C=C 二重結合に活性をもち,OH 基のような官能基がオレフィンに存在すると,触媒がこの官能基に結合し,その後,二重結合に水素が付加する.ここで cod はシクロオクタ-1,5-ジエン,PCy_3 はトリシクロヘキシルホスフィン,py はピリジン配位子を表す.

●**不斉エポキシ化**● 水素化反応に加えて,立体選択的なエポキシ化は重要性を秘めた反応である.これはオレフィン二重結合の片面のみへの酸素原子の付加である.酒石酸ジエチルのチタン錯体存在下でオレフィンに,t-ブチルヒドロペルオキシドを反応させる.(+)と(−)の酒石酸異性体によって,エポキシドの別々の光学異性体ができる(式 18・14).たとえばアリルアルコールからは,($2R$)または($2S$)-グリシドールが生成する.どちらの異性体の塩化物も 1-ナフトールと反応させるとナフトール基をもったエポキシドができる.それをイソプロピルアミンと反応させると,活性をもつ($2S$)形の抗狭心症薬プロプラノロールとなる.ナフトールが大きいので R 形の生成は立体的に妨げられる(式 18・15).

$$D-(-)-酒石酸ジエチル(DET)$$

$$(18\cdot14)$$

$$L-(+)-酒石酸ジエチル(DET)$$

1-ナフトール 光学活性 プロプラノロール propranolol

$$(18\cdot15)$$

18・8 酵 素

酵素は最も古くから使われてきた工業触媒である．また，ある面では最新の触媒の一つでもある．

●**酵素の特性**● 酵素は生物由来の触媒であり，高い選択性を示す．たとえばウレアーゼは尿素の加水分解だけを触媒する（式 18・16）．

$$OC(NH_2)_2 + H_2O \longrightarrow CO_2 + 2NH_3 \qquad (18\cdot16)$$

ある種の酵素は，反応が起こるならば，特定の原子団が分子内のどこにあろうと，それを攻撃する．たとえばタンパク質分解酵素はペプチド結合を切断する．ある酵素は，L-アミノ酸から成るペプチドのみを攻撃し，またある酵素はD-アミノ酸から成るペプチドのみを攻撃する．これを立体化学的特異性とよぶ．

酵素はタンパク質であるが，活性に不可欠な非タンパク質（補因子）を伴うこともある．補因子は Zn^{2+}，Mg^{2+}，Fe^{2+}，Fe^{3+} または Cu^{2+} のような簡単な金属イオンであったり，有機分子であったりする．有機分子の場合は補酵素とか補欠分子族とよばれる．通

常, 活性中心となるタンパク質分子内の小領域に酵素活性は関係する. 基質濃度が低いと, 酵素反応速度は酵素濃度と基質濃度の両方に直線的に比例する. しかし基質濃度が高くなると, 反応速度は上昇しなくなり, 基質濃度に関係なく一定になる. 酵素は希薄溶液でのみ効率的である. さらに, 酵素はある限られた範囲のpH (4以下は非常に少ない), 温度 (通常50℃以下) でのみ働き, 0℃に近づくと反応は非常に遅くなる. それでも酵素は非生物学的触媒に比べてはるかに効率的である.

酵素の作用機構は幅広くさまざまである. 酸塩基触媒のプッシュープル作用機構が一つの経路である. 酵素は反応物分子と錯体をつくる. 反応物分子は酵素分子の二つの活性点に結合し, 一方の活性点が電子を"押し", 他方の活性点が電子を"引い"て協奏的に働く. もう一つの作用機構では, 遷移状態圧縮をもたらして, 結合の形成と切断が同時に起こることを促進する. 水素結合が中間体を安定化する.

●**酵素の用途**●　酵素は普通の発酵技術によって大量生産される. 酵素には洗剤へのタンパク質分解酵素のような生体と切り離した使い方がある. もちろん発酵は酵素に基づいている (§17・6). 発酵は第一次世界大戦と第二次世界大戦の間には化学製品の重要な製法であったけれども, 発酵と反対に酵素には大型化学製品の生産に使われる用途が最近はない. 例外としては, 高フルクトース含有量シロップ (§17・1), 6-アミノペニシリン酸 (§17・6) がある. これらとその他さまざまな少量の酵素法については, §17・6で述べた.

●**固定化酵素**●　化学結合剤によって酵素を不溶性のマトリックスに結合しても酵素活性を保つことが実現したことにより, 酵素技術の問題点の一つが解決した. 固定化酵素法は, 発酵と違って, バッチ反応の反応液から分離する必要がある細胞全体を使わないので興味がもたれている. 固定化酵素は, 従来の不均一系触媒のように扱うことができ, 連続反応操作で使うことが可能である.

おそらく酵素は本当に"固定"されているのではなく, 分子の形やコンホメーションに酵素自身が適合するような能力を保持することにより酵素は化学反応の触媒となっていると考えられる. 同様に酵素に結合する基質は, 酵素によって提供された形に適合することができると考えられる. "固定化"は, 連続反応器で何回も酵素を利用できるという意味である. さまざまな方法で酵素は固定化される. 細胞内に酵素が存在する場合には, 細胞を水性ゲル内にとらえることによって安定化するか, 球状粒子表面に付着させる. または細胞が均一に分散され, グルタルアルデヒド $OHCCH_2CH_2CH_2CHO$ によってガラス表面に架橋されて不溶性ではあるものの, なお基質が入り込めるマトリックスを形成させることもある.

微生物細胞外にある酵素は, さまざまな程度に精製したタンパク質の形で固定化することができる. 酵素内のリシン $H_2N(CH_2)_4CH(NH_2)COOH$ 残基にある遊離のアミノ基とグルタルアルデヒドのカップリングによって不溶であるものの, 活性をもち, 固定化した酵素をつくる方法が普通である.

さらに複雑であるが，それほど広くは使われない方法もある．まず，ジビニルベンゼンで軽く架橋したポリスチレンを使いゲルをつくる．このポリスチレンをホルムアルデヒド，塩酸，塩化亜鉛で処理すると，クロロメチル化したポリスチレンが得られる．ベンゼン環に $-CH_2Cl$ 基が導入されたポリスチレンであり，このクロロメチル基が酵素上のアミノ基と反応して酵素をポリスチレンに結びつける．

もう一つの方法は，結合剤としてトリアルコキシシランを使う．一連のトリアルコキシシランを入手することができ，それを酵素に結合すると [酵素]$-CH_2CH_2CH_2-Si(OR)_3$ の形の化合物となる．酵素の活性点が固定化によって妨げられないためには，炭素三つの橋で十分である．トリアルコキシシラン基は，ガラス表面と結合し，酵素を固定化する（式 18・17）．

$$\begin{array}{c}\text{ガラス表面} \end{array} + (RO)_3Si-CH_2CH_2CH_2[\text{酵素}] \longrightarrow \cdots SiCH_2CH_2CH_2[\text{酵素}] + 3\,ROH$$

トリアルコキシシラン/酵素

(18・17)

18・8・1 抗 体 触 媒

抗体触媒は医薬品工業における触媒開発の期待分野である[17]．抗体は抗原に対する防御の一部として生体によってつくられる化学物質である．抗原には感染菌（病原菌）もあるし，その菌がつくり出す毒物もある．細胞は感染によって刺激され，抗体をつくる．たとえば，はしかに感染した人は，はしかの抗体をつくり，二度とその病気にかからない．病原性を弱めたはしかウイルスによる免疫接種は同じ効果がある．受動免疫（たとえばジフテリア用）として知られる代わりの方法では，ある人の抗体（免疫グロブリン）を別の人に注射する．抗体が一度同定されれば，遺伝子工学技術によって大量の抗体をつくり出す細胞を開発することが可能である．この技法は目標とする酵素をつくるすばらしい方法である．抗原と抗体の相互作用は化学反応であり，特異的である．既知の抗原を，未知の抗体を同定するために使うことができるし，その逆も可能である．抗体を単離することは可能である．

抗体触媒の活用によって進められた初期の反応例としては，起こりにくい反応経路を選択的に選ぶ触媒反応がある．通常の方法では，ヒドロキシエポキシド (**15**)（図 18・8）は，自発的に環化して置換基のついたテトラヒドロフラン (**16**) を生成する．研究者の目標は生成しにくいテトラヒドロピラン (**17**) に反応を向けることであった．最初にハ

プテン（不完全抗原）を合成した．ハプテンは小さな分子で，タンパク質，ポリペプチドまたはその他のキャリヤー基質と反応して抗原となる物質である．この場合には，N-オキシドハプテン（**18**）が合成された．この分子は起こりにくい反応経路の遷移状態に似

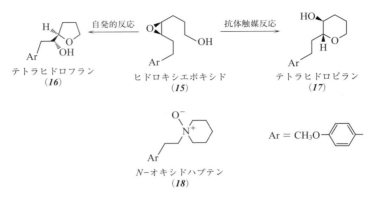

図 18・8 抗体触媒反応

ている．これを動物に注射すると，遷移状態の構造形態をもつ抗原に対する一連の抗体が誘発される．研究者は 26 の抗体を抽出，精製し，それの触媒としての特性を評価した．26 のうち，二つが目的の生成物をつくるのに位置選択的であり，さらにその一つは立体選択性が高かった．その結果，目的のテトラヒドロピランが得られた．

多くの保護基を必要とせず，残基の加水分解副反応も行わずに，抗体触媒がペプチド結合形成の触媒となることが最近報告された．ペプチド合成は，バイオテクノロジーの重要な分野となる可能性を秘めている．

18・9 形態選択的触媒

多孔質固体は，孔の直径が 2 nm 以下ならミクロポーラス，2〜50 nm の間ならメソポーラス，50 nm 以上ならマクロポーラスとよばれる．ミクロポーラスなアルミノケイ酸塩鉱物は，ゼオライトとして知られている．多くの天然に生成した粘土や鉱物はミクロポーラスであり，吸着剤（たとえば猫砂用酸性白土），乾燥剤，触媒担体に使うことができる．ゼオライトは産業に広く使われており，その用途には水の浄化，触媒，核燃料再処理がある．ゼオライトの最大の用途は洗剤用ビルダーである．水中のカルシウムイオンを除去する．均一で構造化された多孔をもつ合成ゼオライトが入手可能である．合成ゼオライトは特異的な触媒であり，選択的に化学反応をひき起こすばかりでなく，平衡状態よりも高濃度に生成物をつくることさえできる．

●ゼオライトの構造● 　ゼオライトは三次元の重層骨格をもっている．その基本構造単位は，ケイ素かアルミニウム原子（いわゆる T 原子）を中心にし，酸素原子を四隅にす

る正四面体である（図18・9a）．各酸素原子は，さらに別のT原子に結合しており，もう一つの正四面体単位と共有されている．T原子は，T–O–Tのつながりによって，T原子が正方形（図18・9b）や正六角形（図18・9c）をつくる．このような正方形と正六角形の組合わせによって，ソーダライトケージができ（18・9d），これが次の基礎的なサブ構造単位となる．ソーダライトケージには，他のソーダライトケージとつながることができる自由結合部位をもった酸素がある．

ソーダライトケージが正六角形面を経由して接合すると，X型またはY型ゼオライトとなる（図18・9e）．中央にスーパーケージとよばれる空隙をもち，その直径は1.3 nmである．スーパーケージの入口となる孔，開口は，直径が0.74 nmである．ソーダライトケージが正方形面を経由して接合するとA型ゼオライトとなり（図18・9f），このスーパーケージの直径は1.1 nm，開口径は0.42 nmである．

ゼオライトは温度300〜450 Kの範囲の穏和な水熱条件下でアルミン酸ナトリウムとケイ酸ナトリウム（またはケイ酸）の混合物からつくられる．水熱合成では，高圧下で熱水中に溶ける鉱物により単結晶ができる．オートクレーブを使って行われ，結晶成長チャンバーの両端間に温度勾配をもたせ，高温端では原料として供給された鉱物が溶解され，冷却端では結晶の種が生まれ，さらに成長していく．

最初につくられたときには，ゼオライト結晶には水が含まれ，ゼオライト構造中のイオンサイトに水和している．この水を600〜700 Kに加熱して除く．触媒活性を得るには，ナトリウムイオンNa^+をH^+に置換する必要がある．これは，ゼオライトを濃厚な硝酸アンモニウム溶液に浸すことで完了する．イオン交換によって，アンモニウムゼオライトが得られるので，700 Kに加熱すると，アンモニウムイオンが分解してアンモニアが生成し，ナトリウムイオンがあったところが"穴"となった酸型ゼオライトができる．このような酸型種は，ゼオライトの名前の頭にHを付けてよばれる．たとえば，ZSM-5の酸型はHZSM-5という．

● ZSM-5 ● 　Mobile社が母液中にナトリウムイオンに代わってテトラプロピルアンモニウムイオンを使ったことは，ゼオライトの重要な発展をもたらした．この方法によって40%から90%（代表的には70%）のナトリウムイオンが置換された．$(n\text{-}C_3H_7)_4N^+$イオンはNa^+イオンよりもはるかに大きく，その結果として生成したゼオライトは，A型とX型またはY型の中間の構造をもつ．このゼオライトはZSM-5とよばれた（SMは，この触媒を発明したSocony Mobile社を表し，Zはもちろんゼオライトを表す）．テンプレートとして，テトラメチルアンモニウムイオンを使うとオフレタイトが，テトラブチルアンモニウムイオンを使うとZSM-11ができる．Mobile社は1968年にゼオライトを発見したものの，5年間その活性を見逃してしまった．5年後，Mobile社は，ZSM-5がメタノールをジメチルエーテルを経由して脂肪族化合物と芳香族化合物，そのなかにはデュレン（1,2,4,5-テトラメチルベンゼン）まで含むガソリンに転換することを見いだした．またZSM-5は，パラフィン類，オレフィン類，酸素含有物質から芳香族類をつく

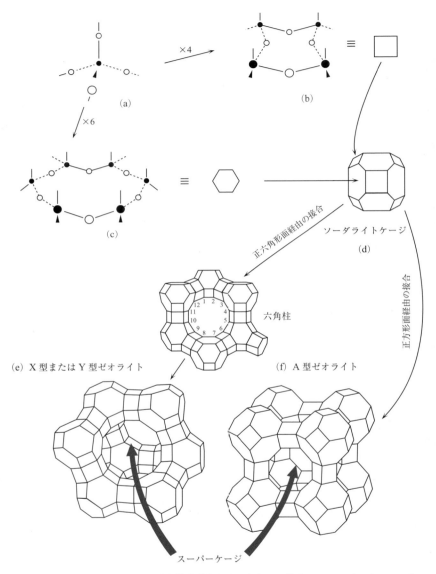

図 18・9 一般的なゼオライトの基本構造単位とその組合わせ様式. T原子（SiまたはAl）は単純な構造の中では●で示され，複雑な構造の中では線の交点にある．酸素原子は単純な構造の中では○で示され，複雑な構造の中では線の中点にある．[出典: *Biomass, Catalysts and Liquid Fuels*, I. M. Campbell (1983), Holt. Rinehart and Winston Ltd. Eastbourne, p.116]

18・9 形態選択的触媒

り，ガソリンのオクタン価を向上させるために使うことができる．Fischer-Tropsch 合成による炭化水素類（§15・2）はオクタン価が約 60 であるが，ZSM-5 に通すことで 90 に上げることができる．ZSM-5 の主要用途はキシレンの異性化である．ZSM-5 触媒は，トルエンの不均化反応（後述）を起こしてベンゼンと p-キシレンをつくる（§7・1）．またベンゼンとエチレンからエチルベンゼン（§2・8），ベンゼンとプロピレンからクメン（§3・6）をつくるプロセスでも重要な触媒である．

●ゼオライトの用途● 孔と空隙がゼオライト体積のほぼ半分を占めるが，"穴"にはすべての分子が入り込めるわけではない．小さな分子は拡散によって入ることも出ることも容易である．しかし，大きな分子は不可能である．A 型ゼオライトに n-アルカン類は入れるが，分岐鎖アルカン類は入れない．ベンゼンも入れない．このようにゼオライトには分子ふるいとしての機能がある．この機能は，分岐鎖炭化水素類と直鎖炭化水素を分ける分離法にしばしば使われる．ほかには，分子の大きさによって，分子が触媒活性点に到達できない例がある．空隙に到達した分子は，強く局在化した静電場に置かれる．現代の多くの工業的利用においては，ゼオライトは酸性触媒として使われる．

ゼオライト触媒の形態選択性は，反応物，遷移状態，あるいは生成物に適用される．反応物を選択する例としては，ガソリンのオクタン価向上のため，A 型ゼオライトによる直鎖アルカン類の分解反応がある．分岐鎖アルカン類は酸点に到達できないので分解されず，オクタン価が向上する．これに対して非晶質のシリカーアルミナ触媒では，分岐鎖アルカン類が選択的に分解されたり，異性化されたりするので，オクタン価向上の役に立たない．

生成物を選択する例としては，マグネシウムとリンで修飾された HZSM-5 によるトルエンの不均化反応がある．生成物はベンゼンと p-キシレンである（§7・1）．ベンゼンは孔から迅速に拡散する．p-キシレンもかなり速く拡散していくが，他の二つの異性体は，p-キシレンの 0.1% の拡散速度でしか拡散できない．このため o-，m-キシレンは孔から出ていく前に再び異性化される機会が多くなる．操業温度では，キシレンの熱力学的分布はオルト体とパラ体がほぼ 25%，メタ体が 50% である．これに対してゼオライトが存在すると，88～95% がパラ体となる．

遷移状態を選択する最も重要な例としては，HZSM-5 によりメタノールからガソリンをつくる Mobile MTG 法でコーキングをなくすことがある．コーキングは多核芳香族炭化水素中間体を経由して進行する．しかしゼオライトは炭素数 10 以上の分子を区別して活性点に到達できなくする．このためコーキングが避けられ，分子量の広がりも Fischer-Tropsch 法や同類の製法からの生成物に比べて狭くなる．

Mobile MTG 法は，今なおメタノールからガソリンをつくる最も安価な製法であるが，長年にわたってニュージーランドで唯一工業化されただけだった．"ストランデッドガス"（第 1 章）をメタノールに転換することが便利になったので，2000 年代には工業化への新たな動きがたくさん起こった．一方，トルエンの不均化反応はすでに広く工業化されている．

合成ゼオライトによる工業化された製法の数は増えており，表 18・3 に興味深い例を示す．分子ふるいをつくるのに，シリカを必要としない多孔質のアルミノホスフェートに

表 18・3　ZSM-5 と他のゼオライトの触媒効果

ゼオライト	反　応	報告された結果
ZSM-5	ブテンの芳香族化	反応安定性の増加
ZSM-5	HDPE 液相分解	高い触媒活性
ZSM-5	N_2O とベンゼンからフェノール合成	高収率，長寿命化，高選択性
ZSM-5	2-メチルナフタレンのメチル化	長寿命化，高活性
ZSM-5	ピリジンとピコリン類の合成	反応安定性の増加
ZSM-5	クメンと重質油の分解	高分解能，軽質オレフィン高収率
ZSM-5	メタノールからガソリン合成	ガソリン留分（C_5 以上）増加，長寿命化
ZSM-5	メタノールからプロピレン合成	プロピレンの高選択性，プロピレン/エチレン比が大きい
ZSM-5	エチレンによるベンゼンアルキル化	エチルベンゼン高収率
ZSM-5	1-ヘキセンの芳香族化と異性化	触媒寿命の改善
ZSM-5	n-オクタンの分解	高活性，プロピレンの高選択性，オリゴマーの減少
ZSM-5	スチレンのオリゴマー化	高活性，高選択性
ZSM-5	α-ピネンの異性化	高活性，高収率
LaZSM-5	LDPE 液相分解	高活性，高品質液状生成物
MoZSM-5	メタンの脱水素芳香族化	高活性，芳香族の高選択性，コーキング高耐性
FeZSM-5	N_2O 分解	高活性
ZnZSM-5	1-ヘキセンの異性化	高反応安定性

出典：*Novel Concepts in Catalysis and Chemical Reactors*, eds. A. Cybulski, J.A. Moulijn, and A. Stankiewicz, Wiley-VCH, Weinheim, 2010.

関して多くの研究が行われ進展がみられた．アルミノホスフェート分子ふるいケージの内壁にコバルト(Ⅲ)イオンを局部的につけた触媒を使って，英国のグループは，低温度でヘキサンをアジピン酸に転換した．その当時の収率は，わずか30％にすぎなかった．同じグループが鉄(Ⅲ)イオンを含むアルミノホスフェート分子ふるいを使って空気酸化によりシクロヘキサンをアジピン酸に転換した．収率は低かった（シクロヘキサン基準で33％）けれども，これらは特大の分子ふるいを使った初期の例である．このような分子ふるいは，触媒活性をもった金属原子を孔の中に堆積させて，活性点を固体全体にわたって空間的に均質な形で分布させる[18]．すなわち，"均質な"不均一系触媒をつくり出している．

もう一つのゼオライト触媒による酸化反応は，Solutia 社による一酸化窒素を使ったベンゼンからのフェノール合成である（§6・1）．この反応は鉄を組込んだ ZSM-5 または ZSM-11 触媒で行うと報告されている．他の例も含めて，このような酸化反応は酸性触媒以外にも，ゼオライトや分子ふるいを基礎とした製法が生まれる可能性を確信させる．

デンドリマー（§9・4・4）は，これに関連する可能性をもっている．形態選択触媒は大きな可能性を秘めている．

最近の研究は，階層性をもったゼオライトに注目が集まっている．それはゼオライトの中に別々のレベルの孔をもつことが特徴である．研究の目的は，ゼオライトの触媒活性を保持する一方で，ミクロな孔への反応物の接近と生成物の脱出を同時に可能にすることにある．純粋にミクロポーラスなゼオライトには階層性がないといわれる．孔の大きさを増やす一般的な方法は金属原子の置換である．ゼオライトのケイ素，アルミニウム，チタンその他イオンは錯体化によって除去できる．その跡にはゼオライト構造の中に比較的大きな穴が残る[19]．最大 1.25 nm までの空隙が，12 個以上の T 原子（"ゼオライトの構造"，p.654 参照）の環に囲まれてつくられる．

●ゼオライト以外の多孔質材料●　金属-有機構造体（MOF, metal-organic framework）は，形態選択的触媒反応や吸着分離のもう一つの興味深い分野である[20]．MOF は，有機分子と連結した金属イオンまたは金属クラスターから成り，通常，その連結が強く，多孔性のネットワークができる．銅と亜鉛が最も広く研究された金属イオンである．連結有機分子には，二官能性，三官能性のものを使うことができる．たとえば二官能性ならテレフタル酸やシュウ酸，三官能性ならクエン酸や $1H$-1,2,3-トリアゾールのようなものがある．MOF は複雑な多孔性構造で結晶化し，明確な触媒活性をもつ．その一方，MOF への関心は，大量の気体を吸収することがおもな理由となっている．MOF は水素燃料車の水素貯蔵方法に対する解となりうる．また MOF は，ガスを分離するうえでも有用となる可能性をもつ[21]．

ゼオライトと MOF に関連して粘土鉱物，特にスメクタイト粘土の研究がある．このような粘土はゼオライトと同様にアルミノケイ酸塩であり，層状である．層間隔はさまざまであり，層の間に触媒が入り込むことができ，層間化合物触媒として知られる．水酸化アルミニウムや水酸化ジルコニウムのような"スペーサー"の結合によって，200℃以上の温度で層構造が崩れることが避けられ，いわゆる柱状化粘土となる．現在，スメクタイト粘土を使った唯一の工業化プロセスは，オレイン酸の二量化反応である（§16・5）．

このような材料に対する産業界の関心は現在ほとんどないようである．しかし，それでもいくつかのすばらしい特性が見いだされている．たとえば，さまざまな量のナトリウム，カリウム，リチウムを含むマグネシウムスメクタイト，ニッケルスメクタイト，そしてマグネシウム-ニッケルスメクタイト触媒は，プロピレンと二酸化炭素をプロピレンカーボネートに選択的に転換する[22]．また紫外線を照射したときにスメクタイト触媒は，細菌に汚染された水を消毒する[23]．

18・10　相間移動触媒反応とフルオラス二相触媒反応

●相間移動触媒反応●　相間移動触媒反応は，ホスゲン法ポリカーボネートの重合（§6・1・2b），エストラジオールカルバメートやさまざまなファインケミカル製品の合

成に使われている．大規模な有機化学品の生産には使われていないように思われるかもしれないが，一風変わった，そしてすばらしい触媒技術である．省エネルギーとなるうえに，穏和な条件，短い滞留時間で高収率を得ることができる．したがって，相間移動触媒反応は将来魅力ある手法の代表である[24]．

相間移動触媒反応は，反応物が混合できない場合に適用される．一つの例としてペニシリンエステルの生産がある．それはアンピシリン（アミノベンジルペニシリン）の遊離カルボキシ基を不安定な官能基でエステル化する反応である[25]．このエステル基は不安定なので，薬として使ったとき腸の中で加水分解される．目的の反応は式(18・18)のとおりである．

$$\text{アンピシリンのカリウム塩} + \text{BrCH(OCH}_2\text{CH}_3\text{)(CO)} \longrightarrow \text{バカンピシリン} + \text{KBr} \quad (18\cdot 18)$$

しかし，アンピシリン塩は水溶性である．それに対して臭化物は有機溶剤に溶け，水で加水分解される．臭化物とアンピシリンのラクタム環の分解を避けるために穏和な条件が必要である．そこで臭化物をジクロロメタンやクロロホルムのような有機溶剤に溶かし，25℃でアンピシリン塩の水溶液と接触させる．臭化テトラブチルアンモニウムのような相間移動触媒を水相に加える．

反応機構の簡単な説明としては，次のとおりである．テトラブチルアンモニウムカチオンが親油性なので有機相に移動するが，水相中に存在する他のアニオンに比べて親水性が少ないアンピシリンアニオンがテトラブチルアンモニウムカチオンとイオン対をつくって一緒に移動する．アンピシリンアニオンのエステル化反応が有機相で起こると，臭化物イオンとテトラブチルアンモニウムイオンの対が生成する．このイオン対は親水性なので，テトラブチルアンモニウムカチオンが水相に戻り，この進行手順がエステル化の完了まで繰返される．反応速度の測定から，反応機構はもっと複雑であり，逆ミセルの形成や界面反応も起こっている可能性がある．

相間移動触媒を使って大規模に二臭化エチレンを合成する製法が開発された．臭素は臭化物イオン含有のかん（鹹）水から得られる．かん水の臭化物イオンが塩素で置換されて臭素となり，エネルギーを多量に使って臭素が蒸発，回収される．イスラエルの Dead Sea Bromine 社は，相間移動触媒の存在下で死海のかん水を二塩化エチレンと混合する製法

を開発した．臭素は塩素よりも親油性が高いために，臭化物イオンが有機相に運ばれて二臭化エチレンを生成するので，臭素を得る必要がなくなる．しかし二臭化エチレンの最大用途は，有鉛ガソリンの鉛掃気剤であった．ガソリンの無鉛化によって二臭化エチレンの市場は縮小し，相間移動触媒を使う製法を工業化する価値がなくなった．二臭化エチレンは現在でもエチレンの臭素化反応でつくられている．

●**フルオラス二相触媒反応**●　フルオラス二相触媒反応は，相分離を使うさらに別の技術である[26]．低温ではトルエンとペルフルオロメチルシクロヘキサンのような，有機化合物とフッ素化溶剤から成る系の多くは溶け合わない．しかし加熱下では二つの溶剤は1

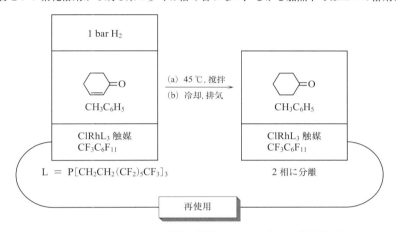

図 18・10　フルオラスロジウム触媒によるアルケンの水素化反応

相に合体し，均一系反応が起こるようになる．文献に示された例を図 18・10 に示す．これはシクロヘキセノン内の炭素−炭素二重結合の選択的水素化である．トルエン中のシクロヘキセノンを，気相水素とロジウム触媒のペルフルオロメチルシクロヘキサン溶液とに接触させる．この相は混合しないので反応は起こらないが，45℃に加熱すると有機相が混和するようになり，水素化が起こる．系を冷却し，ガスを排出する．触媒含有相が再び現れ，再使用できる．

18・11　ナノ触媒反応

　ナノサイエンスとナノテクノロジーは，過去 10 年間以上，化学の成長分野の一つになってきた．単一の原子や分子の特性が材料全体の特性に飛躍するものではないことが理解されるようになったことから，ナノサイエンスやナノテクノロジーが起こってきた．原子や分子は不連続なエネルギー準位をもっている．これに対して材料全体は価電子帯と伝導帯のある，多かれ少なかれ連続したエネルギー準位をもつ．1 nm と 100 nm のクラスターには，中間的なバンド構造がつくられ，そこでは静電的効果と量子力学的効果が働

く．それに加えて，体積に対する表面積の比率が著しく大きく，ナノ粒子の表面やエッジ近傍の原子は，材料全体の内部にある原子よりも配位数が低くなる．このような要因すべてが，反応性を著しく高める．ナノ粒子の大きさを視野に置くには，1 nm の粒子が典型的には約 50 原子を含み，10 nm の粒子は約 50,000 原子を含むことを考えて欲しい．酵素のような巨大分子は，ナノ粒子として独立に動くことができる．広い表面積をもった担体に堆積した古典的な金属触媒は，実際にはナノ粒子として堆積している．

●金ナノ粒子● 特に金ナノ粒子は注目された．金は反応性がないことで有名である．しかし，首都大学東京の春田正毅教授らは，ほぼ 5 nm 以下の直径のナノ粒子になると，200 K の低温で一酸化炭素を酸化することを見いだし，また，Cardiff 大学の Graham J.Hutchings 教授[27]はアセチレンに塩化水素を付加する反応の強力な触媒となることを見いだした．触媒活性はおもに粒子サイズに依存し，1/(直径)^3 の関係がある．そしてその程度は少ないが，たとえばシリカ，チタニアアルミナまたはカーボンのような担体によっても，触媒活性は変わる．

室温での一酸化炭素の酸化反応において，TiO_2，Fe_2O_3，Co_3O_4，NiO，CeO_2 のような還元性金属酸化物に堆積した金は，白金族触媒よりも活性が高い．一酸化炭素は金ナノ粒子の結晶コーナー，エッジ，テラス，ステップ部に吸着する．酸化反応は，金と金属酸化物担体の接点で起こる[28]．

室温での一酸化炭素の酸化反応は，実用化が期待されている．2009 年に米国では換気不十分なボイラーから発生した一酸化炭素によって 4000 人が病院に搬送され，その 10% が死亡した．金ナノ粒子はこれを防ぐことができ，すでに一酸化炭素中毒から消防士と鉱夫を守るため，防毒マスクが市場に出ている[29]．

金ナノ粒子の工業上の利用については，旭化成の金-酸化ニッケルコアシェル型ナノ粒子触媒を用いたメタクリル酸メチルの製造がある．金のナノ粒子をコアに，酸化ニッケル（NiO_x）をシェルとするコアシェル型ナノ粒子（粒径 2〜3 nm）である．同社の"直メタ法"（上巻，p.162）の後段であるメタクロレインの酸化エステル化反応にこの触媒を使用し，高活性・高選択率でメタクリル酸メチルを得ている．2008 年以来，年産 10 万トンのプラントを安定に操業している[30]．

金ナノ粒子のもう一つの工業上の利用には，上記の Hutchings 教授が見いだしたアセチレンへの塩化水素付加がある．Johnson Matthey and Jacob 社が中国で実用化を進めている．アセチレンへの金ナノ粒子触媒利用は，アセチレン化学復活の一部になるかもしれない．塩化水素付加反応の昔からの触媒は塩化水銀であった．これは毒性が高く，環境に漏れ出すことが避けられなかった．この反応や他のさまざまな反応で，水銀を金に代えることは，経済的な利益をもたらす．また米国環境保護庁が水銀排出に対して厳しい規制を課す見込みもある．

金ナノ粒子のさらに別の利用として，汚水中のトリクロロエタンやその他塩素化炭化水素を壊すため，金-パラジウムナノ粒子を使う例がある．

18・11 ナノ触媒反応

●ナノ粒子触媒の製造法● ナノ粒子触媒は，トップダウン法かボトムアップ法によってつくることができる．トップダウン法は圧搾や粉砕のような物理的手法である．電子線リソグラフィーを使えば，10 nm 台の大きさで金属ブロックを加工することが可能である．ボトムアップ法は，過飽和蒸気からナノ粒子を堆積させたり，金属塩や有機金属化合物を分解したり，還元したりする．分解や還元による場合には，ナノ粒子はヒドロゾルとして得られる．前駆体モノマーとして，ヘキサクロロ白金酸やアセチルアセトンロジウムのような金属塩溶液を使うことによって，単一分散の金属ナノ粒子をつくることができ，各ナノ粒子が溶液中で凝集することを防ぐために界面活性剤やポリマー層で覆う．たとえばアセチルアセトンロジウム(Ⅲ)とアセチルアセトン白金の $C_4H_8(OH)_2$ 溶液混合物を鎖長約 500 のポリビニルピロリドンの存在下，170～230℃でアルゴン雰囲気にすると $Rh_{40}Pt_{60}$ ナノ粒子がかなり狭い粒径分布で得られる[31]．

ナノ粒子触媒をつくる新しい方法は，ポリアミドアミン(PAMAM)のようなデンドリマー(§9・4・4)を使う方法である．第一段階では $Cu(OH_2)_6^{2+}$，$PdCl_4^{2-}$，または $PtCl_4^{2-}$ のような金属前駆体を PAMAM の多孔性表面に挿入する．これら金属イオンは，PAMAM 内部のアミンやアミド基と錯体をつくる．水素化ホウ素イオン BH_4^- を経由して電子を加えると金属イオンが還元されてデンドリマー中に保持された金属ナノ粒子ができる．デンドリマーカプセル封入ナノ粒子(dendrimer encapsulated nanoparticle, DEN)とよばれ，デンドリマーがテンプレートとなるので均一の大きさとなっている．

決まった数の原子を含むサブナノメートルの大きさの金属ナノ粒子をこの手法によってつくることができる．たとえばフェニルアゾメチンを単位とした新しいデンドリマーが開発された．そのデンドリマーは，白金塩と 1 対 1 錯体をつくり，テトラフェニルメタンコアの周りに錯体が配列する．計量した当量の塩化白金によってデンドリマーを処理すると，決まった数の白金原子をもったデンドリマーをつくることができ，還元によって白金原子が合体してデンドリマー内で選択された大きさのクラスターになる．この白金クラスターは，酸化還元反応で予想外に高い活性を示す[32]．

DEN は，それ以上の処理をすることなく，そのままで，しばしば触媒として使われる．たとえばチオール含有トルエンを使えば，デンドリマーからナノ粒子を抽出できる．チオールがナノ粒子表面に集まり，トルエン相にナノ粒子を移動させる．"空になった"デンドリマーは，ナノ粒子製造用に再利用できる．不均一系触媒をデンドリマー経由でつくることもできる．一つの例として PAMAM デンドリマーは，溶液中で白金ナノ粒子をつくるのに最初に使われた．DEN を大表面積のシリカ担体に堆積し，加熱によってデンドリマーが除去され，酸化/水素化触媒が得られる[33]．

連続した還元反応によって二元金属触媒をつくることができる．"種となる"金属 M_a の錯体形成とその還元から始まり，次に第二の金属 M_b の錯体形成と還元が行われて M_aM_b システムができる．このような二元金属触媒は特別に活性が高い[34]〜[38]．

18・12 将来の触媒

ごく近い将来の主要な触媒成長分野は次のとおりと考えられる.
- バイオ燃料やその他のバイオテクノロジーのための酵素
- 重質石油留分の品質向上のための水素化分解触媒と水素化脱硫触媒[9]
- アジア・大洋州の高分子工業発展のための重合触媒:
  おもに有機金属触媒とシングルサイト触媒
- ポリプロピレン増産のための触媒

触媒の広範な一般的な目標として考えられることを，以下に述べる．

18・12・1 触媒設計

一つの目標は触媒を設計できる点にまで触媒理論を発展させることである．過去数年間で触媒作用の理解に大きな進展があった．コンピューターモデルの利用は，長年にわたって新薬開発においては定番となってきたが，現在では触媒設計にも使われるようになっている[39]．コンピューター技術は，分子や電子のレベルばかりでなく，移動現象のモデリングでも触媒設計を支援できている．金属-有機構造体（MOF）や階層性をもったゼオライトに関する業績は，この方向への第一歩である．ブレークスルーの余地がある．

18・12・2 高選択性

既知の反応の選択性を高めることは，もう一つの触媒研究の目標である．これには，既知の触媒の改良か，新触媒の開発がある．すでに紹介してきた触媒のほとんどは，おもに高選択性をもつように開発されてきた．そして，たとえばゼオライトによる触媒反応のような発展を期待できる．

プロピレンのアンモ酸化によるアクリロニトリルの生産（§3・5）は，何が可能なのかを示している．初期の触媒（実験室段階）では収率が6％だった．リンモリブデン酸ビスマスによって収率は65％に上昇し，1959年にプラントが建設された．アンチモン-酸化ウラン触媒により1966年に実験室での収率が80％（プラントでの収率は72.5％）になった．1972年にシリカ担持で助触媒を加えたビスマス-モリブデン酸触媒によって，プラントでの収率が77％に向上した．鉄，セレン，テルルの複合酸化物から成る第四世代触媒によって収率はほぼ83％になり，1980年代前半の一連の特許では関連した複合体によって収率が87％になった．1990年代には，副生アセトニトリルの生産量が新触媒によって減少したためにアセトニトリルの供給不足が起こるまでに至った．旭化成とBP社が長寿命で高活性の触媒を開発してきており，さらにいっそうの挑戦をしている．高活性触媒では，触媒使用量が少なくなっている．触媒表面積が減少すると，熱除去が難しくなる．三菱レイヨンは，特別な流動床反応器を設計し，気相反応物と触媒の接触を高めた[40]．

合成ガスの転換反応用触媒は特に重要である．主要な関心は，合成ガスからの水素の生

産および合成ガスからのメタノールの生産にある.しかしアンモニア生産の Haber 法の古典的な鉄触媒にも,なお改良の余地がある[41].1990 年代半ばには 1 パス収率が 15% から 17% の間であった.その後,Kellogg 社と BP 社は 10 倍から 20 倍も高活性の新触媒を報告した(§13・5・1).その触媒は,N_2/H_2 比率の変動にも安定だった.エネルギー節約量は 21 kJ/mol と評価され,アンモニア 1 トン当たり 2 ドルから 6 ドルの原価低減が見積もられた.他社からは Fe_3Mo_3N,Co_3Mo_3N,Ni_2Mo_3N を含む助触媒添加触媒が報告されたが,工業化されたかどうかは明らかでない.未反応水素の再利用を可能にし,アルゴンの蓄積を防ぐようにした分離膜の使用は重要な進歩であったが,これは触媒の進歩ではない.Haber 法は世界エネルギー消費量の 1% を占めるといわれる.したがって触媒改良には大きなインセンティブがあるが,そのような触媒を見いだすのは大変に難しい.

18・12・3 高活性触媒

触媒研究の目標の一つに高活性触媒(たとえば§18・1・2 にあるような Ziegler–Natta 触媒)の合成がある.触媒活性を高めると経済性が改善される.重要な目標は,十分に高い活性をもつ均一系触媒を,不均一系触媒に転換しても,なお活性を維持する合成法の開発である.活性を実質的に失わずに酵素を固定化することは可能である.しかし,一般には高活性な均一系触媒だけしか固定化に成功していない.

高活性触媒として,一酸化炭素を結合した金属原子クラスターの利用に大きな関心が寄せられてきた.パラジウム,ロジウム,白金,オスミウム,レニウム,ルテニウムのような多くの触媒活性をもつ金属がクラスターを形成する.$Rh_6(CO)_{16}$ はメタノール/CO から酢酸を合成する反応で触媒活性をもつが,反応中に分解するようである.多くの研究にもかかわらず,クラスター触媒はまだ工業化されていない.

ナノ触媒(§18・11)には,金属間化合物と同じくらい魅力的な見込みがある.知られている金属間化合物の多くは,1 成分が希土類である.たとえばランタン五ニッケル $LaNi_5$ は大量の水素を可逆的に吸着し,低温での水素化反応に使うことができる.しばしば二つの金属が直接に,あるいは配位子を介して結合する.一方の金属が水素を活性化し,他方の金属が分子を活性化する.

ヘテロポリ酸の触媒特性にも関心が集まっている.工業化された例として,ヘテロポリ酸 $H_3PMo_{12}O_{40}$ による,混合ブテン中のイソブテンから t-ブチルアルコールの生産がある.

18・12・4 公害汚染問題

触媒は公害汚染問題の解決のために必要とされる.この分野でのブレークスルーは,白金-パラジウム-ロジウム触媒の開発であった.この触媒は,未燃焼炭化水素と一酸化炭素を自動車の触媒コンバーター内で酸化する.とはいうものの,水と二酸化炭素の存在下

で窒素酸化物を分子状窒素と酸素に分解することを促進する触媒として，もっと安価な触媒が望まれる．カリフォルニア州にある Nanostellar 社は，最近高価な白金の一部を金に置き換えた自動車用触媒を開発した[29]．金価格の最近の急騰からすると，安い代替物として金を使うことは難しい．

公害汚染防止用の他の用途は，煙突排ガスの脱硫や水中の有機塩素化物の除去である．有機塩素化物除去は，水素や水素化芳香族類のような水素供与体と鉄，コバルトまたはルテニウムを主体とした触媒によって行われる．新しい触媒によって解決される環境問題は多数存在する．

18・12・5　新しい反応のための触媒

新しい反応には触媒が必要である．現在，主要な研究目標は，メタン[42]，エタン，プロパン，ブタンからの直接合成によって，石油化学製品の出発物質としての高価なオレフィンに置き換えることである．メタンを低温液相酸化してメタノールにする選択的触媒と，メタノールの酸化的カップリングによってエチレンをつくる選択的触媒は，特に価値が高い（§14・1）．今までのアルカンからの直接合成に関する少数の成功例としては，n-ブタンから無水マレイン酸への転換反応（§4・4・2）がある．プロパンをアクリロニトリルに転換する製法は，2007年に工業化された．しかしその他のアルカンからの直接合成の進歩は遅い（§14・2・1）．多数の研究の代表例としては，実験室レベルであるが，100℃の水溶液中でメタンを酢酸に直接転換する製法が報告されている．酸化剤は一酸化炭素と酸素であり，触媒は三塩化ロジウムにヨウ化物イオン源を加えたものまたは5%のパラジウムを担持した活性炭である．

18・12・6　天然触媒を模倣した触媒

触媒は天然触媒を模倣する必要がある．自然界では穏和な条件下で単一の立体化学形式をもった複雑な化合物がうまく生産されている．立体規則的で光学活性な化合物の合成は，数例で，すでに可能となっている（§18・7・1，§18・7・2）．いくつかの天然の酵素が分離され，固定化されて触媒として利用され，"天然"産品をつくっている．そのなかで最も顕著な例は，DNA組換えや遺伝子スプライシングであり，それによってタンパク質やペプチドの合成が可能となっている．

18・12・7　ハイスループット実験を通じた触媒探索

コンビナトリアルケミストリーは，医薬品活性をもつ化合物を合成し，発見することを加速するために最初に開発された．しかしこの手法は，その後広い用途，特に触媒開発に活用された．コンビナトリアルケミストリーという用語は，多様な合成手法を意味しているが，基本的な概念は単純である．この技法は，医薬品として，または触媒として活性をもつ，あるいは探しているものが何であれ，膨大な化合物の収集品を短時間に生みだす

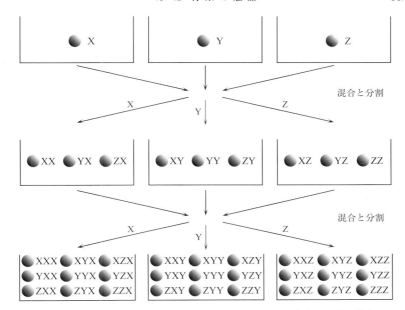

図 18・11 コンビナトリアルケミストリー. 混合分割合成：樹脂ビーズに結合した三つの反応物を使って，ちょうど 3 段階で 27 の生成物ライブラリーをつくることができる．[出典：D. J. Tapolczay, R. J. Kabyleck, L. J. Payne, and B. Hall, Extracting order from chaos, *Chem. Ind.*, 1998, pp. 772〜775]

方法である．図 18・11 は，ポリマービーズに結合した反応物 X, Y, Z から出発して，ちょうど 3 段階で 27 の化合物ライブラリーをつくることを示している．

ビーズに付いた X, Y, Z を，新たな反応物 X, Y, Z で処理すると九つの化合物が生成する．これを混合して X, Y, Z と反応後，再び分割すると，比較的少数回の操作で 27 の化合物が生成する．化合物をビーズから離し，スクリーニングにかけることができる．コンビナトリアルケミストリーは，普通の実験室で行う化学操作によって合成するより 1000 倍も速く新規化合物のライブラリーをつくり出す．

しかし，コンビナトリアルケミストリーを利用するには，高速スクリーニング，分析データ処理，解読の技法も開発する必要がある．このような活動をハイスループット実験または HTE とよぶ．

工業上，有用な物質を開発するために，コンビナトリアルケミストリーと HTE を開発した最初の独立会社は，1994 年にカリフォルニア州で設立された Symyx Technologies 社である．Symyx 社は 1 年間に 100 万以上の新物質をスクリーニングしており，その応用範囲は X 線貯蔵りん光体から DNA ポリマーにまで，さらに化学品や重合用新触媒の研究も含まれる．2003 年 4 月に Dow Chemical 社と Symyx 社は，アミド-エーテルに基

づいたハフニウム錯体から成る新種のシングルサイトポリオレフィン触媒を HTE 技法によって発見したことを発表した．その後，ドイツの HTE 社，オランダの Avantium 社，米国の Torial 社その他の会社が新しい触媒材料を開発した．

文献および注

1. M. Jacoby, *Chem. Eng. News*, 27 April 2009, p. 37.
2. 新刊本（R. I. Wijngaarden, R. K. Westerterp, and A. Kronberg, *Industrial Catalysis*: *Optimizing Catalysts and Processes*, Wiley-VCH, Weinheim, 2011）は，数学的方法という珍しい組合わせで，非常に実践的な材料を扱っている．
3. 補償効果における A 値の変化は，*JCS Faraday Trans.*, **70**, 2011, 1974 に報告されている．
4. http://www.platinummetalsreview.com/dynamic/article/view/54-1-61-62.
5. http://www.platinum.matthey.com/pgm-prices/price-charts/.
6. G.W.Parshall は均一系触媒反応における DuPont 社の世界的な専門家である．その蓄積された賢知は，次の本に現れている．G.W. Parshall and S. D. Ittel, *Homogeneous Catalysis*, Wiley, Hoboken, NJ, 1992.
7. "Catalysts," *Chem. Week*, September 1999; *Chem. Week* Associates Custom Publication, 24 July 2002 および www.catalystgrp.com/catalystsandchemicals.html. に基づく．
8. Freedonia Group（Cleveland）report #2407 on world catalysts, 2008; *Chem. Week*, 4 May 2009.
9. C. O'Driscoll, *Chem. Ind.*, 24 November 2008, pp. 19～21.
10. http://platinum.matthey.com/publications/market-data-tables/.
11. http://www.platinum.matthey.com/uploaded_files/Int2010/int10_complete_ publication.pdf.
12. *Chem. Week*, 4 May 2009.
13. *Chem. Eng. News*, 22 December 2008.
14. ビタミン A の合成は H. A. Wittcoff and B. G. Reuben, *Industrial Organic Chemicals in Perspective*, *Part II*: *Technology, Formulation and Use*, Wiley, Hoboken, NJ, 1980, p. 373 に述べられている．
15. V. Sunjic and M. J. Parnham, *Organic Synthesis in Action*, Springer, Basel, 2011.
16. H. A. Wittcoff and B. G. Reuben, op. cit. p. 268.
17. http://www.scripps.edu/mb/barbas/antibody/updateantibody.html; http://www.documentroot.com/2010/03/catalytic-antibodies-simply-explained.html.
18. J. M. Thomas et al., *Angew. Chem. Int. Ed.*, **39**, 2310 and 2313, 2000. *Chem. Eng. News*, 3 July, 2000, p. 7 も参照．
19. J. C. Groen and J. Péres-Ramírez, in *Novel Concepts in Catalysis and Chemical Reactors*, eds. A. Cybulski, J. A. Moulijn, and A. Stankiewicz, Wiley-VCH, Weinheim, 2010.
20. http://en.wikipedia.org/wiki/Metal-organic_framework.
21. http://www.rsc.org/delivery/_ArticleLinking/DisplayArticleForFree.cfm?doi=b511962f&JournalCode=JM.
22. S. I. Fujita, B. M. Bhanage, Y. Ikushima, M. Shirai, K. Torii, and M. Arai, *Catalysis Lett.* **79**, 95～98, 2002.
23. K. Shu-Lung and L. Chiu-Jung, *Water Quality Res. J. Canada*, **41**, 365～374, 2006.
24. E. V. Dehmlov and S. S. Dehmlov, *Phase Transfer Catalysis*, 3rd ed., VCH Verlag, Weinheim, 1993.
25. ペニシリンエステルは，B. G. Reuben and H. A. Wittcoff, *Pharmaceutical Chemicals in Perspective*, Wiley, New York, 1989, p. 134 に述べられている．
26. フルオラス二相触媒反応はまだ工業化されていないけれども，多くの反応例と文献は，www.organik.uni-erlangen.de/gladysz/research/fluor.html. で得られる．
27. G.J. Hutchings, *J. Catal.*, **96**, 292～295（1985）.
28. T. Takei, T. Ishida, and M. Haruta, in *Novel Concepts in Catalysis and Chemical Reactors*, eds. A. Cybulski, J. A. Moulijn, and A. Stankiewicz, Wiley-VCH, Weinheim, 2010.
29. T. Keel, *Chem. Ind.*, 10 May 2010, pp. 24～26.
30. 鈴木 賢，山口辰男ら，*ACS Catal.*, **2013**, 3, 1845～1849; 鈴木 賢，触媒, **57**, 256（2015）.
31. G. A. Somorjai, H., Frei, and J. Y. Park, Advancing the Frontiers in Nanocatalysis, Biointerfaces, and

Renewable Energy Conversion by Innovations of Surface Techniques, http://scale.kaist.ac.kr/pdf/JACS09%20Perspective%20Somorjai%20Frei%20Park%20%5B61%5D.pdf (accessed 4 November 2009).
32. *Nat. Chem.*, doi:10.1038/nchem.288; *Chem. Eng. News*, 27 July 2009, p. 12.
33. H. Lng, R. A. May, B. L. Iverson, and B. D. Chandler, *J. Am. Chem. Soc.*, **125**, 14832〜14836, 2003.
34. C. Binns, *Introduction to Nanoscience and Nanotechnology*, Wiley, Hoboken, NJ, 2010.
35. X. Peng, Q. Pan, and G. L. Rempel, Bimetallic dendrimer-encapsulated nanoparticles as catalysts: a review of the research advances, *Chem. Soc. Rev.*, **37**, 1619〜1628, 2008.
36. T. Keel, *Chem. Ind.*, 10 May 2010, p. 24.
37. *Nanoparticles and Catalysis*, ed. D. Astruc, Wiley-VCH, Weinheim, 2008（特にデンドリマーに関する第4章参照）.
38. H. Lang, R. A. May, B. L. Iverson, and B. D. Chandler, Dendrimer-encapsulated nanoparticles precursors to supported platinum catalysts, *J. Am. Chem. Soc.*, **125**(48), 14832〜14836, 2003.
39. 先駆的な本は，E. R. Becker and C. J. Pereira, *Computer-Aided Design of Catalysts*, Dekker, New York, 1993 である.
40. アクリロニトリル生産に関連した特許は Standard Oil 社の U.S. Patent 5,770,757（23 June, 1998）；旭化成工業の U.S. Patent 5,780,664（14 July, 1998）；三菱レイヨンの U.S. Patent 5,914,424（22 Jun, 1997）がある.
41. Harber 法用触媒は，www.globaltechnoscan.com/21stMar-27thMar01/energy.htm：および *Chem. Comm.*, 2000, p. 1057 に論じられている.
42. メタンの転換反応は，J. Haggin, *Chem. Eng. News*, 22 January 1990, pp.20〜26 で論じられている．ペルオキシ硫酸塩触媒による，メタンから酢酸に直接転換するプロセスは，M. Lin and A. Sen, *Nature*, **368**, 613, 1994; *Chem. Brit.*, **30**, 624, 1994 に報告されている.

19 グリーンケミストリー

　グリーンケミストリーとは，化学反応が環境に損害を与えてはならないという考え方である．過去 20 年間，化学工業のめざすべきものとして唱えられてきた．道徳的な意味をもつが，それとともに環境への配慮を欠いては，人々の生活を悪くするばかりでなく，最終的には化学工業自体を傷つけることになるという信念にも基づいている．持続可能な技術を採用すれば，長い目で顧客にメリットがあるばかりでなく，産業界にもメリットがある．

●**グリーンケミストリーの 12 箇条**●　　グリーンケミストリーは，本書のテーマである工業有機化学の一分野である．安価で入手しやすい原料から，少ない反応工程で得られる中間体を使って，不純物のない，安価な製品が得られるような反応に工業化学が注目するように，グリーンケミストリーは工業化学反応の環境上における意味に注目している．グリーンケミストリーの 12 箇条を表 19・1 に示す．

　この 12 箇条は，理想を示しており，ほとんどの化学反応は 12 箇条の各条をすべて満たすことはできない．しかし，化学技術を考える際の立脚点を与える．

　1990 年代前半にグリーンケミストリーが唱えられるようになったけれどもそれ以前の化学者が環境への配慮を欠いていた訳ではないことを強調しておきたい．Leblanc（ルブラン）法の開発によって，ヨーロッパの森が救われた．Leblanc 法によってつくられた炭酸ナトリウムが，森を焼いてつくられた木灰に代替したからである．Leblanc 法の副生塩化水素を使って 19 世紀にさらし（晒）粉がつくられるようになったおかげで，英国ウィドネス周辺地域（リバプールとマンチェスターの間の産業革命中心地域）では Leblanc 法によって生じた塩化水素公害が減った．その後，Solvay（ソルベー）法によって Leblanc 法が置き換えられたことによって，アルカリ工業は公害の少ない方向にさらなる一歩を踏み出した．Baekeland がフェノール樹脂を開発したおかげで，ビリヤードの玉になる象牙を得るために象を殺す必要はなくなった．一般に製法の改善によって収率が向上し，それが利益率の改善につながり，また副生物や廃棄物の削減にもつながっている．古くからの触媒が，毒性が少なく，効率がよく，製品との分離も容易な触媒に置き換わることは，"グリーン" 化の重要な源である．プロピレンの重合法の改善（§3・2・1）はすばらしい例である．ビスフェノール A の製法が，塩酸触媒から固体酸触媒による方法に代わったことも（§6・1・2），またクメンの製法が，塩化アルミニウム触媒やリン酸触媒から固体酸触媒による方法になったことも同様である．

表 19・1 グリーンケミストリーの 12 箇条

1. **予防** 廃棄物が発生した後に処理し、きれいにするよりも、廃棄物の発生を予防する方がよい。
2. **原子の利用効率** 合成方法を設計する際には、プロセスに使われたすべての材料が、最終製品に最大限に編入されるようにする。
3. **有害性の少ない合成法** 合成方法を設計する際には、ヒトの健康と環境に毒性が少ない、あるいはまったくない物質を使い、また生成させる。
4. **安全性の高い化学製品設計** 化学製品を設計する際には、期待する機能が同じなら毒性を最小にする。
5. **安全な溶剤と反応補助剤** 溶剤、分離剤、その他補助的な物質は、可能ならば使用しないようにし、使用する場合には無毒のものを使用する。
6. **エネルギー効率を考えた設計** 化学プロセスのエネルギー消費が環境や経済に影響を与えるものであることを考慮し、使用量を最小にする。可能なら常温、常圧で行う。
7. **再生可能原料の利用** 技術的、経済的に可能ならば、枯渇原材料よりも、再生可能原材料を使用する。
8. **化学修飾の削減** 保護基の利用、保護/脱保護、物理的/化学的プロセスの温度変動のような不必要な化学修飾操作は、余分な反応剤が必要になり、廃棄物も発生するので最小限にとどめるか、できれば避ける。
9. **触媒** 触媒は化学量論的な試薬より優れており、可能な限り高い選択率をもつ触媒を使う。
10. **環境中で分解する製品設計** 化学製品の設計に際しては、使用後に無害なものに分解し、環境中に残存しないようにする。
11. **汚染防止のためのリアルタイム分析** 有害物質の生成を事前に防止するように、常時監視、系内監視と制御が可能になるように、いっそう良い分析方法を開発する。
12. **災害予防のため本質的に安全な化学** 化学プロセスで使う物質および生成する物質については、漏出、爆発、火災などの事故の可能性を最小限にするように選択する。

出典: P.T.Anastas and J.C.Warner, *Green Chemistry: Theory and Practice*, Oxford University Press, New York, 1998.

●**グリーンケミストリーへの関心の高まり**● そうこうするうちに、環境への懸念の高まり、化学工業に対する民衆がもつ悪いイメージ、政府規制のいっそうの強化によって、1990年代には問題意識の高い化学者たちは"グリーンケミストリー"の旗の下に集まるようになった。たとえば、ホスゲンを避け、ジメチルカーボネート（§6・1・2b）を使うとか、有機溶剤を使わないで超臨界二酸化炭素やイオン液体を使った反応を開発するというようなトピックスが、粘土、ゼオライト、シリカ、アルミナの表面や内部を触媒として活用する二相システムや無溶剤システムのような動きと特に結びついた。

現代の"グリーン"な製法の多くは、量産型の有機化学品よりもファインケミカル製品分野に集中している。それでも"グリーン"な製法は、排出物の削減、省エネルギー、触媒の発展という点で量産型の化学品の製法にも大きな影響を与えている。水蒸気分解と接触分解反応はそのまま残るだろうが、中間規模の化学品をつくるバイオテクノロジーを使った製法やその他の"グリーン"な製法については、本書ですでにたくさん語った。その意味では、本章はすでに述べた製法の補遺にあたっている。興味深いグリーンな製法やその動向を相互の関連性のないままに述べることによって、表19・1の目標がどこまで達成されているのかを示したい。

19・1 アセチレン化学の衰退

第二次世界大戦前にはアセチレンは，多くの脂肪族化合物，特にモノマー類の基礎原料だった．カーバイドを経由するアセチレン生産法では，アセチレン1トン当たり消石灰スラリー（10倍量の水を含む）が約28トン発生した（§13・3）．この製法は，環境を汚染し，エネルギー多消費でもあった．化学工業原料がアセチレンからエチレンに代わったことによって，現代の化学工業が実現した．化学工業の成長が，そのような公害の多い第一歩から始まったとは想像もできない．中国で旧式のカーバイド法が復活し，環境や健康全般に悪い影響を与えてきたことは残念なことである．米国でのアセチレン化学の衰退を図13・1（p.480）に示す．

19・2 ナイロン原料

ナイロン6の原料となるカプロラクタムの古典的な製法（§6・2・2）では，製品1kg当たり硫酸アンモニウムが4.4kgつくられる．硫酸アンモニウムの生成を減少させ，あるいはつくらないようにした製法については§6・2・2で述べた．住友化学は愛媛でEnichem社（現在のSyndial社）のアンモオキシム化法と住友化学の気相Beckmann転位法を組合わせて，硫酸アンモニウムをまったくつくらないプラントを稼働させた．DSM社，BASF社によってそれぞれ開発された二つの製法も有望になっている．

ナイロン66（§6・2・1）の原料に関連してもいくつかの環境問題がある．古典的なカプロラクタム製法と同様に，アジピン酸の合成はベンゼンからスタートするが，ベンゼンは有害である[1]．ベンゼンを還元してシクロヘキサンをつくり，これを穏和に空気酸化するとシクロヘキサノール/シクロヘキサノンの混合物が得られる．この混合物を硝酸によって激しく酸化するとアジピン酸になる（式19・1）．これが唯一の大規模な工業酸化プロセスであるが，硝酸という環境汚染原料が必要となる．

$$\text{ベンゼン} \longrightarrow \text{シクロヘキサン} \xrightarrow{O_2} \begin{array}{c} \text{シクロヘキサノール} \\ \text{シクロヘキサノン} \end{array} \xrightarrow{HNO_3} \text{アジピン酸} \quad (19\cdot 1)$$

BASF社がブタジエンを出発原料とした穏和なプロセス（§4・1・6f）を開発した．このほかにも提案はあるものの工業化には至っていない．その一つが，相間移動触媒Alamine336〔トリ-(C_8-C_{10})アルキルアミン〕を使い，シクロヘキセンを経由するもの

である（式19・2）．

$$\text{シクロヘキサノール} \xrightarrow{-H_2O} \text{シクロヘキセン} \xrightarrow[KHS_4, \text{Alamine336}]{Na_2WO_4, H_2O_2} \text{アジピン酸（COOH, COOH）} \quad (19\cdot2)$$

　反応は水中で進められる．Alamine336が供給されると，酸化系が有機相または少なくとも相間に移動し，そこで反応が起こる（§18・10）．この製法の欠点は，第一に高価な過酸化水素が必要なこと，第二は出発原料のフェノールがベンゼンよりも高いことである．安価に過酸化水素を生産する製法が開発されれば，このアジピン酸製造法は，もっと有望なものになるだろう．一方，旭化成法（§6・1・3）はベンゼンに水素を添加して高収率でシクロヘキセンをつくり，これを水和してシクロヘキサノールにした後，硝酸酸化してアジピン酸を製造している．

19・3　ホスゲンの代替

　グリーンケミストリーの中心目標の一つに，ホスゲンを使わない反応経路の開発がある．ポリカーボネート樹脂のノンホスゲン法経路[2]は§6・1・2bで述べ，MDI（ジフェニルメタンジイソシアネート）やイソホロンジイソシアネートのノンホスゲン法経路は§6・3・1で述べた．2000年代前半にイソホロンジイソシアネートだけが，ホスゲンを使わないでつくられた．この方法は芳香族イソシアネートにも，その他の脂肪族イソシアネートにも適用できなかった．

　ホスゲンの使用は，化学工業史上最悪のボパール事故（インド）に直接に関係あるものではないもののそれを連想させるものである．ボパールの農薬工場では，§13・5・2fで述べたようにホスゲンをメチルアミンと反応させてメチルイソシアネートをつくり貯蔵した．つぎにメチルイソシアネートを α-ナフトールと反応させて殺虫剤カルバリル（carbaryl）をつくった．メチルイソシアネートが漏れて多数の人々に中毒を起こしたが，メチルイソシアネートの在庫量をずっと少量にとどめておけば，事故の一部は避けられたはずである．Makhteshim 社（現在の ADAMA Agricultural Solutions 社）は，イスラエルで致死性のあるメチルイソシアネートを使わず，式(19・3)の反応経路でホスゲンを使用した．

$$CH_3NH_2 + COCl_2 \text{（ホスゲン）} \longrightarrow CH_3NHCOCl + HCl$$

$$CH_3NHCOCl + \text{α-ナフトール（OH）} \longrightarrow \text{カルバリル（OCONHCH}_3\text{）} + HCl \quad (19\cdot3)$$

　この殺虫剤は，式(19・4)の反応によってジメチルカーボネートを経由してつくること

もおそらく可能だろう.

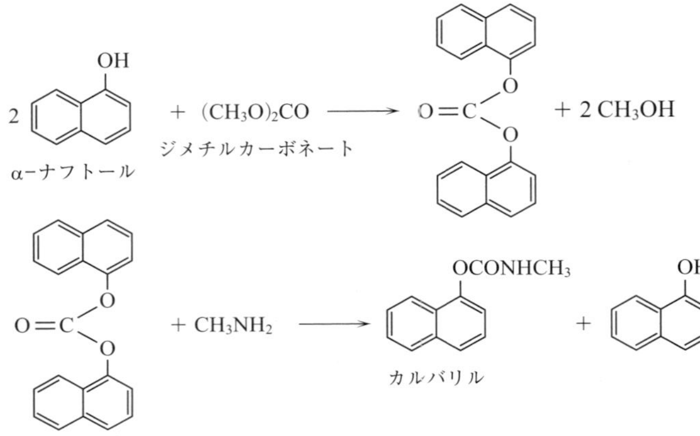

$$2 \text{ } \alpha\text{-ナフトール} + (CH_3O)_2CO \text{ ジメチルカーボネート} \longrightarrow \text{(ナフチルカーボネート)} + 2 CH_3OH$$

$$\text{(ナフチルカーボネート)} + CH_3NH_2 \longrightarrow \text{カルバリル (OCONHCH}_3\text{)} + \text{α-ナフトール} \quad (19 \cdot 4)$$

19・4 ジメチルカーボネートによるモノメチル化

ホスゲン代替の役割とは別に，ジメチルカーボネートは"グリーン"なメチル化剤でもあり，いくつかの反応では，ジメチル硫酸，塩化メチルに代替できる[3]．工業化されている二つの例が非ステロイド系抗炎症薬ナプロキセン (naproxen) とケトプロフェン (ketoprofen) の合成過程にある．両方ともカルボキシ基の α 位にメチル基を挿入する必要がある．きわめて重要な反応段階を図 19・1 に示す．ジメチルカーボネートは，高温でのみメチル化剤として働き，沸点は 90 ℃である．したがって反応はオートクレーブ中で行わなければならない．ジメチルカーボネートは有害ではないので大過剰に使用でき，メチル化剤であるとともに溶媒としての役割も果たせる．

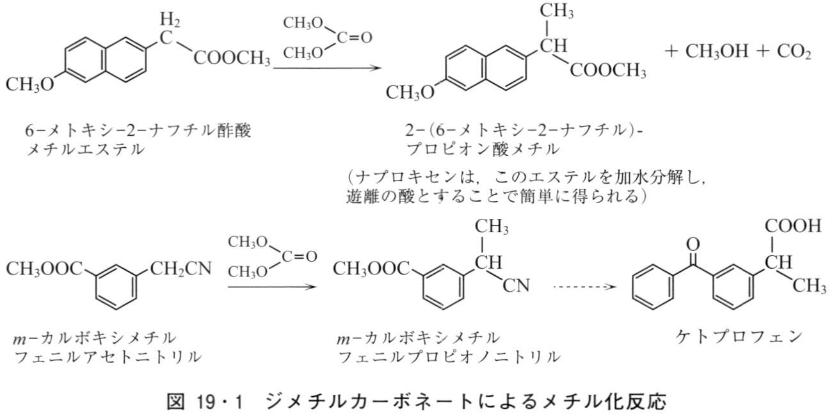

6-メトキシ-2-ナフチル酢酸メチルエステル + $(CH_3O)_2C=O$ → 2-(6-メトキシ-2-ナフチル)-プロピオン酸メチル + CH_3OH + CO_2

(ナプロキセンは，このエステルを加水分解し，遊離の酸とすることで簡単に得られる)

m-カルボキシメチルフェニルアセトニトリル + $(CH_3O)_2C=O$ → m-カルボキシメチルフェニルプロピオノニトリル ⋯⋯→ ケトプロフェン

図 19・1 ジメチルカーボネートによるメチル化反応

19・5　液化二酸化炭素，超臨界二酸化炭素，超臨界水

　二酸化炭素には三重点がある．$-56.6\,\text{℃}$，$5.2\,\text{bar}$ の三重点では，固体，液体，気体が共存している．大気圧下で二酸化炭素を冷却すると，液相を経ず直接に固体のドライアイスができる．二酸化炭素を室温で圧縮すると液化し，$56.5\,\text{bar}$ の圧力下の液体としてボンベに入れて販売されている．臨界点（$31.1\,\text{℃}$）以上の温度で圧縮すると，二酸化炭素は超臨界流体になる．ドライクリーニング用テトラクロロエチレンの代替品として液化二酸化炭素を使う可能性については§2・11・7で述べた．超臨界二酸化炭素は，カフェインレスコーヒーをつくるために，カフェインを抽出するヘキサンの代替品として使われている．コーヒー緑豆に超臨界二酸化炭素を通し，高圧水をスプレーしてカフェインを除去する．超臨界二酸化炭素は植物油や香料の抽出にも使われている．カフェインや植物油に使う長所は溶剤による汚染問題がない点である．香料では分解が少なく，クリーンであるという"説明書"を付けることができる．

　クロロフルオロカーボン溶剤中で通常行われる反応を，液化二酸化炭素または超臨界二酸化炭素中で進めている例もみられる．DuPont 社は 2000 年にそのような手法を使い，フッ素化開始剤を用いて，ポリテトラフルオロエチレンやその共重合体をつくるプラントの建設を発表した．英国で Thomas Swan 社は，イソホロンを水素化してトリメチルシクロヘキサンをつくるプラントを 2002 年に稼働させた[4]．図 19・2 には超臨界二酸化炭素の中で反応が十分に起こることが実証された反応例を示す．そのうちいくつかは，工業技

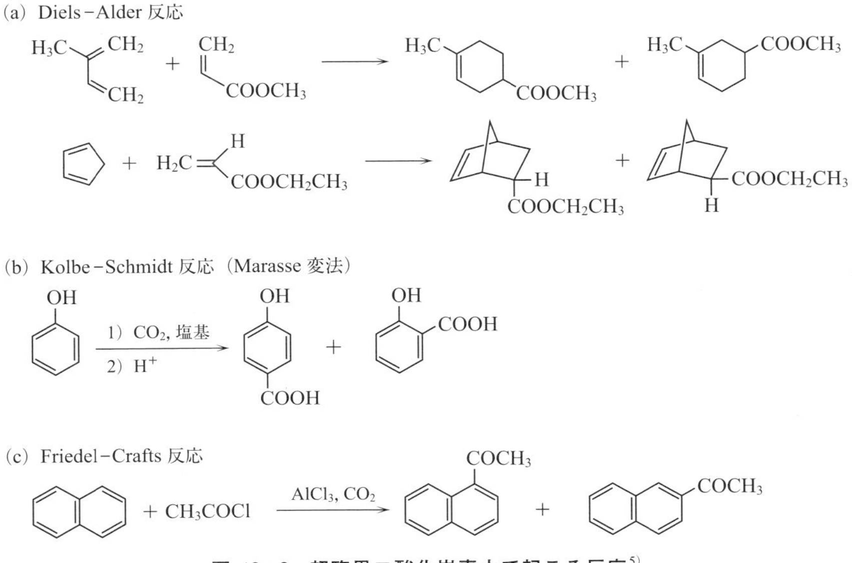

(a) Diels–Alder 反応

(b) Kolbe–Schmidt 反応（Marasse 変法）

(c) Friedel–Crafts 反応

図 19・2　超臨界二酸化炭素中で起こる反応[5]

術として利用される可能性がある[5]．

　液化二酸化炭素は，集積回路やその他のマイクロエレクトロニクス部品の洗浄工程で使われるクロロフルオロカーボンやその他の有機溶剤の代替品にもなっている．

　超臨界二酸化炭素が，水硬性セメントや石膏の硬化に使われる場合には，化学反応剤となっている．このような材料のアルカリ成分と反応して炭酸塩を生成し，生成物は高価なセラミックスの代替物となる[6]．

　超臨界二酸化炭素は発泡ポリマーをつくるのにも使われる．ポリマーを溶剤（二酸化炭素）で飽和するのに，超臨界二酸化炭素を多くの企業が利用している．減圧と加熱によって二酸化炭素が急激に膨張し，ポリマーマトリックス中に気泡をつくって発泡体を形成する．

　液化二酸化炭素または超臨界二酸化炭素を使う長所は，反応器の温度と圧力を調整することによって，反応の選択率と収率を広範囲に制御できる点である．また，超臨界流体は製品回収と触媒の分離が容易である．しかし，いくつかの欠点もある．第一は，高圧にするのに費用がかかり，グリーンケミストリーの12箇条の一つに反することである．第二に純粋な超臨界二酸化炭素は反応速度がしばしば低く，触媒の溶解も不十分になることである．第二の問題点は，"拡張二酸化炭素"溶剤，すなわち二酸化炭素と有機溶剤の混合物という考え方に発展している．たとえば，アセトニトリル溶剤中で2,6-ジ-t-ブチルフェノールから1,4-ベンゾキノンへ酸化する反応を，コバルト(II)触媒を用いてアセトニトリル/超臨界二酸化炭素1:1の溶剤で行う例[7]がある（式19・5）．

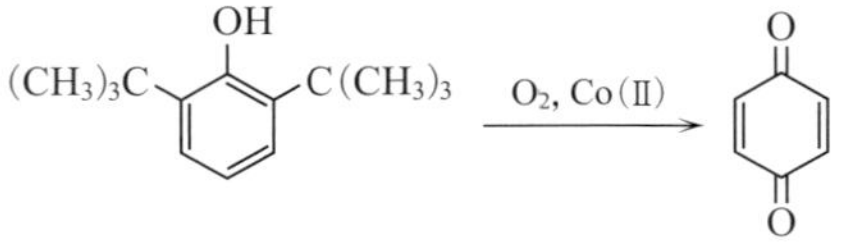

$$\underset{\text{OH}}{(CH_3)_3C \underset{}{\bigcirc} C(CH_3)_3} \xrightarrow{O_2, Co(II)} \underset{O}{\overset{O}{\bigcirc}} \tag{19・5}$$

　純アセトニトリルに比べて，二酸化炭素が加わることによって酸素の溶解性が2桁近く向上し，一方，アセトニトリルは触媒の溶解性を改善し，触媒のターンオーバー頻度（触媒の活性点当たり単位時間当たりに反応する分子数）を向上させる．超臨界二酸化炭素だけのときには200 barが必要であるのに比べて，このシステムでは60〜90 barで運転でき，触媒が沈殿する程度にまで二酸化炭素圧力を上げるだけで触媒回収を行うことができる．この技術は独創的であるものの，工業上さらに重要な反応系に適用できるかどうかが課題である．

19・6　イオン液体

　イオン液体とは，窒素またはリンを含む有機カチオンと無機アニオンから成る塩である．カチオンの非対称性とカチオン，アニオンの大きさの違いから，適切に充填構造をとって結晶化することができず，その結果室温で液体となっている．代表的なイオン液体を図19・3に示す．

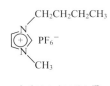

ヘキサフルオロリン酸 1−ブチル−3−メチルイミダゾリウム　硝酸 1−ブチルピリジニウム　1−エチル−3−メチルイミダゾリウムビス(トリフルオロメタンスルホニル)イミド

図 19·3　イ オ ン 液 体

カチオンとアニオンを変えるとイオン液体の脂溶性の度合いが変化し，溶剤特性が変わる．イオン液体は通常空気にも水にも安定である．イオン液体は，解離したイオンから成るかまたは強く構造化した液体として存在し，導電性をもっている．事実上蒸気圧がゼロであり，大気への蒸発という点で，イオン液体は揮発性有機液体の代替品として理想的である．イオン液体の欠点は蒸留による精製ができないことである．イオン液体は通常脂溶性で，すでに述べたように脂溶性物質が身体の脂肪に蓄積し，環境面からはよくないものと考えられるという問題を内在している．イオン液体中の反応生成物は，蒸留で分離するか，または水やアルカン類で抽出することができる．

イオン液体を使い始めた最大のプラントは，イソブタンとイソブテンのアルキル化によって年産 65,000 トンのガソリンを生産する PetroChina 社のプラントである．フッ化水素触媒または硫酸触媒の代わりに PetroChina 社は塩化アルミニウムを原料としたイオン液体を使っている[8]．

BASF 社はイオン液体の開拓者で，BASIL（イオン液体を活用した二相系酸捕捉処理）法にイオン液体を導入した[9]．アルコキシフェニルホスフィンは，紫外線硬化塗料用の光開始剤をつくる際の原料である．このホスフィンを合成する際に塩化水素ガスが発生する．従来はこれをトリエチルアミンでとらえて除去していた（式 19·6）．

$$2\,C_2H_5OH + C_6H_5PCl_2 \longrightarrow C_6H_5P(OC_2H_5) + 2\,HCl$$
$$2\,(C_2H_5)_3N + 2\,HCl \longrightarrow 2\,(C_2H_5)_3NH^+Cl^- \qquad (19\cdot6)$$

塩化トリエチルアンモニウムは，不溶性のペースト状になり，取扱いが難しかった．トリエチルアミンの代わりに，*N*−メチルイミダゾールを使うとイオン液体の塩化 *N*−メチ

(19·7)

N−メチルイミダゾール　塩化 *N*−メチルイミダゾリウム

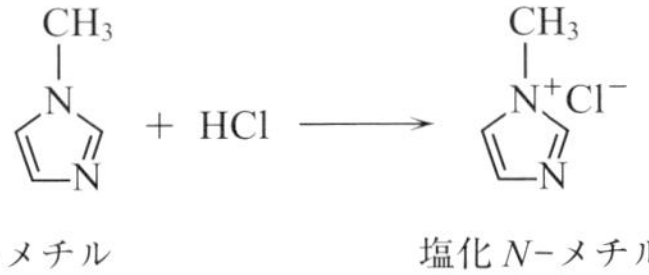

ルイミダゾリウムが生成し，反応混合物を2層に分割できるので，製品のアルコキシホスフィンを分離できる（式19・7）．

イオン液体層を水酸化ナトリウム水溶液で洗浄すれば，N-メチルイミダゾールを簡単に回収できる．イオン液体を使うことによって，収率が50%から98%に向上し，繰返し利用回数も86,000回になった．

イオン液体を使う別のプロセスとして，Dimersol法（§3・3, §4・3）に対するDifasol法がある．Dimersolプロセスは，アルケンの二量化によって分岐鎖をもったヘキセン類，オクテン類をつくる際に広く使われている．通常は溶剤を用いないで，[(PR$_3$)NiCH$_2$R′]-[AlCl$_4$]の形のニッケルを基本とした触媒を使う．しかし製品から触媒を分離するのが大きな課題である．Difasol法ではイオン液体にニッケル触媒を溶解することにより，イオン液体に溶けにくい製品と触媒の分離が容易になり，触媒活性も向上する．同様の考え方が，メタノールのカルボニル化による酢酸製造（§13・5・2b）にも使われている．Eastman社がプロセスを開発中であり，ロジウム触媒をイオン液体中に固定する．Eastman社は，1996年から2004年に2,5-ジヒドロフランの合成でイオン液体を使うプラントを操業した．

Evonik社は，ポリシロキサンから機能性ポリマーをつくる際に溶剤としてイオン液体を使っている．シロキサンをアルキル基やアリール基をもったポリエーテルで修飾してポリエーテルシロキサンにする．ポリエーテルシロキサンは，ポリウレタンの安定剤や気泡通気剤として，また消泡剤，乳化剤，湿潤剤，分散剤として使われる．ヒドロシリル化反応を促進する白金またはロジウムによる均一系触媒を使う標準的な製法では，高価な触媒が回収されない点が大きな障害であった．Evonik社は触媒をイオン液体に溶解する解決法を案出した．ヒドロシリル化反応が完了すると，修飾されたシロキサンを相分離し，イオン液体と触媒は，洗浄することなく何回も再使用できる．

Evonik社は，イオン液体を塗料の顔料分散剤として利用し，またリチウムイオン二次電池の電解液としても使っている．BP社はイオン液体Friedel-Craftsアルキル化技術を既存の製法の改善のために使う時点にきたと2001年に発表した．しかし，その後情報がほとんどない．この技術はHeck反応に使える（式19・8）．

$$\underset{X = Br, I}{\underset{R = H, OCH_3}{R-C_6H_4-X}} + \underset{\text{アクリル酸エチル}}{HC(=CH_2)-C(=O)-OCH_2CH_3} \xrightarrow[\text{イオン液体塩基}]{Pd(OOCCH_3)_2} R-C_6H_4-CH=CH-C(=O)-OCH_2CH_3 \quad (19・8)$$

イオン液体の別の応用例は，工業化にはなお距離があるが，セルロースの溶剤としての二硫化炭素（§17・4）の代替である．アラバマ大学の研究グループが，実用上どのような原料（繊維状，非晶質状，パルプ，綿花，バクテリアセルロース，沪紙）からのセル

ロースでも，セルロース誘導体にしないで溶解できることを発見した．そのイオン液体は塩化1-ブチル-3-メチルイミダゾリウムで，特にマイクロ波を併用しながら穏やかに加熱する．溶解したセルロースは従来の押出紡糸法や発泡技術を使って水中で再生し，繊維，膜またはビーズにすることができる[10]．

塩化1-ブチル-3-メチルイミダゾリウム

19・7 光触媒

分子を活性化して選択的な反応を起こさせる際に，熱の代わりに光を利用する方法，すなわち一種の工業的なフラッシュ光分解があるのではないかという期待が何十年ももたれてきた．しかし東レのカプロラクタム製法（§6・2・2）が光化学反応のごくまれな工業化例にすぎなかった．光化学反応の難しさは，光エネルギーが吸収されて，熱への転換や吸収物質や混濁の中で光が劣化してしまう前に，光エネルギーを反応系に加えることが非常に困難という点にある．

しかし水浄化に紫外線を使う研究に対する関心が高い．紙のリサイクルや水の浄化の問題点の一つに塩素化工程の存在がある．この工程は，紙のリサイクルではパルプの漂白に，水浄化では殺菌に効果がある．しかし，塩素化工程は，排水中に微量の有機塩素不純物を生みだす．こうして排水に微量のクロロフェノール類，ダイオキシン類，ポリクロロベンゼン類が含まれることになる．このような塩素化合物は少量であっても脂溶性のために身体の脂肪に蓄積するので嫌われている．

塩素化工程に対する解決法として，酸化チタン光触媒に白金を担持させて水に紫外線を照射する方法は有望である．水は紫外線を透過させる．酸化チタン上での光化学反応によって，水酸化物イオンが生成し，これが芳香環上の塩素原子に置換する．芳香環が壊れる機構は明らかでないが，光触媒系が非常に低い量子収率ではあるものの，水から水素と酸素を生成することが知られている．最終生成物は確かに二酸化炭素，水，塩化水素である．この程度の塩化水素は無害である．

水浄化はグリーンケミストリー推進化学者にいくつかのジレンマをもたらす．この方法は，事後処理プロセスであり，グリーンケミストリーの12箇条（表19・1）に反している．有機塩素化合物を減らす一つの方法は，紙のリサイクルを減らすことである．しかしリサイクルこそがグリーンの基本原理である．過酸化水素を安価に生産する技術が，一連の有用な代替技術を生みだすものであり，Solvay社の方法（§6・8・1）が広く利用されるようになれば興味深い結果を生みだすだろう．

19・8 有機電解合成併産法

1990年代後半にBASF社は有機電解合成併産法を開発し，二つの複雑な化学品，フタ

リドと *t*-ブチルベンズアルデヒド（TBA）を生産した[11]．二つとも BASF 社の農薬中間体である．合成経路を図 19・4 に示す．

TBA を生産する BASF 社の元の製法は，トルエンをイソブテンでアルキル化して *p*-メチル-*t*-ブチルベンゼンをつくり，これを電解合成反応器で酸化して，陽極からは TBA の前駆体である TBA ジメチルアセタールを，陰極からは水素を得るものだった．水素は純度が低いので燃やさざるをえなかった．TBA ジメチルアセタールを加水分解すると，メタノールを失って TBA が得られた．

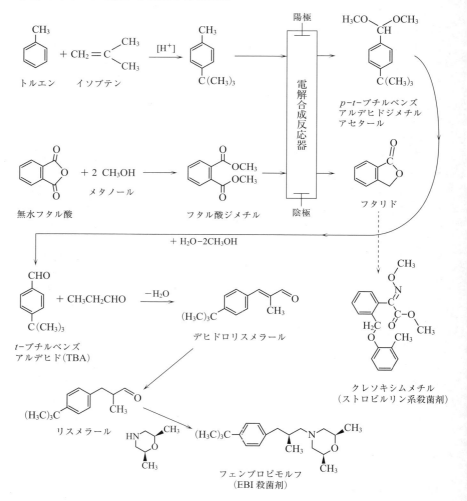

図 19・4　フタリドと *t*-ブチルベンズアルデヒドの有機電解合成併産法

中間体としてフタリドが必要になった際に，BASF 社は電解合成反応器の陽極で，フタル酸ジメチルからフタリドを同時に生成させることができることを見いだした．フタリドは比較的新しい"グリーン"な殺菌剤クレソキシムメチル（kresoxim-methyl）の中間体である．TBA は，プロピオンアルデヒドとアルドール縮合してデヒドロリスメラールとなる．デヒドロリスメラールの二重結合に対する位置選択的水素化によってリスメラール（Lysmeral）が生成する．リスメラールはスズランの香りの香料である．リスメラールと 2,6-ジメチルモルホリンとの還元的アミノ化反応によって農薬フェンプロピモルフ（fenpropimorph）が得られる．フタリドの需要が十分にないときには，かつてと同様に TBA だけをつくることができるように，プラントはモジュール的につくられている．

19・9 "グリーン"医薬品

グリーンケミストリーの12箇条を医薬品に適用する際には，いくつか強調すべき点が変更される．医薬品は一般に本書の対象外になっているが，数例は注目する価値がある．医薬品は，一般の工業化学品から合成してつくられるか，または天然の再生可能資源に基づくものがある．イブプロフェンとセルトラリンは石油化学品から合成される例である．天然の再生可能資源に基づく医薬品としては，植物資源から直接に抽出されるものと，発酵によってつくられ一部化学的に修飾されてつくられるものがある．直接に抽出される医薬品の例としてはジゴキシン（digoxin, 狭心症薬），発酵と化学修飾による半合成医薬品の例としてはアモキシシリン（amoxicillin, βラクタム系抗生物質で細菌感染症薬）がある．

19・9・1 イブプロフェン

イブプロフェン（ibuprofen）は，最もよく使われる代表的な鎮痛剤の一種であり，風邪などの症状を和らげる解熱・鎮痛の作用がある．

イブプロフェンの合成は，まずプロピレンとトルエンの反応によってイソブチルベンゼン（§18・4）を得ることから始まる．イブプロフェンの合成法には多くの経路があるが，多くはイソブチルベンゼンから出発する．最初の合成経路は，1960 年代に英国の薬剤師 Boots によって開発された．その経路を図 19・5 に示す．

この合成法は 7 段階からなり，各段階の収率は 100% 以下なので全体収率は低く，廃棄物問題を起こす原因となった．加えて無水酢酸を使うために副生物として酢酸が発生し，反応に使用するナトリウムエトキシド，クロロ酢酸エチル，ヒドロキシルアミンは最終製品には含まれないものであった．英国化学会は，イブプロフェン 206 kg（1 kmol）生産するごとに，収率 100% であってさえ 308.5 kg の廃棄物が生成すると計算した．さらに塩化アルミニウム触媒は，真の触媒ではなく水和物が生成するので廃棄しなければならなかった[12]．

1980 年代にイブプロフェンの特許が終了し，図 19・6 に示す"グリーン"な合成法を

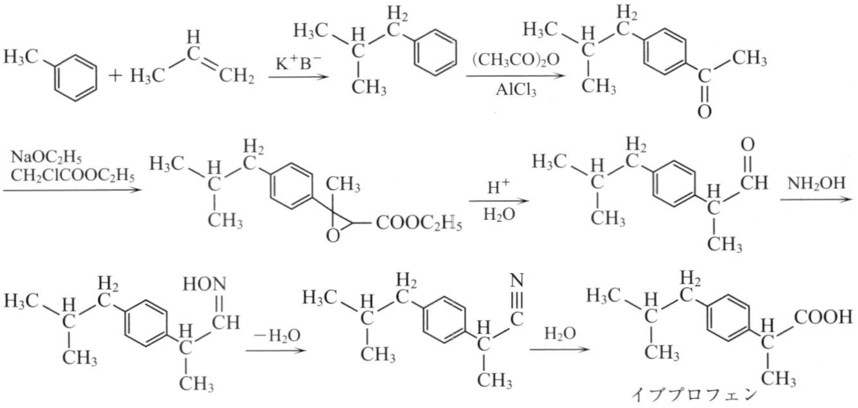

図 19・5　イブプロフェンの Boots 法による合成

もつ新企業 BHC 社が現れた．
　BHC 法は，最初の 2 段階は Boots 法と同じであるが，アセチル化は塩化アルミニウムの代わりにフッ化水素触媒を使う．フッ化水素触媒は本当に触媒なので再生でき，再使用可能である．2 段階目で生成するアセトフェノン誘導体を，Raney ニッケル触媒で水素還元すると第二級アルコールが生成するので，つぎにこれを一酸化炭素とパラジウムで処理するとイブプロフェンが生成する．新経路は，旧経路より 3 段階減少し，触媒はすべて回収可能となる．イブプロフェン 206 kg 生産に対して副生物の酢酸 60 kg が発生するだけである．イブプロフェンの市場が，英国だけで 3000 トンのオーダーとすると，世界中の廃棄物の削減量は相当なものである．

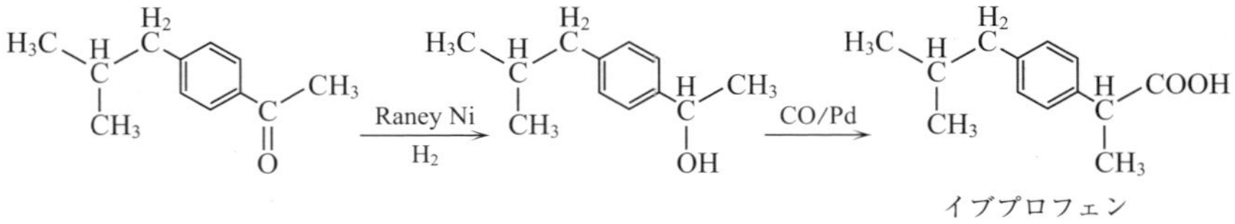

図 19・6　イブプロフェンの "グリーン" な合成法（BHC 法）

19・9・2　セルトラリン

　"グリーン" になった合成医薬品のもう一つの例は，セルトラリン（sertraline）である[13]．セルトラリンは抗うつ薬として使われる医薬品である．元の合成法のうち，3 段階を 1 段階に減らせた（図 19・7）．
　元の合成法は，まず塩化 3,4-ジクロロベンゾイルとベンゼンを Friedel–Crafts 触媒に

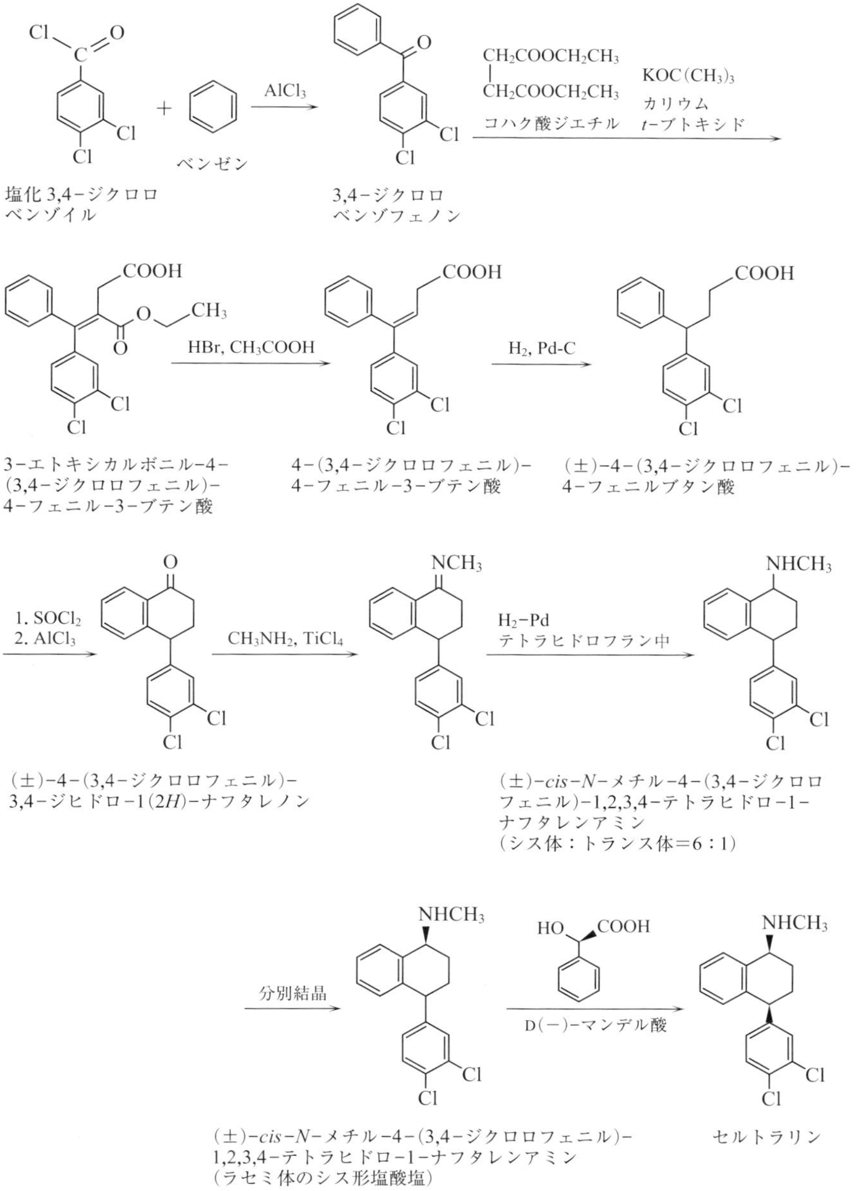

Cl
O
C
Cl
Cl
+
ベンゼン
AlCl3
O
Cl
Cl
CH2COOCH2CH3
CH2COOCH2CH3
コハク酸ジエチル
KOC(CH3)3
カリウム
t-ブトキシド
塩化 3,4-ジクロロ
ベンゾイル
3,4-ジクロロ
ベンゾフェノン
COOH
O
CH3
O
Cl
Cl
HBr, CH3COOH
COOH
Cl
Cl
H2, Pd-C
COOH
Cl
Cl
3-エトキシカルボニル-4-
(3,4-ジクロロフェニル)-
4-フェニル-3-ブテン酸
4-(3,4-ジクロロフェニル)-
4-フェニル-3-ブテン酸
(±)-4-(3,4-ジクロロフェニル)-
4-フェニルブタン酸
1. SOCl2
2. AlCl3
O
Cl
Cl
CH3NH2, TiCl4
NCH3
Cl
Cl
H2-Pd
テトラヒドロフラン中
NHCH3
Cl
Cl
(±)-4-(3,4-ジクロロフェニル)-
3,4-ジヒドロ-1(2H)-ナフタレノン
(±)-cis-N-メチル-4-(3,4-ジクロロ
フェニル)-1,2,3,4-テトラヒドロ-1-
ナフタレンアミン
(シス体：トランス体＝6：1)
分別結晶
NHCH3
Cl
Cl
HO
COOH
D(−)-マンデル酸
NHCH3
Cl
Cl
(±)-cis-N-メチル-4-(3,4-ジクロロフェニル)-
1,2,3,4-テトラヒドロ-1-ナフタレンアミン
(ラセミ体のシス形塩酸塩)
セルトラリン

図 19·7 セルトラリンの合成

よって反応させてベンゾフェノン化合物にする．触媒は塩化アルミニウムであった．ゼオライトに置き換わったとしても，それは明らかにされていない．つぎにベンゾフェノン化合物のカルボニル基上に側鎖がつくられ，それが再び Friedel-Crafts 反応で環化されて (±)-4-(3,4-ジクロロフェニル)-3,4-ジヒドロ-1(2H)-ナフタレノンが生成する．これから3段階の反応が続くが，これが後に1段階に変わった．テトラヒドロフランまたはトルエン中で，ナフタレノンのカルボニル基がメチルアミンによってイミンに変換される．四塩化チタンを脱水剤として使い，イミンへの平衡を進める．イミンを分離し，これをテトラヒドロフラン中でパラジウム/活性炭触媒を使い，水素で還元すると，異性体（シス体：トランス体，6：1）ができる．分別結晶によりラセミ体のシス形塩酸塩を分離する．これを最後に D-マンデル酸を使ってエタノールを溶剤として光学分割すると，望みの (S,S)-シス異性体が得られる．セルトラリンのマンデル酸塩を酢酸エチル中で塩酸塩に転換する．

新合成法ではナフタレノンから始まる3段階を，中間体を分離せずエタノール中で反応を進める．環境上問題のないエタノールを一貫して溶剤として使い，未反応のメチルアミンを蒸留によって回収する．イミンがエタノールに溶解しにくく沈殿するので，第1段階（カルボニル基→イミン）の反応が促進され，四塩化チタンはもはや必要でなくなる．炭酸カルシウムに担持したパラジウム触媒は，活性炭に担持したパラジウム触媒よりも選択率がよく，シス：トランス異性体比は 18：1 となる．全体収率はほぼ倍増して 37％になり，メチルアミン，(±)-4-(3,4-ジクロロフェニル)-3,4-ジヒドロ-1(2H)-ナフタレノン，D-マンデル酸の使用量がそれぞれ 60％，45％，20％削減される．溶剤必要量も，セルトラリン1トン当たり 227 m^3 から 22.7 m^3 に減少する．こうして年間で酸化チタン−メチルアミン塩酸塩廃棄物が 440 トン，35％塩酸廃棄物が 150 トン，50％水酸化ナトリウム廃棄物が 100 トン削減された．本書の次の改訂版が出る 10 年間に，このような例がたくさん増えることが期待される．

19・9・3 "再生可能原料"からの医薬品

"グリーン"な手法が求められる医薬品のその他の例としては，草木類に代表される再生可能原料を基にした医薬品がある．ケジギタリス *Digitalis lanata* から抽出されるジゴキシン（digoxin）のような薬は，抽出法によって簡単に生産できるが，強心作用をもったその他の配糖体との混合物として抽出され，これらは無駄になる．ドイツの Boehringer Mannheim 社は植物細胞培養法によってそのような配糖体の一つジギトキシン（digitoxin）をジゴキシンに転換する技術を開発した．ジギトキシンは，ジゴキシンの前駆体に相当し，生きた植物のある種の細胞内で 12β-ヒドロキシ化反応を受けてジゴキシンになる．Boehringer Mannheim 社は，ケジギタリス内のその細胞を突き止めた．その細胞は適切な酵素をもっており，その細胞を固定化培養することによって転換反応を進めた．

この種の他の医薬品の例としては，発酵によって生産したり，天然に生まれ，または発

19·9 "グリーン"医薬品

酵によって得られた基質を化学修飾して生産したりするものがある.興味深い例としてパクリタキセル（paclitaxel）がある.これは抗がん剤タキソール（Taxol）の有効成分である.パクリタキセルは,太平洋イチイ *Taxus brevifolia* の樹皮から最初単離され,同定された.卵巣がん治療に有効であることがわかったものの,課題はイチイ樹皮中のパクリタキセル含有量が,たったの0.0004％程度にすぎないことだった.その生産法では,イチイの皮を剥ぐことが必要であり,それはイチイを殺すことになる.イチイは育つのに約200年かかるので,この薬の工業生産が始まれば,イチイを絶滅させることになる.

この薬を十分に供給しようとする最初の動きは,Bristol-Myers Squibb社によって開発された半合成経路だった.それは10-デアセチルバッカチンIII（10-DAB）を出発原料とするものである.10-DABは,ヨーロッパイチイ *Taxus baccata* の葉や小枝に0.1％のレベルで含まれている.10-DABの遊離しているOH基を,いわゆる尾島ラクタムに結合する.尾島ラクタムは,光学活性な補助物質によって不斉合成される[14]（式19·9）.

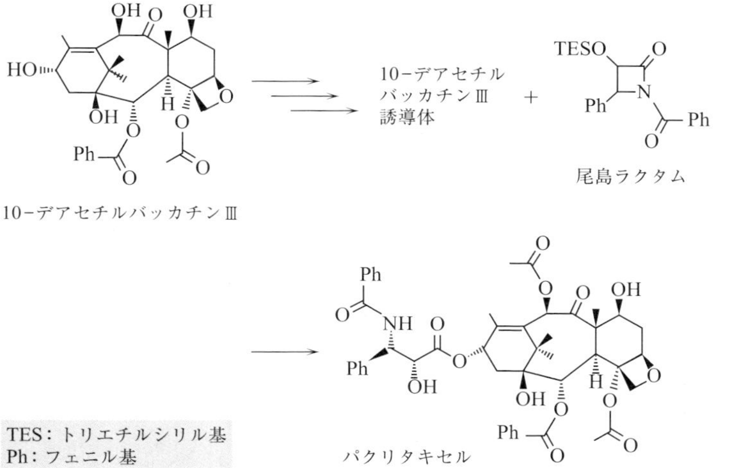

TES：トリエチルシリル基
Ph：フェニル基

(19·9)

この新しい製法の開発を進めることは可能であるが,ラクタム生産からの廃棄物とイチイの葉や小枝の抽出残渣という大量のバイオマス廃棄物が発生する.Bristol-Myers Squibb社は,そこで植物細胞培養技術に切替えた.この技術の植物細胞培養段階では,常温常圧に制御された巨大な培養タンクの中で,完全に水性の媒体中に特殊な *Taxus* 細胞のカルスを増殖させる.原料は,糖類,アミノ酸,ビタミン,微量元素である.パクリタキセルが培養植物細胞から抽出され,クロマトグラフィーにより精製,さらに再結晶法によって分離される.半合成経路に比べて植物細胞培養経路では,危険な化学品,その他材料32トン,10種類の溶剤,6段階の乾燥工程,そして大量のエネルギーが不要になった.この経路によれば,年間を通じて"収穫"が可能となり固体のバイオマス廃棄物もなくなった.

パクリタキセルの"グリーン"経路は，グリーンケミストリーの 12 箇条各条にかなうばかりでなく，人の命を救う薬を容易に入手可能にするものである．

ビタミン B_2（リボフラビン）は，医薬品というよりも栄養補助食品であるが，ここでの話題に含めることにする．リボフラビンは，飼料添加物として使われたり，朝食のシリアルに加えられている．1990 年までは長い合成法によって生産された．合成の最終段階を図 19・8 に示す．

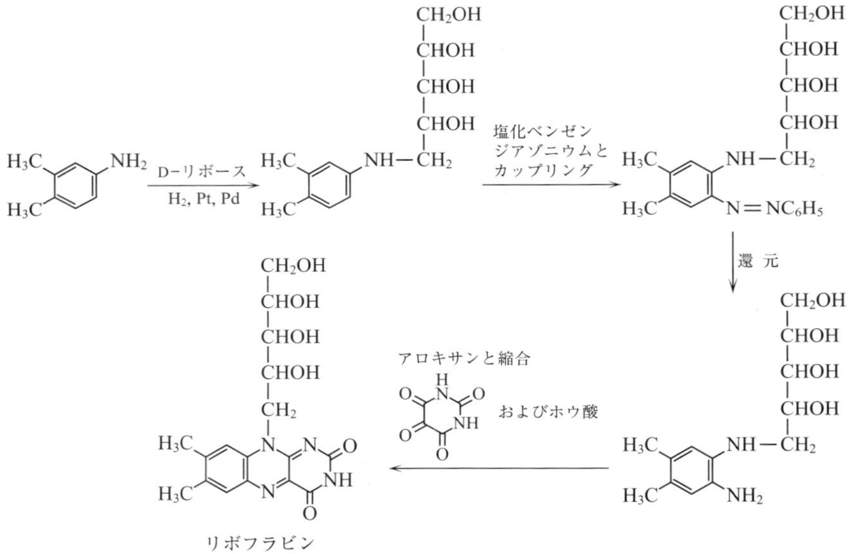

図 19・8　リボフラビンの工業的化学合成法

BASF 社はリボフラビンのバイオ触媒による生産経路を開発し，1990 年に化学合成法を置き換えた．それ以来，リボフラビンは菌類 *Ashbya gossypii* を使う培養法によってつくられている．添加栄養物としては植物油を使う．菌類はリボフラビンをつくる酵素をもっている．リボフラビン生成量（あるいは産生量）は，酵素の量と菌の生育条件によって決まる．BASF 社は 2003 年 12 月に韓国群山（クンサン）で年産 3000 トンのリボフラビン生産プラントを稼働させた．この製法によって必要な原料が 60%，二酸化炭素排出量が 30%，廃棄物が 95% 削減され，生産原価が 40% 低下したと BASF 社は発表している[15]．

19・10　ジエタノールアミンの接触脱水素反応

非選択的除草剤 ラウンドアップ（Round-Up）は，グリホサート〔N-（ホスホノメチル）グリシン〕$HOOCCH_2NHCH_2PO(OH)_2$ のモノイソプロピルアミン塩である．これを

合成する際の鍵となる中間体はイミノ二酢酸二ナトリウム塩であり、これを昔からのStrecker法（ストレッカー）により、アンモニア、ホルムアルデヒド、シアン化水素、塩化水素からつくっていた。しかし、この製法では、イミノ二酢酸塩7トンつくるのに、シアン化水素とホルムアルデヒドを含む廃棄物が1トン発生する。新反応経路は、ジエタノールアミン（§2・11・6d）から出発し、これを銅触媒上で酸化脱水素する[16]（式19・10）。

$$HOC_2H_4NHC_2H_4OH \xrightarrow{Cu\text{触媒}+O_2,-2H_2} HOOCCH_2NHCH_2COOH \quad (19\cdot10)$$

この反応は吸熱反応なので暴走反応の可能性が少なく、廃棄物も無視できるほど少ない。

19・11 遺伝子操作

バイオテクノロジーは、少なくとも20年前の化学者にとっては再生可能資源を使い、生分解性製品をつくる手段という程度の言葉であった。この20年間に、DNA組換え技術によってバイオテクノロジーは、50くらいの医薬品開発に使われてきたが、大量生産品はなかった。天然産品を刈り取るのは、原油や天然ガスを地中から汲み出すよりも経済上の課題が多く、またバイオテクノロジー製品の生産に伴って発生する大量のバイオマスを処分するのにも廃棄物問題が発生する。発酵エタノールの生産については§1・15・1と§17・6・5で議論した。果糖（フルクトース）高含量コーンシロップの固定化酵素による生産についても§17・1で議論し、§3・10・3ではアクリルアミドについても述べた。遺伝子組換え生物から得られる酵素の利用については、1,3-プロパンジオール（§17・6）やその他の化学品の製法がある。

19・12 生分解性包装材料

最初の半合成ポリマーであるセルロース誘導体は、再生可能原料に基づいており、生分解性であった[17]。それとは対照的に石油化学からつくられるポリマーは、生分解がきわめて遅いために廃棄物問題が起こった。捨てられたプラスチックは、公害の主要源となり、河川、海岸、田舎に散乱し、魚や鳥を殺害し、都市の魅力を失わせた。米国では廃棄物中のプラスチックの重量割合は7％にすぎないけれども、容量割合では20％にもなる。道路上の散乱物の40％はプラスチックで、目に見えるために人々の関心が高まったので、光分解性プラスチックの開発が盛んになった。このようなプラスチックは、すでに1990年代前半には使用が義務づけられた州もあり、飲料ボトル6本パック用リングバンドに使われた。ゴミとして捨てられたバンドの穴に動物がつかまってしまう事故があった。

廃棄物の数は信じがたいほどである。2008年にプラスチック袋は約5000億枚使われ、男女、子供を合わせて1人当たり約70枚になった。米国が1000億枚で1人当たり約330枚、英国は約80億枚で1人当たり約133枚になる。平均して袋は12分間使われ、ゴミ捨て場で腐るのに500年かかるといわれている（しかしプラスチックがゴミの山を安定化させる証拠があるので、寿命は決してそのとおりではなく、もっと長い！）。生分

解性を名乗るのに必要な事項はさまざまな ASTM 規格のなかに認められる[18]．

生分解性ポリマー生産への関心が高まっている．バイオポリマーには，次の 3 区分がある．

- 再生可能原料からつくられるが，生分解性でないポリマー：
  たとえば，発酵アルコールを原料としたバイオポリエチレン
- 石油化学に基づいてつくられるが，生分解性のポリマー：
  たとえば，感光性の官能基をもつポリオレフィン（後述）
- 再生可能原料からつくられ，生分解性でもあるポリマー：
  たとえば，ポリヒドロキシアルカン酸エステル（§19・12・1）

図 19・9 に世界のバイオポリマーの 2010 年生産能力と 2015 年予想能力を示す[19]．デンプン原料のポリマーとセルロース類は大きくは成長しないと予想される．バイオポリエチレン，ポリ乳酸，さまざまな種類のポリエステルに関心が集中している．

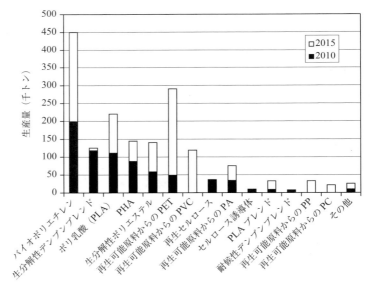

図 19・9　世界のバイオポリマーの 2010 年生産能力と 2015 年予想能力[19]

多くの初期の生分解性プラスチックはデンプンを原料とした．第一世代の生分解性プラスチック袋は，ポリエチレンまたはポリプロピレン 80～95％ から成り，デンプンは単にフィラー（プラスチック充填剤）の役割に過ぎなかった．廃棄後，デンプンが腐り，生分解性でない微粒子残渣が残るものの環境中ではプラスチック袋が目立たなくなった．

第二世代の生分解性プラスチックでは，デンプンがポリマーの特性を決める構成要素と

して使われた．デンプンが親水性ポリマー，特にポリ（ビニルアルコール）とブレンドされて強度を高めることに貢献した．このようなプラスチックでは50～80％もデンプンが使われたが，残りの成分は生分解性ではなかった．

第三世代の生分解性プラスチックは，真に生分解性で，まったく石油化学製品を含んでいない[20]．主要なものとしては，ポリヒドロキシアルカン酸エステルがある（§19・12・1）．この種のポリマーでは，生分解性だけが決め手ではなく，フィルムのガスバリア特性が決め手となることを強調したい．果物や野菜の包装では，酸素や二酸化炭素を適切に透過する必要がある．酸素と反応しやすい食品，たとえば多くの不飽和基をもつ脂肪は悪臭を出しやすく，酸素透過性の低い包装が必要である．微生物の増殖しやすさ，化学反応の起こりやすさ，パリパリ感を保つといったような，その他多くの包装材料に要求される特性は，水分の透過性に依存している．表19・2にいくつかの生分解性フィルムの特性を示す．

表 19・2 生分解性フィルムの特性

材　　料	水分バリア性	ガスバリア性	機械的強度
セロハン	＋/－	＋	＋
セロハン（硝酸セルロース/ワックス塗装）	＋	＋	＋
酢酸セルロース	＋/－	＋	＋/－
デンプン/ポリビニルアルコール	－	＋	＋
PHB（ポリヒドロキシ酪酸エステル/ポリヒドロキシ吉草酸エステル）	＋	＋	＋/－
ポリ乳酸	＋/－	－	＋

出典：ヴァーヘニンゲン大学（オランダ）生命科学大学アグロテクノロジー食品科学部非食品用農産原材料加工科．P050-217.http://www.ftns.wau.nl/agridata/historybiodegrplast.htm27oct01; http://www.mindfully.org/Plastic/Biodegradable-Plastic.htm.

従来からの石油化学系ポリマーは，環境中での耐久性に関心が高かったが，最終的には光分解ないし生分解されることは重要である．分解は2段階で起こる．鍵となる中間体は過酸化物で，これが熱，光，触媒の影響によって分解し，フリーラジカルをつくる．フリーラジカルが連鎖反応を促進し，ポリマーの分子量を低下させて，アルデヒド，アルコール，ケトン，エステル，酸，低分子量ワックスを生成する（式19・11）．

酸化段階を経てポリマーの疎水性が低下するため，生分解が可能となる．微生物酵素，特に多くの細菌によってつくられるシトクロムP450は，過酸化物の生成とポリマーの切断をひき起こす．バイオマス，水，二酸化炭素への生物同化作用は，酸素環境と栄養素が存在する限り続く．

この作用はきわめてゆっくりした反応である．しかし，高分子鎖に感光性 ＞C=O 基を導入することによって，ポリマーの生分解性を高めることができる．ポリマーを酸性環境下，不均一相でNOClのような化合物と反応させると，高分子鎖にNO基が導入され，NO基はさらに＞N－OH基に転換される．その結果，生成するポリマーは加水分解さ

$$\begin{array}{c}\sim\!\!\!\sim\!\!CH_2-CH_2-CH_2-CH_2-CH_2\!\sim\!\!\!\sim \xrightarrow{O_2} \boxed{\sim\!\!\!\sim\!\!CH(OOH)-CH_2-CH_2-CH_2-CH(OOH)\!\sim\!\!\!\sim \text{ 過酸化物}}\end{array}$$

$\sim\!\!\!\sim\!\!CH_2CHO$ アルデヒド

$\sim\!\!\!\sim\!\!H_2CH_2C\!-\!CO\!-\!CH_2CH_2\!\sim\!\!\!\sim$ ケトン

$\sim\!\!\!\sim\!\!CH_2COOH$ 酸

$\sim\!\!\!\sim\!\!CH_2OH$ アルコール

$\sim\!\!\!\sim\!\!CH_2COOCH_2\!\sim\!\!\!\sim$ エステル

(19・11)

れ, >N-OH 基は感光性の >C=O 基に転換される. このようなカルボニル基は紫外線を吸収し, ポリマーの光分解をひき起こす. 同様な反応を起こす特許化された添加物がいくつかある. TDPA（プラスチック完全分解添加物）は最も有名である[21]. 他の感光性物質としては, ジケトンとアミノアルキルフェロセンがある.

この技術はポリエチレン, ポリプロピレン, ポリスチレンのようなポリマーに適用される. そのような処理をしたポリマーは, 直射日光にさらされると光分解するけれども, そうでなければ無限の寿命がある. 代表的な感光性官能基のレベルは, 通常の条件下で約6カ月の有効寿命になるように設計されている. 6本パックのソーダ缶や飲料ボトルのリングバンドに生分解性を必要とする規制のある州では, 1990年代以来, 光分解性 LDPE が使われている.

光分解性ポリマーの一例として Shell 社と BP 社が開発したエチレン, プロピレン, 一酸化炭素から成るポリマーがあったが, のちに生産が中止された. そのポリマーは, $+\!CH_2CH_2COCH(CH_3)CH_2CO\!+_m$ という構造の交互共重合体であった. カルボニル基が感光性を担った. 二座配位子のついたパラジウムとトリフルオロ酢酸またはp-トルエンスルホン酸の塩から成る触媒を使い, 均一系で共重合が行われた. 特許では触媒の二座配位子として 2,2'-ビピリジン, 1,10-フェナントロリンまたは 1,3-ビス(ジフェニルホスフィノ)プロパンが使われている.

19・12・1 ポリヒドロキシアルカン酸エステル

ポリヒドロキシアルカン酸エステルは, セルロース誘導体よりも成形加工しやすいが, これもまた再生可能材料（§17・1, §17・2）を原料にしている. 最初に ICI 社がそのような生分解性共重合体の合成法を開発した. それはブドウ糖（グルコース）を *Alcaligenes eutrophus* で発酵させてつくる共重合体であり, γ-ヒドロキシ酪酸と γ-ヒドロキシ吉草酸から成っていた.

HOCH$_2$CH$_2$CH$_2$COOH　　HOCH$_2$CH$_2$CH$_2$CH$_2$COOH
　　γ-ヒドロキシ酪酸　　　　　　γ-ヒドロキシ吉草酸

　このポリマーは，Biopolとよばれ，立体規則性をもち，分子量は10万から40万であった．微生物細胞から分離，精製後，従来からのポリマー成形加工技術で成形することができる．立体規則性と高分子量によって強度が高くなっているが，逐次重合にしては珍しい．通常の逐次重合では分子量がたかだか1万にしかならない．Biopolは高価ではあったけれども，生分解性の魅力があってボトルやその他包装容器，特に"グリーン"化粧品容器用の中空成形市場を得た．このポリマー事業は，Monsanto社に売却され，さらにMetabolix社に売却された．Metabolix社はPHAバイオポリマーの名で販売している．Metabolix社はMonsanto社が使っていた野生種より，はるかに効率の高い遺伝子組換え種を開発した．このポリマーはコーンスターチ，サトウキビ搾り汁，セルロースの加水分解液，植物油のような再生可能資源を原料にしている．Metabolix社はPHAバイオポリマーやその他のポリヒドロキシアルカン酸エステルを直接生みだすタバコやナタネのような栽培植物も開発した[22]．

　Biopolは，手術用縫合糸のほか，止め金具，眼内挿入物，心臓血管移植片，骨用ねじのような医療用製品にすでに利用されており，さらに関連した外科用部品が計画されている．また，生分解性のために，このポリマーは医薬品の体内徐放制御用や女性用衛生用品に利用可能であり，またフェロモンのカプセル化や肥料，農薬が埋め込まれた農業用フィルムとしても使われる可能性がある．価格低下によって，一般用生分解性フィルムの候補になりうる．

●ポリ乳酸●　これに関連したポリヒドロキシアルカン酸エステルとして，乳酸からつくられるポリエステル，ポリ乳酸（ポリラクチド，PLA）がある[23]．Cargill Dow社〔現 NatureWorks LLC（合同会社）：Cargill系〕が2002年に年産14万トンプラントを稼働させた．このプラントは，遺伝子組換え微生物を使い，2010年には世界中で年産50万トンの能力にすることを目標としている．Coca-Cola社はソルトレイクシティーの冬季オリンピックに5万個のポリ乳酸製カップを使ったけれども，14万トンプラント以後のCargill Dow社による新しいプラント建設の発表を聞いていない．ポリ乳酸の欠点は乳酸を重合しなければならない点である．一方，Biopolは微生物内で重合まで済んだポリマーとして生産される．韓国の研究グループが遺伝子改変大腸菌を使って，直接にポリ乳酸とその共重合体ができることを発表した[24]．

　Cargill Dow法では，トウモロコシから得たグルコース（ブドウ糖）を§17・1と同様の発酵法によってまず乳酸にする．乳酸を精製し，縮合反応によって低分子量（M_n 約5000）のポリ乳酸にする．このポリ乳酸をオクタン酸スズ触媒とともに溶融すると解重合反応が起こり，ラクチドの立体異性体混合物となる．解重合して生成したラクチド立体異性体混合物からオクタン酸スズ触媒を除去か失活させた後，ラクチドを開環重合する．

乳酸の縮合重合によって生成する水は分子量を制限するので，痕跡程度にまで除去する必要がある．溶剤中で重合するよりも，溶融状態で重合する方が操作は容易である．ラクチドの精製段階で立体異性体混合物を操作できる．L-ラクチドが主製品であるが，ポリマーの物性はD-ラクチドの量を制御することによって変えられる．最終的にポリマー製品の分子量は6万から15万であり，余分に残っている乳酸とラクチドは減圧蒸留によって除く．溶剤を使わず，減圧蒸留を使うことによって，石油化学製品に競合できる製品となる（式19・12）．

$$\text{乳 酸} \xrightarrow{-H_2O} \text{ラクチド} \longrightarrow \text{ポリ乳酸 (PLA)} \quad (19\cdot12)$$

ポリ乳酸は60℃の堆肥化施設で生分解される．ポリスチレンのようなプラスチックであり，ポリエチレンテレフタレートと同じ剛性と引張強度をもつ．ポリ乳酸フィルムは耐油性があり，ガスバリア性もよいため，食品包装材料に適している．ひねるとセロハンのように折りたたまれたままでいるので，キャンディ包装に適し，日本でゴルフボール用包装フィルムとして最初に実用規模で使われた．ポリ乳酸の融点は約170℃であるが，L-ラクチドにD-ラクチドを共重合させることによって210℃まで融点を上げられる．共重合体は耐熱性ばかりでなく，耐破壊靱性も向上し，メガネフレームに使われる．ポリ乳酸は，衣服やカーペット用に合成繊維と天然繊維のギャップを埋めるといわれており，農業やガーデニングへの幅広い用途をもつともいわれている．

ポリ乳酸の生産は食糧生産とは競合しないと主張されている．ポリ乳酸50万トンをつくるには米国のトウモロコシ生産量の5%未満しか必要としない．これは非常によいことではあるが，50万トンは全プラスチック生産量に比べれば大海の1滴であり，他の生分解性ポリマーや再生可能資源に基づく化学品も，また土地を必要とすることを忘れてはならない．

この節の最後に，"天然"の茶色紙袋に対してプラスチック袋（レジ袋）を擁護する言葉を述べよう．紙の生産には非常に大量の清水が消費される．紙の再生時には，有機塩素化合物による水質汚染があり，大気汚染物質も発生する．プラスチック袋をつくるよりも，紙袋をつくる方が4倍もエネルギーを使い，埋立てによって腐る時間は紙袋がほんの少し短いだけにすぎない．プラスチック袋の方が，保管しておくのも，再利用するのも容易である．"グリーン"を本当に望む読者は，食品雑貨を家に持ち帰るのに再利用可能な布袋（エコバック）を使うべきであり，使い捨て袋は，まったく使うべきでない．しかし綿花の栽培には大量の水を必要とし，農家は大量の肥料と農薬を使っていることを忘れてはならない．したがってポリエステル布袋が最も優れており，それを持ち忘れたときにはプラスチック袋を受取り，再利用すべきなのである．

19・13 グリーンケミストリー大統領チャレンジプログラム

グリーン技術を振興しようとする政府の施策として1995年から米国ではグリーンケミストリー大統領チャレンジプログラムが始まった.受賞した技術を合計すると,2009年には5.9億トン以上の有害な化学品や溶剤を削減し,1.6億m^3以上の水を節減し,ほぼ21万トンの二酸化炭素の排出を抑制したことになる.多くの受賞技術を本書に引用したが,すべての受賞リストは米国環境保護庁のウェブサイト http://www2.epa.gov/green-chemistry/ で見ることができる.

以上のグリーンケミストリーの例には,共通したテーマが存在しない.グリーンケミストリーは,首尾一貫した知識体系というよりも,一連の心がけなのである.たとえば,化学の学位取得に必要な学識をあらかじめもたないで,グリーンケミストリーの学位コースを設計することはできない.化学品をつくる"グリーン"な合成経路が,グリーンな度合いが劣る経路よりも経済的に劣るならば採用されないだろう.他方でグリーン運動に触発された政府が,グリーン度の劣る製法を使っている企業に財政面での圧力をかけることは可能であるが,代わりとなるグリーンな経路が存在しなければ圧力はかけられない.

環境上好ましい経路が好まれるようになると,企業は研究テーマの選択に影響を受ける.グリーンな化学者は次のように述べるだろう."今はまだ初期の時代なのです.そして,グリーンケミストリーの12箇条を常に心に止めておくならば,未来の化学工業は過去の化学工業よりもはるかに持続可能になりましょう."

文献および注

1. シクロヘキセンを原料としたアジピン酸の合成:*J. Chem. Ed.*, **77**, 1627, 2000.
2. ノンホスゲン法によるポリカーボネート樹脂製造法は,旭化成の小宮強介ら,ACS Symposium Series #626, pp.20〜33に述べられている.W.D.McGheeらが,ノンホスゲン法によるジイソシアネートの生成を同書,pp.49〜58で述べている.
3. F. Rivetti, U. Romano, and D. Delledonne, ACS Symposium Series #626, pp. 70〜80.
4. *Chem. Eng. News*, 25 November 2002, p. 19.
5. 図19・2出典:J.W. Tester et al., *Supercritical Fluids as Solvent Replacements in Chemical Synthesis*, ACS Symposium Series #767, pp. 270〜291.
6. J. B. Rubin, M. V. C. Taylor, T. Hartmann, and P. Paviet-Hartmann, in Green Chemistry Using Liquid and Supercritical Carbon Dioxide, eds. J. M. DeSimone and W. Tumas, Oxford University Press, New York, 2003, pp. 241〜255.
7. ジーtーブチルフェノールの酸化:*J. Am. Chem. Soc.*, **124**, 2513, 2002; and S. K. Ritter, *Chem. Eng. News*, 30 May 2002, p. 39.
8. http://www.chemj.cn/viewthread.php?tid=3796.
9. http://www.chemistryinnovation.co.uk/roadmap/sustainable/files/39021_1965679/Technology%20Area%20ILs.pdf.
10. http://www.epa.gov/greenchemistry/pubs/pgcc/winners/aa05.html.
11. H. Pütter and H. Hannenbaum, www.basf.de.
12. http://www.rsc.org/Education/Teachers/Resources/green/ibuprofen/home.htm.
13. 旧法:A. Kleemann, J. Engel, B. Kutscher, and D. Reichert, *Pharmaceutical Substances, Syntheses, Patents and Applications*, 4th ed., Thieme, Stuttgart, 2001. グリーン製法:*Chem. Eng. News*, 22 April 2002, p. 30; ibid., 1 July 2002, p. 29.
14. I. Ojima, I Habus, M. Zhao, M. Zucco, Y. Hoon Park, Chung Ming Sun, and Thierry Brigaud,

New and efficient approaches to the semisynthesis of taxol and its C-13 side chain analogs by means of lactam synthon method, *Tetrahedron*, **48**(34), 6985〜7012, 1992.
15. http://www.gdch.de/strukturen/fg/wirtschaft/vcw_va/habicher.pdf.
16. http://www.epa.gov/greenchemistry/presidential-green-chemistry-challenge-1996-greener-synthetic-pathways-award
17. A. Azapagic, A. Emsley, and I. Hamerton, *Polymers, the Environment and Sustainable Development*, Wiley, Chichester, 2003.
18. 現在，環境中でコンポジット化する生分解性プラスチックについて，おもに規定している ASTM 規格は三つある．1) the ASTM D6400-04 Standard Specification for Compostable Plastics, 2) ASTM D6868-03 Standard Specification for Biodegradable Plastics Used as Coatings on Paper and Other Compostable Substrates, 3) the ASTM D7081-05 Standard Specification for Non-Floating Biodegradable Plastics in the Marine Environment. さまざまな嫌気的環境での標準試験法があり，そのなかには実施困難なものもある．これらは，ASTM D5511-02 および ASTM D5526-94(2002) にある．
19. European Bioplastics University of Applied Sciences and Arts, Hanover, reported in *ICIS Chemical Business*, 2 June-3 July 2011, p. 31.
20. Marcin Mitrus, Agnieszka Wojtowicz, and Leszek Moscicki, Biodegradable polymers and their practical utility. http://www.wiley-vch.de/books/sample/352732528X_
21. www.plastic.org.il/nano/bioplastics/EPI_Technology_0308.pdf.
22. S. K. Ritter, Green challenge, *Chem. Eng. News*, 1 July 2002, pp. 267〜270.
23. C. Boswell, Bioplastics aren't the stretch they once seemed, *Chem. Marketing Reporter*, 20〜27 August 2001.
24. *Biotech Bioeng.*, doi: 10.1002/bit 22541, 22548.

20 持続可能性

　1950年代，60年代に，有機化学工業と医薬品工業は驚異的なスピードで成長した．化学工業全体の2倍，経済全体の4倍のスピードであった．市場には新しい，そして心躍らせるポリマーが満ちあふれ，そのポリマーから衣料用合成繊維が，また，あらゆる日用品のためのプラスチックが供給された．それとともに，ゴム，塗料，接着剤も供給された．医薬品分野でも，新薬が次々開発され，昔からの伝染病を治し，現代生活による生活習慣病や精神疾患を軽減した．生活水準が急速に向上し，先例のない製法開発が次々に成功したので，そのような成長に伴う負の影響の可能性を立ち止まって考えるような人はほとんどいなかった．

●**問題の発生**●　　医薬品工業では，1961年のサリドマイド惨事によって浮かれたブームは終了となった．適切に試験されず，安全と思い込んだ睡眠薬サリドマイドは，危険な睡眠薬バルビタールに代わるものとして設計された．しかし妊婦がサリドマイドを服用すると障害児を産む原因となることが判明した．医薬品試験と安全性に関する新しい規制が迅速に実施され，毎年市場に登場する新薬の数は半分以下となった．

　有機化学工業での問題発生は，それよりもほぼ10年後に始まった．Rachel Carson（レイチェル カーソン）による『沈黙の春』の出版[1]（1962）は，その前兆だった．環境中に排出される合成化学品，特にDDTは世界中に拡散し，食物連鎖の上位にいる生物種の体脂肪に蓄積するとCarsonは主張した．ローマ・クラブのD.H.Meadows（メドウズ）らによる『成長の限界』は1972年に発表された[2]．人口，生活水準，環境汚染，非再生可能資源の消費量は，すべてがかなり単純に連関し，すべてが指数関数的に増加することが指摘された．当時の精度の低いコンピューターでさえ未来をモデル化することが可能であった．人類が解決できるいかなる問題も，限られた範囲のことであり，解決しえない大きな問題の一部にすぎないということが結論であった．破滅は間近に迫っていた．40年経過してみると，この予測はすべてが誤りであることがわかった．しかし，この本は非常に大きな影響を与え，環境汚染問題と資源枯渇問題に世界中の関心をくぎづけにした．これは，予言それ自体が重要なのでないという古典的な例となった．重要なのは予言によって起こされた行動である．『成長の限界』のメッセージは，1973年に起こった第四次中東戦争によって強められた．この戦争によって，世界の長期的石油埋蔵量の約3分の2が中東に集中しているという事実が前面に出るようになった．しかもこの地域の国々は，政治的な安定性においても，民主主義の伝統においても，そして人権に対する関心においても懸念が抱かれるのである．その

後，ロシアで天然ガスと石油資源が発見され，中東への資源集中という構図は変わったものの，政治的な心配には変わりなかった．

●**持続的成長と持続可能性**● 過去半世紀の間，持続的成長は先進経済国の公認目標となってきた．化学工業においては，研究の裏にある主要な原動力の一つが，グリーンケミストリー（第19章）となった．すなわち，プロセスを改良して廃棄物を減らし，さらにはなくし，また化学資源とエネルギーの消費量を少なくすることである．しかし持続的成長は，矛盾した言葉であることを認識しなければならない．天まで伸びる木がないように，経済と人口が無限に成長を続けることは妄想にすぎない．ある段階で成長は横ばいにならざるをえない．1798年にこのことを書いたMalthus（マルサス）は，そのような状況がある段階で急速に起こると考えた．しかし，執筆した当時に初期段階にあった産業革命の影響を見誤ってしまった．以上の議論をふまえて，本章では持続的成長ではなく，持続可能性（sustainability，サステイナビリティー）について述べることにする．

本章では，気候変動，資源枯渇，エネルギー資源，環境汚染について述べる．これらの話題については，すでに多くの本が書かれている．本書では問題の本質，特に化学工業への影響について要約してみたい．メディアにみられる，とんでもない間違いについては，少なくともいくつかを指摘する．本書で扱うのは限られたテーマであり，幅広く環境問題を扱うつもりはない．悲しいことに即効性ある解答はないのである．

20・1 気候変動

人類が直面する最大の問題は，地球温暖化であると広く信じられている．それは，人類がつくった（人工の）二酸化炭素が大気中に蓄積した結果として起こる．"気候変動に関する政府間パネル（IPCC）"（後述）が，多くの議論に基づいて一連の報告書を作成した．

●**地球温暖化の機構**● 地球温暖化の機構は次のように考えられている．太陽からの360 nm以下の紫外線から地球はオゾン層によって守られている．360 nmより長波長の光は，可視光を含めて，大気を通過し熱になる．この熱は赤外線として再び地球外に放出される．この赤外線の一部が大気中のガスにより熱として再び吸収され，その熱によって地球表面はヒトが耐えられる温度に維持される．Arrhenius（アレニウス）は，1896年にこの現象に対して"温室効果（greenhouse effect）"という新語をつくった．大気中の二酸化炭素が温室のガラス板のように働くと間違って考えたのである．しかし，この用語は使われ続けている．

酸素，窒素，アルゴンは，赤外線を吸収しない．オゾンは高所でほんの少しだけ赤外線を吸収する．赤外線を吸収する主要なガスは，水蒸気と二酸化炭素である．水蒸気は3800 cm^{-1}と1600 cm^{-1}（2630 nmと6250 nm）付近の赤外領域に二つの幅広い吸収帯をもっている．水蒸気は最も重要な赤外線吸収ガスである．空気が乾燥している砂漠の夜が寒いのは，水蒸気がないためである．二酸化炭素は700 cm^{-1}と2400 cm^{-1}（14300 nmと4170 nm）に狭い吸収帯をもち，温暖化への寄与は水蒸気より少ない．地球の表面温度に対して，水蒸気は約33℃分の寄与をしている．一方，二酸化炭素は約0.5℃分の寄与で

あり，二酸化炭素濃度が高まると数度上昇すると考えられている．その他の温室効果ガスとしては，メタン，六フッ化硫黄，酸化二窒素，CFC，HCFC（§13・2・4）がある．これらガスの地球温暖化効果の相対指数を表20・1に示す．SF_6の値が最も高い．

表 20・1　さまざまなガスの地球温暖化効果の相対指数

CO_2	CH_4	N_2O	CF_4	SF_6
1	62	275	3200	15100

　四フッ化メタンと六フッ化硫黄は，段階的に生産・使用が廃止されつつある．酸化二窒素は，雷雨の際に自然につくられるが，また人間がつくっているものもある．特に農業の寄与が大きい．メタンは問題が表面化していないが，3010 cm^{-1}と1300 cm^{-1}（3320 nmと7700 nm）に強い吸収帯をもっている．水と二酸化炭素の吸収帯の間の吸収のない領域にメタンの吸収帯があるために，メタンは温暖化に追加的な影響力をもつことになる．

　しかし，これだけで話がすべて終わるわけではない．水蒸気が雲をつくり，雲は太陽からの照射光を反射し，昼間は地球を冷却する効果をもつ．雲は，また地球からの熱を反射するので，夜は地球を暖かく保つ効果がある．二酸化炭素が大洋，堆積物，植物（有機質炭素として）に，また炭酸塩として固定されたり，それらから放出されたりする平衡反応もある．地球の温度に対する二酸化炭素の影響は，水蒸気に比べて小さいことを再度述べよう．したがって，地球温暖化の可能性を観測することは，二つの大きな量の間の差異を観測することである．この二つを正確に評価することは難しい．状況は複雑であり，水蒸気の役割は論争中である[3]．

●長期データの推移●　大規模な工業化以前，19世紀の北米地域の大気中の二酸化炭素レベルは容量比で約280 ppmだった．1960年には313 ppm，2009年には383 ppmに上昇し，さまざまな仮定の下で2100年には540〜970 ppmに上昇すると予測されている．メタンのレベルは，1750年以来151％上昇し，酸化二窒素レベルは17％上昇した．メタンは有機物の嫌気的分解によって発生し，特に水田，畜産，ごみ埋立地から発生している．それとともに，天然ガス設備からの漏れもある．

　世界の気候に対して，これらの数字は直線的に反映するのではない．世界の気温は，ほぼ1850年ころから上昇し，1940年代半ばにピークに達した．その後1970年代半ばまで気温は低下した．当時，著名な学者たちは，地球寒冷化に関する論文を発表していた．地球寒冷化の原因は，砂漠上の砂煙とテルペン類と推定される森林上の青緑色のもやの増加であることは明らかだった．砂煙や森林上のもやは，入射光を反射し，気温を下げた．また，すす，硫酸塩エアゾール，すす-硫酸塩エアゾール結合物も存在した．これらのなかには，温暖化効果をもつものも，寒冷化効果をもつものもあった．しかし，すすが温暖化を促進する効果は，メタンよりも大きいと考えられている．

　20世紀を通じて温度上昇は0.7±0.63 ℃だった．1990年代半ば以降は高温となる年が

多くなった．機器記録が始まって以来，2014年は一番暑い年となり，1998年が2番目に暑い年となった．21世紀の最初の10年間の温度は横ばいであった．信頼性の低いものであるが，木の年輪，サンゴ礁，氷河のアイスコアからのデータによれば，北半球では過去1000年間で20世紀が最も暖かい100年だった．アルプスの標高230 mから650 mの積雪が，長期平均から50%減少した．スイスのアイガー氷河とフェー氷河は，それぞれクライネ・シャイデック村とサース・フェー村の端まで到達していた．しかし現在では数kmも後退した．キリマンジャロ山頂の氷原は80%も縮小した．1972年以来，海面は13 cm上昇した．1990年から2100年の平均気温の上昇幅は，1.4℃から5.8℃の間と予想される．この予測から2100年には海面は0.3 mから0.5 m上昇すると考えられる．

●気候変動モデルへの懸念● しかし，これらの予測値は，一群の気候変動懸念論者によってつくられている．彼らは少数であるのに声が大きい．その予測モデルは，世界を非常に多くのブロックに分け，各ブロックは1組の式で代表されるものである．各ブロックは，さまざまなシナリオにより気候の影響を計算するようにプログラム化されている．しかし，これは極度に複雑であり，正確な解は存在しない．変数は"パラメーター化"されている．すなわち，"最良の推定"値が割付けられ，経験に合うように調整される．次にブロックが統合されてグローバルモデルになるが，再び克服しがたい計算上の問題が生まれる．桁はずれの能力のコンピューターを使っているにもかかわらず，ブロックが大きすぎて信頼できる結果を得ることができない．二酸化炭素濃度は，モデルが予測するほど速くは上昇せず，誰も知らない二酸化炭素の"排気口"が存在するように思われる．

気候変動懸念論者は，地球温暖化に関して，その他の問題も提唱している．1960年代には北極地方に6000頭のホッキョクグマがいたと推定された（信頼できるか？）．現在では約25,000頭になっており，絶滅の危惧が迫っているようではない[4]．最近の報告ではヒマラヤの氷河は，主張されてきたような速さでは融けていない．イースト・アングリア大学の気候研究ユニットから漏えいした電子メールでは，地球温暖化に合わないデータは抹殺され，またデータの"変更"を行うように指示されてきたことが示唆されている[5]．気温観測についても問題が指摘されている．ある評判の悪い観測点は，ごみ焼却炉の横に設置されていた．

このようなさまざまな事実によって，気候変動モデルの正確さに疑問が投げかけられている．見解を異にする科学者の間で辛辣な議論が行われている．この問題について科学的なコンセンサスが存在するかどうかは別にして，少数の科学者は，なおモデルを信頼している．理性的な議論はほとんどなく，問題は政治的になり，偏りのない結論はほとんど不可能で，本書の視野を超えるような点にまで至っている．しかし，世界は1990年代を通じて劇的に温暖化し，それが二酸化炭素や他の温室効果ガスの濃度におそらく関係しているという事実は残っている．何はともあれ，モデル化は，複雑な相互作用とフィードバックループが存在し，その多くが不幸にも加速的に作用することを示している．気温上昇の影響が直線的でないことは十分にありうることであり，大きな気候不安定をもたらしている可能

性がある．極地の氷冠が暖められると，大気中のメタン濃度の上昇をもたらす．メタンハイドレート（§20・3・5）の融解や永久凍土の融解によるメタン放出も同様である．

その一方，レディング大学（英国）の予測では，太陽黒点活動の減少によって，冬の極度の寒さから欧州を守っている風がブロックされる[6]．これによって平均気温が約2℃低下し，かなり寒い冬が続くことになる．地球の気候変動は巨大な事象によってひき起こされ，今でもなお，何が氷河期をもたらしたのか不明である．

上記の予測に加えて，冷戦時代に多くの関心をよんだ核戦争によって大気上層に塵が放出され，核の冬がもたらされる可能性がある．この懸念は，核兵器保有国が増加したことによって再び強まることになるだろう．

●**各国の足並みの乱れ**● 気候変動が人間活動に関連あることは，完全に確信しえないとしても，大いにありうることのように思われる．1980年代の感覚では気候変動が悪化する影響は非常に深刻なので，温室効果ガスは少なくとも安定したレベルに抑えられるべきと思われた．1988年に世界気象機関と国連環境計画が"気候変動に関する政府間パネル（IPCC）"を設立し，人間活動によって起こる気候変動のリスクを評価する報告書をつくることにした．1992年に国連は気候変動に関する枠組み条約を採択し，1994年に発効させた．2006年に米国前副大統領 Al Gore のドキュメンタリー映画"不都合な真実（An Inconvenient Truth）"によって，この問題に注目が集まった．1997年に京都議定書が採択され，温室効果ガスの排出を削減する定量的な目標を工業国が達成することが定められた．たとえばドイツはすでに亜炭を禁止した．米国は2008〜2012年に1990年比で温室効果ガス排出量を5％削減することに合意したが，その後京都議定書から離脱した．2009年12月のコペンハーゲン会議では1997年京都議定書をフォローアップし，さまざまな国に対して二酸化炭素排出量の法的制限をつくることを予定した．多くの前向きな宣言が行われたものの，拘束力のある合意や京都議定書合意期間の延長には至らず，失敗に終わったと広く受け止められた．その後の交渉ラウンド，たとえば2010年にメキシコのカンクンで行われた交渉も進展を生んでいない*．

二酸化炭素を枯渇した石油貯層や採掘不可能な石炭鉱床に貯留したり[7]，また海洋底にためたり，また，EOR（石油増進回収法）用ガスとして使うなどさまざまな計画がある．また，個人が"二酸化炭素排出量"を減らすアイデアは，何か貢献したいと思っている先進国の人々には人気がある．

気候変動の証拠が確実なものなのか，それとも単なる可能性なのかどうか，いずれであろうと，地球温暖化対策に取組むことは，エネルギー資源保存への取組みと同様に，我々に課せられた課題であり，たとえ後になって間違った理由のためであることがわかったとしても，とにかく行動すべき良いことである．表20・2に，温室効果ガス排出量の世界トップ10の国・地域を示す．

---

*（訳注） 2015年12月に京都議定書に代わる国際的な枠組みとしてパリ協定が採択された．

表 20・2　温室効果ガス排出国世界トップ 10[†]（2005 年）

順位	国名	世界排出量に占める割合（％）	人口1人当たり年間トン数
1	中国	17	5.8
2	米国	16	24.1
3	EU 27カ国	11	10.6
4	インドネシア	6	12.9
5	インド	5	2.1
6	ロシア	5	14.9
7	ブラジル	4	10.0
8	日本	3	10.6
9	カナダ	2	23.2
10	メキシコ	2	6.4
	その他合計	29	

[†] この数字は化石燃料とセメント生産からの温室効果ガス排出量である．計算は，二酸化炭素（CO_2），メタン（CH_4），酸化二窒素（N_2O），フッ素含有ガス（HFCs, PFCs, SF_6）について行った．山林焼却からの CO_2 排出量と CO_2 以外の温室効果ガス（たとえばメタン）排出量については，推定に大きな不確定さがある．またその他にも大きな不確定な部分があるので，国ごとの小さな違いについては重要でない．バイオマスの焼却や森林焼却後に残るバイオマスの腐敗から発生する CO_2 排出量は含んでいない．
出典：http://en.wikipedia.org/wiki/Kyoto_Protocol#cite_note-24. MNP (2007). "Greenhouse gas emissions of countries in 2005 and ranking of their per capita emissions." Netherlands Environment Agency website. http://www.pbl.nl/images/Top20-CO2andGHG-countries-in2006-2005(GB)_tcm61-36276.xls.

すでに見たように，豊かな国々は浪費的なライフスタイルを抑えたがらない．貧しい国々は，比較的あいまいな長期目標のために短期的な経済発展計画を放棄せよと，問題をひき起こした豊かな国々が現在要求していることは偽善であると感じている．たとえばアフリカの電気の半分は，南アフリカの石炭からつくられており，それが環境汚染と地球温暖化の原因になっているとの非難は遠慮せざるをえなくなっている．中国は京都議定書の規定から免除されている．このように，大気中の二酸化炭素濃度を減少させることはいうまでもなく，少なくとも安定化させるためにも，ライフスタイルを変えようとする人がほとんどいないことは明らかである．最悪の悲観論者による気候変動の予測が間違っていることをただ期待するしかない．

20・2　資源枯渇

●外れた枯渇予測●　資源が枯渇するという予測には長い歴史がある．1865 年に英国の経済学者 W.S.Jevson（1835〜1882）は，石炭の枯渇によって英国経済は1世紀以内に崩壊すると予測した[8]．1898 年には不活性ガス（貴ガス）の発見者である William Ramsey 卿が"固定された"窒素の枯渇のために 20 世紀半ばに大飢饉が起こると予想した．1922 年には米国の大統領委員会が"すでに天然ガス産出量が減り始めた．石油生産量も現状を長く維持することはできない"と宣言した．1977 年には米国大統領 Jimmy Carter が"次の 10 年の終わりまでには，全世界の石油確認埋蔵量がすべて使い果たされるだろう"と宣言した．1970 年代に『成長の限界』の予測者たちは 30 年以内に膨大な再生不能天然資源が使い尽くされると考えた[2]．

20・2 資源枯渇

●非再生可能資源利用量の減少例● これらの予測は，いずれも正しさを立証できなかった．水銀埋蔵量は10年以内に枯渇すると考えられた．しかし，水銀は危険な汚染物と見なされたので，消費量が劇的に落ちた．塩素と水酸化ナトリウムをつくる水銀電解槽は，イオン交換膜電解槽に置き換えられ，水銀整流器は効率のよい固体デバイスに代わった．歯の詰め物に使われたアマルガムは使われなくなり，水銀体温計でさえも，アルコール体温計か熱電対温度計に置き換えられた．節電型のコンパクトな蛍光灯には，水銀が1～5 mg 入っており，環境中に水銀が放出されることがないように蛍光灯を確実に処理するキャンペーンが行われている．残っている数少ない水銀の用途の一つにアマゾン川流域での金の不法採取がある．水銀が世界最大の淡水源に排出されている．石炭燃焼発電所は年間2000トンの水銀を放出し，石油・天然ガスの海上掘削基地も同様な量の水銀を放出していると指摘されている．しかし，国連環境計画（UNEP）はこれを監視していない[9]．とにかく水銀は環境汚染問題であり，資源枯渇問題ではなくなっている．海上掘削基地から水銀を回収させることは，環境を守るとともに水銀資源を増加させることになる．

スズも資源枯渇に直面しているといわれてきた．ところが，新しい缶製造技術によってスズの主用途である食品用缶が置き換えられてスズ需要が落ち込み，ローマ時代から操業してきた南西イングランドにあるスズ鉱山は閉鎖しなければならなくなった．

●非再生可能資源供給の増加例● そのほかの非再生可能資源の生産量に対する埋蔵量の比は，いずれも過去30年以上にわたって増加してきた．たとえば湿式精錬技術によって世界中のぼた山にある大量の銅を含んだ堆積物が使えるようになった．これらは，低効率の精錬法では放置されてきた．探鉱によって新たな埋蔵資源が発見された．"もし30年の可採資源をもっているならば，それ以上をわざわざ探す必要がない"という実業家の発言には，少なくとも真実の要素が含まれている．

本書の執筆時にはレアアース金属（ランタノイド）への関心が高まっていた．中国が世界供給量のほぼ97%を占め，輸出割当量を11%にまで削減することを決めた．ネオジムは風力発電で特に重要である．その他のレアアースも携帯電話や平面型テレビジョン（フラットパネルディスプレイ）に使われている．幸いにも実はレアアースは希少資源ではなかった．中国と価格面で競争できなかったために閉鎖されたオーストラリアや米国の鉱山が現在再開している．供給が不足すれば，もっと低品位の鉱石を開発する必要がある．しかし，資源枯渇は来ていない．

このような楽観的な結論は，鉱物資源のみにあてはまるのではない．シェールガスが採掘できるならば，エネルギーは豊富にある．問題は二酸化炭素である．

20・2・1 食糧，水，人口
20・2・1a 食 糧

地球は90億人の人口を養えるのだろうか．その答えは，驚くことにイエスである．世

界の穀物生産量は，おおむね20億トンである（2007年には小麦が6.07億トン，トウモロコシが7.84億トン，米が6.51億トン）．この三つの農作物だけでも世界中で20億トン＝2×10^{12} kgの生産量である．製粉後，小麦1kgの熱量は約3000カロリー（kcal）である．したがって三つの穀物の熱量は6×10^{15}カロリーとなる．

90億人が生きるには，1人1日2000カロリー必要とすると90億人の年間必要量（世界人口はこれよりなお少ないが）は，$9\times10^9\times2000\times365=6.57\times10^{15}$カロリーとなる．

90億人の人口を養うに十分な量を，肉，魚，油脂を無視すると，穀物だけで世界は生産している．もちろん，この話には仕掛けがある．生産された穀物の多くが，家畜を養うために使われ，その家畜は豊かな人々に肉を供給しているからである．しかし，計算上は，すでに十分な食糧があることが示されており，課題は食糧の分配である．それが紛争にもなる．砂漠地帯でさえ，いかなる戦争も行われていないならば飢饉はほとんどない．

そればかりでなく，発展途上国の農業生産性が低いという問題がある．この問題も比較的公正な政府があって，農民が自由市場に販売する道があれば，農業生産量の急速な増加は可能である．

20・2・1b 水

次の問題は水である．農業を成功させるには必須の資源である．地球上の水の量は一定であり，巨大である．しかし，人類が使える水は非常に少ない．97％は塩水であり，おもに海洋に存在する．残りの3％が淡水である．その3分の2は氷として存在し，氷河や極地の氷冠になっている．淡水の残りの大部分に地下水である．それは帯水層に存在し，その一部を使うことができるが，地球表面よりも下に存在する．地表水は，非常に少しだけ，淡水の約0.3％存在するだけである．その87％は湖に，11％は沼に，2％が河に存在する[10]．

利用できる淡水のうち，69％が灌漑用に，22％が工業用に，8％が家庭用に使われる．したがって家庭用の使用量は，水の供給全体からみれば小さな割合を占めるにすぎない．一方，2006年に米国市民は1人1日当たり約570L使い，フランス人は290L，英国人は150L，インド人は130L，ウガンダ人は約15L使った[11]（訳注：日本人は約300L）．しかし，家庭用には高度に浄化した水が必要である．汚物からの細菌汚染は，コレラのような水経由伝染病の発生源となる．清潔な水の供給は，政府や援助機関の成功の一つとなってきた．発展途上国で安全な水を得ることができる人の割合は，1970年の30％から，1990年71％，2000年79％，2004年84％と改善されてきたと算定される．

●**水供給の問題点**● 水の必要量は増加しており，次の一連の戦争は，石油でなく，水に関して起こると政治家は好んで述べてきた[12]．先進国は少なくとも2025年まで十分な水の供給を確保している．しかし，その他の国では，人口増加と生活水準の向上によって世界の主要な帯水層の多くが枯渇しつつある．中国北部やインドのような乾燥地域の灌漑には地下水が使われており，しかも持続可能でないスピードで地下水が汲み上げられている．メキシコシティー，バンコク，マニラ，北京，マドラス（チェンナイ），上海は，帯

水層レベルが10 mから50 mも下がっている．過剰な汲上げによって，帯水層に塩水が混入するようになり，飲めなくなりつつある．

　適切な排水処理システム（§20・4・4）の建設によって水の汚染は避けられる．水管理システムは，大きな可能性をもっている．砂漠地域でさえ通常1年に2, 3回，滝のような雨が降る嵐がくるので，ダムシステムによって多くの水を保持できる．ナバテア人（現在のヨルダン西部のペトラを中心にナバテア王国を築く）は2000年前に水を管理しており，現代でそれが不可能であるはずがない．

　畑の溝への灌漑法やスプリンクラー灌漑法は投資コストが小さくて済む．しかし大量の水が蒸発するか，流出する．または植物の根より下に素早く漏れ出してしまう．滴下灌漑法は投資コストが大きい．しかし，水を効率的に使用する．この技術は，イスラエルが世界で最も進んでいる．

　水の供給は，海水淡水化（§6・1・2c）によっても増加できる．しかし淡水化コストが低下し，観光に使えるとはいっても，農業用にはなお高価である．海水淡水化は，家庭用需要や高付加価値農産物には経済性があるものの，作物は水管理または天然雨水によって十分に水が供給されるところでしかつくることができない．カンザス州は米国のすべてを賄えるだけの穀物を生育でき，穀物ベルト地帯は世界中を養うことができるといわれたものであった．しかし，バイオ燃料をつくるために穀物を使い，化学工業用に再生可能原料（すなわち農産物）を使おうとする熱狂的な行動のため，土地を巡って食糧と原料が競合するようになっている．このために農業を行えるレベルの農地や水の供給を必要としないスイッチグラス，その他の植物原料の利用に関して，多くの研究が進められている．また現金収入になる作物をつくるために森林を開拓するという問題も起こっている．

　未知の水使用量の問題が，シェールガス採取の影響で起こっている．シェールガス採掘には大量の淡水を使って，地表から約1 km下にあるシェール層にポンプで水を圧入する．このために，どれだけの淡水が必要となるのだろうか．地下に圧入された水は長期的にはどうなっていくのだろうか．

20・2・1c 人　口

　先史時代の人口爆発は，紀元前8000年から紀元前5000年の間，旧石器時代人に対して新石器時代人が勝利した頃に起こった．農業はより多くの人口を養えるので，農牧民は狩猟採集民を押しのけた．その移行には3000年以上かかったけれども，重要な変化であった．何世紀にもわたる貧しい農業活動によって，肥沃な地中海地域は，多くが砂漠になった．これにはヤギの牧畜も一因となった．

　Thomas Malthus（マルサス）の時代には，人口増加が天然資源を圧倒するようになり始めた．Malthusは，人口増加圧力は食糧をつくる力よりも常に強いという有名な『人口の原理』を1798年（初版），1826年（第2版）に刊行した．食糧供給がどんなに増大しても，人口増加が追いつくので，人口は永久に生存ぎりぎりのレベルになる．人口は常に大災害，

戦争，飢饉，病気によって制限される．人口が指数関数的に増加するのに対して，食糧供給は一次関数的に増加する．

●**産業革命による人口増加**● ちょうど産業革命が起こりつつあったときにMalthusはこの『人口の原理』を書いたので不運であった．農業，牧畜業が製造業によって追い越されつつあった．蒸気機関の後にはガソリンエンジンによって，人の筋力が増強されたので，巨大な新資源を人類は手に入れた．これによって世界の人口はかつてないスピードで増加した．世界人口は1650年から1700年の間に5億人から5.75億人に増加したにすぎず，死亡者数より新生児数の年間超過数は1000人当たり2.8人だった．1950年から2000年には人口は25億人から62.5億人になり，年間増加数は1000人当たり18.5人に上昇した．

人口の急増には二つの原因があった．一つの原因は農業の機械化，農薬，穀物の品種改良などによってもたらされた食糧供給の増大に伴う世界的な繁栄であった．もう一つの原因は，かなり簡単な公衆衛生（清潔な水の供給，予防接種の普及など）の向上によって，死亡率の低下が実現したことである．

●**先進国の出生率低下**● しかし，人口急増は先進国では，1950年から2000年にはもはやそれほど大きくはなかった．米国，ロシア，ヨーロッパでは出生率が死亡率と同じくらいに低下した．教育水準の高い人々（工場の運営に不可欠）は，子供の数が少ない方がより良い条件下で育てられ，生存ぎりぎりをはるかに超えた生活水準で家族が楽しく過ごせると考えるようになった．女性の地位向上によって，女性はきりなく妊娠することよりも，職業への関心が高くなった．20世紀末には先進国の女性は人口を維持するのに必要な子供の数さえ産まなくなった．

世界最高の粗出生率は，発展途上国（またはおそらく発展していない国）で記録されている．ニジェール，マリ，ウガンダ，アフガニスタン，ソマリアは，2005年から2010年に1000人当たり51.6〜43.7の出生率だった．世界の平均出生率は19.95だった．先進国で最高の出生率は，世界で137位にランクされたニュージーランド（13.94）であり，米国がすぐ次の順位で13.82だった．EU27カ国は平均9.9で，そのうち英国が10.65，スペイン，イタリアの二つのローマカトリック国は，出生率が高いと予想されたものの9.72と8.18にすぎなかった．日本はたったの7.64であり，事実上世界最低だった[13]．

●**出生率に伴う問題**● 出生率が非常に高い国は一連の問題を抱えており，出生率の低い国は別の問題を抱えている．最も多産国の場合，人口が年率3%で増加すると，経済水準を維持するには出生率と同水準で経済成長しなければならない．人口の半分は20歳以下であり，労働力となる見込みはあまりない．農業国では農民は山の斜面を上へ上へと押しやられ，より条件の悪い土地を耕すことになる．

出生率の低い先進国は反対の問題を抱えている．人口の高齢化が進み，経済を支えるには，より少数の経済活動人口に頼らざるをえない．人気のない仕事をするために移民が受

け入れられるが，移民は多くの場合ホスト国の伝統に適合しない文化も一緒に持込んでくる．英国はインド亜大陸と西インド諸島からの移民をひきつけ，ドイツはトルコ人を受入れ，フランスはアルジェリア人を受入れた．移民国家である米国は，ヒスパニックを入れた．移民はホスト国の低出生率によって生まれたギャップを埋めることが原則である．しかし，そのようには進んでいないようである．多くの移民は集団で住んで孤立集団をつくり，教育問題や言語問題を生みだしている．

中国ではいくつかの困難な問題が表面化している．高出生率によって動きのとれなくなった中国政府は，1人以上子供をもつ都市住民，2人以上の子供をもつ農村住民に対して刑罰を科す処置をとった．これによって出生率は低下し，1000人当たり14人になり，最近の中国の経済的成功に貢献した．しかし，現在では人口高齢化という深刻な問題に直面し，人口抑制政策を緩和した．

20・3 エネルギー資源

懸念が継続している分野はエネルギーである[14]．世界全体も，そして特に化学工業も，現代のライフスタイルを支えるために化石燃料の供給に依存している．

●エネルギー消費格差● 2008年に世界では11,295 MTOE（百万石油換算トン）のエネルギーが消費された．米国は最大の浪費国であった．世界人口の4.5%で，2299 MTOE，すなわち世界全体の20.4%を消費した．中国は世界人口の19.6%で世界のエネルギーの17.7%を消費した．この数字は2001年の2倍，1984年の4倍になっている．インドは世界人口の17.3%なのに，世界のエネルギーの3.8%を消費しているにすぎない．米国人は1人当たり7.4トンのエネルギーを使っている．これは，ヨーロッパ人の2倍以上であり，0.37トンしか使っていないインド人の20倍にもなる（表20・3）．米国

表 20・3 世界の人口とエネルギー消費量[†]（2008年）

国	エネルギー消費量 (MTOE)	人口 (百万人)	エネルギー世界比 (%)	人口世界比 (%)	1人当たりエネルギー (MTOE)
米 国	2299	308.6	20.4	4.5	7.4
EU	1728.2	501.3	15.3	7.4	3.4
日 本	507.5	127.5	4.5	1.9	4.0
CIS	684.6	142	6.1	2.1	4.8
中 国	2002.5	1336	17.7	19.6	1.5
インド	433.3	1177	3.8	17.3	0.4
世界合計	11294.9	6801.4	100.0	100.0	1.7

[†] 世界中の人が米国人並みにエネルギーを消費すれば，世界全体では50,330 MTOEのエネルギーが必要になる（すなわち現在の4.5倍）．90億人の人が同じレベルで消費するなら，66,600 MTOE，すなわち現在の5.9倍のエネルギーが必要になる．[出典: BP Statistical Review of World Energy]

とカナダの市民が,他国の人々,特に他の先進国の人々と比べても,なぜ2倍のエネルギーを必要とするのか,他国の人々は当惑している.

●一次エネルギー供給● 一次エネルギーの供給内容は地域によってさまざまである.東南アジアでは石炭が48％を占めるのに対して,米国では25％である.石炭層が深くて採掘困難なヨーロッパでは18％である.中国（66％）とインド（49％）は,石炭が最も大きなエネルギー源である.水力発電は世界ニエネルギー供給の6.3％,米国のエネルギー供給の2.5％を占め,山と水に恵まれた国を除けば一般には少ない.ノルウェーは一次エネルギーの69％が水力発電であり,中南米,カナダ,スイス,オーストリアでも,水力発電がほぼ4分の1に達している.原子力エネルギーは,EUのエネルギー供給の11％,米国の8.3％を占めるものの,他では少ない.

このような巨大な量のエネルギーが将来どこから得られるのだろうか.長期的な石油埋蔵量の60％が中東に,6.4％がリビアとナイジェリアに,9.5％がロシアとカザフスタンにある.メキシコを含めても北米は5.6％にすぎず,ベネズエラに7.9％ある.しかし,これでは南北米地域でのエネルギー自給には程遠い.ECは0.5％しかなく,これが対外政策を含めてさまざまな面に反映している.天然ガス埋蔵量は,中東が41％にすぎず,偏在度合いが石油より少し小さくなっている.ロシアが23.4％,北米が4.8％である.しかしシェールガス採掘が環境面でも受入れられるならば,北米の数字は急激に上方に改訂されるだろう.そして,それは実現すると思われる.

●化石燃料の枯渇見込み● このような埋蔵量はどのくらい早く枯渇するのだろうか.石炭は最近の消費量増加があってさえも100年以上もつ.しかし,石炭は採掘に危険が伴い,また燃焼によって環境汚染を起こす.米国政府は2010年でもなお石炭を価値あるエネルギー資源と考えている.原子力エネルギーは無限にあるものの,特有の危険があり,もし世界中で採用されるならば,高品位ウラン鉱の入手に問題が起こるだろう.水力発電は再生可能ではあるものの,世界のエネルギー需要を満たすには不足である.そして石油と天然ガスはどうなのだろうか.そこには難しさがある.これほど惜しげもなく採掘してきたにもかかわらず,石油と天然ガス埋蔵量は30年前にMeadowsらが急速な枯渇を予測したとき[2]より増大している.生産量に対する埋蔵量の比率は,1970年代には35年から28年に低下した.Meadowsらの予言のとおりだった.しかし,サウジアラビアの埋蔵量の評価変更が一部には寄与しているが,1992年には上昇して43年になり,その後若干低下して42年になった.天然ガスは1970年代には50年前後が続き,1980年代にはソ連での発見によって58年に上昇し,1992年にピークの67年に達した後,少し低下して60年になった.

化石燃料埋蔵量に限りがあることは誰でも同意する.しかし,どのように限りがくるのかを知る方法はない.現代の"賢者"は2015年に"石油ピーク"がくると予測している.毎年新たな埋蔵量を追加することは難しくなっている.しかし世界はそれでもうまく行っている.エネルギー節約が第一に重要な課題になれば埋蔵量は劇的に長く続くものと

なろう．エネルギー節約は二酸化炭素汚染を減らし，地球温暖化に影響を与える．しかし，有限な化石埋蔵量がどのように有限として表面化してくるのかという問題はなお存在している．エネルギーを生みだす新しい方法は進歩が遅い．

● EOR（石油増進回収法）●　このような見解を論じる前に，EOR について述べておこう．油田に寿命がくると，貯油層の圧力が低下し，岩の隙間から井戸の底へ石油を十分に押出すことがもはやできなくなる．この時点で原油の 80％ が地下に残っている．圧力に代わって EOR を使うことができる．流体注入によって残っている石油を押出すのである．水が広く使われ，粘度を増したり，流動性を下げたりするために，水溶性ポリマーの混合水が時には使われる．重質石油の粘度を下げるために蒸気を使うことも可能である．炭化水素ガスを注入することも可能であり，また二酸化炭素ガスを使うこともある．二酸化炭素ガスの利用は，大気中への二酸化炭素ガス排出を減らす方法にもなる．油田にどのくらい石油が残るのかは不明確である．2000 年に EOR は，石油生産量全体のほぼ 3％ になった．1970 年代に BP は石油採掘率を 40％ まで上げると述べていた．1990 年代前半の評価では，世界の石油埋蔵量は確認埋蔵量のほぼ 4 倍存在するが，そのすべてが経済的に採掘可能という訳ではない．実際に石油がそのまま残っているという事実は，それを地表にまでもってくる費用の大きさを示している．

20・3・1　風力発電

風力発電は再生可能エネルギーであり，多くの研究が行われてきた．2009 年で世界の風力発電能力は合計で 158 GW であり，世界エネルギー消費量の 1.13％ を占める．6.35％ を占める水力発電のほぼ 6 分の 1 である．大きな発電能力をもっている国は，ドイツ（25.8 GW），スペイン（19.1 GW），米国（35.2 GW），中国（25.1 GW）である．英国はヨーロッパでは最も風が強く，英国の風力発電タービンはドイツに比べて平均して 65％ 以上も発電する．それでも英国は立ち遅れており，発電能力が 4 GW しかない．不幸にも風力エネルギーは間欠的であり，予測しがたい．英国ではタービンは発電能力の 28％ しか稼働せず，ドイツは 21％ しか動かない．石炭燃焼発電の 75％ に比べると低い．風力発電所の最適な設置場所は人里離れた地域であり，消費地まで電気を輸送するのにロスが発生する．代表的な海上タービンは，高さ 70 m で，50 m の羽根をもち，3～5 MW の能力となる．将来はもっと大きなものになるだろう．一方，陸上設備は海上のものより小型で約 2 MW である．風力発電は人里離れた地域では目立つ存在となるので，環境保護団体の標的になる．先進国では建設計画の許可が，しばしば降りなくなっている．風力発電の将来性は海上設備しだいである．海上設備は経済性があるが，建設コストが 30～50％ 高くなる．風力発電がエネルギー需要の数％以上を賄うと予想することは困難である．しかし，英国政府は 10％ を目標にし，またデンマーク政府は 40％ を目標としている．

風力発電にはネオジム（発電機用のネオジム磁石）が必要であり，この金属は中国が事

実上独占供給している(§20・2)．中国は輸出制限のおどしをかけている．先進国では許されないような条件下でネオジムの採掘が行われ，精錬が行われている．中国以外の国で，現在よりも良い条件下で品位の悪い鉱石を採掘しなければならなくなれば，原価が高くなり，風力発電の経済性に影響する．

20・3・2 波力発電

本書第2版の刊行時に稼働中の波力エネルギー発電所は，北西スコットランドのアイレー島に唯一存在するだけだった．この発電所は振動水柱（OWC）といわゆる Wells タービンから成っている．振動水柱は穴の開いた底の広い大型の箱状をしており，海水面下 2.5 m に設置され，狭い上部が海水面上にあってタービンにつながっている．波が通ると，海水が穴から出入りし，箱の中の海水面上の空気を圧縮したり，減圧したりする．Wells タービンはタービン羽根を通る空気の流れがどちらの方向であっても，同じ方向に回転する特性をもっている．このため，海水面の上下動によってタービンがシステマチックに動く．

その後非常に多くの技術が開発されつつある．そのなかには実験設備もあったし，小規模に稼働したものもあった．Aguçadoura 波力発電会社は，世界最初の波力発電会社であり，ポルトガルのポルト近く，沖合 5 km に設備を設置した．三つの Pelamis 波力発電装置を使っている．Pelamis 装置は長さ 160 m の管が三つ連結して海面上に浮かんだ構造をしている．管の連結部が波で動くと，各管内部の油圧装置が動いて発電する．この会社は 2008 年 7 月に初めて発電を行った．公式には 2008 年 9 月 23 日に操業を開始した．しかし，財政破綻のため 2 カ月後に操業を停止した．別の Pelamis 波力発電所がスコットランド北方・ストロムネス近郊ビリアクルーの 2 km 沖合に建設中である[15]．ここでは四つの発電設備（3000 kW）があり，その一つはすでに稼働している．Pelamis システムは Aquamarine 社の "Oyster Calm" システムと競合している．また海面下システムとしてノルウェー "Hammerfest Strom"，"Marine Current Turbines" や最新の "ドーナツ型"[16] などがある．

●潮汐発電● もう一つの可能性は，波力でなく，潮汐力を利用することである．波力発電は波の規則的な上下動に由来するのに対して，潮汐発電は潮汐力，究極的には月であるが，その力による海水の長時間の流れを利用する．島と本土の間のボトルネックのような潮の流れの速いところにタービンを設置し，海面下にある風力発電所のようにタービンを動かす．潮の干満ごとに潮のダムによって水力発電のように稼働する．しかし，高低差が小さいので大きな能力を得るには，長大なダムが必要になる．また，潮は1日のうち約 10 時間しか利用できない．ヨーロッパで唯一の発電所がフランス北西部・サンマロ近くのランスで操業しており，そこでは干満の差が 15 m ある．Duma（デュマ）の『モンテクリスト伯』を読んだことのある人は，馬が全速力で走るスピードで潮が来ることを思い出すだろう．

スコットランド政府は，スコットランドのアイレー島近くの 10 MW 潮汐発電所計画を認可した．建設費 4000 万ポンドで，タービン 10 基をもち，5000 世帯以上の電気を賄う能力がある．最初のタービンが 2013 年に稼働開始の予定である．

波力発電も潮汐発電も建設費が高く，海洋エネルギーを広く利用するようになるのは，まだ先のことである．発電設備をつくるのに要するエネルギーが，設備の寿命期間中につくられるエネルギーに見合うのだろうか．以前の評価では，kWh 当たり約 20 セントで発電できることになっていたが，化石燃料発電所に比べはるかに高い．

20・3・3 太陽エネルギー

晴天では 1 m^2 当たり約 800 W の太陽エネルギーが供給されている．これは 100 W の白熱電球から 10 cm 離れて受ける輻射熱の強さである．地球に降り注ぐ太陽エネルギーは，14 日弱で世界全体の化石エネルギー埋蔵量に匹敵し，26 分で世界の年間エネルギー消費量に相当する．問題はエネルギーを集約することである．

2008 年に屋根に載せた太陽熱温水器は世界全体で 2700 万家庭，12 万 MW の能力であった．中国が 3 分の 2 を占めるが，もちろん人口が巨大なためである．1 人当たりではキプロスとイスラエルがトップであり，0.9 m^2 と 0.7 m^2 保有している．イスラエルでは太陽熱温水器がエネルギー消費量の 3.5% を賄っている．簡単なポンプと反射器システムだけで，年間を通じて晴天時には相当に十分な湯が得られる．もっともバックアップ用に電気ヒーターが備え付けられているのが普通である．

太陽エネルギーを電気に変換するには，さまざまな方法が使われている．集光型太陽熱発電（CSP）と太陽電池である．

20・3・3a 集光型太陽熱発電（CSP）

CSP（concentrated solar power）設備は，パラボラ型の鏡によって高沸点液体の入ったパイプ上に太陽光を集光し，この高熱を使って水蒸気をつくり，ランキンサイクルエンジンを動かして発電する．多くの昔からの発電所に見られる水蒸気稼働による熱機関であるが，水よりも高沸点の作動液体を使う点が異なる．鏡は，昼間は太陽を自動的に追跡して動く．

16 年間の空白期間の後，2006 年に CSP への関心が再び高まった．世界の CSP 発電能力はそれ以来増加して 820 MW になり，計画中のプロジェクトが完成すれば，その 4 倍になる．この技術によってカリフォルニア州のモハーヴェ砂漠に世界最大規模の設備が稼働している．九つの SEGS（太陽エネルギー発電システム）プラントがある．稼働中の能力は 354 MW であり，世界中すべての種類の太陽エネルギー利用プラントのなかでも最大である．平均出力はほぼ 75 MW であり，効率は 21% になる．ついでにいえば，夜は天然ガスを燃やして発電することも可能である．

シチリア島シラクサ近郊に Archimedes と名づけた小型設備によるプロジェクトが始

まった．出力は2009年に5 MWに到達したと考えられ，2012年には200 MWになる．CSP設備は，運転費が安いものの設備費が高い．主要な維持補修作業は，風による鏡の破損の修理である．

イスラエルで始まったソーラーポンド（太陽池）システムは，60～70℃の温度差をつくり出し，これを発電の駆動力とする．しかし，建設費が高く，熱力学的に効率が低いために普及していない．

20・3・3b 太 陽 電 池

太陽電池による太陽エネルギーからの発電能力は，2年ごとに倍増しており，2002年以後毎年平均48％で成長している．世界中で最も速く発展しているエネルギー技術である．2008年末には世界の能力は15,200 MWに達する．2009年には約8000 MWが稼働開始し，2010年にはその2倍が動く．多くのソーラーパネルは，パーキングメーター程度の小規模な設備である．しかし，実験段階の太陽光発電所は10 MWから60 MWの能力をもつ．150 MWまでのスケールアップも計画されている．2008年には設備生産能力が7000 MW近くにまで達した．その大部分が中国でつくられ，輸出されている．日本とドイツにも生産能力がある．

設置済み能力という面で，太陽光発電の世界のリーダーは，驚くべきことにドイツである．太陽光に恵まれないにもかかわらずドイツは5308 MWをもち，次にスペインが3223 MW，3位の日本が2149 MW，4位の米国が1173 MWである[17]．

イスラエルは太陽エネルギーの利用に熱心である．ネゲヴ砂漠にあるキブツケトラにつくられたKetura Sun発電所は，最初の商業規模の太陽光発電所である．2011年に稼働を開始し，8ヘクタールの広さに18,500の太陽電池パネルを置き，4.95 MWのグリーンエネルギーをつくると期待されている．

太陽電池の第一世代は，ホウ素とリンをドープしてn型，p型半導体とした結晶シリコン層から成っていた．太陽電池に光が当たるとp層の原子が励起されて電子を放出し，電子はn層に動く．n層の過剰な電子はp層に，p層の空孔はn層に動く．半導体のn，p接合部で電子と空孔の過剰が生まれる．太陽エネルギー電池の上部に付けた金属グリッドが電子を集め，回路を経由して，接合部の電子不足側に電子を移動させる．太陽電池列はガラスで覆われ，風雨から守られている．太陽光が太陽電池から反射されて逃げることを防ぐためにガラスには反射防止コーティングが施されている．このような太陽電池は，10％から20％の効率で発電する．しかし，超高純度のシリコン（Si），ヒ化ガリウム（GaAs），アンチモン化ガリウム（GaSb）が必要であり，その費用が高いので，広汎には使用されなかった．

第二世代の太陽電池は"薄膜電池"とよばれ，シリコンウェーハーよりもテルル化カドミウム（CdTe）とセレン化銅インジウム（CIS）の薄膜半導体を使い，製造原価を下げた．シリコンよりは安いが，耐久性と効率がシリコンより劣る．

太陽電池の一つに集光型太陽電池 (CPV) がある. 太陽電池の応答は光の強さにほぼ直線的である. 高価なシリコンを節約する方法として, 太陽電池上に太陽光を集光する鏡代替物を使う. さまざまな集光器が使われている. 欠点は最高の CPV でも効率が 40 % にすぎず, 入射光の残りは熱になってしまうことである. 冷却が不可欠であり, その分だけ余分に費用が必要になる.

新たな熱化学反応器をチューリッヒの ETH (スイス連邦工科大学) が開発した. 集光した太陽光を反応器に入れる. パラボラ鏡システムによって集光を強め, 酸化セリウムシリンダ上に集中する. シリンダ側面の入口から水と二酸化炭素を加えると, シリンダの底の出口から酸素, 水素, 一酸化炭素が出てくる. 化学という面からはおもしろいが, 太陽エネルギー変換効率が約 0.8 % なので[18], 他の多くの独創的な案と同様に工業化の機会はほとんどない.

20・3・3c 色素増感型太陽電池 (DSSC または DSC)

DSSC (dye-sensitized solar cell) は 1991 年にスイスのローザンヌ工科大学の Grätzel 教授によって最初に開発された[19),20)]. この電池は導電ガラスの二つのシートから成る. 一方のガラス板 (作用電極) は, 酸化チタンナノ粒子でコーティングされ, そのナノ粒子表面には有機金属の両親媒性をもったルテニウム光増感色素を吸着させてある. 他方のガラス板 (対極) は触媒 (白金または炭素) でコーティングされている. 電池はレドックス対 (通常は I_2/I_3^-) を含む電解液に浸され, これによって色素を再生する. 図 20・1 に原理を示す. ただし, 光吸収層と半導体層は分かれておらず, よく混合してある.

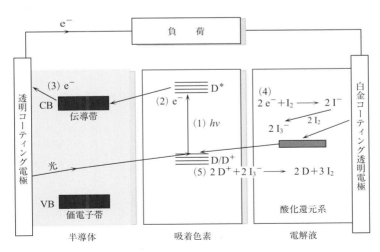

図 20・1 色素増感型太陽電池: エネルギー準位の図示. 図の高さがエネルギー準位に定性的に対応する.

反応サイクルは次のようになる.
1. 色素が光を吸収し, 励起状態になる.
$$D/D^+ + h\nu \longrightarrow D^*$$
2. 励起状態が半導体の伝導帯（CB）と相互作用して電子移動を起こす.
$$D^* \longrightarrow D^+ + e^-$$
3. 電子が作用電極から回路を通って対極に動き, 電流が発生する.
$$e^-（作用電極） \longrightarrow e^-（対極）$$
4. 対極で電子により電解質が還元される.
$$2e^-（対極） + I_2 \longrightarrow 2I^- \xrightarrow{2I_2} 2I_3^-$$
5. 最後に色素が再生される.
$$2D^+ + 2I_3^- \longrightarrow 2D + 3I_2$$

最初に開発された色素（図 20・2a）は最も効率が高かった. しかし, チオシアネート基の存在によって化学的安定性に限界があり, DSSC の寿命は短かった. 最近の改良では, チオシアネート基の代わりにルテニウム(Ⅱ)に二つの配位座をもつ配位子を使ってい

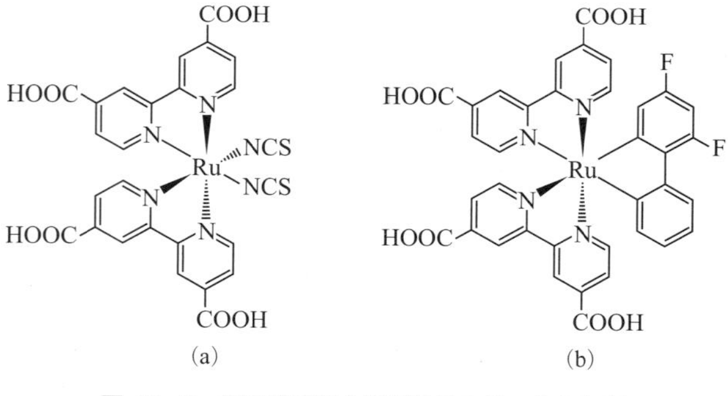

図 20・2 色素増感型太陽電池用ルテニウム色素

る（図 20・2b）. 配位子にある二つのフッ素原子が錯体の酸化還元電位を微調整し, 錯体が電子供与体としてあまり強すぎないようにしている. 色素を再生するには, 光が当たったときに失った電子を再び得なければならない. 他にさまざまな色素が試され, この分野は繰返し検討された[21]. 高価な白金正極[22]の代わりになるものとして, 硫化コバルトが最近は有望視されている.

色素増感型太陽電池の発電効率は, 23％といっている会社もあるが, 12〜18％である. 現状ではルテニウムチオシアネート電池が11％にすぎず, 新型の電池はこれより効率が悪い. 他方, 新型は製造費が安く, 製造工程で使う毒物が少ない.

太陽電池の一般的な欠点は, 直流ができることである. 携帯電話やラップトップ型コン

ピューターを充電するには直流が適している．しかし，電力網につなぐ場合には，交流に転換しなければならない．そうはいっても，太陽電池は発展しつつある技術として期待され，DSSC モジュールの最初の出荷が 2009 年 7 月に行われた．Dyesol/Tata Steel 社がマーケットリーダーになりつつある．

20・3・3d 人工光合成

自然は葉緑素を触媒として太陽エネルギーを使い，二酸化炭素と水を炭水化物に転換している．サトウキビは最も効率のよい光合成生物といわれる．しかし，その効率は約 1% にすぎない．研究の目標は，葉緑素よりも効率の高い光合成触媒を開発することである．この研究は，米国立科学財団 (NSF) によって支援され，人工光合成システム開発センターが設立された[23]．原料は二酸化炭素または水，あるいはその両方である．水を分解して水素と酸素にするには 238 kJ/mol しか必要でない．二酸化炭素を分解して一酸化炭素と酸素にするには 283 kJ/mol が，二酸化炭素と水からメタノールをつくるには 703 kJ/mol 必要である．このエネルギーは，光の波長としてそれぞれ 502 nm，422 nm，170 nm に相当する．502 nm は光のスペクトルの緑に，422 nm は青になるが，可視光の大部分は役に立たない．170 nm は真空紫外になり，1 段階で太陽エネルギーによってこの反応を起こすことはできない．多くの研究では葉緑素を模倣しようとし，多段階反応による二酸化炭素吸収システムをつくろうとしてきた．その多くがポルフィリンを使っている．しかし，ブレークスルーは見えない．こうして見込みのある研究は，水の分解に集中してきた．それでさえも先行きは遠い．

●触 媒● 水から水素をつくる触媒はよく知られている．問題は白金のような高価な金属を使うことと，日光よりも紫外光でしか働かないことが多いことである．高分子状窒化炭素発光ダイオードを日光にさらすと水から水素が発生することをドイツの研究チームが報告した．不運にもそれは非常にゆっくりとしか作動しない．しかし，高分子を非常に多孔質にすることによって水素の発生を速くすることができる．また，白金をドープすることによっても速くすることができる．しかし，それでは白金を触媒原料とするシステムに対して費用面での優位性がなくなってしまう．同様に $(Ga_xZn_{1-x})(N_xO_{1-x})$ を触媒にして水から水素ができることを日本チームが報告している．すべての光合成システムにいえることであるが，本当の難関は残された酸素原子をどう処理するかという点にある．酸素原子は水素原子と再結合しやすく，それが起こったら全過程が無意味になる．酸素の処理法を見いだすことが光合成プロセスの鍵である．ルテニウムを原料とするシステムには見込みがある．他にもアイデアはたくさんある．マンガン 4 原子と酸素 4 原子が立方体状に結合する構造をオーストラリアの研究グループが合成した．この構造は Nafion ポリマーと連携して水を酸化するができるはずであると計算している[24]．また，このグループは，白金電極の代わりに多孔質の Goretex (ゴアテックス) 膜に導電性ポリマー PEDOT (図 9・14) をコーティングしたものを使っている[25]．この電極は，白金の酸素還元能力に匹敵し，さ

らに白金電極と違って，燃料電池に不純物として含まれる可能性のある一酸化炭素に被毒されない．イスラエルの研究グループはルテニウムを原料とした変わった分子構造物を開発した．これは，加熱処理によって水から水素を生成し，次に光誘起反応によって酸素を発生する．ペンシルベニア州立大学の研究グループは，2種類の二酸化チタンナノチューブを配列したものを開発した．日光を当てると水を分解して一方のナノチューブから水素が，他方のナノチューブから酸素が発生することを示した．しかし，転換効率は0.3%にすぎない．

●**人工葉**● マサチューセッツ工科大学（MIT）のDan Noceraは2011年に安価な材料（ニッケル，コバルト，リン）を原料とした"人工葉"を発表した[26]．人工葉は環境面で魅力のある中性pHで作動し，水から酸素と水素を放出する．その構造は薄いシリコン半導体の片面にコバルト触媒層が貼りつけられ，反対の面にニッケル-モリブデン-亜鉛の合金層を貼りつけてある．最初の発表時にはニッケル合金層の代わりに白金電極を別途使っており，このケースで説明する．触媒機構は明らかでない．コバルトとリン酸塩の溶液に浸されたインジウム酸化スズ（ITO）負極を通して電流が流れる．Co^{2+}イオンが負極で電子を渡してCo^{3+}となり，それがリン酸イオンと結合して負極上に薄膜をつくる．さらに酸化されてCo^{4+}イオンとなった後，触媒膜が水から電子を奪い，酸素原子とプロトンを後に残す．膜表面で酸素原子が集められ，負極から酸素ガスが発生する．コバルトは電子を集めCo^{2+}種として溶液に戻り，酸化によって再生する準備がされ，触媒に戻る．溶液中のプロトンは，リン酸アニオンによって運ばれて，通常型の白金正極に行き，そこで電子を得て水素となる[27]．

Noceraの"人工葉"は，自然の葉より光合成を行う効率が約10倍高い．コンパクトであり，明るい日光の下，4リットルの水の中に置くと，水素を燃料電池によって処理した場合，発展途上国の1家庭が1日に使う電気をつくることができる．発展途上国の家族は，太陽は十分に得ているが，電気はたくさん使えない．人工光合成に示された発明の才は大いに賞賛に値する．しかし工業化にはなお遠い．

20・3・4 原子力エネルギー

原子力エネルギーは十分に確立した技術であり，エネルギー問題と地球温暖化問題の解になると多くの人は考えている．2011年に原子力発電は世界のエネルギーの6%，世界の電力の13～14%をつくった．主要な発電国は，米国，フランス，日本である．原子力発電は二酸化炭素をつくらないが，2011年に日本で起こった福島大事故のような事故につながりやすい．福島原発事故では広範囲にわたって放射性物質が放出された．それに加えて，原子力発電には反応器の寿命が尽きたときに起こる放射性廃棄物の処分問題がある．放射性廃棄物は半減期が25,000年といわれており，それは新石器時代人が農牧畜を始めてからの期間の約3倍になる．

ずさんな設計のチェルノブイリ核反応器が1986年に爆発したあと，原子力産業はかな

り良い安全実績を重ねてきた．それは2011年の福島大事故までであった．この大事故の結果，ドイツはすべての核反応器を2022年までに廃止することを決定し，イタリアは長期的に原子力発電を禁止した．地震地帯にない国には日本型の大事故が起こる恐れは現実的ではないけれども，原子力発電所の設置前には長期にわたって厳しく審査することになるだろう．

原子力発電所の建設者が直面する問題の一つは，高品質ウランの枯渇である．ウランはかなり豊富に存在するものの濃度は非常に低い．経済的に可採可能な埋蔵量は，なお100年以上と見積もられている．しかし，原子力発電所の数が大きく増えれば低品位鉱も利用しなければならなくなる．湿式精錬法によって低品位鉱の利用は可能となる．しかし，原子力発電の主要費用は発電所の建設費であり，資源枯渇は深刻な問題ではない．

さらにウランが枯渇するならば，燃焼よりも多くの燃料をつくる増殖炉の建設が選択肢としてある．増殖炉は数カ国で建設され，技術は確立していると考えられる．

核融合炉は，太陽と同じ核反応を使うものであり，半世紀の間，研究されてきた．しかし，工業化はまだなお科学的つくり話の領域にある．

地震による破壊や単純な誤動作による核反応器の危険性はあるが，原子力発電に伴う主要な心配は核兵器の拡散である．原子力技術に関する議論は本書の範囲を超える．地震地帯以外に立地する核反応器は二酸化炭素を放出しない優れたエネルギー創出手段ではあるものの，長寿命の核廃棄物，事故，核拡散に伴う長期的リスクが存在する．

20・3・5 メタンハイドレート

水分子の水素結合のために氷は空隙構造をもち，メタン分子がとらえられる空間が存在する[28]．

●**氷-メタン混生物**● 氷とメタンの組合わせは，化学結合によるのでなく，包接化合物（clathrate）であり，メタンハイドレート（methane hydrate）として知られている．図

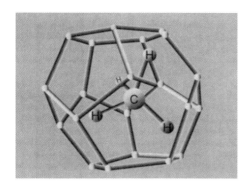

図20・3 メタンハイドレートの構造．
氷の格子にとらえられた中央の炭素とこれに結合した水素を示す［出典：USGS（米国地質調査所）］

20・3 に構造を示す.

メタンハイドレートは氷のようであるものの，熱の低伝導体であり，発泡ポリスチレンのようである．火をつけると燃えて水が残る．

1970 年代までメタンハイドレートは，寒冷期に天然ガス輸送パイプラインをふさいでしまう，単なる厄介なものにすぎなかった．1960 年代にメタンハイドレートが自然に生成することがわかり，それ以来，至る所で発見されてきた．米国地質調査所 (USGS) は，石炭，石油，メタンハイドレートでない天然ガスすべての世界埋蔵量以上の，おそらくその 2 倍くらいの炭素分をメタンハイドレートが保持していると評価している．埋蔵メタンハイドレートは常に流出状態にあり，環境変化の進行に応じてメタンを吸収したり放出したりしている．2000 年に成立した米国メタンハイドレート研究開発法によって，メタンの確実な資源量の探索計画が始まった．それは極地方の永久凍土地帯と深海（高圧下では 0 ℃以上でもメタンハイドレートが安定なため）に閉じ込められている確実なメタンハイドレート源の探索計画である．

負の側面は，第一にメタンを安く採取する確実な方法がないこと，第二にメタンが二酸化炭素の 62 倍も強い温室効果ガスであることである．現在進行中の二酸化炭素排出量増加の結果として永久凍土地帯の温暖化が進むと，永久凍土が融け大量のメタンがメタンハイドレートから放出され，地球温暖化が制御しきれないほどに加速される可能性がある．この巨大でダイナミックで，以前には知られていなかったメタン埋蔵物が，長期的な気候の安定，海水面の安定，燃料の長期埋蔵量に及ぼす意味については，まさに今，理解されるようになったばかりである．

20・3・6 水素経済

将来のエネルギー源は水素であるという予測がメディアにはあふれている．メディアのいうところでは，水素が環境汚染物質でなく，燃やしても環境汚染のない水ができるだけであり，資源（水であるが）は至る所にある．この話にはいくつかの明白な難点がある．その中には克服できるものもあるが，根本的に克服できないものもある[29]．

核融合が起こっている太陽に住んでいるのでなければ，水素はエネルギー資源ではない．水素はエネルギー運搬手段である．基本的問題は，どのように水素を得るかである．約 4000 万トンの水素が，毎年石油精製業と化学工業でつくられている．しかし，その大部分はアンモニア合成，石油精製プロセスにもっぱら使われている．水から水素を得るには，水素を燃焼して回収できるのと同じだけのエネルギーが必要である．電気分解による水素は，安価な電気が入手可能な場合のみ経済性をもつ．これはまったく道理に合わないわけではない．カナダ企業 Technology Convergence 社は"グリーン"メタノール製法を始めた．通常のプラントでは，メタノールトン当たり 300～700 kg の二酸化炭素を生成するのに対し，同社のプロセスでは 60～100 kg しか生成しない[30]．この製法は水の電気分解とメタンの部分酸化を利用している．小規模な移動型プラントによるメタノールと水

素の生産が期待されるが，あくまでも安価な水力発電に依存している．

電気分解を別にすると，安価な水素をつくる経路（ただし非再生可能資源から）は，メタンの水蒸気改質（§13・4・1）とメタンの部分酸化（§13・4・3）である．

他の可能性ある水素源には，メタノール，エタノール，Fischer-Tropsch 炭化水素，低硫黄含有ガソリンがある．メタンは固定型用途には魅力がある．しかし，その改質には高温が必要である．メタノールは自動車用に最も魅力的な水素源である．メタンより容器で運ぶのが簡単で，改質もはるかに容易である．いずれにしろ，改質過程では二酸化炭素が発生し，燃料電池が従来型の発電所や内燃機関より効率がよく，二酸化炭素の発生が少ない限りにおいて，水素経済は地球温暖化問題と闘えるのである．

炭化水素の改質は，内燃機関で炭化水素を直接燃やすよりも環境汚染がはるかに少ないと主張されている．ガソリンをエネルギーに転換するのに，内燃機関の効率は 15～20% という数字が引用される．燃料電池に関してはさまざまな数字があげられており，メタンを出発燃料とするなら小型燃料電池で 35% から大型燃料電池で 45% まである．メタノールや脱硫した天然ガスのような低硫黄燃料を使うので硫黄酸化物の生成も少ない．高温型燃料電池でさえ，窒素/酸素の反応が起こる範囲で運転するわけでないために窒素酸化物の発生が少ない．他の情報源からは，燃料電池発電設備は従来型の発電設備よりも二酸化炭素の発生量は 20～30% 少ないとの話もある．改質ガソリン車では温室効果ガス発生がほとんどあるいはまったく減らないが，メタノールなら 25%，天然ガスなら 40% 削減になる．風力発電や太陽光発電によってつくられた水素は，まったく温室効果ガスを発生しない．

水素経済に関しては熱烈な論者がたくさんいる[31]．彼らは水素が"グリーン"な電気を生みだすと口当たり良く話すが，その水素がどのように得られるかに関しては述べない．水素の貯蔵と取扱いの問題に関しては次節で述べる．奇妙なことに世界中に張り巡らされているガスパイプに関して水素は問題ない．19 世紀と 20 世紀に英国で広く普及した都市ガスは大部分が水素から成っており（表 14・1），ガスパイプシステムはうまく機能した．1970 年代以後，天然ガスに切替えられ，エネルギー運搬能力が増加した．しかし，水素経済時代になれば，このネットワークは一時的には不便を感じるが，水素に戻ることになろう．

20・3・7 燃料電池

燃料電池（fuel cell）は化学エネルギーから直接発電する装置である[32]．燃料電池の研究は数十年の進展が積み重ねられ，結実期になりつつある．代表的な燃料電池は，負荷ゼロで約 1.1 V を生みだし，適度な負荷では約 0.8 V に低下する．1.1 A/cm^2 以上の電流密度では急激に電流が減少する．出力電圧が低いので，燃料電池は積層された形につくられ，各ユニットに燃料を別々に供給する必要がある．

● Carnot (カルノー) 効率と燃料電池効率 ●　　燃料を燃やし，熱を使って，スチームをつくり，

タービンを動かして発電する方法の欠点は，熱力学第二法則によって効率が制限されることである．達成可能な最良の熱効率は約33%にすぎない．コンバインドサイクル発電[*]（CHP, combined heat and power）で，さらに熱効率を最大30%上乗せできる．そうすると発電所の設備費が高くならざるをえなくなる．

燃料電池の魅力は熱力学第二法則を迂回する点にある．高温T_1と排気温度T_2の間で作動する熱機関のCarnot効率は$(T_1-T_2)/T_1$である．水素と酸素の結合に基づく燃料電池の最高効率は反応に伴うエンタルピー変化$(\Delta H°)$に対するギブズ自由エネルギー変化$(\Delta G°)$の比である．図20・4に$T_2 = 298\ \mathrm{K}$におけるCarnot効率と燃料電池効率を示す．

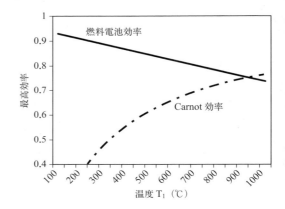

図20・4 Carnot効率と燃料電池最高効率

高温では熱機関の効率が燃料電池より高い．しかし，熱機関の回転運動または往復運動に伴う運転エネルギーが必要になるのに対して，燃料電池ではこれがない．コンバインドサイクル発電（CHP）で動く高温型燃料電池は，燃料電池効率だけで70%近くになり，全エネルギー効率は90%になる．

●**燃料電池の種類**●　いくつかの種類の燃料電池を，運転温度，電解質，電解触媒，燃料，予想される利用法とともに表20・4に示した．これらは低温型と高温型の二つに分けられる．

低温型燃料電池は，純粋なまたはかなり純粋な水素を必要とし，移動用途に適すると考えられる．一方，高温型システムは，特にCHPシステムを使った定置発電に適している．

●**低温型燃料電池**●　低温のアルカリ型燃料電池（AFC）はGemini計画，Apollo計画，スペースシャトル計画で使われた．高分子電解質型/プロトン交換膜型燃料電池（PEMFC）は，高い電力密度が得られるので比較的小さなスペースしか占有せず，移動用途に最も適すると考えられる．たとえばラップトップ型コンピューターに使われている

---

[*]（訳注）ガスタービンで高温発電し，次にガスタービンからの排熱で水蒸気をつくって蒸気発電機を運転する方式．

表 20・4 各種の燃料電池[†2]

種類(略号[†1])	運転温度(℃)	電解質	電解触媒	燃料	用途・備考
アルカリ型 (AFC)	60〜250	250℃用 85%(w/w) KOH；120℃以下用：多孔質マトリックス(石綿)に保持された 35〜40%(w/w) KOH	ニッケルと貴金属	純粋な水素と酸素に限定。炭化水素またはアルコール原料を改質する際に生成する一酸化炭素によって被毒される。空気中の二酸化炭素は KOH と反応する	宇宙船，移動発電用も可能
高分子電解質型/プロトン交換膜型 (PEMFC)	80〜120	プロトン伝導性ポリマー(例：Nafion)	Pt または Pt/Ru (痕跡量の CO に強い)	水素またはメタノールやリンからの水素含有量の多い改質ガス	移動発電用；蓄電池の代替
リン酸型 (PAFC)	150〜220	シリコンカーバイドマトリックスに保持された100%リン酸	白金	水蒸気改質天然ガス	中規模 CHP[†4]；現在は定置発電用けの設計
溶融炭酸塩型 (MCFC)	600〜700	$LiAlO_2$ セラミックスマトリックスに保持されたアルカリ炭酸塩	ニッケルと酸化ニッケル	メタンのような水素を多く含むガス。燃料中の不純物はそれほど気にかけないでよい	定置発電用：大規模 CHP
固体酸化物型 (SOFC)	600〜1000	高密度セラミックス、通常イットリア安定化ジルコニア (YSZ)	正極：Sr をドープしたランタンマンガナイトのようなペロブスカイト材料、しばしば YSZ を混合。負極：ニッケルと YSZ のサーメット[†3]	メタンのような水素を多く含むガス。燃料中の不純物はそれほど気にかけないでよい	定置発電用：あらゆる規模の CHP；車両用補助電源
空気亜鉛燃料電池 (ZAFC)	700	酸素透過膜；ヒドロキシ基輸送セラミック固体電解質	負極：亜鉛	亜鉛は酸化亜鉛に酸化され、電気によって再生される。水素かメタンで稼働する	
プロトン伝導型セラミックス燃料電池 (PCFC)	700	プロトン伝導性セラミック電解質		炭化水素	

[†1] AFC: Alkaline Fuel Cell, PEMFC: Polymer Electrolyte/Proton Exchange Membrane Fuel Cell, PAFC: Phosphoric Acid Fuel Cell, MCFC: Molten Carbonate Fuel Cell, SOFC: Solid Oxide Fuel Cell, ZAFC: Zinc-Air Fuel Cell, PCFC: Protonic Ceramic Fuel Cell. [†2] 電解触媒：正極、負極に結合して電極反応を促進する。 [†3] サーメット：金属とセラミックスの複合体。 [†4] CHP: コンバインドサイクル発電。

出典：www.benwiens.com/energy3.html, *The Scientist*, 11 November 2002, pp. 28-29; N. Brandon, *Encyclopedia of Energy*, Elsevier, 2004; N. Brandon and David Hart, *An Introduction to Fuel Cell Technology and Economics*, Imperial College, London, Occasional Paper 1. http://cogeneration.net/protonic_ceramic_fuel_cells.htm. も参照。

蓄電池に代わるものとして魅力があり，従来の蓄電池よりも長寿命でコストも低く，燃料補給が数時間単位でなく数分で可能となる．PEMFCの構造は燃料電池の組立て方の一例となる．この燃料電池は，白金触媒を担持した炭素電極がプロトン伝導性膜によって分離された構造である（図20・5）．

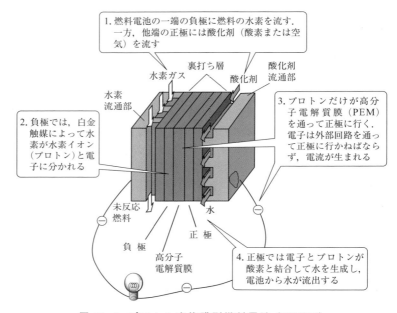

図 20・5 プロトン交換膜型燃料電池（PEMFC）

一方の電極上に水素が流され，他方の電極上に空気が流される．反応は最も簡単である（式20・1）．

$$\text{負 極}: H_2 \longrightarrow 2H^+ + 2e^-$$
$$\text{正 極}: 2H^+ + \tfrac{1}{2}O_2 + 2e^- \longrightarrow H_2O \tag{20・1}$$

電解質はプロトンを負極から正極に移動させるのに必要である．高分子電解質はプロトン伝導の抵抗が最小であり，電気的短絡を防ぐ効果的な障壁とならなければならない．さらに，水素と酸素を通さず，触媒があっても，水素にも空気にも化学的に安定でなければならない．それに加えて，燃料電池の出力が1ボルト以下なので，電池を積層するために膜はコンパクトである必要がある．

PEMFC用に現在よく使われる膜は，塩素/水酸化ナトリウム生産の電解膜と同じ種類のNafionポリマーである．このポリマーはイオン交換樹脂である．湿った状態ならばプロトンがスルホン酸の一方の側から他方の側にナノメートルサイズのイオンチャネルを

通って通過できる.

$$\underset{\underset{F_2C}{\overset{F_2C}{\overset{|}{\underset{|}{CF_2}}}}{\overset{F_2C}{\overset{|}{\underset{|}{CF_2}}}}}{\overset{F_2C}{\overset{|}{\underset{|}{CF_2}}}} CF-O+(CF_2-CF_2-O)_n CF_2SO_3^- H_3O^+$$

Nafion ポリマー

●**高温型燃料電池**● リン酸型燃料電池（PAFC）は, 1997 年から 2002 年の間では, 最も進んだ燃料電池であった. この間に 220 基の商業規模の発電設備が販売された. 代表的な利用先は, 病院, 軍施設, レジャーセンターである. いずれも熱と電気の両方を適度に必要とする施設である（コジェネレーションシステム, 熱電供給）. 長期的にはPEMFC が PAFC より安くなり, そして SOFC または MCFC 設備が PAFC よりも使いやすい熱出力を提供し, 炭化水素で運転されるようになるだろう.

溶融炭酸塩型燃料電池（MCFC）と固体酸化物型燃料電池（SOFC）は広範囲の燃料で運転可能である. 設計者は触媒床を別につくることを好むであろうが, 炭化水素を電極上で改質することも可能である. 両者はコンバインドサイクル発電（CHP）設備で効率が高く, 従来の発電所より小規模でも効率的に運転できる.

その他の燃料電池としては, 空気亜鉛燃料電池（ZAFC）とプロトン伝導型セラミックス燃料電池（PCFC）がある. ZAFC は, 正極にガス拡散電極を使い, 亜鉛負極は電解質とある種の機械的なセパレーターによって分けられている. ガス拡散電極はガス透過膜であり, 空気中の酸素を通し, 酸素は水と反応して OH^- に変換される（式 20·2）. OH^- は電解質を通って亜鉛負極に到達し, そこで酸化亜鉛になるとともに電圧を発生する. これは PEMFC と同じである. しかし, 燃料の再充填は蓄電池と似ている. 亜鉛 "燃料タンク" があり, 電力網に接続した再生器によって酸化亜鉛から金属亜鉛に再生される. これは速い反応であり, 重量当たりのエネルギー量が大きいこととともに空気亜鉛燃料電池の長所となっている.

$$負極: Zn + 4OH^- \longrightarrow ZnO + H_2O + 2OH^- + 2e^-$$
$$正極: O_2 + 2H_2O + 4e^- \longrightarrow 4OH^- \tag{20·2}$$

プロトン伝導型セラミックス燃料電池（PCFC）は比較的新しい形の燃料電池である. 高温でプロトン伝導性が高い特性をもつセラミックス電解質材料を使う. MCFC, SOFC と同じく 700 ℃ の高温運転によって熱的な長所と反応速度面での長所をもつとともに, PEMFC, PAFC と同じプロトン伝導性の本質的な長所をすべてもっている. 燃料を改質する必要がなく, 炭化水素を直接使うことが可能である.

●**触媒の改良**● 電解触媒の改良が熱心に研究されている. 現在, 電解触媒としては

さまざまな形で高価な白金が使われている．しかし窒素をドープしたカーボンナノチューブははるかに低コストで白金触媒に置き換わる可能性がある．窒素原子は電子受容力が高く，周辺の炭素に正電荷をつくり出す，その炭素が次々と負極から電子を引きつけることを容易にし，酸素の還元反応を促進する[33]．Monash大学では正極としてPEDOT（図9・14参照）の利用が示された．これは白金触媒と異なり，燃料電池をしばしば被毒させる一酸化炭素に影響されない[25]．

●**水素源の課題**● 水素の貯蔵の難しさと非常に燃えやすいことは課題であり，特に低温型燃料電池では重要である．水素の沸点は実に20 Kなので液化が大変に困難である．長繊維を巻いた強化プラスチック製超高圧タンクが提案されている．金属水素化物の形での貯蔵やカーボンナノチューブその他特別な分子構造体の内部への貯蔵の研究は話題になる．しかし，そのような方法は貯蔵した水素を取出すために振動的な圧力変動をかけたり，加熱したりすることが通常必要になる．

代わりの方法としては，液体燃料を水素の代わりに使うか，補助設備で液体燃料を水素に改質する方法がある．メタノールが有望な候補である．またいわゆる直接メタノール燃料電池（DMFC）として使われている．メタノールの欠点は，負極上でのメタノールの酸化が一酸化炭素を経由するので，これが白金触媒を被毒することである．

さらに大きな問題は，燃料電池が負荷の急増に応答できないことである．自動車用には加速時に電気を急増させるために蓄電池か大容量キャパシタを併用する必要がある．

●**燃料電池車の開発動向**● このようなあらゆる困難にもかかわらず，自動車会社は燃料電池車をつくっている．水素を圧縮ガスとして，または特別な金属に吸収させて載せるか，それともメタン，メタノール，ガソリンを改質して車上で水素をつくる．Daimler-Chrysler社（2007年合併解消），トヨタ自動車，ホンダ，BMW社は，すべてプロトタイプ車をもつ[34]．2008年にホンダは水素燃料電池車FCXクラリティを市場に出し，また同じ技術を使った二輪車も販売している．バスは特別な開発目標である．バスは同じ場所で燃料充填が可能なので水素流通網の基盤整備が必要でないからである．ブラジルでは2009年にサンパウロでプロトタイプのバスが走り始めた．Daimler-Chrysler社は，直接メタノール転換によるゴーカートを唯一試作した[35]．

George Bush米大統領は，水素燃料電池車の開発を促進した．2003年に水素燃料イニシアチブ（HFI）を発表し，2005年エネルギー政策法，2006年先進エネルギーイニシアティブでフォローアップした．この計画に対して，2008年には10億ドルの税金が投入された．しかし，2009年にObama大統領は，他の自動車技術の方が，より早く，より安く温室効果ガスを減らすという理由によって水素燃料イニシアチブの予算を削除した．水素燃料電池車は実用化までに10～20年以上かかると政府は考えている．残念ながらすべての燃料電池は，化石燃料よりもなおはるかに原価が高い．大規模生産により，原価低減は可能であり，貴金属を使わない方法も同様に原価低減につながろう．しかし，それでも燃料電池には決定的な問題がある．メディアはしばしばごまかしているが，その問題は

20・3・8 電気自動車

再充電可能な電池で走る電気自動車と,電気およびガソリンを動力とするエンジンをもったハイブリッドカーはすでに工業生産されている.昔からの鉛-硫酸蓄電池は重く,再充電に時間がかかる.現在のリチウムイオン二次電池は改良が進み,まもなく1回の充電で1日走り,夜間に充電することが可能になるだろう.バスのような,1日の終わりには決まった充電基地に戻ることができる用途には電気自動車が向いている.ハイブリッドカーは,ブレーキをかけた際のエネルギーを使って電池を充電するので,ガソリン1リットル当たりの走行距離が長くなる.これも現在,改良が進んでいる.これらの自動車は電気か化石燃料を必要とするが,より少量で済む[36].

しかし,電池がリチウム,銅,精製シリコンから成り,これをつくるのに多量のエネルギーが必要になることは障害である.電池をつくるために使われるエネルギーのために,電気自動車は全寿命期間中の二酸化炭素排出量が石油燃料自動車より大きいのではないかという研究もある[37].

電気自動車の所有者は,少なくとも13万km走行させないと二酸化炭素排出量を純粋に減少させることにはならない.多くの電気自動車は,1回の充電で140km以下の距離しか走れず,長距離走行には向かないので,全寿命期間中には到底13万kmは走らない.16万km走ったとしても寿命期間中に約1トンの二酸化炭素を節減するだけである.しかし,電池はたえまなく改良が進んでおり,以上述べたような話が過剰な悲観論になる可能性もある.

20・4 環境汚染

持続可能性の議論には環境汚染問題も含まれる.現代の生活から発生する副生物は,将来の世代に危険をもたらすようなスピードで蓄積しているのだろうか.環境汚染物は大きく二つに分けられる.オゾン層や地球気候のような地球規模の生態系に影響を与えるものと,環境中の発がん物質のような個人に影響を与えるものである.後者は,大気汚染,水質汚染,土壌汚染に分けられる.

環境汚染の多くは,人々の生活に基づいている.暖をとるために燃料を燃やせば微粒子状物質と二酸化硫黄が発生する.また,廃棄物も発生する.人口が増加すると自然界の生態系のもつ自己更新力が失われ,環境汚染が健康と快適性に脅威を与える.たとえば森林開拓によって環境の安定性を損なう可能性がある.

●**残留性生物蓄積性有害化学物質(PBT)**● 化学工業や関連産業による局地的な環境汚染もおびただしい数ある.どの化学物質がつくられているかを知ることさえ難しい.10万に及ぶ化学物質が製造されている(§10・3・4a).生産者は生産開始前に政府に事前届出を行うことが要請され,製法工程に関する資料を提出しなければならない.しか

し,化学製品と副生物を詳細に評価することは不可能である.一方,米国環境保護庁(EPA)は残留性生物蓄積性有害化学物質(PBT, persistent bioaccumulative toxic chemicals)を含む有毒化学物質の排出を監視している.1995年に国際連合は"重大汚染"12化学物質をPBTとして公表した.アルドリン,クロルダン,DDT,ディルドリン,エンドリン,ヘプタクロル,ヘキサクロロベンゼン,マイレックス,ポリ塩素化ビフェニル類,ポリ塩素化ジベンゾ-p-ジオキシン類,トキサフェン,ジベンゾフランである.その後,このリストは拡張され,発がん性の多環芳香族炭化水素類,ある種の臭素化難燃剤,トリブチルスズのような有機金属化合物が追加された.米国環境保護庁はPBTリストに鉛,水銀,カドミウム化合物を追加した.また,ダイオキシン類とダイオキシン類似化合物をその排出量だけでなく,毒性をも考慮してPBTと見なしている.このような評価値は毒性等量(toxic equivalent, TEQ)とよばれている.個々のダイオキシン類や類似化合物の毒性を,最も有毒な2,3,7,8-テトラクロロベンゾ-p-ジオキシン(ダイオキシンの一種)と1,2,3,7,8-ペンタクロロジベンゾ-p-ジオキシン(ダイオキシンの一種)と比較して,どの程度の毒性かを示している.

2009年には2,545,000トンの化学物質が大気,土壌,水圏に排出された.その中には

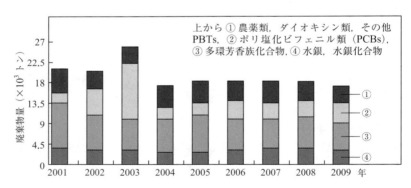

図20・6 鉛以外のPBT化学物質が含まれる米国生産関連廃棄物量(2001~2009)
 〔出典: http://www.epa.gov/tri/tridata/tri09/nationalanalysis/overview/2009TRINA Overviewfinal.pdf.〕

PBTが1530トン含まれている.鉛が量の最も大きな汚染物であり,有害廃棄物の97%を占める.鉛以外の汚染物をグループ別に図20・6に示す.

鉛以外のPBTレベルは減少しているが,2009年までの10年間ではほんのわずかである.鉛以外のPBTの排出量のうち最大のものは多環芳香族化合物であり,毎年官能基がさまざまに変わった多環芳香族があるものの,大きな違いはない.

産業別の発生源を図20・7に示す.PBT排出の第1位は鉱山業である.金属精錬業も加えるとPBTの43%を占める.第2位は発電業である.特に石炭火力発電は米国の水銀

汚染の主要源である．第3位が化学工業であるが，全体の8分の1を占めるにすぎない．これらの発生物はどのように処分されているのだろうか．PBT 1530 トンのうち，1364 トンが工場内で処分された．91 トンが大気に排出され，0.2 トンが表層水に，1.71 トン程度が土壌に，そして0.17 トンが地下に注入された．毒性等量（TEQ）を考え合わせることによって化学工業は少し免罪される．重量で測定すると化学工業はダイオキシンとダ

図 20・7　産業別の PBT 廃棄物量（米国，2009 年）．全 PBT 発生量 1530 トン．［出典：http://www.epa.gov/tri/tridata/tri09/national-analysis/overview/2009TRINAOverviewfinal.pdf.］

イオキシン類似化合物の発生量の72%を占め，金属精錬業は20%を占めるにすぎない．しかし，TEQ を考慮すると数字は逆転し，金属精錬業が57%になり，化学工業はたったの23%になる．

　化学工業の全廃棄物の処理に関する統計を表 20・5 に示す．化学工業の廃棄・排出量は1980年代，1990年代に着実に減少し，有害物はほとんどなくなっている．2001 年から 2009 年の間に 28% 削減し，削減量の半分が大気排出量の減少である．とはいうものの，廃棄・排出量は無水フタル酸や o-キシレンの生産量に匹敵する量であり，無視できるものでない．詳細は EPA が提供する統計で入手できる[38), 39)]．

表 20・5　化学工業における廃棄物処理（米国，2009 年；単位 千トン）

生産関連の処理廃棄物	3745
・リサイクル	1480
・エネルギー回収	543
・分解処理	1522
・廃棄物処分または他の方法による排出	197
工場内または工場外への廃棄または排出	193
工場内	169
・大気中へ	72
・排水中へ	13
・土壌中へ	22
・地下へ注入	62
工場外	25

出典：米国環境保護庁（EPA）

20・4・1 オゾン層

すでに述べたように，地上 20～40 km 程度にあるオゾン層によって，約 360 nm 以下の波長の紫外線から地球表面は守られている．オゾン層はオゾンと酸素の間の光化学平衡によって維持されている（式 20・3）[40]．

$$
\begin{aligned}
O_2 + h\nu &\xrightarrow{<242.4\,nm} O + O \\
O + O_2 + M &\longrightarrow O_3 + M \\
O_3 + h\nu &\xrightarrow{<350\,nm} O_2 + O \\
O + O_3 &\longrightarrow 2\,O_2 \\
O + O + M &\longrightarrow O_2 + M
\end{aligned}
\tag{20・3}
$$

ここで，M は反応熱をもち去るオゾン，酸素以外のあらゆる物質である．オゾン層が減少すると地表に到達する紫外線が増加し，皮膚がんが，特に日光浴をする人に増加する．紫外線は，また白内障，海洋生物の DNA 変化，プラスチックの劣化をひき起こす．

● **CFC のオゾン破壊機構** ● クロロフルオロカーボン類の光化学分解反応によって生成するハロゲン原子がオゾン層を破壊している．クロロフルオロカーボン類は，エアゾール噴射剤，冷蔵庫の冷媒，発泡剤，洗浄液，エレクトロニクス産業の溶剤[40]に使われている．水素原子を含まないクロロフルオロカーボン類は CFC とよばれ，水素原子を含むクロロフルオロカーボン類は HCFC とよばれる．トリクロロモノフルオロメタン CCl_3F とジクロロジフルオロメタン CCl_2F_2（CFC-11，CFC-12 とよばれる．§13・2・4）が

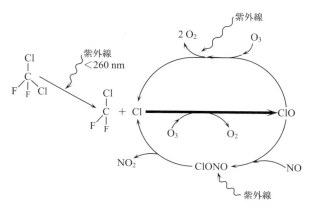

図 20・8　ハロゲン原子によるオゾン破壊[40]

CFC の大部分を占めた．成層圏で 230 nm 以下の紫外線によって CFC が光分解し，塩素原子が発生すると，その塩素原子が図 20・8 に示すサイクルに入る．

塩素原子一つが次の反応（式 20・4）によって大気中から除去されるまでの間に，

100,000 以上のオゾン分子を破壊すると推定されている．

$$OH + ClO \longrightarrow HCl + O_2$$
$$HO_2 + Cl \longrightarrow HCl + O_2 \tag{20·4}$$

塩化水素は水に溶けるので水によって成層圏から除去される．メタンや HCFC を含む水素含有化合物も塩素原子を塩化水素に変換できるといわれる．

ハロゲン化合物のオゾン破壊力はさまざまであり，$ClONO_2$ のような化合物の相対的な安定性しだいである．$ClONO_2$ のような化合物は貯留成分と総称され，塩素を不活性な形で保留する．しかし，紫外線によって光分解される．貯留成分であるフッ化水素は非常に安定なので，塩素を含まないフルオロカーボン類はオゾン層に何の影響もない．他方，臭素化合物 HBr と $BrONO_2$ は等価の塩素よりもオゾン破壊力が 10〜100 倍強いといわれる．

成層圏下部と対流圏では，窒素酸化物とヒドロキシルラジカルも，オゾン破壊の触媒となる．しかし，これらは塩素と結合して比較的安定な貯留成分となり，大気から雨となって除去される．

● **CFC，HCFC の規制** ●　　結果として，米国では 1978 年 10 月に CFC-11 と CFC-12 の大量生産が中止された．すべての CFC といくつかの HCFC はクラス I のオゾン破壊物質に指定され，即刻生産が停止された．それ以外の HCFC はオゾン破壊力が少し低く，クラス II のオゾン破壊物質に指定された．これらは経過期間が許され，2030 年までに生産を停止することになっている．

塩素を含まない水素化フルオロカーボン（HFC）が，冷蔵庫用冷媒の代替品として現れている．HFC はオゾン層には直接の脅威がないようにみえ，エネルギー効率のよい冷媒となる．しかし，環境保護団体は HFC が強力な温室効果ガスであり，別の仕方で環境を損ねると主張している．エレクトロニクス部品生産会社は，洗浄用に CFC の代替品としてアセトンやイソプロピルアルコールのようなさまざまな酸素含有化合物を使っている．しかし，火災に警戒が必要である．洗浄用にはポリエステル製のマイクロファイバーも使われている．

南極のオゾンホールは CFC 削減とともに，ゆっくりと，しかも不規則ではあるものの，小さくなりつつある．オゾン層破壊物質の尺度である等価実効塩素濃度は，1994 年のピークから 2008 年には 10% 低下した．世界気象機関と国連環境計画は，1997 年モントリオール議定書が機能していると共同で発表した．まったく同時に，2006 年 10 月に起こった南極の例外的な寒い冬の結果として，オゾンホールは記録的な大きさに達した．気候を左右する要因はたくさんある．

● **酸化二窒素のオゾン破壊機構** ●　　CFC の減少によって，酸化二窒素がオゾン層を脅かす最も重要な単独物質となった[41]．酸化二窒素は大気の低層，すなわち対流圏では安定で，温室効果ガスとして働く．成層圏に入り込むと，次のようなサイクルでオゾンを破

壊する（式20・5）．

$$N_2O + h\nu \longrightarrow N_2 + O$$
$$N_2O + O \longrightarrow 2\,NO$$
$$NO + O_3 \longrightarrow NO_2 + O_2$$
$$NO_2 + O \longrightarrow NO + O_2$$

(20・5)

酸化二窒素のほぼ3分の1が人間活動，おもに農業から発生しており，人間活動由来の割合が毎年ほぼ1％ずつ増加している．

●**臭化メチルをめぐる問題**● 上記機構は非常に単純化されている．オゾン層を支配する多くの反応機構については，なおわからないことがあり，政策に関しても議論がある．直面するジレンマの一例としては，臭化メチル問題がある．臭化メチルの約70％は土壌燻蒸剤に使われる．熱帯地域ではシロアリの蔓延が課題であり，臭化メチルは住宅の燻蒸に，また果実や花卉，材木のような耐久財の燻蒸にも使われる．

臭化メチルは大気中の寿命が1.5年から2年あり，成層圏に到達するには2年から5年かかるので，ほんの少量が成層圏に到達するにすぎない．しかし，成層圏に到達した臭化メチルは非常に大きなオゾン破壊能力をもつ．臭化メチルは1990年代にオゾン破壊物質クラスIに指定され，2005年に生産中止になることが合意された．

すべてが順調だった．しかし，発展途上国では食糧生産への脅威が深刻な問題になった．ヘアスプレーの噴射剤としてフルオロカーボンを禁止することと，土壌燻蒸剤を禁止することは同列の問題ではない．ウィーン条約参加国は，発展途上国がモントリオール議定書の遵守に遅れが出ることに同意した．臭化メチルの生産と消費は，1995年から1998年の平均消費レベルで，2002年に凍結されるはずだった．2005年にはさまざまな免除措置は別にして臭化メチルの生産は中止になるはずだった．免除措置は複雑であるが，1991年の10〜15％レベルで，生産と使用が認められたように思われる．しかし，付属声明では"技術的または経済的視点からいかなる合理的な代替品も存在しないという危機的または緊急事態"とか"臭化メチルが入手できなくなることによって関係市場に重大な損害が起こる事態"が述べられている．免除条項の正確な意味合いは，効果的で，しかも高価でない代替品がどの程度容易に見つかるのかということしだいであり，モントリオール議定書の非加盟国からの臭化メチルの供給によって，発展途上国でのすべての取組みが崩壊することは思いもよらないことである．EPAが提言している[42]ものの，臭化メチルの代替は容易なことでは起こらない．1,3-ジクロロプロペン，ダゾメット，クロロピクリン，メタムナトリウム（メチルジチオカルバミン酸ナトリウム）が代替品として提案されているが，それぞれ欠点をもつ．

ダゾメット　　　クロロピクリン　　　メタムナトリウム

ヨウ化メチルは期待される候補である．臭化メチルと同じ器具で利用でき，迅速に光分解される．このためオゾン破壊にはならない．しかし，価格が高い．2011年にカリフォルニア州農薬規制部はヨウ化メチルの使用を認めた．しかし，ヨウ化メチルは神経毒であり，特に子供と胎児に危険であるという理由で訴訟が進行中である[43]．

おびただしい数の臭化メチルの免除申請が米国でも行われてきた．特にトマト，イチゴ，観賞用灌木の育成者から，またハム/ポーク燻製業者からであった．包装加工用木材の処理（フォークリフト用パレット，運送用木箱，支柱）も免除されている[44]．どのような，そしてどのくらいの数の免除が許されるのか不明瞭である．しかし，臭化メチルの2008年世界生産量は，ピーク時66,000トンから15,000トンに低下した[45]．

臭化メチルの環境汚染に化学工業がどのくらい関与しているのかは明らかでない．禁止前に年間42,000トンの臭化メチルが土壌燻蒸に使われたが，土壌中の細菌に消化されて無害な臭素化合物に転換されたと推定される[46]．さらに海洋生物（大型海藻）は，年間数万トンの有機臭素化合物をつくり，大気中の臭化メチルの80%は天然由来と推定されている[47]．他の研究者は，この数字が70%だと述べている．オゾン層破壊への臭化メチルの寄与に関して，グリーンピースの主張する数字3%（上限として）と，上記の天然由来分の数字を結びつけると，土壌燻蒸剤が原因となる分は1%以下になる．これでは農業を崩壊させてまで臭化メチル燻蒸を禁止する価値があるのだろうか．

いくつかの国（中国とインド）はモントリオール議定書にしぶしぶ調印し，他の国（ブラジル）は財政上のお返ししだいという条件付きで調印した．結局，米国とイスラエル（世界の二大臭素生産国）と161のその他の国が議定書に調印した．

とにかく，オゾン層保護計画全体は，1994年から2008年の間にオゾン層破壊ガスが11%減少したことによって成功は明らかである．減少幅は北半球で大きく，人類由来のオゾン層破壊物質の生産削減が，大気中濃度の減少に貢献していることを示している．

20・4・2 微量の化学物質

既知のことかまたは予防原則のうえかは別にして，健康に有害な可能性のある微量の化学物質が環境に存在することに，環境保護主義者たちの心配が集中している．それらの物質のいくつかは，環境保護主義者の懸念の結果，すでに禁止された．鉛はガソリンに加えられなくなった．ガソリン中のベンゼン濃度は最小限にされた．水銀系殺菌剤（防カビ剤）を塗料に混入することが禁止された．DDTの使用は厳重に制限されている．合成化学物質の危険性に関して先進国では絶えず再検討が行われている．いくつかの話題を選んで以下で議論する．

20・4・2a 農　　薬

農薬は環境保護主義者たちの第一目標であった．それは，農薬のような物質が食品中に検出されることがあり，がんの原因となるかも知れないからである．がんの原因を特定することは難しいが，喫煙と肺がんのつながりを最初に示したRichard Dollは，がんの

35％が飲食物に由来すると 1981 年に推定している．とはいうものの，われわれは食べ続けなければならず，健康に危険性のある物質を飲食物から排除するよう，社会的に警戒しなければならない．

　農薬は 4 グループに分けられる．有機塩素系，有機リン系，カルバメート系，クロロフェノキシ酸系である．有機塩素系農薬（§6・6）は，最も残留性が高く，環境中での寿命が数年である．生物に吸収され，長い食物連鎖の道を通って，我々の夕食の皿に到達するときには環境中のレベルに比べて一般に濃縮されている．

　ニューヨーク州ロングアイランドでの蚊の撲滅計画では，DDT が，海水中に 3 ppb，プランクトンの脂肪中に 0.04 ppm，小魚の脂肪中に 0.5 ppm，大型魚の脂肪中に 2 ppm，鵜とミサゴの脂肪中に 25 ppm 検出された．人間はミサゴのような鳥と同じレベルの DDT 濃度になっている．DDT の鳥に対する有害な影響が多数報告されているが，DDT が卵の殻を本当に薄くするかどうかについては，なお疑問がある．人間の組織に残留する DDT の影響が心配されている．しかし，DDT 工場の労働者で 600 ppm がみられたにもかかわらず，有機塩素系殺虫剤の証明できるような悪影響が人間には検出されなかったという記録には安堵させるものがある．とにかく，有機塩素系農薬の使用は禁止か，大幅に縮小された．1985 年には，先進国での使用がピーク時の約 5％の量に制限された．

　有機リン系農薬は，数カ月で分解される．パラチオンが最も残留しやすく，広く使われた．半減期は 120 日である．農薬のなかでは死亡者数が最も多かったと推定される．哺乳動物への毒性が高く，散布作業中に皮膚から，または呼吸での吸込みから，あるいは飲込みによって吸収される．有機リン系農薬への暴露は危険である．しかし，残留性が低いために環境汚染の議論においては周辺的な話題になるにすぎない．農業労働者の保護のためおよび食品中の少量の残留物さえ防止するために，パラチオンの使用は規制された．同様の措置がその他の農薬にも適用されている．

20・4・2b　農薬以外の親油性物質

　多くの環境汚染物質が身体に蓄積して有害な影響を与える．そのような物質は親油性であり，生化学的にはどちらかというと不活性である．身体は一部の親油性物質を分解処理できる．ベンゼンとトルエンはともに親油性である．しかし，ベンゼンには酵素が攻撃できる官能基がない．他方，トルエンは酵素反応によって酸化されて安息香酸になり，これがさらにグルクロン酸と結合してベンゾイルグルクロン酸に，またはグリシンと結合して馬尿酸になり，容易に排泄される．このため，ベンゼンが発がん物質であるのに対して，トルエンにはそのような毒性がない．

●PCB●　ポリ塩素化ビフェニル類（PCB）は，1976 年有害物質規制法（TOSCA）によって規制された親油性物質の代表的なグループである．PCB は産業で使用され，おもに変圧器やコンデンサーの電気絶縁体であった．家庭内では蛍光灯の安定器の中にあるコンデンサーに使われた．PCB は分解するのに数十年かかり，有機塩素化物をつくる工

場では、偶然になお少量が副生している（図20・6）。有機塩素系農薬のようにPCBは脂肪組織に蓄積し、食物連鎖を上がって動物、すなわち人間に害を与える。

●ポリ臭素化合物● 有機塩素系親油性物質の大部分は市場から消えた。さまざまな有機臭素系化合物はなお広く使われている。一連のポリ臭素化合物が電気デバイス（おもにテレビジョンセットと電子部品）、家具、繊維製品の難燃剤として使われている。それらは、ポリ臭素化ジフェニルエーテル類（PBDE）、ポリ臭素化ビフェニル類（PBB）、テトラブロモビスフェノールAである。PBDEは大西洋マッコウクジラをはじめとする多くの野生生物の脂肪から、またスウェーデンで母乳から検出されている。五臭化物と八臭化物は禁止された。しかし、十臭化物はなお広く使われ、年間約4万トンになる。他の資料では20万トンとの主張もある[48]。テトラブロモビスフェノールAへの反対はない。主要な用途がプリント回路基板のエポキシ樹脂にコモノマーとして使われ、化学的に結合するためである。

難燃剤の事例は一連の疑問をひき起こしている。マウス新生児に多量の難燃剤を与えると知能の発達を妨げることが、毒物学研究で示された。しかし、人間に対する悪影響の報告はほとんどなく、テレビジョン解体工場で働いて、脂肪に通常レベルの70倍の臭素化合物をもつ人でさえも悪影響がみられない。この化合物の移動には疑問がある。難燃剤は不揮発性で、水に溶解しない。臭素化合物は、海洋生物によって自然界でつくられているとの考えもある。しかし、それも実証されていない。

●可塑剤● 親油性物質の3番目は、ポリ塩化ビニル用の可塑剤である。可塑剤のなかでもフタル酸ジオクチル〔DOP；通常はフタル酸ジ（2-エチルヘキシル），DEHP〕が最も広く使われている。可塑剤はプラスチックの軟化のほかに、化粧品にも使われ、またPCBの代替品としてコンデンサーの絶縁油に使われている。臭素化難燃剤と同じく、可塑剤は水に溶けず、不揮発性である。他の親油性物質と同様に脂肪に蓄積する。年間約363,000トンがホース、ゴム、プラスチックに使われ、環境に入ってくる。可塑剤は土壌に付着し、水中では迅速に分解する。急性毒性としては、胃腸障害、吐き気、めまいがある。慢性毒性としては、肝臓、精巣、呼吸器機能に有害であるといわれ、"発がん物質であると予想されている"。DOPの禁止運動が1950年代から粘り強く行われてきた。1974年には安全飲料水法によって飲料水中のDOP許容濃度が6 ppbに規制され、その後乳幼児用おしゃぶりへのDOPの使用が中止された。現在では子供用おもちゃへのDOPの使用も広くなくなっている。FDA（米国食品医薬品局）はDOPを含む包装は、水を主体とする食品にのみ許可している。2002年に欧州委員会は生殖異常の原因になるとの理由によって化粧品へのフタル酸エステルの使用禁止を提案した。

いくつかのフタル酸エステルは、実験動物の雄の生殖器官の発達に敏感に影響を及ぼす。因果関係が確定されていないものの、フタル酸エステルへの暴露量と人間の健康との関係を示す研究がいくつかある。アンドロゲン受容体との相互作用によって内分泌撹乱が明らかに起こっている。フタル酸エステルは抗アンドロゲン物質なので、アンドロゲン受

容体との相互作用によって雄の生殖器官の発達にさまざまな影響が生じる可能性がある．たとえばフタル酸ジブチル（DBP）とフタル酸ジ-2-エチルヘキシル（DEHP）を，毒性学の懸念レベル（閾値）よりもはるかに低レベルで子宮内において暴露させると，雄のラットの性的特徴に劇的な変化が起こる．妊娠女性がフタル酸エステルに暴露されると，男の子の生殖器官の発達に悪影響がある．

米国環境保護庁（EPA）は 2010 年に規則をつくり始め，八つの生産量の多いフタル酸エステルを，健康または環境に有害な危険性があるか，その可能性がある化学物質として懸念物質リストに追加した[49]．EPA のウェブサイト www.epa.gov には，監視中の多数の化学物質が掲載されており，すべての合成化学物質に対する包括的な分析が Cranor による近刊[50]に見られる．

20・4・3 大気汚染

大気汚染は立法府によって環境汚染のなかで最も精力的に取組まれてきた．石炭燃焼の煙を規制する法律が 1273 年に英国で通過した．エリザベス 1 世は，"石炭の煙の悪臭"のために 1578 年にロンドンから避難し，日記作者 John Evelyn は 1661 年にチャールズ 2 世に小冊子を提出し，煙の悪さを"伝染性"で健康に危険なものと述べた[51]．石炭を使う工場をテムズ川峡谷のさらに下流に移転させ，ロンドン市の中心を囲むように樹木によるグリーンベルトをつくり，ロンドンを煙から守るようにすべきと提案した．煙は工場のすすけた煙突から吐き出され，ロンドン市を覆った．

そのうちに，先進国の大気汚染は 20 世紀半ばに化学的な性質がすっかり変わってしまった．しかし，第三世界では変わらないままである[52]．EPA はウェブサイトでさまざまな環境汚染物質の状況をフォローできるように掲示している[53]．

20・4・3a 二酸化硫黄と微粒子

大気汚染はおもに燃焼過程の結果として起こる．たばこの煙は燃焼生成物を直接吸込むので，最も危険な大気汚染物であることはよく知られている．その他の昔からの燃焼過程では，微粒子(煤)，二酸化硫黄，微量の多環炭化水素化合物が発生する．多環炭化水素には発がん性のものが知られている．しかし，大気中にそのような炭化水素が存在することとがんを結びつける確固たる証拠はない．湿気のある条件下では，二酸化硫黄はさらに反応して硫酸と亜硫酸になる．また，二酸化硫黄は微粒子とも反応して，硫酸塩エアゾールになり，古典的なロンドンのスモッグをつくった．これは肺を刺激し，呼吸器を悪化させる．1952 年の深刻なロンドンスモッグの直接の結果として，約 4000 人が死亡し，1956 年大気浄化法が成立した．硫黄酸化物（窒素酸化物も加わって）は，酸性雨の原因となり，野菜を傷め，湖にいる魚を死滅させる．

●**二酸化硫黄の処理法**●　多くの先進国では，法律によって固体燃料の使用と煙の排出を規制した．その結果，以上に述べたような大気汚染は減った．安価な石炭資源をもって

いる国では，石炭発電所の排煙脱硫装置を改造した．脱硫法にはいくつかあるが，世界中の設備の5分の4は，石灰石（$CaCO_3$），生石灰（CaO）または海水を使って排ガスを洗浄して亜硫酸カルシウムをつくる（式20・6）．

$$CaCO_3 + SO_2 \longrightarrow CaSO_3 + CO_2$$
$$Ca(OH)_2 + SO_2 \longrightarrow CaSO_3 + H_2O \qquad (20 \cdot 6)$$

亜硫酸カルシウムは空気で酸化できる（式20・7）．

$$CaSO_3 + 2H_2O + \tfrac{1}{2}O_2 \longrightarrow CaSO_4 \cdot 2H_2O \qquad (20 \cdot 7)$$

最終生成物は，高品質の硫酸カルシウム二水塩（石膏）である．実際のプロセスは，上記に述べたものよりもはるかに複雑である．煙突内を排ガスが上昇し続けるように保つ必要があり，しかも亜硫酸塩ではなく，石膏ボードに使える硫酸塩を得る必要があるからである．

海水は天然のアルカリであり，二酸化硫黄と酸素を吸収して硫酸塩ができる（式20・8）．

$$SO_2 + H_2O + \tfrac{1}{2}O_2 \longrightarrow SO_4^{2-} + 2H^+ \qquad (20 \cdot 8)$$

水素イオンが海水中の重炭酸塩と反応して二酸化炭素が発生する（式20・9）．

$$HCO_3^- + H^+ \longrightarrow H_2O + CO_2 \qquad (20 \cdot 9)$$

排煙脱硫は1990年代に米国で推進され，EPA報告書は技術的な詳細事項を公表した[54]．ヨーロッパでは1970年代から北海の天然ガス，1980年代からは旧ソ連の天然ガスを利用できるようになったので，排煙脱硫の重要性は低下した．しかし，中国とインドでは燃料として石炭が選ばれ，2008年には6年連続で最も伸びが大きな燃料となった．

●**先進国の対策**● 二酸化硫黄/ばいじん汚染は依然として問題であるが，対策がとられつつある．米国では二酸化硫黄汚染の圧倒的部分が石炭と石油の燃焼および金属精錬から発生している．しかし，一部は火山からも発生している[55]．1980年から2008年の間に二酸化硫黄の平均濃度レベル（141箇所測定）は71％減少した．図20・9には，二酸化硫黄の平均濃度と最大，最小十分位数が示されている．すなわち，全測定点の10％が最大，最小十分位数より高いまたは低い状況にあることになる．米国の環境基準は0.03ppmである．

西ヨーロッパでは，米国ほど石炭燃焼が行われておらず，大気汚染削減努力は，ガソリンとディーゼル油の脱硫に向けられている．2002年に欧州議会は超低硫黄ディーゼル油（ULSD，硫黄分10ppm以下）を2009年までに標準にすることを定めた．この目標は達成されたようである[56]．米国では移行期の遅れが許されるという少数の例外を除いて，2007年から硫黄含有量15ppm以下のULSDが命じられた．ULSDの生産に問題がないわけではない．ディーゼル油中のある種の硫黄化合物は，従来からの水素化脱硫プロセス

で除くことが難しい．最も難しい化合物は，4,6-ジメチルベンゾチオフェンである．高活性な触媒と厳しい条件を用いる"深度"脱硫によって，この化合物を直接に 3,3′-ジメ

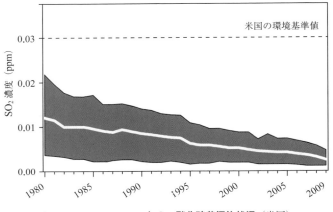

図 20・9　1980～2009 年の二酸化硫黄汚染状況（米国）

チルビフェニルにすることが可能となる（式 20・10）．この生成物は，シクロヘキシル，ジシクロヘキシル中間体を経てさらに還元することが可能である[57]．

$$\text{4,6-ジメチルジベンゾチオフェン} \xrightarrow{H_2} \text{3,3′-ジメチルビフェニル} + H_2S \quad (20\cdot10)$$

硫黄はエンジンシリンダ壁のニッケルと反応し，潤滑特性をもった共晶物を生成する．硫黄を燃料から除去すると，エンジンの潤滑性能が落ちる．脱硫プロセスによって芳香族含有量も減少し，自然生成の潤滑油成分も減る．この変化に対応するために，標準・規格策定機関 ASTM は，ASTM D975 によって定められた潤滑油仕様を採用した．
　この改善によって，経済的費用[58]（米国の石油精製業界は，新しい硫黄基準によって 80 億ドルの費用がかかると主張）ばかりでなく，環境上の代償も発生する．ヨーロッパでは完全に"硫黄ゼロ"燃料の生産によって二酸化炭素年間約 460 万トン相当のエネルギーの追加投入が必要になるため，精油所からの二酸化炭素排出量は 5% 増加し，その分だけ地球温暖化を加速することになる．
●発展途上国の問題●　　二酸化硫黄汚染は発展途上国の世界では依然として大変な問題である．また東ヨーロッパでは，瀝青炭や亜炭が安価で簡単に入手できるために昔から燃料として使われてきたので，二酸化硫黄汚染は深刻である．低レベル技術の火格子設備で

は，石炭燃焼は乾留よりはましであるが，テントの中でラクダの糞を燃やすより，ほんの少しましな程度である．健康への影響は重大である．米国では 1995 年に死亡の 9% が，燃焼関連の大気汚染に起因する呼吸器疾患だった．中国では石炭が家庭用燃料として広汎に使われており，大気汚染による死亡原因の割合は 21.8% を占める．中国の二酸化硫黄発生量は 2005 年に 2550 万トンに達した．これは 2000 年より 27% 増加し，1980 年の米国の排出量に匹敵する．

こうして中国の経済"奇跡"は高くついている．Shell Oil 社会長 John Hofmeister は 1996 年の北京訪問の間，視界が約 90 m にすぎなかったことに気がついたと記録している[59]．インドネシアでの違法な森林焼却によってシンガポールとマレーシアで，中国と同様な大気汚染が起こった．米国大都市でも対策がとられているものの，光化学スモッグ問題（後述）が起こっている．

●二酸化硫黄と地球温暖化●　　二酸化硫黄は，一方では健康を脅かす汚染物であり，酸性雨の前駆体であるが，他方では温室効果を和らげるものであることは皮肉である．二酸化硫黄からできる硫酸塩エアゾールが太陽光を宇宙に反射するので，エアゾールがなくなると，地球温暖化が加速される．成層圏にある二酸化硫黄は，紫外線を吸収して紫外線が地球に到達することを妨げる．二酸化硫黄を成層圏の高さにまで運搬するさまざまな SF 的な理論体系がつくられている．

20・4・3b　自動車排ガス

1960 年以前のロンドンスモッグに代表される石炭燃焼による大気汚染問題は，ガソリン燃焼による大気汚染問題に移った．米国では，一酸化炭素排出量の 77% が車両から発生し，同様に窒素酸化物の 49%，揮発性有機物の 40%，二酸化炭素の 32% が車両に由来する．

●ロサンゼルススモッグ●　　一般にはロサンゼルススモッグは，ロンドンスモッグに代わったものと認識されている．しかしこの二つはまったく正反対の現象である．ロサンゼルススモッグは暑さと乾燥に伴って発生するのに対して，ロンドンスモッグは寒さと湿気に伴って起こる．また，ロサンゼルススモッグが酸化的な性質をもつのに対して，ロンドンスモッグは還元的な性質をもつ．スモッグは多くの都市で発生する．しかし，汚染が都市上空の逆転層によって局限されるために，ロサンゼルスのスモッグは特別に悪性である．スモッグ中の有害物質は窒素酸化物，オゾン，ペルオキシアシル硝酸塩（PAN）である．窒素酸化物は高濃度では催涙性であり，肺水腫を起こす．オゾンは肺を傷め，PAN は植物を枯らす．

図 20・10 に 1970 年代におけるロサンゼルスの典型的なスモッグが発生した日の主要汚染物質濃度を示す[60]．このころは，自動車排ガスのための触媒コンバーターが装着される前だった．

早朝は，炭化水素類，窒素酸化物，オゾンのバックグラウンド濃度は低い．6 時になっ

て自動車が動きだすと，窒素酸化物と未燃焼または分解した炭化水素類の濃度が上昇する．二酸化窒素濃度は午前中にピークに達するが，その後はオゾン生成のために減少する．オゾンは昼下がりにピークに達する．アルデヒド類，ニトロ化合物，その他部分酸化物濃度が，硝酸，硫酸とその関連物質を含んだエアゾールとともに上昇する．

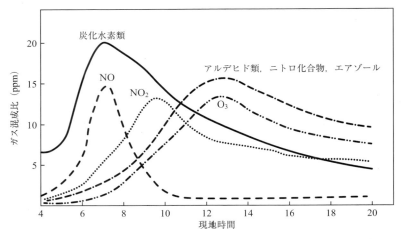

図 20・10 光化学スモッグが発生した日の典型的なガス混成比の時間推移[60]

●光化学スモッグ発生機構モデル● B.G.Reuben と M.L.Burstall が著した"The Chemical Economy（化学経済）"（Longman, London:1973）の p.487 に記したスモッグモデルは，現在ではきまりが悪いほど古臭いものとなった．滴定技術の進歩によって，ヒドロキシルラジカルの反応速度定数を決定することが可能になったので，スモッグモデルは変化し，現在の反応機構では，ヒドロキシルラジカルが支配的なものになっている．

スモッグは自動車エンジン中で一酸化窒素が生成することから始まる（図 20・11）．この反応自体は起こりにくいプロセスである．$N_2+O_2 \rightarrow 2NO$ の反応は，$\Delta H°_{298}=207$ kJ/mol，$\Delta S°_{298}=24.8$ J/K·mol なので，非常に高い活性化エネルギーをもち，熱力学的に少し不利である．しかし，実際に一酸化窒素は内燃機関内の高温下でごく少量発生する．一酸化窒素が排ガスとして排出されると，大気中の酸素によって酸化され，茶色のガスである二酸化窒素になる．この反応はゆっくりとした三分子反応である．二酸化窒素は，日光に豊富に存在する波長である 300 nm から 400 nm の光を強く吸収する．吸収後の生成物は，一酸化窒素と酸素原子である．酸素原子は続いてオゾンを生成し，オゾンは一酸化窒素と反応して二酸化窒素と酸素原子を再生する．酸素原子は，また水と反応してヒドロキシルラジカルを生成する．ヒドロキシルラジカルは二酸化窒素と反応して硝酸を生成する．このように図 20・11 の上半分に示されるように，窒素含有分子と酸素含有分子から

成る完結したサイクルが存在する．このサイクルによって，一定の，しかし低濃度のオゾンと，実際に観測されるよりも，はるかに低濃度の二酸化窒素が生成する．

サイクル理論と実際との差を生みだすのは，炭化水素とアルデヒドの存在である（図20・11の下半分）．炭化水素は，ヒドロキシルラジカルと反応して，炭化水素ラジカルを生成し，次に炭化水素ペルオキシドになり，さらにアルデヒドを生成する．アルデヒドは，酸素と反応してアルデヒドペルオキシドになり，さらに二酸化窒素と反応してペルオ

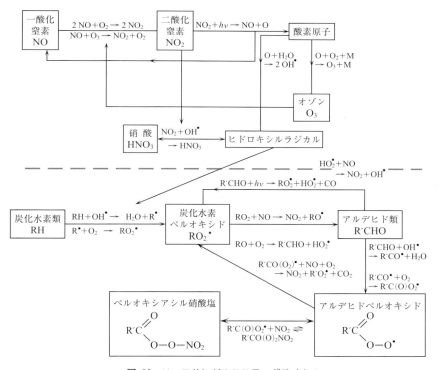

図 20・11　ロサンゼルススモッグサイクル

キシアシル硝酸塩（たとえば PAN）になる．排ガス以外の排出源から大気中に放出された揮発性有機化合物も，通常はヒドロキシルラジカルと反応し，水素原子を失って有機化合物のラジカルを生成する．図 20・11 の反応スキームは非常に簡略化されており，硫酸塩，硝酸塩エアゾールや多くの気体化学種の生成を無視している．最先端モデルは，88 の化学種と 178 の反応から成る．

●**自動車排ガス規制**●　　米国ではスモッグ問題に法律で取組んでおり，自動車に適合した触媒コンバーターを義務付け，炭化水素と一酸化炭素を酸化する一方，一酸化窒素を還

元するようにしている（§18・6・1）．米国環境保護庁（EPA）は，1979年にオゾンの環境基準を1時間平均値 0.12 ppm と定め，これを1997年には8時間平均値 0.08 ppm に低下させ，2004年までに達成することにした．大型ディーゼルトラックおよび同様な車両から排出される 2.5 μm より小さな微粒子（PM 2.5）の排出基準および揮発性有機化合物の排出基準も新たに設けた．また塗料工業は，水溶媒または溶剤のない製品組成にある程度は転換した．米国は世界最大の自動車市場であるが，触媒コンバーターは現在ではすべての自動車に付けられている．

このような対策の結果，ロサンゼルスやその他の米国数都市の大気汚染レベルは，この数十年で低下した．ロサンゼルスの第一段階スモッグ警報発令回数は，1970年代に年間100回以上であったのが，21世紀にはほとんどゼロになった．それにもかかわらず，米国肺協会の 2006年，2007年報告書では，短時間および年間の微粒子汚染濃度に関して，ロサンゼルスを米国で最もひどい都市に位置づけている．2008年報告書ではロサンゼルスは2位になったものの，年間の微粒子汚染濃度では再び1位にされた[61]．大気汚染がなお重大な問題として，ロサンゼルスは環境改善に積極的に取組み続けている．

20・4・4 排水処理

家庭からの汚水は非常に濃度が薄い．濃厚な汚水（雨水で薄められていない都市下水）は，約 500 ppm の不純物を含む程度である．しかし，これが処理されないと汚水によって悪臭の発生，コレラのような水を介した病気の蔓延，水路の汚染，水生生物の死滅が起こる．汚水は強力な還元力をもち，汚水の腐敗に伴って汚水中の有機物質による硫酸イオンの還元が起こり，硫化水素とチオールが発生する．汚水中のタンパク質やその他の窒素を含む物質が分解するとアミン類が生成し，汚水中にすでに存在していた不快な含窒素化合物（たとえば排泄物の臭いの元になるスカトール）と一緒になって，硫黄化合物の悪臭を強めることになる．

スカトール

●**排水処理法**●　排水処理法は20世紀の長い期間に標準的な方法がつくられた．それでも，川や海に排水を放流する昔からの方法を完全になくすのは困難であった[62]．排水は下水道を通って下水処理場に運ばれ，沪過によって大きな固形物が除かれる．次に静置槽に送られ，凝集剤の助けも借りてスラッジを沈殿させ，"上澄み"排水が得られる．土地代が安ければ上澄み排水は回転アームを通して，散水沪床上に散布される．散水沪床は直径 5～10 cm の砕石片から成っており，石の表面が成長する微生物群で覆われるようになり，有機物が好気的に酸化されて二酸化炭素，水，亜硝酸塩や硝酸塩になる．

活性汚泥法は頂上に回転円錐をもった活性汚泥槽を使う．上澄み排水がスプレー状に活

性汚泥槽に散布され，十分に空気が通される．活性汚泥槽内の水には，散水沪床と同様な微生物が植付けられており，同じような酸化反応が起こる．活性汚泥法は土地が少なくて済み，地価の高い場所に適する．その一方，維持補修費が多くかかる．特に電気代が高い．散水沪床法では，回転アームが穴から吹出す上澄み排水によって動かされるのと対照的である．

処理後の排水がどこに放流され，どのように使われるかに応じて，排水を消毒することが必要になる場合もある．もともといた細菌は有機汚染物を食べて生きるので，病原性微生物は自然な環境条件によって減少する．この作用が不十分ならば排水を塩素で消毒する．この方法は，痕跡程度に残っている有機物と塩素が反応して，親油性で毒性をもつ可能性が高い有機塩素化合物を生成することが欠点である．

排水処理には，なお問題がある．ごく低濃度の特殊な汚染物が排水から検出される．その種の汚染物は，畜産業からのホルモンであり，避妊薬であり，ホルモン類似作用をするフタル酸エステルのような合成物質である．これらの痕跡残留物質は，植物や動物に，そして飲料水として再利用されるならば，もしかすると人間にも予測できない悪影響をもたらすかもしれない．

静置槽からのスラッジ処理に戻る．このスラッジは，一般には嫌気的酸化によって処理される．スラッジを密閉槽に入れ，腐らせて，メタンと二酸化炭素にする．処理後のスラッジは臭いがなく，乾燥も容易である．しかし，肥料としての価値はない．メタンを使うことによって，下水処理場は外部のエネルギー源に依存しないで済むようになる．とりわけスウェーデンが有名であるが，多くの下水処理場がメタンまたは電気を外部に売ることができるようになる．しかし，下水処理場のエネルギー費を賄うならば，それ以上の余剰はほとんどない．

●**合成洗剤の水質汚染問題**●　合成洗剤が起こした最初の問題は，分岐鎖の多いドデカン類やノナン類を原料としたことから起こった（§3・3）．このような分子は微生物処理では分解されずに通過してしまい，排水路に入り，滝や堰で洗剤の泡を起こす原因になった．代わりに直鎖状物質を使うことにより問題が少なくなった．生分解性ということが現在では洗剤に求められるキーポイントになっている．

合成洗剤の2番目の問題は，三リン酸ナトリウム（トリポリリン酸ソーダ）から発生した．これはビルダーとよばれるもので，硬水中の多価金属イオンを封鎖するために，洗剤成分として加えられている．三リン酸ナトリウムも微生物処理を通じて変化せずに通過し，川や湖に行く．リン酸塩は植物の栄養となり，藍藻類が爆発的な速さで増殖し，広大な面積の水の表層を覆ってしまう．下になった藻類は腐り，水から酸素を奪う．魚は死滅し，生態バランスが崩れる．この現象は富栄養化とよばれる．この問題に対しては，さまざまな対策が実施された．無リン洗剤が市場に出るようになり，リン酸濃度が低下した．ビルダーの三リン酸ナトリウムの代替品として，ゼオライトのようなものが採用された．下水の三次処理も実施された．三次処理の方法の一つは，凝集剤として硫酸アルミ

ニウムを添加し，次に塩化カルシウムを添加するものである（式20・11）．

$$Al_2(SO_4)_3 + 6 H_2O \longrightarrow 2 Al(OH)_3 + 6 H^+ + 3 SO_4^{2-}$$
$$Al(OH)_3 + PO_4^{3-} + 3 H^+ + 4 NaOH \longrightarrow NaAlO_2 + Na_3PO_4 + 5 H_2O$$
$$2 Na_3PO_4 + 3 CaCl_2 \longrightarrow Ca_3(PO_4)_2\downarrow + 6 NaCl$$

(20・11)

生成・沈殿するリン酸カルシウムを沪過して除去する．硫酸アルミニウムの代わりの凝集剤として硫酸鉄がある．鉄くずと硫酸の反応でつくられる．その場合にはリン酸鉄が沈殿する．この方法は両方とも汚水のコロイドを壊すことにも役立ち，沈殿操作段階においてスラッジの沈降を加速する．

20・4・5　固形廃棄物

　固形廃棄物の処分は，環境を脅かすもう一つの分野である．産業（特に化学工業と金属精錬業）は，有毒，有害な気体，液体，固形廃棄物をつくり出している．しかし，その範囲が広すぎるので処理の一般的な方法はなく，本書読者は専門家の出版物を参照する必要がある*．都市固形廃棄物は，さらに広汎な問題を起こしている．産業固形廃棄物も都市固形廃棄物も米国では資源保護回収法の下で固形廃棄物局によって規制されている．ただし，動物廃棄物，医療廃棄物，放射線廃棄物のような，いくつかの廃棄物はその他の連邦省庁が規制している．

●**米国の都市固形廃棄物**●　　都市固形廃棄物，すなわちごみ，くずは，米国では増加してきた．1960年には年間8810万トン（1日1人当たり1.2 kg）だったのが，2008年には年間24,960万トン（1日1人当たり2.0 kg）になった．しかし，この数字は1990年以後は増加していない．廃棄物の性質が20世紀の初めから変わった．野焼きの時代には多くのごみが燃やされ，食品くずは堆肥にされた．包装材料はほとんどなく，プラスチックは存在していなかった．家庭から出る廃棄物の大部分は，焼却後の塊と灰であり，安定な形に固めることができた．いくつかの地域では，これら固形物の管理された埋立地から有用な土地がつくられた[63]．現代の廃棄物の内訳は，図20・12[64]に示すように，まったく異なった構成になっている．

　最も多いのは紙である．新聞紙ばかりでなく，広告，ダイレクトメール，包装材料である．食品くずは全体の8分の1を占める．プラスチックの量は買い物習慣を反映しており，一つ一つの包装材料の重さは5～10 gにすぎないけれども，レジ袋と食品包装材料が多いことを示す．"その他"は塗料，クリーナー，使用済潤滑油，殺虫剤，有毒有害な電池などである．

●**埋立処分の問題点**●　　廃棄物処理の中核にある重要な経済問題は，廃棄物を処分する

---

*（訳注）　たとえば『環境と化学 — グリーンケミストリー入門（第2版）』，荻野和子，竹内茂彌，柘植秀樹編，東京化学同人（2009）．

最も安価な方法が埋立てということである．土地の価格が都市近郊では高すぎて埋立処分が不経済であるという議論は成り立たない[65]．埋立地の存在によって周辺の土地価格は下がる．しかし，標準的な土地価格でさえも，おそらく都市のど真ん中を除けば，埋立地を購入するということが，なお最も経済的な選択である．しかし，それは土地の利用規制などの法律によって禁止されている．

管理された条件下での埋立処分によって埋立てにお墨付きが与えられる．処分の主要費用は埋立地への廃棄物の輸送費である．欠点はたくさんある．固形廃棄物はおもに都市で発生するので，輸送費を減らすには都市の端または都市外であっても，それほど遠くない

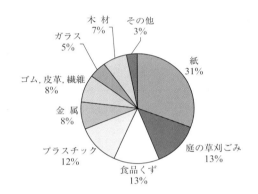

図 20・12　都市固形廃棄物（米国，2008 年）[64]．リサイクル前，都市固形廃棄物全量 249,600 万トン．

場所に埋立地を購入する必要がある．そのうち，都市はその場所を通り越して拡大せざるをえなくなり，ただちに快適性，土地の価値，景観の悪化などの問題が起こる．また廃棄物埋立層を通り抜けた雨水が地下水を汚染するかもしれないという問題も起こる．それに加えて，人口が少ない国でさえも，廃棄物を埋立てできる土地を使い尽くしてしまう．海洋投棄はさまざまな国際協定によって禁止されている．経済分析がどうであろうと，先進国の政治圧力によって都市廃棄物はほとんど投棄できなくなった．選択肢は何かあるのか．環境保護庁は次のような階層的な提案を行っている．

20・4・5a　廃棄物の予防的削減

省エネルギーと同じく，廃棄物の予防的削減は人々の協調が得られるならば魅力的な選択肢である．紙の両面コピー，裏庭での堆肥つくり，包装の削減，スーパーマーケットでのレジ袋への課金はすべて有効である．経済的なメリットのある方法は，最も成功のチャンスがある．しかし，法的な手段も有効である．2010 年 1 月からミネソタ州法では，道路脇で収集する草刈ごみには，堆肥化できる袋を使わなければならないと定められた．

20・4・5b　リサイクル

2008年に米国人は,堆肥にした分を除いてほぼ6100万トンの廃棄物をリサイクルした.堆肥へのリサイクルは別に2210万トンある.約3200万トンが焼却後発電などでエネルギー回収された.リサイクルと堆肥化された分を除くと,1人1日当たり1.4 kgの廃棄物が,エネルギー回収をしながら焼却されたか,または埋立地に送られた.リサイクルは地味な成功だった.固形廃棄物のリサイクルは,1980年代の9.6%から2009年には33.8%に上昇し,一方,埋立処分は88.6%から54.2%に低下した.しかし,この印象的な統計には,全廃棄物量が13,440万トンから13,190万トンに,ほんのわずかしか減少していないという事実が隠されている.

表20・6に示すように自動車用蓄電池のリサイクル率は95.7%,紙は74.2%(最近大きく上昇),草刈ごみの堆肥率は59.9%である.リサイクルには各家庭によるごみ分別が必要である.しかし,家庭での分別には限界がある.

表20・6　分別された廃棄物のリサイクル率(米国,2009年)

廃棄物	百分率(%)	廃棄物	百分率(%)
自動車用蓄電池	95.7	タイヤ	35.3
事務所からの紙	74.2	ガラス製容器	31.3
スチール缶	66.0	HDPE製白色半透明容器	28.9
堆肥化された草刈ごみ	59.9	PETボトル,ジャー	28.0
アルミ製ビール缶,ソフトドリンク缶	50.7		

出典: 米国環境保護庁 (http://www.epa.gov/osw/nonhaz/municipal/pubs/msw2009-fs.pdf).

廃棄物が収集されると,磁気的な方法によって鉄系金属がまず分離され,次に空気流分別法によって,紙とプラスチックのような軽い材料とガラスや金属のような重い材料が分けられる.これらの作業には費用がかかる.労務費が高く,リサイクルが行われやすい国では,非常に貧乏な人々が何か価値あるものがないかと,勝手にごみの山をあさっているような国に比べて処理費用が著しく高い.また,リサイクルに伴って環境面に負担がかかることがある.たとえば紙のリサイクルによって水道水に痕跡程度の有機塩素化合物が含まれることになる(§19・7).

ヨーロッパは北米より人口密度が高いので,EUは埋立てできない廃棄物の範囲を拡大している.冷蔵庫はすでに有害廃棄物,特にクロロフルオロカーボンを含むものとされた.その他の電気製品廃棄物に対しても規制がある.地方自治体は,電子機器(テレビ,ビデオレコーダー,パソコン,子供用ゲーム機など)とその他のがらくたを分けて,あらゆる有害化学物質を分別し,解体し,残余物を処分しなければならない.企業と個人は新製品を購入する際に,古い製品を小売業者に引取り処分させることもできる.

20・4・5c 燃焼または焼却処理

都市廃棄物は焼却によって，体積で90%，重量で75%減らすことができる．発生する熱量を発電に使うこともできる．米国の都市固形廃棄物は，2008年に12.8%が焼却処理されたが，2000年の16%からは低下した．これは二酸化炭素排出量の増加抑制を反映したものと考えられる．

●**焼却の問題点**● 焼却の欠点は設備費と運転費が高いことである．焼却しなければならないものが多彩なので多くの固形廃棄物の取扱い上の問題が発生するとともに，維持補修費も高くなり，設備の信頼性が低くなる．非効率な設備の運転によって，臭気，煙，汚染物を放出することになる．焼却残渣の急冷から発生する汚水によって大気汚染，水質汚濁が発生することがあり，元の体積より大きく減少したとはいえ，残渣の処分は別の問題を起こす．

燃焼には二酸化炭素の発生が避けられない．焼却炉から発生する大気汚染物は，おもに煙，悪臭，飛散灰，硫黄酸化物，窒素酸化物，塩化水素である．排ガスの水洗によって除去できるものもあるし，フィルターで除去できるものもある．法律上，最低980℃以上の温度に最低1秒間，廃棄物をさらさなければならない．燃焼が不十分であると，煙突排ガスに黒煙，部分燃焼した有機化合物，一酸化炭素が含まれることになる．

●**ダイオキシン**● グリーンピース（国際環境NGO）は廃棄物処理の方法として焼却に反対しており，有機塩素化合物の不完全な燃焼によりダイオキシン類，フラン類，多環芳香族炭化水素類，塩化水素，重金属が空中に飛散すると主張している．

代表的なダイオキシンの構造を示す[*]．

2,3,7,8-TCDD
(2,3,7,8-テトラクロロジベンゾ-p-ジオキシン)

ダイオキシンの一例

ダイオキシンはフェノール塩素化物やフェノキシ除草剤（§6・1・5）の製造，パルプの塩素漂白，塩素含有廃棄物の燃焼において，副生物として生成する．知られている物質のなかで最も毒性が高いといわれ，確かに動物試験では，このことが裏付けられる．ダイオキシンに暴露された実験動物の先天的奇形が，早くも1969年に報告された．ヒトへの影響については，あまり報告されてこなかったが，発がん物質であると推測される．ダイオキシンに暴露された労働者が塩素挫瘡（クロルアクネ），ポルフィリン尿，晩発性皮膚ポルフィリン症になった．ダイオキシンの悪名は，1960年代のベトナム戦争で枯葉剤として使われたオレンジ剤の製造時の汚染副生物として起こした事件[66]によって，もっぱら生まれた．ダイオキシンを浴びた退役軍人やその扶養家族には補償金と年金が与えられ

---

[*]（訳注） ダイオキシン類: PCDD（ポリ塩素化ジベンゾ-p-ジオキシン），PCDF（ポリ塩素化ジベンゾフラン），コプラナーPCBの3種類の化合物の総称．

た．1976年に起こったSeveso(セベソ)事件では，2 kgのダイオキシンが大気中に放出されたが，意外に健康被害の発生率が低く，ヒトへの毒性は実験動物への毒性に比べて低い可能性がある．

ダイオキシンやブロモダイオキシンのような関連化合物について述べると，ただちに恐怖をひき起こす．焼却炉から放出されるダイオキシン量については，一方では環境保護論者により，他方では焼却炉メーカーによって熱心に議論されてきた．しかし，焼却炉をどこかに建設しようとする計画は必ず住民の反対にあう．一方，ごみの収集および電力輸送のためには，焼却炉を都市近郊に建てることが必要である．この両方が相まって，米国ではごみのうち，焼却処理されるのがたったの8分の1という驚くべき結果になっている[*]．

20・4・5d 衛生埋立

米国では，都市固形廃棄物の54.2%が依然として埋立てられている．1993年の古いデータでは，埋立物の内容は紙が40～50%，建設廃材が20～30%，使い捨ておむつが1.2%であった．埋立地の数は1988年の8000から2009年には1900に減った．しかし，埋立能力はほぼ一定である．このように新しい埋立地は昔のものより，はるかに大きい．新しい埋立地は，はるかに厳格な遮水仕切りがされている．それでもニューヨークのスタテン・アイランドのフレッシュ・キルズ埋立地は閉鎖され，公園に変えられた．ここは世界最大の埋立地であるばかりか，世界最大の人工構築物ともいわれた．

●埋立基準● 連邦埋立基準を表20・7に示す．埋立は現在でもなお地面の大きな穴に頼っている．しかし，地下水汚染を防ぐために仕切りをしなければならず，さらに通常はその他の方法でも規制されている．

表 20・7 連邦埋立基準

- 断層，湿地，氾濫原，その他の制限地域から離れた適切な地質学上の場所に埋立地が建設されるよう，立地規制を確立すること
- 遮水仕切りは，ジオメンブレンまたはプラスチックシートを使い，埋立地の底部と側壁部は60 cmの粘土で補強すること
- 埋立てた廃棄物の圧縮作業，10 cm程度の土で頻繁に覆う作業は，悪臭を減らし，散乱物，害虫，ネズミを防止し，公衆衛生を確保するものであること
- 廃棄物質が埋立地から漏れていないかどうかを確認するため，地下水の監視には試験用井戸が必要であること
- 埋立地の閉鎖および閉鎖後の管理として，埋立地を覆うこと，および閉鎖埋立地の長期管理を行うこと
- 改善活動として，埋立地からの放出物を制御し，清浄化するとともに，地下水保護基準を遵守すること
- 財務面の保証として，埋立期間中および埋立地閉鎖後（すなわち閉鎖時と閉鎖後の管理）の環境保護のため積立金を拠出すること

＊(訳注) 日本では高温焼却炉の導入が義務付けられ，ダイオキシンの発生量が激減している．

●埋立地からのガス発生●　　生分解性の有機物が存在するために埋立地からはガスが放出される．主要なガス成分は，窒素，酸素，二酸化炭素，メタンである．しかし，アンモニア，一酸化炭素，水素，硫化水素，揮発性有機物も少量ではあるが存在する．揮発性有機物は，家庭用クリーナー，ヘアスプレー，塗料から発生すると考えられる．ガスを大気中に放出したまま放置はできない．特にメタンは強力な温室効果ガスである．アンモニアと硫化水素は不快な臭いをもつ．メタンと酸素の混合ガスは爆発しやすい．規則上は，埋立地に覆いをかぶせ，可燃性ガスを採取する．発電するために燃焼することもしばしば行われる．

埋立地からのガス放出にはライフサイクルがある（図20・13）[67]．第一段階では，好気的分解が始まるにつれて，窒素と酸素が埋立地から放出される．第二段階では好気的分解が支配的になり，その生成物は二酸化炭素である．第三段階では酸素が使い尽くされ，嫌気的分解にひき継がれるにつれて，メタン生成量が増加する．第四段階ではメタンが安定して生成し，埋立地が落ち着く．これが数年間続く．すべてのものが生分解されるわけではない．10年前のホットドッグや新聞紙が元のまま残ることもある．

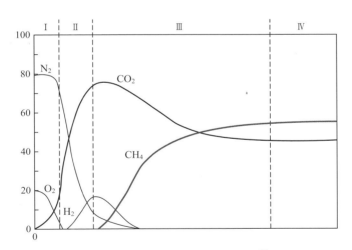

図 20・13　埋立地からの放出ガス組成[67]

●埋立地確保の問題●　　埋立地として利用できる用地は，米国のような巨大な国でさえ急速に減っており，北西ヨーロッパのような人口密度が高い地域では問題が深刻である．廃棄物処理の他の方法を進めるためにEU全域にわたる埋立地税があり，EU加盟国は埋立地に行く生分解性都市廃棄物を減らさなければならない．1995年レベルを基準にして，全量を2006年までに75%に，2009年までに50%に，2016年までに35%に減らさなければならない[68]．これは全般的にはうまく行っているようにはみえない．2010年報告書

では次のように述べている[69]．"廃棄物埋立指令の履行は非常に不満足な状態のままである．……依然として違法な埋立が数多く存在する．……EU 加盟国の圧倒的多数が，2009年 7 月 16 日のデッドラインに間に合わない．このデッドラインまでに，EU 指令以前から存在していたすべての準基準レベルの埋立地（特別に悪いものでなければ）が指令の必要事項に適合することを確認しなければならなかった．生分解性都市廃棄物を埋立から他の処理法に転換するという 2006 年目標を達成したのは，たった 9 加盟国だけであり，埋立地から発生するガスをとらえることは不十分である．"

しかし，焼却設備を増やすことは政治的に実行できないうえに，必ずしも望ましいことではない．リサイクルと廃棄物の削減が唯一の明確な解決策である．

20・4・6 石油化学工業廃棄物

石油化学工業は，大規模に操業し，有機廃棄物と触媒残渣を生みだすとともに大量の汚水も発生している．この汚水には，少量の炭化水素類，フェノールとその誘導体が含まれる[70),71]．これらは汚水処理設備の微生物には有毒であり，汚水処理作業を停止させる．しかし，そのような有毒物を処理できる微生物種を育成することが可能であることはわかっている．石油化学工場では，こうようにして高度に通気する"細菌ピット"をもって石油化学汚水を食べる"細菌"が汚水を消化している．

重金属類は触媒に関連した部分を除いて有機化学プラントでは，通常見られない．最も有毒な金属は，カドミウム，鉛，水銀，ベリリウム，ヒ素である．その他にも有毒なものがいくつかある．そのような金属が，排水や廃棄物に見られるならば，どんな痕跡量でも除去しなければならない．その方法は次のとおりである．

1. 沈殿法：不溶性誘導体をつくることができ，コロイドにならない場合に適する．
2. 陽イオン交換法：鉛，銅，亜鉛，水銀，クロム，ニッケル，ヒ素に適する．
3. 溶剤抽出法：ニッケルイオンはジノニルナフタレンスルホン酸で抽出できる．亜鉛，カドミウムはジ-2-エチルヘキシルリン酸で抽出できる．銅は第四級アミンで抽出できる．たとえば Aliquat336 を使う．これはメチル基一つと C_8（オクチル）主体であるが，C_8 鎖と C_{10}（デシル）鎖の混合物から成る三つの官能基をもった第四級塩化アンモニウムである．

有害な溶解塩は，イオン交換法か電気透析法で除去する．活性炭や活性シリカで少量の有毒有機化合物を吸着する．強力な酸化剤によって，アミンやアルデヒドのような物質は無害化される．塩素化は適度に強力であるが，危険な有機塩素化物が生成するので，次にそれを分離しなければならない．電気化学的方法は，分散した油や塗料を泡浮上法によって除去するためによく使われる．電気分解によって生じた水素が，分散した油を上に運び上げるので，すくい取って除くことが可能である．

有機廃棄物は通常，気体，液体，またはスラッジとして発生し，都市固形廃棄物のよう

な取扱いの難しさはない．気体は可燃物なら煙突で燃焼し，可燃物でないなら液体で洗浄し処理する．液体とスラッジは，通常は酸素の存在下あるいは無酸素下で，高温(400～850℃)処理する．精巧な炉ではダイオキシンやその他の有害な燃焼生成物ができることを避けられる．液体注入焼却炉は，気体と液体に対して使われる．ロータリーキルンと流動床型焼却炉は，気体，液体，固体，スラッジを扱える．燃焼熱は回収して水蒸気をつくる．それとは対照的に，熱分解技術では，低酸素環境下で高温を使って廃棄物を分解し，簡単な物質にする．この技術の長所は，無機成分が揮発しない点であり，代わって不溶性残渣になる．

特に危険な廃棄物はプラズマ焼却システムで扱う．廃棄物は3000℃以上の電気アーク内に導入され，分子は完全に原子化またはイオン化され，冷却過程で再結合して簡単な無毒の小分子になる．

20・4・7　その他の環境問題

以上に述べたものに加えて，多くの発生源とさまざまな汚染物について論じることは本書の範囲を超える．たとえば男性体内で女性ホルモンに似た働きをする内分泌撹乱化学物質(いわゆる環境ホルモン)は幅広く問題にされてきた．フタル酸エステル，ビスフェノールA，ノニルフェノールエトキシレートなど多くの化学物質が，この問題に含まれる．この現象は下等な種には存在する可能性があるものの，ヒトには証明されていない．この問題や，その他の疑わしい問題をとるにたらないと言うつもりはない．これらの問題が意味することは，極度の科学的に洗練された技術と予断のない誠実さをもって，このような物質の分析をしなければならないということである．

20・5　終わりにあたって

野球選手のYogi Berra（ヨギ ベラ）の不朽の言葉に"予測することは難しい．未来についてはなおさらだ"があるけれども，我々の知っているような文明に対する脅威に結論を示さないまま，かろうじて持続可能性に関する章を書くことができた．大災害の可能性は，オゾン層破壊，巨大飢饉，地球温暖化，超強力ウイルスの出現，全面核戦争，その他多数存在する[72]．

温室効果ガスの排出量を十分に減らすために必要な劇的な歩みを誰も行おうとしないのは明らかである．最悪の場合には，極冠が融けて，地球が人類にとっては暑くなりすぎることになろう．そこまで極端でないシナリオでは，熱帯が暑くなりすぎて生命が存在できず，極地方への大規模な移住が起こり，それに伴って戦争や暴動が発生する．しかし，必ずしも人類の消滅には至らない．移住は核戦争の結果としてもありうるものであり，"核の冬"が来る．詩人Robert Frost（フロスト）が言ったように"世界は火の中で終わるという人もいるし，氷の中だという人もいる．"人類全体として，そのような脅威に対処する意思あるいは手段をもっている証拠はなく，予測が間違っていることを期待しなければならない．

原子力は，二酸化炭素を排出しないで，現在十分に稼働している唯一のエネルギー源である．稼働してからほぼ半世紀が経過した．しかし，日本の福島事故によって挫折した．ドイツは2022年までに自国の核反応器を閉鎖する意思を表明した．地震が活発な地帯には建設しないという合意が必要である．風力発電，波力発電，太陽光発電はパイロットプラント段階からほとんど出ていない．全ライフサイクルを考慮すると経済的にも魅力的でない．世界は少なくとも一世代の間は，もっぱら化石燃料に頼ることになろう．

食糧問題は，政治的，文化的困難が解決できるならば乗り越えられる．飢饉は戦争によって起こるのであって，天候不順によって起こるのではない．発展途上国の農業は非効率であり，途上国の人々が肉食をしたいという欲望は食糧問題の解決に逆行する．ヨーロッパ人が遺伝子組換え作物に対してもっている偏見は，トウモロコシを出発原料としたバイオ燃料への米国の熱狂と同様に不条理なものである．肥料，種子，農薬はもちろん，乾燥地帯でも農業を盛んにするのに必要な，あらゆるものが科学によって供給された．しかし，戦争の犠牲から生き残る道はない．

米国市民が期待する生活レベルで90億人を地球が支えることはできない．化学の力を借りて（避妊薬），そして女性解放の拡大によって出生率を下げることは可能である．しかし，すべての文化がそれに賛成するわけではない．一般にアラブ世界は女性が服従を続け，出生率が高いままであることを望んでいる．

本書のテーマの一つは"中国経済の奇跡"という飛躍的な経済成長であった．製造業の大部分がアジア・大洋州に移動してきた．世界のおもちゃの80%は中国でつくられている[73]．しかし，1960年代の日本の高度経済成長が現在行き詰まっており，中国も同様になる可能性がある．中国では人口高齢化が進行中であり，労働力不足と政治的権利を要求する中産階級の勃興が起こっている．移住労働者は，もはや低賃金では働きに来ない．環境汚染レベルは恐るべきものであり，健康と安全の法制度は，ほとんど無視されている．中国政府は，その威信にかけても，毛沢東が"文化大革命"と"大躍進運動"によってひき起こした飢饉を避けるように政策運営をしてきた．しかし，これがいつまで続けられるのだろうか．中央集権支配は常に汚職を伴い，それが次に経済の非効率を生む．

その一方，北米人/西ヨーロッパ人が支配的であった期間が比較的短かったことをふり返るべきである．ヨーロッパ人が"中世暗黒時代"に没入し，米国が"発見"されたばかりの頃に，中国王朝とイスラム帝国はスーパーパワーをもち，幸運にもかろうじて通行可能なタクラマカン砂漠によって互いに隔離されていた．中世のアラブのカリフの下で，そして再度ペルシャ帝国やトルコ帝国の下で，イスラム帝国は世界で最高の権力をもち，創造力に富み，最先端地域であった．中国王朝も Joseph Needham が指摘したように[74]，ガラス以外のほとんどあらゆるものを発明するに至るほど高度な文明をもっていた．イスラム帝国は1683年に第二次ウィーン包囲攻撃に悲惨な失敗をした後に衰えた．中国王朝も1799年に清の乾隆帝が死んだ後に衰えた．現在の中国政府が，なぜ産業革命に乗り損なったのかを解明するように，委員会に最近命じたことは重要である．

中国は賃金を低く保ち，その一方で海外に製品を売るように管理し，国際収支の巨額な余剰を築き上げた．政治的抑圧と西側資本主義を結合させる政策によって，先進国に資本を輸出する経済をつくり上げた．これは先進国が発展途上国に資本輸出する従来のパターンとは対照的である．

世界の運命の問題は過度に制約されている．解くことができるすべての問題が，解くことができない大きな問題の一部にすぎない．困難は人類の責任である．しかし，困難を解決するのも人類である．過度に制約されたシステムに起こることは，システム全体が崩壊するか，またはできる限り多くの制約がある程度まで満たされるような妥協を成立させるかである．この最後の妥協こそ，化学が製品で，また本書で述べた知恵とで貢献できることである．

文献および注

1. R. Carson, *Silent Spring*, Houghton Mifflin, Boston, 1962. [邦訳："沈黙の春（新潮文庫）"，青樹簗一訳，新潮社（1974）．ISBN：978-4-10-207401-5]
2. D. H. Meadows et al., *The Limits to Growth*, Potomac Associates for the Club of Rome, Washington DC, 1972. [邦訳："成長の限界"，大来佐武郎監訳，ダイヤモンド社（1972）．ISBN：978-4-478-20001-8]
3. Water vapour feedback or forcing? *RealClimate*, 6 April 2005. http://www.realclimate.org/index.php?p=142.
4. http://www.sej.org/publications/alaska-and-hawaii/magic-number-a-sketchy-fact-about-polar-bears-keeps-goingand-going-an.
5. 不正行為については http://wattsupwiththat.com/; http://www.drroyspencer.com/; http://climaterealists.com/, またはその弁護については http://www.realclimate.org/.
6. *London Sunday Times*, 3 July 2011.
7. B. Hileman, *Chem. Eng. News*, 27 May 2002, pp. 37～41.
8. W. S. Jevons, *The Coal Question; An Inquiry Concerning the Progress of the Nation, and the Probable Exhaustion of Our Coal Mines*, Macmillan, London, 1865.
9. C. Clover, *London Sunday Times*, 24 October 2010.
10. http://en.wikipedia.org/wiki/Water_resources; http://www.worldwater.org/data.html.
11. http://www.data360.org/dsg.aspx?Data_Set_Group_Id=757&count=all
12. たとえば，http://www.edie.net/news/news_story.asp?id=9562.
13. http://en.wikipedia.org/wiki/List_of_countries_by_birth_rate.に引用された CIA World Factbook.
14. この章の多くの統計は *BP Statistical Review of World Energy* からのものであり，これは毎年発行され，ウェブでまたはハードコピーで入手できる．
15. S. English, *London Times*, 21 February 2007.
16. P. Jones, *London Times*, 22 June 2011.
17. Earth Policy Institute, 1350 Connecticut Avenue NW, Suite 403, Washington DC 20036.
18. *Chem. Eng. News*, 3 January 2011, p. 8.
19. M. Grätzel, Dye-sensitized solar cells, *J. Photochem. Photobiol. C: Photochem. Rev.*, **4**, 145～153, 2003.
20. N. Stafford, *Chemistry World*, January 2007; H. Birch, *Chemistry World*, April 2009; T. Bessho et al, *JACS*, 2009, doi: 10.1021/ja9002684; Shi et al., *J. Phys. Chem. C* **112**, 17046, 2008.
21. http://photochemistry.wordpress.com/2009/08/17/dye-sensitised-solar-cells-dssc/. これは以下の総説と同じ分野の総説である: Fan-Tai Kong, Song-Yuan Dai, and Kong-JiaWang, Review of recent progress in dye-sensitized solar cells, *Advances in OptoElectronics* (2007), 13 pages, doi: 10.1155/2007/75384. 更新の概略は, http://en.wikipedia.org/wiki/Dye-sensitized_solar_cell.
22. *ScienceDaily*, 12 April 2010.

23. 人工光合成のレビューは，Jon Evans, *Chem. Ind*. 11 May 2009, pp. 17〜19 を参照.
24. R. Brimblecombe et al., *Angew. Chem. Int. Ed*. **47**, 7335, 2008.
25. *Chem. World*, 31 July 2008.
26. http://web.mit.edu/newsoffice/2011/artificial-leaf-0930.html
27. ACS Spring Meeting 2011, N. Eisberg.
28. Fire and ice: the problems and promise of gas hydrates, *GTI Journal*, Summer 2002, pp. 8〜13.
29. 水素経済に関して Nexant/ChemSystems 社の Ronald Cascone 氏の分析に謝意を表する．この見解に関する反応は www.evworld.com/databases. を参照.
30. *European Chemical News*, 1〜7 October 2001, p. 27.
31. たとえば，http://www.hydrogen.co.uk/renewables/renewables_2.htm
32. N. Brandon, *Encyclopedia of Energy*, ed. C. J. Cleveland, Elsevier, Amsterdam, 2004; および N. Brandon and D. Hart, *An Introduction to Fuel Cell Technology and Economics*, Imperial College, London, Occasional paper #1 参照. J. Owen, Powering the next generation, *Chem. Ind*., 17 September 2001, 572〜576 は電池とスーパーキャパシタについてもふれている．エネルギー省のウェブサイト www.eren.doe.gov/hydrogen/infra, および Claire Curran, Fuel cells - alternative energy? *Chem. Ind*., **3**, 767, December 2001 参照.
33. *Chem. Eng. News*, 9 February 2009, p. 7.
34. www.autoalliance.org/fuel_cells.htm.
35. *Hydrocarbon Processing*, March 2002, p. 15.
36. http://en.wikipedia.org/wiki/Electric_vehicle#Issues_with_batteries.
37. *London Times*, http://www.thetimes.co.uk/tto/news/uk/article3057267.ece.
38. http://www.epa.gov/tri/tridata/tri09/nationalanalysis/briefingslides/2009NAbriefingslides.pdf.
39. http://www.epa.gov/tri/tridata/tri09/nationalanalysis/overview/2009TRINAOverviewfinal.pdf.
40. www.nas.nasa.gov/about/education/ozone/chemistry
41. N_2O and ozone: NOAA report. *Science*, doi: 10.1126/science.1176985.
42. http://www.epa.gov/ozone/mbr/alts.html.
43. *Chemistry World*, February 2011, p. 9.
44. *Chem. Eng. News*, 17 February 2003.
45. Annual International Research Conference on Methyl Bromide Alternatives and Emissions Reductions, http://www.mbao.org/2009/0006-09ConfProgram. 特に J.Butler and S. Montzka, *The Ozone Layer and Methyl Bromide: An Update of Data and Findings* を参照.
46. *Chem. Ind*. 6 November 1995, p. 857.
47. I. E. Galbally, J. D. Sekhon, and C. J. Marsden, *Clean Air*, **25**, 100〜105 August 1991; and B. Selinger and ANUTECH for Environment Australia, HCB Waste: Background and Issues Paper, July 1995.
48. http://www.seattlepi.com/local/309169_pbde28.html.
49. 多くの関連刊行物があるなかで，Pubertal Administration of DEHP Delays Puberty, Suppresses Testosterone Production, and Inhibits Reproductive Tract Development in Male Sprague-Dawley and Long-Evans Rats, L. E. Gray, N. C. Noriega, et al., *Toxicological Sciences* **111**, 163〜178, 2009 はラットで試験している．ヒトに関する研究には，Swan の研究がある（Swan SH, Main KM, Liu F, Stewart SL, Kruse RL, Calafat AM, Mao CS, Redmon JB, Ternand CL, Sullivan S, Teague JL, Decrease in anogenital distance among male infants with prenatal phthalate exposure. *Environ. Health Perspect*. **113**(8), 1056〜1061, 2005). EPA の行動計画は http://www.epa.gov/oppt/existingchemicals/pubs/actionplans/phthalates.html. を参照.
50. C. F. Cranor, *Legally Poisoned*, Harvard University Press, Cambridge, MA, 2011.
51. John Evelyn, *Fumifugium*, 1661; リプリント版: UK National Society for Clean Air, London, 1961.
52. J. H. Seinfeld and S. N. Pandis, *From Air Pollution to Climate Change*,Wiley, Chichester, 1998 は信頼できる．他にも多数の出版物があり，スモッグに関しては，ウェブで包括的に扱われている．D. Daescu, A generalized reaction mechanism for photchemical smog, www.ima.umn.edu/~daescu/proj.html, M. Azzi, M. Cope, and P. F. Neso, Photochemical smog modeling using the generalized reaction scheme model, www.dar.csiro.au/publications/manins_2002axx.pdf; P. Viaene, W. Debruyn, F. de Leeuw, and C. Mensink, Evaluation of a compact chemical mechanism for photochemical smog model-

ing, http://artico.lma.fi.upm.es/gloream/paper10/, and Photochemical Smog, http://jan.ucc.nau.edu/~doetqp-p/courses/env440/env440_2/lectures/lec40/lec40.htm.を参照．最後のものは，生成する多数の窒素化合物に関して特に詳しい．
53. http://www.epa.gov/air/airpollutants.html.
54. Air pollution technology fact sheet EPA-452/F-03-034, http://www.epa.gov/ttn/catc/dir1/ffdg.pdf.
55. http://volcanoes.usgs.gov/activity/methods/.
56. B. Pawelec, R. M. Navarro, J. M. Campos-Martin, and J. L. G. Fierro, Towards near zerosulfur liquid fuels: a perspective review, *Catal. Sci. Technol.*, **1**, 23～42, 2011.
57. A. Wang, X. Li, M. Egorova, and R. Prins, http://www.nacatsoc.org/20nam/abstracts/O-S7-05-K.pdf.
58. 低硫黄燃料に関する米国の規制については，www.fossil.energy.gov．の China Forum にわかりやすく説明されている．低硫黄燃料の費用分析に関しては www.epa.gov/otaq/regs および *Chem. Brit.*, **38**, 13, 2002 を参照．
59. J. Hofmeister, *Why We Hate The Oil Companies*, Palgrave Macmillan, New York, 2010.
60. I. M. Campbell, *Energy and the Atmosphere*, Wiley, London, 1977.
61. http://en.wikipedia.org/wiki/Los_Angeles#cite_note-53#cite_note-53.
62. R. M. E. Diamant, The chemistry of sewage putrefaction, in *Environmental Chemistry*, ed. J.O'M. Bockris, Plenum, New York, 1977.
63. 著者の一人 BGR は，管理埋立地上に 1939 年に建設された英国ヨークシャー州ブラッドフォードの学校に通い，同じ敷地に建設されたスタジアムでフットボールの試合を見ていた．
64. http://www.epa.gov/epawaste/nonhaz/municipal/index.htm.
65. M. R. Shadras, Solid Waste Disposal in Eastern European Countries, PhD Thesis, South Bank University, London, 1992.
66. http://www.veteranshour.com/agent_orange_updates.htm.
67. P. N. Cheremisinoff and A. C. Moresi, *Energy from Solid Wastes*, Dekker, New York, 1976.
68. Directive 1999/31/EC on landfill of waste.
69. http://europa.eu/legislation_summaries/environment/waste_management/l21208_en.htm.
70. J. B. Phillips, M. A. Hindawi, A. Phillips, and R. V. Bailey, Thermal Solutions to Petrochemical Waste, www.pollutionengineering.com/archives/2000/pol0801.00/pol0800multi.htm.
71. M. B. Borup, and E. J., Middlebrooks, *Pollution Control for the Petrochemicals Industry*, Lewis, Chelsea, MI, 1987; D. J. Burton and K Ravishankar, *Treatment of Hazardous Petrochemical and Petroleum Wastes : Current, New and Emerging Technologies*, Noyes, Park Ridge, NJ, 1989.
72. http://www.aquiziam.com/end_of_the_world_predictions.html.
73. http://mobile.reuters.com/article/article/idUSTRE75M12020110623?irpc=932.
74. J. Needham, *Science and Civilization in China*, Cambridge University Press, Cambridge, 22 volumes.

付録 A　原　価　計　算

　化学工業の会計計算という側面は，化学という側面よりもおそらく複雑であろう．大きな化学会社は法律に従って年次会計書類を作成する．それは株主会計（stockholder account）とよばれ[*1]，法律，規則，会計基準の定めおよび会社の会計士と監査役の間での合意に基づいてつくられる．また，会社は2番目の会計書類も作成する．それは税務会計（tax account）とよばれ，税額を計算するために使われる．法律と歳入庁（Internal Revenue Service）によって決められた基準に基づいてつくられる[*2]．3番目の会計書類は管理会計（management account）である．それは月次または週次に経営者のためにつくられ，経営者の意志決定の基礎として使われる．この本の視点からは，特定の化学製品の製造原価を評価するために考慮すべき項目について話を絞る．

全部原価計算

　ある製品の原価を計算する伝統的な方法は，その原価に関係あるすべての項目を入れ込むことであった．この方法は全部原価計算（total costing）とよばれる．これに関係ある項目を図A・1の左側に示す．この表の右側には収入（会計用語では収益）が示されている．主製品（たとえばエチレン）の販売によって得られる収入（売上高）であり，副生物（たとえばプロピレン，ブタジエン，ブテン類）があるときはその販売による収入も加える．

　全部原価（total cost）は，変動費（variable cost）と固定費（fixed cost）の合計から成っている．変動費は生産高に多少でも直接に比例する費用（支出）である．固定費は生産高と関係しない費用である．原料費は一般に変動費の主要項目である．触媒（再生と更新が必要）も，分離工程で使われるような付随的な化学品も原料費である．変動費には用役費（水，電気，外部から購入するガス）と外部購入サービス費が含まれる．エチレンクラッカーの場合には外部購入サービス費はほとんどない．しかし，多くの活動が外部に委託されるような場合には，外部購入サービス費は大きくなる．

[*1]（訳注）　株主だけでなく，銀行，債権者，仕入先など会社の外部利害関係者に会社法などで定められた基準に基づいてつくられる財務会計（financial account）という用語の方がよく使われている．

[*2]（訳注）　米国歳入庁は，日本の財務省国税庁に該当する．税法では詳細な点まで決められないので，税法に基づき，省庁の告示や通達によって詳細な基準が決められる．

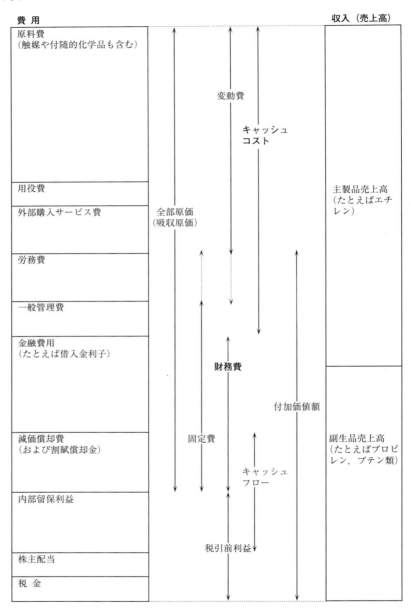

図 A·1　原価計算に使われる用語

付録A. 原 価 計 算

　固定費は，生産高と関係なく発生する費用であり，一般管理費（overhead），減価償却費（depreciation），借入金利子（interest on loans），労務費（labor，会社の方針として固定費に入れる場合に該当．そうでなければ変動費に入れる．下記参照）である．一般管理費は特定のコストセンター[*1]に結びつけられないで，事前に決められた基準によって会社内のさまざまなコストセンターに分配される費用である．本社費（head office cost），共通の福利厚生費（security personnel），研究開発費（research and development cost），共通設備の維持補修費（plant maintenance），共通設備の財産税（property tax）・保険（insurance）・リースレンタル費（lease rental），販売費（sales program），その他の管理費用（administrative expense）が含まれる．これらの一般管理費は，化学製品の直接製造原価とはまったく関係ないけれども，全部原価計算では，会社が利益を上げるには一般管理費も回収されなければならない．

　固定費は三つの題目に分けられる．一つ目の直接固定費は，操業に直結する固定費で，労務費，維持補修費，一般管理費の直接賦課分から成る．二つ目の配分固定費は，工場管理費，保険，財産税から成る．これらはおもに工場に関連する．環境関連の徴収額があるならば，配分固定費になる．三つ目の固定費である財務費は，利子と減価償却費から成る．減価償却費は，投資を回収するために毎年現金支出なしで発生させる費用である．19世紀には，この費用は"埋没基金"とよばれる別会計に入れられ，プラントを使い切ったときにプラントを再度建設するために使われた．今日では別建ての減価償却費財源はなく，代わりにプラントの老朽化進行を反映して年次減価償却費が企業利益から差引かれる．資産の償却率は企業の会計士と監査役の自由裁量で決められる．歳入庁が法律と税務会計に基づいて課税額を計算する規則とは通常異なっている[*2]．割賦償却金とは非有形資産の漸進的な価値の減少金額であり，たとえば満期終了に近い特許権の価値を低下させることである．

　図A・1では固定費と変動費の境目に労務費を置いている．労務費を固定費とするか，変動費とするかについては，多くの議論が行われてきた．19世紀には化学工場の職長は午前6時に門を開け，その日に必要となる人数分だけ臨時労働者を雇用した．労務費は，このようにして生産高に関連し，純粋に変動費であった．今日の化学工業では，労働者は一般に高度に訓練され，日々の状況によって雇ったり解雇したりすることは不可能である．プラントが50％しか稼働しなくても，100％稼働のときに正確に同じ人数の工員が必要である．そのため労務費は生産高と無関係な固定費として扱うのが，現代の化学工業では普通である．固定費と変動費の間のあいまいさを避けるためにキャッシュコスト（cash

---

　＊1（訳注）　会計計算を行う際に，会社内をいくつかの部門に分けて費用を集計する．その集計部門単位をコストセンターとよぶ．さらに転じて費用だけが集計される部門単位をさす．これに対して，収入と費用が集計される単位をプロフィットセンターとよぶこともある．
　＊2（訳注）　日本では国税庁が定めた減価償却の規則に従って年次減価償却費を計算することが多い．

cost）という用語が使われる．キャッシュコストは，原料費，用役費，外部購入サービス費，労務費，一般管理費を加える．すなわち固定費と変動費を組合わせた費用である．

化学製品の販売によって受取る収入から全部原価を引き算した残りが税引前利益である．税引前利益から一部が歳入庁に税金として支払われる．また一部は株主に分配され，残りは企業拡張のための資金として内部留保される．

キャッシュフロー（cash flow）は，伝統的に利益（内部留保利益）と減価償却費の合計として定義されてきた．キャッシュフローは，事業活動のために支払った現金を超えて受取った現金（営業キャッシュフロー），財務活動（たとえば借入・返済や新株発行によって調達・返済）に伴う現金の出し入れの差額（net cash，財務キャッシュフロー），投資活動（固定資産の取得・売却や企業買収・売却）に伴う現金の出し入れの差額（投資キャッシュフロー）の三つのキャッシュフローの合計として記述できる．

付加価値額は，企業活動によって投入量に付け加えられた金額のことであり，売上高から原料費，用役費，外部購入サービス費を差引いた額である．

利益の測定法

利益の測定法としては，伝統的に投資利益率（ROI, return on investment）が使われてきた．ROIを計算するには，投資者が投資計画に投入する金額を知る必要がある．ROIは，次の式で計算される．

$$\text{ROI} = \frac{\text{投資に伴って予想される（増分）利益}}{\text{投資費用}}$$

ROIに代わって，またはそれと併用して，EBITとEBITDAが利益の測定法として現在では使われている．EBIT（earnings before interest and tax）は，利子（interest）と税金（tax）を差引く前の稼ぎ高〔earnings ＝ 収入(売上高)－費用〕を示し，EBITDAは，利子，税金，減価償却費（depreciation），割賦償却金（amoritization）を差引く前の稼ぎ高を表している．

EBITとEBITDAは，図A・1に従って次のように表される．
　　EBIT ＝ 収入(売上高) － キャッシュコスト － （減価償却費および割賦償却金）
　　EBITDA ＝ 収入(売上高) － キャッシュコスト

事業活動の判断基準としての会計

全部原価計算のもとでは，全部原価は収入によって回収されなければならない．長期的視点では，この考え方は正しく，価格が全部原価を割り込んだら生産を中止するのが，最適な意思決定である．しかし，企業の意思決定や価格設定の基礎として全部原価計算を使うことは，必ずしも適切とは考えられない．企業が勝手に決めている一般管理費の配分や過去の投資に対して一定の計算方法に基づいて発生させている減価償却費の問題などがあ

るからである．重要な意思決定では，キャッシュコストに基づいて行われるようになっている．キャッシュコストは，変動費（副生物の控除を含む），直接固定費および配分固定費から成る．キャッシュコストは重要な概念である．

また，価格が低下し続け，収入が全部原価以下まで下がってしまったと仮定するならば，短期的視点での意思決定では，収入が変動費を超過している限りは生産を継続する．その場合，会計技術的には損失が発生しているけれども，もし生産を止めたならば，もっと大きな損失が発生する．それは，収入の変動費超過分が，固定費の回収に寄与しているからである．価格が変動費以下に下がったならば，生産を止めるのが当然である．

付録 B

単位と換算値

重 量

10^3 ポンド	トン（メートルトン，10^3 kg）	ロングトン	ショートトン
1	0.4536	0.4464	0.5000
2.2046	1	0.9842	1.1023
2.2400	1.0160	1	1.1200
2.0000	0.9072	0.8929	1

体 積

リットル（10^{-3} m^3）	立方フィート	米国ガロン	英国ガロン
1	0.03532	0.2642	0.2200
28.32	1	7.481	6.229
3.785	0.1337	1	0.8327
4.546	0.1605	1.201	1

圧 力

標準大気圧（atm）	bar	Torr（mmHg）	psi	kg/cm^2
1	1.01325	760	14.696	1.033
0.9869	1	750.06	14.504	1.020
0.001316	0.001333	1	0.01934	0.00136
0.06805	0.06895	51.715	1	0.0703
0.968	0.980	735.3	14.225	1

1 bar = 10^5 Pa または N/m^2．psi = ポンド/平方インチ

温 度

℃　セルシウス温度　　　　　（℃）= 0.556（℉ − 32）
℉　ファーレンハイト温度　　（℉）= 1.8（℃）+ 32
K　絶対温度（ケルビン）　　（K）=（℃）+ 273.15

0 K = −273.15 ℃ = −459.7 ℉

熱 量

kJ	kcal	Btu (英国熱量単位, 10^{-5} therm)
1	0.239	0.948
4.184	1	3.968
1.055	0.252	1

1 トンの原油の熱量相当分 $= 3.97 \times 10^7$ Btu
        $= 0.01$ テラカロリー (Tcal $= 10^{12}$ cal)
        $= 0.042$ テラジュール (TJ $= 10^{12}$ J)
        $= 1.5$ トン石炭 (標準発熱値)
        $= 3$ トン亜炭 (標準発熱値)
        $= 0.805$ トン LNG
        $= 1111$ m^3 天然ガス
        $= 39,200$ 立方フィート天然ガス
        $= 12,000$ kWh 電気
1 立方フィートの天然ガス $= 1000$ Btu
1 m^3 の天然ガス $= 9000$ kcal $= 37,600$ kJ
1 kWh $= 3412$ Btu $= 860$ kcal

 BP2011 世界エネルギー統計レビュー (この付録の多くの数字はここから引用) では,現代の発電所では 100 万トンの原油によって約 4400 GWh の電気がつくられるとしている.

 この数値は,現代の発電所の効率が 36.7% であり,熱力学的な限界に近くなっていることを示している.

貴 金 属

 貴金属 (金,銀,白金,パラジウム,ロジウムなど) は,オンス単位で取引される.このオンスは,なじみのある常用オンス (avdp. ounce $= 28.35$ g) ではなく,トロイオンス (troy ounce $= 31.10$ g) である.
1 トロイオンス $= 1.097$ 常用オンス
1 トロイポンド $= 12$ トロイオンス
1 常用ポンド $= 16$ 常用オンス $= 14.58$ トロイオンス
100 トロイオンス $= 31.10$ kg $= 0.03110$ トン

付録 C 化学工業で使われる特殊な単位

原油および精油所製品

原油と精油所製品のいくつかは，バレル（1 bbl = 42 米国ガロン = 35 英国ガロン = 159 リットル）で取引される．bbl という用語は，Standard Oil 社が創業初期に食品用の樽と区別するために，石油の樽を青く塗ったことから青樽（blue barrel）と表すようになったことによるといわれている．しかしこれはおそらく間違っている．Standard Oil 社が設立されるよりずっと前の，少なくとも 1700 年代後半にこの用語は使われている．"b" を二重に使う起源は，複数（1 bl, 2 bbl）を示すか，または bale（梱）を示す bl との混同を排除するためという方が確からしい．

ガロンが体積の単位なので，1 バレルの重量は製品の比重によって異なる．大まかな換算係数は次のとおりである．

1 トン = 7.33 bbl 原油，8.45 bbl ガソリン，7.80 bbl 灯油，
 7.50 bbl ディーゼル油，6.70 bbl 重油
1000 ポンド = 3.32 bbl 原油，3.83 bbl ガソリン，3.54 bbl 灯油，
 3.40 bbl ディーゼル油，3.04 bbl 重油
1 bbl/日 ≈ 49.8 トン/年

液化石油ガス LPG は，米国ガロンかトンで売られている．1 トンは，プロパンならば 521 ガロン，n-ブタンならば 453 ガロン，イソブタンならば 469 ガロンである．

LPG はおもにプロパン，おもにブタン，またはプロパンとブタンの混合の場合があり，混合品では組成に基づいて中間換算値を使わなければならない．

ガス

天然ガスは 1 気圧（atm），60 °F（15.6 ℃）での標準立方フィート（scf），または 1 気圧（atm），0 ℃での立方メートル（m^3）で測定される．

$$1 \, m^3 = 37.33 \, scf \quad 1 \, scf = 0.0268 \, m^3$$

天然ガスは熱量単位（1 体積のガスの燃焼によって放出される熱量）がしばしば使われる．熱量はガス組成によって異なる．通常 900～1000 Btu/scf が使われている．

$$1 \, therm = 10^5 \, Btu = 100\sim110 \, scf$$

その他のガスは，scf か m^3 で測られる．ガス分子量が M ならば，10^6 scf のガスは 1.2 M

トンになる．たとえば 10^6 scf の水素は，2.4 トンであり，酸素ならば 38.4 トンとなる．同様に 1000 m^3 のガスは，0.0446 M トンである．1000 m^3 の水素は 0.090 トン，酸素なら 1.427 トンとなる．

コールタール製品

コールタールと，歴史的にコールタールから得られた製品であるベンゼン，トルエン，キシレンは，しばしば米国ガロンで表される．1000 米国ガロンのベンゼンは 20℃ で 3.32 トン，トルエンは 3.27 トン，o-キシレンは 3.31 トン，m-キシレンは 3.248 トン，p-キシレンは 3.236 トンである．

バイオ燃料

熱量換算すると，

1 トン エタノール ＝ 0.57 トン原油

1 bbl エタノール ＝ 0.57 bbl 原油

1 トン バイオディーゼル油 ＝ 0.88 トン原油

1 bbl バイオディーゼル油 ＝ 0.88 bbl 原油

付録 D
シェールガスとシェールオイルの重要性

　第二次世界大戦の終了から20世紀末まで，安価で豊富な天然ガスと石油を第一の理由として，米国の化学工業は世界中で最も優勢であった．天然ガスから得られるエタンとプロパンの水蒸気分解によって，エチレンとプロピレンが得られた．ガソリンを得るため，石油のさまざまな留分が接触分解され，多くのプロピレンがつくられた．米国の天然ガスと石油の埋蔵量が衰えたときに，シェールが前面に出てきた（§1・2 シェールガス参照）．

シェールとは

　シェール（shale）は粘土状の微粒子が薄板状に積層した堆積岩（頁岩(けつがん)）である．シェールに多量のガスと石油が含まれていることは，昔から知られていた．しかしガスと石油はシェールに頑強に保持されており，カナダのタールサンドとともに採掘が困難な資源としての地位にあった．シェールもタールサンドも最近産出が始まったけれども，シェールの方がはるかに先行している．この本の執筆中でさえシェールガスの必要性によって進歩が加速した．本書を書くにあたって十分なデータが得られず，一方，シェールガスがもつ重要性もあるので，付録で書く必要があると考えた（§1・2 シェールガス参照）．

シェールガスの利用

　米国は天然ガスのサウジアラビアになるだろうとまでいう熱狂者もいる．サウジアラビアでは十分な量の原油資源が採掘され，それに随伴してガスが産出される．この随伴ガス中のエタンからエチレンがつくられる．米国でシェールガスを化学原料とする場合にも，エタンを主原料としてほぼ90％はエチレンがつくられる．シェールガスの分解によって十分な量のプロピレンは得られない．しかし化学は創造的なので，それに対する答えはすでに得られている．プロパンを脱水素してプロピレンにする．またエチレンを二量化してC_4オレフィンにし，C_4オレフィンと過剰のエチレンのメタセシスによってプロピレンをつくる（§1・14）のである．予想されるプロピレン不足は解決できる．

　天然ガスを輸出することは難しい．輸出側に液化設備，冷凍タンク，さらにLNG船が必要である．またはパイプラインが必要である．輸入も同様に気化設備，冷凍タンクが必要であり，大変である．多くの国がこの問題に直面している．シェールガスがその潜在能力を示す以前に，米国では天然ガス輸入ターミナル（気化設備）が建設された．今や，そ

付録 D. シェールガスとシェールオイルの重要性

のターミナルや，その他 11 箇所のターミナルが，天然ガス輸出ターミナル（液化設備）に転換されつつある．

シェールガスの採掘法

シェールを含む地域は，盆（basin）とよばれている．採掘の可能性のある地域は 26 箇所あるけれども，2013 年には米国東部（マーセラス，ウティカ），中西部（ニオブララ），南部（イーグルフォード，パーミアン盆地，ハイネスビル），北部（バッケン）にある 7 地域で操業している．

シェールガスの採掘は，水平掘削と水圧破砕によって可能となった．シェールガスの貯留層は，天然ガス貯留層より，ずっと地下深くにある．在来型の垂直掘削技術によって，そこまで到達することができる．その後，シェール貯留層内を通って水平に掘削が行われ，高圧水を注入して石油やガスが流れることができるような割れ目・亀裂をつくる．シェール岩層の破砕を促進するために，砂と水の混合物が，2～3% の化学添加物とともに注入される．砂と水と化学添加物の混合物は破砕液とよばれる．化学添加物は，界面活性機能やその他の機能によって，シェールへの破砕液の浸透を助ける．予想されるように，これらの方法を規制する州や連邦の法規が数多くある．

砂はシリカが望ましい．シェール内の割れ目を支えるので，支持材（propant）とよばれている．掘削 1 作業に，ほぼ 1 万 m^3 の水が必要である．これはおおまかにいえば，電力のような産業，農業，自治体の水利用量に匹敵する量である．飲料用地下水レベルよりも深い井戸が使われるので，通常の環境条件では飲料水に影響を与えることはない．水圧破砕後，水はそのまま破砕箇所に残る．いくつかの例では，水が回収されている．その水は，必要に応じて再循環され水圧破砕に再利用され，あるいは単に浄化処理されて放出される．

この採掘技術の大きな長所は，1 作業で 6 以上の水平坑をつくることができる点である．この水平坑の分布状態は複雑であるけれども，ガスを巧みに産出し，集める．六つの水平坑には，2 万～3 万 m^2 の広さが必要となる．しかし，伝統的な垂直井戸を同じ数だけ掘るには，もっと広大な土地が必要となる．

シェールガスの影響

米国にはほぼ 1 世紀分の天然ガス供給能力があるといわれてきた．事実，減少しつつある既存天然ガスの供給能力にシェールガス供給能力を加えると，2012 年消費量ベースで 116 年の供給能力となる．天然ガス駆動自動車と天然ガスからつくられるガソリンは，天然ガスの力強い需要分野となる可能性がある．それとともに，天然ガス発電も石炭発電より大きな可能性をもっている．

シェールガスには，放射能をもつものがある．土地への影響，希少動植物保護，有害廃棄物の浄化，労働安全衛生の面で，他と同様な規制が行われている．NO_x，SO_2，H_2S，

CH$_4$,浮遊状粒子の放出量も注意深く規制されている.殺藻剤,酸素吸収剤,腐食防止剤,さまざまな酸を含む化学添加物の長大なリストがつくられている.これらの化学添加物は,砂とともに1万m^{3}の水に分散される.排ガスが採掘作業とともに発生し,それにはH$_2$S,NO$_2$など多くの物質が含まれる.石炭ガス操業による放出ほどひどくはないものの,排ガスも注意深く規制されている.

シェールオイル

米国ではシェールオイルよりも,シェールガス開発にかなりの努力が投入されてきた.これは,シェールオイルが取扱いや石油に似た液体への転換が難しいことが原因である.シェールオイルは地上に取出しても,追加処理が必要である.蒸留器で加熱し,その後,340〜370℃で熱分解する.この処理を経て,シェールオイルは石油に似た液体となる.シェールガスの採掘と利用について,以前からいわれてきた課題は,シェールオイルにもあてはまる.それにもかかわらず,シェールオイルは世界中で開発されている.原油供給の減少問題への解だからである.

[訳者補遺] 米国のシェールガス,タイトオイル(シェールオイルなど)の最近の状況[1]

1. 米国,ロシア,サウジアラビアの石油と天然ガス産出量

米国政府機関の Energy Information Administration(EIA)は2013年12月に,米国はシェールガス(非在来型天然ガス)とタイトオイル(シェールオイルなどの非在来型石油)の増産により,2013年にロシアを追い抜き世界第一の天然ガス産出国に,サウジアラビアとロシアを追い抜き世界第一の石油産出国になったと発表した(図1).地政学的見地を含め,その影響は多方面にわたるであろう.

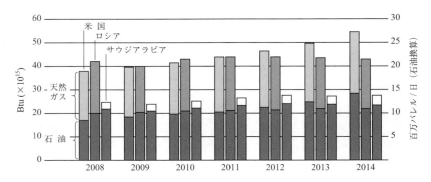

注1:石油には,原油,NGL,コンデンセート,バイオ燃料などを含む.
注2:石油換算は,1バレル = 555 Btu で計算した
図1 米国,ロシア,サウジアラビアの石油と天然ガスの産出量の推定[2]

2. 米国のシェールガス, タイトオイル (シェールオイルなど) の産出量

シェールガスの生産量が2006年から急激に増加した. 2014年生産実績はシェールガスが37×10^9 scf/日で, 天然ガス全生産量 (75×10^9 scf/日) の50%を占めた. 図2の上から, マーセラス, ハイネスビル, イーグルフォード, フェイエトビル, バーネットのガス田の産出量が多い. 主要産地はp.768の図6参照.

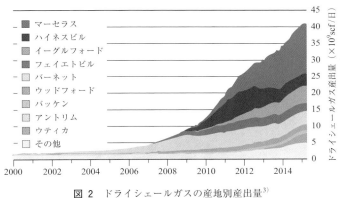

図2 ドライシェールガスの産地別産出量[3]

タイトオイル (シェールオイルとタイトサンドオイル:非在来型オイル) も急激に生産量を伸ばしている. シェールガスに比べ, シェールオイルは高い原油価格 (2013年は約100ドル/バレル) で販売できるので, 採掘業者はシェールガスからシェールオイル採掘にシフトしていた. ただし, 2014年秋より原油価格が50〜60ドル/バレルに低下したため, 増産はブレーキがかかっている. 図3の上から, 油田のイーグルフォード, バッケン, パーミアン盆地, ニオブララ・コーデルの産出量が多い.

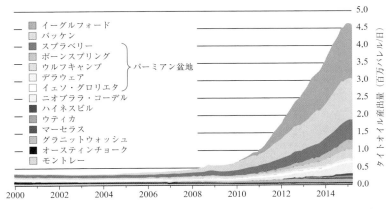

図3 タイトオイル (シェールオイルとタイトオイルサンド) の産地別産出量[3]

3. 米国の天然ガス産出量推移と予測

図4に米国の天然ガス産出量推移と予測を示す．シェールガス（頁岩），タイトガス（砂岩層），コールベッドメタン（石炭層）が非在来型天然ガスといわれるものである．2040年にかけてシェールガスが急増する予測である．タイトガスはこれまで大きな比率を占めており，今後も絶対量は少し増加していく．

これまで米国は，天然ガスが少し前に発見されたカナダから輸入する純輸入国であった．今後は輸出が増え，2017年ごろには輸出が輸入を上回り純輸出国に転ずると予想している．

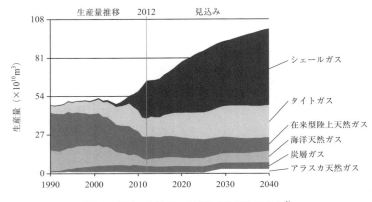

図 4 米国の天然ガスの産出量推移と見込み[4]

4. 米国の原油産出量推移と予測

一方，タイトオイル（シェールオイルとタイトサンドオイル）の増産も驚異的であり，

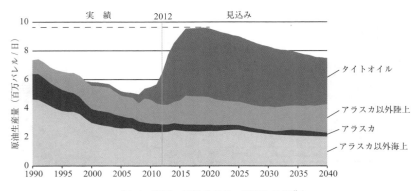

図 5 米国の原油産出量の推移と予測[4]

2015 年には約 5.0 百万バレル／日と米国原油生産量の 50％に達する見込みである．米国原油生産量は 2007 年頃の約 5.5 百万バレル／日がボトムであったが，2015 年に 9.43 百万バレル／日まで急回復した．9.65 百万バレル／日の値は，過去最高の生産量（1970 年）のレベルである（図 5）．

5. シェールガスの米国化学工業への影響

シェールガスが安価で豊富に得られることから，天然ガス中のエタンを主原料としたエタンクラッキングが増加している．既存の水蒸気分解炉を改造して，ナフサなどの液体原料から，エタン主体のガス原料へのシフトが進んだ．天然ガス価格はシェールガスが発見されたことにより，12.5 ドル/MMBtu（百万 Btu） から約 3 ドル/MMBtu に値下がりした．これは，原料のエタン価格の低下と製造時の用役費（エネルギー費用）の低下を意味する．

さらに，新しいエタンクラッカーが建設中である．すでに着工しているものだけでも，エチレン生産能力の総計は約 850 万トンになる（表 1）．製造されるエチレンのほとんどはポリエチレンにする計画で，ポリエチレン工場も新設する．2017～2018 年にプラントが完成すると，米国のポリエチレン生産能力は国内需要を大きく超えることから，南米やアジアに輸出されると予想されている．シェールガス関連の米国化学業界の設備投資は，

表 1 北米のシェールガス原料の新エタンクラッカー建設計画[1]

会社	立地	エチレンの年生産能力	誘導品 ポリエチレン（PE）など	投資額 1 ドル＝100 円で換算	完成予定（年）
Chevron Phillips	テキサス州ベイタウン	150 万トン	PE プラント 2 基，計 100 万トン	6000 億円	2017
Dow Chemical	テキサス州フリーポート	150 万トン	PE 75 万，エラストマー 50 万，計 125 万トン	4000 億円	2017
ExxonMobil Chemical	テキサス州ベイタウン	150 万トン	PE プラント 2 基，計 130 万トン		2017
Formosa Plastics（台湾）	テキサス州ポイント・コンフォート	159 万トン	LDPE（低密度ポリエチレン）	2000 億円	2018
OxyChem/Mexichem	テキサス州インゲルサイド	55 万トン	（既存の塩ビに使用）		2017
Sasol（南アフリカ）	ルイジアナ州レークチャールズ	150 万トン	EO（エチレンオキシド），アルコール，PE α-オレフィン，ゴム	8100 億円（誘導品込 1 兆 6000 億円）	2018
Shell Chemicals	ペンシルベニア州モナコ	150 万トン	PE プラント 3 基，計 150 万トン	n.a.	延期

† 信越化学の米国子会社であるシンテック社がルイジアナ州に 50 万トン/年のエタンクラッカーを建設することを 2015 年 4 月に決定した．生産するエチレンは塩化ビニルモノマーに使用する．

2010～2020年の10年間で総額720億ドル（7兆2千億円，換算は1ドル＝100円）になると予想されている．このうち，2014～2017年は450億ドル（4兆5千億円）である．

6. シェールガスとシェールオイルの主要産地

2011年から2014年にかけて産出量が伸びたのは，図6の7箇所の産地（鉱区）といわれる．その7箇所で，2011～2014年の石油生産の伸びの92％を占め，また天然ガス生産の伸びの100％を占める．その7箇所は，図の左上からBakken（バッケン），Niobrara（ニオブララ），Permian（パーミアン），Eagle Ford（イーグルフォード），Haynesville（ハイネスビル），Marcellus（マーセラス），Utica（ウティカ）である．

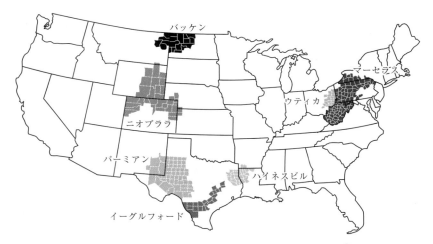

図6 シェールガス・オイルの生産量の伸びが大きな産地[5]

引用文献

1) ARCリポート（2016.1）www.asahi-kasei.co.jp/arc/service/pdf/998.pdf
2) http://www.eia.gov/todayinenergy/detail.cfm?id=20692
3) http://www.eia.gov/energy_in_brief/article/shale_in_the_united_states.cfm
4) http://www.eia.gov/pressroom/presentations/sieminski_12162013.pdf
5) https://www.eia.gov/petroleum/drilling/

付録 E

［訳者補遺］中国の現代的石炭化学とMTO & MTPの発展

次ページの表に示すように，中国ではメタノールを原料としてオレフィン（エチレンとプロピレン）を製造するMTO法（§13・5・2e）とメタノールを原料としてプロピレンを製造するMTP法（§13・5・2e）の新プラントが相次いで建設された．そして，2015年末には，オレフィン総生産能力は1011万トン/年に達した．内訳はエチレン431万トン/年，プロピレン600万トン/年と推定される．MTO法には，UOP・MTO（UOP社が開発）と中国国産技術のDMTO〔大連化学物理研究所（DICP）らの開発〕とSMTO（Sinopec社らの開発）があり，ライセンスされている．MTP法にはLurgi・MTP（Lurgi社が開発）があり，ライセンスされている．これらのプラントのいくつかは，石炭を原料に合成ガス経由でメタノールをつくり，そののちMTO法またはMTP法によりオレフィンをつくる一貫プロセスに組込まれている〔一貫プロセスはCTO（Coal to Olefins）法とよばれる．p.548の§15・4代替天然ガス（SNG）と表15・3参照〕．表に＊印をつけたところはCTO法と推定される．石炭からオレフィンが大量に生産される時代になった．

また，MTO，MTPプラントと同時に誘導品のポリエチレン，ポリプロピレンのプラントが新設されている．

今後の計画では2016～2019年にオレフィン総生産能力約1000万トン/年のMTO & MTPの新プラントが完成する．完成すれば，現在の2倍の生産能力になる．

〔引用文献：ARCリポート（2016.1）www.asahi-kasei.co.jp/arc/service/pdf/998.pdf〕

表　中国のMTO, MTPプラントの建設実績（プラント完成年とオレフィン生産能力）

会社名	プロセス[†1]	工場所在地	プラント完成年と生産能力[†2]			
			2008～12年	2013年	2014年	2015年
恵生（南京）清潔能源公司 Wison (Nanjing) Clean Energy	UOP・MTO	江蘇省南京 (Nanjing, Jiangsu)		29.5		
臨沂（山東）陽煤恒通化工公司 Shandong Yangmei Hengtong Chemicals	UOP・MTO	山東省臨沂 (Linyi, Shandong)			29.5	
久泰能源（准格爾）公司 Jiutai Energy (Zhungeer)	UOP・MTO*	内蒙古・オルドス (Ordos, Inner Mongolia)			60	
江蘇斯爾邦石化有限公司 Jiangsu Sailboat Petrochemical	UOP・MTO	江蘇省連雲港 (Lianyungang, Jiangsu)				83.3
神華包頭煤化公司 Shenhua Baotou	DMTO*	内蒙古・包頭 (Baotou, Inner Mongolia)	60 [2010]			
寧波富徳能源有限公司 Ningbo Heyuan/Fund Energy	DMTO	浙江省寧波 (Ningbo, Zhejiang)		60		
寧夏宝豊能源集団公司 Baofeng Energy	DMTO*	寧夏回族自治区・銀川 (Yinchuan, Ningxia)			60	
中煤陝西楡林能源化工公司 Yanchang Petroleum Gr.	DMTO*	陝西省楡林・靖辺 (Jingbian, Yulin, Shaanxi)			60	
山東神達化工有限公司 Shenda Chemicals	DMTO	山東省滕州 (Tengzhou, Shandong)			36	
陝西延長中煤楡林能源化工公司 China Coal	DMTO*	陝西省楡林 (Yulin, Shaanxi)			60	
蒲城清潔能源化工有限公司 Pucheng Clean Energy	DMTO	陝西省蒲城 (Pucheng, Shaanxi)			60	
浙江興興新能源科技公司 Zhejiang Xingxing	DMTO	浙江省嘉興 (Jiaxing, Zhejiang)				60
中原石油化工公司 Sinopec Zhongyuan	SMTO	河南省濮陽 (Puyang, Henan)	20 [2011]			
Sinopec/河南煤業化工集団有限公司 (Henan Coal & Chemical Industry)	SMTO	河南省鶴壁 (Hebi, Henan)			60	
中天合創能源公司 Zhong Tian He Chuang	SMTO*	内蒙古・オルドス (Ordos, Inner Mongolia)				120
大唐内蒙古多倫煤化工有限公司 Datang Dulun	Lurgi・MTP*	内蒙古・シリンゴル (Xilingol, Inner Mongolia)	50 [2008]			
神華寧夏煤業集団公司（SNCG） Shenhua Ningxia	Lurgi・MTP*	寧夏回族自治区・銀川 (Yinchuan, Ningxia)	52 [2010]			
	Lurgi・MTP*	寧夏回族自治区・銀川 (Yinchuan, Ningxia)			50	
生産能力合計（万トン/年）			182	90	476	263
累計生産能力（万トン/年）				272	748	1011

[†1]　*印は石炭からの一貫プロセス（CTO）と推定される．
[†2]　[　]内はプラント完成年を示す．オレフィン生産能力（万トン/年）

索 引*

あ

アイオノマー　72
アーク溶接　478
アクリルアミド　187
アクリル酸　143
　　製造装置　146
　——の工業的製法　144
　——の市場　147
　——の直接合成　533
　生物からの再生可能原料によ
　　　る——　146
アクリル酸エステル
　——の市場　147
アクリル酸ヒドロキシルエチル
　　　642
アクリル繊維　152
アクリロニトリル　129, 149,
　　　268, 635
　——の直接合成　532
　——の電解還元二量化反応
　　　206
　——の用途　152
　——への反応機構　151
　アンモ酸化による——　664
アクリロニトリル-ブタジエン-
　　スチレン共重合体（ABS）
　　　102, 153, 204
アクロレイン　189
　——からエピクロロヒドリン
　　　の製法　185
　——からグルタルアルデヒド
　　　の生産　190
　——生成の反応機構　145
旭化成
　——によるプロパン法アクリ
　　　ロニトリル　152, 532

——によるベンゼンからのシ
　　クロヘキセン　261, 673
——の C₄ アンモ酸化法
　　MMA　159
——の直メタ法 MMA　162
——ノンホスゲン法ポリカー
　　ボネート　255
亜酸化窒素　264
アジピン酸　206, 214, 263, 570
　——の合成と環境問題　672
　——の製造法　264
アジポニトリル　153, 206
　——の還元　209
亜硝酸アンモニウム　271
アスコルビン酸　591
L-アスパラギン酸　613
アスパルテーム　613
アスファルト　14, 25
アセチル化デンプン　599
アセチレン　478
　——化学の衰退　480
　——からの化学品　468～
　——からヒドロキノンの製造
　　　285
　——の少量用途　485
　——の製法　478
アセチレン-アセトン縮合法
　　　234
アセチレン法
　——によるアセトアルデヒド
　　　の製法　86
　——による塩化ビニルの製造
　　　方法　83
　——による 1,4-ブタンジオー
　　　ルの製法　481
アセトアルデヒド　85, 109
　——からの酢酸合成　87
　——の製法　86
　——の直接合成　533

アセト酢酸アニリド　507
アセト酢酸メチル　507
アセトン　156
　——の反応生成物　166
アセトンシアノヒドリン法
　　　158
アセトンペルオキシド　156
アゼライン酸　569
アタクチック　357
圧縮成形　394
アトラジン　130
アニオン重合
　——の開始反応　346
　——の成長反応　348
　——の停止反応　349
アニオン重合開始剤　347
アニリン　273, 284
アニリン塩酸塩　275
アビエチン酸　562
油　555
アミニルラジカル　345
アミノエチルアルコール　120
アミノエチルピペラジン　115
6-アミノカプロン酸　329
アミノ酸　611
アミノジカルボン酸　379
t-アミルメチルエーテル
　　　（TAME）　218, 232
アミロース　596
アミロペクチン　597
アモキシシリン　681
アラミド　314, 412
アリルアルコール　184
　——の合成法　186
アリルジグリコールカーボネー
　　ト　519
アリルラジカル　150
アルカリ型燃料電池（AFC）
　　　718

---

*　立体の数字は上巻のページ数を，斜体の数字は下巻のページ数を示す．

アルカン
　——からの化学品　526〜
　——からの直接合成　526
アルカン脱水素法　526
アルキド樹脂　304, 308, 575
　——の合成法　309
アルキド塗料　310
アルキル化　26, 44
アルキル交換反応　76, 294
アルキルフェノール類　261
アルキルベンゼンスルホン酸
　　　　　　　　　　　280
アルキルベンゼン類　280
アルキルポリグリコシド　582
アルキレートガソリン　44
アルコール分解
　油脂の——　576
アル・ジュベール　408
アルミノキサン　78
アルモキサン　78
アロファネート結合　373
安全ガラス　90
安息香酸　298
　——からフェノールへの転換
　　　　　　　　　　　247
安息香酸カリウム　298
アンタビューズ　130
アントラキノン　288, 289, 543
アントラセン　543
アントラセン油　541
アンピシリン　660
アンモオキシム化　272, 672
アンモ酸化　149, 532
　——による副生物と触媒改良
　　　　　　　　　　　151
　——の反応機構　150
アンモニア　491
　——合成用の合成ガス　488
　——の製造　493
　——の用途　494

い, う

硫黄架橋　233
イオノマー　72
イオン液体　676
イオン重合　346
イオン重合開始剤［表］　347
鋳型成形　395
イーグルフォード　763, 768
維持補修費　755

異性化　26, 39, 48
　キシレン異性体混合物の——
　　　　　　　　　　　302
イソシアヌレート　373
イソシアネート　278
　脂肪族——　279
イソソルビド　593
イソタクチック　357
イソニアジド　112
イソフタル酸
　——の用途　313
イソフタル酸系可塑剤　308
イソブタン脱水素　47
イソブチルアルデヒド　177
イソブチルベンゼン　642
イソブテン　114, 193
　——からの化学品とポリマー
　　　　　　　　　　　217
　ラフィネートIの——　196
イソブテンオリゴマー　219
イソブテン-ホルムアルデヒド
　　　　　　　　　　法　235
イソプレン　51, 232
　——の C5 留分からの分離
　　　　　　　　　　　231
　——の石油化学的製造　234
イソプロピルアルコール　156
　——とガソリン　56
イソプロピルトルエン　642
p-イソプロペニルフェノール
　　　　　　　　　　　285
イソペンテニル二リン酸　359
イソホロンジイソシアネート
　　　　　　　　278, 279, 373
イソ酪酸　173
一次エネルギー供給　706
一段架橋樹脂　369
一酸化炭素
　——の化学　517
一般管理費　754, 755
イブプロフェン　681
インデン　540
インフレーション法　397

ウティカ　763, 768
宇部興産
　——のエチレングリコール製
　　　　　　　　　　法　97
埋立基準　744
埋立処分　740
埋立地
　——からのガス発生　745

売上高　753, 754
ウレアーゼ　651
ウレタン結合　370
ウレタンフォーム　278

え

エアゾール　735
英国ガロン　758
英国熱量単位（Btu）　759
液化石油ガス（LPG）　17, 18,
　　　　　　　　　　　535
液化天然ガス（LNG）　18, 468
液化二酸化炭素　127, 675
液状化学品　459
　——の輸送　459
液晶ディスプレイ（LCD）導光
　　　　　　板用押出シート　165
液晶ポリマー　321
液体燃料
　合成ガスからの製造——
　　　　　　　　　　　522
エステル交換
　油脂の——　576
エタノール　102, 619
　——とリフォーミュレーテッ
　　　　　　ド・ガソリン　55
　——の生産量減少［表］　448
　サトウキビ由来の——　70
　トウモロコシのデンプンの発
　　　酵による——　103
エタノールアミン　115, 120
　——の用途分野　121
エタノール法
　——によるアセトアルデヒド
　　　　　　　　の製法　86
エタン
　——から塩化ビニルの製造
　　　　　　　　　　83, 531
　——から酢酸の直接合成　532
　——から芳香族生成　534
　——の脱水素　534
エタンクラッカー［表］　767
エタン脱水素　47
5-エチリデンノルボルネン　239
エチルアミン　130
2-エチルアントラキノン　290
エチルエーテル　130
エチル t-ブチルエーテル
　　　　　（ETBE）　56, 218

2-エチルヘキサノール 180
　――の需要 181
エチルベンゼン 300
　――の脱水素反応によるスチレンの合成 99
エチルベンゼンヒドロペルオキシド 248
エチレン
　――からの化学品とポリマー 59～
　――からの酢酸ビニル合成法 88
　――三量化 77
　――生産原価の相対比較 30
　――生産と用途別消費［表］ 105
　――生産能力 434
　――生産量推移 431
　――設備能力,生産量,稼働率 433
　――のオリゴマー化 74
　――のカルボニル化反応 107
　――の古典的な反応 60
　――の酸化反応 60
　――の酸化法による酢酸合成 88
　――の重合とオリゴマー化 60
　――の生産量 59
　――のZieglerオリゴマー化 75
　――の二量化 74
　――のヒドロホルミル化 106
　――の用途分野 62
　――四量化 78
エチレン-アクリル酸イオノマー 72
エチレン-アクリル酸エチル共重合体 71
エチレン-アクリル酸ブチル共重合体 71
エチレン-アクリル酸メチル共重合体 71
エチレンイミン 123
エチレンオキシド 90
　――のオリゴマー 116
　――の水和法によるエチレングリコールの製造 93
　――の用途分野 92
エチレンカーボネート 120
　――を経由するエチレングリコールの製法 95

エチレン共重合体 71
エチレングリコール 93, 124, 328, 518
　エチレンオキシドを使用しない――製法 96
　石炭原料の―― 552
エチレングリコールエーテルアセテート［表］ 119
エチレングリコールエーテル類［表］ 118
エチレングリコールジニトラート 126
エチレングリコール二酢酸エステル 96
エチレングリコールモノエチルエーテル 117
エチレングリコールモノメチルエーテル 117
エチレンクロロヒドリン 91
エチレン原料法 162
エチレン-酢酸ビニル共重合体（EVA) 71
エチレン酸化法
　――によるアセトアルデヒドの製法 86
エチレンジアミン 114, 376
エチレンジアミン四酢酸（EDTA) 115, 471
エチレン精留塔 29
エチレンパイプライン網 458
エチレン-ビニルアルコール共重合体 72, 320
エチレン-プロピレンゴム（EPR, EPDM) 73, 199, 331
エチレン-プロピレン-ジエンモノマー（ゴム) 199, 215, 239, 340
エチレンポリマー 63
5-エトキシメチルフルフラール 596
エトキシレート
　デンプンの―― 92
エネルギー消費量［表］ 705
エネルギー資源 705
エバール 72
エピクロロヒドリン 184, 375
　――の合成法 186
エポキシ化（大豆）油 572
エポキシ樹脂（EP) 251, 374
エボナイト 233
塩化アリル 183

塩化エチル 108
塩化コリン 513
塩化シアヌル 471
塩化ジステアリルジメチルアンモニウム 565
塩化ビニリデン 126
塩化ビニル（VCM) 81, 114, 126
　――の直接合成 531
　――の用途 84
塩化1-ブチル-3-メチルイミダゾリウム 679
塩化ベンザル 297
塩化ベンザルコニウム 297
塩化ベンジル 297
塩化メチル 472
塩化N-メチルイミダゾリウム 677
塩化メチレン 473
塩基触媒 642
エンジニアリングプラスチック 252, 325
塩素化フェノール類 261
塩素化ベンゼン 281

お

オイルガス 539
応力-ひずみ曲線 391
オキサミド 472
オキシ塩素化法 82
　――による塩化ビニルの製造 82
N-オキシドハプテン 654
オキシトール 116
オキソアルコール
　直鎖―― 182
　分岐―― 183
オキソ反応 106
オクタカルボニル二コバルト 107
1,7-オクタジエン 211
オクタデカノール 191
オクタデシルアミノプロピルアミン 191
オクタデシルアミン 191
1,3,7-オクタトリエン 211
2-オクタノール 573
オクタン価 14, 44
オクタン価向上剤 108, 417

索引

オクチルフェノール　219
1-オクテン　78, 545, 547
押出成形　396
オゾン層　726
オゾン層破壊　472
オゾン層破壊物質［表］　475
オゾン破壊機構　726
オメガ酸　555
オリゴマー　327
オリゴマー化　26, 42
　　エチレンの——　74
　　プロピレンの——　141
オレイン酸
　　——からの"ダイマー"酸
　　　　568
オレフィン
　　軽質——　509
α-オレフィン　75, 76, 521
　　——の供給源　545
オレフィン原料　13
　　——の変化　19
温室効果　696
オンス　759

か

会計計算　753
開始剤　347
改質油　41
開始反応　335
塊状重合　342
海上タンカー　459
過イソ酪酸　173
外部購入サービス費　754
回分法　408
解離吸着　644
過塩素酸リチウム　381
化学売上高　437
化学企業　425
化学吸着　644
化学工業　401
　　——における廃棄物処理［表］
　　　　725
　　——の大事故［表］　414
　　——の特徴［表］　408
化学製品
　　——市場　404
　　——の基本ブロック　13
　　——の輸送　452〜
　　——貿易状況　444

化学品　426
化学品輸送　456
化学品用触媒　637
化学物質審査規制法　415
化学量論的 Ziegler 法　76
架橋構造　330
過酢酸　87, 113
過酢酸 α-ヒドロキシエチル　88
過　酸　173
過酸化水素　170, 289
過酸化ベンゾイル　334
化審法　415
ガスオイル　19, 24, 36
ガス拡散電極　721
ガス状化学品輸送　457
ガスタービン複合サイクル
　　（CCGT）発電　551
ガス・ツー・リキッド（GTL）
　　　　522
ガス透過性［表］　319
ガスバリア性樹脂　153
ガス分解
　　——の経済性　32
化石燃料
　　——の枯渇見込み　706
河川バージ　456, 459
可塑化ポリマー　305
可塑剤　304, 731
　　——の必要特性［表］　305
ガソホール　103
ガソリン　15, 19
　　——の無鉛化への対応　53
　　メタノールから合成し
　　　た——［表］　508
カチオン重合　350
カチオン重合開始剤　347
カチオン光開始剤　345
活性化エネルギー
　　触媒と——　628
カテコール　287
果　糖　588
カフェインレスコーヒー　675
株主配当　754
カプロラクタム　260, 269, 329
　　——のイオン重合　329
カプロラクトン　209
カーボネート　519
カーボンニュートラル　615
カーボンブラック
　　——の製法　535
　　——の特性　536
　　——の用途　536

ガ　ム　606
　　——とその採取源　607
ガラス転移温度　389, 390
借入金利子　754, 755
加　硫　233
カルシウムカーバイド　478, 551
カルシウムシアナミド　478
カルバゾール　382
カルバメート結合　370
カルバリル　412, 513, 673
p-カルボキシベンズアルデヒド
　　　　316
カルボキシメチルセルロース
　　（CMC）　600
カレンダリング成形　397
ガロン　758
環境汚染　723
環境保護庁（EPA）　413
環境ホルモン　259, 747
還　元
　　ジニトロトルエンの——　295
環状アセタール　124
環状エーテル　125
環状オレフィン共重合体　239
環状オレフィンポリマー　239
関　税　34
乾性油　308, 573
感熱紙　260
官能基数　329
甘味料　589
管理会計　753
管理費用　755

き

幾何拘束型（メタロセン）触媒
　　　　364
企業再生ファンド　441
気候変動に関する政府間パネル
　　（IPCC）　696
気候変動モデル　698
ギ　酸　518
キサンタンガム　607
キサントゲン酸塩　602
技術による押し　421
キシリトール　595
2,6-キシレノール　262, 515
キシレン　293, 301
　　——からの化学品とポリマー
　　　　300〜

索　引

――分離の生産能力　302
m-キシレン
　　――とイソフタル酸　313
o-キシレン　216
　　――と無水フタル酸　303
p-キシレン　300
　　――とテレフタル酸　315
　　――の酸化　315
m-キシレンジアミン　313
キシレンジイソシアネート　279
奇数炭素効果　123
機能化学製品　405
p-キノン　284
揮発性有機化合物　310
規模の経済性　408
逆浸透法淡水化プラント　257
キャスティング成形　395
キャッシュコスト　409, 435, 754, 755
キャッシュフロー　411, 754, 756
キャノーラ油　557
キャプタン　213
吸収原価　754
吸水性材料　148
吸着熱
　　窒素の――［表］　644
吸着法　301
急冷塔　29
キュプラレーヨン　602
強化 FCC　136
凝集エネルギー密度　390
共重合　338
京都議定書　699
共役ポリマー　381
キレート化剤　470
均一系触媒　632
　　――の固定化　635
金属錯体触媒　355
金属酸化物触媒　361, 644
金属セッケン　563
金属-有機構造体（MOF）　659
金ナノ粒子　662
金融費用　754

く

グアイアコール　605
グアーガム　607
　　――の構造　598
グアノ　492
空気亜鉛燃料電池（ZAFC）　721
クエン酸発酵　609
くし型ポリマー　354
グッタペルカ　238, 358
p-クマリルアルコール　604
クマロン　540
クメン　283
　　――からの製品体系　155
　　――の酸化　155
　　――の製造法　154
クメンヒドロペルオキシド　154, 169
クメン法　247
　　――フェノール合成の反応機構　156
グラフェン　384
グラフト共重合体　354
クラレ　72
グリオキサール　124
グリオキシル酸　125
グリコールアルデヒド　98
グリコールエーテル　116, 176, 518
グリコール酸　98
グリセリン　187, 330, 574
　　――からエピクロロヒドリンの製法　185
　　――からプロピレングリコール生産の可能性　176
　　――の合成法　186
　　――の生産過剰　575
　　――用途　575
グリホサート　121, 686
グリーン医薬品　681
グリーンケミストリー　670～
グリーンケミストリーの12箇条［表］　671
グリーンポリエチレン　70
D-グルコース　588
　　――の反応　590
グルコン酸　590
L-グルタミン酸　612
グルタミン酸一ナトリウム　612
グルタルアルデヒド　190
クレオソート油　541
クレソキシムメチル　680
o-クレゾール　262
クロスメタセシス　52
クロトンアルデヒド　110
クロトン酸　110
グローバル化　430

クロム酸化物触媒系
　　ポリエチレン重合用――　361
クロラール　112, 281
クロロ酢酸　504
2-クロロシクロヘキサノン　288
クロロスルホン化ポリエチレン　71
クロロピクリン　728
クロロヒドリン法
　　――によるエチレンオキシドの製造　91
　　――によるエピクロロヒドリンの製造　184
　　――によるプロピレンオキシドの製造　165, 167
o-クロロフェノール　288
2-クロロ-1,3-ブタジエン　203
クロロフルオロカーボン（CFC）　474, 475, 726
クロロプレンゴム　199, 203
クロロベンゼン　282
クロロベンゼン法　246
クロロホルム　474

け，こ

軽質ナフサ　14, 19
形態選択的触媒　654
軽　油　14
頁　岩　21, 762
結晶化
　　延伸による架橋ゴムの――　388
結晶性　385
結晶性ポリマー　386, 388
結晶融点　389, 390
ケテン　507
ケトプロフェン　674
ケトン/アルコール油　264
ケブラー　321
ケミカルコットン　601
ゲル浸透クロマトグラフィー（GPC）　341
ゲル紡糸　68
減圧ガスオイル　24
減圧残渣油　25
けん化　563
原価計算　753
減価償却費　754, 755

研究開発費　*418*, *755*
　——［表］　*420*
原子力エネルギー　*714*
懸濁重合　*343*
原油産出量　*766*
原料費　*754*

高オクタン価ガソリン　*52*
高温型燃料電池　*721*
公害汚染　*665*
光化学スモッグ　*736*
高活性触媒　*665*
高級アルカン
　——の脱水素　*534*
高級オレフィンプロセス　*80*
高吸水性ポリマー（SAP）　*148*
工業触媒　*626*〜
　——の選択要因　*626*
交互共重合体　*339*
合成ガス　*46*, *123*, *486*, *539*
　——からの化学品　*468*〜, *491*
　——の原料別生産比率　*487*
　——の調製　*488*
　——の転換反応用触媒　*664*
合成洗剤
　——の水質汚染問題　*739*
抗生物質　*609*
高選択性触媒　*664*
酵素　*651*
　——の特性　*651*
　——の用途　*652*
抗体触媒　*653*
抗体触媒反応　*654*
高粘度重油　*24*
降伏強度　*391*
降伏点　*391*
降伏伸び　*391*
高密度ポリエチレン（HDPE）　*66*, *361*
　——の合成　*355*
　——の特徴［表］　*65*
　——の発見　*63*
コーキング　*631*
コーキング処理　*26*, *46*
国際海事機関（IMO）　*465*
国際標準化機構（ISO）　*462*
コークス　*540*
国内総生産（GDP）　*403*
国立衛生研究所（NIH）　*417*
固形廃棄物　*740*
ココアバター　*576*

ココアバター拡張品　*577*
ココアバター代用品　*577*
コジェネレーションシステム　*721*
コストセンター　*755*
固体酸化物型燃料電池（SOFC）　*721*
固体量子論　*645*
コットンリンター　*600*
固定化酵素　*588*, *652*
固定化触媒　*635*
固定費　*753*, *754*
固定床プラグフロー反応器　*633*
コニフェリルアルコール　*604*
コハク酸　*226*
コハク酸発酵　*610*
コバルト触媒
　——によるヒドロホルミル化反応　*178*
ゴム　*392*
　——消費量　*202*
　——の加硫　*234*
　——の構造と重合法［表］　*198*
コモノマー　*66*
コリン　*513*
コールタール　*540*
コールベッドメタン　*21*
コーンアルコール　*619*
混合キシレン　*293*
混合油　*264*
コーンスターチ　*103*, *596*
　——からの製品体系　*597*
コンタクト接着剤　*238*
コンテナバージ　*461*
コンデンセート　*18*
コンバインドサイクル発電（CHP）　*718*, *721*
コンパウンド　*305*
コンパクトリフォーマー法　*498*
コンバージェント法　*378*
コンパティビリティー　*305*
コンビナトリアルケミストリー　*666*

さ

載貨重量トン（DWT）　*452*
サイジング　*599*
再生可能原料　*684*

砂岩　*21*
酢酸
　——からの酢酸ビニル合成法　*88*
　——の工業プロセス　*503*
　——の合成　*87*
　——の製法　*502*
　——の直接合成　*532*
　——の用途　*504*
酢酸エチル　*103*, *111*
酢酸セルロース　*601*
酢酸ビニル　*88*, *515*
　——の用途　*90*
酢酸フェニル　*248*
酢酸ベンジル　*297*
酢酸β-ホルミルクロチル　*649*
サステイナビリティー　*696*
鎖停止剤　*334*
サトウキビ
　——の搾り液　*56*
サラン　*126*
サリゲニン　*369*
サリドマイド　*695*
酸型ゼオライト　*655*
酸化的カップリング
　　メタンの——　*529*
酸化二窒素　*264*, *697*
　——のオゾン破壊機構　*727*
酸化二窒素法　*527*
酸化防止剤　*220*
産業大分類［表］
　北米の——　*401*
三元触媒　*646*
酸触媒反応　*639*
酸性雨　*732*
参入障壁　*412*
3分の2乗則　*408*
残留性生物蓄積性有害化学物質（PBT）　*723*
三量化
　エチレン——　*77*
三リン酸ナトリウム　*739*

し

次亜塩素酸法　*165*
1,4-ジアザビシクロ[2.2.2]オクタン　*115*
シアヌル酸トリアリル　*186*
シアノエチル化　*191*

索　引

シアノピリジン　188
p,p'-ジアミノジシクロヘキシルメタン　213
4,4'-ジアミノジフェニルメタン　275
1,4-ジアミノブタン　129, 268
シアン化水素　151, 208, 469
　——の製造方法　469
　——の用途　470
ジイソシアネート　296
ジイソブテン類　219
ジエタノールアミン（DEA）　121
四エチル鉛　109
ジエチレングリコールビス（アリルカーボネート）　519
ジエチレントリアミン　114
ジェット燃料油　14
シェール　21, 762
シェールオイル　762, 764
　——の主要産地　768
シェールガス　21, 762
　——の採掘技術　22
　——の採掘法　763
　——の産出量　765
　——の主要産地　768
　——の米国化学工業への影響　767
シェール岩　21
四塩化炭素　476
ジオキサン　126
ジオキソラン　126
歯科治療材料　345
色素増感型太陽電池（DSSCまたはDSC）　711
ジギトキシン　684
事業再構築　430
1,5-シクロオクタジエン　50, 210, 212
シクロオレフィンポリマー　49
1,5,9-シクロドデカトリエン　212
cis,trans,trans-1,5,9-シクロドデカトリエン　210
シクロドデセン　213
シクロヘキサノン　260, 270, 288
　——からカプロラクタムの製造　269
シクロヘキサノンオキシム　270
シクロヘキサン　262

trans-1,4-シクロヘキサンジイソシアネート　279
シクロヘキサンジカルボン酸ジイソノニル　307
シクロペンタジエン
　——のC$_5$留分からの分離　231
　——の用途　238
1,1-ジクロロエチレン　126
p,p'-ジクロロジフェニルトリクロロエタン　282
2,4-ジクロロフェノキシ酢酸　122
2,4-ジクロロフェノキシプロピオン酸　122
2,4-ジクロロフェノール　261
o-ジクロロベンゼン　283
p-ジクロロベンゼン　282
ジクロロベンゼン類　282
ジクロロメタン　473
重縮合　352
ジケテン　507
資源枯渇　700
事　故
　化学工業の——　414
ジゴキシン　681
ジシクロペンタジエン　239
支持材　763
p,p'-ジステアリルジフェニルアミン　273
L-システイン　613
ジスルフィド　130
持続可能性　695～
自動車排気ガス　735
自動車排気ガス規制　737
自動車排気ガス浄化用触媒　638, 645
ジドデシルジフルフィド　338
シナピルアルコール　604
ジニトロトルエン　295
ジネブ　115
シビアリティー　133, 195
ジヒドロキシベンゼン　283
o-ジヒドロキシベンゼン　287
2,3-ジヒドロピラン　594
ジフェニルカーボネート（DPC）　254
ジフェニルグアニジン　273
4,4'-ジフェニルメタンジイソシアネート　275
2,6-ジ-t-ブチルフェノール　222

2,6-ジ-t-ブチル-4-メチルフェノール　220
ジベンゾチアゾリルジスルフィド　273
脂　肪　555
脂肪アミノアミド　569
脂肪アルコール　75, 79, 570
脂肪イミダゾリン　569
脂肪酸　561
　——[表]　556
　——の製法　561
脂肪酸メチルエステル　580
脂肪窒素化合物
　——の化学　565
　——の製法　564
　——の用途　565
資本集約　408
ジメチルアセトアミド　512
ジメチルエーテル　508
ジメチルカーボネート（DMC）　95, 514
　——によるモノメチル化　674
ジメチルジクロロシラン　473
ジメチルスルホキシド　514
2,6-ジメチルフェノール　262
4,6-ジメチルベンゾチオフェン　734
ジメチルホルムアミド　512
射出成形　395
臭化エチル　108
臭化テトラブチルアンモニウム　660
臭化ビニル　129
臭化メチル　477, 728
重　合　42, 325
重合開始反応　334
重合ガソリン　42, 224
集光型太陽電池（CPV）　711
集光型太陽熱発電（CSP）　709
重合禁止剤　338
重合停止反応　335
重合法　342～
　——[表]　348
重合用触媒　637
シュウ酸エステル　521
シュウ酸ジブチル　97
重質ナフサ　14, 19
重質油留分　14
収束法（コンバージェント法）　378

重油 14
重量平均分子量 340
酒石酸 226
酒石酸ジエチル 651
需要による引き 421
潤滑油 14, 579
常圧ガスオイル 14, 24
常圧残渣油 14, 24
硝酸 495
硝酸セルロース 601
硝酸1-ブチルピリジニウム 677
ショウノウキノン 345
常用オンス 759
昭和電工
　――のエチレン酸化法による酢酸合成 88
　――のエピクロロヒドリン製法 185
触媒
　――の回収 630
　――の市場 636
　――の選択 626
　――反応の概要［表］ 627
触媒設計 664
触媒的Ziegler法 76
触媒用反応器 634
触媒劣化 630
食品医薬品局（FDA） 413, 417, 599, 613
食料資源枯渇 701
助触媒
　メタロセン触媒の―― 364
除草剤 130
ショ糖 586
　――の採取 586
　――の生産と消費 587
ショ糖エステル
　――とアルキド樹脂 311
ショートトン 6, 758
シリコーン 473
ジルコノセン 363
真空成形 397
シングルサイト触媒 69, 362
シングルサイト非メタロセン触媒 365
人工光合成 713
人口問題 703
人工葉 714
シンジオタクチック 357
シンジオタクチックポリスチレン 386

シンタリング 631
振動水柱（OWC） 708
深度FCC 136

す

水圧破砕法 22
水蒸気改質（メタン） 487
水蒸気分解 20, 26, 27, 132
　――による生成物 30
　――によるプロピレンの製造 133
　――の経済性 30
　――の原料別の代表的な全プロピレン収率［表］ 133
　――の反応機構 36
水蒸気分解原料 23
水蒸気分解法 479
水蒸気分解炉 13, 28
水性ガス 539
水素 491
水素化
　石炭の―― 547
水素化S-I-Sブロック共重合体 237
水素化触媒 638
水素化処理 26, 45
水素化脱アルキル反応 293
水素化分解 26, 39, 45
　脂肪酸エステルの―― 571
　脂肪酸の―― 571
水素経済 716
水素燃料電池車 722
随伴ガス 16
数平均分子量 340
スカトール 738
スクシノニトリル 129, 268
スクロース 586
スターバースト効果 377
スチグマステロール 560
スチームクラッカー→水蒸気分解炉
スチルベン 298
スチレン 98
　――からアントラキノンの製造 289
　――の製造 99
　――の用途 101
　――併産プロピレン直接酸化法 168

トルエンから――の製造 298
ブタジエンから――の製造 211
スチレン-アクリロニトリル（SAN）共重合体 102, 153, 204
スチレン-イソプレン-スチレン（S-I-S）ブロック共重合体 237
スチレン-エチレン-プロピレン-スチレン（S-E-P-S）ブロック共重合体 237
スチレン-ブタジエンゴム（SBR） 200, 202
スチレン-ブタジエン-スチレン（SBS）ブロック共重合体 353
ステアリン酸トリス（ヒドロキシエチルアンモニウム）塩 122
ストランデッドガス 4, 16, 455
スパゲッティボウル 458
スーパーエンジニアリングプラスチック 256, 284, 325
スーパーファンド法（CERCLA） 413
スパンデックス 217, 226, 352
住友化学 155, 164, 169, 236
スメクタイト粘土 659
スラッギングガス化炉法 549
スラックワックス 25
スラリー重合 342
スルホラン 214
スルホン化法
　ベンゼンの―― 245

せ, そ

税金 754
成形技術
　プラスチック―― 394
生産過剰
　グリセリンの―― 575
生殖毒性 415
製造業
　――の内訳［表］ 402
『成長の限界』 695
成長反応 334, 335
生分解性フィルム
　――の特性［表］ 689

索　引　　779

生分解性プラスチック　688
生分解性包装材料　687
精密化学品　406
税務会計　753
ゼオネックス　239
ゼオノア　239
ゼオライト　35, 294, 302
　　――の基本構造単位とその組
　　　合わせ様式　656
　　――の構造　654
　　――の用途　654, 657
ゼオライト触媒　100, 640
石　炭　16
　　――からつくられる混合ガス
　　　［表］539
　　――からの化学製品　538～
　　――と環境　553
　　――の水素化　547
　　――の地下ガス化　550
　　――の部分酸化法　490
　　――の埋蔵量　538
石炭化学　538
　　――のプラント［表］549
　　中国の――　769
石炭ガス　539
石炭ガス化法［表］550
石　油
　　――からの化学製品　13
　　――の産出量　764
　　――の消費パターン　15
　　――の蒸留　17
　　――輸送　452
石油化学工業廃棄物　746
石油化工科学研究院（RIPP）
　　　136
石油精製用触媒　636
石油増進回収（EOR）　188,
　　　699, 707
石油タンカー　452
石油パイプライン　452
石油留分
　　――の価格比　25
絶縁体
　　――による触媒　644
石灰窒素　478
セッケン　561, 563
接触改質　20, 26, 39
　　――による製品　40
　　――を構成する反応　39
接触改質装置　40
　　――の芳香族収率［表］　41
接触改質油　242

――からの C_8 留分の平衡組
　　成［表］42
――からの BTX 生産比率と
　　米国の化学品需要［表］
　　　41
――の成分分離　42
接触改質用触媒　643
接触脱水素反応　533
　　ジエタノールアミンの――
　　　686
接触分解　26, 34, 132
　　――によるプロピレンの製造
　　　133
　　――の反応機構　38
　　――用触媒　35
　　――用流動床反応器　36
絶対温度　758
接着剤　393
接着力　394
設備過剰　432
セバシン酸　573
セルシウス温度　758
セルトラリン　682
セルロース　599
　　――の構造　598
　　――の用途　600
セロソルブ　116
セロハン　603
繊　維　393
遷移金属
　　――のd軌道　646
潜在溶媒　295
前指数因子　630
選択的 C_4/C_5 分解　137
　　――によるプロピレン生産
　　　137
選択的トルエン不均化反応　294
選択率　627
全部原価　753, 754
相間移動触媒　566
相間移動触媒反応　659
相溶性　305
藻　類
　　油資源としての――　581
ソーダ油滓　560
ソーダライトケージ　655
ソフトドリンクボトル　94
ソルビタンエステル　592, 593
ソルビトール　590, 593
ソルビンアルデヒド　111
ソルビン酸　111

ソルベントナフサ　541

た

ダイオキシン　417, 743
大気汚染　732
大気浄化法（CAA）　54, 413,
　　　417
耐衝撃性ポリスチレン　354
大豆タンパク質　608
大豆油　557
ダイセル法グリセリン合成
　　　187
代替天然ガス（SNG）　489,
　　　539, 548
タイトオイル
　　――の産出量　765
タイトガス　21
タイトサンド　21
タイトサンドガス　21
ダイニーマ　321
ダイバージェント法　378
Difasol 法　678
ダイマー酸　567
タイヤ　200
耐容一日摂取量　418
太陽エネルギー　709
太陽電池　710
第四級アンモニウム塩　565
大量化学製品　411
大連化学物理研究所（DICP）
　　　769
タキソール　685
ダズメット　728
脱エタン塔　29
脱水素　26, 39, 46
　　アルカン――　526
　　C_2～C_4 アルカンの――　533
　　プロパン――　135, 526
脱水素触媒　638
脱プロパン塔　29
脱メタン塔　29
タールサンド　57, 762
単位と換算値　758
タンカー　452
炭化カルシウム　478
炭化水素
　　――の部分酸化　489
"ターンキー" プラント　410,
　　　411, 430

索引

単細胞タンパク質（SCP）608
炭酸アンモニウム 271
炭酸エチレン 95, 120
ダンシル基 377
炭水化物 586〜
　——から生産できる化学製品
　　　　　　　　　　617
　——由来の基本ブロック
　　　　　　　　　　616
弾性記憶効果 389
弾性率 391
炭層ガス 21
断層の変化 423
炭素繊維強化複合材料 252
タンパク質
　——の生産 608
単分散ポリマー 351

ち

チオキサントン 345
チオコールゴム 199
地下ガス化（UCG）550
地球温暖化効果
　——の相対指数［表］697
逐次重合 325, 333
窒素酸化物 645
チューインガム基材 355
中空成形 396
注型 395
中国
　——の現代的石炭化学 769
中質油 14, 24
チューブラー PE 反応器 64
超高分子量ポリエチレン 68
潮汐発電 708
超低硫黄ディーゼル油（ULSD）
　　　　　　　　　　733
超低密度ポリエチレン
　　　　（VLDPE）69
超臨界水 675
超臨界二酸化炭素 675
直鎖アルキルベンゼンスルホン
　　　　　　酸塩 572
直鎖構造 330
直鎖状低密度ポリエチレン
　　　　（LLDPE）67, 340, 362
　——の特徴［表］65
直鎖状ポリマー
　——の特性［表］378

直鎖第一級アルコール 572
直接固定費 755
直接酸化法
　——によるエチレンオキシド
　　　　　　の製造 90
直接メタノール燃料電池
　　　　（DMFC）722
直メタ法 MMA 162
直留ガソリン 19
『沈黙の春』695

て

低温型燃料電池 718
低温結晶化法 301
停止反応 335
ディーゼル油 14
　——の供給 53
　——留分 24
低燃費タイヤ 201
低 Btu ガス 490
低密度ポリエチレン（LDPE）
　　　　　　　　　　64
　——の特徴［表］65
　——の発見 63
テイラードポリマー 362
1,9-デカジエン 50, 212
テキサスパイプラインシステム
　　　　　　　　　　457
デキストラン 588
デッドウェイトトン 452
テトラエチレンペンタミン
　　　　　　　　　　114
テトラクロロエチレン 127
テトラシクロドデセン 239
テトラヒドロアントラキノン
　　　　　　　　　　289
テトラヒドロナフタレン 542
テトラヒドロピラン 654
テトラヒドロフラン（THF）
　　　217, 226, 484, 595, 654
　——からアジピン酸の製造
　　　　　　　　　　267
テトラヒドロ無水フタル酸
　　　　　　　　　　213
テトラブロモビスフェノール A
　　　　　　　　　　257
テトラメチルキシレンジイソシ
　　　　　　アネート 279
テトラリン 542

テトリル 495
テレフタル酸 93, 298, 315,
　　　　　　　316, 328
テレフタル酸ジ（2-エチルヘキ
　　　　　　シル）307
テレフタル酸ジメチル 93,
　　　　　　315, 317
テレフタル酸二カリウム 298
電気自動車 723
テンセル 602
デンドリマー 376
　——の特性［表］378
デンドリマーカプセル封入ナノ
　　　　粒子（DEN）663
デンドロン 378
天然ガス 18
　——からの化学製品 13
　——の産出量 764, 766
　——の分離 57
　——輸送 455
天然ガス液 18
天然ガス田 16
天然ガム
　——とその採取源［表］
　　　　　　　　　　607
天然ゴム 198, 232
デンプン 596
　——の化学修飾 597
　——の構造 598
デンプングラフトポリマー
　　　　　　　　　　149
デンプン系高吸水性ポリマー
　　　　　　　　　　354

と

糖 586
糖エステル 582
銅触媒法
　——によるアクリルアミド製
　　　　　　造 188
投資利益率 756
導電性ポリマー 381
トウモロコシ
　——からのデンプン 56, 103
灯油 14, 24
ドキソルビシン 380
特殊エンジニアリングプラス
　　　　チック 256, 284, 325
特殊化学品 405

索　引

トコフェロール　560
都市ガス　539
都市固形廃棄物　740
特許データベース　10
トップコート　148
ドデカンチオール　338
ドデシルジメチルアミンオキシド　513
ドラッグデリバリーシステム　380
トランス脂肪
　——とエステル交換　578
トランス脂肪酸　560
トランスファー成形　394
トリアセテート　601
トリアルキルアルミニウム　75
トリアルコキシシラン　653
トリイソブチルアルミニウム　113
トリエチルアルミニウム　113, 356
トリエチレンテトラミン　114
トリグリセリド　555
トリクレン　127
トリクロロアセトアルデヒド　112, 282
トリクロロエチレン　127
トリクロロメタンスルフェニルクロリド　213
トリス（1-アジリジニル）ホスフィンオキシド　123
トリニトロトルエン（TNT）　296, 495
トリポリリン酸ソーダ　739
1,3,5-トリメチルベンゼン　294
トリメチロールエタン　107
トリメチロールプロパントリアクリレート　149
トリメリト酸無水物　306, 518
p-トルアルデヒド　298
o-トルイル酸　303
トルエン
　——からの化学品とポリマー　292〜
　——の用途　292
トルエン酸化法フェノール　246
トルエンジイソシアネート　295, 296, 371
トール油　562
トロイオンス　759
トン　6, 758

な　行

内部可塑剤　308
内部留保利益　754
内分泌攪乱化学物質　259, 747
ナイロン　263, 268
ナイロン6　263, 329
ナイロン11　574
ナイロン46　129, 268
ナイロン66　153, 263, 268
ナイロン原料
　——と環境問題　672
ナタネ油　557
ナノ触媒反応　661
ナノ粒子触媒　663
ナフサ　14
　——対ガス原料　23
ナフサクラッカー　29
ナフサ分解装置　29
ナフサ留分　19
ナフタレン　542, 548
　——から無水フタル酸の製造　303
2,6-ナフタレンジカルボン酸ジメチル
　——の合成法　216
α-ナフトール　543
ナプロキセン　674
軟化点　389

二塩化エチレン　81, 123, 126
ニオブララ　768
二元機能触媒　40, 643
ニコチンアミド　188
ニコチン酸　112
二酸化硫黄　732
　——の処理法　732
二酸化炭素
　液化——　127, 675
　超臨界——　675
二軸延伸フィルム　94
二臭化エチレン　128, 661
西ヨーロッパ共通エチレンパイプライン網　458
二段架橋樹脂　368
日東化学　188
ニトリルゴム　199, 204
ニトリロ三酢酸ナトリウム　470
ニトロ化合物　495
ニトログリコール　126
ニトログリセリン　575
ニトロセルロース　495, 601
ニトロベンゼン　274
日本触媒　121
日本ゼオン　239
乳化重合　343
乳化重合スチレン-ブタジエンゴム　198
乳　酸　147, 590
乳　糖　589
尿　素　494
尿素結合　373
尿素（-ホルムアルデヒド）樹脂（U/F）　370, 496
2,4-D　122, 261
二硫化炭素　476
二量化
　エチレンの——　74
二量体酸　567

ネオジム系ポリブタジエン　201
ネオジム磁石　707
ネオプレン　203
ネオヘキセン　50
ネオペンチルグリコール　182
熱可塑性ゴム　199, 353
熱可塑性ポリウレタン　371
熱可塑性ポリマー　325
熱硬化性樹脂　325
熱電供給　721
燃料電池　717
　各種の——［表］　719

農　薬
　——と環境問題　729
NO_x　645
ノニルフェノール　219
ノボラック　368
ノーメックス　314
ノルボルネン　239
ノンカロリー油脂様代用品　583
ノンホスゲン法経路　673
ノンホスゲン法ポリカーボネート　253

は

配位触媒　646
ハイインパクトポリスチレン（HIPS）　102, 354

索引

バイオエタノール
　——の世界の生産量　624
　　セルロース系——　624
　　ブラジルの——　619
　　米国の——　619
バイオガス　617
バイオガソリン　56
バイオコハク酸　227
バイオディーゼル油　56, 176, 499
　——と潤滑剤　579
　——の世界の生産量　585
バイオ燃料　618
バイオ法
　——によるアクリルアミド製造　188
　——によるイソプレン製造　236
バイオ法 1,3-プロパンジオール　610
バイオポリマー　688
バイオマス　615
　原料としての——　70, 621
バイオリファイナリー　616
排ガス浄化用触媒　645
　——の市場　638
廃棄物
　——の燃焼焼却　743
　——の予防的削減　741
配　向
　——と結晶化　388
ハイシスポリブタジエン　198, 201, 203
ばいじん汚染　733
排水処理法　738
ハイスループット実験
　——を通じた触媒探索　666
ハイネスビル　763, 768
ハイパーブランチポリマー　378
パイプライン　33
　——によるガス状化学品輸送　457
　——による石油輸送　452
　——による天然ガス輸送　455
　　テキサス——　457
　　西ヨーロッパ共通エチレン——　458
配分固定費　755
バイモーダル HDPE　69
ハウジング　141, 199

バガス　56
バカンピシリン　660
薄膜電池　710
薄膜フィルム　397
パクリタキセル　685
パークレン　127
パーセルタンカー　459, 463
破断強度　391
破断伸び　391
破断までの仕事量　391
発がん性　415
白金族金属触媒　630, 638
　——の需要推移　639
バッケン　768
発　酵　608
　——によるタンパク質の生産　608
　——の化学工業での利用　609
発酵アルコール　56
発酵エタノール　103, 448, 503, 604
発酵ブタノール　611
発散法（ダイバージェント法）　378
発生炉ガス　490, 539
バッチ処理　561
バッチ反応器　633
バッチプロセス　408
バニリン　604, 605
ハプテン　654
ハーペックス指数　466
パーミアン盆地　763, 768
パーム油　557, 579
バラタ　238, 358
ばら積み輸送　456
パラフィンワックス　564
波力発電　708
バルクケミカル　411, 456
バルチック海運指数　466
バルチック海運取引所　466
パルミチン酸　578
パレット　464
バレル　760
バレンツ海　32
ハロゲン化エチル　108
ハロゲン化メタン　472
バンカーオイル　24
半乾性油　309
半再生式改質装置　40
半導体
　——の触媒効果　645

反応器
　不均一系触媒用——　632
反応射出成形（RIM）　278, 395
　——熱硬化性樹脂　240
反応速度　627
反応速度定数　629
販売費　755
汎用化学品　405

ひ

ビウレット結合　373
ビウレット三量体　372
光開始剤　344
光開始重合　344
光重合用ポリマー　345
光触媒　679
光導電性ポリマー　382
光ニトロソ化法　271
光分解性プラスチック　687
ピクリン酸　245, 495
ピコリン　112
非再生可能資源　700
非在来型石油　764
非在来型天然ガス　764
非在来型埋蔵ガス　21
非晶性ポリマー　386, 388
α-ビス(イミン)錯体　366
ビスコースレーヨン　602
ビス(ジエチルチオカルバモイル)ジスルフィド　130
ヒステリシスロス　392
1,4-ビス(ヒドロキシメチル)シクロヘキサン　322
ビスフェノール A　251, 375
　——から p-イソプロペニルフェノールの製造　285
　——と環境問題　259
ひずみ　391
非相溶性ポリマーブレンド用共重合体　72
ビタミン B 複合体　112
ビタミン C
　——の合成　591
ビタミン E　560
ヒダントイン誘導体　189
ピッチ　542
被　毒　631
2-ヒドロキシイソプロピルビス(p-トリル)ホスフィン　207

索　引

ヒドロキシエチルアミノエチル
　　アミン　115
ヒドロキシエチル化デンプン
　　599
ヒドロキシエチルピペラジン
　　115
2-ヒドロキシシクロヘキサノン
　　288
p-ヒドロキシフェニルグリシン
　　125
p-ヒドロキシマンデル酸
　　125
N-ヒドロキシラウリン酸アミド
　　121
ヒドロキシルアミン　270
ヒドロキノン　283, 338
ヒドロクロロフルオロカーボン
　　(HCFC)　476
ヒドロフルオロカーボン
　　(HFC)　474, 476
ヒドロホルミル化　106
　　コバルト触媒による――
　　　　178
　　ロジウム触媒による――
　　　　178
ヒドロホルミル化法
　　イソプレン合成における――
　　　　236
ビニル基交換反応　486
ビニロン繊維　90
ピバル酸　222
p,p'-ビフェノール　222
ピペラジン　115
ピペリレン　240
ヒマシ油　573
ピマル酸　562
標準産業分類（SIC）　401
標準大気圧　758
標準立方フィート（scf）　760
表面コーティング　393
ピリジルビス（イミン）錯体
　　366
ピリジン　111
肥料　494
ビルダー
　　洗剤の――　148, 470, 739
ピロカテコール　287
ピロメリト酸二無水物
　　――の官能基数　332
ピロメリト酸無水物　518
頻度因子　630

ふ

ファインケミカル　406
ファウリング　631
ファーレンハイト温度　758
フィルム　397
風力発電　707
富栄養化　739
L-フェニルアラニン　521
フェニル酢酸　521
m-フェニレンジアミン　332
フェノキシルラジカル　338
フェノール　154, 244
　　――のアンモノリシス　274
　　――の直接ヒドロキシ化
　　　　285
フェノール樹脂（P/F）　250,
　　368
フェノールフタレイン　312
フェルラ酸　606
フェロセン　362
フェンプロピモルフ　680
フォージャサイト型ゼオライト
　　35
フォトコピー　382
付加価値額　403, 754, 756
　　従業員1人当たり――　403
付加重合　325
不均一気相法
　　――による酢酸ビニル製造法
　　　　89
不均一系触媒　632
不均一系触媒用反応器　632
不均化反応　293
複合（金属）酸化物触媒　145,
　　150
副生物　479
福利厚生費　755
不斉エポキシ化　650
不斉合成　648
不斉水素化　649
ブタジエン　193, 194
　　――からの化学品とポリマー
　　　　197
　　――の環状二量体と環状三量
　　　　体　210
　　――のジカルボニル化法　214
　　――の直鎖状二量体　211
　　――の用途別需要　198

ブタジエン-アクリロニトリル
　　ゴム（NBR）　153
ブタジエン系ポリマー
　　――の官能基数　332
ブタジエンゴム（BR）　200,
　　203
cis-1,4-ブタジエンゴム　198
ブタジエン-ニッケル-エチレン
　　錯体　648
ブタジエン不足　47, 194
ブタジエンモノエポキシド
　　216
ブタノール
　　発酵――　611
t-ブタノール　220
2-ブタノン　223
フタリド　303, 680
フタル酸系可塑剤　305
フタル酸ジアリル　313
フタル酸ジイソデシル　305
フタル酸ジイソノニル　305
フタル酸ジ（2-エチルヘキシル）
　　（DEHP）　181, 304, 305,
　　731
フタル酸ジ-n-オクチル
　　（DNOP）　305
フタル酸ジオクチル（DOP）　731
フタル酸ジブチル　305
フタル酸ジ（2-プロピルヘプチ
　　ル）　306
o-フタル酸ニカリウム　318
フタル酸ブチルベンジル　305
フタロニトリル　312
ブタン　194
　　――からイソブテンの合成
　　　　217
　　――の脱水素　533
n-ブタン
　　――からつくられる化学品
　　　　224
n-ブタン酸化法無水マレイン酸
　　225, 533
1,3-ブタンジオール　109
1,4-ブタンジオール
　　――の製法　481
　　――の用途　484
t-ブチルアミン　222
n-ブチルアルコール　110, 180
　　――の需要　181
t-ブチルアルコール　220
　　――併産プロピレン直接酸化
　　　　法　167

n-ブチルアルデヒド 110, 177
6-ブチルウンデカン 596
ブチル化ヒドロキシアニソール 220, 285
ブチル化ヒドロキシトルエン 220
ブチルゴム 199, 218, 238, 340
3-t-ブチル-4-ヒドロキシアニソール 220
t-ブチルベンズアルデヒド（TBA） 680
ブチルリチウム 347
フーツ 560
フッ化水素 45
フッ化ビニリデン 128
フッ化ビニル 128
物理吸着 644
1-ブテン
　LLDPE コモノマーとしての―― 68
ブテン酸化法無水マレイン酸 224
ブテン脱水素 46
ブドウ糖 588
部分酸化
　石炭の―― 490
　炭化水素の―― 489
不飽和脂肪酸 562
不飽和ポリエステル樹脂（UP） 304, 311
　――の官能基数 331
フマル酸 146, 226
プラグフロー反応器 633
ブラシ型ポリマー 354
プラスチック 324, 393
フラン 595
フランス国営石油研究所（IFP） 142, 235
プラント建設費 31
プリフォーム 395
フルオラス二相触媒反応 661
フルオロカーボン 475
　――の代替物質［表］ 476
D-フルクトース 174, 588
フルクトース高含有コーンシロップ（HFCS） 589
フルフラール 594
フルフラール誘導体 594
フルフリルアルコール 594
フレアースタック 469
フレキシブルコンテナ 464
フレキソ印刷 345

プレミアムタイヤ 201
ブロー成形 396
ブロック共重合体 351
ブロックバスター 423
プロトン交換膜型燃料電池（PEMFC） 720
プロトン伝導型セラミックス燃料電池（PCFC） 721
1-プロパノール 107
プロパルギルアルコール 486
プロパン
　――からアクリル酸の直接合成 533
　――からアクリロニトリルの直接合成 152, 532
　――からアセトアルデヒドの直接合成 533
1,3-プロパンジオール 123, 124, 190
　バイオ法―― 610
プロパン脱水素法 47
　――の特性値［表］ 136
プロピオンアルデヒド 107
プロピオン酸 107
プロピレン
　――オリゴマー製品 141
　――からの化学品とポリマー 132～
　――重合法 139
　――需要構成 134
　――のアセトキシ化 171
　――のアンモ酸化用触媒 149
　――の官能基数 331
　――の供給能力 132
　――の共重合体 140
　――の古典的な反応 138
　――の酸化反応 138
　――の酸素による直接酸化 172
　――の重合とオリゴマー化 138
　――の生産量 59
　――の製造 48
　――不足 47
プロピレン/エチレン生産量比率 135
プロピレンオキシド 165
　――とスチレンを併産する方法 99
　――のバイオテクノロジーを利用する製法 174

　――の用途 175
プロピレンオキシド/スチレンモノマー 168
プロピレングリコール 331
　不飽和ポリエステル原料の―― 175
プロピレングリコールエステル類 177
プロピレングリコールエーテル類 177
プロピレン直接酸化法
　過酸化水素による―― 170
　クメン循環利用による―― 169
　スチレン併産―― 168
　t-ブチルアルコール併産―― 167
プロピレン二量化法 235
プロピレン不足 32, 48
プロピレンブロモヒドリン 174
プロプラノロール 651
プロポキスル 288
分解ガソリン 19, 30, 229, 241
分岐鎖炭化水素 44
分岐構造 330
　LDPE の―― 64
分子間引力 387
分子凝集力 390
分子量
　ポリマーの―― 340
分子量分布 341
　――の調整 76
　HDPE の―― 69

へ

米国化学協議会（ACC） 416
米国ガロン 758
米国規格協会（ANSI） 465
1,5-ヘキサジエン 212
trans-1,4-ヘキサジエン 215
ヘキサフルオロリン酸 1-ブチル-3-メチルイミダゾリウム 677
ヘキサミン 502
ヘキサメチレンジアミン 200, 205, 268
ヘキサメチレンジイソシアネート 279, 372
ヘキサメチレンテトラミン 368

索　引

1,6-ヘキサンジオール 209
1-ヘキセン 77, 545, 546
別降伏点 391
ペット（PET）ボトル 318, 396
ヘテロポリ酸 665
ペトロセリン酸 570
ペニシリン 609
ヘベアゴム 358
ペラルゴンアルデヒド 183
ペラルゴン酸 183, 520, 569
ペルオキシイソ酪酸 173
ペルオキシ酢酸 113
ペルクロロエチレン 127
変異原性 415
ベンジルアルコール 297
ベンズアルデヒド 297
変性ポリフェニレンエーテル 262
ベンゼン 293
　　――からの化学品とポリマー 241～
　　――からレゾルシンの製造法 286
　　――含有量規制への対応 54
　　――生産量 59, 242
　　――の供給源 241
　　――の需要 244
　　――の水素化 263
　　――貿易量［表］ 243
ベンゼン原料
　西ヨーロッパと米国の―― 31
m-ベンゼンジスルホン酸 286
1,3,5-ベンゼントリカルボン酸 379
ベンゾイル安息香酸 289
ベンゾイン 344
ベンゾフェノン 345
ペンタエリトリトール 109
ペンタエリトリトールテトラクリレート 148
ペンタエリトリトール四硝酸塩 109
ペンタクロロフェノール 262
1,3-ペンタジエン 240
1-ペンテン 240
変動費 753, 754
ペントサン 594
ペントースポリマー 594
ベントナイト 566

ほ

貿易収支 444
芳香族生成反応 534
抱水クロラール 113
包接化合物 716
飽和脂肪酸 562
北米産業分類（NAICS） 5, 401
補欠分子族 651
保険 755
補酵素 651
星型ポリマー 350
補償効果 629
ホスゲン 253, 517
　　――を使わない反応経路 673
　　――を使わないポリカーボネート樹脂の製造法 254
ホスゲン法イソシアネート 275
ホスファチジルコリン 559
ホスフィンイミン触媒 365
ホスホール触媒 365
北海 32
ホットメルト接着剤 71
母乳 578
ボパール事故 414, 673
ホモログ化
　メタノールの―― 516
ポリMDI 275
ポリ（p-フェニレンビニレン） 383
ポリアセタール（POM）
　　――の官能基数 332
ポリアセチレン 381
ポリアミック酸 332, 333
ポリアミドアミン（PAMAM） 663
ポリアミドアミンデンドリマー 380
ポリアリレート（PAR） 257
ポリアルキルチオフェン 382, 383
ポリ（3-アルキルチオフェン） 383
ポリイソブテン 219
cis-ポリイソプレン 236

cis-1,4-ポリイソプレン 199, 232, 359
trans-ポリイソプレン 238
ポリイミド
　　――の合成 332
ポリウレタン（PU） 370
ポリウレタンフォーム 373
ポリエステル 315
ポリエチレン（PE） 387
　　――の官能基数 331
　　――の特徴［表］ 65
ポリ（3,4-エチレンジオキシチオフェン） 384
ポリエチレンテレフタレート（PET） 93, 318, 328, 387
　　――の変性剤 314
　　――のリサイクル 317
　　――ボトル 318, 396
ポリエチレン-ナイロンブレンド 73
ポリエチレンナフタレート 216, 320
ポリエーテルイミド（PEI） 257
　　――の製造法 258
ポリ（エーテルエーテルケトン）（PEEK） 284
ポリエーテルスルホン（PES） 256
ポリ塩化ビニル（PVC） 84, 305
　　――の用途分野 85
ポリ塩素化ビフェニル（PCB） 730
ポリオール 372
ポリオレフィンエラストマー（POEs） 74
ポリオレフィン系ゴム 74
ポリカーボネート（PC） 252, 387
ポリ臭素化ビフェニル（PBB） 731
ポリシロキサン 473
ポリスチレン（PS） 98
ポリ（スチレンスルホネート） 384
ポリスルホン（PSU） 256
ポリテトラフルオロエチレン（PTFE） 128
ポリテトラメチレングリコール（PTMG） 226, 352, 484, 595

ポリトリメチレンテレフタレー
　　　ト（PTT）　123, 322
ポリ乳酸（PLA）　691
ポリノジックレーヨン　603
ポリヒドロキシアルカン酸エス
　　　テル（PHA）　690
ポリビニルアルコール　90
ポリ（N-ビニルカルバゾール）
　　　382
ポリビニルブチラール　90
ポリピロール　382
ポリ（p-フェニレン）　615
ポリフェニレンエーテル　262
ポリ（フェニレンスルフィド）
　　　（PPS）　283
ポリブタジエン　332
　——の合成　358
ポリブチレンテレフタレート
　　　（PBT）　321
ポリフッ化ビニリデン　128
ポリブテン　223
ポリブテンエーテル　226
ポリプロピレン（PP）　356
　——の合成　356
　——の用途　141
ポリプロピレンイミン　377
　——デンドリマー　377
ポリプロピレングリコール
　ポリウレタン原料となる——
　　　175
ポリプロピレングリコールオリ
　　　ゴマー　371
ポリベンゾイミダゾール　314
ポリペンテナマー　50
ポリマー
　——生産量　324
　——のおもな用途［表］
　　　326
　——の結晶化　385
　——の合成法　324〜
　——の特性［表］　393
ポリマーアロイ　74
ポリマーガソリン（重合ガソリ
　　　ン）　42, 224
ポリマーブレンド　72
ポリメタクリル酸メチル
　　　（PMMA）　164, 387
ポリ（4-メチル-1-ペンテン）
　　　387
ホルムアルデヒド　275
　——の商品形態　501
　——の製法　500

　——の用途　501
本社費　755
ボンド　758

ま　行

マイコプロテイン　608
マイラー　94, 320
マーセラス　763
末端変性 S-SBR　201
末端変性溶液重合 SBR　201
マツヨイグサ油　563
マロン酸エステル　520
マロン酸ジエチル　520

ミクロポーラス　654
水資源枯渇　702
三井化学　70, 157
三井石油化学　139
三菱ガス化学法 MMA　158,
　　　159
三菱レイヨン　164

無鉛ガソリン　53
ムコン酸　267
無水酢酸
　——の製法　505
　——の用途　507
無水フタル酸　289, 303, 331
　——の用途　304
無水マレイン酸　224, 281, 331
　——の直接合成　533
　——の用途　226

メシチレン　294
メソポーラス　654
メタクリル酸メチル（MMA）
　　　158, 220, 342
　——需要　164
　——の合成法　159
　コアシェル型ナノ粒子触媒を
　　　用いた——の合成法　662
メタクリル酸メチル-ブタジエ
　　　ン-スチレン共重合体（MBS）
　　　205
メタセシス　48
　——の反応機構　51
　イソプレン合成の——反応法
　　　235

メタノール　497
　——合成法　497
　——とガソリン　56
　——のカルボニル化法による
　　　酢酸合成　88, 502
　——の生産と用途　499
　——の脱水素/酸化法　500
　——貿易量　460
メタノールからのオレフィン
　　　（MTO）　468, 509
メタノールからのガソリン
　　　（MTG）　468, 507
メタムナトリウム　728
メタロセン　362
　——触媒　141, 362
　——ポリエチレン　69
メタン
　——からの化学品　468〜
　——からの直接合成　527
　——からの芳香族生成　530
　——からメタノール/ホルム
　　　アルデヒドの直接合成
　　　527
　——の化学的用途　468
　——の供給　468
　——の水蒸気改質　487
　——の二量化　529
メタン化反応　549
メタンハイドレート　715
メチオニン　189
メチルアミン　512
メチルアルミノキサン（MAO）
　　　78, 364
メチルアルモキサン（MAO）
　　　78, 364
メチルイソブチルケトン
　　　（MIBK）　165
メチルエチルケトン（MEK）
　　　223
2-メチル-5-エチルピリジン
　　　111
α-メチルグルコシド　590
メチルシクロヘキサン
　——のアンモ酸化　209
p-メチルスチレン　101
メチルセルロース　600
メチルフェニルインダン　289
メチルフェニルカルバメート
　　　278
メチル t-ブチルエーテル
　　　（MTBE）　55, 193, 417, 499
　——廃止への対応　218

索　引

2-メチル-2-ブテン　232
3-メチル-1-ブテン　218
2-メチル-1,3-プロパンジオール　484
2-メチル-1-ペンテン　143
4-メチル-1-ペンテン　143
N-メチルモルホリン N-オキシド　602
メチレンジフェニルカルバメート　278
メチレンジフェニルジイソシアネート（MDI）　275
メチレンビス（シクロヘキシル）-ジイソシアネート　279
メチレンブルー　338
1-メトキシ-2-エトキシエタン　117
2-メトキシ-2,3-ジヒドロ-γ-ピラン　190
メートルトン　6, 758
メラミン　496
メラミン化粧板　250
メラミン（-ホルムアルデヒド）樹脂（M/F）　370, 497

木　材
　　――からの化学製品　603
モーブ　16
モリブデン酸化物触媒　361
モルホリン　122
モントリオール議定書　472

や　行

ヤヌスデンドリマー　380
ヤング率　391

有害物質規制法（TSCA）　413
有機 EL　383
有機塩素系農薬　730
有機電解合成併産法　679, 680
有機発光ダイオード　383
有機リン系農薬　730
優良製造基準（GMP）　413
油　脂　555～
　　――の化学反応　561
　　――の市場　556
　　――の種類別，国別生産量　557
　　――の精製　558

油脂様代用品　583
ユニモーダル HDPE　69
溶液重合　342
溶液重合スチレン-ブタジエンゴム（SBR）　198, 201
用役費　754
溶解度パラメーター　390
溶融炭酸塩型燃料電池（MCFC）　721
予防原則　417
四量化
　　エチレン――　78

ら～わ

ラウリルラクタム　212
ラウリン酸　570
ラウリン酸メチル　121
ラウンドアップ　686
ラクトース　590
β-ラクトン　111
ラジアルプライタイヤ　200
ラジアルポリマー　350
ラジカル開始反応　346
ラジカル重合　334
ラテックス塗料　202
ラフィネート　196
ラミネート成形　398
ランダム共重合体　339

リグニン　604
　　――からの化学製品　605
リサイクル
　　廃棄物の――　742
リシノール酸　573
リシノレイン酸　573
L-リシン　612
リストラクチャリング　430, 432, 436
リスメラール　680
リースレンタル費　755
立体規則性化合物合成用触媒　647
立体規則性ポリマー　356, 647
立体制御反応　646
リットル　758
立方フィート　758
リノール酸　308
リノレン酸　308

γ-リノレン酸　563
リビングポリマー　351
リフォーミュレーテッド・ガソリン　55
リボフラビン　686
硫酸アンモニウム　270
硫酸ジエチル　102
硫酸触媒　630, 640
硫酸水素エチル　102
流動床接触分解生成物　36
流動床プラグフロー反応器　634
流動接触分解（FCC）　36, 136
留　分［表］
　　原油の蒸留による――　14
リーンガス　17, 18
リンゴ酸　226
リン酸型燃料電池（PAFC）　721
リン酸トリクレシル　306
リン酸トリブチル　306

ルテニウム色素
　　色素増感型太陽電池用――　712

レシチン　559
レゾール　368
レゾルシン　286
レドックス触媒　343
レブリン酸　606
レボドーパ　649
レーヨン　602
連鎖移動　337
連鎖移動剤　338
連鎖重合　325, 334
連続撹拌槽反応器（CSTR）　633
連続触媒再生式改質装置　40

ロイコクリスタルバイオレット　260

ろうそく　564
労働安全衛生庁（OSHA）　465
労務費　754, 755
ロサンゼルススモッグ　735
ロサンゼルススモッグサイクル　737
ロジウム触媒
　　――によるヒドロホルミル化反応　179

ローシスポリブタジエン 199, 203
ロジン 562
ロート油 573
ロングトン 6, 758
ロンドンスモッグ 732, 735
ワキシースターチ 597
ワックス留分 25

A～C

A 型ゼオライト 655
A ステージ樹脂 369
ABS → アクリロニトリル-ブタジエン-スチレン共重合体
ABS 樹脂 153, 204
ACC（米国化学協議会）417
administrative expense 755
AFC（アルカリ型燃料電池）718, 719
alkyd resin 308
alkylation 44
ALPHABUTOL 法 75
Alpha-SABLIN 法 77
AlphaSelect 法 76
Alpha 法 535
amoritization 756
amorphous 386
amoxicillin 681
Andrussow 反応 469
ANSI（米国規格協会）465
Antabuse 130
APEL 239
aramide 314
Archer Daniels Midland 社 176
ARG 453, 458
Arkema 社 147
Aromax 法 241, 535
Arrhenius 式 629
AS 樹脂 153
atactic 357
atm 758
Atochem 社 163
Atofina 社 141
Aurabon 法 46
AVADA 法 104
avdp. ounce 759

Aveneer 法 163
Axens 社 49, 75, 142
B ステージポリマー 333
balata 238, 358
Baltic Dry Index 466
Baltic Exchange 466
bar 758
BASF 社 170
——の MMA の合成法 160
——のアクリル酸製法 146
basin 763
bbl 760
BBP 305
Beckmann 転位 273, 672
Bergius 法 548
BHA 220, 285
BHT 220
BiOH 372
Biopol 691
blow molding 396
Bosch, Carl 492
Bouveault-Blanc 反応 570
BPA 251
BP 社
——のアクリロニトリル合成 149
BR → ポリブタジエンゴム
Braskem 社 70
Brønsted site 35
Btu 759
BTX 241
Buna N 153
Buna S 99
Burton 分解法 27

C_1（メタン）化学 515
C_3 原料法 163
C_4 オレフィン留分 196
C_4 原料法 161
C_4 留分
——からの化学品とポリマー 193～
——からブタジエン分離 195
——の主要成分 195
——利用の地域差 197
C_5 留分
——からの化学品とポリマー 229～
——の成分と典型的組成 230

——の分離 230
C_8 留分
——の物性［表］301
CAA（大気浄化法）417
calendering 397
Captan 213
Cargill Dow 社 691
Cargill 社 147
Carnot 効率 718
Carson, Rachel 695
cash cost 755
cash flow 756
casting 395
Catalytic Bioforming 621
catalytic cracking 34
catalytic reforming 39
catalytic rich gas（CRG）法 549
Catalytica 法 529
CBE（ココアバター拡張品）577
CBS（ココアバター代用品）577
CCGT 発電 551
CCR 40
CDTECH 社 188
Cetus 法 174
CFC → クロロフルオロカーボン
CGC 364
Chempol MPS 311
Chevron 社 41
Chi Mei（奇美実業）社 204
CHP（コンバインドサイクル発電）718, 721
CIS 太陽電池 710
clathrate 715
Cleveland Discol 56
CMC → カルボキシメチルセルロース
COC 239
coking 46
combined heat and power（CHP）718
commodity chemical 405
comonomer production technology（CPT）546
compatibility 305
compression molding 394
concentrated solar power（CSP）709
condensate 18
Conoco 社 76

constrained geometry catalyst 364
continuously catalyst regeneration reformer 40
Courtelle 153
CPT（Comonomer Production Technology） 546
CPV（集光型太陽電池） 711
CRG（Catalytic Rich Gas）法 549
crystallinity 385
CSP（集光型太陽熱発電） 709
CSTR（連続撹拌槽反応器） 633
CTG（coal to glycol） 549
CTL（coal to liquids） 549
CTO（Coal to Olefins）法 769
CX 法 70
Cyclar 法 535

D〜G

2,4-D 122, 261
DABCO 115
Dacron 94
Davy Process Technology 社 176
DBP 305
DCC 136
DDT 282, 695
DEA → ジエタノールアミン
Deep FCC 136
Degussa 社 164
Degussa 社-Hüls 社 170
DeGussa 法 470
DEHP → フタル酸ジ（2-エチルヘキシル）
dehydrogenation 46
demand pull 421
DEN 663
dendrimer 376
dendrimer encapsulated nano-particle（DEN） 663
depreciation 755
DICP 769
DIDP 305
Diels-Alder 反応 213, 567
digitoxin 684
digoxin 681, 684
Dimersol 142

DINCH 307
DINP 305
DIPAMP 650
disproportionation 293
Distillers 社 149
Dithane 115
DMFC（直接メタノール燃料電池） 722
DMTO 769
DNOP 305
DOP → フタル酸ジ（2-エチルヘキシル）
L-DOPA 649
Dow Chemical 社
——の MMA 生産 164
——の Unipol 法 67
——のエピクロロヒドリン製法 185
——のスチレン合成法 100
——のヒドロホルミル化触媒 179
doxorubicin 380
2,4-DP 122
DSC（色素増感型太陽電池） 711
DSM 社 68
DSSC（色素増感型太陽電池） 711
dual function catalyst 40
Dubbs 法 27
DuPont 社
——の Kevler 412
——の Selar 73
——の Sorona 124
——の Surlyn 72
——の THF の製法 226
——のエチレングリコール製法 98
——のナイロンの発見 63
DWT 452
dye-sensitized solar cell （DSSC） 711
Dynacracking 法 46
Dyneema 68, 321, 412

earnings 756
earnings before interest and tax （EBIT） 756
Eastman 168 307
EBIT 756
EBITDA 756
ebonite 233

EDC → 二塩化エチレン
EDTA → エチレンジアミン四酢酸
Eluxyl 法 301
energy returned on energy invested（EROEI） 620
Enhanced FCC 136
EOR（石油増進回収法） 188, 699, 707
EP → エポキシ樹脂
EPA（環境保護庁） 413
EPDM → エチレン-プロピレンジエンモノマー
EPDM ゴム 199, 215, 340
EPR → エチレン-プロピレンゴム
EP ゴム 199
EROEI（energy returned on energy invested） 620
E-SBR 198
ETBE 56, 218
Etherol 法 217
Ethyl Corporation 社 76
ethylene dichloride 81
EVA → エチレン-酢酸ビニル共重合体
Eval 72
Evonik Industries 社 163
Exelus 社 101
extrusion molding 396
Exxon 社 157
Exxon 法 175

FAME（fatty acid methyl ester） 579
fatty acid methyl ester 579
FCC → 流動接触分解
FDA → 食品医薬品局
fenpropimorph 681
Fischer-Tropsch 技術 522
Fischer-Tropsch 反応 544
fixed cost 753
FMC 法 187
Formica 250
fouling 631
fracking 22
Friedel-Crafts 触媒 42, 219
fuel cell 717

gas recycle hydrogenation （GRH）法 549
gasohol 103

GDP（国内総生産） *403*
Genencor 社　236
Genomatica 社　146
GMP（優良製造基準）　*413*
GNP（国民総生産）　*413*
GPC　341
greenhouse effect（温室効果）
　　　　　　　　　　　696
GRH（gas recycle hydrogenation）法　549
GR-S　99
Grubbs ルテニウム触媒　146
GTL（gas-to-liquid）　*522*
Gulf 社　76
gutta percha　238, 358

H～M

Haber, Fritz　*492*
Haber-Bosch 法　*493*
Halon　475
Harpex Index　*466*
HCFC → ヒドロクロロフルオロカーボン
HDI　372
HDPE → 高密度ポリエチレン
head office cost　*755*
Henkel I 法　318
hevea　358
HFC → ヒドロフルオロカーボン
HFCS（フルクトース高含有コーンシロップ）　*589*
high density polyethylene
　　　　　　　　（HDPE）　66
Himont 社　139
HIPS → ハイインパクトポリスチレン
HMDA　200, 205
HMDI　372
Hostalen 法　70
Houdry 法　46
HPPO 法　170
Huntsman 社　*442*
Hydrocarbon Research Institute 社　46
hydrocracking　45
hydrocyanation　*412*
hydrodealkylation　293
hydrofracturing　22
hydrotreating　45
Hypalon　71

hyperbranched polymer　378
Hytrel　354
HZSM-5　*655, 657*

ibuprofen　*681*
ICI 社
　　—の Biopol　*690*
　　—の LDPE の発見　63
ICI 社/INEOS 社
　　—の MMA の合成法　160
ICI 法　158
IFP（フランス国営石油研究所）　*142, 235*
IMO（国際海事機関）　*465*
INEOS 社　*442*
　　—の MMA の合成法　160
injection molding　395
Institut Français du Pétrole
　　　　　　　（IFP）　*142, 235*
insurance　*755*
interest on loans　*755*
ionomer　72
IPCC（気候変動に関する政府間パネル）　696
ISO（国際標準化機構）　*462*
isomerization　48
isotactic　356
ISO タンク　*461, 462*
ITO（インジウム酸化スズ）　*714*

Janus デンドリマー　380

K-レジン　202
KA オイル　264
kerosin　24
ketoprofen　*674*
Kevlar　321
Kodel　322
Kraton　353
kresoxim-methyl　*681*
KRN7000　52
Krupp Uhde 社　136

LAAD　310
labor　*755*
laminating　398
LDPE → 低密度ポリエチレン
lean gas　18
lease rental　*755*
Leblanc 法　*408, 668*
Lewis site　35
Linde 社　136

linear low density polyethylene
　　　　　　　　（LLDPE）　67
Linear-1　76
liquefied natural gas　18
liquefied petroleum gas　18
LLDPE → 直鎖状低密度ポリエチレン
LNG（液化天然ガス）　18, *468*
low density polyethylene
　　　　　　　　（LDPE）　64
LPG（液化石油ガス）　17, 18, 20, *194, 535*
Lucite 社　164
Lummus 社　136
Lummus 法　47
Lurgi 法　549
LyondellBasell Industries 社
　　　　　　　　　　70, *443*
Lysmeral　*681*

management account　*753*
MAO　364
marine tanker　*459*
market in　*421*
MBS　205
MCFC（溶融炭酸塩型燃料電池）　*719, 721*
MDC　278
MDI　275
Meadows, D.H.　*695*
MEK → メチルエチルケトン
metallocene　362
metal-organic framework　*659*
metathesis　48
methane hydrate　*715*
methanol-to-gasoline（MTG）法　*468, 507*
methanol-to-olefins（MTO）法　*468, 509*
methanol-to-propylene（MTP）法　*510*
MGC 法　158
MIBK → メチルイソブチルケトン
Mitchell Energy and Development 社　22
MMA → メタクリル酸メチル
MOF（metal-organic framework）　*659*
Molex 法　280
MON　14
Monsanto 社　*412*

索　引

――のイミノジアセテート製
　　　　　　　法　121
――のガスバリア性樹脂
　　　　　　　　153
――のメチオニン類似体
　　　　　　　　189
Monsanto 法（酢酸合成）　98,
　　　　　　　　502
Motor オクタン価　14
MPC　278
MTBE　55, 193, 218, 417, 499
MTBE 空気酸化法　236
MTG（methanol-to-gasoline）
　　　　　　法　468, 507
MTO（methanol-to-olefins）法
　　　　　　　468, 509
　中国の――プラント［表］
　　　　　　　　770
MTP（methanol-to-propylene）
　　　　　　法　510
　中国の――プラント［表］
　　　　　　　　770
MX Sorbex 法　302
MXD6　320
Mylar　94, 320, 387

N～R

Nafion ポリマー　721
NAICS（北米産業分類）　5, 401
NAICS 番号　407
NAICS 分類　401
naproxen　674
natural gas　18
natural gas liquids（NGL）　18
NBR → ブタジエン-アクリロ
　　　　　　ニトリルゴム
neo acid　222
NG　18
NGL　18
NIH（国立衛生研究所）　417
Nomex　314
novolac　368
Novomer 社　146
Novozyme 社　147
NO_x　645

octane number　14
OLED　383
Olestra　583
oligomerization　42

OMEGA 法　95
Orlon　153
OSHA（労働安全衛生庁）　465
overhead　755
OWC（振動水柱）　708
Oxinol　56
Oxirane/LyondellBasell 法
　　　　　　　　169
Oxirane 社
　――のプロピレン直接酸化法
　　　　　　　　167
oxychlorination　82

2,4-PA　261
paclitaxel　685
PAFC（リン酸型燃料電池）
　　　　　　　719, 721
PAMAM（ポリアミドアミン）
　　　デンドリマー　380, 663
parcel tanker　459
Parex 法　301
PBB（ポリ臭素化ビフェニル）
　　　　　　　　731
PBDE（ポリ臭素化ジフェニル
　　　　エーテル）　731
PBT（残留性生物蓄積性有害化
　　　　学物質）　723
PBT（ポリブチレンテレフタ
　　　　　レート）　321
PC → ポリカーボネート
PCB（ポリ塩素化ビフェニル）
　　　　　　　　730
PCFC（プロトン伝導型セラ
　　　ミックス燃料電池）　719,
　　　　　　　　721
PCP　262
PE → ポリエチレン
PEDOT　384, 713, 722
PEEK → ポリ（エーテルエーテ
　　　　　　ルケトン）
PEI → ポリエーテルイミド
PEMFC（プロトン交換膜型燃
　　　　料電池）　719, 720
PEN → ポリエチレンナフタ
　　　　　　　レート
persistent bioaccumulative toxic
　　chemicals（PBT）　724
PES → ポリエーテルスルホン
PET → ポリエチレンテレフタ
　　　　　　　レート
PET ボトル　318, 396
Phillips Petroleum 社

――によるエチレン三量化
　　　　　　　　77
――によるメタセシスの発見
　　　　　　　　48
――の HDPE 合成　64
PLA（ポリ乳酸）　691
plant maintenance　755
PMDI　275
PMMA → ポリメタクリル酸メ
　　　　　　　　チル
POEs → ポリオレフィンエラス
　　　　　　　トマー
poisoning（被毒）　631
polygas　42
polymer gasoline　42
POM → ポリアセタール
POSM → プロピレンオキシド/
　　　　スチレンモノマー
PP → ポリプロピレン
PPS → ポリフェニレンスル
　　　　　　　　フィド
Prins 反応　235
Prism セパレーター　256
producer gas（発生炉ガス）
　　　　　　　　490
product out　421
propant　763
property tax　755
PS → ポリスチレン
Pseudomonas putida　267
psi　758
PSU → ポリスルホン
PTA　316
PTFE → ポリテトラフルオロエ
　　　　　　　チレン
PTMG → ポリテトラメチレン
　　　　　　グリコール
PTT → ポリトリメチレンテレフ
　　　　　　タレート
PU → ポリウレタン
purified terephthalic acid　316
PVC → ポリ塩化ビニル

Qiana　212

RAG 社　164
Raschig-Hooker 塩化水素再利
　　　　　用法　246
Raschig 法　270
RDX　495
REACH（化学品の登録，評価，
　　認可および制限）　415, 416

reaction injection molding 278, 395
reformulated gasoline 55
Reppe 反応 107, *480*
Reppe 法 285
research and development cost *755*
Research オクタン価 14
resole 368
return on investment *756*
Rev7 355
RIM 240, 278, 395
RIPP 136
Ritter 反応 221
Rohm & Haas 社 164
ROI *756*
RON 14
Round-Up 121

S, T

SABIC 社 75
Sachsse 法 *479*
sales program *755*
SAN → スチレン-アクリロニトリル共重合体
Santoprene 354
SAP → 高吸水性ポリマー
SAPO-34 *509*
Saran 126
SAROX 法 158
Sasol 社
——によるエチレン四量化 78
——の Fischer-Tropsch 技術 *522*
SBCs 74
SBR → スチレン-ブタジエンゴム
scf *760*
SCP（単細胞タンパク質） *608*
security personnel *755*
Sefose 311
Selar 73
semiregenerative reformer 40
sertraline *682*
shale *762*
shale gas 21
Shawinigan 社 48

Shell higher olefins process（SHOP） 78
——の工程 80
Shell Middle Distillate Synthesis（SMDS）法 *523*
Shell 社 78
——の MMA の合成法 160
——の OMEGA 法 95
——の SMDS 法 *523*
——の 1,3-プロパンジオール合成 123
Shell 法 187
SIC（標準産業分類） *401*
Sinopec International 社 136
sintering *631*
S-I-S ブロック共重合体 237
slack wax 25
SMDS 法 *523*
SMTO *769*
Snamprogetti 社 234
SNG（代替天然ガス） *489, 539, 548*
SOFC（固体酸化物形燃料電池） *719, 721*
SOHIO 法 150
Solutia フェノール製造法 *248*
Solvay Epicerol 法 185
Solvay 社 170
Solvay 法 *670*
Sorona 124
Span *593*
special(i)ty chemical *405*
SP 値 390
SR 40
S-SBR 198, 201
Standard Oil of Indiana 社 63
Starburst 380
steam cracking 27
stockholder account *753*
Stone & Webster 社 137
stranded gas *455*
Strecker 反応 *471, 687*
substituted natural gas *489*
Sulfinol 214
Sumed *453*
Superflex 137
Superslurper 149
Surlyn 72, 238
sustainability *696*
syndiotactic 357

synthesis gas（合成ガス） *486*
Synthol 法 240
2,4,5-T *261*
T 原子 *654*
TAME 218, 232
tar sand 57
tax account *753*
Taxol（タキソール） *685*
TDI 295, 371
technology push *421*
Teflon 128
Tencel *602*
Terylene 94
Texaco 社 95
Texaco 法（石炭ガス化） *549*
therm *760*
THF → テトラヒドロフラン
Tishchenko 反応 111
TNT 296, *495*
TOPAS 239
torr *758*
total cost *753*
total costing *753*
TPA 316
TPI 社 137
transalkylation 76, 294
transfer molding 394
triexta 322
troy ounce *759*
TSCA（有害物質規制法） *413, 415*
Tween *593*
Twitchell 触媒 *561*

U〜Z

UCG（地下ガス化） *550*
ULSD（超低硫黄ディーゼル油） *733*
Ultem 257, 313
Union Carbide 社
——の Unipol 法 66
——のエチレングリコール製法 95, 97
——の殺虫剤カルバリル *412*
Unipol 法 66
Univation 社 70
unsaturated polyester resin 311

UOP 社
　——による接触改質法　39
　——のプロパン脱水素　136
　——の UZM-8　100
UOP 法　76, 769
UP → 不飽和ポリエステル樹脂
Urethane Pyrolysis 法　296
UZM-8　100

vacuum forming　397
variable cost　753
VCM → 塩化ビニル
Versatic 酸　222
VLDPE → 超低密度ポリエチレン
VOC　310

vulcanization　233

Wacker Chemie 社　86
Wacker 法　85, 157
　——によるアセトアルデヒドの製法　86
Weizmann 法　611
Wilkinson 錯体
　——のポリスチレン担体への固定化　635
Wilkinson 触媒　179
Wulff 法　479

X 型ゼオライト　655
Y 型ゼオライト　35, 655

ZAFC（空気亜鉛燃料電池）
　　　　　　　　719, 721
ZEONEX　239
ZEONOR　239
Ziegler アルコール　113
Ziegler オリゴマー化
　エチレンの——　75
Ziegler 触媒　64
Ziegler-Natta 重合機構　360
Ziegler-Natta 触媒　113, 139, 221, 356, 630, 647
ZSM-5　35, 100, 154, 294, 302, 655
　——と他のゼオライトの触媒効果［表］　658

田島 慶三（たじま けいぞう）
　1948 年 東京都に生まれる
　1972 年 東京大学工学部 卒
　元 通商産業省
　　三井化学株式会社
　日本化学会フェロー
　専攻 化学産業研究
　工学修士

府川 伊三郎（ふかわ いさぶろう）
　1944 年 神奈川県に生まれる
　1967 年 東京大学理学部 卒
　元 旭化成株式会社
　　福井工業大学工学部経営情報学科 教授
　現 ㈱旭リサーチセンター
　　　　シニアリサーチャー
　専攻 合成化学，技術経営
　博士（工学）

第 1 版 第 1 刷 2016 年 6 月 13 日 発行

工 業 有 機 化 学（下）
原料多様化とプロセス・プロダクトの革新
（原著第 3 版）

訳　者	田　島　慶　三
	府　川　伊三郎
発行者	小　澤　美奈子
発　行	株式会社 東京化学同人

東京都文京区千石 3 丁目 36-7（℡112-0011）
電 話 03-3946-5311・FAX 03-3946-5317
URL: http://www.tkd-pbl.com/

印　刷　日本フィニッシュ株式会社
製　本　株式会社　松岳社

ISBN978-4-8079-0877-6
Printed in Japan
無断転載および複製物（コピー，電子
データなど）の配布，配信を禁じます．